사라진 문명들의 천문학

고대 하늘의 메아리

ECHOES OF THE ANCIENT SKIES: The Astronomy of Lost Civilizations
Copyright @ 1983,1994 by Edwin C. Krupp
All rights reserved
Korean translation copyright @ 2011 by E-z book.
Korean translation rights arranged with Browne & Miller Literary Associates, through EYA (Eric Yang Agency)

이 책의 한국어판 저작권은 EYA(Eric Yang Agency)를 통한
Browne & Miller Literary Associates사와의 독점계약으로 한국어 판권을 '이지북'이 소유합니다.
저작권법에 의하여 한국 내에서 보호를 받는 저작물이므로 무단전재와 복제를 금합니다.

사라진 문명들의 천문학

# 고대 하늘의 메아리

에드윈 C. 크룹 지음
정채현 옮김

이지북
ez-book

웅장한 신전들, 광대한 도시들, 위대한 신화와 종교들, 놀랍도록 과학적이고 수학적인 업적. 이러한 것들은 수천 년 전에 번창했던 문명들의 불가사의함 — 하늘에서 영감을 얻었던 불가사의함 속에 있다.

우리는 지상에 붙어사는 인간의 삶과 우주 저 너머에 있는 것이 얼마나 밀접하고 강하게 연결되어 있는지 최근에서야 겨우 깨닫기 시작했다. 더 이상 비밀이 아닌 고대의 비밀들에 대해 우리가 알아야 할 모든 것들이 이 한 권에 집약되어 있다.

그 모든 세월, 모든 계절에서 부활을 보고
모든 꽃에서 우주질서를 보면서
지금도 여전히 꽃을 가꾸시는
나의 할머니, 엘리노어 올랜더 여사께
이 책을 바칩니다.

**일러두기**

1. 외래어 표기는 국립국어원 외래어 표기법을 따르되 이미 널리 통용되는 경우 그대로 표기했다.
2. 이 책에 나온 단어 중 부연 설명이 필요한 부분은 옮긴이 주를 달았다.
3. 본문에 인용된 잡지나 논문, 텍스트는 《 》로 표기하고, 도서는 『 』로 표기하였다.
4. 저자가 참고하거나 인용한 도서는 책 뒤에 '참고 문헌'으로 따로 표기하였다.

## 저자의 말
### – 1994년 판에 부쳐

1983년 『고대 하늘의 메아리』의 초판이 세상에 나왔을 때, 우리는 고대의, 그리고 전통적인 문화의 여러 다른 측면들 속으로 천문학이 얼마나 복잡하게 짜여 들어갔는지를 이해하기 시작했다. 그리고 그것이 바로 이 책의 주제였다. 그 후로 10년 이상 지난 지금, 그간 이루어진 더 많은 연구들이 그런 전제를 확인해 주었고, 인간사에서 하늘이 하는 역할에 대한 세부사항들이 더 많이 밝혀졌다. 이 책에서의 연구가 지속적인 가치를 지닌 근간이 되고 있음을 인정한 옥스퍼드 대학교 출판부는 이 책을 도로 가져다 출판하면서, 내게 몇 군데 수정할 기회를 주었다. 그리고 고대 천문학에 관한 연구에서 새로이 발전된 정보들을 업데이트할 공간도 마련해주었다.

고고천문학$^{Archaeoastronomy}$—고대, 선사시대, 그리고 전통적인 천문학의 여러 학문 간 연구와 그 문화적 배경—은 1981년 영국 옥스퍼드에서 개최된 제1회 '옥스퍼드' 고고천문학 국제학술회의를 계기로 그해에 국제적인 공인을 받았다. 그 회의에서 논의된 연구결과들을 이 책의 초판(1983년)에서 보고했다. 그러나 그때 이후로 세 번의 '옥스퍼드' 회의가 더 열렸다. 메리다$^{Mérida}$(멕시코 유카탄, 1986년)에서, 세인트앤드류스$^{St.\ Andrews}$(스코틀랜드, 1990년)에서, 스타라 자고라$^{Stara\ Zagora}$(불가리아, 1993년)에서. 그와 더불어 고고천문학이 발전되었다. 더 나아가 그것은 인류학적으로 방향을 잡았으며, 고고천문학자들은 천문학적 정렬을 확인하는 것보다는 천문학이 사회와 문화에 어떤 영향을 끼쳤는가에 더 많은 관심을 기울이고 있다. 천문학적 정렬이 여전히 좀 더 중요한 요소로 남아 있기는 하지만.

이런 사실을 알고서 보면, 1983년 워싱턴의 스미스소니언 자연사박물관과 국립우주항공박물관에서 열렸던 제1회 민족천문학Ethnoastronomy 국제학술회의가 어째서 제1회 '옥스퍼드' 회의만큼이나 중요한지 이해하기가 쉬워진다. 그 회의에서 발표된 전 세계의 조사연구에 의해 민족지학적, 민족사학적 자료의 가치가 증명되었다.

천문학의 문화적 차원이 두 번에 걸친 박물관 전시회(1983~1984년의 '고대 아메리카의 별 신들Star Gods'과 1984~1985년의 '고대 캘리포니아의 하늘 관측자들')를 관람하고 나서 더 분명해졌다. 전통적인 사람들은 자신들이 믿는 것이 자신들의 삶의 기본원칙임을 나타내기 위해 자신들의 상징적인 어휘들을 눈에 띌 만큼 장황하게 사용하곤 한다. 이 두 전시회는 천문학적 이미지를 담은 물건들과 하늘을 달래는 제의에 사용된 물건들을 풍부하게 공개 전시했다. 이런 유물들은 이데올로기에서 천문학의 개념이 어떻게 기능하는지 우리에게 재확인해주었는데, 그것은 다행히 '복잡하게 얽혀 있는 사회발전 안에서의 이데올로기의 기능'이라는 점에서 인류학적 관심을 다시 일깨워주고 있다.

지역 심포지엄도 나름대로의 가치를 확립했다. 1983년 10월, 맥스웰 인류학박물관과 뉴멕시코 대학교가 앨버커키Albuquerque에서 열린 '선사시대 남서부 지역의 천문학과 의례'를 후원했다. 한 달 후, 제1회 서부지역 고고천문학 학술회의는 노스리지의 캘리포니아 주립대학교에서 북미 원주민 천문학을 조사했다. 북미 원주민들은 그 두 번의 학술회의에 모두 참여했다.

1984년에 멕시코 국립자치대학교Universidad Nacional Autónoma de México 주최로 국제 심포지엄인 '메소아메리카의 고고천문학과 현대천문학Arqueoastronomía y Etnoastronomia en Mesoamérica'이 열렸다. 부분적으로는 워싱턴 시에서 열렸던 제1회 민족천문학 학술회의의 성공에 고무되어, 중앙 멕시코와 마야 영토 내에서의 천문학 전통에 초점을 맞춘 연구결과들을 하나로 통합 정리했다. 바위미술과 고고천문학에 관한 국제학술회의 하나가 1984년 아칸소 주의 주도 리틀 록Little Rock에서 열렸다. 아시아의 천문학적 전통을 강조하는 학술회의가 세 번 열렸는데, 인도 하이데라바드$^{Hyderabad}$에 있는 비를라천문관$^{Birla\ Planetarium}$에서였다. 아메리카 천문학협의회$^{American\ Astronomical\ Society}$의 역사천문학부에는 적어도 일 년에 한 번씩은 고고천문학 시간이 들어 있다. 북미 원주민의 언어 및 문화 연구가들의 국제대회와 국제천문연맹$^{International\ Astronomical\ Union}$을 위한 특별 프로그램들도 예정되어 있다.

폴란드 학자들은 1982년에 전국적인 심포지엄을 조직했으며, 1988년 토부킨$^{Tobukhin}$, 그리고 1989년 베네치아를 포함하여 유럽 내의 다양한 모임들이 그 뒤를 이어 열렸다. 1992년 폴란드의 프롬보르크$^{Frombork}$에서 '두 세계의 만남에서의 시간과 천문학' 대회가 콜럼버스의 신세계 상륙 500주년에 때맞추어 열렸다.

1988년 유럽에서 《천문학과 인간과학$^{Astronomie\ et\ Sciences\ Humaines}$》이라는 잡지가 스트라스부르크 대학교의 스트라스부르크천문대에 의해 발간되었다. 1990년부터는 유럽인들도 해마다 지역 회합을 갖기 시작했다.

이 모든 활동들이 고대의 천문학적 전통에 대한 이해가 천문학 지식과 기술의 발전에 관한 연구보다 가치 있는 일임을 확인해준다. 천문학이 중요한 것은 그것이 최소한 부분적으로라도 우리 조상들의 믿음체계로 들어갈 수 있게 해주기 때문이다. 우리는 이런 방식으로 그들이 세상과 그 안에서 자신들의 위치를 어떻게 보았는지를 안다. 우리는 우주에 대한 그들의 관점, 즉 그들의 우주관$^{cosmovision}$이 그들의 삶을 규정하고 변화시키는 힘에 어떤 방식으로 적응하도록 영향을 주었는지를 본다.

이 책의 기본적인 정보가 지닌 가치는 변함없는 것이기는 하지만, 초판이 발간된 이후로 의미심장한 발전들이 있었다. 예를 들면, 레이$^{T.\ P.\ Ray}$에 의해 이루어진 뉴그레인지의 건축에 관한 좀 더 상세한 조사가 1989년 《네이처$^{Nature}$》지에 실렸다. 레이는 아일랜드에 있는 이 선사시대 통로무덤의 정렬이 이전에 생각했던 것보다 더 정교하게 설계되고 천문학적으로 더 정확하다는 것을 보여주었다. 5,000여 년 전의 동지 햇빛은 원래 태양이 지평선 위로 떠오름과 동시에 매장실 안으로 들어왔다. 태양광선의 폭은 오늘날보다 좁았으며, 그 경로가 매장실 뒤쪽 방을 둘로 나누었다. 마틴 브레넌Martin Brennan은 그의 방법과 결론들 중 많은 부분을 비판하면서도, 뉴그레인지의 앞면과 뒷면의 장식된 돌들에 수직으로 그어진 홈들이 동지 일출과 일치하는 같은 선임을 분명히 보여준다는 것은 인정했다. 이 모든 것들이 뉴그레인지가 천문학적 정렬을 가지고 있다고 알려진 가장 오래된 불멸의 역사적 기념물이라는 주장을 강하게 뒷받침해준다.

매장실을 갖추고 있는 남서 유럽의 몇몇 다른 통로무덤들과 또 다른 무덤들도 천문학적으로 정렬되어 있다. 예를 들어, 스코틀랜드의 클라바Clava는 동지 일출에, 매스 하우Maes Howe(스코틀랜드의 오크니Orkney)는 동지 일몰에, 브르타뉴(프랑스)의 라로슈오페La Roche-aux-Fées(요정바위)는 동지 일출에, 그리고 브르타뉴 카르낙 부근의 가브리니스Gavr'inis는 대 정지 남쪽 월출에 각각 정렬되어 있다. 스코틀랜드 브레인포트 베이Brainport Bay(혹은 미나드Minard)의 복잡한 유적은 비록 매장실을 갖춘 무덤은 아니지만, 하지에 태양이 떠오르는 지평선에 정렬해 있음이 분명한 선돌과 함께 선사시대의 제의를 연상시키는 특성들이 결합되어 있다.

1991년 잉글랜드 케임브리지 부근의 갓맨체스터Godmanchester에 있는 어느 자갈 채취장에서 일찍이 보지 못했던 신석기시대 구조물의 유적들이 발굴되었다. 신전일 것이라고 생각된 그것은 흙벽과 나무기둥들로 이루어진 5,000년쯤 전의 구조물이었다. 그것의 주축은 5월 초와 8월 초의 일출과 일치한다. 이런 날짜들은 훨씬 훗날 켈트 족의 달력에서 계절적인 변화를 나타내는 주요 날짜들로 선택되었고, 알렉산더 톰은 그와 같은 날짜들이 신석기시대와 청동기시대 브리튼에서 관측되었다고 주장했다. 그 밖에 지점과 분점의 일출과 일몰들, 달의 북쪽 및 남쪽의 대 정지와 소 정지가 증거도 없이 주장되고 있다.

알렉산더 톰의 정확한 선사시대 관측소들은 지난 10년간 계속해서 주의를 집중시키고 논쟁을 불러일으켰다. 그러나 이런 해석은 그 아이디어를 포기하라고 촉구하는 어떤 도전에 직면했다. 천문학자 브래들리 셰퍼Bradley Schaefer와 윌리엄 릴러William Liller는 매일 달라지는 대기굴절atmosphere refraction(대기 속에서의 빛의 굴절 현상/옮긴이)이 태양과 달, 행성들과 별들의 지평선 상의 위치에서 중요한 의미가 있고 예측할 수 없는 변동을 일으킨다는 것을 실제 관측을 통해 주장했다. 고위도에서의 변동은 기울어져 있는 달의 궤도상에서 작은 중력섭동gravitational perturbation 같은 미세한 영향보다 훨씬 더 클 수 있기 때문에, 정확한 정렬은 불가능하다. 이런 분석은 논쟁을 불러일으켰으나, 선사시대 천문학에 관한 알렉산더 톰의 그림에 대한 지지는 줄어들었다. 그럼에도 불구하고, 클라이브 러글스Clive Ruggles는 엄밀한 통계에 의거해 연구함으로써 지평선을 향해 있는 선돌들의 정렬에는 달의 정지에 맞춰진 좀 더 부정확한 정렬이 있는 것이 당연하지 않겠느냐는 의견을 넌지시 내비쳤다. 이것은 흥미로운 발전이다. 앤터니 아베니Anthony Aveni는 줄곧 달의 정지에 관심을 가졌다는 문헌상의 증거가 그 어디에도 없다고 주장해왔기 때문이다. 그는 달의 극점들을 관측한 사람이 아무도 없다는 반론을 제기했다.

대 피라미드와 스핑크스에 대한 새로운 현장조사로 저항하기 어려운 새로운 정보가 제시되었으며, 그중 어떤 것은 천문학과 관련이 있다. 이집트 고대유물협회의 기자Giza 및 사카라Saqqara 고고학 사이트의 총재인 자히 하와스Zahi Hawass는 대 피라미드는 쿠푸 왕의 시신을 안치할 뿐만 아니라 그의 영을 탈바꿈시켜주고 그의 혼을 하늘로 떠나보내기 위한 의도로 만들어진 것이라는 데에 동의했다. 독자적인 학자인 존 찰스 디튼John Charles Deaton은 이것을 뒷받침해줄 추가적인 정보를 다른 피라미드들의 이름에서 찾아냈다. 자히 하와스는 쿠푸 왕은 자기 자신이 태양임을 확인했으며, 대 피라미드 부근의 어느 구덩이에서 발견된 배가 낮 시간 동안 태양을 태우고 건너가는 배 혹은 위험한 밤 시간 동안 태양을 수송하는 배의 짝이라고 믿는다.

원격감지remote sensing(어떤 관측 대상물의 상태나 특성 등을 거리를 두고 가시광선, 적외선, 전파와 같은 방사선을 이용하여 관측하는 것/옮긴이)는 대 피라미드 내부에 대한 새로운 정보를 제시했다. 예를 들어, 여왕의 석실이라 일컬어지는 방에서부터 뻗어가는 통로들은 왕의 석실에서부터 뻗어가는 통로들과 마찬가지로, 구조물의 바깥 표면까지 이어져 있다.

마지막으로 이집트학 학자 마크 레너Mark Lehner는 기자에서 많은 천문학적 정렬을 확인했으며, 하지 일출의 태양이 대 피라미드와 카프레$^{Khafre}$ 왕의 피라미드 사이에 놓일 때 '아크헷$^{akhet}$'(빛나는 것, 유익한 것이라는 뜻으로, 7월에서 9월에 이르는 범람 시기/옮긴이) 상징을 만들어내도록 의도되었다고 믿는다. 분점도 태양신 레$^{Re}$의 아들 호루스를 상징하는 스핑크스에 대해 카프레 왕의 피라미드의 정렬을 설명해줄 수 있다. 쿠푸 왕의 아들인 카프레 왕은 자신을 호루스와 연결 지어 생각했으며, 그래서 자신을 스핑크스로 그려놓은 것 같다. 스핑크스의 신전에는 두 개의 벽감이 있다. 동쪽 벽에 하나, 서쪽 벽에 하나. 그것들은 아마도 떠오르는 태양과 지는 태양에 바쳐졌을 것이다. 신전의 24개의 기둥들은 하루의 시간을 상징화한 것으로 보인다.

    1982년에 필자는 이집트의 태양 예배실에 대해 현장조사를 했으며, 그 결과물이 1988년 출간되었다. 제럴드 호킨스$^{Gerald\ Hawkins}$가 카르나크에서 현장을 측량해서 도달한 결론들을 확인하여 이 책 제10장에서 서술했으며, 거기에다 새로운 세부사항들을 추가했다. 동지 일출 정렬이 디에르 엘바리$^{Dier\ el-Bahri}$에 있는 하트셉수트$^{Hatshepsut}$ 여왕의 매장 신전 태양성소에서도 발견되었는데, 이런 성소들은 저승세계를 통과해가는 태양신 레의 항해와 세상을 떠난 파라오의 영혼의 탈바꿈에 대한 고대 이집트 인들의 믿음과 연결되어 있다. 아부구라브$^{Abu\ Ghurab}$에 있는 네우세레$^{Neuserre}$ 왕(제5왕조의 6번째 왕/옮긴이)의 태양신전은 기본방위에 가까운 정렬을 보여준다. 이것은 고왕국과 신왕국 사이에 태양신전의 방위가 기본방위에서 하지나 동지에 맞춘 정렬로 변화되었음을 보여주는 것이다.

    마야의 그림문자 해독 능력이 폭발적으로 확대되어 극적인 새 세부사항들이 강화되었으며, 제3장에서 하늘의 사건들과 국왕의 권력에 대해 상당히 일반적으로 설명해놓았다. 1970년에 에리히 폰 데니켄$^{Erich\ von\ Däniken}$은 『신들의 전차$^{Chariots\ of\ the\ Gods?}$』라는 책을 출간했다. 이 책은 허구적이고 잘못된 정보를 기술한, 고대 비행사들의 이야기이다. 그 바람에 팔렝케 신전 석관에 묘사되어 있는 마야의 죽은 왕(제5장 참조)인 파칼이라는 그림문자는 아직도 정당한 인정을 받지 못하고 있다. 번역된 텍스트가 없다는 사실에 고무되어, 폰 데니켄은 죽어가는 왕의 초상화가 실제로는 로켓을 타고 우주로 날아가고 있는 거라고 우겼다. 하지만 꼭 3년 만에 모든 유적의 기념비에 새겨진 비문에서 왕들의 이름과 왕조의 사건들에 대한 언급을 읽을 수 있었다. 우리는 마야 비명碑銘 판독의 황금시대를 살아왔으며, 그 비문들 덕분에 천문학적 은유를 알게 되었고, 천문 현상들이 마야 통치자들의 제의 환경에 어떤 영향을 미쳤는지 분명히 알게 되었다. 예를 들어, 왕권 이양은 약스칠란Yaxchilán에서 하지에 거행하기로 정했던 것으로 보이며, 캐롤린 테이트Carolyn Tate는 신전 33의 주 출입구가 하지 일출의 빛이 그 신전을 건설한 약스칠란 왕인 새-재규어 IVBird-Jaguar IV의 조각상에 떨어지도록 되어 있다고 보고했다.

또 디터 되팅Dieter Dütting과 앤터니 아베니는 어느 팔렝케 비문과 서기 690년 7월 23일에 일어난 목성, 토성, 화성과 달의 합과 연결 지어 생각했다. 파칼 왕의 아들이며 왕위 계승자인 찬 발룸Chan-Bahlum은 그날 십자 신전들을 바쳤는데, 파칼의 후계자는 7월 말의 하늘에서 최초의 어머니(달)가 팔렝케 왕조의 세 조상신(세 행성)을 낳았던 것이 재연되는 것, 다시 말해 세 조상신의 현신을 보았던 것 같다. 그 점에 유의하면서, 찬 발룸은 천 년 전에 하늘의 돔을 세웠던 최초의 아버지를 본떠서 자신의 즉위 기념 건조물을 같은 방식으로 봉헌했다.

마야는 하늘을 근거로 전쟁을 하기도 했는데, 전쟁을 일으키는 원인은 금성이었다. 린다 셸과 메리 밀러, 그리고 그 밖의 다른 마야 전문가들은 금성은 마야 왕권의 표상이었으며, 금성이 나타날 때가 습격하고 포획하는 시기이며, 특히 저녁별로 나타날 때에 맞춰졌던 것으로 보인다고 했다. 고고천문학센터 소장 존 칼슨John Carlson은 이 활약을 《내셔널 지오그래픽National Geographic》에 실은 자신의 기사 〈아메리카의 고대 하늘 관측자들〉(1990년 3월)에서 집중 조명했다. 존 칼슨은 또 중앙아메리카에서 금성에 맞춰 치러지는 전쟁과 희생제의를 조사하기 위해 카카스틀라Cacaxtla와 테오티우아칸Teotihuacán을 답사하기도 했다. 그 결과 금성 전쟁이 서기 1000년 무렵까지 광범위하게 치러졌다는 것을 확인하였다.

북아메리카, 특히 남서부와 캘리포니아에서의 연구로 천문학적 함축을 지닌 더 많은 유적지들과, 북아메리카 선사시대 인들에게 잘 알려져 있던 상징적이고 실제적인 천문학에 대한 정보를 많이 알게 되었다. 안나 소퍼와 공동 연구자들은 차코 캐니언의 파하다 뷰트에서 정오의 빛과 그림자가 계절에 따라 상호작용하는 또 다른 암각화들을 확인했다. 로버트Robert와 앤 프레스톤Ann Preston은 대부분 애리조나에 위치한 19곳의 바위미술 유적들의 빛과 그림자 효과와 시선視線 정렬들을 조사했다. 유타 주에서 제스 워너Jesse Warner와 그의 동료들은 다른 곳들보다 좀 더 믿을 수 있는 프리먼트 문화Fremont Culture 바위미술에서 수많은 빛과 그림자 효과를 보고했다. 존 래프터John Rafter와 알린 벤슨Arlene Benson, 그리고 그 밖의 다른 사람들은 계속해서 캘리포니아 유적지에 잠재해 있는 천문학적 가능성을 조사해서 캘리포니아 원주민의 제의와 신화에 관한 민족지학적 자료들을 자신들의 바위미술 연구와 통합했다. 필자는 캘리포니아, 특히 추마시와 루이세뇨 족Luiseño 영토의 재료에 관해 이들과 유사한 분석을 했다. 뷰로 플랫에서 본 것과 어딘가 닮은, V자 형의 어느 동지 햇빛이 콘도르 동굴에서 일련의 동심원 위로 떨어진다.

빛과 그림자 효과에 대해 여전히 회의적인 전문가들도 있다. 원주민들이 이 기술을 개발해서 사용했다는 것을 증명하기는 어렵다. 하지만 틈새를 통과하며 푸에블로 건축물의 벽 위로 떨어지는 광선을 관찰하는 것에서 그것을 증명하기는 그다지 어렵지 않으며, 우리는 그에 관해 민족지학적으로 설명할 수 있다. 캘리포니아에서 우리는 바위에 그림을 그리러 동지 즈음에 산속으로 들어간 추마시 족 샤먼 두 사람의 이름까지도 알고 있다. 그들이 그림문자를 비추는 동지 햇빛에 관심이 있었는지 어떤지에 관한 언급은 없지만, 캘리포니아 원주민의 샤머니즘과 바위미술, 그리고 동지 제의 들은 서로 연관이 있음이 분명하다.

맥킴 멜빌J. McKim Malville은 옐로우 재킷Yellow Jacket에서의 현장작업으로 선사시대 푸에블로 족의 천문학 연구를 확장했다. 옐로우 재킷에는 특정한 방향을 가리키는 거대한 돌기둥들이 산의 지평선 위로 떠오르는 하지 일출을 향해 일렬로 늘어서 있다. 멜빌은 또 대 정지 북쪽 월몰이 주민의 대부분이 동부 차코 외곽에 거주하는 침니 록 푸에블로Chimney Rock Pueblo 족에 의해 두 개의 천연 바위기둥 사이로 관찰된다고 생각한다. 안나 소퍼와 롤프 싱클레어, 마이클 마셜 등은 차코 캐니언의 그레이트 노스 로드Great North Road에 관한 흥미로운 상징적 설명을 내놓았다. 그들은 특이한 아나사지의 풍광을 푸에블로 우주론이나 '세계의 중심'에서 머나먼 북쪽에 있는 신화 속 조상의 나라로 가는 정령들의 여정과 연결 지어 생각했다. 소퍼와 싱클레어는 차코 캐니언과 차코 외곽 거주자들의 주요 건축물에서 나타나는 태양 및 달 정위에 관해서 조이 도나휴Joey B. Donahue와 공동으로 연구했다.

페루 남쪽 해변 사막의 나스카 선들에 관한 꽤 많은 연구 보고서들이 아베니에 의해 편집되어 1990년 세상에 나왔다. 요한 라인하르트Johann Reinhard가 쓴 좀 더 간략한 보고서들과 함께, 이 보고서들은 그림문자들이 산들에, 물의 흐름에, 그리고 때로는 천체에 맞춰 정위되어 있다고 우리를 설득한다. 틀림없이 그중 어떤 것들은 계절에 맞춰 그리고 달력에 맞춰 정해졌을 제의용 길이었던 것으로 보인다. 또한 페루에서는 잉카 천문학에 관한 더 많은 연구가 폴란드의 마리우스 지울코브스키Mariusz Ziólkowski와 로베르트 사도브스키Robert Sadowski, 프랑스의 아르놀 르뵈프Arnold Lebeuf, 그리고 미국의 데이비드 디어본David S. Dearbon, 레이몬드 화이트Raymond E. White, 카타리나 슈라이버Katharina Schreiber에 의해 이루어졌다. 마지막 세 사람은 마추픽추의 주 유적지 아래에 있는 동굴인 인티마카이Intimachay에서 벌어지는 동지 일출 장면을 발견했다.

북아메리카 원주민의 천문학적 우주론적 전통의 중요한 민족지학적 이야기들이 클레어 패러Claire R. Farrer(메스칼레로 아파치족)와 트루디 그리핀-피어스Trudy Griffin-Pierce(나바호족)에 의해 출간되었다. 남아메리카의 아마존 강 유역에서는 피터 로Peter G. Roe가 시피보Shipibo(Xipibo라고 쓰기도 한다/옮긴이)족의 천문학과 우주론을 주의 깊게 살펴보았다. 보로로Bororo족의 우주론은 존 크리스토퍼 크로커Jon Christopher Crocker와 스티븐 마이클 페이비언Stephen Michael Fabian에 의해 기술되었다.

아시아에서는 멜빌이 코노락Konorak의 태양신전과 14세기 중세 힌두 왕들의 수도였던 비자야나가라Vijayanagara를 포함하여, 인도 내의 유적지에 천문학적 가능성이 있다고 평가했다. 필자는 중국에서 정보를 계속 수집했으며, 황제가 있던 베이징 교외의 제단들에 나타나 있는 천문학적이고 계절적인 특성들과 그것들이 중국 황제의 권위를 어떻게 보여주고 그것을 어떻게 합법화했는가에 관한 보고서를 출간했다. 제프리 메이어$^{Jeffrey\ F.\ Meyer}$는 베이징의 성스러운 우주론적 차원에 관한 훨씬 더 상세하고 포괄적인 합을 도출하여, 1991년 자신의 저서 『천안문의 용들$^{The\ Dragons\ of\ Tianamen}$』에 썼다. 전통적인 천문학에서 28개의 기준별$^{reference\ stars}$, 즉 소$^{所}$의 이름에 관한 언급이 있는 초기 문헌이 기원전 433년의 날짜가 적힌 무덤에서 출토 복원된 도자기 상자 뚜껑에서 1979년에 발견되었다. 그러나 그곳에서 발견된 유물들에 관한 정보는 1984년까지도 영어로 활용되지 못했다.

    1987년 4월, 중국인들은 세계 최고의 성도$^{星圖}$일 수도 있는 것을 발견했다고 발표했다. 시안에서 발굴된 서안 시대의 한 작은 무덤 천장에 그려진 그림이었다. 그 무덤은 최소한 기원전 86년 무렵에 축조되었으며, 그 지도는 아마도 기원전 30년경의 것이라고 흔히 알고 있는 이집트 덴데라의 유명한 '원형 황도대$^{circular\ zodiac}$'보다 더 오래되었을 것이다. 국제적인 금융 지원과 전문적인 보존 기술로 주목할 만한 이 유물을 보호해야 할 필요가 절실하다. 필자는 1992년에 그것을 볼 행운을 얻었다. 그러나 도움이 없다면 세계 최고의 성도는 가루가 되어 사라지고 말 것이다.

    헬레니즘 종교에서 천문학이 차지하는 위치에 대한 관심이 1989년에 데이비드 울란지$^{David\ Ulansey}$(Species Alliance 창립자, 캘리포니아 통합학문연구소 교수/옮긴이)의 책, 『미트라 신비 가르침의 기원$^{The\ Origin\ of\ Mithraic\ Mysteries}$』에 의해 되살아났다. 미트라교의 주 경쟁자인 기독교 역시 초기 발전단계에서 천문학적이고 우주론적인 상징주의와 결합되었으며, 데이비드 피델러$^{David\ Fideler}$는 자신의 저서, 『예수 그리스도, 신의 태양$^{Jesus\ Christ,\ Sun\ of\ God}$(1993)』에서 그런 전통에 관한 많은 것들을 상세히 기록했다.

    『고대 하늘의 메아리』 이후로 필자는 관심의 일부를 하늘의 신화학에 돌려, 『푸른 지평선 너머: 태양, 달, 별들, 그리고 행성들의 신화와 전설$^{Beyond\ Blue\ Horizon:\ Myths\ and\ Legend\ of\ the\ Sun,\ Moon,\ Stars,\ and\ Planets}$(1990)』을 썼다. 이 소재에 관한 포괄적인 교차문화 연구는 한 세기 전에는 이루어지지 못했었다.

    시간의 경과는 사람들의 목숨을 거두어갔다. 지난 10년 동안 고고천문학

그 자체인, 다주제 간 학문연구 통섭에서 세 명의 선구자를 잃었다. 몇몇 전문가들이 그의 거석문화 시대 달 관측소들에 관심을 갖게 만들었으며, 그 분야에서 선구적 역할을 했던 알렉산더 톰이 1985년 11월 7일 사망했다. 트래비스 허드슨이 없었다면 캘리포니아 원주민 천문학에 커다란 손실이 있었을 것이다. 그는 어니스트 언더헤이와 함께 추마시 족에 관한 존 피버디 해링턴의 출간되지 않은 민족지학적 기록들을 정리해 집대성했다. 애석하게도 허드슨은 1985년 7월 생을 마감했다. 마지막으로 건축가로서, 마야 의례단지들의 설계에 관한 전문가로서, 그리고 메소 아메리카 프로젝트에서 아베니와 함께 주 공동 연구자로 잘 알려진 호르스트 하르퉁이 1990년 7월 18일 세상을 떴다.

새롭게 진전되어가는 상황에 대해 알고 싶어하는 사람들을 위해, 초판에서는 언급할 지면이 없어 하지 못했던 다른 연구에 대한 보고도 이 서문을 통해 함께 간략하게 서술했으며, 여기에 고대 천문학에서 지난 10년간 보류되었던 가장 흥미로운 부분도 몇 가지 추가했다.

Abhayankar, K. D. and B. G. Sidhartha, Treasures of Ancient Indian Astronomy, Delhi: Ajanta Publications, 1993.
Aveni, Anthony F., Conversing with the Planets, New York: Times Books, 1992.
———., Empires of Time, New York: Basic Books, 1989.
———., ed. The Lines of Nazca, Philadelphia: The American Philosophical Society, 1990.
———., ed. New Directions in American Archaeoastronomy, Oxford: B.A.R., 1988.
———., ed. The Sky in Mayan Literature, New York: Oxford University Press, 1992.
———., ed. World Archaeoastronomy, Cambridge: Cambridge University Press, 1989.
Aveni, Anthony F., and Gordon Brotherston, Calendars in Mesoamerica and Peru and Native American Computations of Time, Oxford: B.A.R., 1983.
Benson, Arlene, and Tom Hoskinson, eds. Earth and Sky: Papers from the Northridge Conference on Archaeoastronomy, Thousand Oaks, Calif.: Slo'w Press, 1985.

Broda, Johanna, Stanislaw Iwaniszewski, and Lucrecia Maupomé, eds. Arqueoastronomia y Etnoastronomia en Mesoamérica, Mexico City: Universidad Nacional Autónoma de México, 1991.

Burl, Aubrey, Prehistoric Astronomy and Ritual, Aylesbury, U.K.: Shire Publications, 1983.

Carlson, John B., "America's Ancient Skywatchers" National Geographic Magazine, (March 1990): 76-107.

———., Venus-regulated Warfare and Ritual Sacrifice in Mesoamerica: Teotihuacán and the Cocaxtla "Star Wars" Connection, College Park, Md.: Center for Archaeoastronomy, 1991.

Carlson, John B., and W. James Judge, Astronomy and Ceremony in the Prehistoric Southwest, Albuquerque: Maxwell Museum of Anthropology, 1987.

Crocker, John Christopher, Vital Souls, Tucson: The University of Arizona Press, 1991.

Fabian, Stephen Michael, Space-Time of the Bororo of Brazil, Gainesville: University Press of Florida, 1992.

Farrer, Claire R., Living Life's Circle, Albuquerque: University of New Mexico Press, 1991.

Fideler, David, Jesus Christ, Sun of God, Wheaton, Ill.: Quest Books, 1993.

Griffin-Pierce, Trudy, Earth Is My Mother, Sky Is My Father, Albuquerque: University of New Mexico Press, 1992.

Hadingham, Evan, Early Man and the Cosmos, New York: Walker & Company, 1984.

Iwaniszewski, Stanislaw, ed. Readings in Archaeoastronomy, Warsaw: State Archeological Museum and Department of Historical Anthropology, Institute of Archaeology, Warsaw University, 1992.

Krupp, E. C., Beyond the Blue Horizon: Myths and Legends of the Sun, Moon, Stars, and Planets, New York: HarperCollins, 1990; Oxford University Press, 1991.

Malville, J. McKim, and Claudia Putnam, Prehistoric Astronomy in the Southwest, Boulder Colo.: Johnson Publishing Company, 1989.

McKoy, Ron, Archaeoastronomy: Skywatching in the Native American Southwest, Flagstaff: The Museum of Northern Arizona Press, 1992.

Meyer, Jeffrey F., The Dragons of Tianaman: Beijing as a Sacred City, Columbia:

University of South Carolina Press, 1991.

O'Neil, W. M., Early Astronomy from Babylon to Copernicus, Sydney, Australia: Sydney University Press, 1986.

Roe, Peter G., The Cosmic Zygote, New Brunswick, N. J.: Rutgers University Press, 1982.

Ruggles, C. L. N., ed. Archaeoastronomy in the 1990s, Loughborough, U. K.: Group D Publications, 1993.

——., ed. Astronomy and Cultures, Niwot: University Press of Colorado, 1993.

——., ed. Records in Stone: Papers in Memory of Alexander Thom, Cambridge: Cambridge University Press, 1988.

Schiffman, Robert A., ed. Visions of the Sky: Archaeological and Ethnological Studies of California Indian Astronomy, Coyote Press Archives of California Prehistory No. 16. Salinas, Calif.: Coyote Press, 1988.

Swarup G., A. K. Bag, and K. S. Shukla, History of Oriental Astronomy, Cambridge: Cambridge University Press, 1987.

Ulansey, David, The Origins of the Mithraid Mysteries, New York: Oxford University Press, 1989.

Williamson, Ray A., Living the Sky: the Cosmos of the American Indian, Boston: Houghton Mifflin Company, 1984.

Williamson, Ray A., and Claire R. Farrer, Earth & Sky: Visions of the Cosmos in Native American Folklore, Albuquerque: University of New Mexico Press, 1992.

Worthen, Thomas D., The Myth of Replacement: Stars, Gods, and Order in the Universe, Tucson: The University of Arizona Press, 1991.

Ziólkowski, Mariusz S., and Robert M. Sadowski, eds. Time and Calendars in the Inca Empire, Oxford: B.A.R., 1989.

## 감사의 말

이 책이 나오기까지 밤하늘의 별만큼이나 많은 사람들이 여러 면에서 도와주었다. 그들의 도움이나 자극 또는 충고가 없었더라면 원고를 계속 쓸 수 없었을 것이다. 책이 성공한다면 모두 그들 덕분이다. 그러나 부족한 부분은 모두가 내 탓이니, 그들이 비난받을 이유는 없다.

앤터니 아베니 박사, 폰 델 체임벌린, 호르스트 하르퉁 박사, 그리고 조하니스 윌버트 박사는 원고를 미리 일부 또는 전부 읽어주었다. 포괄적이고 거침없는 그들의 제언 덕에 나는 당혹스러운 일이나 오류를 범하는 일을 모면할 수 있었다. 이건 장담할 수 있다.

앞에서 언급한 학자들 외에도 많은 분들이 이미 출간된 자신들의 저작을 통해서, 사실관계를 명확히 밝혀주는 서신왕래를 통해서, 또 설전도 마다하지 않는 대화를 통해서 많은 정보를 제공하고 격려해주었다. 오브리 벌 교수와 존 에디 박사, 오웬 깅그리치 교수, 로널드 힉스 교수, H. B. 니콜슨 교수, 제라르도 라이클-돌마토프 박사, 에드워드 H. 샤퍼 교수, 알렉산더 톰 교수와 그의 아들인 A. S. 톰 박사는 자신들의 경험과 생각을 나에게 나누어주었다. 이 많은 전문가들이 도움을 주지 않았다면 나는 방향을 제대로 잡지 못했을 것이고, 또 천문학 요소들이 섞여 있는, 외진 곳에 위치한 고고학 유적지를 방문하는 일 따위는 꿈도 꾸지 못했을 것이다. 아베니 박사는 나에게 정렬 측정법을 가르쳐주었고, 아베니 박사와 하르퉁 박사 모두 내가 멕시코에서 전세버스로는 도저히 갈 수 없는 곳까지 가보도록 등을 떠밀었다.

　동시에, 자신들의 현장조사에 나를 끼워준 고고학자 또는 바위미술 전문가인 캘리포니아의 동료들에게도 감사하고 싶다. 그들의 이름은 알린 벤슨, 밥 쿠퍼, 켄 헤지스, 탐 호스킨스 박사, 트래비스 허드슨 박사, 버논 헌터, 댄 라슨, 존 래프터, 존 로마니와 그웬 로마니, 래리 스팬, 그리고 고 버벌리 트룹이다.

　중화인민공화국의 국민 가이드인 창쩌민$^{Chang\ Ze\ min}$ 씨와 중국 국제여행국 대표들이 전문가로서의 의견을 말해준 덕분에 고고학 및 천문학적으로 중요한 유적지에 가보고자 한 우리 노력이 결실을 맺을 수 있었다. 또 고대 중국의 천문학에 관심을 가진 중국의 몇몇 학자들에게 감사한다. 그들은 나의 천문학 지식을 키워주었다. 왕더창$^{Wang\ De-chang}$ 씨와 그 밖의 중국과학원 자금산천문대의 역사 연구그룹 회원들인 베이징의 고고학회 회장 샤나이$^{Xia\ Nai}$ 박사, 《아마추어 천문학자》의 편집장이며 베이징 플라네타리움 회원인 벤더페이$^{Bian\ Depei}$ 씨 등이 중국의 폭넓은 천문학 전통에 대해 많은 지식을 나누어주었다.

　1979년 산타페에서 개최된 '미국 고고천문학' 회의의 발기자인 레이 윌리엄슨 박사는 중대한 분기점이 된 그 회의에 내가 참석할 수 있도록 배려해주었다. 그 일뿐만 아니라 기꺼이 자신의 생각과 활동을 함께 나누어준 그 마음에 감사한다.

　또 고고천문학센터 회장인 존 칼슨 박사에게 감사하고 있다. 그의 효율적인 작업 덕에 우리는 현장에서 진행되고 있는 상황을 빠짐없이 알 수 있었다. 칼슨 박사는 한결같은 지지와 우정, 그리고 정보를 보내주었다.

　로저 빙엄 씨는 이 책의 몇 가지 기초적인 주제를 알기 쉽고 분명하게 설명하라며 끈질기게 나를 몰아대면서, 이 문제들에 대한 자신만의 독특한 식견을 나눠주기도 했다.

　이 책은 여러 학문의 경계를 넘나든다. 여러 학문 분야를 합쳐서 연구할 수 있다는 믿음을 갖게 된 건 포모나$^{Pomona}$ 대학 학부 시절의 경험 덕분이다. 그 학교의 교양과목은 전통적으로 과학과 인문학의 관계에 대해 올바른 인식을 갖게 해주기 때문이다. UCLA 대학원 시절 내 지도교수였던 조지 에이블 박사는 과학연구 사업에서 인간적인 면을 날카롭게 간파한다. 자신의 연구를 고고천문학으로 확장하는 데에는 관심이 없지만, 대중교육뿐만 아니라 이 분야에서의 나의 노력을 항상 격려해준다. 나는 고교 시절 이래로 그의 유머와 안목에 푹 빠져 있으며, 어떤 학문이든 내가 하는 것은 전부 그에게서 영향을 받은 것이다.

UCLA 평생교육원 과학과는 내가 아주 색다른 장소에, 가끔은 그런 곳이 있을까 싶은 곳까지도 현장학습 여행을 편성할 수 있게 허용해주었다. 실제로 로버트 배릿 박사는 내가 중화인민공화국에 가도록 개인적으로 책임지고 추진해주었고, 이브 하버필드 박사는 우리가 가는 곳이면 어디든 데려다주고 돌아올 때 다시 데려오는 힘든 일을 수시로 해주었다.

로스앤젤레스 시 휴양부 관리자의 도움도 받았다. 그리피스 천문대가 광범위하게 소장하고 있는 도표, 계획, 플라네타륨 모형 등을 사용할 수 있도록 허가해주었기 때문이다. 그중 많은 것들을 천문대에서 발행하는 월간 잡지인 《그리피스 옵저버Griffith Observer》지에도 공개할 수 있게 해주었다. 이 책에 나온 삽화의 대부분은 그리피스 천문대 직원인 조지프 비에니아즈, 로이스 코언, 헬렌 조르조리안, 조지 이웰 페리슨이 그린 것이다.

천문대 후원회와 후원회장 데브라 그리피스 여사의 관대함 덕택에 고고천문학이 포함된 천문대 전시회와 프로그램을 만들 수 있었다. 우리가 두 번의 멕시코 여행을 할 수 있었던 것도 후원회가 공동 스폰서가 되어주었기 때문이다.

본문의 일부는 에드워드 헬륨이, 그리고 상당 부분은 수잔 콜먼이 타이핑해주었다. 그들의 속도와 정확함에 감사한다. 내 손으로 괴발개발 써놓은 것을 나도 알아보기 힘들 정도인데 말이다.

애초에 이 책을 출판할 출판업자를 선정해준 휴 로슨의 결정도 물론 빼놓을 수 없다. 오랜 경험을 가진 편집자 겸 작가로서의 그의 전문적인 조언 덕에, 원래의 개념을 좀 더 강화하고 초교 단계에서 문장을 한층 정확하고 세련되게 다듬을 수 있었다. 하퍼앤로우 사의 편집장인 로렌스 필 애쉬미드는 이 책을 순수한 관심과 배려로 기획하고 이끌어주었다. 내 첫 번째 책을 낼 수 있도록 계약해준 사람도 다름 아닌 그였다. 계속해서 내 작품에 관심을 보여주고 있는 그에게 진심으로 감사한다. 마지막으로, 크레이그 넬슨은 감각적으로 돋보이는 편집을 해주었다. 그는 이 프로젝트에 영향력을 행사해서 건전하면서도 신랄한 비판을 서슴지 않으며 세세한 부분까지 하나하나 살폈다. 이 책이 이렇게 만족스러운 모양새를 갖추게 된 것은 상당 부분 그의 공이다. 그의 헌신과 전문가적 기질의 수혜를 누리고 있으니 나는 행운아라는 생각이 든다.

멀티미디어 프로덕트 디벨롭먼트 사의 제인 조던 브라운은 불확실한 출판 시장에서, 내 책이라면 언제든 성공을 보장받을 수 있다는 확신을 갖게 해줌으로써 다시 한 번 자신의 혜안과 충실함을 증명했다. 그녀는 날카로운 편집자의 눈으로 원고뿐만 아니라 교정본까지 면밀히 검토해주었다. 또 냉정한 상식으로 무장된 날카로운 눈빛으로 내가 쓴 말들을 꾸밈없고 명확한 이야기로 바꿔놓았다. 이런 힘든 작업에서 그녀는 정말 소중한 파트너다. 그녀가 없었다면 이 책은 세상에 나오지도 못했을 것이다.

사진을 찍고 그림을 그려준 아내 로빈 렉터 크룹의 공헌은 이 책을 보면 증명된다. 그러나 그런 일보다는 일 년 이상 내 서재 주위에 바리케이드를 쳐놓고, 심지어는 가족이나 가까운 친구들의 연락마저도 걸러내서 내가 일에 집중할 수 있게 해준 점에 무엇보다 감사한다. 이 책은 어느 정도는 사회적인 여러 요소가 응집된 것이다. 그런데 이 책을 쓰는 동안 다른 사람들과의 교제를 피해야 했으니 아이러니가 아닌가. 다른 사람들이란 내 부모님인 플로렌스와 에드윈 C. 크룹, 장인 장모인 마거릿과 로버트 렉터를 말하는 것이다. 그분들은 인내와 이해와 지지를 보내며 못마땅해하는 기색 없이 끝까지 참아주셨다.

내 아들 에단은 주말에도 밤낮 없이 글만 쓰는 것이 정상적인 생활이라고 믿기에 이르렀다. 그 아이가 이렇게 생각해주는 게 감사하기는 하지만, 앞으로 몇 달 안에 현실에 대한 이런 시각을 바꿔주려는 노력을 해야겠다.

# 차례

저자의 말 – 1994년 판에 부쳐　9
감사의 말　22

## 1. 우리가 보는 빛　29

조상들의 눈으로 보기 ● 태양과 별에서 계절 보기 ● 세차의 하늘 산책 ● 별들 사이를 배회하는 방랑자들 ● 달빛으로 시간 표시하기 ● 질서와 혼돈

## 2. 우리가 지켜보는 하늘　61

하늘 위의 눈 ● 하늘에 보이는 전조 ● 하늘을 기록하기 ● 태양을 향한 원 ● 태양을 바라보는 단 ● 달을 잡으려고 손을 뻗다 ● 하늘에서 드리워진 그림자? ● 하늘을 엿보는 창문들 ● 금성의 탑 ● 정확성을 추구하다

## 3. 우리가 경배하는 신들　115

불멸성과 신성 ● 천상의 신들 : 태양과 달 ● 떠도는 신들 ● 신이 된 별들 ● 하늘에 있는 힘의 목적 ● 하늘이 위임했노라 : 하늘이 땅에 이르다

## 4. 우리가 들려주는 이야기들　143

계절의 질서 ● 세계의 구조 ● 질서 유지 ● 혼돈의 침입과 질서의 회복

## 5. 우리가 매장하는 고인들　169

대 피라미드 천문학 ● 왕가의 계곡에 별처럼 총총한 무덤들 ● 중국 하늘 아래 묻힌 ● 카호키아 유적 72호 고분의 미스터리 ● 팔렝케 유적에서 태양이 죽다 ● 아일랜드 무덤 속 햇빛

## 6. 우리가 계속하는 밤샘관측　205

샤먼과 성소 ● 태양의 집들 ● 하늘로 가는 여정 ● 태양의 바퀴들 ● 태양의 사제들 ● 태양의 소용돌이선들

## 7. 우리가 계산하는 날짜들　249

구석기시대에 시간 표시하기 ● 구석기시대의 표기법: 빙하기의 달을 새기다 ● 시간을 숫자로 바꾸기 ● 신석기시대에 시간 축하하기 ● 선돌로 계절 세분하기 ● 달로 시간 측정하기 ● 시간을 조직화하고 그것을 철저히 지키기 ● 시간을 신성하게 하고 그것에 의미 부여하기 ● 달력, 보정, 그리고 왕들 ● 달력, 경작, 그리고 우주질서 ● 시간과 사회질서 : 잉카 달력 ● 시간과 점 ● 복잡함과 일치 : 메소아메리카의 달력

## 8. 우리가 올리는 제의　295

한 해 되살리기 ● 한 해 살아남기 ● 한 해 조율하기 ● 한 해에 경의 표하기 ● 한 해 시작하기 ● 햇수를 '다발'로 묶어 '나르기' ● 영혼 부활시키기

## 9. 우리가 에워싸는 공간　331

스톤헨지와 하늘 ● 스톤헨지에 있는 그 밖의 것들 ● 고리 안에 있는 것들 ● 제의와 고리

## 10. 우리가 정렬시키는 신전들   357

신화 흉내 내기 ● 우주에서 머무르기 ● 우주의 베틀에서 베 짜기 ● 회귀선 위에 있는 신전 ●
천정의 태양을 위한 방 ● 하늘을 위한 무대 ● 신전에 빛을

## 11. 우리가 설계하는 도시들   395

금단의 도시 ● 태양을 효율적으로 이용하는 도시 ● 태양에게 영양을 주는 도시 ● 세계의 배꼽에 있는 도시 ● 신들이 세운 도시

## 12. 우리가 그리는 상징들   431

십자, 달력, 그리고 우주의 게임보드 ● 하늘의 승인 ● 달 표시하기 ● 보리, 벌들, 그리고 시간의 경과 ● 이시타르의 별 ● 태양에는 날개가 있다 ● 빛나는 원반과 그 밖의 세계

## 13. 우리가 디자인하는 우주들   471

하늘에서 에너지를 얻다 ● 천정에 맞춰 정위된 ● 천구를 따라 운행된 ● 하늘에 의해 조직된 ● 시간과 공간으로 짜맞춰진 ● 우리 앞에 저만치 펼쳐져 있는 어둠


**옮긴이의 말**   520
**참고문헌**   522
**찾아보기**   560

# 1. 우리가 보는 빛

조상들의 눈으로 보기●태양과 별에서 계절 보기●세차의 하늘 산책
●별들 사이를 배회하는 방랑자들●달빛으로 시간 표시하기●질서와 혼돈

사람들이 우주를 바라보는 방식은 그들이 살아가는 방식과 많은 관계가 있다. 그리고 하늘은 예로부터 무엇이 지금 이대로의 세상을 만드는가에 관한 이야기를 들려준다.

도시화된 세상에서 인공조명을 사용하는 오늘날에는 우리 선조들에게 그토록 중요했던 그 하늘을 감상하기는 힘들다. 손쉽게 이용할 수 있는 디지털시계와 탁상달력이 있으니 오늘이 몇 년 몇 월 며칠인지 알기 위해 굳이 하늘을 올려다볼 필요가 없다. 도시의 불빛 아래서는 어차피 머리 위에 무엇이 있는지 거의 보이지도 않는다. 칠흑 같은 밤이 사라졌기 때문이다. 대부분의 별빛은 점점이 흩어져 있는 불빛보다 더 희미하다. 도시 주민들에게는 밤하늘이 그저 플라네타륨(태양계의 운행을 둥근 천장에 투영하는 장치/옮긴이) 아래에 보존되어 있을 뿐이다. 우리는 그런 요소들로부터 우리 자신을 잘 보호하려고 안간힘을 써왔고, 덕분에 그럭저럭 하늘을 보이지 않게 가려놓았다. 그 과정에서 문명의 토대가 되는 요소들로부터 스스로 배제되기도 했다.

석기시대로 거슬러 올라가면, 대부분의 인류 역사에서 하늘을 도구로 사용했다. 최초의 인간들은 손으로는 자신들이 정교하게 만든 부싯돌을 움켜쥐고, 머리로는 하늘을 터득했다. 천체의 규칙적인 운행은 시간을 알려주고 자신들의 위치를 알게 해주었다. 그들의 문명은 한편으로는 손으로 도끼와 화살촉, 바늘과 작살 같은 도구를 만들어 쓰고, 또 한편으로는 하늘에 대해 알게 됨으로써 이루어진 것이다. 하늘로부터 그들은 시간의 주기, 질서와 대칭, 그리고 자연의 예측 가능성이라는 심오한 의미를 얻었다. 그리고 그들의 후손인 우리는 그것을 물려받았다. 이렇게 하늘을 알아차림으로써 과학의 토대뿐만 아니라 우주와 그 안에 있는 우리의 자리를 바라보는 시각이 마련되었다.

하늘은 매우 실용적인 도구다. 그것이 사람들을 살아남게 해주었다. 우리는 시간이라는 개념에 아주 익숙해져 있어서 그것을 당연하게 여긴다. 시간 때문에 압박을 받기도 하지만. 시간은 벽에 걸려 있는 달력만큼이나 정직한 것 같다. 거기 우리 앞에, 앞으로 올 날들과 지금 막 지나간 날들이 일렬로 늘어서 있다. 정신적으로 우리는 자신이 수많은 날들의 질서정연한 연속선상 어딘가에 있다고 본다. 그렇게 함으로써 과거를 평가하고 미래를 계획한다. 시간에 대해 이런 의식을 갖고 있으므로 복잡한 사업도 할 수 있는 것이다. 조직화되고 협력적인 집단은 진화에서 우위를 차지하며, 사회응집력의 본질인 효율적인 인간 상호작용은 기준이 될 공통의 시스템을 마련하라고 요구한다. 시간관리와 달력은 그 의미를 이해하고 측정하기 위해 믿을 수 있고 반복적인 천체주기에 의존한다.

위치를 파악하는, 다시 말해 풍경을 조직적으로 정리하는 우리의 위치 감각 또한 우리가 살아남도록 해주었으며, 그 역시 하늘에 의존한다. 지상의 방위는 천문현상에서 그 의미를 얻는다. 변함없는 북극성과 지평선을 따라 태양이 떠오르는 지점의 규칙적인 변화에서 방위의 의미가 생긴다는 말이다. 이 점에서 인간은 다른 피조물들과는 전혀 다르다. 오스트리아의 노벨상 수상자인 카를 폰 프리쉬$^{Karl\ von\ Frisch}$(동물의 행동유형 연구로, 1973년 콘라트 로렌츠, 니콜라스 틴버겐 등과 함께 노벨의학상을 공동 수상했다/옮긴이)의 업적에서 알 수 있듯이, 꿀벌은 태양의 위치와 자외선을 이용해 벌통에서 꽃으로, 꽃에서 벌통으로 가는 길을 찾아낸다. 비둘기들은 태양과 몸속 시계를 이용해 자기들의 보금자리로 돌아가는 길을 찾는다(자기를 띤 지면과 조화를 이루는 비둘기의 두뇌 조직 속 아주 작은 자성 조직은 백업 내비게이션의 일부다). 우리의 서식지는 땅에 국한되어 있고 눈높이는 개미 정도이므로, 머리 위로 솟아 있는 나무들의 패턴이 뭔가를 기준으로 삼고자 하는 우리의 욕구를 충족시켜주었을 것이다. 그건 마치 장애물들로 뒤덮인 미로를 통과하면서 가까스로 자기 굴로 돌아가는 길을 찾아내며, 먹이를 찾아 헤매는 개미들처럼 보인다. 우리는 지상을 떠돌지만, 그러나 우리 두뇌를 사로잡는 것은 바로 하늘이다.

우리 조상에게, 하늘에서 일어나는 모든 것은 은유였다. 그것은 뭔가를 의미했다. 그것은 자기들의 삶을 규정한다고 느끼는 원칙을 상징하는 것이기도 했고, 또 그 원칙 뒤에 있는 힘이기도 했다. 하늘에는 특별한 힘이 있었다. 달의 모양에 따라 조류가 달라지고, 태양과 별들이 협력해서 계절을 나누며, 세상과 그 세상에 거주하는 존재들은 계절의 변화를 따른다. 도시화된 현대인들은 하늘에서 일어나는 일과 자신의 삶 사이의 이런 긴밀한 결속감을 잃어버렸다. 하지만 몇몇 전통적인 사람들은 지금도 그것을 간직하고 있다. 콜롬비아의 데사나$^{Desana}$ 원주민들은 하늘을 '두뇌'라고까지 하며, 두 개의 반구는 은하수로 나뉘어 있다고 생각한다. 자기들의 두뇌는 하늘의 공명과 함께한다고 그들은 말한다. 이런 생각이 그들을 세상과 융화시켰고, 이 우주에서 자신들의 역할을 인식하게 해주었다.

데사나 원주민들의 이러한 인식을 고대인들은 공통적으로 가지고 있었다. 고대인들은 하늘이 인간의 영혼과 사회를 규정한다고 생각했다. 그래서 자신들이 하는 일에서 하늘과 두뇌의 결속을 표현했다. 달력과 시계에서, 별자리표와 책력에서, 신들과 신화에서, 의례와 의상과 춤에서, 그리고 신전과 무덤에서. 이 결속의 표현은 천장에다 상징화하기도 했고, 바닥에다 하기도 했다. 그들은 도시설계 속에 그것을 깊숙이 박아넣기도 하고, 게임보드 위에 짜 넣기도 했다. 왕실에서 충성스러운 신하에게 토지를 수여한 것을 기념하는 경계석에 그것을 새겨넣었고, 왕의 공식 문서와 사회조직 속에 짜넣기도 했다. 어떤 이들은 세상이 어떤 상태인지 보려고 하늘을 이용했고, 또 어떤 이들은 미래를 점치려고 어두운 밤하늘을 올려다보았다.

우주 안에서 우리가 어떤 자리에 있는지는 우주를 알아야만 알 수 있다. 우주의 구조, 우주의 창조, 그리고 우주의 궁극적인 운명은 머리 위에 있는 단서를 보고 추론해야 한다. 진짜 천문대에서 하늘을 보았던 고대의 천문학자들은 밤을 새워가며 그 의미를 찾았다. 오늘날 현대 천문학자들도 같은 탐색을 계속하고 있다. 이 오래된 하늘 관측 전통은 지금도 우리에게 이 우주 안에서 우리가 무엇이며 어디에 있는지, 어느 시대에 있는지를 말해준다. 우리는 하늘의 질서를 깨닫고 그것을 땅에 수놓는다. 하지만 이런 것을 깨달았다고 해서 놀랄 필요는 없다. 하늘도 결국은 우리 마음의 눈을 비추는 거울일 뿐이니까.

**조상들의 눈으로 보기**

우리들 대부분은 하늘과의 교감을 상실했지만, 마음속에는 그 오래된 유산을 간직하고 있다. 저녁놀의 빛깔에 사로잡히면 우리는 멈춰 서서, 머나먼 지평선의 어두운 실루엣 뒤로 미끄러져 들어가는 태양의 마지막 광채를 지켜본다. 지금은 새들의 아침 노래 대신 알람시계 소리에 깨어나지만, 조상들이 새벽에 깨달았던 만물이 소생하는 느낌을 여전히 경험할 수 있다. 해 뜨기 전에 일어나서 첫 번째 따뜻한 햇살이 풍경 위로 퍼지기를 기다리기만 하면 된다. 교외로 나가 보면 적어도 수만 년 동안 사람들이 지켜봤던 것과 똑같은 별들을 볼 수 있다. 지금은 조상들이 했던 것처럼 하늘과 더불어 살 수 있는 직업이나 생활방식을 가진 사람이 거의 없지만, 잠깐 하늘을 쳐다보는 것만으로도 그들이 느꼈던 것을 느낄 수 있다.

수많은 별들이 하늘에 흩뿌려져 있다. 그것들 중에는 유난히 밝게 빛나며 주의를 끄는 것들이 있는데, 한층 더 밝은 행성들은 자기 주위에 있는 다른 많은 별들로부터 떨어져 홀로 있는 것처럼 보인다. 길게 늘어진 은하의 희미한 꼬리는 마치 거대한 무지개의 하얀 유령처럼 하늘에 다리를 놓아주고 있다. 밤하늘은 풍요롭고 아름답고 신비롭다.

하지만 하늘을 제대로 알려면 계속 지켜봐야 한다. 그것은 눈길을 한 번만 딴 데로 돌려도 변해 있다. 매시간, 매일, 매달, 매년, 그리고 끔찍할 정도로 기나긴 시간의 주기 속에서. 하늘을 계속 주시하는 게 힘들다면, 조상들이 알아챘

캘리포니아의 불규칙한 사막 지평선 위로 떠오르는 태양의 첫 번째 반짝임이 하늘의 일상을 새롭게 한다.
(로빈 렉터 크룹Robin Rector Krupp)

던 것처럼 좀 짧은 주기는 알아챌 수 있을 것이다.

　단순한 한 주기로, 즉 지구의 자전으로 시간이 측정되고 방위가 정해진다. 주기는 아침에 태양이 떠오를 때 시작된다. 이 때문에 태양이 지평선을 가로지른다고 말하는데, 지평선은 주위에 펼쳐져 있는 땅과 그 위로 뻗어 있는 하늘 사이의 경계다. 지평선horizon의 원래 의미는 '경계선' 또는 '한계'다. 우리가 영토, 즉 경계가 있는 공간이라는 의식을 갖게 된 건 땅이 하늘의 '가장자리'에서 끝난다고 인식했기 때문이다. 지구가 둥글다고 생각하든 평평하다고 생각하든 그건 중요하지 않다. 어떤 곳에서든 지평선이라는 테두리로 에워싸여 있으니까.

　결국, 태양은 지평선으로 복귀한다. 태양이 일단 사라지고 나면 하늘은 점점 어두워지고, 한 시간 안에 별들이 머리 위에서 빛나기 시작한다. 별을 자세히 지켜보면, 대부분의 별들이 태양과 똑같이 운행한다는 걸 알 수 있다. 그것들은 지평선 위로 떠올라 세상을 가로질러가서는 지평선 아래로 진다. 해가 지는 곳 가까이에 있는 별들은 태양을 따라 초저녁에 지평선 아래로 들어간다. 태양이 지자마자 떠오르는 별들은 밤새 하늘에 떠 있을 것이다. 하늘에 아직 남아 있던 새벽별들도 태양이 낮을 가지고 세상으로 다시 돌아오면서 새벽 어스름 속에 어느덧 사라진다.

이 신뢰할 수 있는 낮과 밤의 패턴이 시간의 경과에서 나타나는 하늘의 첫 번째 주기다. 낮과 밤은 하늘을 가로지르는 태양과 별들의 여정에 의해 나뉜다. 그것은 자전하는 지구가 생명을 불어넣어준 퍼레이드다. 우리는 땅 위에 서 있지만 그 움직임을 느끼지 못한다. 대신 그 움직임이 하늘에 반사된 것을 본다. 우리 행성은 서에서 동으로 회전하는데, 그게 마치 화려한 축제 행렬이 동에서 서로 굴러가는 것처럼 보인다.

동쪽은 떠오르는 영역이다. 지는 것은 서쪽에서 일어난다. 이런 방위에는 의미가 있다. 그것을 명확하게 보여주는 천문 현상들 때문이다. 그렇게 되면 이런 현상들은 그 나름의 상징적인 의미를 갖는다. 정동이 아니라, 일반적인 의미로 동쪽이라고 말할 때면 천체들이 나타나는 지평선 반쪽을 언급하는 것이다. 어떤 의미에서는 그것들은 거기서 '태어나는' 것이다. 우리는 탄생, 창조, 그리고 동쪽과 함께하는 삶을 연상한다. 라틴어로 동쪽은 오리엔트$^{orient}$이며 동사 '떠오르다'에서 파생된 단어이고, 서쪽은 옥시덴트$^{occident}$이며 동사 '지다'에서 파생된 단어다. 고대인들은 태양과 다른 천체들이 지는 것은 곧 그것들의 '죽음'이라고 생각했으며, 지금도 '만년$^{sunset\ years}$'이라는 말은 노령에 대한 은유적 표현이다. 많은 문화권에서 서쪽은 죽음의 땅이다. 그래서 제1차 세계 대전에서 전사한 병사들은 '서쪽으로 갔다'. 많은 사람들이 『반지의 제왕』을 읽었을 것이다. 그 소설에 등장하는 두 주인공 프로도와 빌보는 늙고 또 한 시대가 끝나자, 자기들의 고향을 떠나 '서쪽 세계'로 간다.

어떤 별들은 절대 지평선 밑으로 내려가지 않는 위치에 있다. 그 별들은 밤이든 낮이든 공통의 중심, 즉 절대 움직이지 않는 한 점을 중심으로 도는 순환궤도를 따라간다. 우리 시대의 북반구에선, 작은곰자리에서 거의 움직임 없는 별 하나가 그 점을 차지하고 있다. 바로 북극성$^{Polaris}$이다. 그 이름은 하늘의 북극,

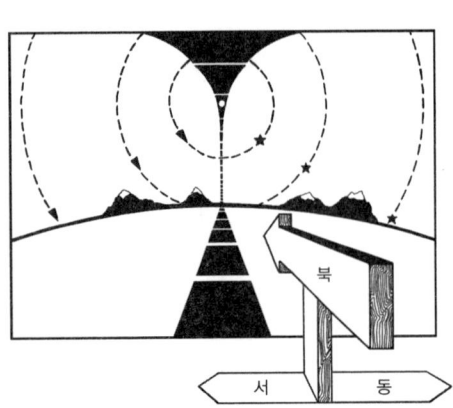
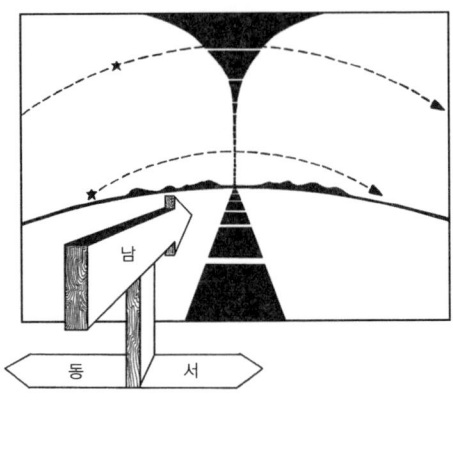

북반구에서 정북을 향해 서면, 천구의 북극 가까이에 있는 별들이 극 둘레를 따라 회전하는 게 보인다. 극 자체는 움직이지 않으며 그래서 특별하다. 그것은 우리가 특별히 직시해야 하는 방향을 만들기도 한다. 단속적으로 굵게 그려진 남-북 라인은 우리를 환영하러 다가오는 것 같다. 점선으로 그려진 자오선의 원호는 기본방위 북쪽에서 천구의 북극을 통과하면서, 머리 위 천정을 가로지르며 하늘 높이 뻗어나가는 것 같다. 완전히 반 바퀴를 돌면 남쪽을 향하게 되는데, 자오선 원호가 남쪽 지점에 있는 지면의 기본선으로 떨어지는 걸 볼 수 있다. 이 방향에서 별들의 궤도는 수평으로 하늘을 가로지른다. 이와는 반대로 북쪽에서는 별들이 원을 그리며 돈다. (로빈 렉터 크룹)

절대 지지 않는 별들이 뒤따르는 순환궤도의 중심을 나타낸다. 지구가 자기의 '극' 주위를 자전하는 것과 같이, 태양은 이 단 하나의 점 주위를 회전하는 것처럼 보인다. 그리고 그 주위를 완벽하게 도는 별들을 주극성$^{\text{circumpolar stars}}$이라고 한다. 하늘의 북극을 정면으로 보면, 별들은 그 주위를 시계 반대 방향으로 돌지만, 지구의 적도 아래 남반구에서는 그와 비슷한 점, 즉 하늘의 남극 주위를 고리 모양으로 그리고 시계 방향으로 움직이는 게 보인다. 그것을 가리키는 밝은 물체는 없지만, 별들의 매일의 움직임 때문에 그것에 주목하게 된다.

극$^{\text{pole}}$이라는 말은 '말뚝$^{\text{stake}}$'이라는 단어에서 유래되었으며, 그 단어 뒤에 있는 개념은 하늘덮개에까지 닿는 막대, 하늘을 떠받치는 막대, 하늘을 하루에 한 번씩 회전하게 하는 축 역할을 하는 막대다. 그것은 우주의 축이며 다양한 사람들의 신화에서 산으로, 진짜 막대로, 나무로, 하늘을 꿰뚫는 지팡이로 묘사된다. 어떤 사건에서든 하늘의 극은 특별한 장소이며, 움직이는 하늘에서 움직이지 않는 기준이다.

북극성이라는 꺼지지 않는 횃불로부터 상상의 선을 하나 그으면서 지평선으로 곧장 내려오면, 우리가 있는 방향은 북쪽이다. 북반구에서는 북극성이 우리에게 이 방향을 분명하게 보여주기 때문이다. 북극성은 또 북쪽 하늘의 별이라고도 한다. 일단 북쪽을 찾아내면 다른 3개의 기본방위, 즉 남, 동, 서는 자동적으로 밝혀진다. 나침반의 기본방위 사이에는 4개의 중간 방위$^{intercardinal\ direction}$인 북동, 북서, 남동, 남서가 있고, 지평선의 각 $\frac{1}{4}$ 원호의 중심에 있다.

### 태양과 별에서 계절 보기

시간은 계절을 따라 소리 없이 지나가고, 이것도 하늘에 그대로 나타난다. 이 주기는 긴 주기다. 계절이 순환하는 데는 1년이 걸리는데, 이건 지구가 태양의 주위를 도는 시간의 길이다. 다시 말해, 그 움직임을 매일 느낄 수는 없지만 태양과 별들의 위치가 변하는 것을 매일 관찰하면서 따라가다 보면 1년 후엔 그것들이 원래 출발했던 자리로 되돌아온다는 말이다.

태양 주위를 한 번 공전하는 동안 지구는 대략 $365\frac{1}{4}$번 자전한다. 따라서 1년은 $365\frac{1}{4}$일이고, 태양의 매일 궤도 변화는 1년 주기를 재서 나눈다. 측정은 이런 식으로 이루어진다. 즉 어떤 장소든 서 있고 싶은 곳에서 태양이 떠오르는 방위를 알아차릴 수 있다. 만약 북반구에 있다면 일 년에 한 번 겨울에 태양이 남동쪽 멀리, 다시 말해 우리가 선택한 태양관측 지점에서 이제까지 본 중 동쪽에서 가장 먼 남쪽으로 떠오를 것이다. 며칠 동안은 일출이 계속 아침마다 같은 지점에서 다시 나타나는 것처럼 보이겠지만, 점차 북쪽으로 움직여가서 반년 후 여름에는 일출의 북쪽 한계인 북동쪽에서 해가 뜬다. 일출 지점은 며칠 동안 거기서 꾸물대다가, 결국엔 그 움직임을 되돌려 남쪽으로 돌아온다. 일출이 다시 남쪽 한계점으로 돌아갈 때까지는 반년이 걸린다. 그러면 겨울이 돌아온다. 매년 되풀이되는 이 계절주기는 지평선 서쪽으로 반을 따라가는 일몰 지점의 움직임에도 그대로 반영되는 것으로, 겨울이 돌아오면 다시 한 번 시작된다. 따

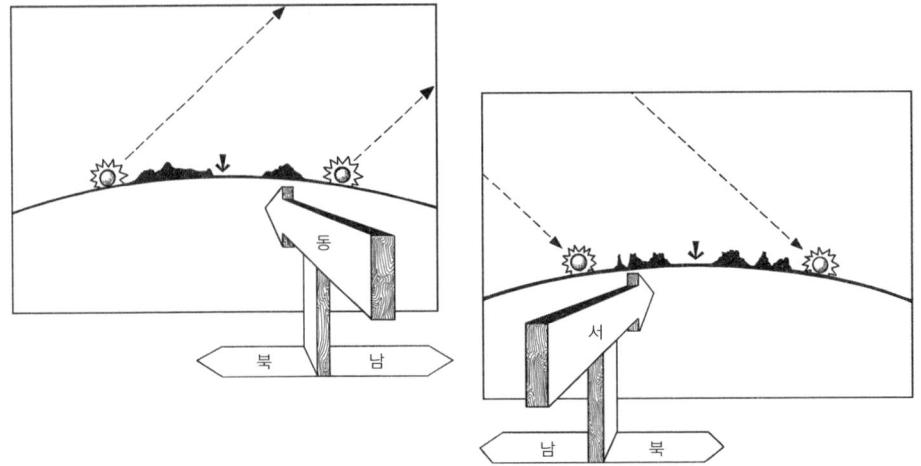

동쪽은 떠오르는 방향이다. 여기서는 두 궤도가 하지(왼쪽), 그리고 동지(오른쪽)와 관계있음을 보여준다. 이 위치에서 태양은 북쪽(왼쪽) 더 멀리에서는 절대 나타나지 않고, 지평선 위로 처음 나타난 이곳보다 남쪽(오른쪽) 더 멀리에서는 떠오르지 않는다. 1년 동안의 이런 일출 패턴은 서쪽에서 이루어지는 일몰에 그대로 반영된다. 다시 말해서, 1년간에 걸친 태양의 운행 중 양 극점은 동지(왼쪽 그리고 남쪽)와 하지(오른쪽 그리고 북쪽) 두 번의 하강 궤도로 나타난다는 말이다. 두 분점의 일몰은 정서방에서 일어난다. (로빈 렉터 크룹)

라서 태양이 이동하면서 시간은 날과 해의 질서정연한 순서로 정해진다.

  일출이 그 남단, 즉 지평선의 남동 방위에서 일어날 때, 그것을 동지<sup>winter solstice</sup>라고 한다. 현상과 날짜 둘 다에 의해 이 이름이 생겨났는데, 지점<sup>至點, solstice</sup>이란 문자 그대로 '태양이 정지해 있다'는 뜻이며, 일출이 (그리고 일몰이) 동쪽 지평선을 향해 자기의 진로를 되돌리기 전 잠시 빈둥거리는 걸 허락하는 것이다. 마찬가지로, 북쪽 한계에는 하지<sup>summer solstice</sup>에 도달한다. 비록 이런 일몰 한계가 북동에서부터 남동에 걸쳐 전 방위에서 일어난다 해도, 그런 중간방위와 반드시 일치하는 건 아니다. 한계점의 정확한 위치는 위도에 달려 있다. 지구의 적도에서 멀어질수록 남쪽과 북쪽에서 더 떨어진 지점들이 발생한다.

  남단과 북단의 중간쯤에서 태양은 정동에서 뜨고 정서로 진다. 이런 일은 1년에 두 번 일어나는데, 한 번은 일출이 북쪽을 향해 있을 때, 그리고 또 한 번은 6개월 후 태양이 남쪽으로 다시 돌아올 때 일어난다. 이 두 사건을 분점<sup>分點, equinox</sup>이라고 하며, 봄에는 춘분<sup>vernal equinox</sup>, 가을에는 추분<sup>autumnal equinox</sup>이다.

분점이란 '낮과 밤이 같다'는 뜻이며, 춘분과 추분에는 낮의 길이와 밤의 길이가 같다. 동지에는 밤이 길고 낮이 짧다. 반대로 하지에는 단연 밤이 짧고 낮이 길다. 여름에는 태양이 오래 떠 있다. 태양이 하늘 높이 활 모양을 이루며 긴 궤도를 지나가기 때문이다. 겨울 태양은 남쪽 하늘 위를 낮게 지나간다. 이 코스는 짧아서 낮 시간이 별로 없다. 분점에 태양 궤도는 이 두 극단 사이의 중간지점으로 떨어지는데, 동지보다는 높고 하지보다는 낮다.

겨울인지 여름인지를 결정하는 것은 하늘에 태양이 얼마나 높이 떠 있는가이지, 지구가 태양으로부터 얼마나 떨어져 있는가가 아니다. 실제로 지구가 태양에 가장 가까이 가는 것은 북반구에서는 겨울인 1월로, 가장 멀리 떨어지는 7월보다 3% 정도 가깝다. 대신 계절에 따른 기온 변화는 지구가 얼마나 직접적으로 열을 받는가 하는 차이에서 생긴다. 이것은 지구 위에서 우리가 있는 곳에 햇볕이 내리쬐는 각도에 달려 있다. 낮은 겨울 태양은 햇볕이 낮은 각도로 도달해서 비스듬히 비치며, 폭넓게 퍼진다. 이 각도는 난방 효과가 적으므로 겨울은 춥다. 반면에 여름에는 태양의 궤도가 높아서 햇볕이 더 직접적으로 내리쬐어 난방 효과가 매우 높다.

태양궤도의 높이는 계절에 따라 다르다. 지구 자전축이 우주에서 비스듬하게 기울어져 있기 때문이다. 지구궤도의 한쪽에서는 태양이 북반구에 좀 더 직접적으로 비치고, 북쪽으로 뜨고 지는 것처럼 보인다. 궤도의 다른 쪽에서는 기울어진 지구가 이제 남반구를 직사광선에 노출시킨다. 적도 아래에서는 여름이다. 하지만 북쪽에서는 태양이 남쪽에서 뜨고 지는 것처럼 보인다. 대기는 겨울이다. 우리가 경험하는 계절적 변화는 모두 단순히 지구가 우주에서 어떤 위치에 있느냐의 결과다.

우리 조상들의 눈으로 하늘을 계속해서 바라보면, 낮 동안 하늘을 가로지르는 태양궤도와 마찬가지로 별자리도 밤에 조금씩 변하는 것을 보게 될 것이다. 하늘 지리에 익숙하지 않은 사람이 밤하늘을 처음 올려다보면 당황할지도 모른다. 별들이 헤아릴 수 없이 많은 것처럼 보일 테니까. 하지만 그렇지도 않다. 하늘 전체에서 우리가 육안으로 볼 수 있는 별은 약 8,000개 정도인데, 반은 우리

머리 위로 볼 수 있고 반은 우리 발밑에 있는 지구에 가려져서 보이지 않는다. 물론 언제 어디서든 이 숫자는 훨씬 더 줄어든다. 하늘의 반은 전혀 볼 수가 없고, 또 낮게 떠 있는 별들은 대기에 가려져서 희미하기 때문이다. 최상의 조건에서 한 번에 볼 수 있는 별은 약 2,500개 정도일 것이다. 처음에는 보이는 게 너무 적을지 모르지만, 조금만 훈련하면 곧 익숙해진다. 별들은 모두 똑같지 않고, 또 한결같은 모습으로 하늘에 뿌려져 있지도 않다. 좀 더 밝은 별들은 여행자를 위한 표지판처럼 보이고, 자기 주위에 있는 좀 약한 별들과 결합해서 특별한 배열과 형상을 만든다. 이런 패턴, 즉 '그림'을 별자리$^{constellation}$라고 한다.

북두칠성과 오리온 같은 별자리들은 잘 알려져 있다. 그리고 몇 안 되긴 하지만, 북두칠성처럼 이름과 모양이 똑같은 별자리들도 있다. 반면 오리온자리는 모래시계에 더 가까워 보이는데, 사람들은 사냥꾼의 모습이라고들 한다. 모래시계 왼쪽 위 구석에서 밝게 빛나는 붉은 별인 베텔게우스$^{Betelgeuse}$(오리온자리의 α별로 적색 초거성이며, 천구에서 열 번째로 밝은 별이다/옮긴이)는 사냥꾼의 오른쪽 어깨를 나타낸다. 거기서 대각선으로 오른쪽 아래에는 리겔$^{Rigel}$(오리온자리의 β별로 광도 0.2인 청색 거성/옮긴이)이 있는데, 거기는 사냥꾼의 왼쪽 무릎이다. 모래시계의 허리에는 일정한 간격을 두고 한 줄로 나란히 붙어 있는 별 3개가 있다. 밝기도 비슷한 이 별들이 유명한 오리온의 벨트다. 이 별들보다 좀 더 약한 빛을 내는 하늘의 또 다른 램프 3개는 벨트에서부터 한 줄로 매달려 있는 것이 마치 오리온에게 그의 검을 내주는 것 같다. 오리온자리 왼쪽에 있는 것은 황소자리 타우루스$^{Taurus}$이고, 황소의 붉은 눈 알데바란$^{Aldebaran}$(황소자리의 1등성/옮긴이)은 벨트와 거의 일직선이다. 사냥꾼 반대쪽 옆구리에서 아래쪽으로 거의 일직선으로 연장하면 하늘에서 가장 밝은 별, 시리우스$^{Sirius}$가 있다.

오리온자리와 그 이웃에 있는 별들은 겨울 하늘에서 눈에 잘 띄는 별들이다. 왜냐하면 지구가 태양 주위를 한 바퀴 도는 동안 이곳에서 우리 행성의 야간 반구는 오리온자리가 있는 쪽을 향하기 때문이다. 그러나 지구가 자기 궤도를 따라 더 멀리 나아가면서 오리온자리와 그 이웃 별들은 해질 무렵 하늘에서 점점 더 높이 모습을 드러낼 것이다. 오리온은 초저녁에 머리 위로 높이 나타나서 밤새 떠 있다가 중간지점에서 진다. 해가 지자마자 지평선에 나타나는 다른 별들은 높이 떠서 새벽까지 하늘을 지배한다. 사자자리 레오$^{Leo}$는 봄의 별자리들 사이에 있으나, 그것 역시 잠시 후 지구의 야간 반구가 오리온자리에서 직선거리일 때 여름 별들에게 자리를 내준다.

가장 밝은 3개의 별인 베가$^{Vega}$(직녀성. 거문고자리의 1등성/옮긴이), 데네브$^{Deneb}$(백조자리의 $\alpha$별/옮긴이), 알타이르$^{Altair}$(견우성. 독수리자리의 $\alpha$별/옮긴이)는 은하수에 가로놓여 있는 삼각형 각 꼭짓점에 보석처럼 박혀 있으며, 여름밤 내내 머리 위를 지나간다. 남쪽으로 더 멀리 가면 거의 금성만큼이나 붉고 밝은 별인 안타레스$^{Antares}$(전갈자리의 $\alpha$별. 지름이 태양의 230배인 적색 초거성/옮긴이)가 전갈자리$^{Scorpius}$의 심장에서 불타고 있다. 전갈의 발톱은 전갈의 머리 위쪽에 있는 천칭자리$^{Libra}$ 속으로 뻗쳐 있다. 전갈의 몸은 비틀려서 동쪽으로 구부러져 있고, 별이 총총 박혀 있는 침으로 끝난다. 전갈자리는 전갈과 조금 비슷하게 생겼다. 그리고 오리온자리가 겨울의 전령인 것처럼, 전갈자리는 여름밤의 신호다.

하지만 여름도 어느덧 지나가고 가을이 오면, 하늘의 무대 위를 다른 별들이 차지한다. 날개달린 말 페가수스$^{Pegasus}$는 날아가는 말이라기보다는 각 코너마다 별이 하나씩 박혀 있는 정사각형에 더 가깝다. 특히 가을 하늘에서 그 형태가 두드러져 보인다. 영웅 페르세우스$^{Perseus}$(메두사를 죽이고 안드로메다를 괴물로부터 구해낸 영웅. 페르세우스자리/옮긴이)가 곧 자신의 전설에 등장하는 모든 배역들의 뒤를 가을 내내 따라간다. 여왕 카시오페이아, 왕 케페우스, 사슬에 묶인 여자 안드로메다, 그리고 바다 괴물 시투스(고래자리/옮긴이), 이 별자리들 모두가 하늘무대에서 머리 숙여 인사한다.

몇 달 안 있어 다시 겨울이 온다. 오리온자리가 초저녁에 동쪽에서 떠오르는 것을 보고 겨울이 왔음을 안다. 한결같은 계절 주기에서 별들은 우리가 1년 중 어디에 있는지 말해준다. 물론 그와 동시에, 태양은 별들을 배경으로 움직이는 것처럼 보인다. 태양이 떠오를 때 그 뒤로 한 무리의 별들이 함께 떠오른다. 그래서 햇빛 속에서는 별들을 실제로 볼 수 없지만, 해 뜨기 전이나 해 진 다음에 우리가 알아차리는 변화로 별들 사이에서 태양의 위치가 바뀌고 있다는 걸 알 수 있다.

일 년 내내 어느 계절에나 하늘에 아치형으로 걸쳐 있는 것이 은하수다. 어느 날 밤에는 은하수의 일부만 보일 것이다. 눈에 보이는 것은 위도와 계절에 따라 다양하다. 은하수는 지구 대부분의 위치에서 거의 일 년 내내 하늘에서 약간 비스듬하게 동서로 회전하는 방향으로 다리를 놓는다. 은하수는 물론 별들로 이루어져 있지만, 그 별들은 너무 멀리 떨어져 있어서 하나하나를 따로 볼 수는 없다. 그런 별들은 우리가 별자리로 짜 맞추는 비교적 가까이 있는 별들보다 훨씬 숫자가 많다. 은하수의 별들을 포함해서 그런 별들은 모두 별들과 가스와 먼지로 이루어진 거대한 은하 안에 함께 있다. 우리 은하수 은하$^{\text{the Milky Way Galaxy}}$는 대부분이 납작한 원반 모양으로 평평하게 되어 있다. 발광체와 성간물질로 이루어진, 팔처럼 생긴 밝은 것은 그 중심에서부터 바깥쪽으로 나선형을 그리고 있다. 하지만 그 소용돌이치는 패턴을 우리가 실제로 볼 수는 없다. 우리 자신이 원반 속에, 원반 가장자리 근처에, 나선형 팔이 바깥쪽으로 구부러지는 곳에 있기 때문이다. 중심에서 멀리 떨어져 있는 우리 시야를 안쪽 코일이 막고 있는데, 은하의 대부분은 실제로 별들로 거대하게 불룩 튀어나온 바로 그 중심에 집중되어 있다. 하지만 우리 은하의 원반에서 우리 은하를 둘러싸고 끼어들고 있는 별들은 모두 창백한 빛의 강으로 섞여 들어간다. 그 강은 하늘 주위를 완전히 감싸고 있으며, 우리 은하 가장자리에서 바라볼 때 우리보다 안쪽에 있다.

이 빛의 리본에 우리가 붙인 이름으로도 분명히 알 수 있다. 은하수는 오솔길이나 늘어진 치맛자락처럼 보이기도 하고, 또 우유같이 하얗다. 그리스 인들은 가끔 이렇게 말했다. 그것은 헤라클레스가 아기일 때 헤라의 젖을 너무 심하게 빨다가 하늘에다 쫙 토해놓은 거라고. 그것을 강이니, 뱀이니, 하늘과 연결된 사슬이니, 또는 저승길이니 하고 부르는 사람들도 있다.

## 세차의 하늘 산책

이론이야 어떻든 실제로는 별들의 성위$^{\text{configurations}}$(천구에서 항성이 차지하는 자리/

회전하는 지구는 불룩한 적도 부분에서 태양과 달에 의해 특별한 중력의 잡아당김을 경험한다. 이 힘은 지구의 축이 똑바로 서도록 잡아당기지만, 행성이 자전하고 있기 때문에 축은 선회한다. 이 운동을 세차라고 하는데, 한 주기를 완성하는 데 26,000년 걸린다. 이 기간 동안 천구의 북극은 북쪽 하늘의 배경별들 사이를 통과하며 위치를 바꾼다. 그래서 별자리들이 계절마다 바뀌는 것이다. 그 별자리들은 세차 운동 주기, 즉 26,000년이 지나기 전에는 같은 자리로 되돌아오지 않는다. (그리피스 천문대)

옮긴이)와 은하수의 형태는 변하지 않는다. 북두칠성이 뭔가 다르게 보이려면 수만 년의 세월이 지나야 하리라.

하지만 별들이 나타나는 계절은 아주 천천히 바뀐다. 약 13,000년 안에 전갈자리가 겨울의 전령이 되고, 오리온자리는 여름 하늘을 지배하게 된다. 이런 점진적인 변화를 보이는 것은 천체의 또 다른 주기 때문이다. 바로 세차 precession 다.

세차가 일어나는 것은 중력 때문이다. 태양과 달은 불룩하게 튀어나온 지구의 적도 부분을 잡아당겨서 우리 행성을 동요하게 만든다. 무슨 뜻인가 하면, 지구가 태양 주위를 도는 자기 궤도 안에서 어느 특정한 장소, 즉 춘분 때 차지하는 자리로 되돌아올 때마다 지축이 하늘에서 약간씩 다른 지점을 가리킨다는 뜻이다. 실제로 지축은 매 순간 조정된다. 그러나 그 효과는 매우 적어서 몇 년 동안 누적되어야만 측정할 수 있을 정도다. 고대인들 눈에 이 변화가 보이는 데에는 몇 세기씩 걸렸다. 따라서 극은 북쪽의 별들 사이를 통과하며 원을 따라 살그머니 돈다. 어떤 때는 어느 별이 북극성이 되고, 또 어떤 때는 다른 별이 북극성이 된다. 몇백 년 동안 북극성이 없는 때도 있다.

  지구의 동요는 팽이가 떨리는 것과 조금 비슷하다. 그러나 팽이에게는 짧은 한순간인 것이 별자리의 명백한 움직임에 그대로 반영되면 웅대하고 장중한 주기가 된다. 완전한 순환에는 거의 26,000년이 걸린다. 이 기간 동안 태양은 우리가 어느 주기에 속해 있는가에 따라 한 분점이나 한 지점에서 다른 별자리를 차지하고 있다. 예컨대 우리 시대에는 물고기자리$^{\text{Pisces, the Fishes}}$가 춘분의 태양의 집이다. 물고기자리 시대는 약 2,000년 전에 양자리$^{\text{Aries, the ram}}$가 물러가면서 나타나기 시작했다. 양자리 전의 춘분은 타우루스에서 일어났다. 앞으로 몇백 년 동안은 물병자리 시대라고 불릴 것이며, 이때 춘분의 태양은 물병자리의 별들 사이에서 빛날 것이다. 26,000년 안에 춘분의 태양이 1년 동안 통과하는 별자리 고리인 황도대$^{\text{zodiac}}$의 별자리 12개가 모두 자기 차례가 오기를 기다리며 줄 서 있다.


## 별들 사이를 배회하는 방랑자들

별답지 않은 별들도 더러 있다. 그 별들은 별들 사이에서 움직인다. 별자리들은 패턴에 고정되어 있지만 행성, 즉 '방랑자'들은 변함없는 하늘그림에 다양성을 더해준다. 고대인들은 행성을 5개밖에 몰랐다. 수성, 금성, 화성, 목성, 토성이다. 지구에서 보면 그것들은 별들의 광야에서 빛나는 유목민이다. 망원경이 발명된 이후로 행성 3개가 차례로 더 발견되었고, 로켓엔진이 장착된 우주탐사선은 근접 촬영한 것을 몇 번 보여주었다. 5개의 방랑자들 중 수성과 금성의 궤도는 지구궤도 안쪽에 있고, 다른 것들은 태양에서부터 더 멀리 떨어져 있다. 하지만 모두 별들 사이를 통과해가는 태양 가까이에 머물러 있다.

육안으로 볼 수 있다는 유리한 점에서 보면, 다섯 방랑자는 밝기와 하늘을 가로지르는 그 주기와 패턴이 마치 별과 같은 물체다. 그중에서도 금성$^{Venus}$이 가장 밝은데, 사실 너무 밝아서 낮 동안에도 하루 종일 보일 때가 있다. 어디서 보면 되는지만 알면 된다. 수성$^{Mercury}$이 가장 희미한 별이어서, 대부분의 사람들 눈에 잘 보이지 않는다.

　금성과 수성은 안쪽 궤도를 따라 돌기 때문에 계속해서 나타났다 사라지는 모습을 뚜렷이 볼 수 있다. 예컨대 금성은 자기 궤도의 먼 쪽을 빼고는 우리의 시선 안에서 태양과 일직선으로 정렬할 수 있다. 금성은 이글이글 타오르는 태양의 광채 속에서는 보이지 않는데, 7주 동안 보이지 않기도 한다. 금성이 태양의 서쪽으로 멀리 가면, 태양보다 먼저 떠올라서 아침이 되면 동쪽 하늘에 모습을 드러낸다. 그 별은 아직 여전히 '샛별'인 채로, 태양의 서쪽으로 점점 더 멀리 헤매어 다니고, 그러면 점점 더 일찍 떠오른다. 하지만 결국엔 눈부신 햇빛을 향해 되돌아와 이젠 지구에서 가장 먼 곳에 놓이게 된다. 263일, 거의 아홉 달 뒤에 샛별로서의 금성은 합$^{合, conjunction}$이 되어, 다시 말해 태양과 같은 방향에 놓이게 되어 다시 사라진다. 이 합은 짧은 편이어서 대략 1주일 정도다. 왜냐하면 금성이 우리에게 더 가깝기 때문이다. 금성은 한 번 더 이글이글 타오르는 태양의 광채 속으로 도망치지만, 이번에는 태양의 동쪽에 있기 때문에 해가 지면 서쪽 하늘에서 나타난다. '초저녁별'로서의 금성의 여행은 약 9개월 정도 지속되며, 자기의 천체 주기에서 새벽별 부분을 그대로 보여준다. 완전한 주기는 584일, 즉 열아홉 달 반이다. 수성은 훨씬 짧은 기간인 116일, 즉 약 4개월 안에 그와 비슷한 순환을 완료한다. 수성의 궤도는 한층 더 작으며, 우리 관점에서 보면 태양의 양쪽 옆으로 움직여갈 때 덜 방황하는 것 같다.

　두 행성 모두 뚜렷이 구별되는 또 다른 특징을 갖고 있다. 둘 다 새벽에는 서쪽에서는 절대 보이지 않고, 오직 동쪽에서만 보인다. 둘 다 해 질 무렵에는 동쪽에서는 절대 보이지 않고, 오직 서쪽에서만 보인다. 그것들이 새벽별일 때에는 태양의 동쪽 영역 안에 있다. 그와 마찬가지로 저녁별일 때는 서쪽에서 태양을 따른다. 둘 다 밤새 떠 있는 일은 없다. 다른 3개의 행성들은 그런 제약 없이 움직인다.

외행성 가운데에서는 목성Jupiter이 가장 크고, 화성Mars이 그다음이다. 토성Saturn은 그다지 밝지 않은 별이지만, 그래도 수성보다는 밝게 빛난다. 가끔 이 외행성 가운데 하나가 태양과 같은 선상에, 그리고 자기 궤도에서 먼 쪽에 놓일 때가 있다. 합이 더 오래 지속될 때의 금성처럼, 목성도 눈에 보이지 않는다. 그리고 목성 역시 새벽별로 떠오른다. 하지만 태양의 한계에 도달하는 것처럼 보이는 대신, 이 외행성은 자기 궤도를 계속 움직여가서 태양의 반대편에 놓이게 된다. 이때 목성은 태양이 질 때 떠올라 태양이 뜰 때 진다. 목성은 밤새 떠 있다. 내행성들은 이렇게 할 수가 없다. 목성(혹은 토성이나 화성)은 그런 다음 계속 별들 사이를 통과해가서 마침내 동쪽에서부터 태양에 접근한다. 이제 그것은 저녁별이며, 합에 점점 가까워져 가다가 다시 한 번 사라진다.

외행성들은 또 독특한 행동도 함께 가지고 있다. 역행운동retrograde motion이다. 외행성들은 거꾸로 움직이는 것처럼 보일 때가 있는데, 천문학자들은 이것을 '역행운동'이라고 한다. 태양 주위를 궤도를 그리며 돌 때, 지구는 화성, 목성, 토성보다 빠르게 움직인다. 가끔은 지구가 그것들을 추월할 때가 있는데, 그것들이 잠시 자기들의 '방랑하는' 움직임의 정상적인 방향인 서에서 동으로가 아니라, 밤마다 배경별들 사이에서 동에서 서로 움직이는 것처럼 보인다. 비록 행성들의 순환이 태양처럼 직행하지 않고 이따금 역행 움직임의 고리를 수반하기는 하지만, 그것들이 따라가는 길도 황도대를 통과한다. 목성이 이 별들을 통과하는 여정을 완성하는 데에는 거의 12년이 걸린다. 토성은 약 29년 반을 요구한다. 화성은 황도대의 같은 지점에 687일, 즉 거의 2년 후에 도달한다.

### 달빛으로 시간 표시하기

하늘의 또 다른 방랑자는 달이다. 달의 주기는 행성의 주기만큼이나 복잡하다. 그러나 역설적으로, 달은 마치 자기는 시간을 아무 때나 조절할 수 있는 것처럼 행동한다. 점점 커져 만월이 되었다가 점점 이울어가는, 규칙적으로 반복되는 달의 확실한 위상들이 1년을 세분한다. 365일을 12개의 다발, 즉 편리한 시간 묶음인 달로 묶는 것이다. 'month'라는 단어는 바로 'moon'에서 파생되었고, 둘 다 '측정한다'는 의미를 가진 한 단어에 그 뿌리를 두고 있다. 달은 날짜가 지나가는 것을 측정하는 최초의 수단이었던 것 같다. 달은 뚜렷하다. 즉 크고, 밝고, 빨리 움직이고, 신속히 바뀐다. 우리의 모든 달력은 달의 규칙적이고 주기적인 여러 위상에서 비롯되었다.

달은, 자기는 불을 가지고 있지 않으면서 빛을 낸다. 태양빛이 반사되어 빛나기 때문이다. 이 때문에 달은 궤도를 그리며 지구 주위를 돌면서 모양이 변한다. 달이 태양과 같은 방향에 있을 때는 달의 어두운 면이 우리를 향한다. 그러면 우리에게는 달이 전혀 보이지 않는다. 이것을 '신월$^{\text{new moon}}$'이라고 한다. 하루쯤 지나 달이 태양의 동쪽으로 움직여가면 가느다란 초승달이 해 저문 서쪽에 나타난다. 잘 보이는 곳에서 보면, 보이는 부분은 오른쪽 가장자리다. 매일매일 달은 보이지 않는 별들 사이를 통과하며 아주 멀리 움직여가면서 점차 둥글어진다. 초승달에서 1주일쯤 지나면 반이 밝아지는데, 그것을 '상현$^{上弦, \text{quarter moon}}$'이라고 한다. 달의 주기 중 $\frac{1}{4}$이기 때문이다. 이제 달은 정오쯤에 떠올라서 한밤중에 진다. 또 한 주가 지나면 달은 태양의 반대편에 있는데, 이것이 보름달이다. 보름달은 해가 질 때 떠서 해가 뜰 때 지며, 밤새 환하게 떠 있다.

그때부터 달은 이울기 시작한다. 1주일 뒤 달은 다시 반만 빛나게 되는데, 이제 우리가 지구에서 달을 정면으로 볼 때 왼쪽 반이다. 이 달은 한밤중쯤에 떠올라서 정오쯤 진다. 다시 또 1주일이 지나면 아침 하늘에 초승달 모양으로 가늘어져 있다. 마지막으로 눈에 보이는 달은 해가 뜨기 전에 잠시 떠올랐다가 날이 밝으면 사라진다. 신월이 $29\frac{1}{2}$일 만에 되돌아왔다.

달의 패턴은 비교적 짧은 주기에는 신뢰할 만하다. 그러나 그것은 달력을 다른 방식으로 복잡하게 만든다. 원칙적으로 우리는 태양과 계절의 관점에서 날짜를 추적하곤 한다. 그러나 $365\frac{1}{4}$일의 1년은 몇 달을 늘어놓아도 꼭 들어맞지 않는다. 달의 주기와는 일치하지 않는다는 말이다. 달의 시간과 태양의 시간

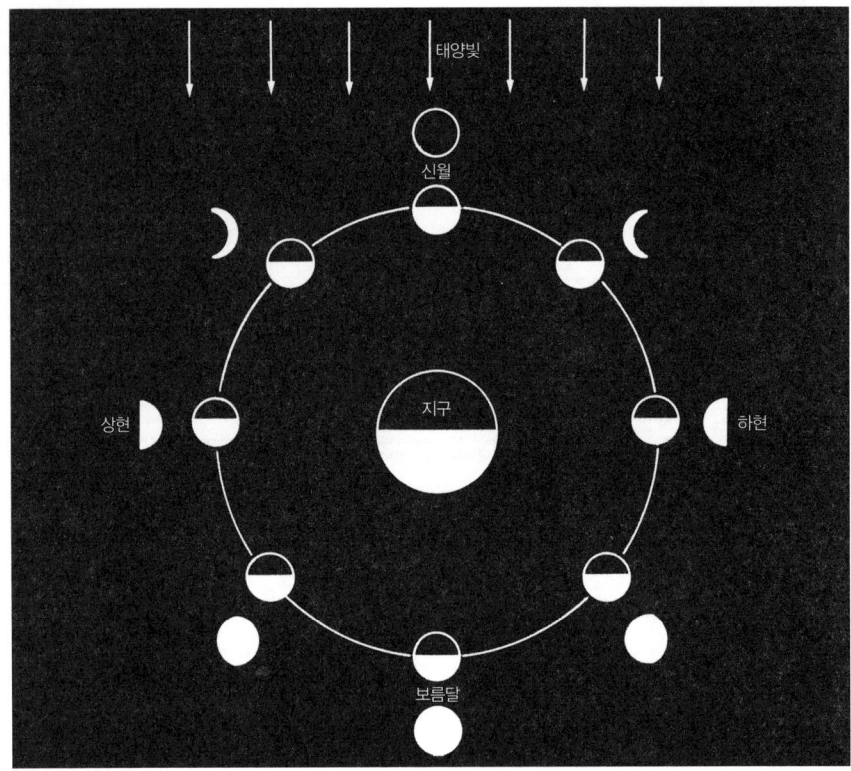

달은 태양빛을 반사해서 빛나기 때문에, 태양에 대해 어떤 위치에 있는가에 따라 그 모습이 달라진다. 달은 지구의 궤도를 돌므로 반쪽은 항상 빛나지만, 지구에서 볼 때 태양빛을 받는 원반의 크기가 변한다. 이 도표에서는 바깥쪽 고리의 달들이 다양한 위상으로, 달이 자기 궤도에서 저 위치들을 점유할 때 우리에게 보이는 모습을 보여주고 있다. (그리피스 천문대)

을 맞추려는 노력 덕분에 고대의 여러 문명에서 달력 기록자들에게 많은 일자리가 보장되었다.

한 달 동안에 달이 뜨는 지점은, 태양이 연중 그러하듯이, 동쪽 지평선의 두 극점 사이를 주기적으로 왕복한다. 월출 한계점들의 위치는 두 지점의 극점의 안쪽, 즉 두 지점과 같은 방향일 수도 있고, 아니면 그 바깥쪽일 수도 있다. 두 월출 한계점이 동지점과 하지점의 양쪽에 도달할 수 있는 거리에는 제한이 있으므로, 달이 매달 실제로 어떻게 뜨는가는 매 주기마다 월출 고도에 작용하는 여러 제한들에 달려 있다. 궤도 전체를 완전히 한 바퀴 도는 데 걸리는 시간은

18.6년이다. 그러니 우리들 대부분은 달이 떠오르는 극점의 위치에서는 이 변화를 알아차릴 수가 없겠지만 그저 달을 지켜보는 것만으로도 모두 전문가가 될 수 있다.

## 질서와 혼돈

하늘에서는 모든 것이 규칙적이지만, 예외적인 일들도 일어난다. 혜성은 불쑥 출현해서는 2~3주 동안 사라지지 않는다. 두 개 이상의 행성이 동시에 합을 이루며 나타나서 각기 자기의 진로로 진행하다가 점차 서로를 떠나갈지도 모른다. 달은 이따금 어떤 행성이나 혹은 더 밝은 별의 앞을 횡단하면서 한 시간 이상 시야에서 사라진다. 보름달도 지구의 그림자를 통과하면 잘 보이지 않을 수 있다. 그건 먼저 달 표면에 어두운 원반(지구의 그림자를 말한다/옮긴이)이 투영되어 차단되면서 섬뜩한 적갈색으로 바뀐다. 한층 더 가로막으면 달이 태양에 그늘을 드리워서 일식이 일어날 수 있는데, 낮에도 심하게 풍경이 어두워지면서 하늘을 뭔가 기이하고 알 수 없는 분위기로 가득 채운다. 사람들은 대개 자주 일어나지 않는 이런 천문현상들을 재난이나 혼란을 불러오는 징조라고 오랫동안 생각해왔다. 이 모든 것이 하늘의 정상적인 운행에서 벗어난 것이기 때문이다. 그런 것들은 규칙적으로 순환하는 천체의 패턴에 끼어들어서 우주질서$^{\text{cosmic order}}$를 위협하는 것처럼 보인다.

합, 식$^{\text{eclipse}}$, 엄폐$^{\text{occultation}}$(별이 가려져 보이지 않는 현상/옮긴이)는 예측이 가능하다. 그러나 고대에는 그런 것들을 예측하기가 힘들었다. 이런 사건들도 천체가 자체의 리듬을 따르는 것이라는 걸 노련한 천문사제들이 알아차릴 수 있었다 해도, 그 주기를 밝혀내는 건 진짜 도전이었다. 메소포타미아와 중국의 기록을 보면 우리 조상들은 때로는 성공하고, 또 때로는 허를 찔리기도 했다는 걸 알 수 있다. 그들은 첫 번째 초승달이 다음에 언제 나타날지 예측했고, 지난번 움직임으로 미루어 금성의 위치를 추정했다. 하지만 이따금씩 전혀 예측할 수 없는

1. 우리가 보는 빛  **49**

달이 정확하게 지구와 태양 사이에 일직선으로 놓일 때 달의 원반이 태양을 완전히 차단한다. 태양의 빛나는 원반이 흐릿하게 보이긴 하지만 바깥쪽의 가스로 이루어진 햇무리, 즉 코로나corona가 낮이 밤으로 바뀌는 동안 장관을 연출한다. (인도 수리야페트Suryapet에서 1980년 2월 26일에 일어난 개기일식 장면. 이반 드라이어Ivan Dryer)

일들이 일어나곤 한다. 초신성supernova(보통 신성보다 1만 배 이상 밝은 빛을 내는 별/옮긴이)은 하늘의 지도와 사라진 별들의 일람표를 만들 수 있게 해주었다. 흑점이 태양의 빛나는 얼굴을 망쳐놓을 수도 있다. 이 두 현상에 대한 기록이 고대 중국인들의 관측에 포함되어 있다.

비록 혜성이나 식의 모습으로 혼돈이 끼어들 수는 있지만, 위협은 언제나 지나가고 질서가 회복된다. 그리고 하늘에서 정상적으로 일어나는 많은 일들은 신뢰할 만하고, 우리의 두뇌가 세상에 대해 조직적으로 지각하도록 해준다. 우리는 질서가 빠지면 우주는 완전하지 못할 거라고 생각한다. 이것은 그야말로 하나의 가정이다.

하늘이 없다면 우리는 어디에 있을까? 아마 우리 두뇌는 다른 현상들에서 대칭과 질서와 주기적인 시간을 찾으려 할 것이다. 백수정rock crystal이나 어떤 꽃에서, 어쩌면 보이지 않는 달에 의해 움직이는 조류에서 찾으려 할지도 모른다. 우주질서가 저장되어 있는 곳을 열심히 확인해야 할 테니까. 그와는 반대로 하늘은 분명하다. 하늘이 우리 두뇌에 도움이 되는 건 천문학 자체가 오래되었기 때문만이 아니라, 고대인들 삶의 거의 모든 측면에 스며들어 있던 천체의 이미지 때문이기도 하다. 예컨대 오시리스 신은 고대 이집트 인들에게는 여러 가지 많은 의미를 가지고 있었다. 그에 대한 제의와 신화는 하늘로부터 내려오는 몇 가닥의 이야기로 짜였으며, 이런 천체와의 유대관계가 오시리스의 다양한 면을 하나로 이어주었다. 오시리스가 가지고 있는 천체의 상징성을 이해하지 못하면 그를 제대로 이해할 수가 없다.

무엇보다 먼저, 오시리스는 죽은 자들의 지배자였다. 미라로 묘사되는 그는, 영혼을 재판해서 이생에서의 바람직한 행동으로 불멸을 얻은 사람들에게 부활을 통해 새 생명을 주었다. 그래서 오시리스는 수많은 장례식 파피루스에, 무덤 그림에, 관 위에, 신전 벽에 나타난다. 많은 비문들은 그가 다양한 칭호를 가졌음을 증명해주고, 그가 지하세계와 장례의식의 신이라는 것 말고도 훨씬 더 많은 것을 우리에게 말해준다. 그는 또한 왕권과 파라오의 생명력의 신, 비옥한 토지의 화신, 초목 주기의 영靈 또는 힘, 생명을 지속시키는 물, 그리고 사실상 나일 강의 신이다. 그에게 가장 어울리는 칭호는 '만물의 주'다. 그는 태양이기도 하고, 달이기도 하며, 오리온의 별들이기도 하다.

오시리스 신화에는 그 자신의 죽음과 부활이 포함되어 있다. 그것은 일몰에 죽었다가 새벽이면 다시 부활하는 태양의 하루 동안의 주기를 그대로 보여주는 주제다. 죽은 자들의 지배자로서 오시리스는 '최초의 서쪽나라 사람'이었다. 카이로에서 상류 쪽으로 약 670km 떨어진 덴데라$^{Dendera}$의 신전 벽에 기록된 풍년을 기원하는 한 의례에는 오시리스와 불 켜진 등불 365개가 포함되어 있다. 이것은 분명 $365\frac{1}{4}$일의 1년 주기를 언급하면서 오시리스를 태양년과 결합시키고 있는 것이다. 그의 신전에는 그를 기리며 심은 365그루의 나무가 주위에 빙 둘러져 있다고 한다.

오시리스는 달과 훨씬 더 밀접하게 연결되어 있다. 어째서 그런지 알려면 그의 신화를 알아야 한다. 신화의 원전이 고스란히 남아 있는 건 하나도 없지만, 부분적인 판본은 수도 없이 존재한다. 모두가 이집트 문명의 여러 다른 시대로

센네젬Sennedjem의 무덤에 그려져 있는 삶의 연속성과 부활의 신인 오시리스. 부활과 그의 관계를 강조하기 위해 그는 미라로 그려져 있다. (에드윈 C. 크룹)

부터 보존된 것들이다. 그리스의 역사가이며 전기 작가인 플루타르코스$^{Plutarcos}$는 기원후 1세기에 이집트 원전에서 많은 자료들을 수집했다. 그것을 토대로 『이시스$^{Isis}$와 오시리스$^{Osiris}$에 대하여』라는 글을 쓰면서 오시리스 이야기를 고쳐 썼다. 비교적 후대의 작품임에도 불구하고, 중요한 고대 전통이 많이 수록되어 있었던 것으로 보인다. 적어도 플루타르코스 판본은 현존하는 신성문자 비문 속에서 확인되었다.

땅의 신 게브$^{Geb}$와 하늘의 여신 누트$^{Nut}$ 사이에서 태어난 오시리스는 이집트의 왕이 되어 온 나라와 사람들에게 문명을 전파했다. 그는 사람들에게 작물을 심고 수확하는 법, 들판을 구획하고 경계를 짓는 법, 운하와 댐으로 땅을 관개하는 법 등을 가르쳤다. 법, 종교, 그리고 도시 생활은 모두 오시리스의 선물이었다. 그는 이집트를 조직했으며, 이집트의 정신이었다. 당시의 이집트 모습은 그가 만든 것이다. 그는 분명 질서와 관련이 있으니, 하늘과 결합되는 건 당연한 일이다.

오시리스는 이집트에서는 성공을 거두었지만, 여행을 끝내고 누이이자 배우자인 이시스에게로 돌아오자마자 동생 세트$^{Set}$와 그의 공모자들에 의해 살해되었다.

세트는 이집트의 신들 가운데 말썽 많은 존재였다. 그는 북두칠성(이집트인들은 메스케티우자리라고 한다) 북쪽 별인 '황소다리와 넓적다리'와 관계있다. 오시리스의 적인 그는 불모, 사막, 어리석은 힘, 폭력을 나타낸다. 오시리스의 주기에서 세트는 혼돈이 의인화된 것이다.

한 연회에서 세트와 그의 공모자들은 오시리스를 속여, 정확하게 그의 치수대로 만든 관처럼 생긴 상자 속에 눕게 했다. 오시리스가 상자에 들어가 눕자, 둘러서 있던 공모자들이 벌떼처럼 몰려들어 뚜껑을 덮고 관에 못을 박은 다음 나일 강에 던져버렸다. 플루타르코스에 의하면, 오시리스는 상자 안에서 질식해서 아티르$^{Athyr}$의 달 열일곱 번째 날에 죽었다고 한다. 오시리스 재위 28년 되던 해, 태양이 전갈자리에 들던 때 일어난 사건이었다.

여기서 숫자의 의미는 중요하다. 달 주기가 $29\frac{1}{2}$일이긴 하지만, 이 간격을 상징적으로 나타내기 위해 28이라는 숫자가 사용되었다. 그리고 어떤 복잡한 논리가 28이라는 숫자를 통해 달과 나일 강을 결합하고 있다. 전통적으로 이집트의 남쪽 한계인 아스완에서 나일로미터nilometer(홍수 때 나일 강의 수위를 재는 수위계/옮긴이)로 강의 최고 수위를 측정하면 29큐빗cubit(팔꿈치에서 가운뎃손가락 끝까지의 길이로, 1큐빗은 약 46~56cm/옮긴이)이다. 이 최고 수위는 가을인 아티르의 달에 발생하는데, 나일 강이 막 줄어들기 시작하는 때이기도 하다. 오시리스는 아티르의 달 열일곱 번째 날에 살해당했다. 보름달은 매달 15일로 계산되지만, 그 전날과 그 다음날에도 만월로 보인다. 그러나 17일쯤이면 분명 달이 이울기 시작했을 것이다. 따라서 오시리스의 죽음은 1년에 한 번씩 범람하는 나일 강 수위의 '죽음' 혹은 하락이며, 달이 매달 '죽는' 날과도 일치한다. 나일 강과 이집트의 생명의 신인 오시리스는 강, 토지, 달의 차고 이움, 계속 이어지는 주기이기 때문에 달의 신이다.

그 밖의 다른 달의 상징들도 오시리스 신화 전체에 스며들어 있다. 그를 담은 작은 상자는 강을 따라 내려가다가 나일 강을 벗어나 지중해로 흘러들었다. 이시스는 그것을 따라가다가 시리아의 비블로스Byblos에서 그의 시체를 찾아내서는 이집트로 가지고 돌아왔다. 그를 다시 살려낼 수는 없었지만, 그녀는 마법으로 그의 아이를 임신했다. 이시스는 오시리스의 시체를 삼각주 늪지대의 덤불 속에 숨겨두고, 새로 태어난 오시리스의 아들을 비밀리에 키웠다. 어느 날 밤, 달빛 속에서 사냥을 하던 세트는 우연히 오시리스의 시체를 발견했다. 세트는 그것을 14토막으로 잘라 나일 강 여기저기에 흩뿌려놓았다. 다시 한 번 이시스는 남편의 시체를 회수하러 나섰다. 그러나 이번에는 절단된 몸이 나라 전체에 흩어져 있었다. 인내와 끈기를 가지고 그녀는 오시리스의 조각들을 찾으러 다녔다. 마침내 그의 생식기만 빼고는 모두 회수되었다. 그의 생명력의 상징은 지금도 나일 강 속에 그대로 남아 있다.

14조각난 오시리스 시체는 14일간의 이울기, 즉 '죽어가는' 달과 같다. 그리고 덴데라 신전의 천장에는 의심의 여지가 없는 비문과 그림 같은 돋을새김이 있다. 한 패널에는 원반 안에 안치된 눈 하나가 배에 실려 운반되고 있다. 눈

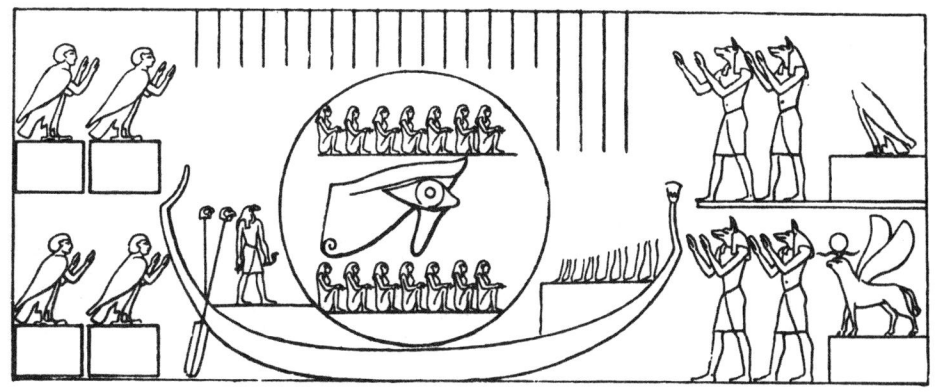

덴데라의 하토르 신전 천장화 중 북쪽 끝에 있는 패널 그림은 달 원반 안에 앉아서 천체의 눈과 동행하는 14명의 인물로, 이울어가는 달의 14일을 보여주고 있다. (버지E. A. W. Budge, 『이집트의 신들The Gods of the Egyptians』)

이우는 달 그림과 같은 천장화 중 가운데 패널은 차오르는 14일을 14신으로 나타내고 있다. 이들은 달의 원반 앞으로 올라가는 계단 한 칸씩을 차지하고 서 있다. (버지E. A. W. Budge, 『이집트의 신들The Gods of the Egyptians』)

은 알다시피 태양이나 달의 상징이다. 따오기 머리를 가진, 지혜와 지식의 신이라고 일컬어지는 토트$^{Thoth}$가 뱃길을 안내하고 있다. 토트는 달과 밀접한 관계가 있으며, 날짜와 계절을 계산한다. 이 패널에 관한 문서에서는 보름달 이후의 기간을 언급하고 있으며, 원반 속에는 14명의 신들이 눈과 동행하고 있다.

이울어가는 달을 묘사한 것 다음에 조각된 또 하나의 패널은 달이 차오르는 14일간을 나타낸다. 단이 14개인 계단에는 각 단마다 신이 하나씩 서 있고, 그들은 같은 눈과 원반 쪽으로 나아가고 있다. 그리고 신성문자는 그 신들이 달이

덴데라의 중앙홀 천장화 중 남쪽 끝에 있는 세 번째 패널에는 달과 함께 오시리스가 분명하게 확인된다. 그는 천상의 배에서 여신 이시스, 네프티스와 함께 타고 있다. 배는 4여신이 떠받치고 있는 하늘을 상징하는 것 위에서 항해하고 있다. 이 그림에 수반되는 문서에는 오시리스가 달로 들어갔다고 되어 있는데, 그러므로 그는 곧 달이다. (버지E. A. W. Budge, 『이집트의 신들The Gods of the Egyptians』)

신왕국의 센무트Senmut의 무덤 천장 그림에서, 오시리스가 천상의 배를 타고 항해하면서 배우자인 이시스를 돌아보고 있다. 그녀는 시리우스가 오리온을 따르는 것처럼 그를 따르고 있다. (에드윈 C. 크룹)

커져가는 날짜들과 관계있음을 확인해준다. 오시리스는 달의 신으로서 '빛나는' 이라고 쓰여 있다.

마지막으로, 가까이 있는 세 번째 패널은 오시리스가 이시스, 그리고 그녀의 여동생 네프티스Nephthys와 함께 배에 타고 있는 걸 보여준다. 4중간방위의 여신들이 천상을 나타내는 기호를 떠받치고 있으며, 배는 그 위에 떠 있다. 그리고 비문에서는 '오시리스는 달'이라고 말한다.

오시리스 신화는 그의 부활과 함께 계속된다. 이시스는 그를 향료로 썩지 않게 처리하고 미라로 만들었다. 그리고 그녀의 도움으로 그는 다시 영생의 삶을 얻었다. 그의 신화의 이 측면이 천구의 짝인 오리온자리와 합체되어 수많은 무덤과 신전에 나타나 있다. 오리온과, 이시스의 밤의 짝인 시리우스가 천구의 배를 타고 항해하는 그림을 자주 볼 수 있는데, 대개는 오시리스가 배 앞머리에 서서 아내를 뒤돌아보고 있다. 그녀는 밤마다 동쪽에서 서쪽으로 그를 따라 여행한다. 하늘은 신화의 나머지 부분과 같다. 죽은 오시리스가 이집트 밖으로 떠내려가고 이시스가 그 뒤를 따라가듯이, 오리온이 드디어 밤하늘을 떠나고 나면 잠시 후엔 시리우스가 그 뒤를 따른다.

시리우스는 이집트 달력에서 중요한 측정 기준이었다. 지구궤도의 움직임은 결국 태양을 시리우스와 같은 방향에 놓이게 하며, 밤에 가장 밝은 별조차도 낮의 눈부심 속에 사라지게 한다. 그러나 밤하늘에서 사라진 후에도 시리우스는 결국엔 새벽에, 태양이 떠오르기 전에 다시 나타난다. 매년 처음으로 이 일이 일어날 때, 이것을 그 별이 '태양과 함께 떠오른다'고 한다. 오늘날 시리우스는 하늘이 완전히 밝아져서 보이지 않을 때 아주 잠깐 동안만 보인다. 고대 이집트에서는 해마다 이렇게 시리우스가 다시 나타나는 것은 하지가 가까워올 무렵이었고, 나일 강이 범람하는 시기와 일치했다. 시리우스인 이시스는 '한 해의 시작을 알리는 여왕'이었다. 이집트의 새해는 나일 강의 범람으로 시작되었기 때문이다. 덴데라의 새해의례 문헌에는 이시스가 나일 강을 구슬려서 물이 불어나게 한다고 되어 있다. 은유는 천문학과 수력水力에 관한 것이며 성적性的이다. 그리고 그것은 신화에서 이시스의 역할과 유사하다. 시리우스는 이시스가 오시

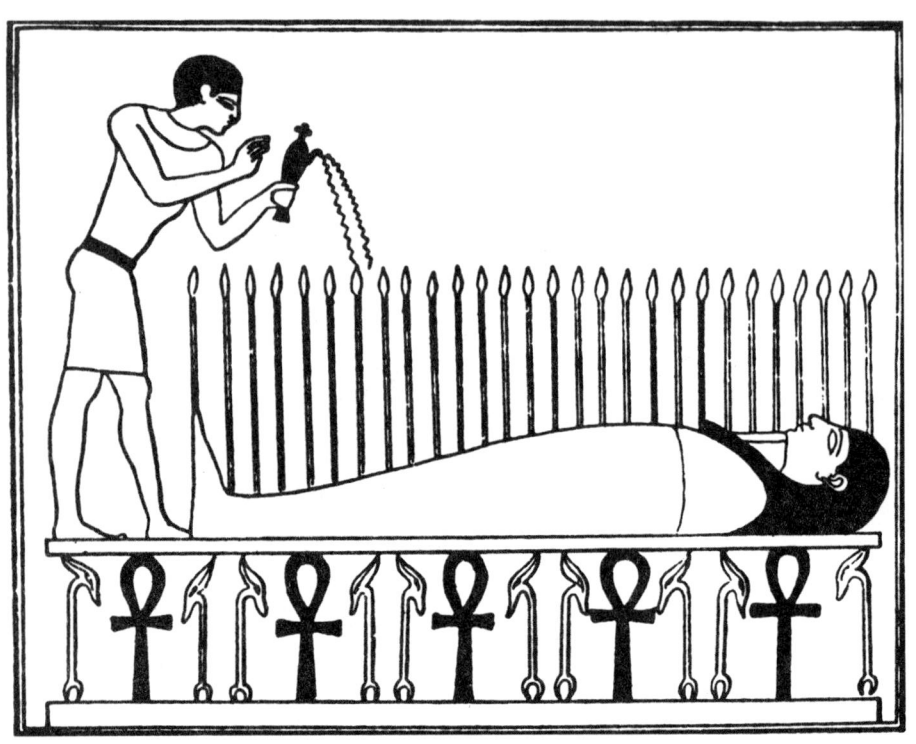

농작물 형태로, 죽은 오시리스의 몸에서 새 생명이 싹터 나와 우주질서의 또 한 주기를 완성한다. 오시리스는 새로 태어남과 부활을 구현했으며, 따라서 태양이나 달, 별들, 강, 식물, 그리고 영혼 같은, 패턴을 따르는 모든 것과 관계가 있다. 그는 '만물의 주'다. (버지E. A. W. Budge, 『이집트의 종교Egyptian Religion』에서. University Books, Inc., Secaucus, 뉴저지, 07094의 허가를 얻어 옮겨 실음)

리스를 부활시켰던 것처럼 나일 강을 부활시킨다. 그녀가 세트를 피해 숨어 있던 시기는 시리우스가 밤하늘에서 사라졌던 시기다. 시리우스가 새해를 낳는 것처럼, 그녀는 아들 호루스를 낳는다. 그리고 문헌에서 호루스는 새해와 같다. 그녀는 삶과 질서의 부활을 위한 운반 수단이다. 어느 여름날 아침 잠깐 빛나는 이시스는 나일 강을 자극하면서 한 해를 시작하게 한다.

이집트에서 오리온은 시리우스처럼 70일 동안 밤하늘에서 보이지 않는다. 이 기간은 오시리스가 지하세계에서 보낸 과도기와 같다. 그것은 또 미라가 되는 데 필요한 기간과도 같다. 오리온이 태양과 함께 떠오르는 일은 시리우스가 다시 나타나기 두어 주일 전, 그리고 나일 강이 범람할 때 일어난다. 이집트의 농경민들은 나일 강에 의존해서 살았다. 강이 없었다면 이집트는 없었을 것이다. 세트의 불모 세력권인 사막만 있을 뿐. 여름에는 나일 강이 범람하면서 그와 더불어 생명과 물이 토양으로 다시 돌아왔다. 씨앗이 뿌려지고 나일 강에 의해 영양을 공급받았다. 이집트 인에게는 경작할 수 있는 3계절과 나일 강의 계절은 같은 것이었으므로, 계절에는 그에 걸맞은 이름이 붙여졌다. 각각의 이름은 풍경에서 중요한 변화를 나타낸다. 즉 범람, 출현, 저수위다. 여기에 탄생, 성장, 죽음, 또 다음 해의 범람과 더불어 새해가 시작되고 부활하는 단순한 주기가 있다. 이 주기가 이집트의 본질이다. 그것은 신화와 일치한다. 그것이 하늘에서 상연되었다.

우리가 머리 위의 빛 속에서 보는 것은 우주질서의 여정이다. 왜냐하면 그것이 만물을 지배하고, 온 세계에 반영되기 때문이다. 그것은 우리 의식의 핵심이다. 그것은 성스러운 것이란 무엇인지 정의를 내리고 하늘을 신들의 영역으로 만든다.

# 2. 우리가 지켜보는 하늘

하늘 위의 눈●하늘에 보이는 전조●하늘을 기록하기●태양을 향한 원●태양을 바라보는 단●달을 잡으려고 손을 뻗다●하늘에서 드리워진 그림자?●하늘을 엿보는 창문들●금성의 탑●정확성을 추구하다

지금으로부터 천 년 후 고고학자들이 팔로마$^{Palomar}$ 산(미국 캘리포니아 주 남서부에 있는 산으로, 세계 최대의 반사망원경을 갖춘 천문대가 있다/옮긴이)의 사라진 천문대를 찾는 일에 착수할지도 모른다. 고대의 홈비디오용 전자레이저디스크에 단편적으로 언급되어 있는 기록을 찾아낸 것이다. 그들은 스프롤 현상(도시가 무질서하고 불규칙하게 퍼져나가는 현상/옮긴이)의 흔적을 보이는 남부 캘리포니아 도시의 고층건물 사이를 통과해가면서, 아마 몇몇 빌딩의 초석들을 발견하는 것으로 그 순례에 대한 보상을 받게 될 것이다. 정체를 알 수 없는 이 원형 구조물들 중에서도 가장 큰 구조물 한복판에서 그들은 전설의 5m 망원경이 파묻혀 있는, 부식되고 녹슬어가는 잔해 더미를 발견할지도 모른다. 비록 까마득한 옛날에 사라진, 새장처럼 생긴 관과 거대한 유리거울이긴 하지만. 그것이 산꼭대기에 위치해 있고 남-북 극에 맞춰 자리 잡고 있는 게 아니라면 고대의 천문대 터라는 걸 알아보기가 힘들 것이다. 제한된 것일망정 오늘의 천문기술에 대한 지식을 토대로 해서 미래의 고고학자들에게는 팔로마가 고대 세계의 가장 큰 천문대 중 하나의 본거지였음을 확인할 수 있는 좋은 기회가 될 것이다. 그러나 문자화된 기록이 없다면 세부적인 것에서 만족하기는 어려울 것 같다. 팔로마에서는 누가 관측했을까? 그들은 어떤 기술을 가지고 있었을까? 그들은 어느 정도 정확함을 추구했을까? 그들이 알고 싶어했던 것은 무엇일까?

고대 천문학자들의 목적과 절차를 이해하려고 할 때 우리 20세기 인들도 그와 똑같은 문제에 부딪치게 된다. 고대와 선사시대의 천문학에 관한 증거가 풍부하게 존재하긴 하지만, 대부분이 간접적이다. 나무랄 데 없이 정렬된 건축물들과 천체의 시간에 맞춰 행한 의례는 우리 조상들이 하늘을 정확하고 조직적으로 지켜보았다는 것을 말해준다. 그러나 천문학자 자신들이 남긴 자취, 즉 그들이 사용한 도구나 기록이나 기술 같은 것은 찾아내기가 훨씬 더 힘들다.

달력과 고대의 하늘에 관한 지식이 종교행사와 신전, 무덤과 합체되었다는 것을 우리는 알고 있다. 이런 상징적이고 실제에 적용된 천문학은 많은 도움이 된다. 조상들의 믿음체계로 우리를 끌어들이기 때문이다. 우리가 부딪치는, 종교에 응용된 천문학은 비록 진짜 천문대와 천문학에 관한 자료는 제공하지 않지만, 실제로 무엇이 관측되었으며, 어떻게 그것이 측정되었는지는 넌지시 알려주고 있다. 그런 것을 통해 과거에 천문학이 했던 문화적 역할은 어떤 것이었는지도 아주 잘 알 수 있다. 그러나 천문학자 자신들은 어땠을까? 그들은 자신들을 정확한 측정과 엄밀한 증거를 통해 자연의 비밀을 찾아내는 과학자라고 보았을까? 십중팔구 그들은 하늘을 자기들의 권력을 유지하는 데 이용한 착취적인 신권 정치가들이었을 것이다. 실제로는 둘 다였다.

옛날의 하늘 관측자들이 지식을 추구하고 권위를 장악했으며, 때에 따라서는 오히려 냉소적이었을 거라는 건 의심할 나위가 없다. 그러나 대개는 자기 시대의 믿음을 함께 나누었다. 그들은 아웃사이더가 아니라 자신이 속한 사회에 동참한 사람들이었다. 그들은 공직자였다. 그들의 혈통을 거슬러 올라가면 사람들이 필요로 하는 봉사를 제공하는 샤먼shamans, 치료주술사medicine men, 달력사제calendar priests 등이었다. 천문 관측은 공동체의 성스러운 삶이라는 구조 안에 반드시 있어야 하는 비품 같은 것이었다. 이 때문에 고대 천문학자들이 남긴 그 많은 상징들은 사실 그들의 전문적인 활동을 문화에 적용한 것이라고 할 수 있다. 그러나 성스러운 존재와의 내밀한 관계를 즐기는 샤먼처럼, 고대 천문학자들도 하늘을 관찰할 때마다 느끼는 우주의 신비를 직접 경험했다. 정확성과 정밀함 그리고 이해를 추구하는 것은 이런 경험과 상반되는 게 아니라 사실은 그런 경험의 결과다. 단지 이런 관심사를 우리 시대의 과학적 방법과 동일시하는 바람에 그림을 혼동해서 조상들을 우리의 믿음체계로 잘못 끌어들이고 있을 뿐이다. 정확하고 엄밀한 관찰만이 객관적이고 과학적인 사고의 요소라고 생각해서, 그것이 다른 믿음체계에서도 같은 역할을 한다거나 혹은 다른 믿음체계 안에는 그런 건 아예 존재하지도 않는다고 단정해선 안 된다.

### 하늘 위의 눈

문화에서 천문학의 역할을 제대로 이해하려면, 천문 관측을 하는 것은 누구의 책임이었으며, 그들은 어떤 방식으로 자신의 일을 했는가를 알아야 한다. 이렇게 하면 천문학에 무엇을 얼마나 투자했는지에 대해 알게 되고, 사회가 어떤 동기로 하늘 관측 전문가들을 지원했는지를 이해할 수 있게 된다. 하지만 천문 관측에 대한 직접적인 증거를 확인하기는 어렵다. 천문학적으로 정렬된 유적이 천문대임을 증명하는 방법에는 천문기록을 읽고 해석하는 방법과 천문기술을 우연히 접한 후에 인식하는 방법이 있다. 이런 일은 좀처럼 쉬운 게 아니지만, 고대 이집트의 한 의례인 '줄 잡아당기기'the Stretching the Cord 는 신전을 설계할 때 빼놓을 수 없는 실제 천문학적 절차가 어떤 것이었는지를 그대로 보여준다.

신왕국과 프톨레마이오스 왕조의 이집트 인들이 새로 신전을 건설할 때면, 기공식에 '줄 잡아당기기'가 포함되었다. 이 의례에서 파라오pharaoh는 신전의 방위 측정과 설계를 위한 기본적인 기준선을 확실하게 정해주어야 했다. 문헌과 벽의 돋을새김은 파라오가 여신 세스하트Seshat의 도움을 받아 이 과업을 수행했음을 보여준다.

세스하트는 문서, 기록, 그리고 물론 신전 설계와 관계있다. 그녀가 역법과 세계 및 사회의 질서 유지 등의 일들을 책임지고 있던 서기관 신인 토트와 아주 특별한 관계가 있다는 건 놀라운 일이 아니다. 그녀의 엠블럼에는 다른 천상의 의미도 있음을 암시한다. 그녀가 입은 몸에 꼭 달라붙는 표범가죽 옷은 입 열기the Opening the Mouth 의례를 수행하는 셈–사제sem-priest ('신의 최초의 예언자'라고 불리기

한 손에는 가느다란 지팡이 혹은 막대를 잡고, 다른 손에는 작은 망치를 들고서 파라오와 여신 세스하트가 함께 '줄 잡아당기기' 의례에 참여하고 있다. 카르나크에 있는 아문-레 신전 벽의 돋을새김에서는 줄로 만든 고리 하나가 무릎 높이에서 두 막대를 둘러싸고 있다. 세스하트 특유의 머리 장식인, 뒤집힌 소뿔로 덮여 있는 꼭짓점 7개의 별이 머리 위에 세운 가는 막대 위에 얹혀 있다. (로빈 렉터 크룹)

도 한 최고위 사제/옮긴이)의 헐렁한 표범가죽 망토와 짝을 이룬다. 표범은 야행성 동물이다. 사제가 고인이 된 파라오의 입에 손도끼를 대고 북두칠성을 상징화한 그의 '영혼$^{ka}$'에 생명을 다시 불어넣는다. 밤하늘의 별들과의 이런 유대관계는 표범의 점박이 가죽이 별이 총총한 하늘을 의미한다는 것을 암시한다. 나무 표범머리와 은 발톱을 붙인, 리넨으로 만든 옷들이 투탕카문$^{Tutankhamun}$의 무덤 보물들 가운데에서 발견되었는데, 표범의 '점' 하나하나가 실제로 순금으로 만들어진 별이다. 마야의 사제들도 그와 비슷하게 재규어(중남미산 표범/옮긴이)의 점박이 가죽옷을 입었는데, 그들에게도 그 무늬는 역시 별과 밤하늘을 의미하는 것이었다.

세스하트의 초상화를 보면, 보통 그녀의 머리 위에는 수직으로 세워진 막대가 떠받치고 있는 꼭짓점 7개의 별이 있다(어떤 그림에는 꽃잎이 7개의 꽃으로 비유되기도 한다). 그녀의 별에는 암소나 황소의 뿔 한 쌍을 뒤집어놓은 것처럼 보이는 것이 마치 캐노피처럼 매달려 있다. 이 상징 또한 그녀의 이름을 나타내는 신성문자다. 뿔과 별의 꼭짓점 7개 모두 북두칠성과 어떤 관계가 있는 것 같다. '황소의 넓적다리', 즉 메스케티우$^{Meskhetiu}$가 북두칠성이라는 것, 그리고 북두칠성에는 밝은 별이 7개 있다는 것을 우리는 이미 알고 있다. 이집트 인들은 7이라는 숫자를 볼 때마다 틀림없이 북두칠성을 연상했을 것이다. 왜냐하면 덴데라, 에드푸$^{Edfu}$, 에스나$^{Esna}$, 필라에$^{Philae}$ 등지에 있는 메스케티우의 몇몇 초상화들은 황소의 다리 그림을 별 7개가 둘러싸고 있기 때문이다.

또 덴데라에 있는 하토르 신전 내부에서 우리는 파라오가 '줄 잡아당기기' 하는 것을 기술한 비문을 읽을 수 있다. 파라오는,

……기쁜 마음으로 로프를 잡아당긴다. 그는 황소의 넓적다리 자리의 ak를 한번 흘깃 보면서 덴데라의 여왕의 신전을 설립한다. 전에도 했던 것처럼.

그리고 파라오 자신이 무엇을 하고 있는지 기술한다.

떠오르는 별들의 행로를 따라 하늘을 바라보며, 황소의 넓적다리 자리의 ak를 알아본다. 나는 여왕 폐하의 신전을 구석구석 세운다.

상류 쪽 177km 지점인 에드푸에 있는 호루스 신전 벽에 그와 유사한 비문이 있는데, 파라오와 세스하트가 작은 망치로 땅에 말뚝을 박는 모습을 그린 초상화가 함께 있다. 두 개의 말뚝을 연결하는, 로프로 만든 고리는 잡아당겨진 줄을 나타낸다. 한 문헌에서 파라오는 이렇게 말한다.

저는 망치 손잡이와 함께 말뚝을 움켜잡았습니다. 저는 세스하트의 장비에서 측량줄을 꺼냅니다. 저는 전진하는 별들의 운동을 생각합니다. 제 눈은 황소자리의 넓적다리에 고정되어 있습니다. 저는 시간을 세고, 시계를 뚫어지게 보면

서, 당신의 신전 구석구석을 세웁니다.

파라오가 선언하기는 하지만, 그가 정말로 신전의 기준선을 측정했을 것 같지는 않다. '줄 잡아당기기'에서 그의 활동은 의례적인 것이었으며, 중국 황제가 그해 첫 밭고랑을 냈던 것이나 우리 시대에 공공건물의 초석을 놓는 일에 더 가까운 것이었다. 그러나 파라오가 한 것은 신중하게 그리고 명확하게 지정된 것이었다. 이런 절차를 수행하려면 일정한 때에 일정한 별을, 그리고 필시 일정한 지점에서 관찰해야 했을 것이다. 그의 행동은 기준선을 설계하기 위해 이집트의 건축가들이 사용한 실제 절차를 거의 그대로 모방한 것 같다.

세스하트의 상징인, 막대기 혹은 가느다란 지팡이 위에 매달려 있는 꼭짓점 7개의 별은 '줄 잡아당기기'에 의해 마련된 북두칠성을 기준으로 하는 선을 찾으려는 생각과 일치한다. 문헌들은 북두칠성의 ak에 대해 언급하는데, 우리는 ak가 무엇인지 모른다. 대개는 북극성 주위를 따라 도는 궤도 위에서 북두칠성의 어느 특정한 위치와 정위를 가리키는 것인 듯하다. 그러나 세세한 것은 알 수 없다 해도 '줄 잡아당기기'는 유도된 어떤 기준선에서 정확하게 측량하기 위한 표준화된 기술이 있었음을 암시한다. 이것은 또한 그런 기술을 뒷받침하는 천문 관측의 전통도 있었음을 의미한다.

## 하늘에 보이는 전조

청동기시대의 중국에서는 하늘을 체계적으로 관측했다는 전혀 다른 증거가 있다. 상왕조의 갑골문자에는 별들과 식에 대한 언급이 있지만, 이 문헌들 자체에 대해선 과학적인 것이 전혀 없다. 갑골문자는 나라의 상태를 평가하는 구실을 하는 천문현상에 나타난 전조에 관한 것이다.

쿠에이웨이$^{Kuei-Wei}$ (날에) 점을 쳤다. 청$^{Cheng}$이 물었다. "다음 열흘 안에 나쁜 운은 없겠습니까?" 사흘 뒤 이위$^{Yi-Yu}$의 날 저녁과 밤에 월식이 일어났다 - (그건 그렇게) 들렸다. 8번째 달$^{moon}$에.

이 문장은 다소 혼란스러워 보이지만, 이것이 예언을 기록하는 표준화된 형식이다. 첫 부분에서 그날을 명확하게 말하고 있다. 전조가 던져진 60일 제사 주기 안에 있는 '쿠에이웨이'라고. 청이라는 이름의 한 개인이 자기 조상들에게 그다음에 오는 열흘의 간격, 즉 순$^{旬}$ 안에 불운한 일이 일어날 가능성에 관하여 질문했다. 마지막 문장은 이위의 날 저녁에 월식이 일어날 것이라고 언급한 후에 덧붙여진 주석이다. 이것 그리고 이와 유사한 해설서들이 기원전 1400~1200년 사이에 기록되었고, 그런 기록들로부터 식이 관측되고 보고되었으며, 시기가 추정되고 기록되고 해석되었다는 걸 알 수 있다. 또한 이 갑골문자가 읽히게 되었을 무렵에는 틀림없이 달력도 제대로 만들어졌을 것이다. 비록 우리가 체계적인 천문학이 진행되었음을 입증할 천문대 관련 옛 기록은 전혀 갖고 있지 못하지만, 점$^{占\ divination}$에 관한 문헌이 있다는 건 그런 비슷한 것이 진행되고 있었음을 뜻한다.

## 하늘을 기록하기

고대 메소포타미아에서는 체계적으로 관측했다는 증거가 좀 더 명백하게 문서로 남아 있다. 실제로는 수리천문학$^{mathematical\ astronomy}$에 관한 것이긴 하지만. 그러나 대부분의 서판들은 상왕조의 갑골보다 훨씬 더 후대의 것이다. 아마도 기원전 17세기에 시작되었을 암미자두가$^{Ammiza-duga}$의 금성 서판을 제외하고는, 현존하는 메소포타미아의 천문학 문헌들 대부분은 기원전 650~50년 사이에 쓰인 것이다. 설형문자로 된 이 점토판들은 천문일기라고 불리며, 그것들은 전문가 즉 전문적인 천문 서기관들에 의해 관측된 틀림없는 것이다.

전형적인 일기의 표제어는 지나간 달의 길이에 대한 진술로 시작한다. 그건

29일 아니면 30일이었을 것이다. 그다음엔 이번 달의 첫 번째 관측, 즉 처음 상현달이 뜨기 시작한 날의 일몰과 월몰 사이의 시간을 기록하고, 다음으로 월몰과 일출 사이와 월출과 일몰 사이의 시간에 관한 비슷한 정보를 기록하고, 보름달일 때를 기록한다. 그리고 그달의 마지막 날, 하현달이 뜰 때와 일출 사이의 간격이 기록되었다.

월식이나 일식이 일어날 때 그 날짜와 시각, 지속된 시간, 식이 일어났을 때 눈에 보이는 행성, 가장 높이 떠올라 있는 별들, 그리고 계절풍과 함께 기록되었다. 행성들의 다양한 주기에서 중요한 점, 동지와 하지, 춘분과 추분의 날짜, 그리고 중요한 의미를 가지고 있는 시리우스의 출현이 제공하는 모든 것들이 전부 표로 만들어졌다.

바빌로니아의 천문학자들은 천체의 위치를 나타내기 위해 30개의 별을 한데 묶어 이용했다. 그리고 그들의 천문일기는 별과 관련해서 달과 행성의 위치를 자세히 적었다. 날씨가 나쁘거나 무지개, 햇무리와 달무리 같은 이상한 대기 현상에 관한 보고도 일기 안에 자기들만의 방식으로 적어 넣었다. 마지막으로, 지역적으로 중요한 의미가 있는 다양한 사건들(화재, 절도사건, 정복지 등), 바빌로니아의 강수량, 그리고 은화 1세켈(고대 바빌로니아의 무게 단위/옮긴이)에 살 수 있는 다양하고 질 좋은 생활필수품 등이 천문학자의 보고서를 가득 채우고 있다. 부지런히 발품을 팔지 않고서는 할 수 없는 일들이었을 것 같다.

기원전 6세기까지, 신바빌로니아의 천문학자들은 앞으로 몇 달 안의 월출이나 월몰, 일출이나 일몰 사이의 예상되는 시간 간격을 미리 계산하고 있었다. 이 계산은 체계적인 관측을 바탕으로 한 것이었다. 훗날 태양의 움직임을 매달 숫자화한 도표로 나타내게 되었을 때, 신월 때의 태양과 달의 위치, 낮의 길이, 밤의 길이의 반, 식의 예고 목록, 매일 달이 별들 사이를 통과하는 비율, 그리고 그 밖의 다른 관련 정보 등의 계산들은 달이 언제 어떻게 움직일 것인지 상세히 기술할 수 있고 정확하게 예측할 수 있게 해주었다.

메소포타미아의 천문학자들은 행성에도 같은 관심을 가졌지만 그것들의 움직임이 일정하지 않아서 행성의 움직임의 변화를 계산할 수학적인 기술을 고안해야 했다. 예컨대 목성은 거의 정확하게 12년 안에 황도대를 통과해 나아가는데, 매년 조금씩 다른 지대 즉 다른 별자리로 움직여간다. 목성은 또 해마다 태양과 마주보기opposition(충衝이라고 한다/옮긴이)도 하는데, 이때는 해가 질 때 떠오르고 해가 뜰 때 진다. 그러나 목성의 움직임이 일정하지 않기 때문에 해마다 같은 날에 마주보기를 하지는 않는다. 바빌로니아 인들은 이것을 우리와는 약간 다르게 표현했으며, 목성이 해마다 마주보기가 될 때의 날짜보다는 위치를 명확하게 하는 걸 더 좋아했다. 그러나 효과는 같다. 그리고 12년의 총 주기 중 반 동안은 마주보기의 자리를 맞추기 위해 같은 정도로 위치 이동을 더해주고, 나머지 반 동안에는 같은 정도로 이를 줄여줌으로써 목성의 일정하지 않은 운행을 보정했다는 사실을 그들의 표가 보여준다. 목성의 연속적인 마주보기로 말미암아 자리가 바뀌면 결국 지그재그 선이 된다.

물론 바빌로니아인들은 일정하지 않은 운행을 정확하게 표시하는 방법을 완벽하게 개발하지는 못했다. 그러나 메소포타미아의 후대 왕조들, 특히 알렉산더 대왕 사후의 셀레우코스 왕조에서 바빌로니아의 천문학자들은 '지그재그 기능'을 가진 달과 행성들의 주기적인 가속과 감속을 어림잡을 수 있었다. 그들은 이것을 도형이 아니라 수치로 나타냈는데, 이 기술은 그들의 목적을 위해 충분히 효과를 발휘했다.

바빌로니아의 천문학은 광범위하게 기록되었음에도 불구하고, 우리는 고대 메소포타미아에서 사용된 도구에 대해서는 아는 게 거의 없다. 또 천문대도 분명히 있었을 텐데 그에 대해서는 더욱 모른다. 아시리아에서 출토된 점토로 만든 '아스트롤라베astrolabe'(고대부터 중세까지 그리스, 아라비아, 유럽에서 사용된 별의 위치나 시각, 경위도 등을 관측하기 위한 천문 관측 기구/옮긴이)가 런던의 대영박물관에 전시되어 있다. 사실 아스트롤라베는 천체의 각 높이를 측정하는 데 사용되었는데, 아시리아의 장치들은 그보다는 하늘의 구역들에 대한 다이어그램과 더 비슷해 보인다. 그것들은 시간을 측정해야 하는 천문학자들을 안내하기 위한 것으로, 곁에 두고 쓰기에 편리하도록 고안된 천문 정보 일람표인 것 같다. 자오선을 통과하는 것을 측정하는 데 사용된 어떤 도구에 대해 극히 제한된 언급을 한 것 말고는, 그노몬$^{gnomon}$(혹은 그림자 막대)과 물시계가 우리가 알고 있는 바빌로니아의 천문도구의 전부다.

하지만 고대 문명의 천문도구와 천문대를 찾는 게 어렵다는 사실에 놀랄 건 없다. 그런 것들이 많았을 것 같지도 않고, 현존하는 천문대를 보아도 그들이 거기서 뭘 했는지 알 수 없을 정도다. 실제 장비는 아마도 오래전에 사라졌을 터인데, 고대의 천문학자들이 유숙했던 집의 벽들은 오늘날에도 고스란히 남아 있다. 그런 천문대가 신전이나 왕궁과 결합되었다면 그것을 알아보기란 더욱 어렵지 않겠는가. 만약에 천문학적 정렬을 갖춘 구조물을 발견하더라도 그 구조물이 의례용으로 사용됐는지, 아니면 실제 관측용으로 사용됐는지, 아니면 둘 다인지를 말하기란 언제나 어렵다.

## 태양을 향한 원

일리노이 주 남부에 있는 카호키아$^{Cahokia}$의 선서클$^{Sun\ Circle}$은 그 목적이 분명치 않은 천문 유적지의 좋은 사례다. 지금은 일리노이 주 교통부로부터 허가를 받아 위치 측량을 지휘하고 있는 고고학자 워런 위트리$^{Warren\ L.\ Wittry}$ 박사가, 1961년 재난구조를 위해 굴착하는 과정에서 퇴적물이 마구 쌓여 있는 욕조 모양의 큰 구덩이들을 발견할 때까지는 아무도 그 존재조차 몰랐다. 이 구덩이들은 카호키아에서 흙으로 지은 가장 큰 '피라미드'인 몽크스 마운드$^{Monks\ Mound}$에서 서쪽으로 900m쯤에 자리하고 있다. 위트리 박사는 그것들이 몇 개의(아마도 4개 정도) 원호 위에 정렬되어 있다는 것을 알아차렸다. 이 구덩이들은 한때는 목재로 채워졌었다. 기둥구멍이 지름 4.6m 정도 되는 걸로 판단하건대 십중팔구 큰 기둥이었을 것이다. 원호들 중 3개가 교차하는데, 원래 건축물이 있었던 자리임을 짐작케 한다. 완전하게 발굴된 건 하나도 없지만, 위트리 박사는 1964년까지 원호 위에서 16개의 기둥구멍을 발견해서 임의로 '서클 2'라고 불렀다. 그 구멍들은 정북에서 남서쪽 동지 일출 방향으로 뻗어 있었다.

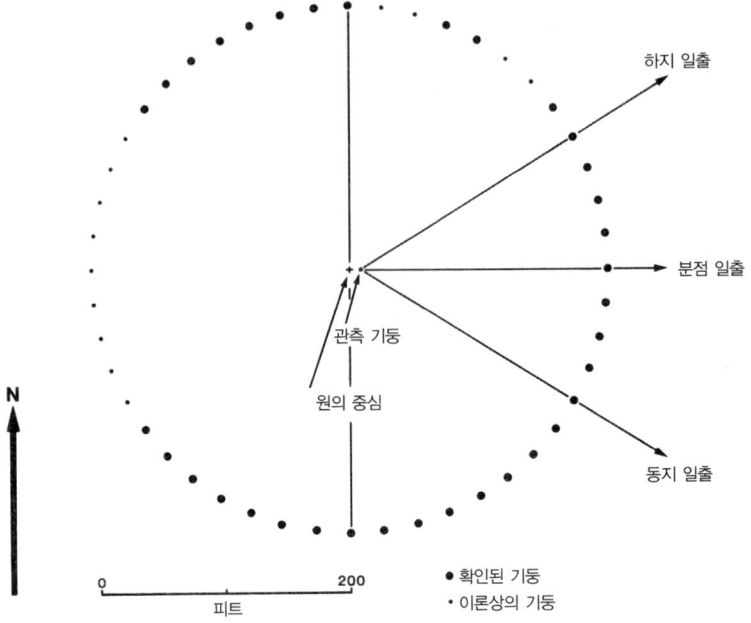

카호키아에 있는 서클 2에서 알려진 기둥들의 위치가 원의 진짜 중심에서 약간 벗어난 기둥구멍 하나와 결합해 분점과 지점의 일출에 관측 시선을 제공한다. (그리피스 천문대, 자료 제공: 워런 위트리)

　　서클 2의 디자인 중 어떤 부분은 신중하게 고려되었음을 보여준다. 기둥구멍들은 약 8.4m 너비로 간격을 두고 평평하게 배치되어 있다. 위트리 박사는 지름이 125m 정도인 완벽한 원이 설계되었을 거라고 생각했다. 그러나 그는 1977년이 되어서야 비로소 일리노이 주 환경부에서 허가장을 받아 기둥구멍 11개를 더 찾아냈다. 간격 배치가 대부분 일치했고, 먼저 모습을 드러낸 원 부분의 지름도 완전히 일치했다. 불행하게도 1961년 그 지역의 중요성을 인정받기 전에 도로를 메우느라고 원의 왼쪽 면에서부터 흙을 몇 톤 파내는 바람에 원의 다른 부분들이 많이 사라졌다. 위트리 박사는 원래의 원은 47개의 기둥을 가지고 있었고, 적어도 그중 3개는 중요한 의미가 있는 천문현상들을 표시하는 것이었을 거라고 믿는다.

　　측정과 계산을 통해서 위트리 박사는 지점과 분점에서의 일출은 동쪽 반원에 있는 기둥과 일렬로 정렬했다는 것을 확인했다. 하지만 기둥들의 간격 배치와 원의 크기를 알려면 원 중심에서 동쪽으로 152cm의 후시$^{後視\ backsight}$가 필요했다. 정렬은 실제 중심에서 벗어나 있었을 것이다. 원 위에 있는 것들만큼이나 큰 기둥구멍 한 개가 중심선에서 적당히 벗어난 지점에서 발견되었기 때문이다.

기하학적 설계, 신중한 측량, 그리고 천문학적 정렬 등이 카호키아 선서클 계획의 일부인 것 같긴 한데, 목적은 여전히 오리무중이다. 동쪽 지평선을 따라 진행되는 일출이 중심기둥에서 벗어난 꼭대기의 단에서 '태양 사제$^{sun\ priest}$'에 의해 체계적으로 관측되었을 거라고 위트리 박사는 믿는다. 원주민들이 수세기 전에 그 기둥들을 제거해서 그 높이도 모른다. 그러나 다행히도 욕조 모양의 구덩이에 단서가 있다. 이런 형태의 구덩이는 아주 크고 무거운 기둥들을 미끄러져 들어가게 해서 자리 잡아 세우기에 편리하다. 위트리 박사는 기둥들이 9m가량이었을 거라고 추측했다. 그는 1977년 추분에 생애 최초로 카호키아의 일출을 볼 기회를 가졌다. 기원후 1000년경 태양사제가 그것을 보았을 때처럼. 위트리는 지점과 분점 구덩이에 8.5m 높이의 기둥을 하나씩 설치해달라고 지역 공익사업체인 유니온 일렉트릭 컴퍼니를 설득했다. 9월 23일, 해 뜨기 전에 그는 원의 중심에서 조금 벗어난 구덩이에 임시로 세운 관측기둥 꼭대기 가까이까지 올라가 몸의 균형을 잡고서, 몽크스 마운드의 남쪽 비탈과 그보다 동쪽으로 11km 더 떨어진 미시시피 강 절벽에 의해 형성된 골짜기에서 태양이 솟아오르는 것을 지켜보았다. 추분 기둥은 톱니 모양의 골짜기와 한 줄이 되어 떠오르는 태양 속에서 윤곽만 보였다. 위트리 박사는 혹독하게 추운 12월의 아침에 며칠 동안 계속 동지의 일출도 확인했다.

선서클은 진짜 천문대였을까? 만약 그렇다면, 그 크기가 좀 문제가 된다. 중심에서 62.5m 떨어진 거리에서 보면, 선서클의 기둥들은 태양 관측자의 위치와 너무 가깝다. 그 중심에서 78m밖에 안 떨어진 스톤헨지$^{Stonehenge}$(선돌 위에 돌을 올려 연결한 것을 헨지$^{henge}$라고 한다/옮긴이)처럼, 그리고 중심 케른$^{cairn}$(기념비, 묘비 등으로 쌓아올린 돌무더기/옮긴이)이 하지 일출 후시로부터 북동쪽으로 불과 11m 떨어져 있는 빅혼 메디신 휠$^{Bighorn\ Medicine\ Wheel}$처럼, 카호키아의 선서클은 실제 동지나 하지의 정확한 측정법을 제공하지 않는다. 후시와 전시$^{foresight}$가 너무 가까이 붙어 있다. 물론 카호키아 족의 태양 관측자가 정확성에는 전혀 관심이 없었다면 그것도 가능하다. 그러나 더 먼 지평선의 모습을 보는 것이 목적이라면 태양력에 대한 정확한 측정이 가능했어야 한다.

우리는 이런 선사시대의 직립기둥 원에 대해서는 아는 게 거의 없다. 그러나 월터 레일리 경이 세운 버지니아 이주 정착지에서 살았던 식민지 개척자 존 화이트는 원주민들이 춤추는 장면을 그린 그림에 7개의 기둥 원을 그려 넣었다. 16세기에 살았던 이 목격자가 묘사한 것을 보면, 대부분의 참가자들은 원 주변에 있지만 세 여인은 중심 가까이에 있는 한 지점에 있다. 기둥 꼭대기에는 표면에 얼굴을 새겨 넣었다. 자크 르 모인 드 모르그는 거대한 기둥들로 이루어진 원 안쪽에 모여 있는 티무쿠아$^{Timucua}$ 족 사람들을 삽화로 그려 기록했다. 드 모르그는 프랑스 위그노 식민단의 일원이었다. 그가 북 플로리다에서 1564년에 그린 이 그림 속의 원주민들은 전쟁의례를 치르고 있는 것 같다. 팔다리를 절단한 적의 시신이 기둥 꼭대기에 매달려 있다.

원주민의 삶을 보여주는 이 두 기록 모두, 카호키아 기둥 원 안에서는 천문 관측은 절대 행해지지 않았을 거라는 확신을 갖게 한다. 그러나 한 가지 세부 묘사가 그 생각에 대해 심각하게 고려해보게 만든다. 버지니아와 플로리다 원주민의 원에는 중심기둥이 없는데, 카호키아에는 있다는 것이다. 선서클 원래의 중심에서 조금 벗어난 중심기둥은 일부러 그렇게 배치한 것처럼 보인다. 아무래도 천문학적 정렬인 것 같다.

유일하게 다른 단서가 위트리 박사에 의해 원 안쪽 60~90cm 거리, 그리고 동지 일출의 기둥 정면에 있는 불구덩이에서 발견되었다. 거기서 그는 특이한 디자인으로 조각된 도자기 컵 파편을 하나 발견했다. 중심에 십자 모양이 하나 있는데, 아마도 기본방위를 상징화한 것인 듯하다. 원 하나가 십자를 둘러싸고 있다. 그런데 거기엔 다리가 하나 붙어 있다. 오른쪽 아래로 칼로 한 번 쓱 그어서 O자를 Q자로 만든 것 같다. 이것을 중간방위 표지라고 상상한다면, 그건 남동쪽을 상징화한 것이리라. 닮은꼴 다리 하나를 왼쪽 아래로 확장해보아도 원

측량과 현대적 관측으로 우리는 선사시대의 카호키아 족 태양 관측자가 서클 2의 중심기둥에서 벗어나게 설치한 단 위에서 보았을지 모르는 것을 재구성해볼 수 있다. 몽크스 마운드의 남쪽 면으로부터 비스듬히 중간쯤 올라간 곳에서 태양이 처음으로 나타날 때 서클 2의 원둘레 위에 있는 기둥 하나와 일치한다. 그 그림자를 배경으로 마운드의 윤곽이 드러난다. (그리피스 천문대)

의 경계는 그 방향을 향하지 않는다. 깨져버린 그 컵은 필시 제의에 사용한 것이었을 것이다. 위트리 박사는 남동 축과 동지 일출이 연관 있다고 믿는다.

좀 더 최근의 연구로 위트리 박사는 밝은 별인 카펠라$^{Capella}$(마차부자리의 알파별/옮긴이)가 원을 설계하는 데 사용되었을 거라고 생각하게 되었다. 카펠라별이 뜨고 지는 것에 맞춰 정렬된 것이라는 안이 제기되었지만 상세한 측정과 계산이 이루어질 때까지 기다렸다. 그렇게 해서 그게 진실이라는 게 증명된다 해도 선서클의 목적은 여전히 불확실한 채로 남는다. 천문대로 사용되었을 수도 있지만, 동지를 정확하게 측정하는 일은 그것의 천문 관측 능력으로는 도저히 가망 없어 보인다. 그 설계가 가지고 있는 그 밖의 공식적인 면에서는 경축을 위한 성스러운 장소였을 가능성이 있다. 결국 지점과 분점의 궤도를 유지하기 위해 기둥들이 완벽한 원을 이룰 필요는 없고, 또 물론 태양은 동지 표지물의 한계 밖에선 절대 보이지 않을 것이다. 그러나 이런 염려조차도 '중심 기둥'의 명백한 중요성과 지평선에서의 태양 관측 가능성을 감소시키지는 못한다. 선서클은 태양의 움직임을 측정하기 위한 장치는 아니었겠지만, 십중팔구 의례를 위해 태양의 실제 움직임을 관측하던 장소였을 것이다.

## 태양을 바라보는 단

스코틀랜드에서 알렉산더 톰$^{Alexander Thom}$(스코틀랜드 출신의 엔지니어, 역사가. 옥스퍼드 대학 교수를 지냈으며, 거석 야드$^{Megalithic Yard}$ 이론으로 유명하다/옮긴이)은 선사시대의 몇몇 유적들을 초정밀 천문대라고 해석했다. 정말 그렇다면 그것들은 정확한 날에 지점들의 위치를 정확하게 나타낼 것이다. 이것은 카호키아에서 볼 수 있을 것 같았던 정확도를 훨씬 뛰어넘었다.

거석문화 시대의 정렬이 거기 있다. 그러나 그것으로 무엇을 할 작정이었는지는 알 수가 없다. 그것의 정확성이 의도된 것인지 아닌지 어찌 알 수 있겠는가? 이 유적지는 아마도 초기 청동기시대(BC 1700년경)로 거슬러 올라가야 할 테니, 그것들이 뭘 했는지 우리한테 쓸 만한 것을 말해줄 '제품 설명서들'이 전혀 없다. 하지만 이런 선사시대 유적지 하나가 우리가 만날 수도 있는 거석문화 시대 천문대에 가장 근접한 것을 제공한다. 이 유적은 킨트로$^{Kintraw}$라고 알려져 있으며, 스코틀랜드의 서쪽 해안에 있는 쥐라 해협에서 아르길$^{Argyll}$(지금의 스트래트클라이드$^{Strathclyde}$ 군)을 둘로 나누는, 로치 크레이그니시$^{Loch Craignish}$ 만 앞부분이 건너다보이는 가파른 경사면의 꽤 넓고 평탄한 곳에 자리 잡고 있다.

1973년, 이 선돌이 넘어지기 전에 찍은 사진이다. 뒤로 커다란 케른의 모습도 일부 보인다. (에드윈 C. 크룹)

킨트로는 정말 별 볼 일 없다. 지름이 55cm 정도 되는 작고 낮은 케른이 하나 있고, 맞은편에 그보다 좀 큰 지름 124cm 높이 2.9m인 케른 하나, 그리고 높이가 4m 정도 되는 선돌 즉 멘히르menhir 하나. 눈에 보이는 건 그게 전부다. 그런 케른은 보통 묘지로 쓰이는 경우가 많은데, 불에 탄 나무 퇴적물과 화장한 작은 뼛조각 두어 개가 두꺼운 판자로 내부를 둘로 나눈 관 하나에서 발견되었으며, 그 관은 케른의 북서쪽 가장자리 근처에 파묻혀 있었다. 그보다 더 작은 케른 안에서는 작은 관에서 탄화된 나무 두어 개를 다시 찾아낸 것이 고작이었다.

비록 큰 케른이 킨트로의 가장 중요한 요소인 것같이 보이기는 하지만, 톰은 케른 자체보다는 거기서 떨어진 곳에서 볼 수 있는 것에 더 관심이 많았다. 남서쪽으로 43km쯤 떨어진 쥐라 섬으로 시선을 돌리면 베인 시안타이드Beinn Shiantaidh와 베인 아 카올레이스Beinn á Chaolais, 즉 쥐라의 젖꼭지Paps of Jura라고도 알

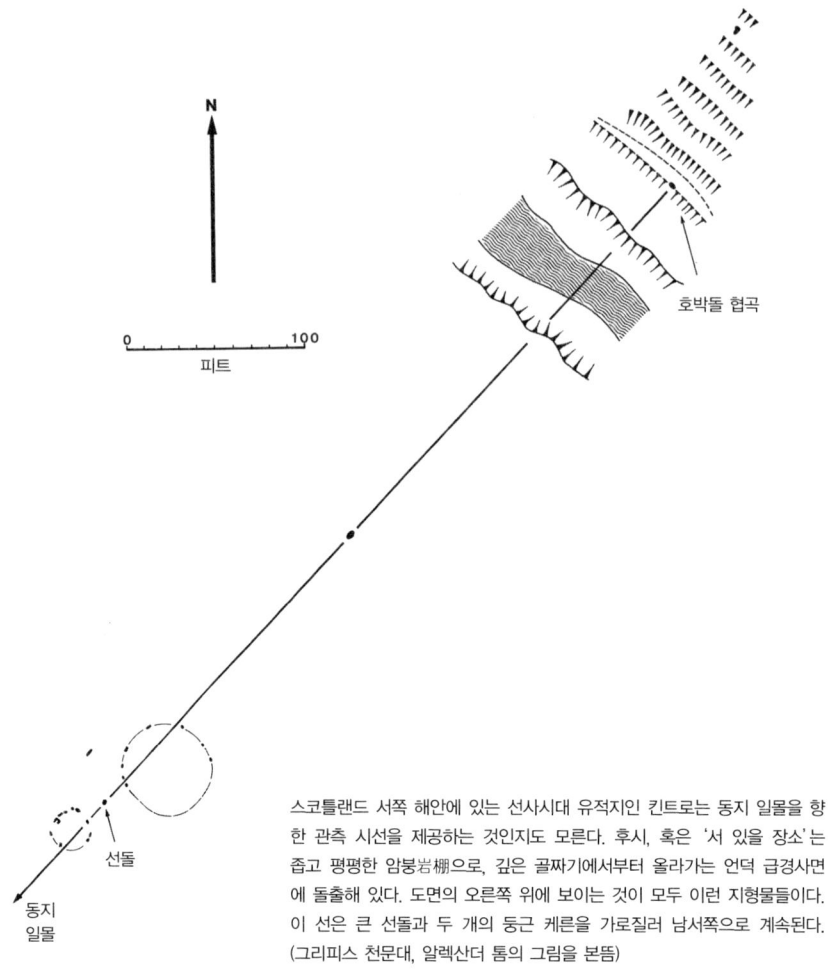

스코틀랜드 서쪽 해안에 있는 선사시대 유적지인 킨트로는 동지 일몰을 향한 관측 시선을 제공하는 것인지도 모른다. 후시, 혹은 '서 있을 장소'는 좁고 평평한 암붕岩棚으로, 깊은 골짜기에서부터 올라가는 언덕 급경사면에 돌출해 있다. 도면의 오른쪽 위에 보이는 것이 모두 이런 지형물들이다. 이 선은 큰 선돌과 두 개의 둥근 케른을 가로질러 남서쪽으로 계속된다. (그리피스 천문대, 알렉산더 톰의 그림을 본뜸)

려져 있는 두 산이 만들어내는 톱니 모양 안에서 동지 일몰의 마지막 광채가 보인다. 선사시대의 천문학자는 동짓날을 거의 정확하게 측정하기 위해 그것들을 사용했을 수도 있다. 아니, 적어도 사이에 끼어 있는 산등성이가 시야를 가리지 않는다면 그렇게 했을 수 있다. 이것이 톰 교수를 괴롭히는 복잡한 문제였다.

킨트로에서는 매우 정확한 동지 정렬이 가능하다. 케른 위에 올라서면 쥐라의 골짜기를 볼 수 있다. 이 케른은 동지 전후 며칠 동안 일련의 관측을 할 수 있을 만큼 넓다. 그러나 지면에서는 톱니가 보이지 않는다. 톰의 호기심을 돋운 의

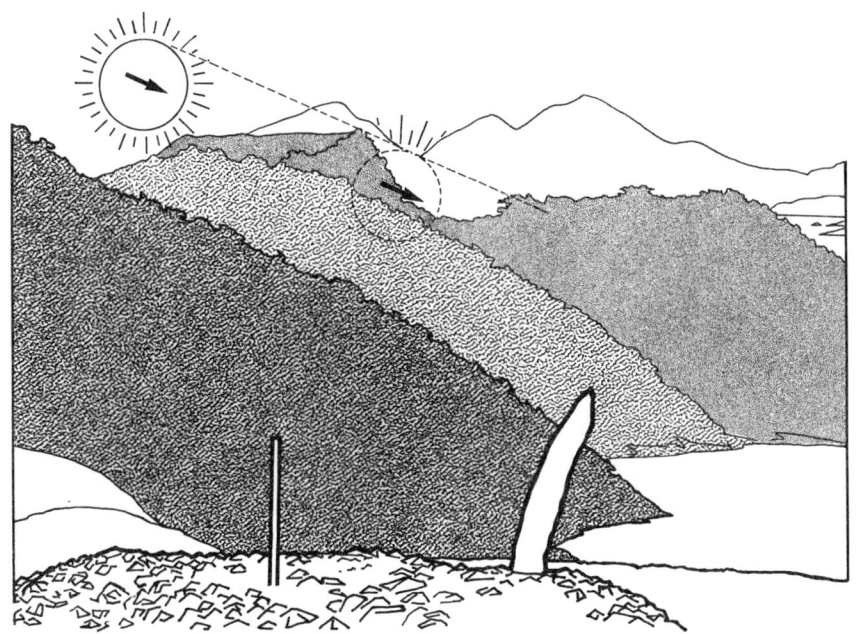

동지 일몰의 태양이 쥐라 섬의 옆모습 뒤로 숨는다. 그러나 잠시 후 태양의 위쪽 가장자리가 베인 시안타이드와 베인 아 카올레이스, 즉 '쥐라의 젖꼭지' 사이에서 한순간 번쩍하고 빛을 발하며 나타났다가 사라진다. 이런 관측 방법은 동지 날짜를 정확하게 정하기 위해 필요했을 것이다. 이 도면은 언덕 급경사면에 있는 좁은 암봉 위의 호박돌에서 관찰한 것이다. (그리피스 천문대, 유안 맥키의 그림을 본뜸)

문은 이런 것이었다. '이걸 만든 사람은 도대체 케른을 어디에 놓아야 할지 어떻게 알았단 말인가?'

유적지를 조사하는 동안 톰 교수는 다른 쪽 골짜기의 몹시 가파른 언덕에서 선반 모양의 암봉을 하나 발견했다. 거기서는 쥐라 골짜기가 아주 잘 보였고, 며칠 동안 관측할 수 있을 만큼 충분히 넓었다. 단뼈 가장자리에 일부가 땅에 묻힌 호박돌(물이나 기후에 의해 둥글게 된 아주 큰 바위/옮긴이) 하나가 결과적으로는 정확한 장소를 나타내주는 것이 되었다. 정확한 장소란, 베인 시안타이드 뒤로 동지 일몰을 보고 나면 골짜기 때문에 일몰이 갈라지는데, 그 몇 분 뒤 한순간 빛이 폭발하면서 일몰이 다시 나타나는 것을 보기 위해 서 있어야 하는 장소를 말한다.

2. 우리가 지켜보는 하늘

섬광 때문에 일몰을 지켜보는 것조차 힘들 수도 있다. 하지만 킨트로에서 청동기시대의 하늘 관측자에게 동지라고 말해주는 것은 순간적인 태양광선, 즉 오직 정확한 장소에서 정확한 날에만 볼 수 있는 한 줄기 광선이다. 킨트로의 단과 호박돌은 동지의 일몰이 거기서 매우 주의 깊게 관측되었다고 말하는 것 같다. 그러나 몇 가지 의문이 해답을 간절히 기다리고 있다. 선반 모양의 암붕은 자연적으로 형성된 것일까? 묻혀 있는 호박돌의 위치는 우연의 일치일까?

고고학자이며 글래스고 헌터리안 박물관 부국장인 유안 맥키<sup>Euan MacKie</sup> 박사는 1970년과 1971년에 그것이 인간의 활동이라는 흔적을 찾기 위해 단을 발굴하고자 했다. 이런 의문에 대답하기 위해서였다. 그런 흔적은 전혀 찾아내지 못했으나 다른 단서들이 드러났다. 토양학자 비비<sup>J.S.Bibby</sup>는 머컬리 토양연구재단과 함께 방위를 분석하고, 선반 모양의 암붕에 켜켜이 쌓여 표면에 자갈 깔린 모습이 되어 있는 돌과 조약돌 들을 분석했다. 그는 돌이 켜켜이 쌓여 있는 층은 떨어진 암석이 자연스럽게 축적된 것이라기보다는 인위적으로 만든 층 같다는 결론을 내렸다.

킨트로에 대한 톰 교수의 해석, 그리고 선사시대 천문학의 정확성과 목적에 대해 그가 제시한 전반적인 제안에 대한 해석은 몇 가지 점에서 킨트로 연구를 공격했다. 오브리 벌<sup>Aubry Burl</sup>은 별로 정확하지 않은 상징적 정렬선이 몇몇 거석문화 유적지에 형성되었다고 믿는다. 그러나 킨트로에서는 '과학적인' 천문학의 증거가 전혀 보이지 않는다. 그리고 가끔 동지 일몰 정렬을 연상시키는 커다란 선돌은 가깝기는 하지만 정확하게 그 선상에 있지는 않다. 오브리 벌은 그것은 하지 일출을 상징적으로 가리키는 것인, 좀 더 작은 케른과 함께 묶어서 보아야 더 도움이 된다고 생각한다.

킨트로 선돌이 1979년 3월에 쓰러지고 난 후, 맥키는 그것이 서 있던 원래의 구멍을 보고 그것의 정확한 위치를 지적할 기회를 얻었다. 그는 그것이 쥐라섬에 맞춰 정렬되어 있다는 것을 확인했다.

킨트로에서 태양 관측자들은 동지 전후 며칠간 일몰을 보기 위해 쥐라의 젖꼭지에 정렬하는 방향과 직각을 이룬 선상에서 자리를 잡았을 것이다. 동지가

킨트로의 동지 선상에 있는 후시 호박돌이 실제로는 한 쌍의 커다란 돌이라는 게 발굴을 통해 밝혀졌다. V 모양의 양쪽 끝, 즉 '점'과 함께 그 돌들은 자갈돌들이 쌓여 있는 곳에서 V 형태를 만든다. (로빈 렉터 크룹)

암봉 가장자리에 있는 호박돌의 V 형태로부터 눈높이(약 157.5cm)에서 찍은 사진에 킨트로 후시에서 보이는 쥐라 섬의 옆모습이 기록되었다. 기울어지던 선돌은 2, 3년 전 완전히 넘어졌다가 바로 그 자리에 다시 세워졌다. (에드윈 C. 크룹)

가까워옴에 따라 관측자는 북서쪽으로 조금 옮겨가야 했을 테고, 동짓날 저녁에는 마침내 호박돌에 V로 표시된 지점에서 보았을 것이다.

설사 비비가 암봉에 대해 잘못 생각했다 해도 두 개의 호박돌과 그것들이 만들어낸 V 자형 틈에 관해서는 비판의 여지가 없다. 지점 선상에 있는 두 호박돌의 위치는 우연의 일치일 수도 있지만, 그것들이 놓인 자리와 방위는 후시 표지로서의 역할과 일치한다. 그것들이 발견되거나 발굴된 다음에 그것들의 위치를 알려줄 표지가 필요하다는 게 인정되었다.

나는 킨트로가 고도의 정확성을 가지고서 동지 일몰을 관측하는 데에 사용되었다고 확신한다. 게다가 그 유적지는 동지 일몰을 위해 세워진 것이라는 심증도 있다. 심슨$^{D.D.A. Simpson}$의 발굴로 우리는 그곳이 화장무덤이었다는 걸 알게 되었다. 큰 케른은 그곳에서 태워진 다음 매장된 사람을 위한 무덤이었을 수도 있고, 또 화장 퇴적물을 보면 이 유적지를 신에게 봉헌하려는 게 목적이었던 것 같기도 하다. 킨트로는 동지 제의를 위한 무대였을 것이다. 아일랜드의 선사시대 동지 성소인 뉴그랜지$^{Newgrange}$와는 상당히 다르긴 하지만, 뉴그랜지에서 따온 테마 몇 가지가 거기서 되풀이되고 있다. 심슨은 매장된 관 주위에 석영이 집중되어 있는 걸 발견했다. 그렇게 많은 석영이 케른 안에, 그리고 주위에 흩어져 있는 것을 보고 심슨은 관이 원래는 반짝이는 백수정으로 덮여 있었을 거라는 결론을 내렸다. 제의의 퇴적물에서 나온 석영, 석영 광맥이 들어 있는 돌멩이들, 전체가 석영인 호박돌들은 많은 환상열석$^{stone\ circle}$(거대한 돌들이 둥글게 줄지어 늘어선 신석기시대 유적/옮긴이)들과 매장실이 있는 케른에서 눈에 띈다. 뉴그랜지의 전체적인 외관은 석영으로 뒤덮여 있고, 그곳의 동지 윈도 박스$^{winter\ solstice\ window\ box}$(동지 햇빛이 들어오도록 낸 창/옮긴이) 안에 있는 마개들도 석영이다. 그 돌이 거석문화를 세운 사람들에게 무엇이었는지는 자세히 모르겠으나 죽음, 의례, 그리고 하늘과 어떤 관계가 있는 것 같다.

킨트로에서 민족지학(문화인류학의 한 분야로, 개개 민족의 문화에 관해 과학적으로 기술하는 학문/옮긴이)적인 증거와 그곳이 선사시대의 천문대였다고 확인할 만한 대단한 물리적 증거는 찾지 못했지만, 1년에 한 번쯤 지점 날짜를 확인하기 위해 사용되었을 만한 이유는 있다. 실제로 진짜 천문대였다고 짐작하는 쪽이 더 가능성이 있다. 간단하고, 사용하기 쉽고, 정도에서 약간 벗어난. 그것은 호피$^{Hopi}$ 족 하늘 관측자가 올라갔던 지붕 위 천문대나 오세트$^{Osset}$ 족의 달력 기록자가 앉아서 하늘을 보았던 단순한 교회 의자와 별로 다를 게 없다.

## 달을 잡으려고 손을 뻗다

알렉산더 톰 교수와 그의 아들 톰$^{Archie\,S.\,Thom}$ 박사는 정확한 선사시대의 태양 관측소와 거석문화 시대의 달 관측소, 수십 군데나 되는 청동기시대의 유적지를 확인했다. 이들 중 가장 좋은 곳에서조차도 유적들은 비교적 단순했다. 예컨대 달의 후시를 표시하는 데에는 아일레이 섬의 발리나비$^{Ballinaby}$에 있는 엄청나게 크고 매우 평평하며 수직으로 서 있는 두꺼운 석판이 최고다. 아일레이 섬은 몰타 위스키로 유명한 스코틀랜드 헤브리디스 제도 중 한 섬이다. 스코틀랜드 킨타이어$^{Kintyre}$(스코틀랜드 남부의 반도/옮긴이) 반도의 던 스케이그$^{Dun\,Skeig}$에 있는 철기시대의 요새 부근에는 작은 돌이 두 개 있다. 하나는 20cm, 또 하나는 1m 정도인데, 이것들은 우리에게 또 다른 달의 궤적을 제공한다. 이 유적지는 클래치 레트 라타드$^{Clach\,Leth\,Rathad}$로 알려져 있으며, 발리나비의 두꺼운 석판과 마찬가지로, 그것은 대단히 정확하게 달의 극점 위치를 표시하는 지평선의 특징을 가리킨다. 이 두 돌과 다른 달 유적지에 대해 톰 부자가 주장하는 정확도는, 무슨 기준으로 그것들을 천문대로 분류하느냐 하는 것과 함께 열화 같은 비판을 끌어내고 있다.

알렉산더 톰의 달 관측소들은 정말로 달의 위치를 측정하는 도구는 아니다. 그 돌들은 단지 서 있을 정확한 장소를 표시하고 있을 뿐이다. 움직임은 지평선 위에서 일어난다. 그러나 그것을 보려면 달 관측자가 정확한 장소에 있어야 한다.

톰 부자에 따르면, 거석문화 시대의 달 관측자들은 달의 변화 주기인 18.6

년 내내 달이 뜨는 극점과 달이 지는 극점의 진로를 놓치지 않고 따라갔다고 한다. 한 달 동안 월출 지점의 상한에서 다음 상한까지의 기간, 혹은 하한에서 다음 하한까지의 기간에서 월출이나 월몰의 극점의 위치는 거의 차이가 없다. 어떤 점에서는 달의 두 극점 사이의 기간인 정지$^{standstill}$가 두 지점에서의 위치와 같다고 할 수 있다. 두 지점에서의 위치란, 일출과 일몰의 위치가 매일 거의 변함이 없는 때인 동지와 하지의 위치를 말한다.

거석문화시대에 영구성이 없는 표지들(아마 나무말뚝 같은 것이리라)을 가지고 18.6년이 넘는 주기를 세심하게 관측하려면 달 관측소 설립이 우선되어야 했을 것이다. 스코틀랜드 북동부의 누워 있는 돌이 있는 환상열석에서 보이는 오브리 벌의 상징적인 달 정렬과 스톤헨지의 달 정렬은 분명 영국의 선사시대 사람들이 18.6년 주기와 달의 극점을 알아채고 있었다는 걸 암시한다. 톰 부자는 초기 청동기시대의 '천문학자들'은 이런 지식에 덧붙여, 달의 미세한 움직임까지도 탐지할 수 있는 관측 장소를 발견해서 표시했다고 주장한다.

발리나비에 있는 5m 높이의 돌은 너비가 90cm인데 두께는 23cm에 불과하다. 그 돌은 기복이 완만하고 널따랗게 펼쳐져 있는 목초지에 마치 단 한 장으로 된 석판 울타리마냥 서서 농장의 가축들과 함께 지내며, 북서쪽으로 2km가량 떨어진 지평선 위에 홀로 우뚝 솟아 있는 특이하게 생긴 바위투성이 산봉우리를 가리키고 있다. 그 석판에서 보면 달은 절대 이 험한 바위산보다 더 북쪽으로는 지지 않는다. 톰 부자에 따르면, 태양으로부터 약간의 특별 인력이 달에 작용해서 평균보다 북쪽으로 조금 전진하면(달이 순간적으로 다시 아래로 내려가는 것을 탐지할 수 있을 만큼만) 산봉우리의 실루엣에 있는 세세한 것들까지도 주의 깊은 관찰자는 알아차릴 수 있다고 한다.

지구가 달을 데리고 태양의 주위를 돌기 때문에 달은 끊임없이 태양에 반응한다. 효과는 주기적이다. 그리고 그 주기를 완성하는 데 173일이 걸린다. 하지만 그 차이가 아주 작기 때문에, 대개는 달의 다른 운동 안에서 없어진다. 선사시대의 천문학자들은 달이 정지해 있을 때에만, 즉 지구가 달을 달의 평균 최대 극점의 약간 바깥쪽이나 평균 최소 극점의 약간 안쪽으로 데리고 갈 때에만 그

알렉산더 톰에 따르면, 높이가 거의 5m가 넘는 극도로 얇은 석판이 여기서 보이는 것처럼 달이 도달할 수 있는 가장 북쪽의 월몰 지점을 향해 정위되어 있다. (로빈 렉터 크룹)

것을 탐지했을 것이다.

173일 주기라는 길이로 인해 달의 위치가 이렇게 약간 이동하는 것은 대략 173일에 한 번씩 식이 일어나는 시간과 연결된다. 달을 정확하게 읽음으로써 식을 예측할 수 있었을 거라고 톰 부자는 믿는다. 그들은 달이 정지해 있는 곳에서 볼 수 있는 일반적인 정렬 이상의 것, 즉 달에 작용하는 태양의 섭동 perturbation(주성 둘레를 운동하고 있는 천체에 다른 천체의 인력 따위가 가해져서 규칙적인 궤도상의 운동에 변화가 생기는 현상/옮긴이)을 탐지하는 정확한 정렬을 발견하고는, 식을 예측하는 것은 거석문화시대 달 관측자들의 목표 중 일부였을 뿐이라는

2. 우리가 지켜보는 하늘   85

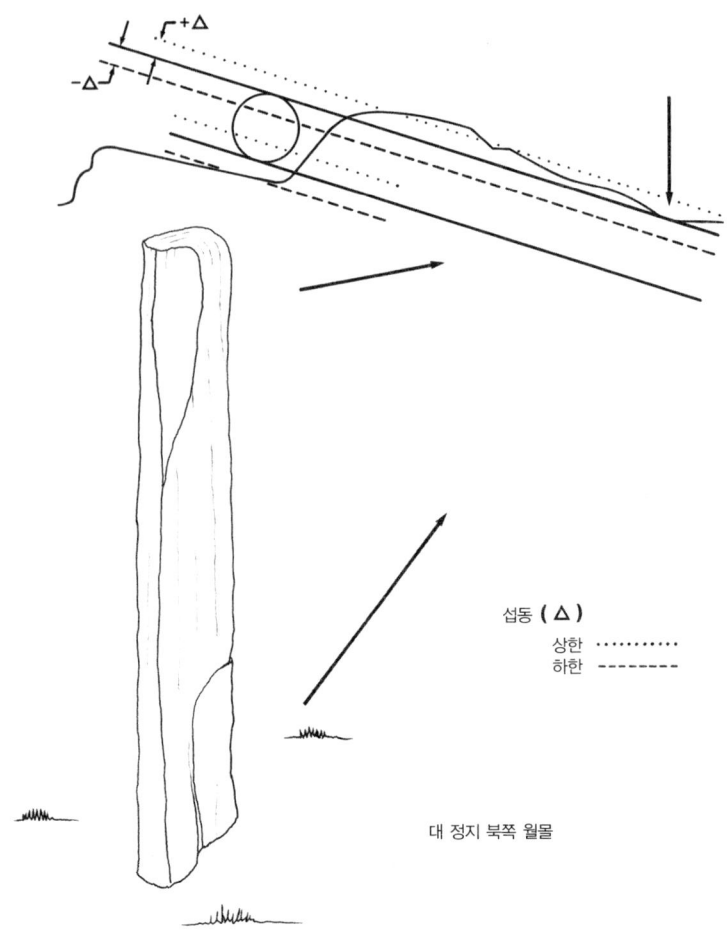

발리나비에 대한 알렉산더 톰 교수의 해석에 따르면, 선사시대의 천문학자들은 달이 지는 진로를 주의 깊게 관찰함으로써 달이 도달하는 북쪽 극점에서 일어나는 작은 변화를 측정할 수 있었다고 한다. 식의 계절에 맞춰 달라지는 경미한 섭동 변화까지도(Δ), 달이 북서쪽으로 가면서 바위투성이 언덕 뒤로 살짝 들어갔다가 위쪽 가장자리가 다시 나타나는 곳을(이런 일은 일어난다 해도 아주 드물다) 지켜봄으로써 감지할 수 있다는 것이다. (그리피스 천문대)

결론을 내렸다.

    비평가들은 거석문화시대의 천문대에서 식을 훌륭하게 예측할 수 있었다는 데에 의문을 제기하며, 초기 청동기시대에 달을 정확하게 관측하는 데에 관심을 가졌다고 믿지 않는다. 논쟁은 이따금 복잡하고 난해한 세부적인 것들에 얽혀들곤 하지만, 그건 아주 단순한 논점으로 요약된다. 선사시대의 천문학자들이 달의 운동에서 일어나는 미세한 패턴을 볼 수 있을 만큼, 그리고 식이 언제 발생할지 알 수 있을 만큼 충분한 정확성을 가지고 달을 관찰할 수 있었을까, 하는 것이다. 대답은 예스다. 만약 태양의 섭동으로 약간의 특별 저항을 받는 것까지도 포함해서 달이 그 왕복운동에서 언제 절대 한계점에 도달하게 될지 그들이 측정할 수 있었다면 말이다.

불행히도 거기엔 가변성과 실제적인 어려움이 너무 많아서 그런 정확성이 허용되지 않는다. 선사시대의 달 관측소들은 달이 지평선 상에 있을 때에만 달을 가리킨다. 그래서 월출과 월몰 시간은 달이 그 한계에 도달한 순간과는 정확하게 일치하지 않았을지도 모른다. 비록 매달 양 극점에 도달하는 순간이 월출과 월몰 시간에 근접하여 발생했다 해도, 달 자체는 한 달에 한 번 돌아오는 위상 어딘가에 있을 것이다. 그러므로 달은 낮 동안에 뜨고 질 것이다. 그런 상황에서는 달이 지평선 위에 낮게 떠 있으면 잘 보이지 않는다. 달의 검은 가장자리가 전시 뒤의 한계점에서 일어난다면, 일부 위상은 밤에도 측정하기가 어려울 수 있다. 이런 어려움 외에도, 이따금씩 날씨가 나쁘다든가 구름이 낀다든가 해서 달이 가려지면 거석문화시대의 천문학자들은 하룻밤을 공칠 수밖에 없다.

달 관측자의 작업을 복잡하게 하는 데에는 다른 요인들도 작용했을 것이다. 예컨대 공기는 달빛을 약간 휘어지게 만든다. 이것이 굴절인데, 이것이 매일 밤 변하지 않는다면 문제가 없다. 그런데 그것은 조금씩 달라져서 관측에 약간의 오차가 생기게 된다. 또 달의 궤도도 완벽한 원은 아니다. 그래서 우리에게 조금 가까워지기도 하고, 조금 멀어지기도 한다. 이런 변화도 지평선 상의 달의 정확한 위치에 영향을 줄 수 있다. 마지막으로, 달은 한 점의 빛이 아니라 하늘에 떠 있는 꽤 큰 물체라는 점이다. 아무튼 선사시대의 천문학자들은 자신들이 달 원반에서 같은 지점의 위치를 언제나 측정하고 있다는 것을 확인해야 했다. 그렇게 하지 않으면 더 큰 오차가 생길 테니까.

이런 모든 문제들이 실제로 일어난다. 달 관측이 쓸모 있게 되기 위해서는 원호의 몇 분까지도 정확해야 한다. 말하자면 대략 달 원반의 10번째 크기까지도 말이다. 오차가 생길 수 있는 모든 원인 때문에 더 많이 불확실해지는데, 불확실함이 효과 자체보다 더 커질 땐 탐지하기가 매우 어려워진다. 톰 부자의 비평가들은 이런 일련의 문제점들을 모두 열거하면서, 이 문제점들을 해결하기에는 달 관측자들이 역부족이었다고 강력히 주장했다. 거석문화시대의 천문학자들이 이런 문제들을 피할 수 있었던 유일한 방법은 달이 그곳에 도달하는 것을 실제로 보지 않고도 달의 진짜 극점의 위치를 알아낼 수 있는 기술을 고안하는 것이었다. 톰 교수는 그들이 달이 정지해 있을 때 극점의 위치에 실제로 도달하는 전날과 다음날에 관측을 함으로써 그렇게 할 수 있었다고 믿는다.

톰 교수는 자신의 생각이 옳다면, 새로 발견된 사실들을 보강하기 위한 모종의 시스템이 있어야 한다는 것을 잘 알고 있었다. 수많은 관측상의 두통거리들을 극복하기 위해, 그는 달이 정확하게 일렬로 정렬하는 위치에서 가끔 발견되는 여러 요소들을 이용할 계획을 궁리했다. 예컨대 아르길에 있는 템플우드Temple Wood 환상열석 근방의 다양한 물체들 사이의 거리 같은 것 말이다. 북스코틀랜드 케이트네스Caithness의 작은 돌들로 이루어진 '부채꼴', 그리고 브르타뉴의 카르낙Carnac(프랑스 브르타뉴 주 모비앙 데파르트망에 있는 도시/옮긴이)에 서 있는 엄청나게 크고 불가사의한 배열(잘 배열된 것도 있고 그렇지 못한 것도 있다) 등은 달이 지평선 위로 보일 때 실제로 그곳에 도달해 있는 달의 극점의 위치를 보기 위해 관측자가 서 있어야 했을 위치를 찾게 해준다. 달은 대개 거기서는 보이지 않고 그보다 조금 짧은 거리에서 보였을 것이다. 톰 교수는 거석문화 시대의 달 관측자들은 극점의 확실한 위치를 알아차리고 있었을 거라고 믿는다. 비록 달이 그 위치에 있는 것을 그들이 거의 보지 못했을지라도 알고는 있었을 거라는 말이다.

톰 부자는 카르낙 천문대 하나는 르 마니오Le Manio라고 알려진, 언덕 하나를 차지하고 있으며 높이가 거의 5m 가까이 되는 육중한 입석 하나가 중심을 이루고 있었다고 생각한다. 반경 2.4km 내에 있는 다양한 돌들이 태양력의 동지와 다른 날짜뿐만 아니라 달의 정지 기간을 알리는 후시를 표시하고 있다. 카르낙에 있는 한층 더 규모가 큰 천문대에는 에르 그라Er Grah('요정들의 돌') 또는 르 그랑 멘히르 브리세Le Grand Menhir Brisé('부서진 거대한 입석')라고 알려진, 진짜 기념비

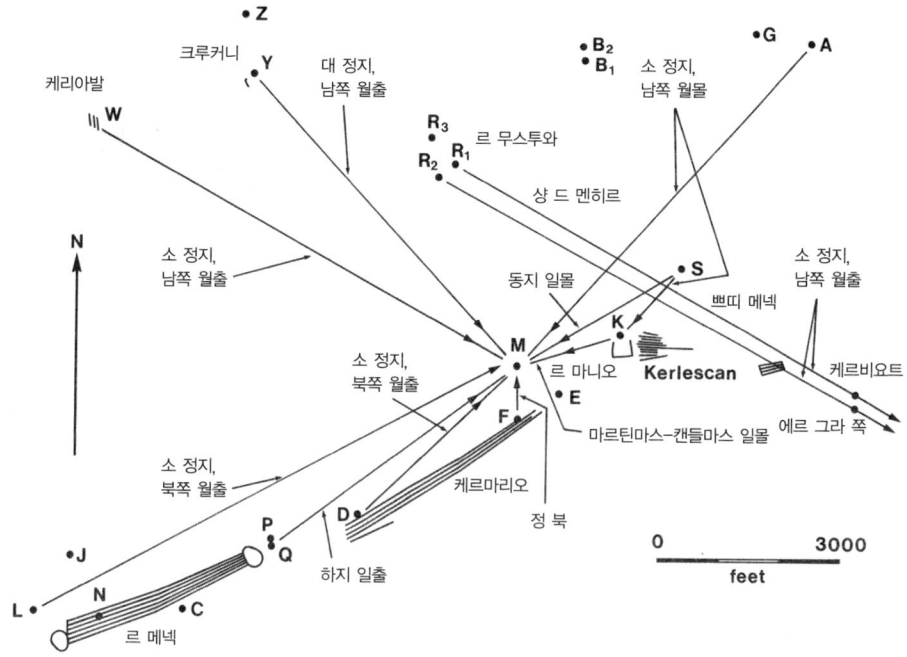

알렉산더 톰 교수는 자신이 카르낙에서 찾아낸 선사시대 관측소 가운데 하나는 르 마니오(M)라고 알려진 약 5m 높이의 넓고 큰 어느 돌에 집중되어 있다고 믿는다. 이 해석이 옳다면 르 마니오는 이 도면에 보이는 것처럼 많은 천문학적 정렬을 위한 전시였다. (그리피스 천문대, 알렉산더 톰과 A. C. 톰의 그림을 본뜸)

가 될 만한 돌 하나에 집중되어 있는, 4~15km 사이의 달 시선이 포함되어 있었을 것이다. 르 그랑 멘히르는 지금 4조각으로 쪼개진 채 누워 있다. 4조각을 합치면 무게가 아마 300,000kg은 될 것이다. 그 돌이 온전할 땐 과연 똑바로 서 있었을까 하는 게 상당한 논쟁거리다. 그러나 지금 부서진 조각들이 누워 있는 방식이, 선사시대 프랑스 거석문화 건축가들이 한때는 이렇게 길이가 100m나 되는 거대한 돌을 어떻게든 세웠었다는 견해를 뒷받침해준다. 그 거대한 높이의 용도는 상당히 먼 거리에서 천체를 관측하려는 것이었으리라. 그러나 톰 부자에게 비판적인 많은 사람들은 여전히 톰 부자가 브르타뉴에서 선택한 유적들은 폐허로 남아 있어 거석문화시대의 달 천문대라는 이론을 만족시키기에는 너무 일관된 기준이 없고 불완전하다고 생각한다. 그럼에도 카르낙 유적에 대한 톰 부자의 해석은 영국의 선돌과 환상열석 들에 대해 자신들이 내린 결론과 일

카르낙에 만들어진 또 하나의 관측소는 정말로 거대한 선돌인 르 그랑 멘히르 브리세에 정렬되어 있다. 이 돌의 소정지 북쪽 일몰선을 위한 후시 지점 근처에서, 알렉산더 톰 교수는 돌들이 묘한 부채꼴 혹은 바둑판 형태로 놓여 있는 것에 주목했다. 그는 이것을 정확한 달 후시 지점을 정하기 위한 장치라고 해석한다. 이 사진은 생 피에르St. Pierre의 '바둑판'이며, 우리는 몇 줄로 늘어선 바둑판의 돌들을 따라 서쪽을 보고 있다. (로빈 렉터 크룹)

치하고 있다. 그리고 수수께끼 같은 브르타뉴의 멘히르를 이해하는 것이야말로 가장 야심적이고 발전된, 그리고 면밀히 살펴보려는 시도로 보인다.

정확한 달 관측소라는 개념에 도전하는 사람들은 알렉산더 톰이 실제로 작업하면서 고안한 방법인, 이미 알고 있는 사실에서 추정해 나가는 방법에 의문을 품는다. 이런 방법들로는 왜 많은 돌이 바둑판 모양으로 배치되어 있는지 그 이유를 밝히지 못하며, 그런 배치가 어떤 역할을 했는지 복잡하고 추상적인 추론만을 하게 만든다는 것이다. 게다가 우리는 불가능해 보일 만큼 극도로 정확하게 달이 뜨거나 지는 극점을 가리키는 정렬로 인해 약간 어리둥절하곤 한다.

예컨대 킨트로Kintraw 남쪽 4.8km 지점의 킬마틴Kilmartin 근방에는 신석기 시대와 청동기시대의 케른이 광범위하게 군집을 이루고 있는데, 그곳의 선돌들은 보기 드물게 X형으로 배열되어 있다. X 위에 있는 '관측 지점' 4곳 중 3곳은 대정지 월몰(2km쯤 떨어져 있는 골짜기에서 보일 때)의 위쪽 가장자리, 아래쪽

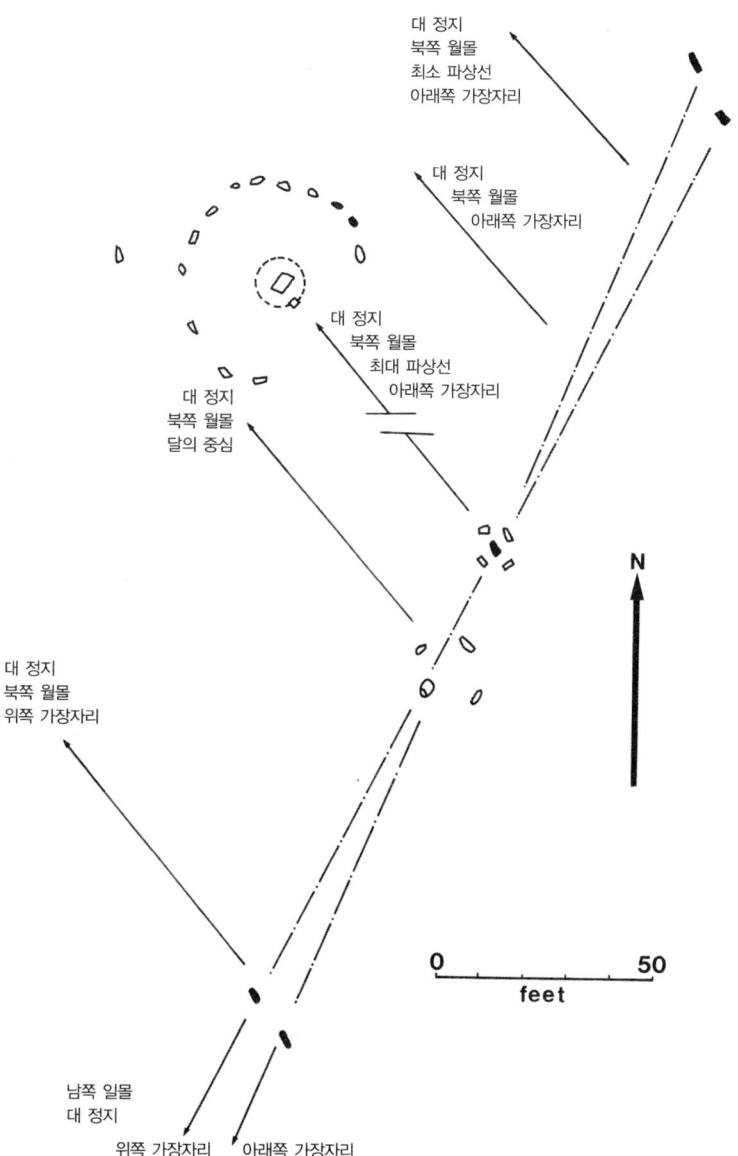

알렉산더 톰에 따르면, 선사시대 유적지인 템플우드 환상열석 근처의 선돌들은 가능한 달 관측 장소의 선을 형성한다. 변화하는 최북단과 최남단의 월몰 지점에서 세세한 것까지 탐지하기 위해서는 '서 있을 장소'가 하나 이상 필요했다. 어떤 사람들은 그곳에서 북쪽으로 불과 3km 남짓 떨어져 있는 바브렉Barbreck의 돌들이 그와 비슷한 배열을 보이고 있다는 점을 들어 톰 부자의 해석을 비판하고 있다. 그곳에는 달 시선이 없는 것 같다. (그리피스 천문대, 알렉산더 톰의 그림을 본뜸)

템플우드에 있는 남서쪽 선돌 한 쌍은, 달이 그 북쪽 극점에 도달할 때 화살표로 표시된 골짜기로 지는 달의 위쪽 가장자리를 보기 위해 서 있을 장소를 정확하게 표시해준다. (에드윈 C. 크룹)

가장자리, 그리고 중앙의 북서쪽 최대 극점들을 향한 후시다. 이 세 지점은 협곡을 향해 대충 방향을 잡고 있다. 그리고 협곡을 가리키고 있지 않은 돌 한 쌍은 지평선의 또 다른 물체와 남쪽 대 정지 월몰과 일렬이 되도록 X의 남서쪽 끝에 있는 것과 결합하여 쌍을 이루고 있다. 가장 높은 후시로부터 뻗은 선이 템플우드 환상열석의 중심을 통과한다. 템플우드의 정렬선 중 하나는 달 원반의 중심을 향해 있다. 달 원반의 정확한 중심은 현대적인 도구 없이는 확증하기 매우 어렵기 때문에, 이 정렬은 조금 뜻밖이다. 거칠고 상징적으로 달 중심과 정렬시킨 것이야 놀라울 게 없지만, 이것 하나는 정확하다. 톰 교수는 정렬을 받아들이고, 그것이 같은 협곡에서 달의 위쪽과 아래쪽 가장자리들을 바라보는 관측자의 위치로부터 어떻게 측정될 수 있었는지 설명하려고 한다.

물론 그것들의 용도에 대한 한 가지 해석과 일치하는 유적지는 선택하고, 패턴에 들어맞지 않는 다른 유적들은 묵살하는 경우도 있다. 톰 부자는 최근에 실시한 대부분의 분석에서 이 문제를 다루려고 고심하고 있다. 그러나 어떤 경우에서든 대부분의 연구자들은 톰 부자가 선정한 유적지 중 적어도 몇 군데는 의도적으로 정지하고 있는 달을 가리키고 있다는 점을 부정하지 않는다. 문제는 정확성과 목적이다. 이 '천문대들'은 식을 쉽게 예측하기 위해 설계되었을까? 비평가들은 식은 관찰된 주기를 근거로 계산하면 더 쉽게 예측할 수 있다며 논쟁을 벌인다. 하지만 이렇게 하려면 문자로 기록된 것이 있어야 하는데, 거석문화시대의 영국에서 그렇게 했다는 증거가 하나도 없다.

이 딜레마에서 벗어나는 방법이 있기야 하겠지만 쉽지는 않을 것이다. 양쪽 모두 양보해야 할 테니까. 회의론자들은 지평선의 골짜기들과 정확한 정렬을 수용해야 할 것이다. 그러나 그들은 그 정확성이라는 의미에서 자신들의 주장을 고집할 수도 있다. 그들 입장에서 보면, 톰 부자는 '과학적인 천문학'이라는 자신들의 주장이 옳다는 것이 증명될 수 없음을 인정해야 할 것이다. 이것이 의미하는 바는 거석문화시대의 정렬은 정처 없이 떠도는 달을 다루려고 고심하는 달 관측자들을 나타낸다는 것이다. 앞에서 보았듯이 그들은 18.6년 주기를 알고 있었다. 우리가 마주치는 의례용 정렬은 좀 더 충분히 발전된 천문학적 발판이 있었음을 내포하고 있다. '줄 잡아당기기' 의례와 상왕조의 갑골문자가 보다 더 체계적인 관측이 있었음을 암시하듯이. '거석문화시대의 달 관측자들'은 달의 극점들을 표시하려고 했을 수도 있다. 아니, 아마도 한 번의 주기 정도가 아니라 그 이상으로 훨씬 세밀하게 구분하려고 했을 것이다. 가장 간단하게 생각하면 그 정렬들은 실제적인 관측을 통해서 하나하나 세워졌다는 말이다. 이런 의미에서, 달 관측자들이 자기들이 실제로 정지해 있는 달을 보았던 위치에 돌을 놓았다면 정렬은 비교적 정확하게 측정되었을 것이다.

하지만 이런 정렬의 정확도는 조금 빗나갔을 것이다. 각각의 정렬은 그 장소에서 실제로 본 단 한 번의 특정한 월출과는 일치할 수도 있겠지만, 한 장소에서 다음 장소로 가면 측정된 달의 극점은 운과 실수에 따라 다양하게 달라진다. 이것으로 어떤 유적지들이 정확하게 정렬하고 있으면서도 체계적으로 정확한 천문학이 없는 이유를 설명할 수 있다.

물론 우리가 만약 섭동 관찰하기, 이미 알고 있는 사실에서 유추하기, 식 예측하기 같은 개념을 버린다면, 어느 쪽이든 간에 적당히 정확한 관측을 했다는 어떤 근거를 찾아내기가 어렵다. 하지만 거석문화 건축가들 사이에선 정지 상태에 있는 달에 도달하는 건 그 자체로 의미가 있었을 것이다. 지평선의 골짜기 주위를 어슬렁거리는 달은 틀림없이 수수께끼 같았겠지만, 아마도 있는 그대로 받아들여졌을 것이다. 달이 정지 상태에 있을 때마다 그들은 예기치 못한 변화에 놀라기도 하고, 예상했던 것이라며 고개를 주억거리기도 했으리라.

**하늘에서 드리워진 그림자?**

전혀 다른 천문학적 제안도 커다란 선돌들에 대해 설명해주었다. 지평선에서 보였을 것 같은 한 점을 표시하는 대신, 그 선돌들이 시간을 알려주고 태양년이 경과하는 것을 측정할 수 있도록 그림자를 던져주었을 것이다. 수직으로 서서 그림자를 던지는 막대를 그노몬$^{gnomon}$, 즉 해시계의 바늘이라고 한다. 그리고 뿌리 깊은 전통을 간직하고 있는 많은 사람들, 그중에서도 보루네오 부족, 바빌로니아 인, 이오니아의 그리스 인들은 정오의 그림자를 측정함으로써 그 해의 길이와 동지의 시간을 정했다. 따라서 수직으로 선 돌이면 무엇이나 해시계의 바늘이라고 쉽게 말하는 사람도 더러 있지만, 르 그랑 멘히르 브리세와 르 마니오 같은 돌그림자를 이런 식으로 이용했다고 결론 내릴 수 있을 만큼 세부적인 문제를 해결한 사람은 지금까지 아무도 없다.

콜럼버스 정복 이전 시대 페루의 유명한 한 고대 유적도 그림자나 태양과 어떤 관계가 있다고 강력히 주장되고 있다. 불가사의한 인티우아타나$^{intihuatana}$,

마추픽추에 있는 인티우아타나의 모양과 정위에 대해 분석해봐도 수수께끼 같은 모습으로 우아하게 조각된 이 돌이 어떤 식으로든 그노몬으로 사용되었음을 증명할 수가 없다. 적어도 지금까지는. (에드윈 C. 크룹)

즉 '말을 매는 태양의 말뚝'은 잉카의 '잃어버린 도시' 마추픽추<sup>Machu Picchu</sup>에 있는 계단식 바위 돌출부 꼭대기에 있다. 원래는 인티우아타나가 하나만 있었던 게 아니다. 그러나 이교도의 종교적 상징물이라 하여 16세기 말 스페인 당국에 의해 파괴되었다. 톨레도의 프란시스코 총독과 성직자들은 발견 즉시 닥치는 대로 때려 부쉈다. 우루밤바<sup>Urubamba</sup> 강 골짜기의 산허리에 자리 잡은 잉카 도시 피삭<sup>Pisac</sup>의 인티우아타나 수직 돌기둥은 오래전에 완전히 파괴되어 부서진 잔재만 남아 있다. 하지만 1911년 마추픽추를 재발견한 미국의 탐험가 하이럼 빙엄<sup>Hiram Bingham</sup>(하와이에서 태어난 미국의 학구적인 탐험가이며 정치가/옮긴이)은 손상되지 않은 채 남아 있는 돌 인티우아타나 하나를 찾아냈다. 페루의 스페인 정복자들은 어디에 있는지 끝내 찾아내지 못했던 표지다.

마추픽추의 인티우아타나는 크기와 높이가 커다란 식당 테이블 정도 되는 큰 화강암 덩어리다. 24m 높이의 천연 피라미드인 바위산 정상에서 돌을 쪼아

2. 우리가 지켜보는 하늘

만든 것이며, 기이하게 각진 표면, 모서리, 돌출부 등의 특이한 조합은 해석을 불허한다. 연대기 상에 불완전하게 기술된 그 이름은 그것이 태양의 위치 측정과 어떤 관계가 있었을 거라는 생각을 하게 만든다. 즉흥적이고 오만한 천문학적 해석은 인티우아타나를 해시계의 바늘이라고 선언했다. 그러나 이런 식의 단언으로는 아무것도 해결되지 않는다. 그것은 과연 어떤 역할을 했을까? 그림자 측정을 위한 중요 유적과 관련하여 사용된 어떤 종류의 자나 템플릿, 또는 다른 보조 장비가 하나라도 있었을까? 만약 그렇다면, 그 기술은 얼마나 정확했을까? 인티우아타나는 체계적인 측량을 위해 사용되었을까, 아니면 제의를 위한 관측에 사용되었을까? 인티우아타나에 대한 피상적인 견해는 분명히 그 유적지로부터 나온 증거로 확인한 것이 아니므로, '태양의 말을 매는 말뚝'이라는 의미를 알 수가 없다.

## 하늘을 엿보는 창문들

하지만 마추픽추에 있는 또 다른 '천문대'는 이해할 수 있다. 1980년 여름, 애리조나 주 투손의 스튜어드 천문대에서 일하는 천문학자 레이 화이트[Ray White] 박사와 데이비드 디어본[David Dearborn] 박사는 마추픽추로 가는 지구감시망[Earthwatch](1971년에 설립된 국제 비영리조직. 환경오염을 감시하기 위한 세계적 기구/옮긴이) 원정대를 지휘하며 그 유적지에서 가장 정교한 벽돌 건축물 가운데 하나인 토레온[Torreon]에서 창문의 정위를 측정했다.

천연 바윗덩이 위에 지어졌으며, 카라콜[Caracol] 즉 '달팽이'라고도 알려져 있는 토레온은 수직 벽과 정사각형 방들이 배치된 평범한 구조로 시작된다. 그러나 동쪽 벽이 반원형으로 구부러지면서 방을 바깥쪽 홀과 안쪽 내실로 분할한다. 그곳 특유의 별명을 생각나게 하는 것은 달팽이의 나선형 껍질을 연상케 하는 구부러진 벽이다. 빙엄은 이 반원형 신전과 쿠스코[Cuzco]에 있는 코리칸차[Coricancha] 즉 '태양의 신전'과의 유사성에 주목하고, 토레온도 태양의 신전이었을

마추픽추의 토레온을 짓기 위해 잉카 인들은 천연 바윗덩이를 자르고 조각해서 '제단'을 만들고 멋지게 굽은 담으로 그 제단을 에워쌌다. 돌 제단 너머의 하지/플레이아데스 창문으로 우루밤바 강의 깊은 계곡이 건너다보인다. 오른쪽에 있는 벽감 두 개와 남서쪽 구석의 창문으로는 바로 앞에 있는 담 너머만 볼 수 있다. (로빈 렉터 크롭)

거라고 생각했다. 잉카 건축의 표준형인 사다리꼴 벽의 벽감과 튀어나온 천연 바위에서 깎아내 제단처럼 보이게 만든 것 때문에 토레온은 공식적이고 의례적인 느낌을 갖게 한다.

토레온의 안쪽 방 벽에 있는 구멍 3개는 마추픽추를 에워싸고 있는 기막힌 풍경 위로 뚫려 있다. 잉카가 우루밤바 강의 뱀 같기도 하고 거위의 목 같기도 한 구불구불한 산길을 600m나 올라간 이런 신성한 장소에 위치를 정한 가장 중요한 까닭이 뭐든 간에, 전망도 한몫했음이 틀림없다. 미술사가 조지 쿠블러 George Kubler는 마추픽추에 대해 이렇게 썼다.

온화한 기후에다 짙은 안개, 저녁노을, 우윳빛 원경은 세상에서 가장 아름다운 자연환경을 제공한다.

마추픽추의 조망은 완벽하게 연출된 것 같다. 잉카의 석조 건축물은 고대 세계 최고의 건축물 가운데 하나이며, 마추픽추에서는 그 조망이 중요한 의례 단지라는 인상을 만들어낸다. 토레온의 내부 환경은 고대의 제의가 메아리칠 것 같고, 그곳의 어느 창문 하나가 태양을 초대했을지도 모른다.

화이트와 디어본은 토레온의 북서쪽 창이 하지 일출에 맞춰져 있다는 걸 발견했다. 그리고 거기에는 제의에 필요한 관측 이상의 것을 함축하고 있는 세세한 것들이 포함되어 있었을 것이다. 그 창 서쪽과 제단 위쪽 표면은 제단을 둘로 나누고 창문과 직각이 되는 곧고 평평하고 수직적인 표면을 만들기 위해 절단되고 깎였다. 그런 다음 남쪽 반은 북쪽보다 몇 인치 정도 더 높고, 그것들을 분할한 표면은 마치 소형 메사mesa(꼭대기는 평평한 바위 언덕이고, 주위는 벼랑인 지형/옮긴이)의 깎아지른 벼랑 같다. 하지의 일출 광선은 제단 끝에까지 도달한다. 그리고 무거운 끈처럼 창에 매달려 있는 그림자는 하지 날짜를 증명하기 위해 제단의 절단된 표면과 공동으로 사용되었을지도 모른다. 기술이 단순하기도 하지만, 가설을 뒷받침해줄 만한 보조 기술이라곤 발견된 것이 없었다. 그러나 창의 바깥 면에 있는 모서리 벽돌에는 독특하게 깎인 둥근 손잡이가 있다. 그것만 없

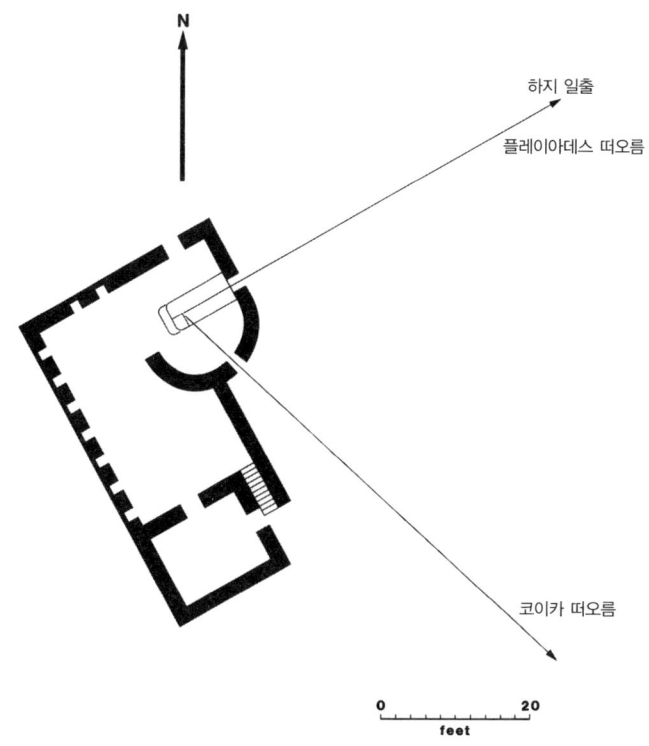

마추픽추의 토레온에 있는 창문들은 케추아Quwchua 어를 말하는 쿠스코 근처 원주민들 사이에서는 오늘날에도 중요한 의미가 있다고 알려진 별들을 볼 수 있도록 정위되어 있었을 수도 있다. 코이카는 우리가 확인하는 바로는 전갈자리 꼬리다. 코이카가 지는 위치는 플레이아데스성단이 떠오르는 위치의 맞은편이다. 이 두 성단의 별들은 계절에 따라 주기적으로 나타나기 때문에 안데스 산지 사람들에게는 중요한 의미가 있다. '플레이아데스 창문'으로는 하지 날짜도 정확하게 계산할 수 있다. 최소한의 보조 장비가 있다는 가정하에서 말이다. (그리피스 천문대)

으면 고른 벽일 텐데, 그것이 거기서 튀어나와 있다. 이 돌못들은 잉카의 다른 유적지들에서도 흔히 볼 수 있는 것들이다. 화이트와 디어본은 이 돌못들이 이동 가능한 어떤 틀을 떠받치고 있었을 것이며, 거기에서부터 춘분이나 추분의 직선 그림자가 아래로 드리워졌을 수도 있을 거라는 의견을 제시했다.

토레온의 남동쪽 창에도 돌못들이 갖춰져 있지만, 그것의 천문학적 용도는 그다지 뚜렷하지 않다. 화이트와 디어본은 남동쪽 창을 정면으로 하고 제단을 뒤로 해서 바닥에 앉았을 때에만 이 창문을 통해 하늘을 볼 수 있었다. 이 위치에서는 전갈자리 꼬리에 있는 별들, 즉 '저장소'라는 뜻의 코이카$^{Collca}$라고 불

2. 우리가 지켜보는 하늘

리는 안데스 산지의 별자리가 떠오르는 것이 보였을 수도 있다. 후기 잉카 시대에 이 별들은 하지에 태양이 지고 나면 떠올랐을 것이다. 인류학자 게리 어튼Gary Urton은 고대의 전통을 간직하고 있는 오늘날의 페루 인들 사이에서 코이카의 별자리가 가진 중요성을 연구하다가 이 이름 때문에 알려진 플레이아데스성단을 발견했다. 전갈자리 꼬리보다 이 별자리가 훨씬 더 자주 눈에 띄었으며, 이것이 흥미를 끌었다. 플레이아데스성단은 전갈자리 꼬리의 짝이라고 할 수 있기 때문이다. 그 두 성단은 하늘에서 서로 맞은편에 있다. 잉카 시대에 플레이아데스성단은 동지 한 달쯤 전부터 아침 하늘에 나타나 동지(6월)의 창으로 떠올랐다.

토레온에서 북서쪽으로 열려 있는 세 번째 구멍으로는 분명한 천문현상은 전혀 보이지 않는다. 빙엄은 그것을 '미심쩍은 창'이라고 하면서, 태양의 황금빛 이미지가 웅장한 정문에 걸려 있었을 거라고 생각했다. 코리칸차에서 그와 약간 비슷하게(그러나 북동쪽으로), 그리고 하지 일출에 정위된 '이동식 성소인 벽감'에 걸려 있었던 것처럼 말이다. 토레온에 있는 이 마지막 창은 여전히 미심쩍지만, 고대 페루에서는 하지가 중요한 인티 라미Inti Rayme 축제에서 관측되고 경축되었다. 코리칸차와 토레온 사이의 건축학적 유사점은 토레온이 하지에 정렬되었음을 뒷받침한다. 더 복잡한 일련의 관측에는 플레이아데스성단과 전갈자리 꼬리도 포함되어 있었을 것이다. 다른 많은 별들도 두 창 모두를 통해 볼 수 있긴 하다. 화이트와 디어본은 진짜 잉카 천문대가 마추픽추에서 성스러운 장소를 차지하고 있었다는 것을 증거를 들어가며 무리 없이 주장했다.

**금성의 탑**

천문학적으로 정렬된 창들은 또 다른 건축학적 '달팽이'를 천문대로 만드는 것 같다. 멕시코 유카탄 반도에 있는 치첸이트사Chichén Itzá의 카라콜이 그것이다. 카라콜의 경우 나선형 껍질을 가지고 있는 친숙한 연체동물을 연상시킨다. 실린

더처럼 생긴 건물의 탑에는 위쪽 방으로 올라갈 수 있도록 꼬불꼬불한 통로와 나선형 계단이 설비되어 있기 때문이다.

유카탄은 고전 시대가 막을 내리고 저 멀리 남쪽 멕시코, 과테말라, 온두라스 등의 거대 도시들과 의례단지들이 버려진 이후 마야문명의 중심지가 되었던 곳이다. 일단의 톨텍Toltec 족 또는 톨텍의 영향을 받은 푸툰 마야Putun Maya 족이 치첸이트사의 지배를 받을 때, 그들은 마야와 톨텍의 영향 둘 다를 드러내는 혼합 스타일의 건축양식을 만들어냈다. 카라콜의 실린더 모양의 탑은 중앙 멕시코의 원형 건물들과 닮았으나, 아래쪽 단은 고전 시대 마야의 디자인에 더 가깝다.

치첸이트사는 고전기 마야 이후의 가장 중요한 중심지들 가운데 하나다. 그러나 그곳이 멕시코 외부로 알려지기 시작한 것은, 미국의 변호사 존 로이드 스티븐스John Lloyd Stephens와 영국 화가 프레드릭 캐더우드Frederic Catherwood가 1842년

치첸이트사의 카라콜이 현대 천문대의 돔처럼 보일지 모르지만, 그것이 그렇게 보이는 건 사실은 무너져내려 폐허가 됐기 때문이다. 원래 모습은 약상자처럼 생긴 아래 탑 위에 위쪽 탑이 올라앉은 원통형이었다. 위쪽 탑의 창문은 아직 그대로 있다. (에드윈 C. 크룹)

2. 우리가 지켜보는 하늘

유적지를 방문하고 나서였다. 그들은 폐허 더미 속에서 그 어디서도 볼 수 없었던 독특한 카라콜을 찾아냈던 것이다. 좀 더 큰 탑은 서쪽 면에 웅장한 계단이 있는, 육중한 테라스가 둘 달린 단 위에 올라앉아 있었다. 스티븐스는 아래쪽 탑에 있는 몇 개의 문과 복도를 주시하며, 위쪽 탑을 훑어보기 위해 안쪽 통로에서 파편들을 치우려고 했다. 그러나 나선형 계단은 돌로 막혀 있었고, 지붕은 금방이라도 무너져내릴 것 같았다. 스티븐스는 위쪽 탑에 대해서는 별로 많이 기술하지 못했지만, 적어도 꼭대기에 있는 큰 창 하나에 대해서는 적어두었다. 거기서는 관측자 한 명이 밖을 볼 수 있었다고. 그러나 스티븐스는 천문대였을 장소에 대해서 아무 말도 하지 않았다.

마야문명에 관한 세계적이며 선구적인 탐험가인 오귀스튀 르 플롱종Augustus Le Plongeon은 자신의 견해를 적었는데, 아마 1875년에 처음으로 카라콜을 천문대라고 불렀던 것 같다. 그러나 그의 견해는 정통으로 인정받지 못하고 있다. 그가 왜 그랬는지는 분명치 않으나, 단순히 카라콜이 망원경이 있는 19세기의 거대한 천문대의 돔과 비슷하게 생겼기 때문에 그랬던 것 같다. 물론 마야에는 망원경도 없었고, 또 카라콜이 돔처럼 보인다 해도 그건 원래 탑의 많은 부분이 무너져 내렸기 때문이다. 실제로 두 개의 원통이 있는—큰 것 위에 작은 것이 자리잡고 있으며, 이중의 단이 그 둘을 밑에서 떠받치고 있는—카라콜은 탁월한 마야 전문가 톰슨J.E.S.Thomson의 말에 의하면, "…… 사각형 판지 위에 얹혀 있는 2단짜리 웨딩케이크"처럼 서 있다고 한다.

카라콜에는 돔이 없다. 그러나 르 플롱종 이후 거의 한 세기가 지난 다음에도 에리히 폰 데니켄Erich von Däniken(스위스 출신의 작가/옮긴이)은 자신의 고대 우주비행사 개념을 변론하면서 같은 말을 되풀이했다. 그는 『신들의 전차Chariots of the Gods?』라는 책에서 카라콜이 "천문대처럼 보인다"고 하면서, "…… 돔에는 해치들이 있고, 별들을 향해 열려 있는 창들도 있다"고 이야기한다. 르 플롱종은 오늘날의 지식을 몰랐다는 것을 이유로 내세울 수 있다. 그러나 폰 데니켄은 그런 변명의 여지조차 없다.

19세기 후반에 영국의 인류학자 알프레드 모즐리Alfred P. Maudslay는 카라콜의

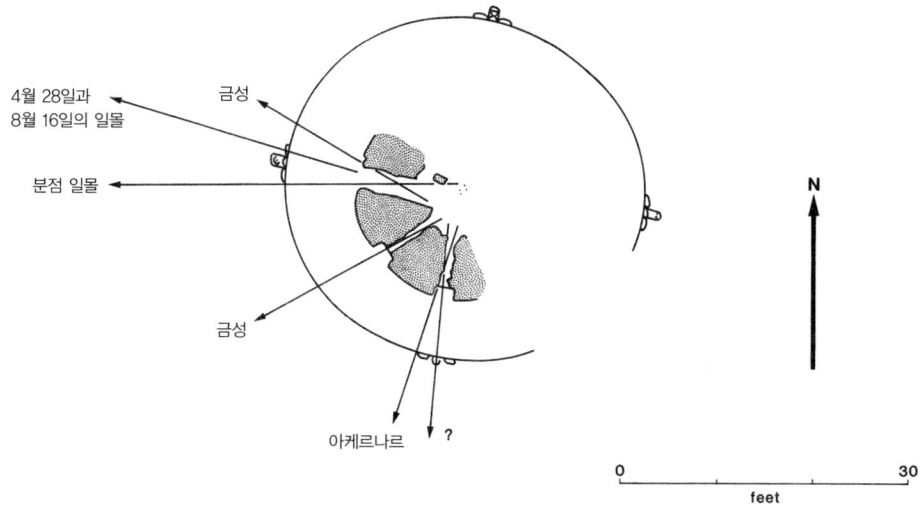

폐허가 된 카라콜의 위쪽 탑의 창문들 가운데 더러는 금성을 목표로 삼았을 것이다. 이 행성이 지는 북쪽과 남쪽의 극점은 남아 있는 창 3개 중 2개를 가로지르는 대각선과 일치한다. (그리피스 천문대, A. F. 아베니, S. 깁스, H. 하르퉁의 그림을 본뜸) *남반구 별자리인 에리다누스 자리에서 가장 밝은 별/옮긴이

위쪽 탑을 조사했다. 그 동쪽 반이 무너지기 전엔 어땠는지 알아보기 위해서였다. 모즐리는 6개의 출입구 혹은 창문이 남아 있으나, 불행하게도 그것들의 배치나 방위 측정에 대해서는 전혀 그림이 그려지지 않는다고 했다. 처음으로 카라콜을 천문대라고 말한 사람은 르 플롱종이었다. 그러나 그것이 어떻게 사용되었을 거라는 말은 하지 못했다.

워싱턴의 카네기 재단으로부터 후원을 받은 미국의 인류학자 올리버 리켓슨Oliver Ricketson은 1925년에 카라콜의 위쪽 창들에 대해 천문학적인 해석을 내놓았다. 그때는 위쪽 방의 반 이상이 무너져내린 뒤였다. 하지만 단 위쪽의 포장된 테라스에서 12.5m쯤 위쪽에 창 3개가 아직 남아 있었다. 서쪽에 있는 창문 1은 약 90cm 높이에 사람이 기어서 드나들 수 있을 정도의 너비로, 거의 2.4m나 되는 깎아지른 위쪽 탑의 바깥쪽 면으로 뚫려 있다. 그와는 대조적으로, 창문 2와 3은 둘 다 아주 작고, 어림잡아 사방 23cm 정도다. 창문 2는 남서쪽으로, 창문 3은 정남쪽으로 뚫려 있다.

리켓슨은 창의 중심선뿐만 아니라 각 안쪽 문설주에서 반대쪽 문설주까지 대각선의 방향을 측정했다. 이것은 새로운 접근법이었다. 그는 이렇게 하면 설사 창이 넓더라도 정확하게 관측될 거라고 생각했다. 창문 1의 대각선 중 하나는 결국 정서를 가리키는 것으로 판명되었으며, 리켓슨은 그 창은 분점의 일몰을 보기 위해 의도된 것이라는 결론을 내렸다. 리켓슨은 북서쪽을 가리키는 다른 대각선은 최북단의 월몰에 조준되었다고 생각했다. 마찬가지로, 창을 가로지르는 대각선들 중 하나는 최남단의 월몰을 목표로 하고 있다고 생각되었다. 마지막으로 리켓슨은 창문 3의 대각선들 중 하나는 남쪽을 가리키고 있다고 주장했다.

카라콜에 대한 결정적인 고고학적 답사가 카를 루페르트$^{Karl\ Ruppert}$에 의해 이루어졌는데, 그 역시 카네기 재단의 후원을 받았으며, 카네기 재단은 1935년에 그의 논문을 출판했다. 루페르트는 1930년에 탑의 창문 바깥쪽 벽감을 복원했으나, 원래 마야 건축가들이 의도했던 정렬선을 바꿨다고는 생각하지 않았다. 그는 조심스럽게 리켓슨이 했던 대로 다시 측량했는데, 약간 다른 결과를 얻었다. 월몰선이 미심쩍었다. 방위가 1° 정도(보름달 크기의 두 배) 다르다는 걸 알아냈기 때문이다. 루페르트에 따르면, 정남 선이 3° 벗어나 있었다. 루페르트는 월몰선이 벗어난 것이 리켓슨의 해석을 일축해버릴 만큼 대단하다고는 생각하지 않았다. 그러나 그는 정남이 사실은 지구 자기장의 남쪽에 방향이 맞춰졌을 수도 있다고 추측했다.

리켓슨은 카라콜에 대한 자신의 천문 해석에 대해 아주 열광적이었는데, 심지어 카라콜이 오직 천문 관측 용도로만 지어진 것이라고 말할 정도였다. 루페르트는 좀 더 신중했다. 그는 천문 관측 용도라는 생각은 지지했지만, 위쪽 수평면은 군사용 파수대로도 쓰였을 거라고 생각했다.

리켓슨과 루페르트의 보고가 혁신적이고 가치 있는 것이긴 하지만, 카라콜의 천문 관측 가능성을 평가하는 데 더 이상 그들에게 의존할 필요는 없다. 앤터니 아베니$^{Anthony\ F.\ Aveni}$와 호르스트 하르퉁$^{Horst\ Hartung}$은 샤론 깁스$^{Sharon\ Gibbs}$와 공동 연구로 카라콜을 재조사하고 재분석했다. 지금까지는 1975년 《사이언스》 지에 실린 그들의 보고서가 가장 포괄적인 연구다. 아베니와 깁스와 하르퉁은 카라콜에는 천문 관측이라는 실제적인 용도와 상징적인 용도 두 가지가 다 있었다고 단언했다. 그러나 그들의 결과는 선배들의 것과는 달랐다. 그들이 측정한 '월몰 정렬'은 정렬선이 달에서 2° 이상까지 빗나갔음을 보여주었고, 실제로 가장 북쪽의 월몰은 창문 1에서는 보이지도 않았다! 그들은 월몰이 아니라 금성에 맞춰졌을 수도 있다고 추측한다. 금성은 하늘에서 세 번째로 밝은 물체이며, 지평선 상의 극점에서 금성이 지는 모습은 태양이 지는 모습과 비슷하다. 그러나 그 행성의 정확한 극점은 약간 다르다. 왜냐하면 그 궤도가 태양의 진로에 대하여 3.4° 기울어져 있기 때문이다. 또한 금성이 그 극점에 도달하는 방식은 좀 더

카라콜에서 가장 큰 창문의 문설주를 가로지르며 북서쪽을 향하는 대각선을 따라서 보면, '가늘고 긴 틈'을 관통하는 한 시선, 그리고 금성이 가장 먼 북쪽으로 지는 장소로 안내한다. (에드윈 C. 크룹)

복잡하고, 날짜도 그때그때 다르다. 카라콜의 '월몰 정렬선'은 달의 극점보다는 서기 1000년경 치첸이트사에서 마야 인들의 눈에 더 잘 보였을 금성의 극점에 맞춰져 있다. 완벽하게 금성에 맞춰진 건 아니더라도.

리켓슨의 분점 일몰 대각선들도 재점검되었는데, 결과는 다소 알쏭달쏭한 것으로 밝혀졌다. 창의 문설주는 정확하게 동–서 라인을 보여주지만, 내부의 오른쪽 문설주는 수직이 아니다. 벽이 한때 수직이었어야 할 곳에서 오른쪽으로 7.5cm가량 살짝 미끄러져 내려와 있는 것처럼 보인다. 테이프를 수직으로 내려뜨려 재구성해서 '복원된' 모서리를 점검한 결과, 분점에서 2° 정도 빗나갔음을 알 수 있었다. 이건 커다란 오차이며, 추분이 지난 다음 6~8일간의 태양의 위치와 일치한다. 창문 1의 현 위치가 분점의 일몰 정렬선을 제공하는 것은 순전한 우연의 일치다. 게다가 이 사건은 위쪽 탑 바닥에 불편한 자세로 누워서 봐야만 관측될 수 있다. 그 선은 무엇인지 알 수가 없다.

창문 1의 상황이 모호했으므로 그 세 사람은 위쪽 탑의 창문들이 다른 가능성을 가지고 있지 않을까 조사해보기로 했다. 창문 1의 중심선은 서기 1000년의 4월 28일과 8월 16일의 일몰과 일치한다. 다트머스 대학의 빈센트 맘스트롬 Vincent Malmstrom 교수는 8월 16일이라는 날짜는, 마야의 장기계산법 the Maya Long Count system(초기 마야는 단기계산법과 장기계산법의 두 가지 다른 시간 측정 체계를 채용했다. 단기계산법은 금성 주기와 태양년을 이용하여 13년, 52년, 104년의 짧은 주기들이 산출됐다. 장기계산법은 보다 복잡하고 지금까지도 일정한 천문주기들과 관련되어 있다. 뒤에 자세한 설명이 나온다/옮긴이)의 시작 날짜인 8월 13일(우리의 달력으로)에 가깝다고 생각한다. 구세계와 신세계 역사의 상호 관련성 연구 결과 가장 폭넓게 받아들여진 연표에 따르면, 마야 인들은 날짜를 천지창조와 결합시켰는데, 천지창조가 일어난 것은 우리가 사용하는 달력으로는 BC 3113년이었을 것이다(마야 인들은 인간의 역사 주기를 약 5125년으로 하는 장기계산법으로 세웠다. 서기 1000년은 장기계산법으로는 3188년에 해당한다/옮긴이).

여러 가지 다른 천문학적 정렬들이 카라콜의 많은 부분에서 확인되었다. 그리고 이들 중 몇 개는 금성 및 쿠쿨칸 Kukulcán(마야의 창조신이자 부활의 신/옮긴이)에게 바쳐졌다. 중앙 멕시코에서는 이 신이 케찰코아틀$^{Quetzalcóatl}$로 알려져 있으며, 금성과 동일시되었다. 알다시피 금성은 메소아메리카에서는 굉장한 의미가 있는 별이다. 금성의 다양한 출현에 마야 공동체는 강하게 반응했다. 보남팍$^{Bonampak}$에는 마야의 전투 장면과 포로를 제물로 바치는 장면을 묘사한 유명한 벽장식을 곁들인 비문이 있다. 이 비문의 날짜를 플로이드 라운즈베리$^{Floyd Lounsbury}$가 분석해놓은 것을 보면, 이웃의 다른 중심지들에 대한 의례적인 습격은 마야 인들이 가장 적당하다고 생각하는 시간에 일어났다는 걸 알 수 있다. 보남팍의 경우를 보면 금성의 내합(지구, 금성, 태양의 순으로 일직선으로 늘어선 상태를 말한다/편집자)과 전쟁 날짜가 일치한다.

현존하는 몇 가지 마야 사본들은 유카탄 북부에서 만들어졌는데, 아마 치첸이트사로부터 그리 멀지 않은 곳인 듯하다. 《드레스덴 사본$^{The\ Dresden\ Codex}$》에는 점을 보기 위해 금성 주기의 간격을 그린 광범위한 도표가 포함되어 있다. 아베니가 연구한 10세기 금성의 운동을 보면, 지평선 상에서의 금성의 극점은 양도 많거니와 날짜도 괄목할 만큼 다양하다는 것을 보여준다. 마야의 천문학자들은 금성의 출몰에 관심을 가졌으므로, 그 행성을 놓치지 않고 따라가기 위해서는 천문대를 건설해야 할 필요가 절실했을 것이다. 그러므로 카라콜의 금성 정렬선은 우리한텐 놀라운 것도 아니다. 그들은 어디서든 그 행성을 관측해야 했으니까.

이중二重 단의 정렬선들도 그 건물이 하늘의 의도임을 납득시키고 강조하려 했던 것 같다. 비록 단의 모서리들이 정확한 각도를 형성하지 못하고 면들이 대칭적이지 못하지만, 북동-남서 대각선은 하지 일출 및 동지 일몰과 방향이 잘 맞춰져 있다. 유카탄 반도의 평평한 지평선에서는 양쪽 방향 모두에서 정렬이 이루어진다.

마야판$^{Mayapan}$과 킨타나로$^{Quintana\ Roo}$ 주의 바닷가에 위치한 팔물$^{Paalmul}$의 다른 탑들도 잘 알려져 있다. 그것들은 같은 위도상에 아주 가까이 붙어 있고, 서쪽에서 약간 북쪽을 향한다. 그러나 마야판과 팔물은 지금은 너무나 황폐해져서 더 이상 뭐라 말할 수가 없을 지경이다.

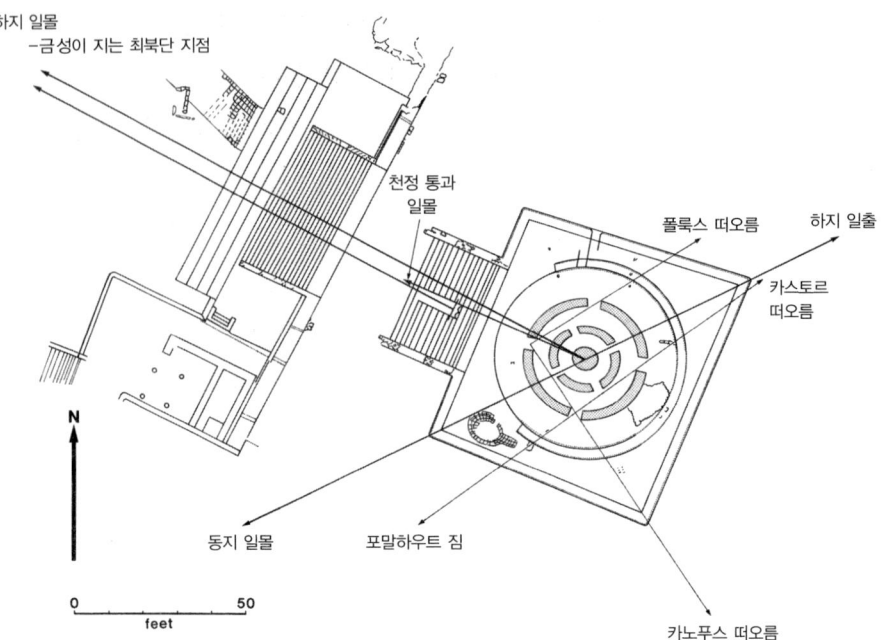

치첸이트사의 카라콜에는 많은 천문학적 정렬이 계획되어 있다. 가장 설득력 있는 것 중에는 위쪽 단의 지점 대각선, 천정을 통과하는 일몰 수직, 그리고 위쪽 단의 계단을 분할하는 벽감에서부터의 금성 라인이 있다. (그리피스 천문대, A. F. 아베니, S. 깁스, H. 하르퉁의 그림을 본뜸)

    천문대로서의 카라콜은 몇 가지를 제공하고 있다. 거기에는 적당한 정렬선 몇 개가 합체되어 있다. 뿐만 아니라 카라콜을 높이 쌓은 단 위에 올라앉아 있다. 위쪽 탑으로 들어가서 단 위로 올라가 보기 전에는 이것이 얼마나 중요한지 깨닫기 힘들다. 거기로 올라가면, 관측자의 발밑으로 유카탄 반도를 뒤덮고 있는 나무들과 관목들이 보일 것이다. 바닥 높이에서 보면, 여기서 누군가가 천문 관측을 한다는 것이 전혀 불가능해 보인다. 빽빽하게 들어찬 나무들 때문에 지평선이 완전히 막혀 있다. 그러나 나무 위로 올라가서 보면, 믿을 수 없을 만큼 평평하고 탁 트인 지평선과 머리 위의 하늘이 장관이다. 갑자기 천문 관측이 가능해진다.

    각 단을 올라가는 계단의 숫자는 상징적이다. 위쪽 단의 13과 아래쪽 단의 18, 둘 다 마야 역법에서는 중요한 숫자다.

카라콜 같은 천문대(그것이 천문대라면)에는 오래전에 사라져버리고 없는 보조 장비들이 틀림없이 많이 짜 넣어져 있었을 거라는 걸 명심하는 것 또한 중요하다. 카라콜을 해석한다는 것은, 팔로마 산을 올라가서 적도 부근의 거대한 산속에 다 망가진 파편이 조금 남겨진 텅 빈 돔에서 5m짜리 망원경을 찾는 것과 아주 비슷할지도 모른다.

그런데 사실은 상황이 그리 불투명하지만은 않다. 또 다른 단서가 있기 때문이다. 고대 메소아메리카의 폐허를 여기저기 여행할 때, 모든 피라미드와 왕궁들과 신전들을 장식한 듯한, 누가 봐도 비현실적이고 위험천만한 가파른 계단들을 지나칠 수가 없다. 계단의 수직면은 높고, 디딤대는 좁다. 그러나 카라콜에서는 제정신으로 계단을 올라갈 수 있다. 각 디딤대는 낮고 넓다. 이곳의 계단은 기능에 중점을 둔 게 분명하다. 다른 모든 사람들이 상식에서 벗어난 방식을 받아들일 때, 날마다 올라가서 위험이나 큰 부담 없이 일할 수 있는 천문대라야 한다고 주장하는 천문학자라면 믿어도 좋을 것이다.

## 정확성을 추구하다

고대 중국의 천문 전통에서 가장 중요한 것 가운데 하나는 많은 부분이 글로 기록되어 있다는 것이다. 내용과 형식에서 중국의 천문학은 실질적으로 청동기시대와 기원전 1800년대부터 끊이지 않고 이어지는 문화 전통의 일부였다. 수천 년을 거치면서 변화되었고 제삼자들에게서 영향을 받은 건 확실하지만, 근본적인 패턴은 그대로다. 따라서 중국에서 문서화된 기록들은 다른 전통들에서는 사라진 것들을 상세하게 보여주고 조명하고 설명해준다.

예를 들어, 잉카제국의 페루나 거석문화시대의 유럽에서는 해시계의 바늘이 어떤 용도로 사용되었을까 하는 의문이 해결되지 않은 채 남아 있을 수 있지만, 고대 중국에서는 훨씬 분명하다. 청동기시대 상나라 때 갑골에 새긴 초기 중국의 표의문자에서 '말뚝' 혹은 '기둥'에 해당하는 것은 손으로 잡은 막대 위에 태양의 원반이 덮여 있다. 이것은 해시계의 바늘은 말뚝이라는 말과 밀접한 연관이 있다고 생각했음을 확실히 보여주는 것이다. 관측을 목적으로 설계된 특별한 탑에서 그림자를 관측하고 그림자의 길이를 신중하게 측정했다는 명백한 언급이 BC 7세기 주나라의 기록에 보인다. 바늘에 대해 그때부터 내려오는 좀 더 상세한 중국의 보고 덕분에 중국 문명에서 수세기 동안 이어져온 단순하지만 유용한 이 도구의 용도와 발전을 추적해볼 수 있다. 중국 북부 중앙지대의 높은 하지 태양 아래에서 240cm 바늘은 길이 46cm의 그림자를 만들어낸다. 기원 전후 몇 세기 동안의 기록에는 양청羊城 Yang-chhêng이라고 알려진 한 마을에 바늘이 설치된 공식적인 장치가 하나 존재했음을 암시하고 있다. 양청은 오늘날 가오청전高靑縣 Gao Cheng Zhen(고청현. 중국 산동성 치박시 소재의 현/옮긴이)으로 알려져 있는데, 요양에서 남서쪽으로 80km쯤 떨어진 곳이며, 동한東漢의 수도였고, 중국의 뛰어난 천문학자 중 한 사람인 장형張衡(72-139. 중국 후한後漢의 과학자이자 문학자/옮긴이)의 고향이다.

당나라(AD 618~906) 때의 그노몬이 가오청천에 보존되어 있다. 이곳은 최소한 1,500년 동안 천문 관측이 행해졌던 곳이다. (로빈 렉터 크롭)

한나라 때 양청이라는 마을은 중요한 우주론적 의미를 가지고 있었다. 그곳을 세계의 중심이라고 여겼던 것이다. 이런 명성을 얻은 것은 태양 그림자가 그곳에서 측정되었기 때문이기도 하고, 혹은 그곳을 중심이라고 여겨서 해시계의 바늘이 설치되었기 때문이기도 하다. 어느 경우든 시간의 질서와 세계질서의 결합이 '세계의 중심'에 있는 바늘로 표현된 것이다.

AD 725년까지 일련의 야외시설들이 중국의 불교 승려인 일행一行(중국 당나라 때의 밀교 승려이며 천문학자/옮긴이)에 의해 세워졌다. 각 시설마다 240cm짜리 바늘이 갖춰져 있었으며, 마치 구슬들이 여기 하나 저기 하나 흩어져 있는 것처럼, 거의 3,500km 이상 되는 단 하나의 경선 위에 한 줄로 뻗어 있었다. 일행 역시 고대 중국에서 가장 위대한 천문학자 가운데 한 사람이었다(남아 있는 그의 저작 중 하나가 『북두칠성 일곱 별과 그 궤도를 기억하게 해주는 운韻』이다). 그의 바늘 장치는 하지와 동지의 날짜를 측정하려는 것이었다. 물론 이 시설 중 하나는 양청에 세워졌다. 몇몇 시설들은 광범위하게 분산된 지역에 세워졌는데, 지점의 그림자 길이가 바늘마다 차이가 나는 것을 이용해서 지리적 거리를 아주 정확하게 어림해보는 데 이용할 수 있기 때문이었다.

표준 달력 눈금으로는 240cm짜리 바늘이 적당하다. 그러나 지식의 최첨단에서 활동하는 중국 천문학자들은 해시계의 바늘에게 훨씬 더 큰 집을 지어주었다. 1279년 원나라 때 천문학자 곽수경郭守敬(중국 원나라 때의 천문학자·수학자·수리학자水利學者. 중국 역법 사상 획기적이고 새로운 수시력授時曆을 만들었다/옮긴이)은 벽돌로 12m가 넘는 피라미드를 지었다. 정점을 평면으로 자른 모양의 이 피라미드는 그 자체가 바늘이었다. 위쪽 수평면이 받치고 있는 수평봉 그림자가 피라미드의 북쪽 면에서부터 직각으로 36.6m나 뻗어 나온 낮은 벽의 표면 위로 떨어지기 때문이다. 가장 믿을 만한 서양 기록들은, 높은 막대가 피라미드 북쪽 면의 가늘고 긴 수직 홈 안에 서 있고, 바로 이것이 그림자를 던지고 있다고 한다. 그러나 유적을 아무리 면밀히 조사해보아도 그런 높은 막대가 세워져 있었을지 모르는 어떤 구조나 구멍이 있었다는 징후는 보이지 않는다. 어쨌든 피라미드 자체에는 그런 막대가 전혀 필요 없다. 이게 비록 중국 외에는 없는 일이라

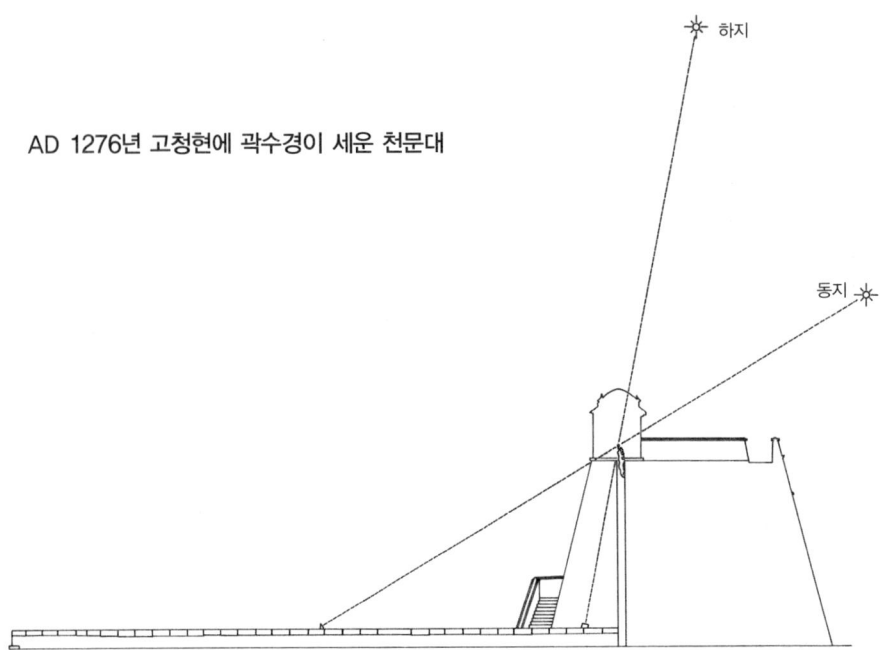

### AD 1276년 고청현에 곽수경이 세운 천문대

천문대들 중에서 13세기 중국의 천문학자인 곽수경이 만든 탑에서 하지와 동지 정오에 낮고 긴 수평 벽에 드리워지는 그림자가 측정되었다. 탑의 높이는 12m 정도였으며, 동지와 하지 그림자의 차이가 크므로, 이것으로 회귀년의 길이를 극도로 정확하게 측정할 수 있었다. (그리피스 천문대)

해도, 유적지에 있는 작은 박물관은 천문대가 어떻게 막대 하나 없이 사용되었는지를 보여주고 있으며, 또 역사 기록에 기술되어 있는 것을 토대로 곽수경의 측정 기술을 복사하게 해서 보조 장비를 다시 만들어왔다는 걸 보여준다.

    길고 낮은 벽은 '하늘을 다는 저울'이라고 알려져 있다. 그리고 그것은 낮게 드리운 겨울 태양의 그림자를 다 잴 수 있을 만큼 아주 길어야 했다. 정확하게 측정하기 위해 눈금이 새겨져 있고, 수평 상태를 점검하기 위해 물을 담은 나무 그릇을 달아놓은 하늘을 다는 저울 덕분에, 곽수경은 고도의 정확성으로 한 해의 길이를 어림해볼 수 있었다.

    그 탑은 진짜 천문대였다. 초기 역사가의 기록에 의하면, 단 정상에 있는 양 옆의 방에는 물시계와 그리고 아마도 천체를 측정하기 위한 것이었을 혼천의渾天儀가 있었다고 전해진다. 당시 가장 중요한 천문대 중 하나인 이 '태양 그림자를

곽수경의 벽돌탑을 향해 그림자 측정벽(일명 '하늘을 다는 저울')을 따라 정남을 바라보면, 탑 꼭대기 중심의 틈으로 수평봉(복원된 것)이 눈에 들어온다. 그것은 지금의 허난성 덩펑현 부근인 이곳 가오청전에서 하지와 동지의 정확한 날짜를 알기 위해 관측된 것과 같은 수평봉에 의해 던져진 그림자의 위치였다. (로빈 렉터 크룹)

'측정하는 탑'은 짐작대로 양청에 있었다. 이곳은 명의 영락제(1360~1424. 중국 명나라 제3대 황제/옮긴이)가 '세계의 중심'을 베이징(북경)으로 옮기기 전까지 전통적인 '세계의 중심'이었다. 그러나 양청에 있는 이 구조물은 고대 중국의 천문학에 대해 우리에게 더 많은 것을 말해준다. 우리는 그것이 천문대였다는 걸 알고, 그것이 정확했다는 걸 안다. 중국의 천문학은 황제의 공식 업무였으며, 엄밀하게 말해서 진정한 과학은 아니었으나 고도의 정확성을 더욱 소망했다는 것을 여기서 알 수 있다. 정확성은 권위와 안전성의 시녀였으며, 그것을 기록하는 것은 중국인들에게는 최소한 부분적으로라도 정확성을 추구하는 것이었다.

# 3. 우리가 경배하는 하늘

불멸성과 신성 ● 천상의 신들: 태양과 달 ● 떠도는 신들
● 신이 된 별들 ● 하늘에 있는 힘의 목적 ● 하늘이 위임했노라: 하늘이 땅에 이르다

고대 신화 속의 신들에 대해 면밀하게 읽어보면 분명한 것이 드러난다. 적어도 어떤 신들은, 특히 가장 중요한 신들은 하늘에 있는 물체들인 경우가 많다. 천체들은 규칙적으로 순환하는 운행 덕분에 아래 세상에 의미를 주는 질서의 대리인이 될 수 있었다. 즉, 그것들이 끝없이 출몰을 반복하는 것은 불멸성을 암시하고, 그들의 빛은 주의를 기울이라고 명령하는 권력을 연상시켰다. 그런 안목으로, 하늘에서 저 아래 땅을 내려다보는, 신들은 모든 것을 볼 수 있으니 모든 것을 알고 있어야 한다고 생각했다. 그러므로 세상을 보려면 눈을 하늘에 두어야 한다. 실제로 이집트 인들은 태양과 달을 각각 호루스의 눈과 하늘의 매로 묘사했다.

특정한 신들이 자신의 능력으로 지배하는 분야가 모두 다를 수는 있어도, 아무튼 지배하는 건 그들이 공유하는 속성이다. 무엇을 지배하며 어떻게 지배하는가에 따라 어떤 종류의 신인지 정확하게 결정된다. 천상의 신들은 시간을 표시하고 측정함으로써 시간의 경과를 지배한다. 그들은 자기들이 오고 가는 위치로 방향과 공간을 지배한다. 시간과 공간의 주인으로서 그들은 세상을 움직인다. 그들은 세상을 변화시킨다. 낮은 밤으로 바뀐다. 겨울은 봄 속으로 녹아 들어간다. 강은 흘러가다가 떨어진다. 곡식은 싹이 트고 자라고 무르익는다. 세상의 이런 순환 속에서, 그리고 매일의 삶 속에서 우리는 정형화된 변화를 보는데, 그것은 하늘에 의해 주도되는 것이다.

하늘의 중요성은 우리가 당연한 일로 생각하는 것들에서, 또는 많은 의미가 있는 사소한 것들에서 가장 잘 드러난다. 하늘은 우리의 삶 속으로 완벽하게 스며들어있다. 그래서 조직화된 것이 시간인데, 그중 가장 기본적인 단위인 요일은 천체의 이름을 가지고 있다. 영어 이름들 중 세 가지의 기원은 아주 분명하다. 일요일Sunday은 물론 해sun의 날이다. 월요일Monday은 달moon의 날이고, 토요일Saturday은 토성Saturn의 날이다. 우리는 이런 명칭을 고대 로마인들에게서 물려받았다. 이 3개의 요일을 고대 로마인들은 디에스 솔리스Dies Solis, 디에스 루나에Dies Lunae, 디에스 사투르니Dies Saturni라고 불렀다. 다른 4개의 요일의 이름은 노르웨이의 신들에게서 따온 것이다.

| | | |
|---|---|---|
| 화요일Tuesday | = | 티르Tyr |
| 수요일Wednesday | = | 오딘Odin |
| 목요일Thursday | = | 토르Thor |
| 금요일Friday | = | 프레이Frey |

처음 두 날의 이름은 영어로는 Tiw와 Woden처럼 들리는데, 이는 Tyr와 Odin에 상응하는 앵글로색슨 이름이다. 그러나 이 네 신이 선택된 것은, 그들이 그 요일들을 지배하는 로마의 신들과 같기 때문이고, 또 하늘과의 유대관계가 분명하기 때문이다.

| | | | | |
|---|---|---|---|---|
| 화요일 | = | Dies Martis | = | 화성의 날 |
| 수요일 | = | Dies Mercurii | = | 수성의 날 |
| 목요일 | = | Dies Iovis | = | 목성의 날 |
| 금요일 | = | Dies Veneris | = | 금성의 날 |

따라서 요일의 이름은 운행하고 있는 7개의 천체를 나타낸다. 태양과 달, 그리고 다섯 '방랑자들', 즉 다섯 행성들이다. 라틴어는 이제 더 이상은 살아 있

는 언어가 아니지만, 그것이 남긴 이름들은 이렇게 살아 있다. 같은 이름들이 라틴어에서 유래된 모든 로만스어에 전해져오고 있다. 이름이 가지고 있는 힘 덕분에 천상의 신들은 아직도 살아 있으며 시간을 통해 한 주일을 주도한다.

## 불멸성과 신성

불멸성을 추구하고 있다면 하늘은 출발하기에 좋은 장소다. 끝없이 되풀이되는 반복을 하늘에서 보기 때문이다. 자신이 죽을 거라는 걸 알고 있다 해도, 우리는 태양을, 달을, 그리고 밤이 가고 달이 가고 해가 가도 여전히 살아 있는 별들을 본다. 그것들은 사라지기도 하지만, 잠깐만 보이지 않을 뿐이다.

이집트에서 하늘은 자신의 몸을 길게 뻗어 지구를 차양처럼 덮고 있는 여신 누트였다. 그녀는 매일 밤 태양을 삼켜버리지만, 태양은 새벽이 되면 그녀의 허리에서 다시 태어난다. 태양이 떠오르면 달을 먹어치웠다가 일몰에 태양이 다시 한 번 그녀의 입 안으로 들어갈 때 별들에게 다시 생명을 준다. 이집트 인들은 또 동트기 전의 밤 시간들을 미리 알려주는 별들인 데칸decan(고대 이집트에서 36개의 시간을 알려주던 별/옮긴이)들이 다시 나타나는 것도 기술했다. 마치 시리우스가 밤하늘에서 70일 동안 사라졌을 때처럼, 제각기 사라져서 '죽음'을 경험하고는 한 해 중 자기의 시간에 다시 태어나는 것이다. 주극성들은 절대 지평선 아래로 내려가는 법이 없고, 따라서 절대 하늘을 떠나지 않으므로, 이집트 인들은 그 별들을 '불멸의 별', '죽지 않는 별'이라고 불렀다.

또 다른 신화에서 이집트의 태양신 레Re는 매일 밤 위험한 지역, 즉 죽음의 왕국을 지나간다. 그는 위험한 12개의 영토, 즉 밤의 12시간을 항해하며, 그곳에 사는 무시무시한 생물들인, 자기의 은신처에서 몸을 뒤틀고 있는 거대한 뱀들, 인간의 다리 위를 걷는 머리 여럿 달린 뱀들, 칼로 무장한 살무사들, 전갈 여신 사이를 통과하는 진로를 나아간다. 이런 것들이 모두 레를 기다리고 있다. 하지만 이런 것들을 대면해야 하는 치명적인 위험에도 불구하고, 태양은 살아남아서 매일 다시 떠오른다.

하늘은 불멸성에 대해 우리가 가지고 있는 개념이 응축되어 확고한 이미지를 제공하는 몇 가지 중 하나다. 하늘은 그 자체로 영원하며, 하늘을 점유하고 있는 것들은 끊임없이 부활한다. 거기, 천체의 운행과 회귀에 죽을 운명인 이 세상의 것과 인간을 초월한 것 사이의 대비가 있다.

천상의 신들의 힘은 자신들의 빛으로 드러난다. 햇빛 아래 서 있으면 누구라도 그 에너지를 감지한다. 태양의 따뜻함을 누가 혼동할 수 있겠는가. 태양에 비하면 분명 약하긴 하지만, 달과 행성들도 존경심을 불러일으킨다. 그것들은 깜깜한 밤하늘에서뿐만 아니라, 어떤 때는 어스름하게 밝아오는 하늘에서도 빛나고, 또 어떤 것들은 대낮에도 보일 정도다. 두고두고, 신들은 빛과 결합된다.

아니[Any]라고 불리기도 하는 안[An]은 수메르의 신들 가운데 가장 위대한 신이었다. 그의 이름은 '하늘' 그리고 '높다'였으며, 그의 이름에 해당하는 문자로 된 상징은 Diugir, 즉 '빛나는'이라는 단어와 함께 쓰인다. 이집트의 파라오 투탕카문의 유명한 무덤에는 러시아 인형처럼 차례차례 끼워 넣는 4개의 상자가 있다. 이 봉합된 대리석 관 하나에 하늘의 여신 누트의 초상화가 그려져 있다. 그리고 거기에 비문이 한 줄 곁들여져 있다.

누트, 위대하고 찬란한 분

대부분의 현대 유럽인들의 조상인 옛 인도-유럽어 족 사이에서 하늘의 지배자는 디예보스[Djevos], 즉 '그것에 매우 가까운 어떤 것'이라는 이름을 가지고 있었다. 그의 이름에서 다른 형태들이 점차 발전되었다. 디야우스[Dyaus](산스크리트), 제우스[Zeus](그리스), 조비스[Jovis](라틴)가 그것이다. 원래의 인도-유럽어 뿌리에서 보면, 제우스는 '찬란한' 또는 '빛나는'이라는 뜻이다. 천상의 신들에 해당하는 집합적인 인도-유럽어 이름은 다에보스[daevos], 즉 '빛나는 존재들'이었다. 오늘날에도 시베리아 북서부에 사는 오스티악 족[Ostiak](알타이 지방 서북쪽에 사는 민족/옮긴이)의 주술적인 종교는 그들의 주신이 거주하는 하늘과 밀접한 관계를

3. 우리가 경배하는 신들

가지고 있다. 그의 이름은 '빛을 내는, 빛나는 빛'을 뜻하는 단어에서 유래한다.

좀 더 부드럽고 간접적인 달빛을 경외하는 마음이 BC 3000년경 메소포타미아를 지배했던 우르Ur의 한 문헌에 분명하게 나타나 있다.

> 난나Nanna*, 위대한 주님
> 빛은 맑게 갠 하늘에서 빛나고,
> 머리에는 왕자의 머리장식을 하고
> 앞으로의 낮과 밤을 가져오고,
> 달을 정하고
> 한 해를 완성시키는 진정한 신.

또 다른 수메르 기도문에서는 저녁 어스름에 보이는 이난나Inanna, 곧 여신 금성의 찬란함을 기원한다.

> 하늘에서 타오르는 순수한 횃불,
> 하늘의 빛은 낮처럼 밝게 빛납니다.
> 하늘의 위대한 여신, 이난나, 저는 환호합니다.
> 폐하, 위대하신 분, 넘치는 위엄
> 저녁 하늘에 나타나는 찬란함이여
> 하늘에서 타오르는—순수한 횃불이여
> 태양과 달처럼 하늘에 떠 있는 분이시여,
> 남에서 북까지 모든 땅에
> 하늘의 위대한 분, 하늘의 거룩한 분으로 알려진
> 귀부인께 저, 노래를 바칩니다.

---

* 난나: 달의 신인 신Sin의 수메르 이름.

## 천상의 신들: 태양과 달

어떤 천체들의 특정한 출현과 운행은 그것을 보는 사람이 다르고 때와 장소가 달라도, 흔히 거기에 동일한 상징적 가치를 부여하게 한다. 예컨대 태양은 강하고 믿을 수 있다. 태양은 계절을 통과하는 자기의 일정한 진로를 따라가기 때문이다. 그리고 이런 특징들이 그 안에서 권위와 법과 사회질서의 원천을 보려는 많은 사람들에게 영감을 주었다.

이집트에서는 태양신 레가 낮의 지배자였다. 그의 한결같은 진로가 세상의 질서를 세웠다. 이집트의 환경은 자급자족할 수 있고 안정적이었다. 정부는 질서가 잡혀 있었다. 사회도 질서정연했다. 이 모든 것이 태양에게서 받은 선물이었다. 나일 강 역시 상태가 양호했으며, 그 선물은 생명이었다. 질서의 진정한 근원은 태양이었다. 날마다, 계절마다, 해마다 태양은 선물인 마트$^{Maat}$를 데리고 어둠으로부터 나타났다. 마트는 햇빛이고 사물의 올바름―적합과 자연의 질서다. 여신으로 의인화된 마트는 레와 함께하며 하늘을 항해했다.

고대 바빌로니아에서 태양은 샤마시$^{Shamash}$였다. 그의 주의 깊은 눈은 모든 것을 알고 모든 사람을 심판했다. 정의는 그의 것이었다. 바빌로니아의 위대한 법전 편찬자인 함무라비 왕의 유명한 법전을 새긴 돌기둥, 즉 기념 석주를 보면, 함무라비가 샤마시 앞에 서 있다. 법을 통해 태양의 질서가 지상으로 옮겨진 것이다.

베다 시대의 인도, 즉 인도―유럽어 족의 시대, 혹은 아리아인들의 침략 시대에 바루나$^{Varuna}$는 우주의 법과 질서의 수호자였다. 이렇게 하기 위해 그는 땅, 공기, 하늘을 캘리퍼스(calipus. 2개의 다리를 조절하여 자로 재기 힘든 물체의 두께나 지름 따위를 재는 기구/옮긴이)로 재고, 4방향과 기본방위를 고정시켰다. 그의 '캘리퍼스'는 수리야$^{Surya}$, 곧 태양이었다.

아메리카 대륙에 사는 사람들도 그와 비슷한 은유를 발전시켰다. 페루의 잉카는 인티$^{Inti}$ 즉 태양을 자기들의 조상이라고 주장했으며, 태양의 신성한 권위라는 면에서 자기들의 통치권을 합법화했다. 잉카 인들의 종교적, 사회적, 정치

3. 우리가 경배하는 신들

(위 왼쪽) 베다 시대의 하늘의 신 바루나는 우주질서의 원천이었다. 태양이 빛나고, 달이 움직이고, 바람이 불고, 강물이 흐르고, 별들이 나타나는 것은 모두 그의 규칙과 그의 힘에 의해서였다. (윌킨스W. J. Wilkins, 『힌두 신화Hindu Mythology』에서)

(위 오른쪽) 베다 시대 인도의 태양신 수리야는 포이보스 아폴론처럼 전차를 타고 여행한다. 그의 마부는 새벽이며, 훗날의 전승은 그의 7마리 말이 7개의 머리가 달린 말 한 마리로 대체되었다. (윌킨스W. J. Wilkins, 『힌두 신화 Hindu Mythology』에서)

토나티우는 고대 아스텍 인들 사이에서는 태양의 화신이었다. 그의 머리 뒤쪽은 빛을 발하는 독특한 원반이다.(조이스T. A. Joyce, 『멕시코 신화 Mexican Mythology』에서)

적인 생활조직은 수도인 쿠스코의 심장부에 있는 인티의 제단에 집중되어 있었다. 멕시코에서는 아스텍의 부족신인 우이칠로포치틀리$^{Huitzilopochtli}$가 아스텍의 운이 상승함에 따라 최고의 신으로 받아들여졌다. 그들의 신은 마침내 태양의 위상을 갖게 되었다. 아스텍 인들이 자신들의 지배권에 대한 정통성을 주장하기 위해서였다. 아스텍 인들에게 진짜 태양은 토나티우$^{Tonatiuh}$이며, '빛나기 시작한 자'였다. 전 세계 모든 존재의 생존은 태양의 안녕과 끊으려야 끊을 수 없는 관계에 있다. 현재의 시대는 그의 이름을 따서 명명되었다. 그가 없으면 시간은 끝날 것이다.

태양과 비교하여 달의 빠른 변화는 정처 없이 떠돌아다니는 것처럼 보이게 하지만, 달은 시간의 기록자로서 쓸모 있다. 그래서 많은 사람들이 그 점에서 달에게 신의 지위를 허용했다.

이집트 인들에게 달은 콘수$^{Khonsu}$, '달리는 자'였다. 가장 초기의 이집트 달력은 달에 바탕을 두었으며, 신들은 이집트의 신전과 무덤에 있는 그림과 돌 새김에 자주 나타나는 태음월과 관련이 있다. 달의 또 다른 형상이며 달이 가진 서기書記의 속성과 결합된 토트$^{Thoth}$는 시간과 계절을 조절하고 측정하는 신이었다. 그의 기록과 계산으로 축제일이 제정되었다.

바빌로니아의 달의 신은 신$^{Sin}$, '지식의 주'였다. 그는 역법과 천문 예견을 관장했다. 한 달의 일수와 거의 같은 숫자인 30은 그의 성스러운 수였다.

잉카 인들은 달을 태양의 아내라고 생각했다. 그녀는 달력을 기록하고 축제 일정을 관리했다.

한 달에 한 번 차올랐다가 이우는 주기 덕분에 달은 흔히 삶, 다산과 결합되곤 했다. 오시리스의 신화는 그 대표적인 예며, 고대 인도에서도 그와 유사한 연관성을 볼 수 있다. 남아메리카 콜롬비아의 원주민인 데사나 족은 달을 '밤의 태양'이라고 부르며, 달이 이슬을 제공함으로써 세계를 더욱더 비옥하게 만든다고 믿었다.

3. 우리가 경배하는 신들

## 떠도는 신들

옛날에 신과 행성을 결합시키던 전통에 따라, 망원경으로 새로운 행성이 발견되어도 역시 신들의 이름을 붙여준다. 우라노스$^{Uranus}$(천왕성), 넵튠$^{Neptune}$(해왕성), 플루토$^{Pluto}$는 지금 천체의 명단에 들어 있다. 영국의 천문학자 윌리엄 허셜$^{William\ Herschel}$(1738~1822. 독일 태생의 천문학자/옮긴이)은 1781년 처음으로 우라노스를 관측했다. 그리고 그것이 새로운 행성이라는 걸 증명해 보이기도 전에, 그는 국왕 조지 3세의 이름을 따서 게오르기움 시두스$^{Georgium\ Sidus}$, 즉 '조지의 별'이라고 불렀다. 영국인들 말고 누가 이 이름을 좋아하겠는가. 그래서 유행된 이름이 우라노스였다. 그밖에도 셀 수 없이 많은 이류 행성들, 즉 소행성들에도 여신의 이름이나 반신半神의 이름이 붙여졌다. 세레스$^{Ceres}$(로마 신화의 풍작의 여신으로, 그리스 신화의 데메테르에 해당된다/옮긴이)는 이런 소행성들 중 가장 큰 것이다. 오늘날에는 릴리스$^{Lilith}$, 헬$^{Hel}$, 케찰코아틀$^{Quetzalcoatl}$, 프리가$^{Frigga}$, 아텐$^{Aten}$, 길가메시$^{Gilgamesh}$를 비롯한 많은 행성들이 태양의 주위를 돌고 있다.

아주 초기의 그리스 인과 로마인들은 행성을 구별하지 못했던 것 같다. 기원전 4세기의 저작에서, 그리스 철학자 플라톤은 5개의 '떠도는 별'을 신이라고 기술하고, 그 별들과 특정한 올림푸스 신들을 결합시키는 관습이 외국인들에 의해 도입되었다는 말을 했다. 외국인들이란 아마도 이집트나 메소포타미아에서 온 사람들인 것 같다. 바빌로니아 신들이 가지고 있는 행성 같은 태도와 속성이 그리스 신들과 같기 때문에 메소포타미아가 근원일 가능성이 더 많다. 반면에 초기 이집트 인들이 행성에 대해 표현한 것은 그렇지 않다.

고대 바빌로니아에서 마르둑$^{Marduk}$은 신들의 왕으로 경배되었으며 누가 봐도 목성을 연상시킨다. 그리스에서 제우스는 올림푸스 신들 중 최고의 신이었으며 목성에 대한 지배권을 가지고 있었다. 그런 의미에서 제우스는 마르둑에 해당한다. 반면에 이집트 인들은, 화성과 토성도 마찬가지지만, 목성을 하늘의 신 호루스의 매의 머리로 그렸다. 목성의 이집트식 명칭 가운데에는 '두 개의 땅을 비추는 호루스'와 '남쪽의 별'이 있다.

주피터-마르둑의 역할은 바빌로니아에서는 탁월했다. 그가 혼돈에 질서를 가져온 세계의 창조주라고 믿었기 때문이다. 바빌로니아 창조 신화 문헌들은 설형문자 서판에 보존되어 있는데, 어떤 것들은 기원전 7세기의 아시리아 왕 아슈르바니팔Ashurbanipal의 도서관에서 출토되었다. 그러나 이야기 자체는 훨씬 더 오래된 기원전 1800년경 구 바빌로니아 제국에서 유래된 것으로 보인다. 신화 속에서 마르둑은 태초의 혼돈의 용 티아마트Tiamat를 죽임으로써 질서를 확립한다. 마르둑은 죽은 괴물의 몸으로 하늘과 바다를 만든다. 그때 그는 자신의 승리를 이용할 준비를 한다. 공헌의 대가로 그가 받은 것은 정돈된 우주를 만들 권리다. 우선 그는 다른 신들에게 하늘을 분배하면서 머리 위 별자리에 상징화되어 있는 하늘을 조직한다. 해year가 그다음이다. 마르둑은 한 해의 길이를

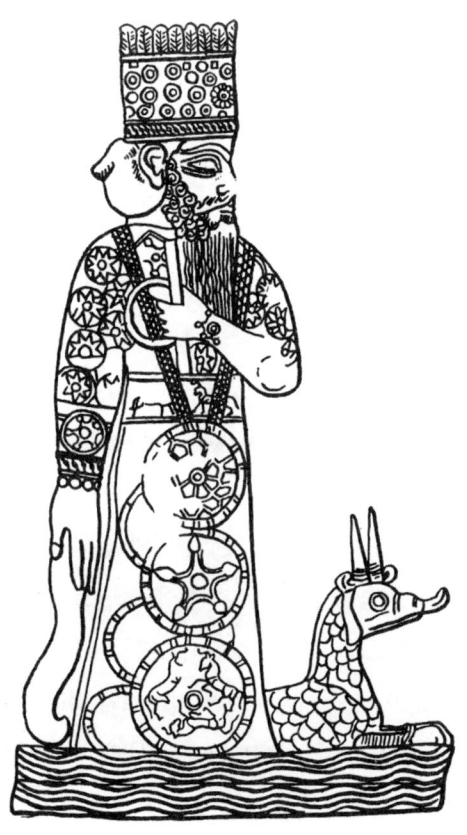

바빌로니아의 하늘의 군주인 마르둑은 목성과 관계있고, 태초의 혼돈의 괴물인 티아마트를 죽였다고 믿어진다. 그림에서 마르둑의 발밑에 있는 것이 혼돈이다. (매쿨로크J. A. MacCulloch, 『모든 종족의 신화-셈 족 The Mythology of All Races-Semitic』에서. 맥밀란의 허가를 얻어 옮겨 실음)

3. 우리가 경배하는 신들

얼마로 할 것인가와 그것을 다시 몇 달로 나눌 것인가를 결정하는데, 해와 달의 변화는 그가 선택한 별들에 의해 정해진다. 마르둑이 설계한 그 외의 많은 천체의 이름들이 세상을 질서 있게 만들었다. 그는 또 지평선과 천정을 표시하고, 밤을 비추게 하며, 한 달의 날짜를 세게 한다. 분명 마르둑은 하늘의 지배자였다.

 마르둑의 결정에 따라 하늘을 지나가는 목성의 진로가 항성과 행성들을 안내한다. 변함없는 태양 때문에 아마 사물들이 더 명확해질 것이다. 그러나 하늘을 통과하는 목성의 궤도는 황도, 즉 1년에 한 번 순환하는 태양의 궤도를 고대인들에게 알려져 있던 다른 행성들보다 훨씬 더 가까이에서 따라간다. 또 행성들 사이에서 목성의 성위$^{星位}$는 거의 정확하게 12년마다 똑같이 반복된다. 예컨대 목성은 꼭 12년과 5일 동안에 아주 잠깐씩 12번 반대편(하늘에서 태양의 반대편)으로 가는데, 마지막으로 반대편에 갈 때는 처음에 같이 있던 별들 사이에 놓이게 된다.

 목성의 운동 중 이런 측면이 밤하늘의 별들 사이에서 빛나는 목성의 찬란함과 결합되어, 아마도 그 옛날의 천문학자들에게 이 행성을 하나의 보증서로, 신화에 반영된 역할로 이용하도록 영향력을 행사했을 것이다. 그러나 거기엔 명확하지 않은 것이 있다. 문헌에서 사용된 목성의 진짜 이름은 네비루$^{Nebiru}$다. 이 이름이 주피터를 뜻하는 것이긴 하지만, 다른 것도 의미했다. 때로는 극, 즉 회전축을 의미하기도 했던 것이다. 천극은 하늘의 자전을 보여주는 핵심적인 전거가 된다. 따라서 목성 혹은 목성과 회전축 둘 다의 이미지가 창조 서사시에서 의도되었을 수도 있다.

 다른 행성들도 고대 문명의 신화 속 신들에게서 중요한, 흔히는 그들과 유사한 역할을 했다. 그 때문에 바빌로니아인들은 자신들의 사랑과 다산의 여신 이시타르를 금성과 결합시켰다. 이것은 그리스 신화나 로마 신화와 아주 비슷한데, 아마도 이시타르가 비너스의 직접적인 선조가 될 것이다.

 밝기는 제쳐놓고라도, 금성의 가장 두드러진 특징은 샛별과 저녁별로서의 주기다. 따라서 이집트 인들은 때로 그것을 '엇갈리는 자'라고 했으며, 좀 더 후대에는 그것을 두 개의 매의 머리를 가진 것으로 그렸다. 더 흔히 볼 수 있는 것은 베누[Bennu]로 상징화된 비너스다. 베누는 보통 피닉스라고 생각되는 왜가리처럼 생긴 새로, 오시리스에게 속해 있었다. 그건 아마도 금성이 저녁과 아침에 나타나는 것을 보면서, 혹은 태양 뒤에서 합이 일어나 보이지 않는 것과 그것이 시야에 들어오는 기간에서 이집트 인들은 죽음과 부활을 연상했기 때문일 것이다. 그건 이시타르가 지하세계로 내려가는 메소포타미아 신화와 어딘가 비슷하다.

수성의 이집트식 이름은 오시리스의 적수인 세트[Set]다. 수성은 보통 세트의 불가사의하고 정체불명인 토템 동물의 머리와 함께 보이는데, 그것을 세베그[Sebeg]라고 한다. 바빌로니아인들 사이에서 수성은 기록을 지키는 자, 신들의 심부름꾼인 네보[Nebo]였다. 심부름꾼으로서의 네보의 지위는 태양의 서쪽에서 동쪽으로 갔다가 다시 서쪽으로 되돌아오는 수성의 주기가 빠른 것과 관계있을 수도 있다. 수성의 재빠름 때문에 그리스와 로마에서도 신들의 심부름꾼이 되었을 뿐만 아니라 죽은 자들의 왕국까지 영혼을 호위하는 자도 되었다.

다른 행성들에 비해서 수성은 자주 보이지 않는다. 그건 말썽 많은 세트에게 배정된 임무이기 때문이라면 설명이 될 수도 있겠다. 116일 주기의 진로에서 수성은 이틀에 한 번꼴로 보이지 않는다. 수성의 합은 각각 약 5일과 35일간 계속되고, 아침에 나타나는 것과 저녁에 나타나는 것은 각각 약 38일간 정도다. 물론 이론적으로 그렇다는 말이다. 수성은 태양과 가장 가까운 거리에 있으므로 대개는 잘 보이지 않지만, 가끔은 다른 행성들보다 더 잘 보이기도 한다. 별나고 수시로 변하는 행동을 가리켜 '변덕스럽다[mercurial]'고 하는데, 수성의 변덕스러운 운행이 어느 정도 그 이유를 설명해 준다.

밤하늘에서 화성[Mars]을 찾아내는 건 어렵지 않다. 화성의 붉은 빛깔 때문에 다른 행성들과도, 그리고 대부분의 항성들과도 다르게 보이기 때문이다. 핏빛 같은 화성의 빛깔은 바빌로니아의 네르갈[Nergal], 그리스의 아레스[Ares], 그리고 로마의 마르스[Mars] 등, 전쟁의 신들을 연상시키기도 한다.

천구에서 화성의 진로는 목성, 토성의 진로와 비슷하지만, 화성은 지구와 상당히 더 가깝기 때문에 좀 더 빨리 나타난다. 효과는 지구가 자기 궤도 안에서 화성 옆을 지나며 돌 때 특히 두드러진다. 그리고 화성은 두 달 약간 넘는 동안 역행하는 것처럼 보인다. 그건 바깥쪽의 다른 행성들의 역행운동보다 훨씬 더 극적인 역행운동이다. 이집트의 문헌들은 화성을 '호루스 붉은 자' 그리고 '빛나는 호루스, 역행 진로를 달리는 동쪽 하늘의 별'이라고 언급하고 있다. '동쪽'이 아니라도 이 이름들은 쉽게 이해할 수 있다. 화성과 토성 둘 다 다양한 비문에서 동쪽별과 서쪽별로 불렸다.

마지막으로, 고대 세계에서 마지막 '떠도는 별'이었던 토성Saturn은 바빌로니아인들에게는 니니브Ninib로 알려져 있었다. 처음에는 태양신이었고 고대 도시 니푸르Nippur의 수호자였으나, 봄철과 작물재배에 끼워 맞춰졌다. 그리스와 로마에서 그와 가장 비슷한 신은 크로노스 또는 올림푸스의 신들의 아버지이며 가장 어린 타이탄이자 농업의 신이기도 한 사투르누스Saturnu다. 토성의 이집트식 이름은 '호루스, 하늘의 황소'였으며, 매의 머리 위에 황소 뿔 한 쌍이 있는 모습으로 자주 보인다.

## 신이 된 별들

전부는 아니라도 대부분의 고대 문화에서는 별들도 신이 되었다. 자세히 살펴본 대로, 이집트에서 시간을 알리는 자인 데칸들은 이집트의 신전과 무덤에서 신으로 묘사되어 있다. 시리우스와 오리온은 이시스와 오시리스로, 이집트 종교에서 중요한 자리를 차지하고 있다.

아메리카 대륙의 문명들도 별을 신과 결부시켜 생각했다. 테스카틀리포카Tezcatlipoca는 아스텍 인들과 중앙 멕시코에서 나우아틀Nahuatl 말을 하는 그들의 선조들이 경배하던 전사 신warrior god이었다. 그의 이름은 '연기 나는 거울'이라는 뜻인데, 흑요석과 검은 밤하늘 둘 다를 나타내는 말이다. 그의 색은 검정이니, 그는 '밤의 주군'일 수밖에 없다. 테스카틀리포카와 별과의 관련은 한층 더 명

고대 멕시코의 사본에 들어 있는 손으로 그린 이 상세도에서, 테스카틀리포카는 밤하늘의 주군으로, '연기 나는' 검은 흑요석 거울을 손에 들고 다리를 절며 간다. 그의 발은 발목에서 잘라진 채 뼈가 튀어나와 있다. (조이스T. A. Joyce, 『멕시코 신화Mexican Mythology』에서)

확하다. 그의 왕국은 북쪽이었으며, 그의 별들은 북두칠성처럼 우리 마음에 생생하게 그려볼 수 있는 것들이다. 그는 대개 왼쪽 발이 없는 모습으로 보이는데, 절단된 발목에서 뼈가 툭 불거져 나와 있다. 지구한테 발을 뜯겼기 때문이다. 그리고 이야기 내용은 국자의 손잡이가 회전해서 북쪽 지평선 아래로 내려가면서 별들이 사라지는 것을 은유로 표현한 것이다. 테스카틀리포카를 나타내는 동물은 재규어다. 재규어는 점박이 가죽이 별이 총총한 하늘을 닮은 야행성 동물이다. 테스카틀리포카는 자기의 검은 거울을 유심히 들여다보고 미래를 흘깃 보며 세상을 지켜본다. 이것은 바로 의례에서 마법을 행하고 하늘의 비밀을 탐구하는 전문가인 샤먼의 활동이다.

천극의 확고부동함과 한결같은 북쪽 별들의 순환에서, 별들이 태양보다 더 자비로운 신처럼 보였을 수도 있다. 뜨거운 여름과 추운 겨울은 언제 어떻게 될지 모르는 불안정한 균형 속에서 삶을 영위하게 하기 때문이다. 캘리포니아 원주민 추마시Chumash 족은 하늘의 신들은 늘 이런 식이라고 생각했다. 그들은 자

3. 우리가 경배하는 신들　**129**

연의 균형과 세계질서를 밤마다 연출되는 두 팀 간의 도박 게임이라는 관점에서 보았다. 태양이 한 팀의 주장이며, 북극성이 또 다른 팀을 이끌었다. 북극성은 스카이코요테Sky Coyote라고 알려져 있었는데, 별들 사이에서 북극성의 회전축의 위치 때문에 밤의 상징이 되었다. 두 팀은 새벽까지 경기를 하곤 했다. 태양 팀에는 저녁별이 있고, 밤 팀에는 샛별이 있다. 팀원들에게 배정된 임무를 비유적인 방식으로 이해할 수 있다. 저녁별은 초저녁의 어스름 속에서 성큼 떠나지 못하고 머뭇거리다가 태양을 따라 지평선 아래로 사라진다. 밤이 이긴 것이다. 새벽엔 샛별이 태양보다 먼저 떠오른다. 하지만 태양이 하늘을 빛으로 뒤덮으면서 샛별은 나머지 밤 팀과 함께 서서히 사라진다. 낮이 이겼다.

게임의 내깃돈은 게임이 절정에 달했을 때 이득을 보는 법이다. 승자는 살고 그들의 적은 죽었다. 1년 내내 그들은 경기를 했고, 동지에 점수가 기록되었다. 날짜 계산의 전문가인 달이 점수를 기록했다. 만약 동지에 태양이 승자가 되면 땅 위의 사람들에게는 나쁜 일이 생길 것이다. 태양은 아마 해마다 되풀이되는 자신의 여정을 다시 시작하기 위해 북쪽으로 되돌아가지 않고 남쪽에 계속 있겠다고 우길 것이며, 그러면 땅은 균형이 깨진 우주와 함께 겨울의 죽은 것들 속에 남겨질 것이다. 스카이코요테는 은혜를 베푸는 자, 인자한 세력가다. 그의 팀이 이기면 사물의 질서가 소생한다.

또 다른 캘리포니아 원주민인 요쿠트Yokut 족의 영토 안에 있는 채색바위에는 많은 것을 암시하고 있는 이미지가 하나 있다. 네 발을 모두 쭉 뻗고, 꼬리까지도 쭉 뻗은 동물이 태양 원반처럼 보이는 것을 주둥이로 떠받치고 있는 그림이 천장에 그려져 있는데, 동남쪽에 있는 오두막 입구를 향해 방위가 맞춰져 있다. 그 형상은 북극성과 태양 사이의 주고받음을 잘 나타내고 있다.

추마시 족은 보기 드물게 태양이 아니라 별들이 스카이코요테라는 이름을 빌려 세계질서를 수호한다고 생각했다. 그래도 역시 방향을 제시해주고 성스러운 질서를 확립한 것은 하늘이었다. 하늘의 게임은 분명 수많은 방법으로 치러질 수 있다. 하지만 점수는 여전히 동점이다.

요쿠트 족의 이 바위그림에서 스카이코요테는 코끝에 하늘을 올려놓고 균형을 잡고 있는 것처럼 보인다. 이 우주 도박사들은 캘리포니아 산 호아킨San Joaquin의 '채색바위'라고 알려진 동굴의 천장에 그려져 있다. (그리피스 천문대)

## 하늘에 있는 힘의 목적

우리의 과학적 관점은 얇게 비치는 속옷 같은 지구의 대기권 밖 저 먼 곳에 있는 물체의 천문학적인 움직임을 하늘에서 일어나는 기상학적인 운동과 구별한다. 그러나 우리 조상들은 우리처럼 명확하게 구별하지는 못했을 수도 있다. 그들의 마음속에서는 하늘이 하나의 장소였다. 하늘의 지리는 우리가 생각하는 것처럼 외부 공간에 위치한 지리가 아니었다. 거기 살고 있는 신들은 그저 땅 위를 비춰주는 천체이기만 한 게 아니라, 비였고 구름이었으며 천둥 번개였고 무지개였고 해와 달의 무리였으며, 그 밖의 많은 것들이었다.

우리 조상들은 폭풍의 공격에 약하고 비에 의존해야 했기 때문에 그런 것들을 셀 수 없이 많은 천둥신, 기상신, 바람신이라고 상상하게 되었다. 그들의 삶의 주제들은 복잡하게 한데 얽혀 있어서(지금 우리 자신의 삶의 주제들이 그런 것처럼) 하나의 은유가 어디서 끝나고 다른 것이 어디서 시작되는지 말하기 어려울 때가 자주 있다. 우리는 삶과 하늘을 날실과 씨실로 해서 인용과 비유와 상징을 짜넣은 두꺼운 천을 보고 있다. 이 과정은 남자가 여자를 임신시키는 것에 해당한다. 그리고 농경에서 쟁기는 남성이다. 그것은 여성인 땅을 판다. 그리고 밭고랑은 씨앗을 심는 곳이다. 그런 이미지와 연상의 그물을 통해 하늘, 비, 정

3. 우리가 경배하는 신들

액 등은 호환성을 가진 상징이다.

예를 들어, 인도의 베다 시대인 BC 2000년대에는 인드라$^{Indra}$가 신들 가운데 전사였다. 그는 산을 산산이 부수는 자, 비를 불러오는 자, 번개를 집어던지는 자였다. 바루나가 하늘의 제1의 주권자이며 우주질서의 소유자라면, 인드라는 하늘에 있는 힘이었다. 그는 폭풍과 결합해서 비와 연결되었고, 이번에는 생명을 주는 비가 그를 다산 및 풍요와 연결시켰다. 인드라 같은 폭풍신이 과도한 성적 능력을 가졌다는 명성을 얻는 건 당연한 일이다.

대부분의 고대인들과는 달리 이집트 인들은 하늘을 여신으로 의인화했다. 그러나 이집트 인들이 이렇게 하는 것은 이해할 수 있다. 비가 거의 내리지 않는 이집트에서는 생명을 주고 비옥하게 하는 물의 원천은 하늘이 아니라 나일 강이기 때문이다. 따라서 강이 오시리스로 남성이고, 하늘은 누트로 여성이다.

그 밖에도 천체와 관계없는 하늘 신들은 셀 수도 없이 많다. 그리고 그들의 역할에는 인드라처럼 날씨가 포함되어 있다. 바알$^{Baal}$은 가나안의 다산과 비의 전사신이었다. 테슈브$^{Teshub}$는 북부 메소포타미아에 살았던 후루리인(기원전 2000~1200년 중동의 고대 민족/옮긴이)들과 훗날 소아시아의 히타이트인들 사이에서 날씨와 비의 신이었다. 이들 힌두와 근동(서유럽에 가까운 동양의 서쪽 지역/편집자) 지방의 신들은 인도-유럽어 족의 설화의 일부다. 따라서 우리는 후대 유럽인들의 믿음의 요소들을 그 안에서 볼 수 있다. 인도-유럽어 족 사람들 사이에서 하늘은 분명 힘의 보고였다. 하늘이 가지고 있는 모든 측면에서 그렇다. 힘에 대해 생각하는 방식, 즉 그것으로 무엇을 하려고 했는가는 인도-유럽어 족의 사회조직을 보면 알 수 있다.

신들은 무슨 일을 할까? 그들의 힘은 어떤 용도로 쓰일까? 『전사의 운명$^{The\ Destiny\ of\ Warrior}$』에서 신화학자 조르주 뒤메질$^{Georges\ Dumezil}$(프랑스의 비교문헌학자이며, 인도-유럽어 족의 종교와 사회에서 주권과 힘에 대한 분석으로 잘 알려져 있다/옮긴이)의 말에 따르면, 우리는 인도-유럽어 족 사회를 각기 다른 기능을 가진 세 그룹으로 나눌 수 있다. 사회구조의 이런 구성요소들은 지배자-사제, 전사, 그리고 음식을 제공하는 자들이며, 각 전문가들은 인도-유럽어 족 신화에 묘사되어 있

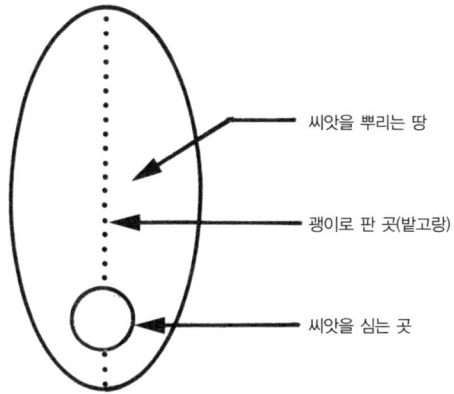

서아프리카의 말리Mali 공화국의 한 부족인 도곤Dogon족은 의례의 하나로 이 디자인을 그린다. 이때 그들은 농업과 인간의 출산이 같다는 것을 나타내는 성적인 연상 기호 코드를 만들어내는 것이다. 타원형과 원은 여성의 외음부를 나타낸다. 에워싸인 곳은 따라서 씨를 뿌리는 땅이다. 가운데 위에서 아래로 내리그은 선은 괭이나 쟁기로 땅을 판 밭고랑이며, 동그란 구멍은 씨앗을 심는 장소다. (그리피스 천문대)

다. 넓은 의미에서, 이들 세 그룹의 기능은 실제로 눈에 보이는 힘이었다. 다시 말해 통치권, 무력, 그리고 생산력이다.

신화란 한 민족의 정체성을 설명하기 위한 수단이기 때문에, 신화에서 주연 배우는 한 민족의 삶을 이끌어갈 원칙을 표현하고 뒷받침해주는 신들이다. 따라서 인도-유럽어 족의 신들은 인도-유럽어 족의 삶에 힘이라는 관념과 동일시되고 있는 날씨와 폭풍의 전사신들을 주요 기능과 함께 채택하고 있다. 생명을 주고 비옥하게 하는 비를 통해 생산력도 하늘과 연결된다. 힘은 세상에 생명을 불어넣어주고, 생산력은 세상을 살아 있는 것들로 채운다.

그에 비해 창조는 하늘 신들의 영역이다. 하늘은 풍경을 정리하고 시간의 리듬을 조정하기 때문이다. 우리는 우주질서의 주기와 세상이 움직이는 방식이 나오는 천구의 영역과 틀 안에서 근원적인 패턴을 본다. 창조-성장-죽음-부활을. 그 주기에서 우리 자신의 과거, 현재, 미래를 찾으려고 한다. 하늘과 우리의 상호작용은 우리 자신의 정체성을 반영한다. 이것이 너무나도 중요하기 때문에 신들을 필요로 하는 것이다.

하지만 창조는 활동을 촉진하거나 새로운 것을 만들어내는 것 이상을 요구한다. 진정한 창조는 질서의 확립이다. 바로 이 때문에 하늘이 필요한 것이고, 바로 여기서 주권이 나오는 것이다. 뒤메질이 주권sovereignty이라고 말한 것은 성스러운 질서를 수호한다는 뜻이었다. 이런 책임감이, 하나는 우주질서를 지탱하고 다른 하나는 사회질서와 법을 관장하는 두 가지 지배원리를 갈라놓았다.

창조는 이원적인 본성을 가지고 있다. 시작하는 것과 조화를 이루며 작용하는 것이 그것이다. 많은 신화에서 그런 것을 분명히 볼 수 있다. 예컨대 마르둑이 죽은 괴물 티아마트의 몸으로 세상의 형태를 만드는 건 시작에 불과하다. 그는 여기에서 시작하여 계속해서 천체들의 움직임을 규정하고 달력을 만들어냄으로써 영속적인 질서를 확립한다.

스칸디나비아의 창조 신화도 같은 패턴을 따른다. 이 경우, 신화가 글로 기록될 때쯤 오딘은 신과 하늘의 우두머리 역할을 맡고 있다. 그는 우리가 알고 있는 세상을 창조했던 게 분명하다. 그의 시대가 오기 전에는 하나의 허공이, 아무 것도 없는 심연 하나가 입을 쩍 벌리고 있었고, 혼돈에서 나오는 얼어붙은 물이 소용돌이치고 있는 샘 하나, 추위, 그리고 불이 있었다. 그중 하나에서 단단해진 얼음이 나와 허공 전체에 흩어졌다. 거인 이미르Ymir가 응축되어 거기에 생명을 불어넣었다. 그런데 신들이 태어나자 이미르는 그들과 싸워 패배한다. 신들은 그의 시체로 세상을 창조한다. 그의 두개골을 던져서 하늘을 만들었고, 이미르의 시체에서 집어올린 기생충 4마리로 난쟁이를 만들어 나침반의 기본방위인 동서남북에 세워놓았다. 풍경도 만들어졌다. 무스펠하임Muspelheim의 불꽃, 불의 왕국은 오딘과 그의 형제들에 의해 하늘로 던져져서 해와 달과 별들이 되었다. 이어서 그것들의 자리와 진로가 정해졌고, 이런 노력으로 낮과 밤을 세고 연도를 측정하는 게 가능해졌다. 이런 행위 덕분에 주요 신들은 오딘을 성스러운 질서의 주군으로 옹립했다. 마르둑의 경우와 마찬가지로, 한 거인의 시체로 세상을 한꺼번에 바꿀 수는 없었다. 그러나 분명한 것은, 혼돈이 패배하고 난 다음에야 비로소 질서가 정식으로 확립된다는 것이다.

자신의 문명의 뿌리와는 전혀 다른 전통을 살펴본다 해도 역시 같은 패턴이 되풀이되는 것이 보인다. 예컨대 폰Fon족은 베냉Benin 공화국에 살고 있는 서아프리카 민족이며, 한때는 다호메이$^{Dahomey}$라고 알려져 있었다. 그들의 신화에서는 거대한 뱀이 맨 먼저 4개의 기둥을 세움으로써 세상을 창조했다. 각 기둥들은 4기본방위에 세워졌는데, 이는 하늘을 떠받치기 위해서다. 검정색, 흰색, 그리고 붉은색 의상으로 화려하게 꾸민 뱀은 4개의 기둥 주위를 자기 몸으로 감싸서 단단히 죄어 똑바로 서게 했다. 거대한 뱀의 똬리가 천천히 돌아가자, 특유의 빛깔들이 하늘을 밝혔다. 밤엔 검정색, 낮엔 흰색, 그리고 저녁 어스름과 새벽엔 붉은색이었다. 이 신화를 이해할 수 있다. 뱀의 움직임은 그 똬리 안에 있고, 뱀의 똬리는 하늘의 영원한 회전이다. 뱀의 똬리가 천구의 모든 물체들을 각각의 궤도에 맞춰 보낸다. 그것은 변화이며, 매일 일어나는 하늘의 움직임이고, 그것이 기본방위들을 올바른 자리에 둔다. 풍경을 조직적으로 정리함으로써 세상이 존재할 수 있게 된다. 방위를 정하는 것에 대한 이런 관심이 그렇게 일찍부터 신화에 표현된 것은 우연의 일치가 아니다.

## 하늘이 위임했노라: 하늘의 권능이 땅에 이르다

하늘의 질서는 대개는 지배자의 통치권을 통해 고대의 인간사회에 주입되었다. 하늘나라에서 부여받은 권능은 왕권을 신성하게 만들어주었다. 하늘에 호소함으로써 왕과 왕이 만든 제도는 특별한 권위와 의미를 얻었다. 왕은 하늘이 그런 것처럼 부주의하게 처신해서 명예를 실추시킬 수가 없었다. 그렇게 되면 백성들의 삶의 방식과 왕 자신의 주체의식이 위태로워지고 말 테니까. 비교종교학자 미르치아 엘리아데$^{Mircea\ Eliade}$(1907~1986. 루마니아 출신의 미국 종교학자이며 문학가. 대표 저서로는 『우주와 역사』, 『성과 속』 등이 있다/옮긴이)는 시간과 공간의 질서인 정위$^{定位\ orientation}$는 전통적이고 세속화되지 않은 사람들에게는 세상을 성스럽게 만드는 것이라고 역설했다. 일단 건설되고 질서가 잡히고 나면 세상은 의미를 획득한다. 그러고 나면 우리는 그 안에서 장소에 대한 인식을 갖게 된다.

이집트에서는 언어와 의례로 복잡하게 짜인 그물이 태양과 파라오 사이의 공명을 강화했다. 태양의 이름을 왕의 카르투슈$^{cartouche}$(고대 이집트 왕의 이름 등을 적은 신성문자를 둘러싼 장식 테두리/옮긴이) 안에 넣는 경우도 흔히 있었다. 왕은 뱀 모양의 표장인 우라에우스$^{uraeus}$(고대 이집트의 신 또는 왕들이 대개 이마 바로 윗부분의 관에다 최고 권력의 상징으로 달았던 이집트 코브라를 본뜬 뱀 모양의 표징/옮긴이) 즉 신성한 태양의 코브라를 왕관에 달았다. 왕이 옥좌에 나타나는 것은 태양이 지평선에 나타나는 것과 같다고 생각했다. 왕과 태양의 개념은 둘 다 같은 동사, 다시 말해 천지창조 때부터 존재하는 태초의 언덕에서 떠오르는 하나의 신성문자를 함께 썼다. 왕의 적들은 아펩$^{Apep}$처럼 타파되어야 했다. 아펩은 태양신 레의 밤의 여정 마지막 순간에 레에게 대항하는, 뱀의 형상을 하고 있는 복수의 화신이다. 왕의 원기 회복을 비는 축제 세드$^{Sed}$는 첫 번째 계절 첫 번째 달 첫 번째 날에 열렸다. 이렇게 새해 날짜에 맞춤으로써, 세드는 세계질서를 재창조하고 재확립한다는 개념에 호소하는 것이다. 태양이 힘을 되찾았던 것처럼 파라오도 재충전되고, 땅도 재충전된다. 태양과 마찬가지로, 파라오도 신 같은 존재다. 그는 태양의 아들이므로.

그러나 하늘나라의 권능을 부여하는 것은 다른 이미지를 떠올리게 하기도 한다. 고대 메소아메리카의 마야인들은 이런 몇 가지 대안들을 이용했다. 고전기(서기 300~900년경) 마야의 지배자들이 세운 왕조의 수많은 유적은 하늘의 상징들을 관직을 나타내는 배지나 권위를 나타내는 표지 속에 합체시켰다. 계급이 높은 사람들의 초상화가 그려진 석비, 즉 문자나 무늬를 조각해서 수직으로 세운 돌기둥들이 마야에서 의례를 거행했던 주요 지점에서 자주 발견된다. 보통 선 자세의 초상화에는 흔히 난쟁이 모습을 한 왕홀을 지니고 있다. 이 왕홀은 막대기 위에 있는 꼬마 도깨비로부터 그 이름을 얻는 것이다. 그 도깨비는 실제로, 〈펀치 앤 주디 쇼$^{Punch\ and\ Judy\ Show}$〉(곱사등에다 매부리코인 괴상한 얼굴의 광대 펀치와 그의 아내 주디가 엎치락뒤치락 요란한 연극을 벌이면서 만나게 되는 갖가지 희비극을 다룬 영국의 인형극. 꼭두각시놀음/옮긴이)의 나무에 매달린 꼭두각시와 아주 비슷하다.

지팡이 위에 있는 난장이가 실제로 누구인지 우린 알고 있다. 그의 불타는 코와 뒤집어진 윗입술은 그가 신 K, 즉 아 보콘 차캅^Ah Bocon Dzacab이라는 표시다. 마야 전문가 마이클 코^Michael Coe는 그가 왕족임을 강조하며 중앙 멕시코의 하늘 신 테스카틀리포카 – '연기 나는 거울'에 해당한다고 본다. 아 보콘 차캅은 가끔 이마에 거울을 달고 있는 모습을 보이는데, 거기서 연기가 나온다. 이것은 테스카틀리포카의 초상에서 보이는 이미지와 같다. 또 신 K도 테스카틀리포카처럼 발 하나가 없다. 그의 다리 한쪽은 뱀처럼 생긴 용의 몸속에 있다. 신 K와 하늘과의 관계는 '용'과 자비로운 창조주 이참나^Itzam Na를 동일인물로 봄으로써 강화된다. 파충류 같은 이참나의 몸이 우주를, 하늘과 땅을 에워싸고 있다. 난쟁이

멕시코 팔렝케에 있는 태양의 신전의 어둠 속에서 이글이글 빛나는 얼굴은, 보통 마야 태양신의 많은 얼굴 가운데 하나인 지하세계 재규어 신의 얼굴이라고 생각했다. 하지만 예일 대학의 플로이드 라운즈베리는, 날짜가 기록된 그 신전의 비문을 보면 여기 이 얼굴은 마야의 또 다른 하늘 신이며 일종의 '밤의 태양', 즉 목성이라는 것을 인정하지 않을 수 없을 거라고 했다. 그가 누구든 간에 이 신전에 하늘 신이 그려져 있다는 것은 마야 왕의 주권에 대한 개념이 결합되어 있다는 것이다. (로빈 렉터 크롭)

과테말라, 세이발Seibal의 기념 석주 10에는, 마야 지배자가 하늘에서 위임받았음을 알리기 위한 스카이밴드로 장식된 권위의 의례용 막대를 들고 있는 모습으로 표현되어 있다. W 혹은 그리스의 오메가처럼 보이는 왼쪽의 그림문자는 금성의 상징이다. 그의 벨트도 스카이밴드이며, 왼쪽의 꽃잎이 4개 달린 '꽃'은 킨이라는 그림문자다. 킨은 '시간', '낮' 또는 '태양'을 의미한다. 그가 입고 있는 점박이 재규어 가죽 치마 위에 걸친 허리에 두르는 천에는 눈이 안쪽으로 사시인 태양의 초상화를 그려넣었다. (터너W. G. Turner, 『Maya Design Coloring Book』)

과테말라 키리구아Quirigua에 있는, 기념 석주 1의 뒷면 벽감 속에 앉아 있는 마야인의 형상은 그의 주위에 천체의 '후광'을 만들어내다시피 하고 있는 스카이밴드로 둘러싸여 있다. (에드윈 C. 크룹)

모습을 한 왕홀은 우주론적 권위의 상징이다.

천문학자 존 칼슨<sup>John Calson</sup>과 린다 랜디스<sup>Linda C. Landis</sup>는 마야 왕조의 또 다른 권력의 상징을 분석했다. 바로 '스카이밴드<sup>skyband</sup>'다. 스카이밴드는 하나하나가 정사각형 테두리 안에 들어 있는 일련의 상징들이다. 칼슨과 랜디스는 이 상징들이 각각 태양, 달, 금성, 낮, 밤, 그리고 하늘과 관련 있다는 것을 보여주었다. 상징 속에서 띠 모양을 한 것은 뱀 모양의 용의 몸과 같은 것이라고 생각되었고, 그것들은 여러 유적에 다양한 방식으로 나타나 있다. 족장이 입고 있는 장식 벨트나 망토의 가장자리가 실제로 그런 스카이밴드일 수도 있다. 때로는 지배자가 권위를 나타내는 의례용 막대를 들고 있는 모습으로 그려지기도 한다. 용의 머리가 그 막대의 양쪽 끝에서 끝나는데, 그 막대 자체, 즉 머리 둘 달린 용의 몸이 바로 스카이밴드다. 용의 '비늘' 하나하나가 곧 상징이다. 스카이밴드들은 또 최상류 계층 사람들이 올라서는 단과 왕관을 장식하기도 하고, 마야 족장들의 정교한 머리쓰개들 속에 나타나기도 한다.

스카이밴드의 상징들과 하압<sup>Haab</sup>, 즉 1년이 365일인 상용달력에서 각 달<sup>month</sup>(20일 길이)의 수호신들 간의 일치는 하늘을 통과하는 태양의 1년 주기와 어떤 관계가 있음을 암시한다. 농경은 물론 태양년에 의해 체계화되었다. 생산과 식량의 분배는 최상류 계층이 조직하고 관리했다. 그들의 도구는 역법이며, 그 토대는 하늘이다. 마야의 지배자들이 하늘과 어울리는 복장을 한 건 이상할 게 없다. 그들은 하늘의 동의를 얻어 지배했던 것이다.

인간사의 조직이 우주질서와 밀접하게 관련되어 있다는 생각이 고대 이집트 인과 마야인에게만 있었던 것은 물론 아니다. 마태복음을 살펴보면, 그리스도의 탄생은 하늘에 의해 예고되었다. 찬란하게 빛나는 초자연적인 별 하나가 '현자들'을 동방에서부터 베들레헴으로 이끌었다. 추측컨대 페르시아나 바빌로니아의 천문학자들인 것 같다. 역사적인 상황은 아직도 논쟁 중이고, 별은 마태가 정교하게 꾸며낸 것일 수도 있다. 다른 복음서 그 어디에도 별에 관한 언급이 없기 때문이다. 하지만 우리는 안다. 행성과 항성의 인상적인 합이 그 무렵에 몇 번 일어났는데, 예수가 탄생한 기간이 확률이 가장 높으며, 그중 어느 하나가 동

베들레헴의 별은 크리스마스 이야기에서 새로운 질서에 대한 천체의 신호다. 귀스타브 도레Gustave Doré의 판화에서, 세 동방박사와 그 일행들이 아기 그리스도의 말구유를 비추는 빛나는 별을 따라가고 있다.

방박사를 이끈 별이었을 수도 있다는 것을. 그러나 진짜든 아니든 간에 크리스마스 별은 강한 영향을 주었다. 그것은 새로운 삶과 새로운 질서를 의미했고, 그것이 하늘에 나타난 것이다.

전통적인 성탄절인 12월 25일은 세계의 부활을 알리는 신호이기도 하다. 날짜는 역사적인 기록보다는 천체의 주기와 계절의 상징성에 더 많이 의존하고 있다. 그것은 기독교의 초기 경쟁자인 미트라교Mithraism(조로아스터교 이전 이란의 태양·정의·계약·전쟁의 신인 미트라를 숭배하는 종교/옮긴이)에서 빌려온 것이다. 이 종교는 페르시아에서 시작되어 로마로 넘어가서 옛 로마의 다신교의 요소들을 흡수했다.

미트라는 태양의 화신이었다. 그는 태양전차를 몰며, 세상을 심판하고, 우주질서를 보호했다. 그의 탄생일은 12월 25일이며, 고대의 달력에서는 동지와 같은 날이다. 동지는 태양이 최남단 궤도에서 되돌아가는 때다. 태양의 빛이 1년에 한 번 부활하므로 세계의 대부분 지역에서 동지는 중요한 날이었다. 실제로 로마에는 7일간을 동지로 묶은 고대의 겨울 축제가 있었다. 아주 오래된 추수감사제에서 유래된 사투르날리아Saturnalia, 즉 신격화된 별 토성의 축제는 방종과 도취의 기간이었다. 크리스트의 탄생을 12월 25일로 택함으로써 오래전부터 내려오는 대중적인 전통을 새로운 종교의 이미지로 훌륭하게 통합했으며, 부활이라는 테마는 지금도 크리스마스의 일부다. 그 별에 관한 마태복음의 이야기는 여전히 경탄을 자아낸다.

# 4. 우리가 들려주는 이야기들

계절의 질서 ● 세계의 구조 ● 질서 유지 ● 혼돈의 침입과 질서의 회복

신화는 단순한 옛날이야기가 아니고, 또 그저 쓸데없는 수다도 아니다. 그 이야기들은 중요하다. 그 이야기들은 우리 마음속 가장 깊은 곳에 있는 관심사들을 상징적으로 나타낸다. 그렇기 때문에 신화는 분석할 만한 가치가 있다. 가장 함축적인 신화는 여러 차원의 의미를 가지고 있다. 신화는 사고의 그물망이다. 그것은 다양하게 인식된 것들이 한 가지 이상의 주제와 결합되어 있기 때문에 오래 계속된다. 우리의 목적은 우리가 하늘을 어떤 용도로 사용하는가를 이해하는 것인데, 신화가 그것을 도와줄 수 있다. 우리는 세계 구조에 대한 기술, 자연현상에 대한 설명, 그리고 시간의 경과에 대한 기록 들을 찾고 있다. 그런 것들 모두가 신화 속에서 찾을 수 있다.

하지만 신화를 가지고 무엇을 할 건지에 대해서는 깊이 생각해야 한다. 어떤 이야기 속에 숨겨져 있는 천체의 의미를 확인할 수는 있지만, 그 이야기가 '하늘의 신화'라고 선언하려면 은유를 풀어내야 한다. 하늘의 상징이 반드시 신화를 설명하는 건 아니기 때문이다. 반대로 신화는 하늘이 우리에게 무엇을 의미하는지 설명해줄 수 있다. 천체의 은유들은 지금도 우리한테 말을 건네고 있다. 그것들이 무슨 말을 하는지, 그리고 그게 왜 중요한지 알려면, 인류학자 클로드 레비스트로스<sup>Claude Levi-Strauss</sup>(1908~1991. 인간의 사회와 문화를 이해하는 방법으로 구조주의를 발전시킨 프랑스의 인류학자/옮긴이)의 말을 이해해야 한다. 그는 이렇게 말했다. "신화 속에서 인간들이 어떻게 생각하는지가 아니라, 신화가 사실이라는 걸 알아차리지 못할 때 그것이 인간들의 마음속에서 어떻게 작용하는지를 이해해야 한다."

신화에 등장하는 것은 하늘과 우주질서의 관계다. 주제는 계절주기의 이미지나 세계의 방위를 정하는 데서 나타날 수도 있다. 이런 신화들은 하늘과 사회제도를 연결해서 인간사에서 우주질서의 역할을 반영한다. 우리는 이런 이야기 속에 질서의 창조, 유지, 파괴, 복구에 관한 자세한 이야기들이 있음을 알아낸다. 하늘은 이런 질서의 근원인 동시에 질서가 도전받는 곳이기도 하다.

그리스 신화는 그런 도전에 관한 명쾌한 이야기를 들려준다. 태양의 신 헬리오스의 죽을 운명을 지닌 아들, 아버지의 황금전차를 몰고 가는 파에톤에 대한 얘기를 힘주어 하고 있다. 파에톤은 동쪽으로 여행을 떠나 빛나는 태양의 궁전으로 간다. 그 궁전 문에 그려진 황도 12궁의 표시는 별들 사이를 통과하는 태양의 정확한 궤도를 상징화한 것이다. 궁전 안에는 헬리오스가 왕좌에 앉아 있고, 그 주위에 날, 달, 해, 4계절, 그리고 시간의 여신들이, 즉 시간의 질서의 화신들이 들러리로 서 있다. 신은 아들을 반갑게 맞아들이고는 아들의 부탁은 뭐든 다 들어주겠다고 맹세한다. 파에톤이 경솔한 부탁을 하자 헬리오스는 그의 어리석음을 깨닫게 해주려고 했으나 뜻대로 되지 않는다. 마지못해 태양전차에 타는 건 위험하다고 단단히 일러준 다음 전차로 데리고 간다.

불을 뿜는 말들은 하늘로 올라가자, 고삐를 잡고 있는 것이 신출내기라는 걸 알아채고는 평소의 궤도를 벗어나 마구 달린다. 말들이 무모하게 질주하자 전차는 심하게 요동치고, 그 바람에 공포에 질려 허둥대던 파에톤은 통제력을 완전히 잃고 말았다. 궤도를 벗어나 미친 듯이 달리다 보니 땅은 바짝 마르고 하늘까지 불타올랐다. 갈라지고 불에 탄 대지의 여신은 하늘에 있는 주피터에게 도와달라고 호소한다. 그녀는 방랑하는 전차의 열기로 지금 연기를 내뿜고 있는 지구의 두 극이 완전히 불타버린다면 하늘에 있는 주피터의 궁전까지도 쓰러질 거라고 경고한다.

이에 신들을 모두 소집해서 우주 전체가 화형을 당하고 있는 모습을 보여준 다음, 주피터는 파에톤에게 벼락을 힘차게 던진다. 전차가 박살이 나면서 불길에 휩싸인 파에톤은 에리다누스 강에 떨어진다.

　파에톤의 신화는 몇 가지 천문현상을 보여준다. 아마도 태양을 가로지르며 태양의 양쪽을 왔다 갔다 하면서 여러 가지로 불안정한 금성의 궤도를 상징적으로 나타낸 것이 아닐까 한다. 아니면, 극적이고 예기치 않은, 그리고 반갑지도 않은 우주의 방문자가 신화에 영감을 주었을까. 혜성은 제멋대로라서 안정된 것을 뒤흔들어놓는 것 같다. 신화 속의 몇 가지 증거가 한 해의 질서에 대한 염려, 태양이 정상궤도를 벗어날지도 모른다는 두려움, 12월에 태양이 남쪽 길로만 계속 가서 겨울에 세상을 고립시키면 어쩌나 하는 불안에 가까운 생각 등을 함축하고 있다. 비록 전차가 파에톤을 태우고 출발하는 것이 태양이 매일 한 번씩 떠오르는 일출이라는 체제를 갖추긴 했지만, 태양이 1년에 한 번 황도를 따라 운행하는 것이 이야기의 진짜 핵심이다. 헬리오스는 파에톤에게 충고했다. 길은 황소자리, 사수자리, 사자자리, 전갈자리, 게자리 옆을 지나갈 거라고. 이 별자리들은 황도의 대부분을 명백하게 보여주는 것으로, 태양의 하루 여행으로는 어림없는 구역이다.

　여기에는 우주적 테마가 있다. 즉, 세계질서에 대한 도전이다. 주피터에게 소리쳐 구할 때 대지의 여신은 "바다가 말라죽고, 땅이, 그리고 하늘의 모든 영역이 말라죽으면 우리는 태초의 혼돈으로 다시 돌아가게 된다!"는 것을 상기시켰다.

　태초의 혼돈은 질서로의 귀환을 위협한다. 하늘은 눈에 보이는 세계질서의 틀이기 때문에, 혼돈이 다시 나타나면 하늘은 고통받는다. 그리스 작가 논노스 Nonnos가 쓴 파에톤 이야기에는, "움직일 수 없는 우주의 이음매를 뒤흔들어놓는 소요가 하늘에서 있었다. 회전하는 하늘의 중간지대를 통과해 달리는 구부러진 바퀴 축에"라고 되어 있다. 폭풍과 식의 위협에도 불구하고, 한결같은 진로와 예측할 수 있는 주기를 유지함으로써 태양은 시간과 공간에서의 세계질서를 하나하나 재서 나누었다. 혼돈의 위험을 생생하게 보여주는 이미지로 태양전차가 통제를 벗어난다는 설정보다 더 좋은 것은 없을 것이다.

## 계절의 질서

하늘이 어떤 이야기와 연결될 때, 그것은 세계를 보는 우리 인식에서 하늘이 얼마나 중요한가를 말하는 것일 수도 있다. 하지만 그런 연결고리를 보는 게 늘 쉽지만은 않다. 신화를 이해하려면 은유의 언어를 이해해야 한다. 그 신화가 유래된 문화적 배경을 알아야 한다는 말이다. 외관상 단순하고 음란해 보이는 이야기도 충분한 지식을 가진 사람의 눈으로 보면 훨씬 더 깊은 의미를 가지고 있을 수 있다. 브라질 국경 근처 콜롬비아 남동부의 리우 피라-파라나 지역에는 아마존 강 유역의 원주민인 바라사나$^{Barasana}$족이 거주하고 있다. 그 부족에게 전해 내려오는 야위라$^{Yawira}$ 이야기를 예로 들어보자.

바라사나 신화에 여러 번 등장하는 여인 야위라는 티나모우$^{Tinamou}$ 추장과 만나서 사랑을 나누기로 약속했다. (티나모우는 메추라기처럼 보이지만 메추라기와는 관계없는, 지면 가까이 사는 새다.) 바라사나 신화에 등장하는 또 다른 인물은 오포섬$^{Opossum}$이다. 그는 연인들이 만날 약속을 하는 걸 엿듣고는 야위라를 속여 자기를 대신 만나게 만들었다. 야위라는 푸른 앵무새의 깃털이 붙어 있는 갈림길이 아니라 자푸새 깃털로 표시된 길로 갈 작정이었다. 그러나 오포섬이 미리 앞질러 가서 깃털을 바꿔치기 했다. 악취 나는 자푸새 깃털 때문에 야위라는 악취 나는 오포섬의 집으로 가게 됐다.

야위라는 오포섬과 한동안 살았으나 머물고 싶은 생각은 없었다. 어느 날 강에서 목욕을 하는 동안 그녀는 오포섬의 지시를 듣지 않고 강 하류를 보았다. 그런데 거기 티나모우 추장이 있는 게 아닌가. 야위라는 티나모우에게로 헤엄쳐 갔으나, 그는 그녀에게서 심한 악취가 난다며 거부했다. 오포섬과 함께 자면서 그녀에게도 악취가 밴 것이다. 티나모우가 처음부터 거부했음에도 불구하고 야위라는 그의 곁에 머물렀고, 결국 오포섬이 그녀를 찾아 나섰다. 티나모우와 오포섬은 싸움을 벌였고, 오포섬이 죽었다. 그 순간 폭우가 쏟아지기 시작했다. 오포섬은 자기가 죽으면 폭우가 쏟아질 거라고 예언했었다.

이 이야기가 하늘과 무슨 관계가 있을까? 관계는 주인공들의 상징적인 연관성을 알 때에만 명백해진다. 아마존 강 유역에 사는 부족들은 노란색 깃털 때문에 티나모우를 태양과 결합시켰다. 이 바라사나 신화를 수집한 영국의 인류학자 스티븐 휴–존즈Stephen Hugh-Jones 박사는 『야자나무와 플레이아데스성단The Palm and the Pleiades』에서, 거미줄같이 한층 더 얽히고설킨 관계에 대해 계속해서 기술한다. 여인 야위라는 바라사나 신화 체계에 등장하는 또 다른 인물인 로미 쿠무Romi Kumu와 같은 인물이다. 로미 쿠무는 하늘의 어머니, 즉 바로 하늘이다. 하늘은 이번에는 호리병박으로 기술되는데, 호리병박은 특별하다. 그것은 어떤 제의를 행할 때 샤먼이 불에 태운 밀랍을 넣어두는 호리병박과 똑같은 것이다. 바라사나 족에게는 호리병박의 모양 자체와 밀랍 연기의 특이한 향에 여성의 성징이 함축되어 있다.

로미 쿠무는 하루의 시간이 지나면서 점점 나이를 먹어 해 질 녘쯤에는 벌써 늙어 있다. 그러나 그녀의 젊음과 아름다움은 매일 아침 재생된다. 다산과 부활의 원천인 호리병박은 이런 변형의 공로를 인정받는다. 마찬가지로 하늘도 주기적인 부활의 원천이다. 앞으로 보게 되겠지만, 이런 관련은 한층 더 명확해질 수 있다. 플레이아데스성단 또한 호리병박과 같은 다산성을 지녔다고 생각된다.

하지만 신화를 이해하려면 하늘의 상징성이 더 많이 수집되어야 할 것이다. 이 이야기를 하늘과 연결해주는 건 오포섬이다. 어떤 원주민은 오포섬의 이름을 플레이아데스성단과 결합시키는데, 이런 결합은 오포섬이 건기와 관계가 있기 때문에 아주 중요하다. 계절과 별 들이 그 이야기에서 숨겨진 부분이다.

바라사나의 열대우림지역에는 확연히 구분되는 4계절이 있다. 12월에 시작하는 긴 건기가 지나면 3월부터 긴 우기가 이어진다. 두 번째 짧은 건기가 8월에 시작되어 9월에 끝나면, 또 한 번 짧은 우기가 끼어든다. 12월에 가뭄이 들 때까지.

거북과 주머니쥐opossum의 동면과 단식 경연대회에 관한 아마존 강 유역의 또 다른 신화가 추가로 단서를 제공한다. 주머니쥐는 땅속에 파묻혀 있다가 건기가 끝날 때 나올 예정이었으나 나오지 못하고 죽고 말았다. 앞서 본 바라사나 신화에서는 오포섬이 죽자 뒤이어 큰비가 내렸다. 그리고 중요한 것은 그게 3월이라는 것이다. 3월은 건기가 끝나는 때, 오포섬이 죽는 때, 비가 오는 때인데, 그것은 플레이아데스성단이 정확하게 태양의 동쪽에 있는 때다. 플레이아데스성단은 하늘이 어두워질 때 진다. 그 별들은 하늘 높은 곳에서 서쪽 지평선으로 '떨어'졌다('강 하류'를 헤엄쳐 태양에게로 갔다). 그리고 건기가 끝나면서 죽는다.

그리고 신화-은유는 계속된다. 플레이아데스성단은 3월에 밤하늘에서 사라진 후 계속 보이지 않다가 6월 말이 되면 해 뜨기 전 동쪽에서 처음으로 보인다. 그리고 날마다 서쪽으로 조금씩 움직여서, 새벽마다 조금씩 일찍 떠오른다. 12월쯤에는 해가 서쪽으로 질 때 동쪽에서 떠오르는데, 12월은 다시 한 번 오포섬의 긴 건기가 시작됨을 알린다. 바라사나 원주민들의 한 해는 건기와 우기가 번갈아가며 차례대로 찾아오는데, 그때마다 플레이아데스성단이 마침표를 찍는다. 플레이아데스성단이 밤하늘을 지배하는 몇 달과 일치하는 긴 건기도 마찬가지다.

| 3월 | 플레이아데스성단이 태양이 진 뒤 서쪽으로 진다. | 긴 건기가 끝난다.<br>긴 우기가 시작된다.<br>오포섬이 죽는다. |
|---|---|---|
| 5월 | 플레이아데스성단이 태양과 함께 서쪽으로 지고 밤하늘에서 사라진다. | |
| 6월 | 플레이아데스성단이 태양보다 먼저 동쪽에서 떠올라 동트기 전 하늘에 다시 나타난다. | |
| 12월 | 플레이아데스성단이 태양이 질 때 동쪽에서 떠올라 밤새 보인다. | 짧은 우기가 끝난다.<br>긴 건기가 시작된다.<br>오포섬이 살아난다. |

플레이아데스성단의 별들은 바짝 붙어서 떼를 지어 있다. 그러나 그 별들은 여전히 밝고 눈에 띈다. 플레이아데스성단의 독특해 보이는 모습과 위치(태양의 궤도와 상당히 가깝다) 때문에 별들 중에서도 많은 사람들에게 특별한 계절 신호가 되었다. (커티스 리즈만)

플레이아데스성단은 하늘에서 아주 독특한 존재다. 그것은 특히 눈에 띄는 별무리로, 그중 6개는 시야가 정상적인 조건이라면 육안으로도 보인다. 하늘에는 각각 별개의 것으로 존재하는 별들이 무수히 많은데, 사람들은 여러 별들을 별자리로 한데 묶어왔다. 이런 것은 문화에 따라 저마다 다르지만, 플레이아데스성단은 거의 모든 사람들에게 뭔가 특별한 것으로 인식되고 있다. 전 세계 어디서나 그 별들은 계절을 알리는 전령이다. 그 별들이 가고 오는 것은 계절의 변화와 얼마간 일치하고, 그래서 이 별무리가 뜨고 지는 것이 역법, 축제, 제의를 정하는 데 이용되어 왔다.

우연히도 플레이아데스성단은 황도, 즉 하늘을 통과하는 태양의 궤도 가까이에 위치해 있어 유용하게 쓰인다. 계절 주기가 태양의 1년 동안의 움직임에 반영되기 때문이다. 황도 위에서는 어느 지점에서나 자동적으로 한 해가 어떤 식으로든 쪼개진다. 다른 별들도 마찬가지겠지만, 플레이아데스성단은 촘촘히

바라사나 신화를 묶어주는 연상망에서 샤먼의 밀랍 호리병박은 플레이아데스성단과 같다. 바라사나족이 그린 이 호리병박 그림은 호리병박과 하늘 사이의 몇 가지 다른 관계를 보여준다. 예컨대 가장자리의 술은 태양의 광선이기도 하다. 이 호리병박은 또 자궁이며 생명을 새롭게 하는 원천이다. 그건 플레이아데스성단이 비를 불러와서 한 해를 주기적으로 재생시키는 것과 같다. (휴 존즈S. Hugh-Jones, 『야자나무와 플레이아데스성단The Palms and the Pleiades』, 케임브리지 대학 출판부)

박혀 있어 눈에 잘 띄고 혼동될 염려가 없다.

바라사나 신화에는 한 가지에 여러 가지 상징이 함축되어 있다. 등장인물들 모두가 복합적이고 중첩되는 함축된 의미를 가지고 있다. 예컨대 야위라와 로미 쿠무가 플레이아데스성단을 나타낼 수도 있다. 여자들이기 때문이다. 한 해는 플레이아데스성단을 통해 주기적으로 재생되며, 비는 상징적으로 생리혈이 흐르는 것과 동일하다. 그러므로 첫 번째 비는 로미 쿠무의 생리혈이다. 또 바라사나 족의 사고체계에서 플레이아데스성단은 밀랍을 담은 호리병박일 수 있고, 밀랍은 피일 수 있다. 호리병박이 밀랍의 원천이고 여성의 질이 피의 원천이듯이, 플레이아데스성단은 비의 원천이 된다. 플레이아데스성단의 '낙하'와 오포섬의 죽음으로부터 재생이 이루어진다.

이 모든 관념들을 결합시키는 단 하나의 원칙이 있는데, 그것은 주기성이다. 반복되는 주기가 세계의 특징이다. 그것이 질서를 창조한다. 바라사나족은 이것을 헤하우스$^{He\ House}$라고 알려진 그들의 가장 중요한 제의에서 확인한다. 의례는 긴 건기와 긴 우기가 이어질 때에만 치를 수 있는데, 그때는 오포섬과 플레이아데스성단이 죽는 때다. 밀랍은 태워지고, 밀랍 호리병박은 여자들은 볼 수 없도록 금지되어 있는 특별한 악기들과 함께 의례에서 사용된다. 여성과 남성의 상징들로 두 계절이 결합되는 때며, 합이 이루어진다. 따라서 뜨겁고 건조한 태양(남성)과 비를 머금은 하늘(여성)을 연상시킨다. 그들의 상호작용으로 한 해의 주기가 만들어진다. 그 둘은 상반되면서도 서로를 보완한다. 그것들이 세상을 완전하게 만든다.

헤하우스의 목적은 자연의 질서를 회복하거나 또는 다시 신성하게 만드는 것이며, 헤하우스는 하늘과 연결된 대리인을 통해 이 일을 한다. 계절 주기는 세계의 원칙을 체계화하는 것이고, 플레이아데스성단은 계절을 알리는 신호다.

## 세계의 구조

바라사나족의 헤하우스 제의에서는 의례를 위해 밀랍을 태운다. 의례를 집행하는 샤먼은 부채질을 해서 그 연기를 네 기본방향으로 보낸다. 지구의 구조와 방위를 정확하게 알고 있는 것이다. 기본방위, 즉 동서남북은 방향을 정하는 데 사용하는 것으로, 각 방위의 이름은 하늘에서 그 의미를 얻어왔다. 북반구에서 보이는 중요한 증거가, 이런 시스템은 우선 천극에 대한 명확한 인식에서부터 점차 발전된 것이라는 생각을 뒷받침한다. 상식적으로도 그렇다. 천극은 다른 모든 방향을 명시하는 고정된 점이다. 다시 말해 하늘을 회전시키는 우주의 축으로, 때로는 어느 성스러운 산이나 기둥 혹은 나무라고 생각된 우주의 축이다. 그것 역시 많은 신화들의 주제가 되고 있다.

네브래스카 주의 대평원에 살았던 오마하$^{Omaha}$ 원주민들은 그들 사회의 안정성이 기반을 두고 있는 한 성스러운 향나무$^{cedar\ tree}$에 관한 신화를 보존하고 있었다. 오마하 족 추장들 사이의 대립으로 인해 부족이 분열되어가던 중에, 추장들의 아들들 중 하나가 불타고 있는 향나무 한 그루를 우연히 보게 되었다. 주위가 온통 불길에 휩싸여 있는데도 그 나무는 전혀 타지 않고 있었다. 추장의 아들은 숲의 동물들이 나무를 향해 4개의 꼬리를 갖고 있으며, 각각의 꼬리는 각 방위를 향하고 있고, 나뭇가지에는 천둥새가 앉아 있다는 걸 알아차렸다. 천둥새는 하늘의 상징이며 전사들의 부적이다.

불타는 향나무에 대해 알게 되자, 오마하 전사들은 전투 복장을 하고서 나무를 습격했다. 그들은 나무를 쓰러뜨려 자기네 마을로 옮겨갔다. 거기서 나무는 다시 세워지고 한 가족에게 나무를 돌보게 했다. 한때 위협받았던 오마하의 질서는 그 나무를 통해 강화되었다. 문제나 불화, 말썽이 생기면 그것들을 모두 성스러운 기둥으로 가져갔다. 기도와 선물도 함께. 기둥을 지키는 사람에게 지도자의 권위가 부여되었고, 오직 그들을 통해서만 부족의 지배권이 다음 사람에게 양도될 수 있었다.

바라사나족이 들려주는 오포섬 이야기는 '단순'한 데 비해 오마하 신화의 의미는 조금 더 복잡하다. 예컨대 불타는 나무가 향나무라는 건 우연의 일치가 아니다. 향나무는 침엽수, 즉 상록수이므로 영속적인 삶을 나타낸다. 한편 4 기본방위의 중심에 있는 나무의 위치는 그것이 세계의 축임을 확인시켜준다. 이런 식으로 그 나무의 상징은 밤낮의 주기를 통해 삶을 소생시키는 천구의 축에 꼭 들어맞는다.

신화학자 미르치아 엘리아데가 『샤머니즘Shamanism-Archaic Technique of Ecstasy』에서 그런 나무와 샤머니즘 간의 연결고리를 설명해놓은 바에 따르면, 이런 연결고리가 신화에만 있는 건 아니다. 세계의 축으로서 나무는 하늘로 가는 길, 샤먼이 올라가려고 탐색하는 그 길이다. 하늘은 천극 주위에서 영원히 주기적인 운행을 계속하고 있기 때문에, 이번에는 나무가 끊임없는 소생의 원칙과 같다고 생각한다. 이 소생은 나무 혹은 기둥이 한없는 생명의 근원임을 나타낸다. 그것은 '생명의 나무'다.

성스러운 나무 혹은 기둥은 생명의 부활과 세계질서와 연관되기 때문에 그

오글라라 수우Oglala Sioux 족의 샤먼 검은 고라니Black Elk는 9세 때 '위대한 꿈'을 꾸었다. 꿈에서 그는 세계의 중심으로 옮겨졌다. 동, 서, 남, 북, 지구, 태양의 힘인 여섯 할아버지가 그에게 선물을 주었다. 그중 하나가 살아 있는 나뭇가지, 생명의 나무, '민족의 살아 있는 중심'이었다. 다음 순간, 검은 고라니는 자신이 굉장히 높은 곳에서 세상을 내려다보고 있다는 걸 알게 되었다. 그는 세계의 중심에서 성스러운 막대가 꽃을 피우는 것을 보았다. 그것을 통해 두 개의 길이 교차되었다. 하나는 동에서 서로 가는 길이고, 또 하나는 북에서 남으로 가는 길이었다. 서 있는 곰 Standing Bear이 그린 수채화를 바탕으로 한 이 그림은 검은 고라니가 세계의 중심에 있는 나무에서 세계의 4방위의 할아버지들로부터 선물을 받는 것을 보여준다. 언어와 문화에서 이웃인 오마하 족처럼, 수우 족도 우주의 축을 똑바로 선 생명의 나무와 결합시키고, 그것을 세계의 4방위와 결합시켜서 사람들의 안녕이 달린 우주질서의 체계를 만들었다. (그리피스 천문대, 존 니이하트John G. Neihardt의 『검은 고라니는 말한다Black Elk Speaks』에 수록된 수채화를 본뜸)

것은 성스러운 힘을 모아두는 저장소다. 오마하 신화는 이 힘이 부족 내에 질서를 회복시켜준다는 걸 명쾌하게 보여준다. 권한을 부여받은 리더십이라는 메커니즘으로서, 기적의 향나무는 사회질서와 부족의 재산을 안전하게 지켜주었다. 이렇게 할 수 있는 힘은 분명히 하늘에, 그리고 또 성스러운 힘의 저장소에 연결되어 있다. 기본방위와 천극은 하늘의 가장 뚜렷한 주기들이 만들어낸 것이다. 우리는 이런 자연의 구조에 다가가서 거기에 맞춰 적응한다. 천극은 안정성을 알리는 표지등이다. 그것은 세상을 안정시킨다. 그것은 스스로를 조직화한다.

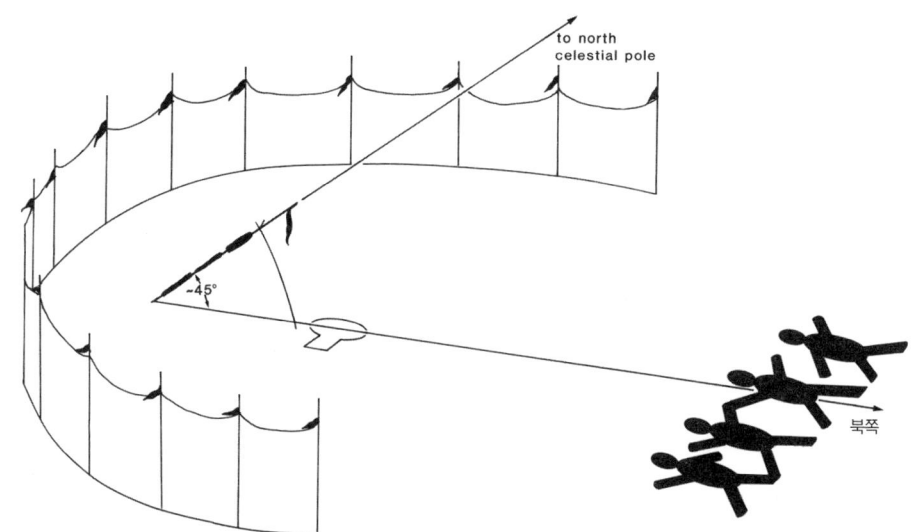

오마하 원주민들이 해마다 도유식塗油式 의례를 위해 새로 성스러운 말뚝을 세울 때, 그들은 Y자 모양의 가지 하나를 약 45° 각도로 기울어지게 배치해서 야영지의 중심을 향하도록 했다. 성스러운 말뚝을 위한 의례를 행하는 장소가 원형으로 배치된 캠프의 남쪽 구역이기 때문에 말뚝은 북쪽을 가리킬 뿐만 아니라 사람들의 '중심'을 가리키기도 했다. 오마하족의 영토의 위도가 북위 41°에서 43° 사이에 걸쳐 있었으므로, 성스러운 말뚝은 천구의 북극 아주 가까이에 정위되었다. (그리피스 천문대)

따라서 그것은 성스럽다.


## 질서 유지

조직화된 사회에 사는 사람들은 자신들의 제도의 역사를 거슬러 올라가서, 지금에 이르게 된 것을 정당화할 만한 힘을 가진 원천을 밝혀낸다. 우리는 자신을 다스리고, 자신을 조직하는 방법이 자연의 질서의 일부임을 증명하는 것이 중요하다는 걸 알아낸다. 이런 것이 신화라는 이름으로 행해진다. 신화는 성스러운 것의 영역이므로.

'성스러운 것'의 정의를 내리자면, 평범한 것을 초월하는 것이다. 대개가 동의하는 바에 따르면, 경의를 표하고 존경하는 것은 이런 성스러운 것에 대하여 우리가 알고 있다는 표시다. 성스러운 것은 도전받거나 방해받지 않는다. 그것은 하늘과 같다. 그런 이유로 고대의 신격화된 군주들은 하늘과 결연을 맺었으며, 그 때문에 유럽 역사에서는 비교적 최근에 이르기까지 왕권신수설이 대단한 쟁점이 되었다. 17세기 프랑스 왕인 '태양왕' 루이 14세는 자기 자신과 자신의 군주정치를 태양의 이미지로 도배하다시피 했다. 이것은 고대로부터 내려오는 전통의 메아리일 뿐이지만, 그 의미는 분명했다. 태양왕으로부터 모든 권력이 사방으로 방사되고, 이 권력에 의해 모든 질서가 유지된다는 것이었다. 성스러운 태양의 구조가 사회질서를 위한 모델로 표현되었다.

질서는 한번 만들어지면 반드시 유지되어야 한다. 주기적으로 일어나는 사건들, 즉 일출, 달이 차오르고 이우는 것, 한밤중의 하늘에서 플레이아데스성단이 사라지는 것, 별들이 북극성 주위를 도는 것, 이 모두가 우주질서의 원천이기도 하고, 또한 그것이 유지된다는 표시이기도 하다. 신화에서 고대의 왕권은 하늘나라에 기원함으로써 사회질서를 지켰다. 신화는 왕의 권력을 정당하다고 인정했다. 아스텍의 우이칠로포치틀리$^{Huitzilopochitli}$ 탄생 설화는 우주질서가 어떻게 유지되는지 명확하게 보여준다.

아스텍 족, 즉 그들이 스스로를 부르는 대로 하면 메히카$^{Mexica}$들은 멕시코 계곡으로 강제로 밀고 들어간, 북부 바라사나 원주민 중 최후의 부족들이었다. 그들은 적대적이고 약탈을 일삼았다. 그들의 부족신, 즉 힘의 원천인 우이칠로포치틀리는 전사였다. 그는 높이 날며 공격적인 독수리, 그리고 높이 날며 낮을 지배하는 태양을 연상시킨다. 그 계곡에 이미 정착해 있던 부족들과 몇 번 충돌을 겪은 후, 아스텍 족은 텍스코코$^{Texcoco}$ 호수에 있는 작고 보잘것없는 섬으로 후퇴했다. 그런데 거기서 우이칠로포치틀리가 자신들의 방랑이 끝나는 신호라고 말했던 표지, 즉 선인장 위에 앉아 과일을 먹고 있는 독수리를 보았다(이에 관한 전설에는 몇 가지가 있는데, 어떤 것은 뱀을 먹는 독수리다. 이것은 멕시코 국기에 묘사되어 있는 장면이다). 바로 그 지점에다 그들은 우이칠로포치틀리의 신전을 건축하고, AD 1325년에 훗날 테노치티틀란$^{Tenochititlan}$이 될 강력한 아스텍 국가의 수도의 기초를 마련했다.

우이칠로포치틀리는 수많은 태양의 속성을 가지고 있다. 그의 이름은 '왼

아스텍의 부족신 우이칠로포치틀리는 태양과 아주 밀접한 관계가 있다. 그는 남쪽의 벌새라고 알려져 있으며, 여기 그려진 그의 왕권의 표상인 호화로운 벌새에서 그는 태양광선, 혹은 불뱀을 무기로 들고 있다. (프라이 디에고 두란Fray Diego Durán, 『신들과 제의의 책Book of the Gods and Rites』에서 본뜸, 그리피스 천문대)

쪽에 있는 벌새'라는 뜻이며, 에바 헌트Eva Hunt가 『벌새의 탈바꿈The Transformation of the Hummingbird』에서 분석해놓은 것을 보면 이런 연관성이 짜임새 있게 설명되어 있다. 벌새는 태양처럼 밤에는 날지 않는다. 비가 많은 계절(봄과 여름)에는 태양이 높이 떠 있고 벌새들이 날아다닌다. 건기에는 태양이 낮고 먹이가 불충분하므로 새들은 활동을 적게 한다. 새의 깃털은 태양처럼 밝고 햇빛 속에서 아주 찬란하게 빛난다. 공중을 날아다니고 뒤로 날 수 있는 벌새는 동지에 태양이 주춤거리는 것과 1년 동안의 일출 지점이 지평선 상에서 왔다 갔다 하는 것을 흉내 내는 것이다.

우이칠로포치틀리는 또 남쪽의 벌새라고도 알려져 있는데, 이것 역시 태양의 운동이라는 점에서 이해될 수 있다. 멕시코 전역에서 태양의 일일 궤도는 연중 대부분 황도의 남쪽으로 진다. 태양이 매일 운행하는 방향이 서쪽을 향함으로써, 태양은 왼쪽에 자리를 잡고 남쪽을 가로지른다. 실제로 아스텍 언어인 나우아틀 어로 태양의 또 다른 이름은 '왼편에 있는 자'다.

우이칠로포치틀리 신화에 나타나 있는 모순과 해결되지 않은 세세한 것들이 그의 정체성을 복잡하게 만들고 그의 기원을 의심스럽게 한다. 어떤 전승들은 최초의 우이칠로포치틀리는 실존 인물로 어느 전사 추장이었을 것이며, 아스텍 역사상 어느 시점에선가 신으로 바뀌었을 거라는 점을 시사하고 있다. 아스텍 인들은 자신들의 제국을 위조했기 때문에 자신들의 역사를 제국의 욕구에 맞춰서 다시 쓸 수밖에 없었을 것이다. 15세기에 세 명의 아스텍 왕들에게 자문을 해주던 수석 고문관 틀라카엘렐Tlacaelel은, 아스텍 인들은 어떤 성스러운 사명을 위해 선택된 사람들이라는 이미지를 절묘하게 만들어냈다. 틀라카엘렐의 지도하에 오래된 문서들이 불태워졌고, 아스텍 인들의 야망에 들어맞는 새로운 신화가 꾸며졌다. 제의와 찬가에서는 표현되지만 공식적인 성전으로 집대성되지는 못한 우이칠로포치틀리의 탄생 설화에서, 그는 다재다능하고 전지전능한 신이었으며, 그의 기원은 우주의 무대 위에서 연출된 한 편의 드라마였고, 희석되지 않은 그의 힘은 태양처럼 만천하에 드러났다. 이야기는 그의 어머니 코아틀리쿠에Coatlicue에서 시작된다. 그녀의 이름은 '뱀 치마'라는 뜻이며, 그녀는 대지의 여신이다. 멕시코시티에 있는 국립 인류학 박물관의 아스텍 방을 방문한 사람들은 실물보다 큰 그녀의 조각상을 보고는 대체로 심란해 한다. 그녀는 상징적으로 그려져 있다. '얼굴'은 두 개의 뱀 머리 형상이고 옆모습에는 뱀의 송곳니가 삐죽삐죽 나 있다. 몸부림치며 괴로워하고 있는 뱀들로 만들어진 치마를 입고 인간의 절단된 손과 심장들을 줄줄이 꿰어 목에 걸고 있는 그녀는 온통 삶과 죽음의 상징들로 장식되어 있다. 물론 뱀들은 땅 위를 기어 다닌다. 그러나 많은 사람들은 허물을 벗는 뱀의 껍질에서 탄생과 부활이라는 생각을 떠올린다. 코아틀리쿠에의 가슴에 있는 해골은 목걸이와 마찬가지로, 희생과 죽음을 암시한다. 땅은 모든 생명의 어머니이다. 그런데 그녀는 살아 있는 것들을 먹는다. 살아 있는 모든 것은 또 그녀 위에서 죽는다. 별들까지도 그녀의 자식들이다. 센촌 우이치나우아Centzon Huitznahua, 즉 '400명의 남부인들'은 별이다. 매일 밤 그녀의 몸에서 태어나는 형제들이다. 그들은 동쪽 지평선에서 떠올라 새벽이 올 때까지 서쪽으로 줄지어 행진한다.

우이칠로포치틀리의 탄생 이야기는 신화의 원전 몇 가지 중 하나인 《플로렌틴 사본Florentine Codex》에 수록되어 있다. 이 필사본은 스페인이 멕시코를 정복

한 후 베르나르디노 데 사아군<sup>Bernardo de Sahagún</sup> 수사가 원주민 정보제공자에게서 단기간에 수집한, 아스텍 인들의 삶에 관한 민족지학적 기록이다. 베르나르디노 데 사아군은 자신의 책을 『새로운 스페인 통사<sup>General History of the Things of New Spain</sup>』라고 했으며, 그 제3장 '신들의 기원'에서 코아틀리쿠에는 코아테펙<sup>Coatepec</sup>, 즉 세계가 시작되는 산인 '뱀 언덕'에서 고행을 했다고 설명한다. 그녀가 청소를 하고 있는데 동그란 깃털 덩어리 하나가 하늘에서 떨어졌다. 그녀는 그것을 보관해 두려고 뱀들이 똬리를 틀고 있는 치마 밑으로 쑤셔 넣었다. 나중에 손을 넣어 더듬어 봤지만 찾을 수가 없었다. 그녀는 자기가 또 임신했다는 걸 알았다.

이 위풍당당한 형상이 입고 있는 뱀 치마로 보아 그녀가 코아틀리쿠에, 즉 우이칠로포치틀리의 어머니라는 걸 알 수 있다. 갖가지 다른 삶과 죽음의 상징들로 만들어진 그녀는 생명을 창조하고 그것을 다시 먹어 치우는 땅을 나타낸다. (에드윈 C. 크룹)

달과 별들이 코아틀리쿠에의 집인 코아테펙으로 행진할 때, 그녀는 우이칠로포치틀리를 낳았다. 그는 완전히 다 자란 모습으로 완전 무장을 하고서 어머니의 자궁에서 나왔다. 우이칠로포치틀리의 기적 같은 탄생을 그린 이 그림의 출처는 베르나르디노 데 사아군이 쓴 《플로렌틴 사본》(혹은 『새로운 스페인 통사』), 제3장 '신들의 기원'이다. (그리피스 천문대)

대지의 여신의 다른 아이들인 남쪽 하늘의 별들은 어머니의 수치스러운 행동에 격분했다. 그들은 자매인 코욜사우키(Coyolxauhqui)(학자들 중에는 '달'이라고 믿는 사람들도 있다)에게 어머니를 죽이러 산으로 가는 길인데 같이 가자고 설득했다. 코욜사우키 역시 그 불가사의한 사건에 화가 나고 어머니가 임신한 사실이 수치스러웠다.

아스텍 어에서 코욜사우키는 '종으로 장식되다'라는 뜻이다. 달이 발목과 손목에서 종을 잘랑거리며 이끄는 별들의 군대가 대지의 여신의 성역으로 다가 갔다. 코아틀리쿠에는 자기 자신과 또 아직 태어나지 않은 아기 때문에 두려워하며 부들부들 떨었다. 그러자 자궁 안에서 아이가 말하는 소리가 들려왔다. "두려워하지 마세요. 어떻게 해야 하는지 난 이미 알고 있어요."

코아틀리쿠에의 별 아이들이 어머니의 문 앞에 다다랐을 때, 우이칠로포치틀리가 태어났다. 단숨에 완전히 다 자란 그는 어머니의 자궁을 찢으며 뛰쳐나왔다. 불과 빛을 내뿜는 뱀들로 무장한 포악한 전사의 모습으로. 그는 먼저 코욜사우키를 죽였다. 불뱀 한 마리가 그녀의 목을 얇게 베어내니 머리가 몸에서 떨어져나갔다. 그 목은 데굴데굴 굴러 산기슭에서 떨어져 산산조각이 났다. 그런 다음 우이칠로포치틀리는 남쪽 별들인 형들을 공격했다. 형들이 도망가자 그는 산꼭대기에서부터 시작해서 산기슭 부근까지 그들을 계속 뒤쫓았다. 그들은 살해되거나, 아니면 하늘에서 쫓겨났다.

이 이야기는 무섭도록 솔직하다. 우이칠로포치틀리는 태양이다. 그의 빛은 밤을 무찌른다. 그는 별들을 죽였다. 그의 햇살, 즉 불을 내뿜는 뱀들이 달을 얇게 베어냈다. 코욜사우키는 마치 늙고 이지러진 얇은 그믐달이 새벽의 여명 속으로 스러지듯 그렇게 떨어진다. 매일 떠올라서 낮을 지배하기 위해서는 우이칠로포치틀리는 음식을 먹어야 한다. 자기한테 싸움을 걸어온 '꽃의 전쟁'에서 포로가 된 사람들의 심장이 그의 먹이였다. '꽃의 전쟁'은 틀라카엘렐이 계획해서 일으킨 고의적인 전쟁이었다. 그는 이렇게 말했다. "······마치 근처 아무 데나 가서 토르티야를 사듯, 우리 신의 군대를 이끌고 가서 신이 먹을 희생자들과 사람들을 살 수 있는 편리한 시장이었다."

제의에서 희생되는 이들 전사 희생자들은 400명의 남쪽 별들과 같다고 생각되었다. 우이칠로포치틀리의 탄생 설화는 매년 성대한 공식 축제에서 재연되었는데, 이 축제는 우이칠로포치틀리의 거대한 쌍둥이 피라미드인 마요르 신전에서 치르는 희생 제의에서 절정에 달한다.

멕시코시티의 중심 광장인 소칼로<sup>Zócalo</sup>와 그곳에 있는 대성당 가까이 위치한 유적지에서 이루어진 야심찬 발굴 작업으로 아스텍과 그들의 수도에 대한 새로운 정보들이 많이 드러나고 있다. 1978년 2월, 새로운 전선 매설 작업을 위

아스텍의 여신 코욜사우키 이미지가 조각되어 있는 거대한 원반이 1978년 멕시코시티에 있는 마요르 신전 근처를 굴착하는 과정에서 모습을 드러냈다. (로빈 렉터 크룹)

해 땅을 파는 과정에서 엄청난 것을 발견했다. 거기, 과테말라 거리$^{Calle\ Republica\ de}$ $^{Guatemala}$의 지면 3m쯤 아래에 코욜사우키가 갇힌 채 누워 있었다. 인부들이 거대한 돌 원반을 발견했는데, 원반은 지름이 335cm에 무게는 거의 20,000kg이나 되었다. 거기에 팔다리가 잘린 여신이 돋을새김으로 조각되어 있었다. 이 조각상은 아스텍 달력돌$^{Aztec\ Calendar\ Stone}$이라고 불리는 것만큼이나 크고 균형이 잘 잡혀 있으며, 아스텍의 엠블럼으로서 광범위하게 보급되었다.

코욜사우키가 참수당했다는 걸 나타내는 또 하나의 커다란 돌 조각상이 국립 인류학 박물관에 전시되어 있다. 여신의 양쪽 뺨 위에는 종을 상징하는 표상과 금을 나타내는 그림문자가 있다. 불을 뿜는 뱀의 독니가 그녀의 양쪽 귀와 코를 관통하고 있고 눈은 반쯤 감은 채 죽어 있다.

새로 발견된 코욜사우키의 초상화도 얼굴에 같은 상징들이 있고, 또 한편으로는 어깨와 목, 넓적다리가 꽃 모양으로 갈가리 찢긴 모습으로 묘사되어 있다. 절단된 다리에선 뼈가 툭 불거져 나와 있다. 뱀이 그녀의 사지를 칭칭 감아 압박하고, 게다가 갈고리 발톱 모양의 태양광선이 그녀의 발꿈치, 팔꿈치, 무릎을 잡아 뜯고 있다. 산산조각이 나고 얼어붙은 채로 그녀는 돌 위에서 부유하고 있다. 피라미드 맨 밑바닥에서 일출의 희생양으로. 이 신화가 코욜사우키는 달이라는 걸 확인해주어도, 아스텍 전승 전문가들 중에는 그런 해석을 의심하는 사람들도 있다. 그러나 어떤 경우에든 그 이야기는 분명히 태양이 밤하늘을 무찌르고 승리를 거둔 것, 코욜사우키는 정복당한 밤에 속하게 된 것과 관계가 있다. 그녀는 우이칠로포치틀리에 의해 참화를 당했으며, 이 죽음을 통해 매달 한 번씩 순환하는 것이 그녀의 슬픈 운명이다. 그런 희생에 의해 날짜들이 계산된다. 심장과 피로써 세계질서가 유지되고 있는 것이다.

　　우이칠로포치틀리의 성격에 태양의 특징이 있는 건 분명하지만, 그를 단순히 태양이라고 하기에는 좀 모호한 데가 있다. 아스텍 인들의 노련한 전사 부적 符籍인 만큼, 그는 난폭하게 태어났다. 혈통이 아니라 정복으로 자신의 권리를 확립했다. 그는 중앙 멕시코 '신들'의 반열에 뒤늦게 들어온 신참이었다. 아스텍 인들이 멕시코 계곡에 맨 마지막으로 들어온 것과 같다. 아스텍 인들은 지위도, 혈통도, 그 계곡 내의 영토에 대한 전통적인 권리도 없었다. 그래서 무력을 통해 권력을 장악했다. 우이칠로포치틀리도 명백한 혈통이 없다. 그의 형제자매들은 어머니가 간통으로 임신했다고 판단했기 때문에 화가 나고 수치스러웠던 것이다. 선택된 자기 백성들처럼, 우이칠로포치틀리는 두려움과 서출을 맞바꿨다. 하지만 그를 통해 세계질서가 유지되었다. 그의 신화는 루이 14세의 태양왕처럼 꾸며낸 것일 수도 있다. 그러나 틀라카엘렐은 권력은 성스러운 것에 있다는 걸 정확하게 감지해냈다. 우이칠로포치틀리와 하늘과의 결합은 아스텍의 통치권을 합법화했고 그것을 뒷받침하는 제의에 힘을 실어주었다.


## 혼돈의 침입과 질서의 회복

우리는 세계를 혼돈으로 인식하지 않는다. 시간과 공간을 혼동하지 않는다. 그보다는 하늘을 지켜보며 세상에는 질서가 있다는 결론을 내린다. 그러나 혼돈이 올 가능성을 완전히 배제하지는 않는다. 아스텍 인들도 우주의 구조 전체가 붕괴될지도 모른다는 느낌을 틀림없이 가지고 있었을 것이다. 따라서 의례적인 희생제의는 이것을 막는 그들의 방식이었다.

많은 창조 신화에서 창조는 혼돈을 물리치고 질서를 도입하는 걸 의미한다. 그러나 혼돈은 밑으로 내려갈 뿐 없어지지는 않는다. 그것은 어딘가, 시간과 공간이라는 세계의 구조 아래 감춰진 어딘가에 숨어서 기다리고 있다. 우리는 그것이 신화 속에 들어오는 걸 허용하고는 우리 손으로 다시 쫓아낸다. 세트는 오시리스를 죽였으나, 오시리스는 되살아나고 질서는 회복된다. 혼돈의 침입과 질서 회복에 관한 우리의 신화에는 천구의 영역이 있다. 하늘과 계절들이 이런 충돌과 그 종말을 거울에 비추듯 반영하기 때문이다. 우리는 눈을 들어 하늘을 응시하다가 거기서 은유를 찾아낸다.

우주질서가 후퇴했다는 걸 명백하게 보여주는 기록이 일본의 태양의 여신 아마테라스 오미카미天照大神,Amaterasu Omikami에 관한 이야기에 포함되어 있다. 그것은 신도神道 신화 가운데 하나로, 서기 8세기에 처음 문자로 기록된 것이며, 고대 사건들의 기록인 『고사기古事記』와 일본 연대기인 『일본서기日本書記』, 두 권에 편집 정리되어 있다.

아마테라스는 하늘의 평원을 다스리면서 그곳의 궁전에서 살았다. 그녀의 이름은 '8월 하늘에 빛나는 위대한 영혼'이라는 뜻이다. 그녀는 달 츠키요미Tsukiyomi, 무력과 폭풍의 정령 스사노Susano와 함께 창조되었다.

태양인 아마테라스는 온화하고 눈부시게 빛나는 천체의 생명의 원천이다. 스사노는 필연적으로 그녀와 충돌할 수밖에 없다. 그는 태양을 차단하는 구름과 비만큼이나 오만하고 적대적이다. 그의 이름은 '교활하고 격렬한 남성'이라는 뜻이며, 난폭하고 폭력적이기까지 한 성적 능력을 강조한다. 아마테라스도 다산 및 출산과 관련 있지만, 그녀의 성격은 자비롭고 행동은 한결같다.

태양의 여신을 향한 스사노의 구애는 비바람 몰아치며 격렬하다. 성격대로 그는 아마테라스의 논두렁을 못 쓰게 만들고 그녀의 관개수로를 막아버렸다.

(논두렁을 만들고 관개를 통제하는 건 농경사회의 질서정연한 삶을 표현하는 것이다.) 이런 상징적인 신성 모독에다가 스사노는 아마테라스의 성역인 '첫 열매 신전'을 똥으로 더럽히면서 모독한다. 이런 생생한 세부 묘사는 신화의 구성을 앞으로 나아가게 하거나 주인공의 정체성을 명확히 하기 위해 실제로 필요한 건 아니다. 그것은 자연의 질서에 대한 위협이 얼마나 심각한가를 강조하는 것이다. 더럽혀질 수 없는 것이 더럽혀지고, 성스러운 것이 모독당한다.

그러나 도전은 여기서 끝나지 않는다. 다음으로 스사노는 얼룩말의 껍질을 벗긴 다음 시체를 아마테라스의 시녀들이 '신의 옷'을 짜는 '성스러운 방직실' 안으로 던져 넣었다. 베틀이 날아가고, 베틀 북에 생식기를 맞아 죽은 시녀도 있었다. 얼룩말은 신화에서 암시적인 요소지만, 여기서는 그 관계가 분명치 않다. 하지만 스사노의 강한 힘에 대해선 모호함이 전혀 없다. 폭풍우는 남성적이고 폭력적이다. 태양의 여신의 시녀들은 폭풍의 생식 능력에 압도당한다. 아낌없이 쏟아 붓는 그런 힘에 몰려 아마테라스는 분노하며 물러나 하늘의 동굴 속에 틀어박혔다.

아마테라스가 떠난 것은 어둠과 밤, 그 이상을 의미한다. 혼돈이 세계를 먹어치웠다. 악마들과 악령들이 재난과 파멸을 퍼뜨렸으며, 우주의 800만 정령들은 종말이 오고 있음을 알게 되었다. 아마테라스의 황금빛이 없으니 우주를 접어야 할 판이었다.

천구의 메마른 강바닥에 은하수와 셀 수 없이 많은 신들이 거의 다 모여서 각자 마지막 카드를 제시했다. 그중 하나인 '생각을 속에 감춘 자'가 태양을 얼러서 동굴 밖으로 끌어낼 계획을 세우자고 제안했다. '생각을 속에 감춘 자'는 지혜와 기억의 신이라고 일컬어진다. 그러나 그의 이름은 또 내적 인식을 가지고 있다는 생각도 들게 한다.

정령들은 울타리로 둘러쳐진 하늘의 동굴 입구에 나무(사카키 나무/옮긴이) 한 그루를 세우고 흰 천으로 만든 가느다란 리본, 보석으로 만든 끈, 그리고 커다란 청동 거울로 그 나무를 장식했다. 또 초롱불까지 밝혀놓으니 수탉들이 새벽이 온 줄 알고 계속 꼬끼오 하며 울어댔다. 그러자 타닥거리며 타는 화톳불 속

아마노우즈메가 뒤집어놓은 물동이 위에서 춤을 추며 뭇 신들의 웃음과 아마테라스의 호기심을 자아내기 위해 옷을 벗고 있다. (해킨J. Hackin, 『아시아 신화Asiatic Mythology』)

에서 젊고 원기가 넘쳐흐르는 아마노우즈메$^{Ama\ no\ uzume}$가 춤을 추기 시작했다. 그녀는 땅을 구르며 허리띠를 풀었다. 그러자 그녀의 기모노가 헐렁해졌다. 뒤집어놓은 물동이를 무대로 사용하면서 그녀는 스트립쇼를 계속했다. 처음엔 가슴이 드러나더니 그다음에는 배꼽을 자랑스럽게 내보였다. 거기 모인 정령들은 그녀의 춤이 점점 더 자극적이고 외설스러워져가자 모두 웃으며 즐거워했다. 기모노가 완전히 열리면서 흘러내리자 그녀는 그냥 바닥에 떨어지게 내버려두었다. 그러면서 '자신의' 천상의 동굴로 들어가는 문을 그들 모두가 다 볼 수 있게 했다.

일행이 모두 웃으며 외치는 소리가 절로 일어나자, 아마테라스는 뭣 때문에 그리 소란한지 문을 빠끔 열고 내다보며 물었다. "그녀가 남겨 놓고 떠나온 어둠 속에서 어떻게 다들 웃을 수 있는가?"라고. 아마노우즈메가 대답했다. "우린

아마테라스는 800만 정령들의 웃음소리에 자기의 은신처 문을 열고 내다보고 싶어졌다. 그녀가 문을 열고 나오자, 햇빛이 세상으로 다시 쏟아져 들어왔다. 동굴 옆에 있는 성스러운 사카키 나무는 보석과 '시메나와'로 동여맨 천으로 만든 술, 그녀가 자신의 모습을 비춰볼 성스러운 거울 등으로 장식되었다. (예이타쿠Yeitaku, 존 C. 퍼거슨John C. Ferguson, 마사하루 아네사키Masaharu Anesaki, 『모든 종족의 신화─중국/일본Mythology of All Races-Chinese/Japanese』에서. 맥밀란의 허락을 받아 옮겨 실음)

지금 태양과는 비교도 할 수 없을 만큼 아름다운 새 여신을 맞이하게 되어서 웃으며 축하하고 있답니다." 이 순간, '생각을 속에 감춘 자'의 작전에 따라 남신 몇 명이 거울을 아마테라스 앞으로 밀어 세우며 그녀가 새 여신을 볼 수 있게 했다. 호기심에 끌려 그녀가 동굴 밖으로 발을 내딛자 햇빛이 다시 사방으로 퍼지며 세상을 비췄다. 그러자 새끼줄, 즉 시메나와$^{shimenawa}$(새끼를 꼬아 만든 줄, 금줄/옮긴이)를 동굴 입구에다 가로로 걸어서 다시는 그녀가 들어가지 못하게 막았다. 세상에 질서가 돌아오자 악령들은 뿔뿔이 흩어졌다.

아마테라스가 은둔했다가 다시 돌아온 것이 무엇을 상징하는지 우리는 확실히는 모른다. 그러나 분명히 말할 수 있는 건 계절의 순환, 일출, 그리고 세상의 비옥함이 신화 속에 나타나 있다는 것이다. 스사노의 제멋대로 날뛰는 정력은 세상에는 과도한 것이다. 가을에 첫 열매를 수확한 다음 태양의 시녀들이 그의 기괴한 장난 때문에 죽었다. 그들은 자궁에 타격을 받아 생산력이 죽고 말았다. 세상에서 아마테라스가 떠난 것은 겨울에 태양이 움츠러드는 것을 똑같이 흉내 내는 것이며, 그녀가 다시 나타난 것은 태양이 돌아온 것이다. 봄에, 선정적인 아마노우즈메의 춤 속에서 생명이 다시 깨어나는 것을 깨달은 모든 정령들의 웃음소리와 함께. 다른 간접적인 암시도 많이 있다. 나무는 세계의 축인데, 그곳에 세워졌으니 생명의 나무다. 거울과 보석들은 아침에 필요한 물건들이다. 꼬끼오 하고 우는 수탉들은 새벽에 대한 경례다.

　스사노는 죽음과 혼란의 대리인이다. 그러나 그가 버럭 화내는 건 주기적으로 발생하는 그의 폭풍 때문에 어쩔 수 없는 것이다. 그는 질서정연한 농경 세계에 폭행을 가하지만, 그것도 자연의 순환의 일부다. 세계질서에 대한 진짜 위협은 아마테라스의 은둔이다. 그녀가 자신의 빛을 세상에 비추는 걸 보류하고 있는 동안 진짜 혼돈이 밀고 들어온다. 겨울은 세상의 죽음이라고 여겨진다. 그런 죽음이 혼돈과 똑같은 건 아니라 해도 닮기는 했다. 우리가 느끼는 혼돈이 저 밖에 있다는 것에 대한 은유로 겨울의 어둠을 이용하는 것이 그때 이해가 된다. 하지만 겨울도 물러간다. 태양의 여신이 세계를 포기하지 않게 하는 시메나와도 신전의 입구 위에 걸려 있다. 그것은 부활의 상징이며, 새해에는 그것으로 거리를 장식한다. 삶과 태양이 지구로 돌아온다. 우리의 불만의 겨울은 끝났다.

　잠시 동안은.

# 5. 우리가 매장하는 고인들

대 피라미드 천문학 ● 왕가의 계곡에 별처럼 총총한 무덤들 ● 중국 하늘 아래 묻힌 ● 카호키아 유적 72호 고분의 미스터리 ● 팔렝케 유적에서 태양이 죽다 ● 아일랜드 무덤 속 햇빛

각 개인의 삶은 하늘에서 연출되는 우주질서의 순환을 그대로 따라한다. 고대의 천문학자들은 우주의 창조와 각 개인의 탄생 사이의 유사점을 보았다. 삶 하나하나가 성장과 질서의 보존을 의미한다. 죽음은 하나하나가 다 혼돈의 침입이다. 우리 조상들은 하늘에서 질서가 다시 태어나고 새로워지고 회복되는 것을 보았던 것처럼, 영혼의 내생, 즉 부활을 믿었다. 죽음, 우주질서의 주기 중 각 영혼의 몫에서 일어나는 핵심적인 탈바꿈인 죽음은, 샤먼의 초자연적인 상승처럼 신과 불멸의 영역으로 가는 초월적인 여정을 시작한다. 죽은 자들의 목적지는 흔히 성스러운 질서의 영역, 바로 하늘이다.

이런 이유로, 모든 문화에서 우리는 장례식에서 천체의 은유를 찾아내고, 고인의 유품에서 천체의 이미지를 찾아내며, 무덤 구조에서 천문학적 의미를 찾아낸다. 죽음과 하늘과의 관계를 알아차림으로써 우리 조상들에게는 죽음이 무엇을 의미했는지, 그리고 죽은 자들의 역할을 어떻게 판단했는지 이해할 수 있다.


## 대 피라미드 천문학

고왕국시대의 파라오들에게 죽음이란 휴식을 의미하는 게 아니었다. 그들의 운명은 하늘 높은 곳에 있었다. 제5왕조와 제6왕조(BC 2494~2181년경)의 피라미드 내부 석실 벽에 돋을새김으로 조각된 기도하는 자들은 파라오가 '하늘의 별들 사이로 올라가는' 모습을 표현하고 있다. 거기서 그는 '밤을 다스리고', '시간을 진행시킨다.' 카이로에서 나일 강 상류 쪽으로 24km쯤 올라간 곳에 위치한 사카라$^{Saqqara}$ 유적에서 발견된 《피라미드 텍스트$^{Pyramid\ Texts}$》 중 어떤 것을 보면, 파라오는 주극성을 만나 그것들을 다스린다. 주극성은 결코 뜨지도 않고 지지도 않으며, 게다가 절대 죽지도 않는다. 이런 영원불멸한 별들과 하나가 됨으로써 파라오는 영원해진다.

파라오는 오리온자리까지 또 다른 천구 여행을 한다. 이 별자리는 파라오의 영혼의 부활의 상징이다. 오리온자리가 오시리스, 그리고 삶과 죽음과 부활의 대 주기를 상징하기 때문이다.

오시리스의 일행이 되어 시리우스의 안내를 받으며(시리우스는 하늘에서도 비슷한 역할을 한다), 고인이 된 왕은 역법을 유지하고 계절들을 관리한다. 파라오는 하늘에서 바쁘다. 문헌에 따르면, 그는 죽은 후에 '하늘을, 하늘의 기둥들과 하늘의 별들을' 점유한다. 땅에서는 질서를 유지하고 체제에 활력을 주었다. 하늘에서는 영혼들 사이에서 거대한 우주의 주기가 원활하게 순환되도록 돕는다. 그의 영혼, 즉 바$^{ba}$는 '자기 동포들의 선두에서 살아 있는 별'이 된다. 그가 묻힌 무덤은 그가 하늘로 떠나간 장소다.

후기 이집트의 무덤들은 태양의 여정, 천구, 별들의 목적지 등 천체 이미지로 가득 채워져 있다. 신성문자 문헌들이 들어 있는 피라미드처럼, 무덤은 이집트 인들이 죽음과 하늘 사이의 연결고리를 감지하고 있었음을 확인하게 한다. 하지만 초기 피라미드를 건설한 사람들과 가장 거대한 피라미드를 건설한 사람들—기자$^{Giza}$에 석조 블록을 산처럼 올려 쌓은 제4왕조(BC 2613~2494년경)의 사람들—은 자신들의 의도를 문자 기록으로 전혀 남겨놓지 않았다. 후대의 논평자들은 기발한 생각과 완전히 잘못된 정보, 그리고 무엇으로도 감출 수 없는 어리석음으로 이 텅 빈 공간을 가득 채워놓았다.

약 80기 정도의 피라미드가 알려져 있는데, 모두 나일 강 서쪽 둔덕, 즉 죽어가는 태양의 영토에 지어졌다. 그중 대 피라미드는 명성에서나 크기에서나 다른 것들을 단연 능가한다. BC 2600년경에 세워진 대 피라미드는 고대 그리스 작가들에 의해 세계 7대 불가사의 중 하나로 인정받았으며, 그 7가지 중 유일하게 지금까지 잘 버티고 서 있다. 그것은 사막과 지진과 채석장의 인부들, 그리고 관광객들의 공격에도 놀랍도록 잘 견뎌왔다. 그리스 역사가 헤로도토스 Herodotos 는 그것이 그토록 오래된 것이라는 데 놀라움을 금치 못했다. 그가 이집트를 방문한 건 BC 5세기경이다. 그 어느 때보다도 지금 이 오래된 아라비아의 격언이 들려주는 충고를 들어야 할 것 같다. "인간은 시간을 두려워한다. 그러나 시간은 피라미드들을 두려워한다."

내부 복도의 정렬선과 옆면이 던지는 그림자를 포함해서, 기자의 대 피라미드에 대한 다양한 천문학적 해석이 제기되어 왔다. 어떤 사람들은 그것이 천문대로 사용되었다는 생각까지 했다. 이 피라미드의 치수는 한 해의 날수에서 세계 역사에 대한 예언에 이르기까지 모든 것을 실제로 암호화해 놓은 것이라는 말들을 했던 것이다. 필시 합리적인 사고를 가지고 있을 우리 시대에, 대 피라미드가 혹은 적어도 피라미드 모양이 면도날을 예리하게 하는 것에서부터 우유를 상하지 않게 보존하는 것까지, 아직까지 확인되지 않고 있는 만능 에너지 집중체라고 억지로 믿게 만들고 있다.

대 피라미드의 체적은 로마의 성 베드로 성당, 런던의 성 바울 사원과 웨스트민스터 사원, 밀라노와 피렌체의 성당들을 한데 합쳐놓은 것만큼 크다고 추정되고 있다. 230만 개에 가까운 석조 블록이 사용되었으며, 돌 하나의 무게가 평균 2500kg(가장 무거운 것은 15,000kg에서부터 1,500kg이 안 되는 것까지)이나 되는 블록을 쌓아올려서 인공 산을 만들었다. 피라미드의 4경사면은 원래 기자의 석회암 고원 위 약 147m 되는 한 점에서 합치게 되어 있었다. 현재는 금을 씌운 뚜껑돌, 즉 피라미니온 pyramidion을 포함한 정상 부분이 없어져서 대 피라미드는 원래의 높이보다 9.5m가 짧다.

대 피라미드의 옆면들이 한때는 황금뚜껑만큼이나 밝았던 적이 있었다. 이 피라미드의 거대한 몸체를 이루고 있는 거친 석회암 블록들이 한때는 희고 광

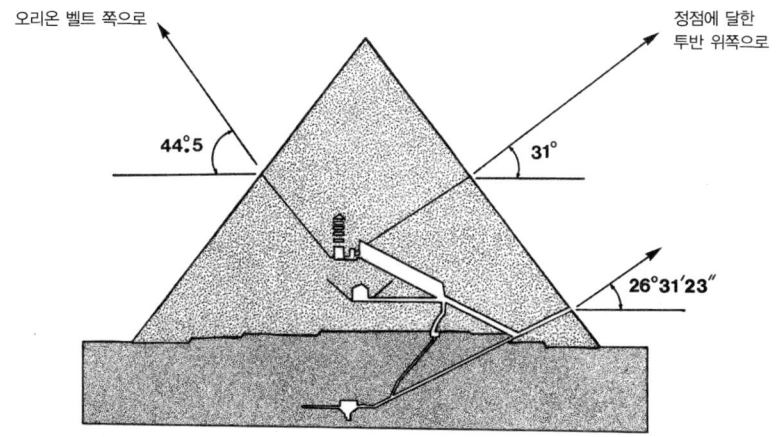

쿠푸 왕은 자신의 피라미드로부터 하늘로 떠나갔다. 그의 두 하늘 목적지는 왕의 방에서 나오는 '공기 통로'에서 상징화되었다. 하나는 고왕국시대의 '북극성'인 투반을, 다른 하나는 오리온의 벨트를 가리키고 있다. (그리피스 천문대)

택이 있는 석회암 외면석으로 덮여 있었기 때문이다. 하지만 원래의 외면석은 지금은 북쪽 기단에 조금밖에 남아 있지 않다.

    순수한 크기만으로도 대 피라미드를 '거대하다'고 하지만, 건축상의 세부는 그 무엇과도 견줄 수가 없다. 첫째, 이 피라미드에 대해 어떤 가설을 세우든 간에 그것은 천문학적으로 정렬되어 있다는 것, 그것도 극도로 정확하게 그 거대한 기단(52km²도 넘는다)의 4면이 각각 동, 서, 남, 북을 향하고 있다는 건 의심의 여지가 없다. 동쪽 면의 기본정위가 썩 정확하지 않다 해도, 정렬 오차는 진짜 남북 선상으로부터 5.5분호밖에 안 된다. 다른 세 면은 훨씬 잘 일치한다. 이런 정밀함은 실제 현장에서 조금 주의를 기울여 선을 설정하면 아주 간단한 기술로도 가능하다. 그러나 대 피라미드 정도의 엄청난 규모에서 이런 정밀함을 잃지 않는다는 것은 더 높은 위치에서도 옆면이 '비틀리지' 않는다는 걸 의미한다. 그래서 이집트 인들의 성공이 인상적인 것이다. 기단의 모서리들은 거의 정확하게 직각이고, 따라서 기단 전체가 거의 완벽한 정사각형이다. 어느 두 면 사이의 길이에서 가장 크게 차이 나는 것이 20cm도 채 안 된다. 이런 정밀함은 4기본방위, 즉 제5왕조와 제6왕조 후반의 《피라미드 텍스트》들이 하늘의 '기둥들'이라고 한 것에 대해 건설자들이 가졌던 관심을 잘 보여준다.

대 피라미드 내부의 세부도 마찬가지로 놀랍다. 횡단면에는 회랑, 석실, 통로들이 어지럽게 모여 있는 게 보인다. 이런 공기 통로와 복도들이 천문학적으로 정렬되어 있다는 주장이 셀 수 없이 많이 나왔지만 대부분은 잘못된 주장들이었다. 그것을 감상하려면 피라미드 안으로 들어가야 한다.

주요 복도의 하나인 '하강 복도'가 북쪽 면 지상 16.8m 위치로 뚫려 있다. 또 아래로는 피라미드와 기반암 아래로 105m나 뻗어 있다. 이 지점에서 복도는 간신히 쭈그리고 앉을 만한 높이로 평평해진다. 이곳을 지나 8.8m 더 가서 구부러지는 곳, 완성되지 않은 비밀의 방에서 복도는 끝난다. 막다른 복도는 거칠고 미완성인 채로 남아 있는데, 석실 남쪽 벽의 기반암으로 짧게 계속된다. 이 방과 미완성으로 끝난 다른 내부의 세부들은 점차 증축하기 위해 피라미드 설계가 몇 번에 걸쳐 수정되었음을 짐작케 한다.

하강 복도에서 꺾여 올라가는 상향 복도는 거대한 석재들을 지나 위로 계속되다가, 대 피라미드를 정말로 위대하게 만드는 특징들 중 하나인 대 회랑으로 향하고 있다. 이것은 세상에서 가장 기묘한 건축학적 공간 가운데 하나다. 대 회랑의 천장은 내쌓기 공법으로 지어진 기념비적인 둥근 천장으로, 머리 위로 8.5m나 뾰족하게 솟아오르다가 어둠 속으로 사라진다. 그 비율도 특이하다. 길이는 46.6m인데 밑 너비는 불과 2.1m이며, 경사가 가팔라서 올라갈 수가 없고 바닥도 없다. 사진으로도 스케치로도 대 회랑의 느낌을 있는 그대로 포착할 수가 없다. 피라미드 내부로 깊숙이 들어와 있고 몇 톤짜리 석회암 블록들을 지나 위에서 세 번째 길에 와 있음에도 불구하고, 밀실공포증 같은 건 느껴지지 않는다.

대 회랑이 끝나는 지점에서 한 발만 더 가면 왕의 석실인데, 남-북, 동-서 방향으로 자리를 잡은 널찍한 방이다. 높은 천장과 석실 벽, 그리고 바닥을 형성하는 석조 블록과 들보들은 모두 아스완 채석장에서 남쪽으로 8,000km 이상 떨어진 곳에서 나오는 단단한 화강암이다. 그렇게 먼 거리에서 그런 특별한 화강암을 운반해온 것을 보면 이 방은 분명 뭔가 특별한 의미가 있으리라.

뚜껑이 없는 커다란 화강암 석관을 빼놓고는, 왕의 석실에서 사람의 손으로 만들어진 건 아무것도 발견되지 않았다. 아마도 매장된 파라오의 시신이 들어 있는 목관 하나가 한때는 석관을 채우고 있었을지 모르나, 지금은 그런 흔적조차 찾아볼 수가 없다. 하지만 우리는 그게 누군지 알고 있다. 우리가 알고 있는 대부분의 고대 사료의 근거인 헤로도토스 시대에서조차도, 이집트 인들의 기억 속에서는 제4왕조의 두 번째 파라오인 쿠푸Khufu가 대 피라미드를 건설한 것으로 남아 있었다. 헤로도토스 시대의 그리스 어로 쿠푸의 이름은 케오프스Cheops 였다.

왕의 석실이 비어 있고 상징적인 그림이나 신성문자 문헌이 없음에도 불구하고, 그 방에는 대 피라미드가 천체의 상징들을 그 구조의 일부로 만들었다는 것을 분명하게 뒷받침해주는 두 가지 특이한 특징이 있다. 두 개의 구멍이다. 북쪽 벽과 남쪽에 하나씩 있는 두 개의 구멍은 모두 바닥에서 불과 60~90cm 위에 있는데, 실제로 구멍은 왕의 석실에서부터 피라미드 바깥쪽 면에 이르기까지 모든 길이 도달하는 통로의 끝이다.

높이와 너비가 각각 23cm밖에 안 되는 이 통로들은 때로는 '공기 통로'라고 불리기도 하지만, 그것의 진짜 의미는 이집트학 학자 알렉산더 배더위Alexander Badawy 박사와 천문학자 버지니아 트림블Virginia Trimble 박사의 공동 분석을 통해서 1964년에 밝혀졌다. 배더위 박사는 이집트 인들은 이 통로들을 공기 통로로 사용할 만큼 공기 조절 장치에 대해 무지하지 않다고 설명함으로써 '공기 통로' 논란을 일축해버렸다. 너비가 크리넥스 화장지 상자 두 개를 나란히 붙여놓은 것 정도밖에 되지 않는 도관 두 개를 뚫어놓는 것이 신선한 공기를 들여오기 위해 할 수 있는 가장 손쉬운 방법인 것 같진 않다. 게다가 배더위 박사가 특히 언급했듯이, 이집트 인들은 다른 무덤에는 환기 구멍을 내지 않았다.

한편 트림블 박사는 북쪽 통로가 투반Thuban(용자리의 으뜸 별로, 4,800년 전의 북극성이었다/옮긴이)이 가장 높이 통과하는 지점과 정렬선을 이루고 있다는 것을 확인했다. 그녀는 또 남쪽 통로는 BC 2700~2600년 사이에, 특히 하늘에서 눈에 띄었던 오리온 벨트 부분을 향해 맞춰져 있다는 것을 입증했다. 오리온 벨트의 세 별 중에서, 가운데 별인 알니람^Alnilam은 하늘의 오른쪽 구역을 통과하는 곳과 가장 잘 정렬되어 있는 것 같다. 알니람은 그 당시 적위(지구의 위도와 비슷한 천체에서의 위치각) −15.5°였다. 대 피라미드가 북위 30°에서 불과 남쪽으로 2.15km 정도 떨어진 지점에 위치해 있으므로, 천구의 적도 즉 0°는 60° 각도로 하늘을 가로지른다. 여기에서 알니람의 적위(−15.5°)를 빼면 남쪽 자오선, 즉 지평선 위 44.5°를 가로지르는 그 별의 진로의 각도가 나온다. 이것이 남쪽 통로의 실제 각도와 가장 가깝다. 피라미드가 언제 건설되었는지 정확한 날짜를 알 수 없기 때문에 오리온 벨트의 다른 두 별인 알니탁^Alnitak과 민타카^Mintaka도 마찬가지로 정렬을 위한 후보자가 된다. 그 시대로 추정되는 동안에는 오리온 벨트에 있는 그 별들 말고는 1.5°(보름달의 3배 크기) 안에 들어오는 별 중에는 밝은 별이 없다.

따라서 통로 둘 다 피라미드 문헌에 언급되어 있는 천구의 영역을 향해 정

고대 이집트 인들에게 주극성의 구역은 불멸의 영역, 죽지 않는 별들의 고향이었다. 하늘의 북극 주위의 원형 궤도를 따라 돌면서, 결코 뜨지도 않고 지지도 않는 그들은 영원한 삶과 동의어가 되었다. 장시간 노출로 촬영한 이 사진에는 별들이 지나간 자취를 표시하는 원형 호가 주극성들의 영원히 끝나지 않는 행진을 기록하고 있다. (커티스 리즈만 Curtis Liseman)

위되어 있는 것이다. 투반은 북극성으로서, 어떤 점에서는 주극성들 또는 '불멸의 별들' 가운데 으뜸이다. 이집트 인들은 절대 지지 않고 영원히 순환하는 그 별들의 능력을 인정하고 그것을 찬양했다. 따라서 북쪽 통로의 적당한 목표는 투반이었다. 한편 남쪽 통로의 목표인 오리온 벨트의 별들은 데칸들 사이에 있었으며, 이집트에서는 일 년 내내 이 별들이 떠서 통과하는 것을 보면서 밤에 시간을 알았다. 오리온은 물론 오시리스였으며, 그는 영혼의 부활을 관장했다.

이렇게 천체와 정렬을 이루었다고 해서 대 피라미드를 천문대라고 볼 수는 없다. 투반도 오리온 벨트도 실제로는 왕의 석실 내부에 있는 통로의 구멍을 통해서는 보이지 않기 때문이다. 두 통로 모두 왕의 석실 바로 앞에서 수평으로 구부러지고, 또 통로의 다른 끝은 피라미드의 남쪽과 북쪽 면으로 나 있는 구멍 앞에서 끝난다. 그 통로들은 파라오의 천구의 목적지를, 그리고 하늘과 땅을 호령했던 영역을 상징적으로 언급하고 있다. 그것들이 나타내는 건, 쿠푸의 무덤인 대 피라미드는 그가 천체로 탈바꿈된 곳이라는 것이다.

## 왕가의 계곡에 별처럼 총총한 무덤들

파라오들의 목적지가 같은 별이라는 언급이 피라미드들이 건설된 지 1,500년 후인 신왕국시대의 왕실 무덤에서 나타났다. 이 무덤들 대부분은 오늘날의 룩소르 맞은편 나일 강 서쪽 강변, 테베의 옛 수도 가까이 있는 왕가의 계곡 벼랑에 만들어져 있다.

'북쪽 하늘의 무리'에 대한 수많은 묘사와 주극성 별자리들에 대한 은유적인 그림 하나가 제20왕조의 파라오인 람세스 6세 무덤 회랑 천장에 그려져 있다. 이 주제를 가지고 그린 그림 중 가장 좋은 것은 아마 제19왕조의 파라오였던 세티$^{Seti}$ 1세의 묘실 머리 위에 그려져 있는 것일 것이다. 그가 지배했던 때는 BC 1292년 무렵이었다. 짙은 푸른색 하늘을 배경으로 '북쪽 하늘'(하늘의 적도 또는 황도의 북쪽을 일컫는다/옮긴이)의 별자리 중 황갈색 형태가 보인다. 이들 중

천구의 북극 주위의 영역을 대표하던 천문학적 이미지들이 별들을 나타내는 점과 함께 표시되어 있다. 세티 1세의 무덤 묘실 천장에 그려진 이 그림에는 황소가 보이는데, 북두칠성을 그림으로 나타낸 것이다. 북두칠성이 천구의 북극 주위를 도는 회전축이어야 하는 것처럼, 황소는 하마가 잡고 있는 밧줄에 묶여 있다. (에드윈 C. 크룹)

하나가 등에 악어를 업고 똑바로 서 있는 하마인데, 대개는 여러 문헌에서 흔히 '배를 잡아매는 기둥'이라고 언급하고 있는 묘하게 생긴 도구에 비스듬히 기대서 있다. 그것이 천구의 북극이며, 그것에 붙어 있는 황금빛 선은 인간처럼 생겼으나 확인되지 않은 형상의 손을 통해 황소와 연결되어 있다. 태양에서 헬륨을 발견한 영국의 천문학자 노먼 로키어Norman Lockyer 경은 이집트 신화와 유적을 해석하는 데에 많은 시간과 에너지를 바쳤다. 그리하여 그는 하마가 적어도 초기 이집트 문명 시대에 천극 지역인 용자리(한국에서 연중 보이는 북쪽의 별자리이며, 4,800년 전의 북극성이었다/옮긴이)의 몇몇 별들과 같다고 생각했다. 실제로는 그것보다 더 넓고 북쪽 하늘 대부분을 에워싼다.

4 기본방위에 맞춰 방위를 정한 제4왕조의 피라미드들이 우주질서를 강조한 것처럼, 투탕카문(BC 1345년경)의 묘실은 남-북 및 동-서 정렬과 결합되었다. 이 파라오의 별의 운명에 대해 언급되어 있는 문헌은 지금 카이로의 이집트

박물관에서 볼 수 있다. 원래는 대리석관을 넣었을, 황금으로 덮여 있으며 상자처럼 생긴 4개의 성물함에 적혀 있는 비문을 보면 그 왕이 오시리스라는 걸 확인할 수 있고, 또 이시스가 그의 뒤를 따르고 있는 것으로 묘사되어 있다. 그것은 시리우스가 오리온의 뒤를 따라 하늘을 가로지르는 것과 같다. 그 성물함들 중 하나의 문에는 이시스가 날개를 활짝 편 새의 모습으로 그려져 있다 또 다른 문에서 그녀는 이렇게 말한다. "나는 그대의 수호신이다. 내가 그대 뒤에 있다."

세티 1세의 무덤 묘실 천장에는 한쪽 반에 북쪽 하늘의 무리, 즉 천구의 북극 주위를 도는 별들이 그려져 있고, 다른 쪽 반에 시리우스와 오리온이 (배를 타고 떠내려가는 이시스와 오시리스의 모습으로) 그려져 있다. 여기 그려져 있는 파라오의 별 목적지는 둘 다 대 피라미드의 '공기 통로'로 표현되는 설화를 되풀이하고 있다. 또 다른 묘실, 그러니까 람세스 6세의 무덤 천장에는, 하늘의 여신의 몸이 이중으로 그려져 있고, 그 모양에 맞춰 《낮의 책》과 《밤의 책》이 양쪽에 하나씩 끼워져 있다. 이 문헌들은 태양의 여정을 시시각각으로, 낮과 밤을 자세하게 기술하고 있다. 하지만 그것들이 함축하고 있는 것은 천구에서의 파라오의 운명이다. 그것은 곧 태양의 궤도다.

세티 1세의 무덤 안에, 그리고 다른 많은 신전과 무덤 천장에 시리우스와 오리온이 함께 있는 이미지들은 데칸들의 목록이다. 대각선으로 보이는 '별시계들'은 제9왕조에서 제12왕조(BC 2160~1786)까지의 목관 뚜껑 안쪽에 있는 시간을 알리는 별들의 이름을 도표로 만든 것이다. 이 시계들은 실제로 데칸들이 출현하는 순서에 따라 만든 바둑판 모양의 표다. 눈금에서 한 별의 위치는 한 칸 올라가서 한 칸 건너로 바뀌는데, 이는 10일 간격으로 좀 더 이른 밤 시간에 출현하는 것을 나타낸다. 신성문자로 된 각 이름이 눈금을 따라 대각선을 그리며 나아가면 그 디자인에 맞는 이름을 알려준다. 추가 장식에는 보통 황소의 다리(다시 말해 세트이며 북두칠성이다), 이시스, 오시리스의 이미지가 포함되어 있다. 별시계의 또 다른 유형은 BC 1300~1100년경까지 람세스 파라오들의 치세인 제12왕조의 무덤에 그려져 있다. 이들 역시 북쪽 하늘의 무리, 시리우스 그

| 에파고메날 날짜 | | | | | | | | | | | | | | | | | | 데케이드 | | | | | | | | | | | | | | | | | | | | | 밤의 시간 |
|---|---|---|---|---|---|---|---|---|---|---|---|---|---|---|---|---|---|---|---|---|---|---|---|---|---|---|---|---|---|---|---|---|---|---|---|---|---|---|---|
| 40 | 39 | 38 | 37 | 36 | 35 | 34 | 33 | 32 | 31 | 30 | 29 | 28 | 27 | 26 | 25 | 24 | 23 | 22 | 21 | 20 | 19 | 18 | 17 | 16 | 15 | 14 | 13 | 12 | 11 | 10 | 9 | 8 | 7 | 6 | 5 | 4 | 3 | 2 | 1 |
| A | 25 | 13 | 1 | | | | | | | | | | | | | | | | | | | | | | | | | 12 | | | | | | | | | | 1 | | I |
| B | 26 | 14 | 2 | A | | | | | | | | | | | | | | | | | | | | | | | | | 12 | | | | | | | | 2 | | II |
| C | 27 | 15 | 3 | | A | | | | | | | | | | | | | | | | | | | | | | | | | 12 | | | | | | | 3 | | III |
| D | 28 | 16 | 4 | | | A | | | | | | | | | | | | | | | | | | | | | | | | | 12 | | | | | | 4 | | IV |
| E | 29 | 17 | 5 | | | | A | | | | | | | | | | | | | | | | | | | | | | | | | 12 | | | | | 5 | | V |
| F | 30 | 18 | 6 | | | | | A | | | | | | | | | | | | | | | | | | | | | | | | | 12 | | | | 6 | | VI |
| G | 31 | 19 | 7 | | | | | | A | | | | | | | | | | | | | | | | | | | | | | | | | 12 | | | 7 | | VII |
| H | 32 | 20 | 8 | | | | | | | A | | | | | | | | | | | | | | | | | | | | | | | | | 12 | | 8 | | VIII |
| J | 33 | 21 | 9 | | | | | | | | A | | | | | | | | | | | | | | | | | | | | | | | | | 12 | 9 | | IX |
| K | 34 | 22 | 10 | | | | | | | | | A | | | | | | | | | | | | | | | | | | | | | | | | | 12 | 10 | | X |
| L | 35 | 23 | 11 | | | | | | | | | | A | | | | | | | | | | | | | | | | | | | | | | | | | 12 | 11 | XI |
| M | 36 | 24 | 12 | L | K | J | H | G | F | E | D | C | B | A | 36 | 35 | 34 | 33 | 32 | 31 | 30 | 29 | 28 | 27 | 26 | 25 | 24 | 23 | 22 | 21 | 20 | 19 | 18 | 17 | 16 | 15 | 14 | 13 | 12 | XII |

1—36 정규 데칸들      A—M 에파고메날 데칸들

관 뚜껑의 별시계들은 별들의 이름을 배열해놓은 것이다. 그것으로 밤 시간을 측정하곤 했다. 어느 특정한 별, 이를테면 숫자 12로 표시된 별이 각 데케이드decade, 즉 10일이 지날 때마다 한 칸 위로 올라가서 왼쪽으로 위치가 바뀌면서, 더 이른 밤 시간을 표시한다. 이 때문에 모든 별의 이름은 바둑판 위에서 대각선을 이룬다. 에파고메날epagomenal 데칸들은 한 해를 마감하는 마지막 다섯 밤 동안 그와 비슷하게 사용되었다. (그리피스 천문대)

리고 오리온과 함께 나타난다. 이집트의 천문학자들이 과연 별시계를 보기 위해 무덤에 들어갔을까, 하고 생각할 필요는 없다. 별시계의 목적은 장례식이고, 그건 고인에게 속해 있는 것들이었으니까.

36데칸이 선택된 건 그것들이 시리우스의 움직임을 흉내 내면서 70일 동안 밤하늘에서 사라졌기 때문이다. 이 기간에 그들은 낮 동안 태양과 함께 떠오르기 때문에 눈에 보이지 않는다. 이집트 문헌에서는, 한 데칸이 밤하늘에서 사라지는 것을 그것이 죽는 것이라고 했다. 사라진 데칸은 투아트Tuat라는 위험한 영역에 거주하는데, 그곳은 태양이 밤마다 여행하는 곳이다. 서기 2세기 이후의 천문학 서적인 《파피루스 칼스버그 I the Papyrus Carlsberg I》은 기념비, 즉 상징적인 무덤인 아비도스에 있는 세티 1세의 무덤에서 나온 비문을 인용한다. 그것은 데칸의 순환을 죽음과 부활에 비유하면서 냉쾌하게 언급하고 있다.

인간들의 매장처럼 그들의 매장을 거행하고……
땅으로 간 것은 죽어서 투아트로 들어간다. 그것은 대지의 신

또 다른 유형의 바둑판, 즉 별시계가 이집트의 신왕국 기간에 람세스 파라오들의 무덤 천장에 그려져 있다. 이 그림은 람세스 6세의 무덤의 것으로, '북쪽 하늘의 무리'인 별자리들이 상형문자 비문과 바둑판 모양의 별시계 위쪽에 그려져 있다. (에드윈 C. 크룹)

게브Geb의 집에서 70일 동안 머무른다.
그것은 시체를 방부 처리하는 집에 있다. ……그것은 자기의 불멸을
대지에 (미련 없이) 버린다. 그것은 순수해져서
시리우스처럼 지평선에 나타난다.

여기 있는 언어는 영안실의 언어다. 영안실의 관습을 정반대 방향으로 돌려서 그대로 별들에게 비춰본 것이다. 매장된 사람은 별이라 일컬어지고 미라로 만들어졌으며, 또 정화되는 과정은 70일 걸린다. 그리고 나면 죽은 파라오는 부활한다, 데칸들처럼.

## 중국 하늘 아래 묻힌

형가荊軻의 독검이 공기를 가르며 황제 알현실의 구리기둥 하나를 쳤다. 암살자의 손에서 가까스로 위기를 모면한 사람은 다름 아닌 황제, 진시황이었다. 황제는 형가의 손아귀에서 벗어나려고 몸을 비틀다가 소매 한 짝이 떨어졌다. 황제는 손을 뻗어 칼집에서 칼을 뽑으려고 했다. 그러나 공격자를 계속 피하면서 동시에 칼을 뽑을 수는 없었다. 때마침 들어오던 황실 의원이 약상자로 형가를 후려치지 않았더라면 황제는 죽고 말았을 것이다. 형가는 최후의 몸부림으로 황제에게 주머니칼을 던졌다. 이번에도 빗나간 것이 치명적이었다. 바로 그때 중국 최초의 황제가 칼집에서 칼을 뽑아 암살자를 쳐서 죽였기 때문이다.

진시황의 목숨을 노린 이 사건은 BC 227년에 일어났고, 암살 기도도 그게 마지막이 아니었다. 그러나 진시황은 그들보다 오래 살아남아서 BC 210년에 병으로 죽을 때까지 통일 중국을 18년간 더 다스렸다.

진시황이 세상을 뜨자, 그는 흙으로 쌓아올린 거대한 피라미드에 묻혔다. 그것은 리산驪山 기슭에 세운 인공 '산'으로, 현재 중국 북서부에 위치한 산시山西성의 수도 시안西安에서 동쪽으로 40km 정도 떨어진 곳에 자리하고 있다. 이 유적은 세워진 지 22세기 동안 진시황의 무덤으로 인정되어오긴 했으나, 고고학자들도 내부의 묘실에는 들어가 본 적이 한 번도 없다. 그러나 진시황이 죽은 지 100년이 지나 사마천이 편찬한 역사 기록(『사기史記』를 말한다/옮긴이)에서 기술되었다. 사마천은, 황제의 관은 수은 강 위에 떠 있고, 황궁과 부속 건물들, 관청 건물, 수로, 들판, 언덕을 축소시켜 만든 모형들에 둘러싸여 있다고 기록했다.

그것은 진이 다스렸던 세상을 상징하는 것이며, 머리 위 천장에는 '하늘의 모든 별자리들'이 묘사되어 있었다. BC 206년 이후로 별이 그려진 그 천장을 본 사람은 아무도 없다. 전하는 말에 따르면, 그때 한나라 장군 항우가 무덤을 모독했다고 한다. 하지만 후대에 와서는 많은 무덤들이 밤하늘을 모방하여 반구형 천장을 만들었다고 알려져 있다.

1974년까지도 세상은 진시황과 그의 무덤에 관심이 없었다. 그런데 그해에 놀라운 발견이 이루어졌다. 시안 마을 인민공사 단원들이 우물을 파고 있었는데, 4m 깊이에 이르자 실물 크기의 사람 머리 모양이 나왔던 것이다. 점토로 빚어 애벌구이를 한 것이었다. 곧 그 조각상의 나머지가 모두 드러났다. 그건 군인이었다. 진시황의 무덤이 그곳에서 서쪽으로 4.8km도 채 안 되는 거리에 있었으므로, 그 조각상은 중국 최초의 황제 묘소와 어떤 관계가 있을 거라는 결론을 내리고, 농부들은 자기들이 발견한 것을 고고학자들에게 알렸다. 그 후에 발굴된 것은 역사상 유례없는 것이었다. 길이 210m에 너비 60m인 엄청난 구덩이 속에 어림잡아 600개 정도로 보이는 점토 병사들이 11줄로 나란히 정렬해 있고, 점토로 빚은 말 네 마리가 끄는 실물 크기의 전차도 함께 있었다. 다른 구덩이 두 개를 시험 발굴한 결과 병사의 수는 총 7,500개쯤 되었다. 보병, 마부, 기병, 궁수, 그리고 죽어서까지도 진시황의 오른쪽 옆에 서서 호위하는 장교들로 이루어진 완전한 군대였다. 매장된 진시황의 군대는 20세기의 가장 의미심장하고 가장 볼 만한 고고학적 발견 중 하나다. 그런데 그것이 하늘과 무슨 관계가 있을까?

하늘에 대한 생각과 우주론적인 생각은 진시황의 무덤의 모양과 방위에 영향을 끼쳤다. 고분은 거의 정사각형이고, 한 면이 365m 정도이며, 각 면은 각각 기본방위를 향하고 있다. 무덤을 둘러싼 두 개의 담은 직사각형이다. 안쪽 담은 675×578m이고, 바깥쪽 담은 2,170×1,006m다. 담의 각 면들도 기본방위를 향하고 있고, 각각의 주축은 남-북 방향이다.

기본방위의 의미는 하늘의 자전에서 끌어온 것이다. 천극(다른 모든 것이 그 주위를 도는 것처럼 보이는)이 가장 기본 방향을 잡으면 다른 3방위는 자연스럽게

중국 최초의 황제인 진시황의 매장지는 시안 부근에 위치한 흙으로 쌓아올린 거대한 피라미드다. (로빈 렉터 크룹)

정해진다. 진시황의 무덤 동쪽에서 매장된 군대를 발견했으니 틀림없이 다른 3 방위에서도 감동적인 발견을 또 하게 되고, 장관을 또 보게 될 거라고 짐작할 수 있다. 실제로 마부가 모는 청동제 사두마차 두 대가 1981년 초 둔덕의 서쪽 면에서 실시한 시험 발굴에서 발견되었다.

 진시황의 무덤에 있는 천체의 상징을 이해하려면 그가 누구인지, 무엇을 했는지 충분히 알아야 한다. 생전에 진시황은 중국의 봉건국가들을 단 하나의 국가로 통일했다. 중국 사회에 그가 끼친 영향은 어마어마한 것이었다. 한때 수많은 봉건 군주들 사이에 흩어졌던 권력이 그에 의해 중앙집권화되었고, 단 하나의 정부가 권력을 행사했다. 그 중심에 진시황이 있었다.

 제국은 하나가 되었고, 제국의 한쪽 끝에서 다른 쪽 끝까지 통일된 기준에 의해 움직였다. 진시황은 문자를 통일하고 보편타당한 법전을 확립함으로써 중국을 단결시켰다. 우리는 그가 해마다 달력을 정식으로 인가하는 모습도 상상해볼 수 있다. 그는 도량형 제도를 표준화했다. 그래서 손수레와 사두마차의 바퀴 축의 길이도 표준화했다. 이로 인해 진시황이 건설한 전국적인 도로망의 유용성이 극대화되었다. 도로들은 아득한 옛날부터 이용하던 운하들을 보완할 수

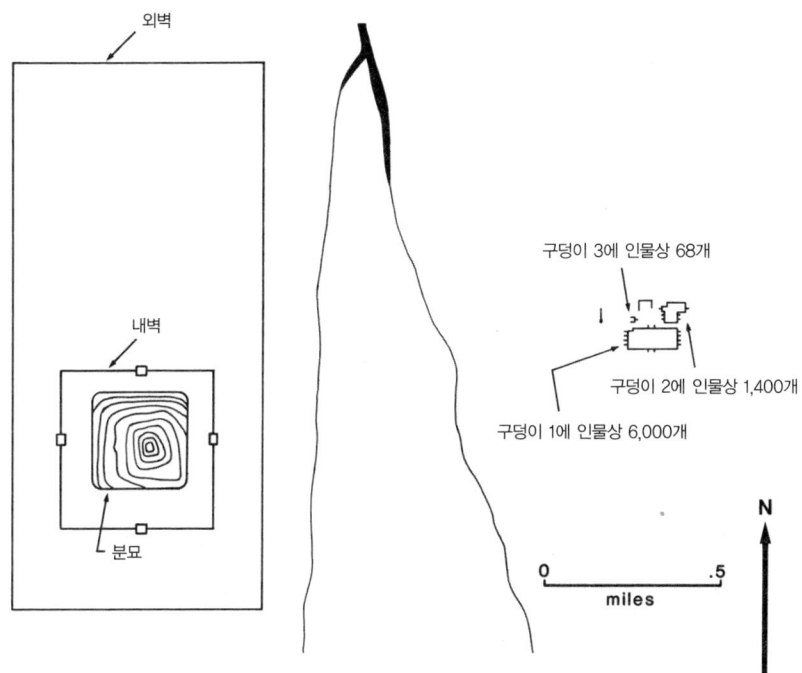

진시황의 무덤은 기자의 피라미드들처럼 기본방위에 정렬해 있다. 진시황은 자신의 무덤 동쪽에다 7,000개가 넘는 테라코타 병사들을 매장했는데, 진짜 실물 크기다. 그들의 임무는 무덤의 동쪽을 수비하는 것이다. (그리피스 천문대)

있는 가장 야심찬 네트워크를 완성했고, 만리장성이라는 더 큰 불가사의까지도 진시황에 의해 이룩되었다. 그는 지금의 시안인 위하渭河 근방에 수도를 정하고, 황궁을 우주의 상징과 결합시켰다. 그것은 '하늘의 정점', 다시 말해 천극을 나타내는 것이었다. 하늘은 '하늘의 정점' 주위를 원을 그리며 돌고, 세계는 황제를 중심으로 돌았다. 그는 세상에 안정과 질서를 제공하는 한결같은 구심점이었다.

진시황의 무덤은 우주질서와 원리를 표현했다. 고분에는 3개의 층 혹은 단이 있는데, 그것은 각각 땅, 인간, 하늘을 상징하는 것이다. 고분의 정상은 하늘의 정점이다. '정신의 도시'로서, 단지 전체가 하늘에 맞춰 정위된 성스러운 영역이었다.

기나긴 중국 역사에서 천문학적 이미지, 그리고 천구의 방위와 결합된 무덤들은 다른 시기에도 많이 있었다. 시안에서 북서쪽으로 67.6km쯤 떨어진 건릉은 당나라(AD 618~906)의 세 번째 황제 고종과 황후 측천무후의 무덤이다. 고종은 684년에 죽었고, 황후는 705년에 묻혔다. 진시황의 '정신의 도시'처럼, 건릉도 남-북 축 위에 세워졌으며, 길 양쪽으로 늘어선 문무관의 석상들, 측천무후의 비석, 탑들을 거리를 따라 늘어세워 경계를 뚜렷이 정해놓았다. 이렇게 기본 방위로 위치를 정하는 것이 여기서는 분명 재현되었지만, 중국의 모든 무덤들이 반드시 이 규칙을 따른 건 아니다. 황실 무덤조차도 그렇다. 무덤을 정위하는 규칙은 좀 더 복잡했고, 또 그 지역의 지형을 여러 면에서 기하학적으로 고찰해서 정해야 했다. 하늘도 물론 환경의 일부였고, 그렇게 해서 천문학적으로 정렬된 무덤이 만들어졌다.

건릉에서 그리 멀지 않은 곳에 규모는 훨씬 작지만 매우 인상적인 무덤이 있다. 고종의 손녀인 영태 공주의 무덤으로, 묘실에 이르는 통로가 남-북으로 정위되어 있다. 동쪽의 청룡 벽화가 무덤 입구의 회랑 동쪽 벽면을 지키고 있고, 반대편에는 서쪽의 흰 호랑이가 같은 역할을 하고 있다. 이 용과 호랑이는 중국의 전통적인 4마리 우주동물(좌청룡, 우백호, 남주작, 북현무/옮긴이) 가운데 두 마리다. 그 역사는 적어도 한나라(BC 206~AD 220) 때까지 거슬러 올라갈 수 있으며, 십중팔구 그 기원은 훨씬 더 오래되었을 것이다. 다른 두 마리는 남쪽의 붉은 새(주작/옮긴이)와 북쪽의 검은 거북 혹은 검은 전사(현무-거북과 뱀을 합친 모양/옮긴이)다. 같은 상징성을 가진 이 동물들은 중국인들에 의해 4구역, 즉 천구상의 적도를 따라 있는 4 '왕궁'과 결합되었으며, 4계절과 같다고 여겨졌다.

영태 공주의 무덤 속으로 더 깊이 들어가면 두 개의 반구형 방이 나온다. 두 번째 방이 바로 묘실이다. 플라네타륨 천문관과 닮은 그 방은 별이 총총한 하늘을 그대로 그림으로 옮겨놓은 천장 때문에 귀하게 여겨진다. 동쪽에는 붉은 해가 있고, 서쪽에는 하얀 달이 있다. 그리고 하늘의 강, 즉 은하수 이쪽에서 저쪽까지 아치형 다리가 놓여 있다.

하늘의 아치를 흉내 낸 반구형 천장은 다른 몇 개의 무덤에서도 볼 수 있다. 가장 초기의 천문학적 천장 중 하나는 한나라 때의 어떤 무덤 안에 있다. 중국

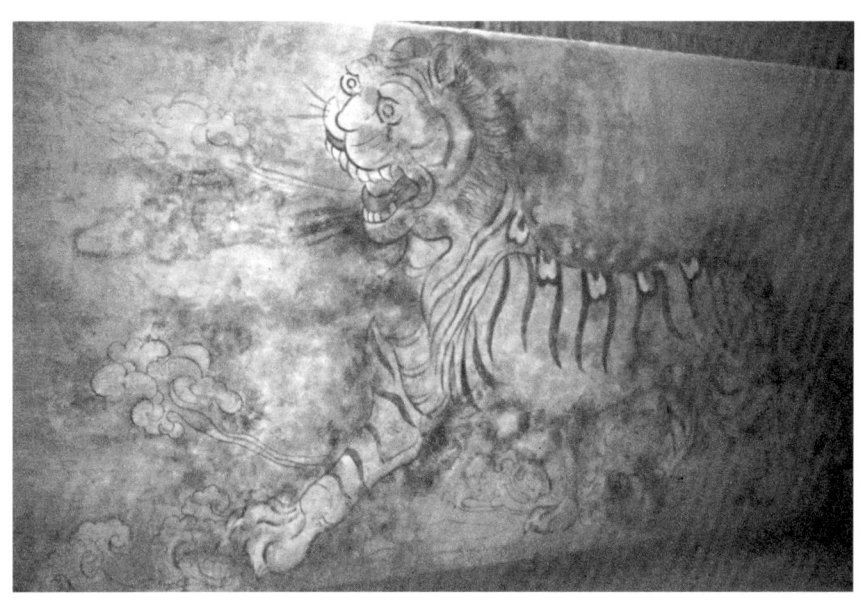

고대 중국의 4 기본방위의 하나이며 우주론적 상징의 하나인 서쪽의 흰 호랑이가 당나라 영태 공주의 무덤으로 들어가는 입구 통로 서쪽 벽에서 포효하고 있다. (에드윈 C. 크룹)

북부의 중심인 랴오양遼陽 부근이다. 확인할 수 있는 몇 개의 별자리(그중에는 북두칠성도 있다)와 함께 은하수가 묘실 꼭대기를 가로지르며 쭉 뻗어 있다. 그림으로 그려진 이 지도의 방위는 기본방위와 정확하게 일치하며, 동쪽에서 보이는 태양은 상징적으로 무덤 입구를 관통해 들어오고 있다.

이와 유사한 별이 그려진 천장 하나가 현존하는데, 위나라 때 것으로 1,500년쯤 되었다. 여기에도 역시 은하수가 반구형 천장을 가로지르고, 주극성들이 강조되어 있다. 여기에는 자금성 the Purple Forbidden Palace(북두칠성의 북쪽에 위치한 자금성을 말하는 것으로, 천자가 거처하는 곳이라 여겨졌다. 베이징의 건축물 자금성은 이것을 본떠 만든 것이다/옮긴이)과 큰곰자리가 포함되어 있다. 곰은 물론 북두칠성이며, 왕궁은 천극, 천구의 정부 소재지다.

천문학에 관한 필사본들이 고대 중국의 무덤 몇 군데에서 발견되었고, 외국으로 반출되었던 더할 나위 없이 상징적인 유물들이 반환되었다. 1973년, 한나라 때의 한 귀족 여인의 무덤이 중국 중부에 있는 창사長沙에서 가까운 마왕두이

5. 우리가 매장하는 고인들

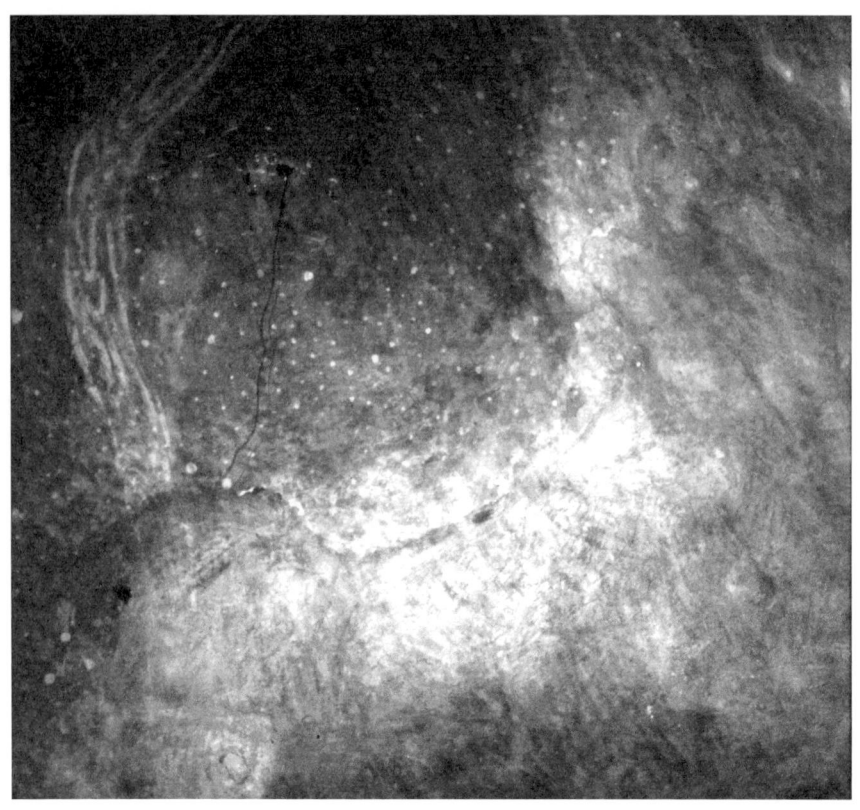

화석화된 플라네타륨처럼, 영태 공주의 묘실의 반구형 천장에 밤하늘이 그려져 있다. 머리 위에 그려진 많은 별들 사이로 은하수가 한쪽 지평선에서 다른 쪽 지평선까지 흐르고 있다. (에드윈 C. 크룹)

馬王堆에서 공개되었을 때, 고고학자들은 전례 없는 진귀한 물건들을 공개했다. 땅속에 거의 2,200년이나 묻혀 있었음에도 완벽하게 보존된 3.7m 길이의 수의가 다시 한 번 인간의 눈앞에 펼쳐졌다. 거기에는 많은 상징과 형상과 장면 들이 복잡한 구조로 그려져 있는데, 천상의 낙원으로 가는 고인의 여정을 묘사하고 태양과 달의 표상을 포함하고 있는 것 같다. 태양은 붉은 원반이고, 그 안에 검은 새가 있다. 토끼 한 마리와 두꺼비 한 마리를 동반한 흰색 초승달 모양은 달을 나타낸다. 두꺼비는 항아姮娥로, 달의 여신이다. 그녀는 서쪽의 모후에게서 불멸의 약을 훔쳤다. 달로 달아난 항아는 거기 살고 있던 흰 토끼와 마주쳤다. (많은 사람들이 달 표면의 밝고 어두운 부분에서 토끼의 형상을 본다.) 전설에 따르면, 토끼는 계수나무 아래에서 약을 갈고 빻아 항아가 가져온 향기 나는 영약에 넣었다고 한다. 이 상록수는 계피나무로, 불멸을 연상시킨다. 흰 토끼가 만든 약을 마시자 항아는 두꺼비로 변해서 자기의 달집에서 오래오래 잘 살았다고 한다.

처음엔 초승달로 나타났다가 점점 커져서 보름달이 되고 그다음엔 다시 이우는 달이 내생이나 불멸과 결합된다는 것을 이해할 수 있다. 탄생과 죽음이라는 그와 같은 천체의 순환에는 언제나 또 다른 새로운 달이 있게 마련이다. 우주질서의 순환을 통해 달은 그 자체의 불멸성을 보장받으니, 그것은 고인을 싸는 천의 이미지로 안성맞춤이다.

따라서 많은 전통적인 문화권에서와 마찬가지로 중국에서도 고인은 하늘과 관련된다. 처음엔 이것이 이상하게 보이겠지만, 우리는 그 뒤에 있는 관념을 이해할 수 있다. 고인의 영혼은 천상의 낙원으로 여행을 떠난다. 낙원은 불멸과 신성神性의 영역이며, 사람들이 하늘에서 보는 바로 그것이다. 천체들은 뜨고 지고, 가고 오고, 차고 이우는 순환을 통해 언제나 다시 태어난다. 그것들은 영원히 죽지 않는 신들이며, 그것들이 운행하는 패턴이 시간과 공간 속에 질서를 확립한다. 고인은 신들의 왕국에 들어갈 권리가 있다. 무덤은 고인의 영혼이 천상의 영역으로 떠나는 장소다. 이런 무덤들의 천문학적 요소들은 불멸을 암시한다. 천체에 관한 그러한 내용들은 우주질서를 땅에 부여하는 것이며, 그래서 무덤은 땅을 신성하게 만든다.

## 카호키아 유적 72호 고분의 미스터리

존경받던 고인의 무덤에는 영혼의 여정을 잘 알고 있다는 걸 보여주는 우주질서의 은유를 짜넣는다. 그러나 바로 그 무덤이 또 산 자들을 돕기도 한다. 무덤의 배치, 방위 혹은 설계에 천체의 상징이 표현되어 있기 때문에 무덤이 있는 땅은 신성해진다. 실제로 죽은 자들은 산 자들이 성스러운 것에 접근할 수 있도록

마왕두이에 있는 한나라 때 어느 귀족 부인의 무덤에서 발견된 비단 수의 한쪽에 천상의 낙원으로 가는 영혼의 여정이 묘사되어 있다. 두꺼비와 토끼를 동반한 초승달이 T자 모양의 수평봉 왼쪽 끝부분을 차지하고 있다. 태양 원반은 오른쪽에 있으며, 새 한 마리가 그 안에 자리 잡고 있다. (헤이J. Hay, 『고대 중국Ancient China』에서. 보들리 헤드 출판사의 허락을 얻어 옮겨 실음.)

통로를 제공한다. 무덤이나 뼈, 재 등은 신전, 의례, 심지어는 도시계획에까지도 결합될 수 있다. 또 그런 것들이 있음으로 해서 죽은 자들이 땅에 우주질서를 가져온다. 이런 전통이 비단 구세계의 고도로 발달된 문명에만 국한된 건 결코 아니다. 미국 일리노이 주 남부에서 고분을 건설한 원주민들의 거대한 선사시대 거주지인 카호키아의 보기 드문 고분도 하늘의 질서에 따라 하루하루의 삶을 꾸려갔던 메커니즘의 일부다.

카호키아에는 백 개가 넘는 고분들이 있다. 대부분 윗부분이 평평하고 받침대가 있는 구조로 되어 있다. 그 밖에 원뿔 모양도 있는데, 아마 무덤을 에워쌌던 것 같다. 그중에서도 가장 인상적인 유적은 몽크스 마운드$^{Monks\ Mound}$로, 4개의 테라스를 가진 30m 높이의 흙 고분이다.

대부분의 고분과 광장들은 직사각형이며 기본방위에 맞춰져 있다. 실제로 기본방위는 유적지의 '도시계획' 전체에서 잘 지켜지고 있었던 것 같다. 이것들은 '릿지탑$^{ridgetop}$' 고분이라고 불리는데, 네 면이 직사각형 기단에서 비스듬히 올라가 정상에서 긴 등성이를 형성하는 독특한 건축양식이다. 밀워키에 위치한 위스콘신 대학의 고고학자 멜빈 파울러$^{Melvin\ L.Fowler}$ 박사는 카호키아의 6개 릿지탑 중에서 세 곳은 남쪽, 동쪽, 서쪽의 '도시구역'을 정하기 위해 배치되었다고 생각한다. 다른 릿지탑들도 특별한 것을 나타내는 것일 수 있다. 그런 것들 중 하나인 72호 고분에는 놀라운 무덤이 포함되어 있다.

파울러 박사의 연구로 카호키아의 주축인 동-서 축은 그 부지의 동쪽과 서쪽에 있는 릿지탑에 의해 정해진다는 게 밝혀졌다. 그리고 가장 중요한 축은 몽크스 마운드의 남서쪽 모서리, 주 광장의 릿지탑 고분(49호) 남쪽, 그리고 서북쪽으로 30° 가량 빗나가 있는 72호 고분을 차례로 통과해가다가 남쪽 '마을 끝'에 있는 릿지탑인 래틀스네이크$^{Rattlesnake}$ 고분에서 끝나는 남-북 라인이다.

릿지탑 고분들의 위치가 중요하다는 걸 확신한 파울러 박사는 특이하게 정위된 72호 고분을 발굴하기로 결정했다. 1973년 파울러 박사는 카호키아를 지나가는 기본 축에 위치한 고분을 파 들어갔다. 얼마 안 가 그의 발굴 팀은 땅속으로 2.4m 정도 들어간 곳에서 구덩이 하나를 발견했다. 바닥에는 장기간에 걸쳐 부식된 나무기둥이 남겨놓은 목재 부스러기들이 있었는데, 구덩이 지름이 거의 2.3m였다. 그것보다 작은 통나무들이 그 기둥을 받치기 위해 우물 정# 자 모양으로 가지런하게 놓여 있었다. 높고 크고 무거운 기둥이 서 있었던 게 분명하니까 십중팔구 표지기둥이었을 것이며, 이 지점은 정확하게 남-북 라인에 있었다. 통나무 표본에 대한 방사성 탄소 연대 측정 결과 AD 950년에 건설된 것으로 나타났다.

72호 고분에서의 놀라운 발견은 표지기둥만이 아니었다. 72호 고분 밑에는 엄청나게 많은 무덤들이 있었던 것이다. 한 세기도 채 안 되는 동안에 두 명의 중요 인물이 거기에 묻혔다. 신분이 낮은 다른 사람들도 300명 가까이 함께 묻혔다. 대부분 젊은 여자들이었다. 그들은 아마도 그 두 사람이 매장될 때 희생되었으리라. 그 무덤에서 발견된 물건들 중 그 두 사람의 부장품이 제일 많았다. 부장품으로 넣어둔 화살촉들이 그 중요 인물들의 시신 가까이 놓여 있었는데, 한 사람은 300개가 넘었고 또 한 사람은 400개가 넘었다. 거기다 파울러 박사는 깎지 않은 얇은 운모판 70L 정도, 가공하지 않은 구리판 한 묶음, 2만 개도 넘는 바닷조개 구슬, 그리고 그 밖의 다른 품목들도 찾아냈다. 이런 것들은 이국적인 무역상품들로 카호키아 지역에서 나는 물건들이 아니었다. 부장품들의 원산지는 오클라호마, 북캐롤라이나, 슈피리어 호, 걸프 해안같이 먼 곳들이었다. 모두 상당한 부와 영향력을 나타내는 것들이었다.

그 무렵 카호키아는 정치적으로 미주리 강과 일리노이 강이 합류하는 미시시피 강 유역의 넓은 충적토 계곡을 지배했으며, 북아메리카에서 169만 km² 이상의 지역에 영향력을 행사하고 있었다. 전성기에는 아마 40,000명 이상이 그곳에 살았던 것 같다. 이로써 72호 고분의 무덤에서 행정의 중추이자 원거리 무역의 중심지로서의 카호키아의 역할을 확인할 수 있다.

72호 고분에 매장된 신분 높은 사람들의 무덤에서 그 밖의 다른 것들도 볼 수 있다. 그 모든 것들이 나타내는 건 그들이 누워 있는 곳이 특별한 장소라는 것이다. 바꿔 말하면 바로 그 지점이 부지 전체를 위해 우주적으로 정위된 계획의 일부였다는 말이다. 고대 카호키아 족의 신앙에 대해선 아는 바가 전혀 없지

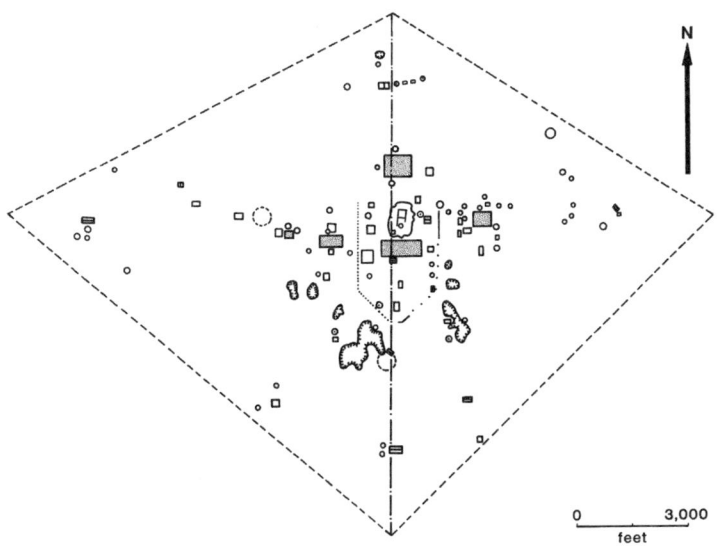

세인트루이스에서 동쪽으로 11km쯤 떨어진 곳에 위치해 있는, 지금은 폐허가 된 어느 미시시피 원주민의 거대 도시인 카호키아는 신중한 우주론적 계획에 따라 설계되었다. 릿지탑 고분들은 카호키아의 마름모꼴 영토 모서리에서 '도시의 경계'를 표시해주었으며, 도시 부지의 기본적인 동-서, 남-북 축을 뚜렷하게 보여준다. 중심 가까이에 있는 큰 지형물이 몽크스 마운드이고, 어둡게 표시된 직사각형 부분들은 광장을 나타낸다. 왼쪽에 점선으로 그린 원형은 '선 서클'의 위치를 표시한 것이다. 72호 고분은 카호키아 인들이 고분을 건축하기 위해 땅을 판, 불규칙하게 형성된 구덩이 가운데 어느 '지주支柱' 가까이에서 주축인 남-북 축을 비스듬히 가로지른다. (그리피스 천문대)

72호 고분은 카호키아의 풍경에서 두드러져 보이는 지형물은 아니지만, 중요하고 부유했던 두 인물이 매장되어 있는 영면의 장소가 발견된 곳이다. 이 고분은 부지의 다른 부분에서 동남으로 30° 가량 벗어나 있으며, 카호키아의 기본 축인 남-북 축과 고분이 교차하는 지점에 높은 기둥을 세워 표시해놓았다. (에드윈 C. 크룹)

만, 72호 고분에서 그들이 천체질서에 지대한 관심을 가지고 있었음을 간파할 수 있다.

## 팔렝케 유적에서 태양이 죽다

72호 고분에서 멜빈 파울러 박사가 발견한 것이나 하워드 카터가 투탕카문의 무덤을 연 것 같은 중요한 무덤의 발견은 공상소설 같은 탐험에 관심을 가지게 한다. 멕시코의 고고학자 알베르토 루스Alberto Ruz 박사의 기록도 그 못지않게 우리를 흥분시킨다. 그는 마야의 주요 의례단지에서 계단을 하나 발견했다. 그 계단은 신전을 떠받치고 있는 피라미드 안에 숨겨져 있어서 그때까지 찾아내지 못했던 것이다. 그곳은 팔렝케Palenque 유적으로, 멕시코 남부의 치아파스Chiapas에 있으며, 이 피라미드는 비문의 신전the Temple of the Inscriptions이라고 알려져 있다. 1949년 루스 박사는 신전 바닥에 있는 커다란 석판을 들어올렸다. 그러자 잡석으로 가득 채워진 돌계단 하나가 나타났다. 계단 두 층을 내려가는 데 일 년이 걸렸지만 그런 노력을 기울일 만한 가치는 분명히 있었다. 모두 합쳐 66개의 칸이 있고, 그중 45번째 칸 다음에서 유턴하게 되어 있다. 바닥에는 둥근 천장의 큰 납골당이 있었는데, 돋을새김으로 정교하게 조각된 석관 하나가 면적을 거의 다 차지하고 있었다. 5,000kg이나 되는 뚜껑을 들어 올리자, 틀림없이 팔렝케 사회의 고위 계층 사람의 것으로 보이는 유골과 부장품들이 모습을 드러냈다. 거기서 발굴해낸 것은 어디서도 볼 수 없는 것이었다. 루스 박사가 그 무덤을 열기 전까진, 마야의 피라미드는 오로지 신전을 떠받치기 위한 것이라고만 생각했었다. 그 밑에 무덤이 숨겨져 있을 줄이야.

그것이 발견된 이래, 석관의 뚜껑에 대해 무리한 억측을 하는 사람들도 있다. 『신의 전차』의 저자인 에리히 폰 데니켄과 고대에 외계의 우주비행사들이 지구를 방문했었다는 생각을 퍼뜨리는 사람들은, 그 뚜껑은 로켓이 발사되는 장면을 보여주는 거라고 한다. 이런 실없는 소리를 쓴 책들이 팔리고 있다. 그림

멕시코, 치아파스의 팔렝케에서, 동지 태양은 이 피라미드 내부의 어느 계단 첫 번째 칸의 기울기와 같은 각도로 따라 내려가며 비문의 신전 뒤로 진다. 그 계단은 팔렝케의 군주 파칼의 석관과 유물들을 안치해놓은 방까지 내려간다. (로빈 렉터 크룹)

문자들은 아직 해석 중이며, 거기 묻힌 사람이 파칼$^{Pacal}$ 왕(일명 '방패왕')이라는 것, 그는 팔렝케를 다스렸다는 것, 그리고 AD 683년에 죽었다는 것을 알아냈다. 비문의 신전은 그가 매장된 유적이며, 그것이 그를 죽어가는 태양과 단단히 이어주고 있다.

돌로 만든 뚜껑 위에 있는 그 유명한 '팔렝케 우주비행사'는 실은 방패왕 파칼이며, 그는 우주 밖으로 날아간 게 아니라 지하세계의 심연으로 떨어졌다. 미술가이며 미술사 교수인 린다 셸$^{Linda\ Schele}$ 박사는 석관의 상징들을 해석해서 몇 가지 신빙성 있는 설명을 내놓았다.

파칼 밑에 있는 간담을 서늘하게 하는 얼굴도 지하세계의 파충류 입처럼 그려져 있다. 얼굴에서 이마를 가로지르는 것은 모자 또는 헤어밴드인데, 그것은 킨이라는 그림문자이며, '낮', '시간', '태양'이라는 뜻의 마야 단어다. 머리 위에 있는 배지에는 3가지 상징이 들어 있다. 즉, 바닷조개의 단면, 가오리의 척추

5. 우리가 매장하는 고인들  **195**

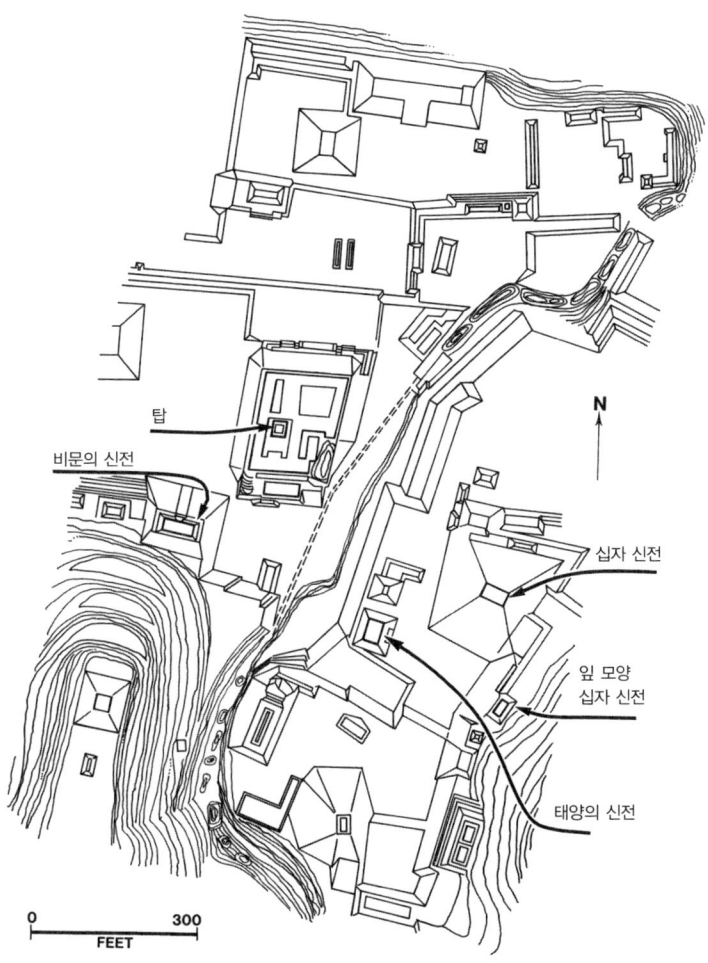

팔렝케의 궁전 구조에서는 탑 근처에서 동지 일몰이 가장 잘 보인다. 태양은 오후 2시 30분쯤 비문의 신전 뒤에 있는 언덕 뒤로 사라진다. 그러나 동지 태양의 마지막 빛은 그로부터 3시간 후 십자 신전으로 들어가는 입구에 돋을새김으로 새겨진 L신의 발밑으로 떨어진다. (그리피스 천문대)

(왼쪽) 파칼의 석관 뚜껑은, 고대 우주비행사 마니아들이 주장하는 것처럼 로켓을 타고 날아가는 우주비행사를 묘사한 게 아니라, 파칼이 하늘의 영역에서 지하세계로 떨어져 죽는 순간을 포착한 것이다. 그것은 동지의 태양이 땅의 입속으로 떨어져 '죽는' 것과 같다. 파칼 밑에 있는 기이한 얼굴이 태양이며, 그 턱은 이미 해골이 되어 있다. 4개의 꽃잎을 가진 꽃 혹은 나비처럼 보이는 킨이라는 그림문자가 태양의 이마를 차지하고 있다. 파칼과 태양 둘 다 지구 괴물의 입에 들어가 있고 막 삼켜지려는 순간이다. 석관을 오른쪽과 왼쪽으로 나누는 것은 스카이밴드들이다. 왼쪽 위에 있는 상자는 금성의 상징이다. 밴드의 오른쪽, 즉 동쪽의 가운데 그림문자는 태양과 날이라는 뜻의 그림문자 킨이다. 그 반대쪽에는 초승달 그림문자가 달, 밤, 서쪽을 상징하고 있다. 이 장면의 꼭대기에서 새 한 마리가 고대의 우주선을 위한 훌륭한 보닛 장식을 제공하고 있긴 하지만, 그것은 실제로는 밤과 지하세계를 연상시킨다. (멀 그린 로버트슨 Merle Greene Robertson의 그림을 본뜸)

나 그 밖의 사혈장치, 그리고 '교차되어 있는 밴드'의 다른 그림문자다. 셸 박사에 따르면, 이것들은 죽은 자의 영역인 지하세계, 땅 즉 중간세계, 그리고 하늘 곧 천체의 세계를 상징하는 것이라고 한다. 그 얼굴은 턱 위로는 살이 붙어 있지만, 턱 아래는 해골 같다. 셸 박사에게는 이건 중대한 이행을 의미한다. 중간세계에서 지하세계로, 삶에서 죽음으로. 이마에 있는 그림문자로 셸 박사는 파칼을 무덤까지 앞장서서 안내하는 파트너가 태양이란 걸 확인한다. 태양의 얼굴은 균형 잡혀 있으며, 위쪽 반과 아래쪽 반에 그림문자 밴드가 있다. 왼쪽에 있는 것들은 밤의 상징들이며, 그의 신전에서 왼쪽은 서쪽이다. 낮을 상징하는 것들은 동쪽에 있다.

동지와 일몰은 죽음을 나타낸다. 최남단 궤도에서 태양은 가장 약하며, 지평선 아래를 지나가고 있으므로 지하세계로 들어가는 것이다. 석관 그림이 나타내고자 한 것은 동지의 일몰로 이행하는 순간이다.

팔렝케 궁전 단의 서쪽 면에서는 거의 어디에서나 비문의 신전이 잘 보인다. 셸 박사는 동지의 태양이 파칼의 피라미드 너머 높은 산등성이 뒤로, 피라미드 정상에 있는 신전의 중심선을 따라 지는 것을 관찰했다. 지평선을 향해 움직이는 태양의 궤도는 파칼의 무덤 속으로 내려가는 첫 번째 계단과 같은 각도로 따라간다. 지구축의 각도가 변하기 때문에 이 각도도 천 년 동안 조금씩 변하긴 하지만, 그 차이는 극히 미미해서 파칼이 죽은 지 1,200년이 되어야 간신히 알아차릴 수 있을 정도다. 파칼이 죽어서 지하세계로 들어가는 것은 그의 무덤 건축에 의해 태양이 죽어서 땅속으로 들어가는 것과 같다.

우리가 너무 자주 보아온 왕권과 태양 사이의 연결고리가 팔렝케에서도 역시 나타난다. 파칼의 아들 찬 발룸$^{Chan\ Bahlum}$은 팔렝케의 왕위를 물려받았다. 그는 권력이 아버지에게서 아들에게로, 죽은 자에게서 살아 있는 자에게로 이양되는 것을 기념하기 위해 십자 신전을 지었다. 벽의 돋을새김을 보면 파칼은 왼쪽과 서쪽 면에 있는데, 오른쪽에 있는 찬 발룸보다 눈에 띄게 작다. 파칼은 작은 머리 하나, 즉 태양의 머리를 앞에 들고 있다. 찬 발룸이 있는 입구 바깥쪽 면에는, 지금 왼쪽에서 화려한 예복을 입고서, 거꾸로 된 태양의 머리가 위에 달린 왕홀을 입구의 오른쪽으로 L신에게 바치고 있다. L신은 지하세계의 주요 군주들 가운데 하나다. 이 장면이 의미하는 건 무엇일까? 왕권을 장악하는 과정에서 찬 발룸은 틀림없이 뭔가를, 그러니까 죽어가는 태양을 밤의 지배자들에게 바쳤을 것이다. 파칼이 바로 그 봉헌물이다. 그는 죽어서 아래로 내려가기 때문이다. 실제로 찬 발룸에게 지배권을 주는 것은 다름 아닌 파칼의 죽음이다. 이런 이행과 봉헌에 꼭 맞는 상징적인 절정은 죽어가는 태양의 마지막 빛이 L신의 발밑 웅덩이 속으로 떨어질 때 일어난다. 이때 L신은 그것을 잡아채서 동지의 밤속으로 가지고 간다.

## 아일랜드 무덤 속 햇빛

팔렝케에서는 한 시간 반 전에 동지의 마지막 빛이 한 신의 발밑에 떨어졌고, 아일랜드에서는 첫 번째 빛이 선사시대의 통로 무덤 passage grave(흙이나 돌로 둥글게 덮여 있는 무덤 한 끝에 출입구를 내고, 이 출입구와 무덤의 중심 부분을 연결하는 통로를 만들어놓은 형태의 무덤. 대부분의 경우 무덤 중심 부분의 양쪽 측면과 뒷면에 매장 준비를 위한 것으로 보이는 방들이 있다/옮긴이)이 있는 더블린 북쪽 42km 지점인 뉴그레인지 New grange의 한 창문으로 비쳐들고 있다. 빛은 19m 길이의 거석묘 통로 아래쪽을 비추고 인간의 뼈를 매장함으로써 신성해진 둥근 천장의 방을 비춘다.

뉴그레인지는 BC 3300년경 신석기시대의 농부들이 지은 것이다. 영국 남부에서 스톤헨지가 세워지기 500년 전 일이다. 불과 2, 3년 전만 해도 뉴그레인지 유적은 보인 강 Boyne River 계곡에 있는 자그마한 언덕처럼 보였다. 하지만 고고학자 마이클 오켈리 Michael J.O'kelly가 최근에 복원하여, 그것을 만든 사람들이 아주 발전된 디자인 감각을 지녔었다는 게 밝혀졌다. 뉴그레인지는 하트 모양이고, 고리 모양 열석 stone ring으로 둘러싸여 있는데, 이것 역시 하트 모양이다. 수직 벽의 표면이 백수정으로 덮여 있고, 정상 부분이 평평한 뉴그레인지는 지금 아일랜드 농촌 풍경 속에서 거대하고 둥근 흰 약상자처럼 보인다. 평평한 주위에 둘

보인 강이 굽이지는 곳에 위치해 있으며, 매장실이 있는 통로 무덤. 하얀 수정으로 뒤덮인 뉴그레인지의 정면은 아일랜드의 햇빛 속에서 반짝인다. 그리고 이 구조물이 가지고 있는 날카로운 기하학적인 선들은 부드러운 초록빛에 기복이 완만한 농장들이 있는 풍경 속에서 두드러져 보인다. (로빈 렉터 크룹)

러친 연석에 쓰인 많은 큰 돌들에는 정교하게 새기거나 얽은 무늬의 나선형, 마름모꼴, 그리고 아직 해독되지 못한 많은 무늬들이 있는데, 모두 돌 도구를 사용해서 새겼다. 내부도 마찬가지다.

그 지역의 오래된 전승에 따르면, 둥근 천장 외호 가까이 있는 돌들 중 하나에 3겹 나선형이 그려져 있는데, 그곳에 한 해 중 어느 특별한 날에 떠오르는 태양이 비추도록 되어 있다고 한다. 오켈리가 발굴하기 전까지 그 민간 전승이 헛소리인 줄 알았다. 통로의 문으로 들어오는 빛이 내부의 묘실에는 전혀 도달할 수가 없었기 때문이다. 오르막으로 경사진 바닥과 통로 안에 있는 다른 돌들이 모든 광선을 차단했다. 하지만 문 위쪽에서 오켈리는 창문 같은 것을 하나 발견했다. 그는 그것을 '지붕상자$^{\text{roof-box}}$(천문학적으로 중요한 의미가 있는 현상을 위해 만들어진, 특수하게 고안된 출입구 위쪽 구멍/옮긴이)'라고 불렀다. 수정 덩어리 두 개가 그 창을 정확하게 채우고 있었다. 발견 당시 하나는 그대로 창에 있었고, 다른 것은 그 근처 바닥에서 발견했다. 두 개 다 흠집이 나 있는 걸로 봐서 창문에 뺐다 꼈다 하기를 수없이 반복했음을 알 수 있다.

호화롭게 새겨진 뉴그레인지 입구의 돌이 부분적으로 통로의 문간을 가로막고 있다. 그런데 최근에 입구 바로 위에 있는 창문, 즉 '지붕상자'를 발견했다. (로빈 렉터 크롭)

　직감에 따라 오켈리 교수는 1961년 12월 21일 동짓날에 무덤 안쪽에 자리를 잡고서 태양이 떠오르기를 기다렸다. 그 고장의 일출이 시작된 지 4분 후 한 줄기 황금빛 햇살이 지붕상자를 통해 주 납골당 뒤편에 있는 작은 방을 비췄다. 태양은 17분 동안 내부의 돌들과 그 위에 새겨진 무늬들을 부드럽게 어루만지고는 다시 그 창을 통해 밖으로 사라졌다.
　거기에 천문학적 정렬과 햇빛 이벤트가 의도적으로 마련되어 있다는 건 거

5. 우리가 매장하는 고인들　　**201**

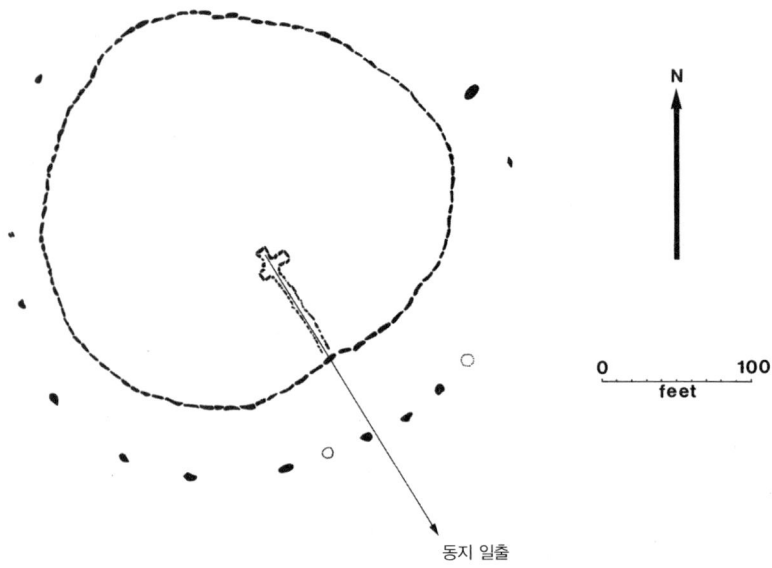

동지 일출

뉴그레인지의 무덤과 그것을 둘러싸고 있는 고리 모양 열석 둘 다 남동쪽과 동지 일출을 곧바로 가리키는 하나의 대칭축을 공유하고 있다. (그리피스 천문대)

의 확실하다. 유적 전체가 공학과 디자인 면에서 고려되었음을 보여주고 있다. 커다란 지붕 판석에 패인 홈들은 빗물이 아주 잘 흘러내리게 되어 있어서 무덤 속의 방들을 건조한 상태로 유지해준다. 심지어는 높이가 6m나 되는 내쌓기 방식의 둥근 천장도 53세기가 지났음에도 손상되지 않은 채 고스란히 남아 있다. 그 무덤의 주축은 동지 일출 방향과 거의 일치하며, 구조 전체의 기하학적 배열까지도 천문학적 정위를 강조한다. 지붕상자, 수정 덩어리들, 그리고 입구를 막아놓은 돌의 중간까지 내리 새긴 수직의 '축선axis line' 같은 세부적인 것들이 그 의도를 확실히 증명한다.

뉴그레인지를 건축한 사람들은 자신들의 의례에 대해 문자기록을 전혀 남겨놓지 않았다. 그래서 그들의 신앙에 관한 이미지를 재현할 수는 없다. 그렇긴 하지만 뉴그레인지의 주제는 분명하다. 죽음과 태양, 그리고 동지가 거기서 모두 상호관계를 가지고 있다. 동지는 한 해의 죽음인 동시에 새로운 한 해의 탄생일 수 있다. 일출과 동지의 결합은 죽음과 탄생 둘 다를 암시한다. 죽음은 확실

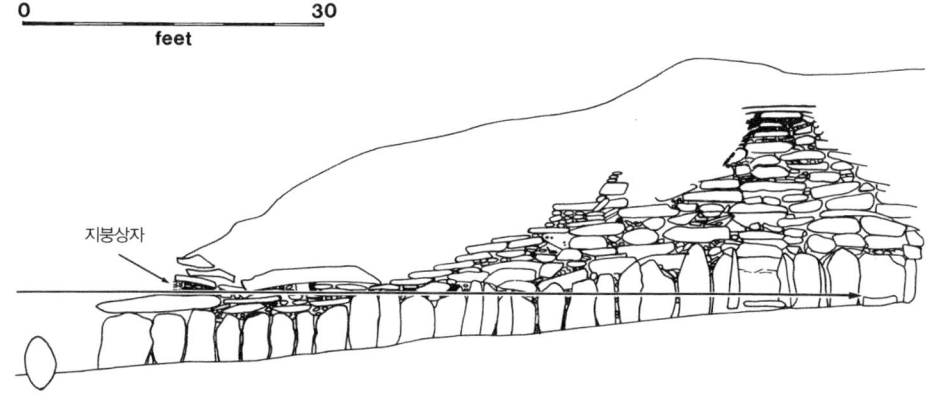

바닥이 위로 비탈져 있기 때문에, 뉴그레인지의 통로는 입구로 들어오는 햇빛이 안쪽 매장실까지 이르지 못한다. 하지만 입구 바로 위에 만든 지붕상자가 동지 일출이 무덤의 저 끝까지 비쳐 들어가게 한다. (그리피스 천문대)

히 뉴그레인지의 일부다. 그건 결국 무덤이니까. 그러나 그 안에 모아놓은 화장한 뼈들은 양이 너무 적어서 한 공동체의 공동묘지라고 보기는 힘들다. 재의 퇴적물은 양이 얼마 되지 않는데 어쩌면 특별한 것일지도 모른다. 그것들은 죽은 자들을 처리했다기보다는 얼마간은 제의를 위해 계획된 구조의 상징적인 요소들일 것이다. 햇빛을 부활시킴으로써 어두운 방 안으로 비쳐들게 하는 것은 다산을 본뜨고, 죽은 자들에 의해 신성해지고 태양에 의해 결집된 은유처럼 보이는 이벤트를 만든다. 공동체의 공동기획인 뉴그레인지는 공동의 목적에 기여한다. 구체적으로 표현된 천체의 리듬이 세계를 조직화하고 삶에 활력을 준다. 그것은 그것을 지은 사람들에게로, 그렇게 하도록 그들에게 힘을 실어준 주제에게로 다시 반사된다. 그것이 그들에게 의미하는 게 뭐든 간에 세부에서는 문제가 되지 않는다. 공동체에 대한 그들의 의례와 세상의 장소에 대한 의례가 하늘과 땅이 만나는 어떤 건조물에 의해서 고양되었다. 이집트와 중국, 카호키아와 팔렝케에서처럼, 그들의 고인들도 우주적 순환에 합류했다. 어차피 죽을 수밖에 없는 인간의 유물이 상징적인 풍경 속에서 신성해졌고, 뒤에 남겨진 살아 있는 자들을 위해 세계질서를 보존했다.

# 6. 우리가 계속하는 밤샘관측

샤먼과 성소 ● 태양의 집들 ● 하늘로 가는 여정 ● 태양의 바퀴들 ● 태양의 사제들 ● 태양의 소용돌이션들

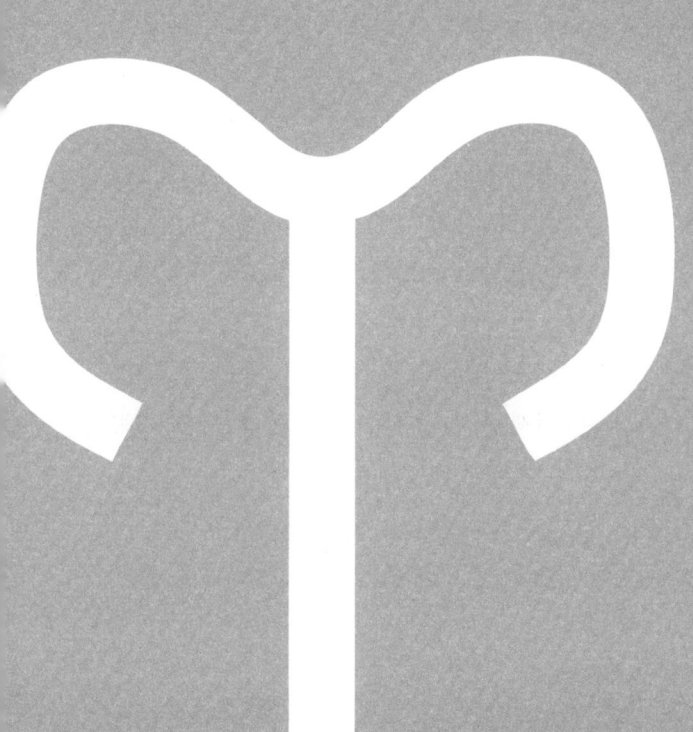

고인들이 지는 해처럼 땅속으로 가라앉든 떠오르는 태양처럼 하늘로 올라가든, 그들의 운명은 하늘과 연결되어 있다. 고인들 외에도 초자연적인 하계下界나 하늘에 있는 천구의 영역에 들어갈 수 있는 사람들이 있다. 그러나 그 여행은 살아 있는 영혼에게는 위험하며 비상한 경험과 기술을 필요로 한다. 그것은 천직, 즉 전문가들의 일이다.

그런 전문가들을 샤먼shamans이라고 하며, 그들의 신비적인 무아경trance과 신명탐색神命探索 vision quest(깊은 산속이나 산 정상에서 메디신 휠을 만들고 혼자 그 안에서 며칠 밤낮으로 물과 음식 없이 정성을 다해 기도해서 신명을 받는 아메리카 원주민들의 전통 의례/옮긴이)이 그들을 하늘로 데려간다. 거기서 샤먼은 성스러운 것에 접근한다. 그들은 영적 여행에서 지식과 힘을 얻는다. 예컨대 영혼의 초자연적인 여정에서 얻은 지식 덕분에 그들은 질병을 마법과 의례로써 치료할 수 있다. 질병이란, 주술적인 사람들 사이에서는 영혼의 결함으로 인식되었던 것이다.

샤먼들은 신이나 영혼과 교접하고 신령과의 내밀함을 즐기는 공동체 지도자들이다. 그들은 어떤 의미에서는 사제와 같지만, 똑같지는 않다. 사제는 제도화된 종교의 대리인이다. 그는 의례, 신에게 제물을 바치는 행위, 기도 속에서 성스러운 것의 상징들을 교묘히 조작한다. 샤먼들도 이런 일들을 하긴 하지만, 그들은 자신들의 신비한 밤샘기도를 통해 초자연적인 것과 직접 만나는 독자적인 대리인이다.

블랙풋Black Foot 족 샤먼인 황소 아이Bull Child의 마네킹이 샤먼의 정식 복장을 하고 미국 자연사 박물관에 전시되어 있다. 노란색으로 칠해진 그의 몸은 여러 가지 상징들로 치장되어 있는데 그중에는 천문학적인 것들도 있다. 가슴에 있는 조개껍질 펜던트 밑에 그려진 초승달은 물론 달을 나타낸다. 푸른 점들은 별이고, 뺨에 그려진 무늬는 플레이아데스성단처럼 보인다. (에드윈 C. 크룹)

샤머니즘shamanism은 중앙아시아와 아시아 북부의 수렵 및 유목민들과 밀접한 관계가 있다. 그러나 대부분의 아메리카 원주민들 가운데서도 같은 전통의 핵심 요소들을 볼 수 있다. 이 영적 전문가들은 시베리아에서 나온 이주민들과 함께 베링 해협을 건너 서반구 전체로 부챗살처럼 퍼져나가다가 마침내 북미 원주민들의 조상이 되었다. 따라서 샤머니즘의 요소들은 이곳 말고도 오세아니아나 오스트레일리아, 동남아시아, 티베트, 중국, 일본 등, 샤머니즘이 퍼진 곳이면 당연히 어디서든 나타난다.

미르치아 엘리아데는 구석기시대에 수렵과 채취를 하던 사람들의 원시종교와의 연결고리를 샤머니즘에서 본다. 6만 년 전의 네안데르탈인에게도 샤먼이 있었을 것이고, 이라크의 샤니다르Shanidar 동굴(네안데르탈인이 거주했으며, 시체 위에 흙을 덮고 꽃을 뿌렸다/옮긴이)에 샤먼을 매장할 때 그가 사용하던 약초들도 함께 매장했다.

　샤머니즘은 상징과 제의의 체계이며, 그것도 잘 발달된 체계이기 때문에, 샤머니즘이 인류 최초의 종교였다고 하는 건 잘못이다. 샤머니즘의 어떤 면들은 보편적이어서, 이것을 통해 우리는 성스러운 것에 대해 선사시대 조상들이 처음으로 지각했던 것들이 샤머니즘에 보존되어 있을 거라는 것을 알 수 있다. 이런 의미에서 샤머니즘은 종교의 기원과 모종의 관계가 있으며, 샤머니즘의 근원적인 많은 주제에서 이런 현상을 볼 수 있다. 하늘로 올라가는 신비적인 상승은 이런 주요 주제들 중 하나다. 하늘은 우주질서의 야외극을 상연하는 극장이며, 따라서 하늘은 샤먼의 성스러운 힘의 원천이다.

　샤먼의 은유는 우주질서의 순환이다. 그것은 그가 샤먼의 비밀 의례에 입문할 때 나타난다. 이때 나타나는 박탈감, 병, 고통, 심리적 위기 같은 시련들을 죽음으로 보기 때문이다. 샤먼이 되려고 하는 사람은 입문 과정에서 샤먼의 지도를 받아 자신의 죽음과 해골만 남은 자신의 모습을 상상해본다. 여기서부터 샤먼의 몸이 재구성되며 대개는 물질의 도움으로 상징적인 힘이 가득 채워진다, 마치 수정처럼. 신비적인 탐색으로 얻은 신명은 초월적이며, 사실상 새로운 인격과 새로운 시각을 창조한다. 따라서 입문은 일출이나 초승달처럼 하나의 부활이다.

　신비체험은 또 그 하나하나가 우주질서의 메아리이기도 하다. 샤먼의 무아경은 하나의 죽음이다. 그의 영적 순례는 자연계의 순환과 같다. 직접적이고 개인적으로 신령의 계시를 받기 위해 샤먼은 하늘에 몰입한다. 하늘은 우주질서의 저장고이자 거울이며, 그는 다시 새로워지고 현실에 대한 통찰력으로 충만해져서 거기서 나온다. 이렇게 정상적인 의식으로 되돌아오는 것, 다시 말해 신령과의 접촉으로 탈바꿈된 다음 정상적인 의식으로 되돌아오는 것이 부활이다.

　샤먼과 하늘의 거래는 인간의 마음속에서 하늘이 어떤 역할을 하는지 이해하게 해준다. 그러나 그건 또 어떤 고대 유적들이 어째서 천문학적으로 정위하고 있는지 그 이유를 깨닫고 이해하도록 해주기도 한다. 아메리카 대륙에서는 특히 그렇다. 아메리카 대륙에서는 최근 들어 그런 유적지들에 대한 조사연구

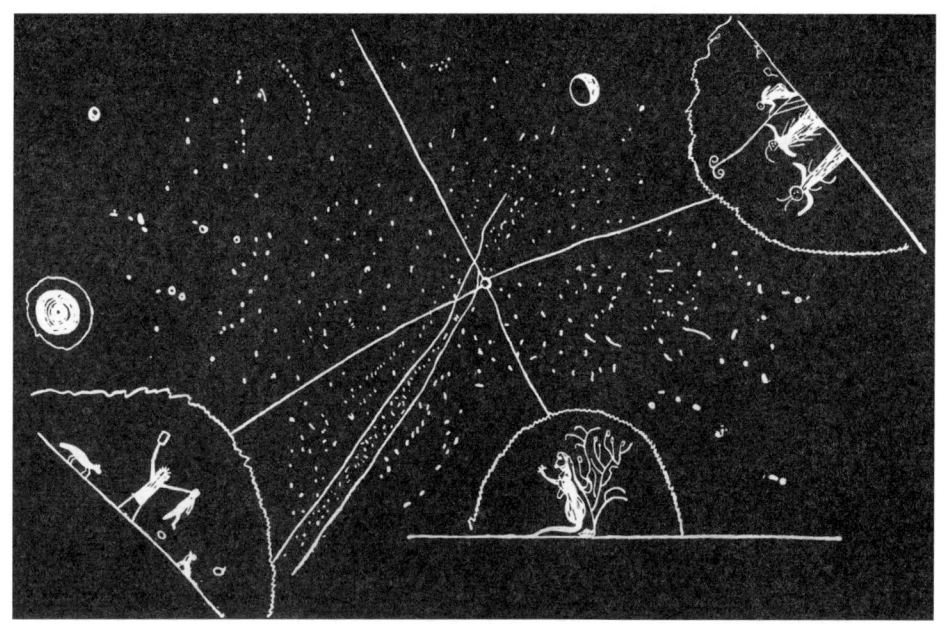

동부 시베리아에 사는 추크치Chukchi 족은 북극성, 혹은 그들이 부르는 식으로 하면 '못별Nail Star'을 하늘의 중심에 둔다. 추크치 족의 이 그림은 4개의 선이 북극성에서 교차하고, 은하수는 왼쪽으로 대각선을 그으며 뻗어 내려온다. 왼쪽 아래에 있는 세상은 새벽의 영역이고, 해질녘의 세상은 위 오른쪽이다. 둘 다 교차하는 '스카이라인'에 의해 북극성과 연결되어 있다. 오른쪽 아래의 세상으로 나타낸 밤의 어둠도 마찬가지다. 태양은 왼쪽 멀리 있고, 초승달은 오른쪽에 있다. 쉽게 알아볼 수 있는 플레이아데스성단은 그림의 꼭대기, 중심 가까이에 있다. (『라루스 세계 신화 Larousse World Mythology』)

가 급속도로 많이 이루어지고 있다. 천문학적으로 정위된 이런 유적지들 가운데 어떤 곳은 그곳을 사용했던 사람들의 샤머니즘적 전통을 살펴보면 그곳을 세운 목적이 더 분명해진다.

## 샤먼과 성소

산 페르난도 계곡의 북서쪽 모퉁이를 막 벗어난 곳에 있는(따라서 로스앤젤레스의 관공서 구역 안에 있는), 시미힐즈Simi Hills 내의 부로플랫Burro Flats에는 아메리카 원주민 추마시 족의 바위그림 패널이 있는데, 어느 샤먼의 성소shrine였던 곳이다. 그곳에는 그와 비슷한 비교적 작은 성소들이 많이 있다. 성소의 형태도 가지각색이다. 어떤 것들은 동지 태양을 향해 정위되어 있고, 또 어떤 것들은 하지와 관계되어 있다. 그 성소들은 태양이 뜨고 지는 것을 그 북단과 남단에서 기록한다. 일출과 일몰 하면 늘 마음속에 떠오르고, 또 때로는 장관을 연출하기도 하는 눈부신 광경들과 함께. 샤먼들은 그해의 특별한 때에 한 개인으로나 혹은 소그룹으로 우주의 리듬에 동참하고, 신비여정을 위해 흔히 환각제를 복용하곤 한다.

부로플랫 그림 패널은 갖가지 생물을 포함해서 복잡한 이미지 컬렉션으로 이루어져 있다. 갈퀴 같은 발톱을 가진 것도 있고, 머리장식을 한 날개달린 형상들도 있다. 그리고 아마도 지네인 것 같은데, 조각조각 잘린 동물의 몸체, 쇠사슬, 추상적인 디자인이 그려져 있는 손바닥 자국, 그리고 선, 점, 십자 모양, 원, 동심원 등의 기묘한 문양들도 있다. 그 모두가 아마 여러 번에 걸쳐서, 여러 다른 작가들이 덧그린 결과인 것 같다.

부로플랫의 바위그림들은 여러 가지 요소들과 사람들로부터 잘 보호되어 있다. 사람들로부터 보호하는 게 더 중요할 테지만. 바람과 물에 둥글게 깎여나간 사암들과 매끄럽고 둥근 바위더미들을 보면 마치 잘 만들어놓은 서부영화 촬영 세트 같다. 부로플랫의 미술작품 가운데 하나는 바위로 된 차폐물들이 닫집처럼 덮여서 보호해주고 있다. 비도 맞지 않고, 연중 대부분은 사암 차양이 모든 그림문자들 위에 그늘을 만들어준다.

미국 서부에 있는 다른 많은 유적지들처럼, 이곳 또한 자기들보다 먼저 이 땅에 살았던 사람들의 성스러운 상징들을 훼손하는 것으로 자신의 불멸성을 추구하는 지각 없는 문화 파괴자들이나 부주의한 관광객들, 아무 데나 함부로 낙서하는 사람들의 공격을 쉽게 받지 않는다. 땅에 그려진 그림들은 록웰인터내셔널 Rockwell International 사가 소유하고 있다. 이 회사는 로켓다인산타수재너 Rocketdyne Santa Susana 야외실험의 일환으로 그 그림 자체에 대한 안전 보장과 함께 그 지역을 보호하고 있다. 추마시 족과 하늘과의 관계를 기록하고 있는 그 그림들은 거대한 달로켓과 우주왕복선 들이 시험 발사된 장소에서 딱 산등성이 하나를 사이에 두고 있다.

부로플랫 그림에 친문학적 요소가 있다는 것에 처음으로 주목한 사람은 캘리포니아 주립대학 노스리지 캠퍼스에서 고고학을 전공하던 대학원생 존 로마니John Romani였다. 1979년 초의 일이다. 그는 그림 패널 서쪽 끝부분 위의 돌출부에 자연스럽게 만들어진 빛의 통로(턱이 없는 창문 모양)가 그곳으로 햇빛을 통과시켜서 그늘져 있는 패널의 다른 부분을 비추도록 되어 있는 것 같다고 생각했다. 그리고 대략 동지쯤에 그런 일이 발생할 거라고 생각했다.

로마니의 생각이 맞는지 알아보기 위해, 1979년 동짓날인 12월 22일 아침 해가 뜨기 전에 노스리지의 고고학자들과 나를 포함해서 관심 있는 사람들이 로켓다인 방위수비대에 도착했다. 우리는 차를 타고 엔진시험장과 폭발물 창고로 갔다가, 거기서 다시 울퉁불퉁하고 지저분한 길을 따라 끝까지 갔다. 겨울비가 땅속으로 스며들지 않고 그대로 흘러가는 바위투성이의 강바닥 위로 가는 길을 골라잡아, 사암 산등성이 아래 평탄한 지면을 가로질러 걷다가 주 대피소까지 지름길을 따라 올라갔다.

우리의 밤샘 관측이 시작되었고, 이윽고 새벽이 점점 밝아왔다. 위쪽 바위턱에 태양이 걸려 있고, 얇고 넓게 퍼진 황금빛 햇살이 산등성이로 접근해갔다. 태평양 표준시로 아침 7시 35분쯤 첫 번째 직사광선이 '창문'에 떨어지면서 순식간에 밝고 흰빛의 삼각형 이미지를 만들어냈다. 그 빛의 삼각형은 5겹의 동심원을 가로질러가면서 흰색으로 물들이다가, 동심원의 중심을 가리켰다. 삼각형의 정점이 중심에서 두 번째 원에 머물렀다. 이 삼각형의 효과가 잠깐 연출되고 나서 최대한으로 커진 구멍의 실루엣이 나타났다. 그건 마치 대못 같았다. 그 날카로운 정점이 왼쪽으로 곤두서더니 동심원의 중심을 향했다. 태양이 높이 떠오름에 따라 이미지는 점차 동심원의 중심에서 비껴나면서 패널의 밑바닥으로 옮겨갔다. 그러고는 그날 하루 종일 햇빛은 미리 준비되어 있는 이 바위 표면과 그 유명한 모든 그림들 밑에 머물렀다. 그 후의 관찰을 통해 동지 전후로 1주일간씩 매일 아침 똑같은 광경을 볼 수 있다는 걸 확인했다. 그러나 그 기간 말고는 1년 내내 태양이 북쪽으로 너무 멀리 떠올라 너무 높이 지나가기 때문에 그

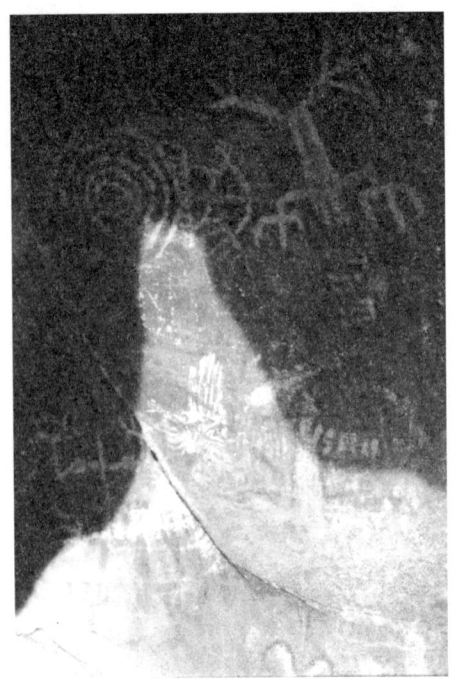

동지 일출의 첫 번째 햇살이 부로플랫에 있는 바위에 떨어지고 몇 분이 지나자, 빛나는 작은 삼각형에 살이 붙더니 5개의 동심원의 중심을 가리키는 이런 햇빛 손가락이 되었다. (에드윈 C. 크룹)

림문자를 전혀 비춰주지 못했다.

부로플랫에서 '창문'을 통과하는 햇빛은 뉴그레인지의 내부 묘실에서 본 동지의 햇빛놀이를 연상시킨다. 이 두 유적지 모두 천문대로 사용되지 못했다는 점에서도 비슷하다. 둘 다 1주일 동안이 아니라 바로 동짓날에 맞출 만큼 정확하게 정렬되어 있지 않기 때문이다. 그러나 아일랜드의 구조물과는 달리 부로플랫은 무덤이 아닌 게 분명하다. 부로플랫에는 그 그림 말고는 물적 증거가 전혀 없으므로, 그 유적지를 이해하려면 추마시 족의 전승에 의존해야 한다. 몇 세기 동안 백인들과 접촉하면서 곧바로 추마시 문화가 파괴되었음에도 불구하고, 다행히도 부족의 전통이 1920~30년대까지는 남아 있었다. 비록 단편적이고 때로는 왜곡된 형태이긴 하지만, 20세기 초에 그들의 전승은 민족지학자들, 그 중에서도 특히 존 피버디 해링턴John Peabody Harrington(1884~1961. 여러 종류의 언어에 능통했던 민족지학자이며, 캘리포니아 원주민 전문가/옮긴이)에 의해 기록되었다.

추마시 족은 수렵 채취로 생활했으나, 그들의 사회는 인구가 조밀하고 복잡했다. 남부 캘리포니아 해변의 샌타바버라 운하를 따라 위치한 수많은 도시와 마을에 15,000명의 인구가 거주했다. 그들의 정착지는 내륙으로 160km까지, 그리고 밖으로는 채널제도Channel Islands에까지 뻗어 있었다. 그들은 화폐경제를 가진 활동적인 상인들이었으며, 정교한 바구니 세공으로도 정평이 나 있었다. 그들의 종교적인 삶은 안탑'antap이라고 하는 중요한 한 종교집단에 의해 조직되었는데, 그 집단의 관리들은 추마시 사회의 엘리트 구성원들로 이루어졌다.

안탑 가운데에는 천문사제, 점성가 같은 사람들이 포함되어 있었으며, 그들을 알추클라시$^{\text{alchuklash}}$라고 불렸다. 그들에게는 달력을 기록하고 갖가지 의례에 알맞은 때를 정할 책임이 있었다. 알추클라시는 또 새로 태어난 아이들에게 태어난 날의 천문현상에 맞춰 이름을 지어주고, 소년이 성년이 되는 통과의례에서 복용하는 위험한 환각제인 다투라$^{\text{Datula}}$(흰 독말풀. 환각 성분이 있다/옮긴이)를 관리했다.

알추클라시들도 태양과 스카이코요테(북극성) 사이의 도박 게임의 결과를 예견하기 위해 동지 때에 다투라를 복용했다. 동지는 추마시 달력에서 중요한 때였다. 그때는 부족의 모든 자원이 우주의 균형을 보존하는 데에 집결하여야 하는 때였다. 추장의 보조자인 한 안탑 지도자는 12명의 조수들을 데리고서 태양사제의 역할을 맡아 카쿠눕마와$^{\text{Kakunupmawa}}$ 의례를 집전하는데, 그 의례에서 그들은 남쪽에 있는 태양을 잘 구슬려서 북쪽으로 다시 돌아오게 하기 위해 '태양 막대'들을 세운다. 이 기간 동안 안탑 사제들 중 일부는 특별한 성소에서 바위미술을 제작하기도 한다. 캘리포니아 원주민의 천문학에 관한 기초 조사인 '캘리포니아 원주민의 동지 관측자와 천문대들'에서, 캘리포니아 원주민 및 바위미술 전문가인 트래비스 허드슨$^{\text{Travis Hudson}}$ 박사, 켄 헤지스$^{\text{Ken Hedges}}$, 조지아 리$^{\text{Georgia Lee}}$ 등 세 사람은 주 전역에서 천체 관측, 동지 제의, 바위미술 그리고 샤머니즘이 모두 상호 관련이 있다는 증거들을 모았다.

캘리포니아 원주민의 천문학에 관한 체계적인 연구가 실제로 시작된 것은 1978년 트래비스 허드슨과 어니스트 언더헤이$^{\text{Ernest Underhay}}$가 『하늘의 수정들$^{\text{Crystals in the Sky}}$』을 출간하면서부터였다. 두 사람은 상당한 양의 민족지학적 정보를 수집했는데, 그 정보들은 그전에는 주목받지 못했고 그 진가도 인정받지 못했던 것들이다.

캘리포니아 원주민의 천문학에 관한 사상 전체가 다소 전문적이고 이해하기 어려운 학문적 연구 분야이긴 하지만, 그들의 하늘 전승에는 폭넓은 함축이 있는 게 틀림없는 것 같다. 그 전승들은 고대에 밤새 하늘을 관측했던 사람들은 어떤 이들이었으며, 그들은 무엇에 이끌려 밤새 하늘을 보았던가를 최소한 얼마간이라도 알려준다.

알추클라시, 즉 천문사제에게 동지 일출은 과학적으로 냉정하게 지켜봐야 하는 것은 아니었다. 그것은 종교적인 체험이며, 하나의 계시였다. 신과 영혼의 왕국으로 가는 샤먼의 신비적인 방문 같은 이런 밤샘 관측은 샤먼으로 하여금 성스러운 지식과 초월적인 힘을 발휘하게 해준다. 동지 햇살이 상징적인 바위미술 작품 위에서 반짝이는 데에서 샤먼은 우주질서가 나타나는 것을 보았다. 그는 성스러운 것이 나타나는 것, 즉 '성현hierophany'을 경험했다. 성소는 그 자체가 성스러운 곳이었다. 그곳은 우주질서가 드러나는 장소니까.

추마시 족 샤먼은 틀림없이 혼자, 아니면 많아야 두어 명과 함께 부로플랫에서 밤새 기다려야 했을 것이다. 아침 햇살이 처음으로 반짝하고 빛나는 것을 보기 위해. 그곳뿐만 아니라 캘리포니아의 다른 동지 성소들도 많은 사람들이 모이기에는 적합하지 않다. 다른 장소에서 우리가 직접 일출과 일몰을 본 경험에 비추어, 많은 군중이 그 행사를 목격하는 게 얼마나 어려운지 알고 있다. 우리는 이 행사에 많은 사람들이 모이는 대신에 고독한 한 샤먼이 자신의 손으로 직접 꾸민, 사람들 눈에 띄지 않는 한 성스러운 성소에서 영혼의 땅으로 힘차게 나아가는 모습을 상상해봐야 한다.

## 태양의 집들

추마시 족의 태양성소들은 샤먼의 영혼이 성스러운 왕국으로 여행을 떠나는 출발점이었을 것이다. 성스러운 영역에 이르려면 신성해진 장소에서 떠나야 한다. 바위미술과 동지 행사는 이런 장소들을 신성하게 하고 샤먼이 제의를 지내기에 알맞은 곳으로 만들어준다.

로스 파드레스 국립수목원에는 추마시 족 바위미술이 보호되는 또 다른 은신처인 콘도르 동굴이 있다. 이곳은 샤먼의 상징 어휘들에 대해 더욱 상세한 것들을 제공해주고, 그 상징들을 동지 태양관측과 결합시켜준다. 은신처 입구의 남동쪽에 있는 얇은 벽에는 일부러 뚫어놓은 것 같은 지름 5cm가량의 작은 구멍이 하나 있다. 동지 무렵이 되면 떠오르는 태양이 이 구멍을 통해 빛을 보내면서, 동굴 안은 한줄기 강렬한 광선으로 드라마틱한 조명이 연출된다. 허드슨과 언더헤이는 제의를 위한 어떤 장치가 햇빛이 바닥에 떨어지는 곳에 놓여 있었을 거라고 추측했다. 천문사제가 동지제의 때에 세워놓은 막대 중 하나가 떠오르는 태양광선을 포착하지 않았을까.

콘도르 동굴에는 또 동지와 관련된 것으로 짐작되는 바위그림들이 많이 있다. 그림문자들 중에는 개구리, 소금쟁잇과 곤충, 도롱뇽 비슷한 것으로 확인된 동물들이 한 마리씩 있다. 그 세 가지 모두 물, 동지, 혹은 동지가 지나고 나면 내리는 비와 관계가 있다. 또 다른 형상은 아마도 인간 같은데, 검은 피부에 붉고 흰 점이 있다. 이것은 다른 남부 캘리포니아 원주민들 사이에서 동지제의를 위해 치장하던 보디페인팅과 비슷하다. 그 형상 위쪽에 4분원이 하나 있는데, 20개의 점으로 둘러싸여 있고, 꼭짓점 8개의 별 모양이 그 전체를 둘러싸고 있다. 이것은 태양의 상징일 것이다. 그리고 그 위에 확실치 않은 모양이 하나 있는데, 그건 태양성소에서 보고된, 정상에 3개의 깃털이 달린 기둥을 나타낸 것 같다. 바위 은신처 부근에서 동지와 추마시 족 바위미술과의 연결 가능성을 암시하는 것이 1978년 12월 생태학자 스티브 주낙[Steve Junak]에 의해 관찰되었다. 동지 일몰이 가까워지자 그림자 가장자리의 날카로운 선 하나가 6겹의 동심원을 가로질러가더니, 에드워즈 동굴에 햇빛을 들여놓는 창문 구실을 하는 일종의 '기둥' 안쪽 표면을 채색하더라는 것이다.

추마시 족 샤먼은 태양광선을 가로채기 위해 제의용 도구를 설치해놓았을까? 콘도르 동굴에는 이것을 밝힐 만한 증거가 전혀 없다. 이걸 증명하려면 태양막대가 꽂혀 있던 구덩이, 그러니까 한 번도 발굴된 적 없는 동굴 바닥에서 잔해가 두껍게 쌓여 있는 구덩이를 하나라도 찾아내야 할 것이다. 아직은 에드워즈 동굴 내부에 있는 채색된 기둥도 같은 착상일 거라는 추측만 할 뿐이다. 그런데 깊이 7.5cm 정도인 5각형 구멍 하나가 또 다른 동굴 바닥에서 발견되었다. 시에라마드레의 높은 초원지대에 있는 채색바위[Painted Rock]라고 알려진 한 유적지의 두 동굴 가운데 높은 곳에 있는 동굴에서다. 거기서는 바위미술 작품 위에 동지의 햇빛이 일몰 디스플레이(빛을 영상으로 바꿔 표현하는 일/옮긴이)를 연출한다. 그러나 그 동굴에는 하지에도 햇빛이 들어가도록 지붕에 구멍이 하나 있다.

채색바위 동굴에는 지름 46cm의 '햇살 모양의 불꽃' 하나가 천장에 붉은색으로 그려져 있다. 이 세부적인 내용으로 조지아 리와 고고학자 스티븐 혼은 추마시 족 정보제공자가 사팍시^(sapaksi), 곧 '태양의 집'이라고 했던 곳이 바로 이 유적지임을 확인할 수 있었다. C. T. 호스킨슨 박사와 로버트 M. 쿠퍼는 동굴 지붕의 구멍을 통해서 전달된 빛이 하짓날 오후와 저녁 사이에 바닥에 있는 특이한 구멍에 명중하는 모습을 관찰했다. 수정으로 실험해본 결과, 햇살이 그 구멍에 떨어지게 함으로써 은신처 전체에 무지개를 보낼 수 있다는 걸 알아냈다. 동굴 바닥에 있는 5각형 구멍에 실제로 그런 장치가 되어 있었다는 증거는 없지만, 그것이 그리 무리한 생각은 아닐 수 있다. 추마시 족 전승에 보면, '태양'은 수정으로 된 집에 산다고 한다. 그런데 그런 수정들은 추마시 족 샤먼들이 사용하는 제의용 도구였다. 수정은 실제로 오스트레일리아에서 아마존에 이르기까지 샤먼들 사이에서는 태양 및 하늘과 관련이 있었던 것 같다. 그리고 무색투명한 수정은 때로 '응결된 빛'이라고 불리기도 했다. 추마시 족 천문사제는 빛을

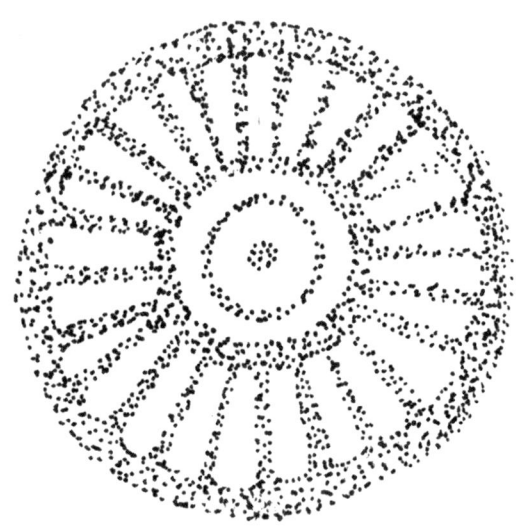

추마시 족 전승에 보존되어 있는 이 방사형 디자인과 또 다른 캘리포니아 원주민의 바위미술이 있는 장소인 채색바위는 '태양의 집'이라고 알려진 어느 성스러운 원주민 성소라는 것을 확인해주었다.(그리피스 천문대, 조지아 리 그림)

창문 동굴은 반덴버그 공군기지의 사암 산등성이에 있는 낮고 우묵한 곳이다. 그 작은 크기로 보아 겨우 몇 사람, 아마 단 한 사람만이 그곳에 들어가 그 안에 있는 암석 선화線畵에 접근해서 햇빛의 디스플레이를 관찰할 수 있었을 것 같다. (에드윈 C. 크룹)

분산시키기 위해 수정 안에 있는 힘을 소중히 여겼고, 그것에 의해 만들어지는 스펙트럼을 하늘에 다리를 놓는 천구의 무지개와 결합시켰다.

하늘과 샤먼의 상호작용이 이루어진다는 표시는 다른 추마시 족 성소들에서도 분명히 나타난다. 그런 것 하나가 로켓 및 인공위성 발사지인 반덴버그 공군기지 안에 있다. 고고학자 로렌스 스팬 Laurence Spanne 은 여기서 동지 성소와 샤먼이 하늘로 올라가는 신비 상승을 시작하기에 적당한 곳을 발견했다.

기지의 남쪽 끝에 있는 혼다 골짜기에서 긴 비탈길을 올라가면, 천연의 바위 은신처 하나가 남서쪽 지평선 위로 두드러져 보이는 트랭퀼런 산의 드라마틱한 경치를 보여 준다. 20세기 초에 원주민들이 존 피버디 해링턴에게 말한 바로는, 이 봉우리가 무이 델리카도 muy delicado 즉 '매우 성스러운' 것이라고 한다. 은신처 자체는 아주 작고 몹시 낮아서 겨우 한 사람이 손과 무릎을 대고 엎드려 있어야 할 정도다. 그곳의 내부는 암각화로 장식되어 있다. 그 패턴은 복잡해서 이해하기가 어렵지만, 그중 몇 가지는 분명히 알 수 있을 것 같다. 디자인의 왼쪽 부분은 양식화된 여성의 외음부처럼 보인다. 그것은 전형적인 추마시 족의

좀 더 큰 입구 반대쪽에 있는 작은 천연 창문 하나에서 남서쪽으로 신성한 트랭퀼런 산의 전경이 바라다보인다. 동지에 태양이 산봉우리 뒤로 넘어갈 때 창문을 통해 한 줄기 광선이 비쳐 들어와 은신처의 벽과 대조를 이룬다. (로렌스 W. 스팬)

다산과 창조의 문의 상징이다. 새 생명이 나오는 지점 말이다. 오른쪽에는 삼각형 하나가 아래에 있는 살이 8개인 바퀴를 가리키고 있는데, 이 바퀴 디자인은 흔히 태양의 상징으로 해석된다.

　은신처 입구에서 오른쪽으로 두어 걸음 가면 자궁처럼 생긴 벽감이 있다. 그중 가장 깊숙한 벽에 나 있는 구멍이 천연의 창문 구실을 해서 그 모양대로 산이 내다보인다. 스팬이 '창문 동굴'이라고 부르는 그 은신처에서 보면 봉우리는 동지의 일몰과 같은 선상에 있다. 지금은 원래의 높이보다 6~15m 아래쪽에 완만하게 경사져 있는 산 정상 위를 맴돌다가, 태양은 서쪽 경사면의 중간까지 내려간 다음, 거기에서 산의 돌출부 뒤로 살짝 사라진다. 이 위치에서 일몰을 관찰함으로써 동지의 날짜를 실제 동지 발생 2, 3일 전에 측정할 수 있다. 바위 은신처의 창문으로 들어온 광선은 벽을 재빨리 가로질러서 벽이 돌아가는 곳, '태양의 상징'이 표시된 지점에서 끝난다. 빛이 바위의 자궁을 꿰뚫으면 지는 해에 의

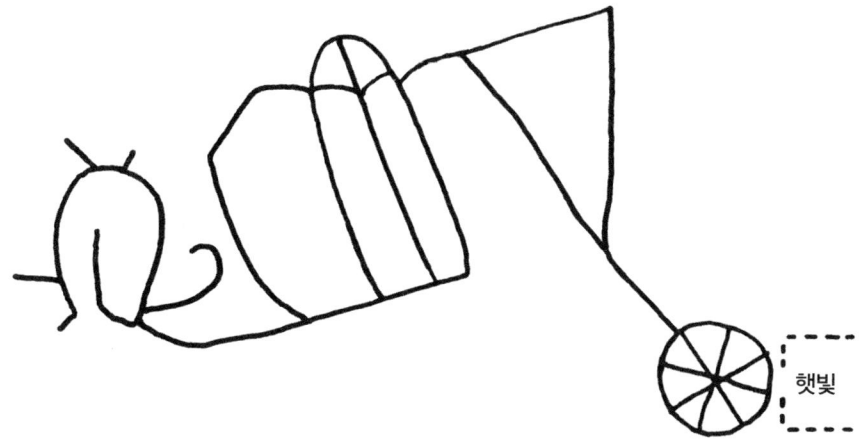

동지 햇빛이 창문 동굴을 관통해 들어와서, 태양을 상징화한 것일 수도 있는 살 달린 고리에서 멈춘다. 가까이에 있는 삼각형은 여성의 생식기를 나타내는 것일 수도 있고, 아니면 관통하는 광선을 나타내는 것일 수도 있다. 왼쪽 멀리 있는 이미지도 양식화된 여성의 외음부와 닮아 있고, 전체적인 디자인이 한 해를 다시 시작하는 것과 출산의 이미지는 같은 것이라고 말하고 있는 것 같다. (그리피스 천문대)

해 '수태'되는 것이다.

  창문 동굴의 주제들은 다른 곳에서 보이는 패턴과 일치한다. 추마시 족은 태양의 '죽음'에 대해서는 언급하지 않는다. 대신 태양, 한 해, 그리고 우주는 동지에 일출과 함께 다시 태어난다고 말하고 있다. 창문 동굴에서는 동지 일몰이 가장 중요한 순간이다. 그때 이곳에서 알추클라시는 세계질서 부활의 서막을 경험했다. 살 8개의 원반은 늙은 태양의 자식인 새로운 태양을 나타내거나, 아니면 다만 그 은신처의 태양임을 나타내는 상징일 수도 있다. 어느 쪽이든 원반과 외음부 암면 조각은 친숙한 은유인 다산과 태양을 바꿔서 말하고 있는 것이다. 둘 다 재생을 암시한다. 한 주기의 끝과 다른 한 주기의 시작을.

  신비 여행을 하면서, 알추클라시는 우주의 규칙에 도움이 되고, 또 우주를 운행하는 힘의 균형을 지키기 위해 자신의 특별한 지식과 체험을 사용했다. 그는 우주질서의 주기를 정확하게 알고 있었다. 알추클라시는 동지의 태양에서 그것을 알아차렸고, 바위에 그림을 그리는 것으로 그것에 경의를 표했다. 부족의 활동을 조직하고 그것을 세계의 주기적인 변화와 하나가 되게 함으로써, 그는 공적이며 우주적인 질서를 유지하는 데에 적극적인 참여자가 되었다.

우리는 바하칼리포르니아 주$^{Baja\ California}$(멕시코 북서부의 주/옮긴이)에 있는 채색바위 라 루모로사$^{La\ Rumorosa}$에서 샤먼이 자신을 어떻게 인식하고 있었는지 어렴풋이 알 수 있다. 태양에 의해 강화된 샤먼의 힘은 동짓날 새벽이 밤을 쫓아버릴 때 그곳에서도 역시 힘을 발휘하는 것 같다. 이 유적지는 미국과 멕시코 국경 바로 너머에 있는 티파이$^{Tipai}$ 원주민 영토 안에 있다. 산 디에고 인류박물관의 고고학자 켄 헤지스는 1975년 12월 21일 일출 전에 은신처 안에 자리를 잡고, 첫 번째 광선이 동굴 안에 닿을 때 바위미술 위에서 빛이 펼쳐지는 것을 관찰했다. 해가 떠오르자 예리한 빛의 삼각형이 가로질러가더니 벽을 찔렀다. 처음에는 흰색의 원을 줄기 같은 것으로 찌르더니 그 다음에는 흰색의 수직선 하나를 명중시켰다. 광선이 더 멀리 침투해 들어오자 '태양 단도$^{sun\ dagger}$'가 33cm 크기의 인간으로 보이는 형상을 협박하는 것처럼 보인다. 그 형상은 붉은색으로 칠해져 있고, 머리에 물결 모양의 뿔 두 개를 달고 있으며, 눈은 작고 검은색이다. 갑자기 태양 단도가 붉은 형상을 뛰어넘는다. 빛의 패턴이 두 개로 쪼개지면서 채색된 형상이 빛과 빛 사이의 어둠 속으로 잠긴다. 오른쪽에서부터 칼끝이 더 예리해지며 형상을 향해 다시 뻗어오는 것 같다. 빛의 단도가 형상에 닿는 순간 형상의 얼굴을, 정확하게 두 눈을 뚫고 지나가면서 얇게 베어낸다. 이벤트 전체가 샤먼 자신이 동지 일출에 참여하는 것을 묘사하는 그림처럼 보인다. 머리에서 쭉 뻗어나간 뿔은 흔히 초자연적인 힘과 어떤 관계가 있다고 여겨진다. 그 자체만 봐도 그림들은 그 형상이 태양 관측자라는 걸 나타내고 있다. 그 형상의 두 눈은 실제로 동지 일출의 빛을 포착한다.

## 하늘로 가는 여정

라 루모로사나 창문 동굴의 이미지들만큼이나 명쾌한데도 캘리포니아 원주민의 태양성소에서 거행된 샤먼의 제의에 대해서는 많은 것을 세세하게 알지 못

바위미술 하면 가장 먼저 떠오르는 '빛의 쇼'가 바하칼리포르니아 주에 있는 한 티파이 원주민의 은신처에서 동지 일출과 함께 일어난다. 그 성소는 라 루모로사라고 알려져 있으며, 그곳의 벽에 있는 뿔 달린 붉고 작은 형상은 반짝이는 그의 검은 눈을 가로지르는 칼 같은 햇빛 속에서 세상이 다시 시작되는 것을 '본다'. (에드윈 C. 크룹)

한다. 이런 정보가 민족지학자들과 공유되지 못했으며, 민족지학자들이 캘리포니아 원주민들과 인터뷰할 때쯤에는 그 이미지들이 보존되지 못하고 있었다. 하지만 이들 유적지에는 흥미를 끄는 다른 얼굴들도 있다. 그것들은 거기서 뭔가가 진행되고 있었을지 모른다고 넌지시 알려주고 있다. 어떤 유적지에는 기반암을 깎아서 만든 깊은 약절구들이 있는데, 일상적으로 사용하기에는 너무 크고 너무 비실용적으로 놓여 있다. 그것들은 공물을 바치기 위해 사용되었을 것이다. 예컨대 도토리를 간다든가 하는 용도로 말이다. 바위미술을 위한 물감은 얕은 컵처럼 생긴 오목한 곳에 준비되었을 것이다. 그리고 아마도 절구들은 다투라 씨앗과 다른 약들을 가는 데 사용되었을 것이다. 잎사귀들은 약초 달인 물을 준비하기 위해 다른 구멍들 중 어떤 것에 담가놓았으리라.

이런 추측들을 확인할 수는 없지만, 샤먼이 되기 위해 수련하는 사람들을 보면서 적어도 샤먼의 신비체험 기술과 천체의 은유에 대한 이해를 얼마간은 얻을 수 있다. 예컨대 고대 중국의 종교는 상당히 발전되었음에도 불구하고, 신명을 얻기 위해 하늘로 올라가는 것을 비롯해서 샤먼의 전통을 많이 보존하고 있었다. 중국 당나라 때의 천체 이미지와 믿음을 세련되게 기록한『우주공간을 걸어 다니기 Pacing the Void』에서, 동양학자인 에드워드 샤퍼 Edward H. Schafer 교수는 별들 사이를 돌아다니는 도교의 신비주의자들에 대한 이야기들을 시적으로 기술했다. 이 비법을 전수받은 사람들은 고대 샤먼의 전통에 이어 별에 집중하는 명상기법을 수련했다. 그들은 마음의 눈으로 별 모양의 패턴이나 별자리들을 따라갔고, 거기에서 하늘로 올라갈 힘을 끌어냈다. 북두칠성을 경유하거나 황도나 은하수 또는 천구의 궤도에 있는 다른 행성들을 경유하거나 간에 몇 개의 루트가 가능했지만, 목적지는 똑같다. 우주의 중심은 성스럽고 시간과 공간을 넘어서 있다. 잠시라도 모든 것이 하나인 영역에 들어간, 그리고 그 영역을 온 우주로 녹아들게 하는 신비주의자에게 이것은 초월적이고 종교적인 체험이다. 하나가 된다는 이런 의례는 감각을 넘어서 있고 이유를 넘어서 있으며, 또 그것을 어디에서 성취하든 신비체험의 표상이 된다. 중국에서는 영혼의 여정에 대한 이미지와 그렇게 하는 수단 둘 다 하늘과 관련이 있다. 그것이 '우주공간을 걸어 다니기'다.

샤먼의 엑스터시에는 주술적인 지식이 필요하다. 별들에 대한 깊은 이해는 필수다. 환각제도 사용되었을 것이다. 흰 독말풀, 즉 다투라는 중국에서도 역시 성스러운 것으로 여겨졌고, 주극성들 중에서 이름을 따서 붙였다. 이 별에서 영혼들이 그 꽃을 지구로 옮겨왔을 테니까.

당나라의 촉망받는 별 밟는 사람들은 가끔 '요의 걸음걸이'를 따라 했는데, 그것은 어느 별자리(대개는 북두칠성이다)의 별들의 모양과 순서를 따라 하는 제의용 댄스 스텝이다. 요 임금은 중국 최초의 왕조인 하나라의 창시자로, 반쯤은 신비로운 전설적인 사람이다. 중국에 문명을 일으킨 것으로 알려진 요는 농업, 관개, 채광, 금속 제련 등을 도입했다. 당나라 때에는 그는 신으로 간주되었고, 샤머니즘과도 관련 있는 것으로 알려졌다. 당나라의 샤먼들은 특별한 스텝에 맞춰 춤을 추다 보면 어느새 자신들이 북두칠성 경계에 들어와 있는 걸 알아차리곤 했다. 천극 둘레를 도는 회전 때문에 북두칠성은 달력이며 시계였다. 그것은 사회질서의 표상이며, 국왕의 상징이자, 샤먼의 힘이 집중된 가장 중요한 저장고였다.

북쪽에 있는 별들은 많은 마법적인 기술의 초점이었다. 가장 노련한 샤먼은 눈을 감고서, 알코르$^{Alcor}$(큰곰자리에서 6번째로 밝은 별/옮긴이)를 마음속에 그려보려고 했으리라. 알코르는 북두칠성의 자루 끝에서 두 번째 별인 미자르$^{Mizar}$ 곁에 있는 친구별로 보일 듯 말 듯하다. 다른 샤먼들은 침대만한 북두칠성 그림에 기대선 채 북두칠성의 별 이름을 적당한 기도와 함께 하나하나 암송하면서 상상해봤을 것이다. 별들과 하나가 되어 호흡을 조절하는 등 무아경에 빠지는 그런저런 훈련을 함으로써 영혼은 하늘로 옮겨간다. 당나라의 일련의 교수법은 《미슐랭$^{Michelin}$ 가이드》(세계적인 타이어 회사인 미슐랭사가 매년 봄에 발간하는 식당 및 여행 가이드 시리즈/옮긴이)만큼이나 명쾌하다.

메인스테이$^{Mainstays}$를 밟고 싶다면, 우선 호흡을 가다듬고 나서, 7개의 별 바깥쪽을 왼쪽으로 돌면서 작은곰자리의 작은 국자의 구름 영혼들과 하얀 영혼들

위를 세 바퀴 돌아라. 그래야만 태양의 광휘에 올라갈 수 있으리라.

'구름 영혼들'과 '하얀 영혼들'은 바로 별들이다. '메인스테이'는 하늘을 묶는 상상의 천구의 선, 즉 지구의 경선처럼 극에서 극까지 별들 사이를 뚫고 뻗어 가는 자오선이다. 정확한 궤도만이 별들을 하나하나 지나, 작은곰자리에서 밝은 별 중 하나이며 국자에서는 으뜸별인 두베Dubhe에 서서히 올라갈 수 있다. 이

아홉 세트의 발자국은 '요의 걸음걸이'의 댄스 스텝을 표시한 것으로, 아서 머레이Arthur Murray(1895~1991. 뉴욕 출신의 댄스 교사이자 실업가/옮긴이)의 설명서를 연상시킨다. 당나라 때의 노련한 도사들은 현대의 복잡한 사교춤의 비법을 전수받고자 하는 초보자들이 아니다. 그들은 이 빛 속을 믿기지 않는 방법으로 여행했다. 춤의 패턴은 도교 신자인 '별 밟는 사람'을 북두칠성으로 데려가 그 별들 주위를 돌고 그 사이를 통과하도록 되어 있는데, 우주질서라는 하늘의 영역으로 수수께끼같이 올라가는, 훨씬 더 오래된 어떤 주술적 의례에서 유래되었을지 모른다. (에드워드 샤퍼, 『우주공간을 걸어 다니기』, 12세기의 어느 자료를 본뜬 것임. 캘리포니아 대학 출판부의 허락을 얻어 옮겨 실음)

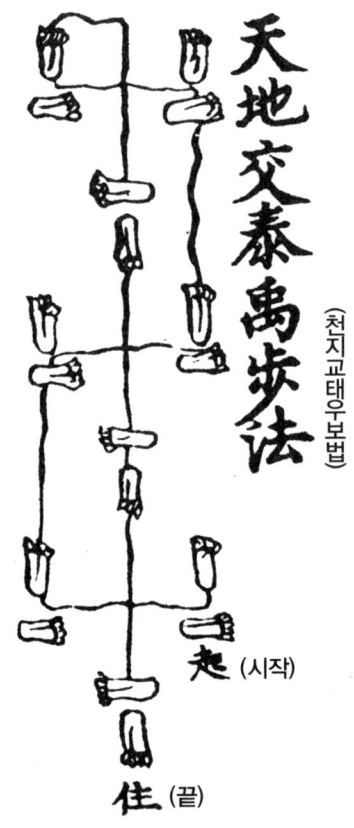

점에서 두베는 '태양의 광휘'라고 불린다.

어떤 이들은 '요의 걸음걸이'는 고대의 샤먼들이 곰을 의인화한 데서 유래했다고 생각한다. 북반구 전역에서 곰은 샤먼 전통에서 중요한 이미지다. 왜 그런지는 아주 쉽게 알 수 있다. 곰은 강한 동물이어서 자연스럽게 샤먼의 힘을 구현하기도 하지만, 또 한편으로는 샤먼의 다른 면을 보여주기도 한다. 곰은 겨울이 되면 동면하고 봄이 되면 나온다. 동면은 일종의 죽음이며, 그것은 샤먼의 '죽음', 즉 어떻게든 도달해야 하는 최면 상태와 비슷하다. 이런 탈바꿈을 통해 샤먼은 하늘과 관련된 초월적인 엑스터시를 경험한다. 그는 다시 태어난다. 곰이 겨울의 죽음에서 다시 태어나듯이. 힘과 우주질서는 곰의 습관에 간직되어 있다. 힘과 우주질서에 도달하기 위해 샤먼은 곰을 뒤쫓아 다니고 곰이 하는 대로 따라 한다. 그러면 하늘로 들려 올라간다. 중국인들은 작은 국자를 절대 곰이라고 하지 않지만, 샤먼의 곰과 북두칠성 사이는 분명 연결되어 있는 것 같다.

천극이 하늘을 다스리는 곳인 온대지방에서 샤먼은 북쪽의 별들에게로 올라간다. 하지만 지구의 적도 부근에 사는 사람들은 천극에 영광을 돌릴 필요가 없다. 그곳 샤먼들도 하늘로 여행을 가긴 하는데 우주질서의 또 다른 구역으로 간다. 예컨대 콜롬비아의 아마존 유역에 사는 원주민 투카노Tukano 족은 '은하수 너머'를 여행한다. 남아메리카의 적도지대에 사는 많은 사람들은 하늘을 조직화하는 데에 은하수를 사용한다. 투카노 족 사이에서는 은하수가 하늘의 가장 중요한 구조다. 은하수는 지하세계에서부터 활 모양을 그리며 동쪽에서 서쪽으로 지구 위를 흘러간다. 그것은 지평선과 교차해서 하늘로 뻗어 있기 때문에, 저 높은 곳에 있는 강한 힘을 가진 영혼들과 지구 사람들 사이에 소통할 수 있는 채널이다.

투카노의 샤먼들도 신비적인 신명탐색을 위해 환각 성분이 있는 식물, 즉 '야헤yaje'라고 하는 잎이 무성한 덩굴식물을 먹는다. 인류학자 게라르도 라이클-돌마토프Gerardo Reichel-Dolmatoff는 제의 때 야헤를 사용하는 것과 관련된 투카노 족의 전승들을 수집했다. 정확하게 준비하고 관리하면 야헤는 상승감을 일으킨다. 야혜 신명탐색에 탑승한 샤먼과 부족민들은 은하수를 첫 번째 목적지라고 생각한다. 야혜 '꿈'에서 투카노 족은 상상의 풍경들과 이벤트들을 경험한다. 그들은 은하수와 아버지 태양을 본다. 창조신화가 재현된다. 그들은 야혜를 통해 신화시대의 신성한 왕국으로 들어가고, 거기서 받은 꿈같은 신명들이 그들 문화의 전통을 다시 이야기한다. 약물로 유도된 최면 상태 자체에 대한 은유는 죽음과 자궁이다. 하늘 혹은 최면 상태의 끝에서 다시 태어난 그들은 자기들이 투카노 인 것이 어떤 의미인지 그 본질을 보여주는 영적 표본이 되었다고 말한다. 세계질서는 그들의 창조신화 속에 계시되어 있고, 그들은 그걸 알기 위해 하늘로 갔다. 그리고 탈바꿈되어 돌아온다.

남자들이 야혜를 마시며 이런 신명을 경험하는 동안 여자들은 그들을 격려하며, "약을 마심으로써 저들은 자기 아버지들의 모든 전통을 알게 될 것이다"라는 노래를 불러준다. 환각제를 복용하고 제의를 지내면서 참가자들은 우주의 맥락 속에서 느끼고, 우주의 맥락을 올바로 판단하고, 이 세상에서 자신들의 장소를 확인한다. 일반적으로 이것은 인간으로서의 존재와 그것을 둘러싼 세계를 통합하는 초월적인 경험이다. 투카노 족은 우주 안에 한 장소를 가지고 있으며 그곳이 어디인지 그들은 알고 있다.

야혜 환각은 처음엔 생생한 빛깔로 변하면서 빛을 내는 반복적인 기하학적 형태를 수반한다. 이런 느낌을 눈 섬광$^{phosphene}$이라고 한다. 눈 섬광은 저절로 생길 수도 있고 여러 가지 방법으로 유도될 수도 있다. 눈 섬광을 일으키는 데 야혜 같은 향정신성 식물이 화학적인 자극을 준다.

눈 섬광은 처음에는 신경생리학적인 것, 시각 회로망의 산물이라고 생각됐다. 그것은 모든 사람이 다 경험하는 인류 공통의 것이며, 어떤 점에서는 시지각視知覺 구조와 관련되어 있다. 아무리 작고 간단한 사전에도 눈 섬광에 대한 설명이 나와 있고, 투카노 족은 이런 디자인을 벽이나 접시, 바구니, 호리병박, 악기, 그리고 나무껍질로 만든 옷감 무늬에 옮겨놓았다. 자신들의 장식에 반복적으로 자주 사용되는 주제가 어디에서 비롯됐는지 잘 알기 때문에, 투카노 족은 "우리는 야혜를 마실 때 이것들을 본다"고 말한다. 그림의 요소와 디자인 하나하나가 바로 다양한 개념이다. 그리고 그것들의 의미는 공동체와 함께 공유된다. 예컨대 마름모꼴, 즉 다이아몬드는 여성의 성기를 나타내므로, 여성과 관련된 많은 것들을 상징화할 수 있다. 다산, 성적 능력, 그리고 삶과 죽음의 순환은 상징적인 어휘의 주요 주제들이다. 이와 비슷한 점에서, 캘리포니아 원주민의 바위미술도 샤먼의 신명과 우주질서에 대한 그들의 감각과 밀접하게 관련되어 있는 것 같다.

투카노 샤먼들은 야헤 신명에서 힘과 지식을 추구하며, 약을 복용한 제의 집단을 조심스럽게 통제하는 동안에 자신이 속한 공동체의 상태를 부족민들의 반응을 보면서 해석한다. 라이클–돌마토프가 그것을 우주의 균형과 자연의 질서를 유지하기 위한 것이라고 찬양하는 것처럼, 샤먼의 일은 공동체의 '생태 중개인'으로서 행동하는 것이다. 그는 부족 내의 다른 사람들을 위해 해석해주고 안내하는 사람이다. 부족민들은 약물을 복용하고 하늘을 여행할 기회가 별로 없으니까.

따라서 바로 여기, 고립된 전통적인 사람들의 전승과 제의에서 하늘의 본질적인 의미가 확인된다. 하늘은 우주질서를 인식하는 문이다. 여기에 종교가 내포되어 있다. 무엇이 성스러운가에 대한 의식은 사실 무엇이 실제인가에 대한 의식이기 때문이다. 『성과 속 The Sacred and the Profane』에서 미르치아 엘리아데는, 의례 자체가 실체와 의미의 기본적인 구조를 의식할 것을 요구한다고 역설한다. 그것이 바로 우주질서이며, 그것은 혼돈, 즉 무의미한 사건들과 변덕스러운 변화 같은 것들에 의해 위협받는다. 그러므로 성스러운 것을 경험해보는 건 문화적으로나 개인적으로 반드시 해봐야 하는 것이다. 노련한 샤먼의 지도하에 제의용으로 관리되는 환각 성분 물질들은 그런 경험의 진행 과정을 촉진하고, 그 경험이 공동사회의 가치체계 안에서 안전하게 표현되도록 한다. 그 나름의 질서와 패턴, 단순한 형태의 목록을 가진 눈 섬광은 질서정연한 의식의 구조를 반영한다.

### 태양의 바퀴들

천문 관측과 달력을 기록하는 일은 대개 정착 농경민들과 관련이 있다. 사실 달력의 발명이 정말 농경 덕분인지 아닌지는 논란의 여지가 있다. 물론 아니다. 추마시 족은 정착민이었으나 농사는 거의 짓지 않았다. 그러나 그들의 샤먼-사제들은 천체의 주기를 조사하고, 음력으로 날짜를 계산했다. 그리고 추수감사제와 동지제의와 같은 중요한 공식 행사의 시기를 정했다. 이런 휴일 기간에는 많은 사람들이 모였다. 공동체의 사회생활과 경제에 미치는 샤먼-사제들의 영향은 대단한 것이었다. 그들이 체계와 안정과 균형을 제공했기 때문이다.

이것이 천문 역법의 진짜 목적이다. 그것이 우리의 삶을 조직한다. 신뢰할 수 있는 달력이 농경사회에서 대단히 중요하다는 건 의심할 나위가 없다. 종교나 상업, 그 밖의 대부분의 사업들처럼 농업도 조직화되어야 하기 때문이며, 대규모로 이루어질 때는 특히 더 그렇다. 하지만 작은 농장이나 뒤뜰의 채소밭은 그렇게까지 제도화된 시간기록이 없어도 잘할 수 있다. 민족 전통, 자연에 관한 지식, 그리고 손쉽게 하늘을 지켜보는 것만으로도 씨 뿌리고 수확하기에 좋은 때를 충분히 예측할 수 있다. 달력의 중요성이 점점 커지는 것은 농업이 점점 더 복잡해지기 때문이며, 그건 다른 모든 활동에서도 마찬가지다. 이것은 사회가 점점 더 복잡해지고 있음을 반영하는 것이다. 즉, 더 이상 조상 대대로 내려오는 재래식 재배법으로 농사짓지 않게 되었다는 말이다.

우리는 보통 복잡한 것이 곧 문명이라고 생각한다. 그러나 샤머니즘은 얼마나 복잡한가. 그것은 초기 수렵인들의 영적 생활과 사회생활의 복잡함을 고스란히 보여준다. 예컨대 미국과 캐나다의 대초원지대에 살았던 고대인들은 농사를 짓지 않았다. 추마시 족처럼 정착한 사람들조차도 그렇다. 그러나 그들 또한 하늘에 정렬시켰고, 십중팔구 그들의 샤먼들은 성스러운 것을 추구하며 우주질서를 경험하는 데 사용되었을 성소를 지었다.

이런 유적들을 메디신 휠medicine wheel이라고 한다. 여기서 '메디신'이란 용어는 초자연적인 것, 종교적 전승, 그리고 샤먼의 힘을 일컫는다. 바퀴wheel는 대개 작은 바위들로 만들어진 원이며, 중심에 같은 종류의 돌을 쌓아놓은 커다란 케른, 즉 돌무더기가 있다. 그것들은 짐마차의 바퀴처럼 보이지만, 메디신 휠이라고 다 바퀴살이 있는 건 아니다. 그리고 그중에는 바퀴보다는 거북을 더 많이 닮은 것도 있다. 서스캐처원Saskachewan(캐나다 서북부의 주/옮긴이)의 민튼Minton에 있는 바퀴에 머리, 꼬리, 4발을 붙여 완성해보면 거북이 모양이 된다.

약 50개 정도의 메디신 휠, 그리고 그와 관련된 구조물들이 알려져 있다. 거의 모두 로키 산맥 동쪽이나 그 아래 탁 트인 초원지대에서 발견되었다. 대부분 북쪽에, 캐나다 초원지대에 있다. 겨우 2, 3세기밖에 안 된 바퀴들도 있지만, 대개는 아주 오래된 것들이다. 캐나다 앨버타의 메이저빌 케른 발굴에서 심하게 파손된 바퀴가 하나 출토되었다. 수없이 많은 살들, 테두리, 그리고 중심에 50,000kg이나 되는 바위더미가 있었는데, 4,500년은 된 것이었다. 기자의 피라미드와 같은 나이다!

천문학적으로 상세하게 분석된 최초의 바퀴는 빅혼Bighorn 메디신 휠로, 와이오밍 주 메디신 마운틴의 헐벗은 산 어깨 위로 높이 솟아 있다. 바퀴의 중앙 케른은 지름이 대략 366cm에 높이가 60cm다. 원 자체는 여기저기 흩어져서 그것의 경계를 표시해주는 돌들보다 높지 않지만, 가장 큰 지름은 26.5m나 된다. 그건 스톤헨지의 큰 대사암 원보다 약간 작은 정도다. 중앙 케른에서 테두리까지 작은 돌로 만들어진 28개의 살이 방사상으로 퍼져 있다. 살 하나가 테두리를 지나 396cm 더 뻗어나가 작은 케른 안에서 끝나고 있다. 그 외의 5개의 살들은 각각 그 끝이 바퀴의 테두리와 만나는 지점에 케른들로 표시되어 있다.

바퀴살의 길이를 더 길게 한 것은 그렇게 확장된 살들이 특별히 더 중요하다는 것을 암시한다. 그것을 알아낸 사람은 콜로라도 주 볼더의 국립기상연구센터 하이앨터튜드 천문대에서 일하는 태양 천문학자 존 에디John A. Eddy 박사다. 그 살의 끝에 있는 케른에서 바라보면, 중앙 케른의 중심을 가로질러서 야트막한 산등성이까지 북서쪽으로 계속 뻗어나가 하지 일출 방향과 일치한다.

그것만으로도 하지 일출 정렬이 우연이 아니라 약간은 의도적으로 고려되었을 거라는 걸 알 수 있다. 그러나 에디가 다른 케른들을 분석해본 결과 남아

와이오밍 주 셰리든Sheridan 부근에 있는 빅혼 메디신 휠은 작은 케른들의 집합체이며, 바퀴살들은 해발 3,000m인 메디신 산의 헐벗은 어깨 위에 있다. (커티시 로버트 오코넬Courtesy Robert O'cononell, 레드우즈 대학)

있는 케른들 중 하나만 빼고는 전부 다 기본적으로 일관된 정렬 장치라는 게 밝혀졌다. 여기에는 하지 일몰을 향한 정렬도 포함되며, 3개의 선은 3개의 밝은 별, 즉 알데바란Aldebaran, 리겔Rigel, 시리우스Sirius가 떠오르는 지점에 방향이 맞춰져 있다. 이들 중 첫 번째인 알데바란은 AD 1600~1800년 사이의 하지 하루나 이틀 안에 새벽이 오기 전, 태양이 떠오르기 직전에 떠올랐다. (세차 운동이 하지에 뜨는 별들의 위치를 바꿔놓았기 때문에, 지금은 6월 21일에 태양과 너무 가까이 있어서 하지를 알리는 전령사 노릇을 하지 못한다.) 2~4세기 전, 같은 기간에 오리온자리의 리겔은 하지가 지난 후 28일 동안 태양보다 먼저 떠올랐고, 큰개자리의 시리우스는 그다음 28일 동안 그랬다. 중앙 케른에서 찾아낸 나무 조각들의 나이테를 바탕으로 바퀴의 나이에 대해 독자적으로 추산해본 결과, 그것은 별과 일관되게 정렬되어 있었다. 즉, 그것을 건설한 때가 적어도 AD 1760년일 것이라는 뜻이다. 물론 그 나뭇조각들이 그 바퀴가 만들어진 시대와 정말로 같은지 어떤지

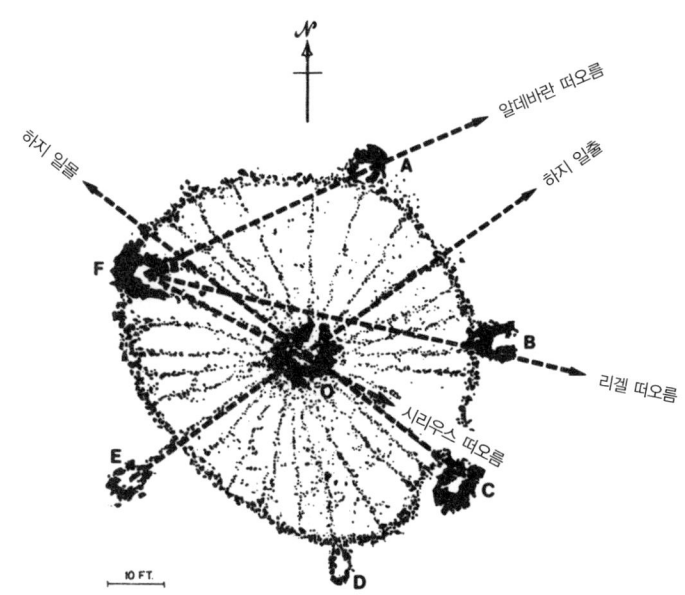

아마도 빅혼 메디신 휠의 설계에서 가장 중요한 것은 바퀴의 테두리 모양이 아닌가 싶다. 뉴그레인지처럼 잘 통제된 대칭축을 하나 가지고 있기 때문이다. 이 축은 테두리에서 벗어나 있는 케른 E에서부터 중앙 케른 O까지의 하지 일출 정렬과 일치하며, 이 선에 천문학적으로 중요한 의미가 있음을 강조한다. 존 에디 박사에 의해 제시된 다른 정렬들은 하지 일몰과 태양과 함께 떠오르는 3개의 밝은 여름 별들에 정위되어 있다. (존 에디)

는 알려지지 않고 있다.

에디는 6번째 케른에서는 천문학적 설명을 전혀 찾아낼 수 없어서 당황했다. 그러나 사우드 플로리다 대학의 잭 로빈슨Jack H. Robinson은 다른 별의 정렬을 위한 후시도 나머지 케른이 남쪽물고기자리에서 밝은 별 포말하우트Fomalhaut(남쪽물고기자리의 알파별. '가을의 외톨이별'이라고도 한다/옮긴이)가 떠오르는 위치를 가리키는 후시로 작용한다는 것을 보여주었다. 1050~1450년 사이에는 포말하우트가 하지 35일쯤 전에 태양보다 먼저 떠올랐다. 이것은 에디가 분석해서 제시한 시대보다 약간 앞서는 것이었다. 별의 연대를 결정하는 데에는 많은 불확실성이 있고, 또 정렬을 고도로 정확하게 했어야 할 필요도 없다. 따라서 빅혼 메디신 휠은 우리 생각보다 몇 세기 더 오래된 것일 수도 있다.

빅혼 메디신 휠이 하짓날을 정확하게 측정하기 위해 고안되었다는 생각을 해볼 수는 있다. 보조 기둥들과 지평선에 떠오르는 것들을 이용했더라면 중대한 일이 발생하는 날짜를 명확하게 할 수도 있었을 것이다. 그러나 그런 기술이 사용되었다는 증거는 발견되지 않고 있다. 그저 대충 어림잡아 정렬해보았을 거라는 게 그럴 듯한 것 같다. 아마 그랬을 가능성이 더 크다. 별이 떠오르는 것에 맞춰 정렬했다는 것이 절대적으로 사실일 필요는 없다. 예리한 눈을 가진 관찰자라면 정확한 방향으로 조금만 바라보아도 별이 시야에 들어올 때 그것을 분간하게 될 테니까. 따라서 포말하우트를 가리키고 있는 살과 케른은 우리의 계산에 따라 나이가 몇 세기 줄어들지도 모르지만, 그래도 원래의 목적에는 충분하다.

케른과, 그리고 줄지어 놓은 돌들과 함께 별에 정렬했음을 나타내는 배열은 천문기구로 사용되었다기보다는 시각적인 디자인과 더 밀접한 관계가 있다. 에디가 서스캐처원의 북쪽 684km 지점에 있는 또 다른 폐허가 와이오밍 휠과 똑같은 기본 계획을 가지고 있었다는 점을 증명하자, 빅혼 메디신 휠의 천문학적 정렬이 의도적인 것이며 우연의 일치가 아닐 가능성은 더 커졌다.

서스캐처원의 무스 마운틴Moose Mountain 메디신 휠은 서부 캐나다 평원의 많은 돌들과 자갈 디자인들 중 하나만 빼고는 모두 고고학자인 앨리스와 토머스 키호Alice B. and Thomas F. Kehoe 두 사람이 캐나다 국립박물관 보조금을 받아 연구했다. 키호 부부는 캐나다의 메디신 휠들 중 많은 것들, 즉 천문학적 정렬이 없는 것들은 추장들에게 바쳐진 기념건조물이며, 지어진 지 그다지 오래되지 않았다고 믿는다. 토머스 키호는 메디신 마운틴의 정렬에 관해 에디가 쓴 보고서를 검토하다가 빅혼과 무스 마운틴 바퀴들 사이의 비슷한 점에 주목했다. 1975년 고고학자들과 천문학자들의 공동연구에서 무스 마운틴 휠의 케른이 메디신 마운틴 휠과 똑같은 천문학적 패턴을 가지고 있다는 것이 증명되었다. 두 유적 모두 역사상 실재했던 플레인스Plains 원주민들의 고대 선조들이 지어서 사용했을 수도 있다.

같은 계획으로 지어졌다 해도, 그 두 바퀴는 전혀 다르다. 무스 마운틴의 중앙 케른 구조는 와이오밍의 것보다 훨씬 더 크다. 그것은 지름이 900cm가 넘고 높이는 125cm 정도이며, 80,000kg가량의 바위가 쌓여 있다. 그러나 그 둘레의

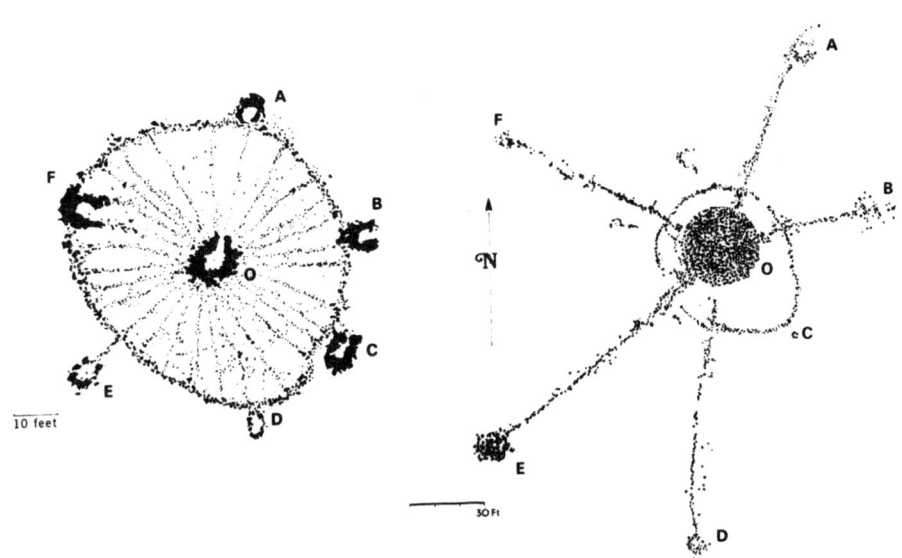

빅혼 메디신 휠에 대한 존 에디의 생각을 뒷받침해주는 단서는 빅혼의 케른과 서스캐처원에 있는 무스 마운틴 메디신 휠의 케른이 비슷한 패턴을 가지고 있다는 점인 것 같다. 천문학적으로 정렬은 같다. 그리고 무스 마운틴이 훨씬 더 오래되었다는 것은 이 바퀴들이 1,000년 이상 오래된 샤머니즘 전통의 일부분일지도 모른다는 추측을 하게 한다. (존 에디, 토머스 키호가 그린 무스 마운틴 평면도)

달걀 모양 고리는 빅혼의 평평하게 만든 원형 고리보다 작다. 다섯 개의 바퀴살만이 바퀴통에서 방사상으로 퍼져 있고, 그것들 모두가 바퀴의 테두리를 넘어 멀리까지 뻗어 있다. 가장 긴 하지 살은 중심에서 남서쪽으로 4m에 있는 한 케른에서 끝나는데, 살은 바퀴 테의 반지름보다 4배 정도가 더 길다. 이 살 끝에 있는 케른 옆에서 에디 박사는 돌들을 가지런히 배열해놓은 작은 '햇살 모양의 불꽃'을 발견했다. 아마도 태양 정렬이라는 신호인 것 같았다. 이것과 비슷한 햇살 모양의 불꽃들이 다른 두 유적지에서는 하지 일출과 관련이 있었기 때문이다. 그 두 유적지는 몬태나 주에 있는 스미스 요새의 메디신 휠과 남부 중앙 서스캐처원에 있는 민튼 터틀$^{Minton Turtle}$이다.

무스 마운틴에서 지점에 중앙 케른 뒤쪽으로 태양이 떠오르는 것을 보면, 사실은 정확한 일출 지점에서 태양의 지름 정도가 빗나가 있다. 그러나 이건 오로지 중앙 케른의 높이 때문이며, 케른 중심들 사이의 정렬은 틀림없다. 케른이 지어지고 난 후 오랜 세월에 걸쳐 이곳을 찾은 선사시대의 다양한 순례자들과 방문객들이 많은 돌들을 그 위에 쌓아놓았기 때문이다.

에디는 무스 마운틴 구조물의 건축 연대를 3개의 각각 다른 살과 3개의 별이 떠오르는 위치의 정렬을 바탕으로 계산했는데, 그 바퀴가 거의 2,000년이나 되었다고 한다. 빅혼 휠보다 상당히 더 오래되었다. 앨리스와 토머스는 그 휠이 BC 440년경에 지어졌다는 결론을 내렸다. 방사성 탄소 연대 측정기술 상의 불확실함이 연대에 의문의 여지를 남겨놓고 있긴 하다. 몇 세기 정도는 더 오래됐을 수도 있고 반대일 수도 있다는 말이다. 아무튼 수많은 세월 동안 그곳을 찾아온 수많은 방문객들이 중앙 케른의 높이를 더 높여놓았다. 그 원래의 목적을 그들은 이해하지 못했으니까.

메디신 휠들은 누가 지었을까? 전혀 알 길이 없다. 빅혼 메디신 휠과 샤이엔 족 및 그 밖의 플레인스 부족의 태양춤$^{sun\ dance}$('태양을 보는 춤'이라고도 하며, 1년에 한 번 하지에 행해지는 집단적인 신명 찾기 의례/옮긴이) 오두막의 평면도가 비슷하다는 점이 주목받았다. 그래서 어떤 사람들은 바퀴는 플레인스 부족의 조상들 것이라고 주장하기도 한다. 1975년 6월, 키호 부부는 서스캐처원에 있는 스위트그라스 크리 보호구역에서 열린 한 태양춤에 참석했다. 의례가 끝난 다음, 그들은 임시로 지은 구조물들을 조사해볼 행운을 얻었다. 그들은 이 임시 캠프의 요소들에 의해 형성된 주축이 의례가 치러지는 3일 동안의 일출과 정렬되어 있다는 걸 알아냈다. 크리$^{Cree}$ 원주민의 태양춤 오두막의 설계는 역시 키호 부부가 조사한 서스캐처원에 있는 로이 강 메디신 휠과 몇 가지 점에서 공통점이 있었다. 그들은 임시로 세운 크리 족의 구조물과 함께 사용되는 바퀴를 지적했다. 즉, 두드러진 중앙의 공간, 남쪽 입구, 에워싸는 원 하나, 돌로 표시해놓은 무용수들의 위치가 비슷하다는 것 등이다. 이러한 공통점에도 불구하고, 천문학적으로 정렬된 다른 메디신 휠들은 실제로는 비슷해 보이지도 않는다.

부족의 연장자들과 메디신 휠의 기원에 대해 인터뷰한 결과는, 애만 태웠을 뿐 우리가 얻은 것은 기대에 미치지 못하는 불충분한 것들이었다. 연장자들은 메디신 휠은 크리 족보다 먼저 살았던 사람들, 즉 '자기 자신들의 의례를 행하던 사람들'의 것이라고 믿고 있었다. 그때부터 '이 바위 원들이 남겨져 있었다' 고 한다. 그들은 고대인들과 그들이 돌로 만든 원은 다른 시대에 속해 있다고 생각했다. 한 연장자의 말을 들어보자.

> 나의 선조들은 말씀하셨다. 이것들은 우리 시대 전의 것이라고. 또 다른 창조가 있었고, 그다음 이 땅이 다시 한 번 뒤집어졌다. 그러고 나서 우리가 창조되었다. 분명히 어떤 원주민들은 오늘날 그것들(자갈 배열)을 사용하고, 이 성스러운 땅에 기도하지만, 그것들은 우리보다 먼저 여기 있었다.

북미 원주민 크로$^{Crow}$ 족이 빅혼 메디신 휠을 사용했음이 1922년 인류학자 로베르트 하인리히 로비$^{Robert\ Heinrich\ Lowie}$(1883~1957. 오스트리아 태생의 미국 인류학자. 아메리카 대평원의 원주민을 조사하여 인류학 발전에 큰 공헌을 했다/옮긴이)에 의해 보고되었다. 로비에게 자료를 제공한 사람들 중 하나인, '납작 엎드린 개'라는 이름을 가진 크로 족 샤먼이 말했다. 바퀴는 '태양의 오두막'이며 크로 족을 위해 정진하고 신명탐색을 하는 장소라고. 납작 엎드린 개가 신명탐색을 하는 사람들이 잠자는 지붕 없는 은신처라고 묘사한 것은 테두리가 있는 케른을 말한 것일지도 모른다.

로비의 보고에 대해 잘 알기 때문에, 에디도 바퀴는 신명탐색을 위한 장소로 사용되었을 거라고 짐작했다. 그는 이 자리는 한 번에 두 사람 이상은 앉을 수 없다는 점을 지적했다. 메디신 휠은 외딴 곳에 있다. 해발 3,000m에 있는 그곳은 수목 한계선 위쪽이다. 물도 나무도 가까이 없고, 또 눈 때문에 연중 대부분은 바퀴에 접근할 수가 없다(이것이 별에 정렬되어 있는 것이 우연의 일치가 아니라고 생각하는 또 다른 이유이며, 그곳에는 하지가 지난 다음 두 달까지만 머물 수 있음을 의미한다. 그 두 달이 1년 중 바퀴에 갈 수 있는 가장 적당한 기간이다).

메디신 휠을 이용한 후대의 플레인스 원주민 부족들, 혹은 그들의 샤먼들이 바퀴의 천문학적 가능성에 대한 상세한 지식을 가지고 있었는지는 모르겠다. 또 원래 바퀴를 건설한 사람들이 하지에 밤새워 하늘을 지켜본 것처럼 신명탐

무스 마운틴 메디신 휠의 하지 일출 후시(케른 E)에서 보면, 중앙 케른이 지평선 위에 놓여 있는 것이 보인다. (에드윈 C. 크룹)

색을 위해 이곳을 이용했는지 어떤지도 모른다. 그러나 어떤 점에서 메디신 휠은 캘리포니아에 있는 하지 바위미술 유적과 닮았다. 둘 다 태양에 정위되어 있고, 둘 다 한 번에 겨우 두어 사람만(아마도 단 한 사람이었을 것이다) 이용했던 것 같고, 또 둘 다 많은 변형이 나타나고 있다.

그것을 건설한 사람들에 대해 우리는 아는 것이 거의 없다. 그러나 같은 주제들이 지금도 살아남아 있다. 샤머니즘과 하지의 태양이다. 천문학적인 메디신 휠들이 실제로 무엇이든 간에, 대부분 샤먼을 하늘의 주기에 맞추도록 설계된 것으로 보인다. 치료주술사이자 신비주의자인 이 사람은 우주와 이야기를 나눈 다음, 자기의 부족민들을 위해 세계질서에 대한 메시지와 힘을 지니고서 돌아온다. 이것은 중요하다. 이들 하늘을 관측하는 샤먼들과 치료주술사들은 우리와 하늘과의 관계는 아주 오래된 종교적인 감응이라고 말하고 있다. 그것은 문화의 부산물이 아니다. 바로 그것이 지금과 같은 문화를 만들어냈다. 그것은 우리가 농부가 되기 오래전에 시작되었으며, 적어도 구석기시대의 샤먼들이 그린 동굴 벽화만큼이나 오래되었다. 그 역사는 아마도 의식意識이란 것이 생겨난 그때까지로 거슬러 올라가야 하리라.

## 태양의 사제들

아메리카 남서부에 거주하는 푸에블로Pueblo 원주민의 종교적인 삶을 지배하는 것은 샤먼보다는 의례공동체다. 그러나 태양의 운행은 면밀히 관찰된다. 의례는 특별한 때에 거행되어야 하고, 달력의 날짜들은 하늘에 있는 태양의 위치에 달려 있기 때문이다.

샤먼처럼 푸에블로 족 사제들은 자신들이 하늘을 관측하는 것은 종교적인 행위라고 생각했다. 전통사회에서 달력을 관리하는 일은 유용한 관습 이상의 것이다. 그건 성스러운 제의다. 사제와 샤먼들은 자신들이 봉사하는 공동체의 안정과 안녕을 유지하기 위해 자신들이 아는 특별한 지식을 사용하는 기술자들이다.

푸에블로 원주민들이 태양의 운행에, 그리고 태양의 위치와 달력과의 관계에 익숙하다 해도, 이런 일들을 관찰하고 제정할 권한은 공인 태양 관측자 혹은 태양사제에게 주어졌다. 태양의 위치를 보고 날짜를 계산하는 것은 그의 책임이었다. 이건 어찌 보면 속인의 지위였으나, 태양 관측자는 공동체의 종교 구조에서 없어선 안 되는 지위를 차지하고 있었다. 예컨대 오라이비 마을에 사는 호피Hopi 족의 우두머리 태양 관측자 돈 탈라예스바Don Talayesva의 자서전을 보면, 태양추장이 반드시 해야 하는 제의와 기도에 대해 써놓은 것이 있다. 그의 지위에는 또 상당히 비밀스럽고 신성불가침한 지식도 포함되어 있다. 그는 자신의 전기를 공동 집필한 인류학자에게조차 비법과 활동을 보여주는 걸 정중히 거절했을 정도다. 그의 자서전에는 샤먼의 초월성 따위를 보여주는 증거는 눈 씻고 봐도 없지만, 그럼에도 불구하고 그의 의무는 성스럽다. 그와 태양의 영적 교감으로 푸에블로 족의 의례와 관련된 삶이 정해진다.

태양 관측자들의 방법에 대해선 여러 다른 민족지학자들이 기술해왔다.

주니 족의 달력에 관한 모든 것은 페퀸 pe'kwin, 즉 태양사제가 해야 할 임무였다. 1896년, 태양사제가 오류를 범해서 면직되는 바람에 그의 후계자가 이 오래된 사진에 찍혔다. (1901~1902년 미국 민족학 부서의 연례보고서, 제18판, opp. 108쪽에서. 스미스소니언 협회 출판국의 허락을 받아 옮겨 실음. 워싱턴 D.C. 스미스소니언 협회)

1891년부터 1894년까지 애리조나의 호피 족들과 함께 생활했던 알렉산더 M. 스티븐에 따르면, 왈피Walpi 마을에서는 일출은 어느 집에서나 남쪽 방향에서 다 보이지만, 일몰은 마을의 중심쯤에 있는 중요한 씨족회관 지붕에서만 보인다고 한다. 또 다른 초기 관찰자인 프랭크 해밀턴 쿠싱Frank Hamilton Cushing(1857~1900. 미국의 민족지학자로, 아메리카 원주민들을 연구하여 많은 저서를 남겼다/옮긴이)은 22세 때 스미스소니언 박물관 탐험대와 함께 주니Zuni 푸에블로를 방문했다. 쿠싱은 여느 사람들과는 달랐다. 주니 족을 피상적으로만 관찰하지 않았다. 그는 뉴멕시코에 눌러앉아 부족 일에 적극적으로 참여했다. 그들의 말을 배우고, 주니 족 지도자와 함께 생활하며 부족회의에 참석하고, 주니 족의 하급 사제직에 입문해 비법을 전수받고, 심지어는 아파치족이 기습 공격하자 맞서서 함께 싸우기까지 했다. 주니 족에 대해 그가 쓴 기록들은 아직도 생생하며, 『주니에서의 나의 모험My Adventure in Zuni』에서 주니 족 태양 관측자의 활동에 대해 한 부분을 할애하고 있다.

매일 아침, 역시 해가 떠오르기 직전에, 태양사제는 하급사제의 우두머리를 거느리고서 폐허가 된 도시 마차키Ma-tsa-ki로 가는 동쪽 길을 따라갔다. 강변에 이르자, 동료가 조금 떨어져서 기다리는 동안 그는 천천히 지붕 없는 정사각형 탑으로 다가가 탑 바로 안쪽에 있는 거칠고 오래된 돌의자에 앉았다. 돌의자 앞 기둥에는 태양의 얼굴, 성스러운 손, 샛별, 그리고 신월이 조각되어 있다. 거기서 그는 기도하고 성스러운 노래를 부르면서 태양이 떠오르기를 기다렸다. 별로 많지 않은 그런 성소 순례가 '태양들이 서로를 보기 전에' 행해졌고, 태양 거석의 그림자들, 선더 마운틴Thunder Mountain(캘리포니아의 시에라네바다 산맥의 한 산/옮긴이)의 유적, 주니 족 정원의 기둥이 '같은 열을 따라 놓여 있다'. 그런 다음 사제는 신의 은총을 빌고 감사드리며 자기의 아버지에게 간절히 기원한다. 그동안 전사 경호원은 소나무 달력에 마지막 V자 표시를 새기면서 응창한다. 두 사람 모두 서둘러 돌아가서 지붕 위에 올라가 봄이 돌아왔다는 기쁜 소식을 소리쳐 알린다. 태양사제가 '시간의 흐름'을 잘못 지켜볼 리는 없을 것이다. 그러면 많은 주니 족 사람들이 365일 같은 장소에서 딱 두 번만 떠오르는 태양을 볼 수 있는 성소인 마주보고 있는 적당한 창문 하나 혹은 작은 통기구멍으로 떠오르는 태양의 빛을 들어오게 하는 동안, 집의 벽이나 거기에 박혀 있는 낡은 접시들에 금을 새겨 넣기도 하기 때문이다. 이렇게 소박한 정위 시스템이 이토록 놀랍도록 믿음직스럽고 정교하다니. 주니 족 사람들은 그것으로 종교와 노동, 심지어는 여가시간까지도 규정한다.

쿠싱의 보고서는 명쾌하다. 태양사제들은 성소 순례와 밤샘 기도를 계속한다. 특히 그 성소는 특별한 목적을 위해 세워졌기 때문에 상징적으로 장식되어 있다. 또 시각적으로 현란한 그림자놀이뿐만 아니라 일출에 대한 직접적인 관찰도 포함된다. 달력 기록은 계속되고, 사람들은 태양사제가 관측한 결과에 대해 듣게 된다.

주니 족의 다른 사람들도 날짜와 태양의 운행을 알고 있다. 그러나 태양사제에게 권한을 부여함으로써 주니 족은 태양 관측을 의례로 만든다. 이렇게 해서 공동체 전체가 같은 리듬으로 활동하게 된다. 태양사제가 동지 날짜를 발표하면 모든 사람이 함께 축하한다. 모든 분야에서 기능하기 위해서 한 공동체가 조직화된 시간이라는 인식을 공유했다. 태양사제의 관측은 시간의 경과를 명확하게 하며, 주니 족의 삶을 조직화하는 틀을 제공한다. 그의 달력은 그해의 패턴과 함께하는 주니 족의 의례와 맞물려가고, 이것은 또 계절이 농사, 의복, 음식 장만, 여행, 그 밖의 일상생활의 모든 면에 부과하는 주기적인 변화와 교감하게 한다. 태양을 지켜보는 것은 성스러운 차원이라고 생각되었다. 그것은 주니 족을 화합하게 하고, 하나가 되게 하며, 환경에 순응하게 해주기 때문이다.

태양사제의 역할은 선사시대까지 거슬러 올라가야 할 것 같다. 고대의 암굴 거주민들(푸에블로 원주민의 선조로, 북미 남서부의 암굴에 살았던 한 종족/옮긴이), 푸에블로(푸에블로족을 일컫기도 하고, 또 돌이나 아도베$^{adobe}$라고 하는 흙벽돌로 지은 그들의 다층 아파트, 또는 그 부락을 일컫기도 한다/옮긴이) 건설자들, 바구니 만드는 사람들이 살았던 시대로 말이다. 그들은 AD 400~1300년 사이에 유타, 콜로라도, 뉴멕시코, 애리조나의 4개 주 접경 지역에 살았던 사람들이다. 이 사람들이 지금의 푸에블로 족의 조상이라고 생각된다. 이 선사시대의 남서부 원주민들이 오늘날에는 아나사지$^{Anasazi}$라는 이름으로 가장 잘 알려져 있긴 하지만, 그 말은 나바호족의 말로 '고대인들'이라는 뜻이다. 그리고 호피 족은 그들을 히샷시남$^{Hi-sat-si-nam}$이라고 불렀다. 아무튼 그들은 나바호족의 조상은 아니다.

선사시대에 푸에블로를 건설한 사람들의 큰 중심지들 중 하나는 뉴멕시코의 차코 캐니언$^{Chaco\ Canyon}$이었다. 이곳에는 한때 많은 부락과 푸에블로인들이 있었으며, 각 부락마다 수많은 다층 아파트에 살면서 지하에 키바$^{kiva}$라고 알려진 둥글고 큰 의례용 방들을 갖추고 있었다. 관개시설과 대도로망의 흔적이 지금도 발견되고 있는데, 그곳이 복잡하고 잘 조직된 사회였음을 보여주는 것들이

마차키에 있는 이 주니 족 태양성소에 있는, 태양 얼굴이 그려진 수직 석판은 프랭크 쿠싱이 『주니에서의 나의 모험 My Adventures in Zuni』에서 기술한 태양사제의 관측 장소와 비슷하다. (1901~1902년 미국 민족학 부서의 연례보고서, 제18판, opp. 108쪽에서. 스미스소니언 협회 출판국의 허락을 받아 옮겨 실음. 워싱턴 D.C. 스미스소니언 협회)

다. 차코 캐니언은 계절에 따라 저 멀리 푸에블로에서 온 사람들이 차지했던 것 같다. 이건 곧 그곳이 광범위한 지역에서 온 순례자들을 위한 의례단지였음을 암시한다.

차코 캐니언에서 비교적 작은 푸에블로 중 하나인 위지지 Wijiji는 협곡의 동쪽 끝에 있다. 그 위쪽 메사에는 남동쪽에 면해 있는 절벽의 한 면에 4개의 광선이 있는 흰색 원반 하나가 그려져 있다. 돌계단을 따라 올라가면 얼굴이 그려져 있는 절벽과 수평돌기(띠처럼 수평으로 툭 튀어나온 바위 층/옮긴이)에 이른다. 여기에서 남서쪽으로 어림잡아 500m쯤 떨어진 곳에 있는 천연 바위 굴뚝 하나가 지평선 위로 우뚝 솟아 있다. 이 돌기둥은 바위그림에서 약 15m쯤 떨어진 수평돌기의 한 지점에서 관찰할 때 동지에 떠오르는 태양과 정확하게 일렬로 정렬되어 있다.

광선이 있는 원반은 태양을 나타내는 것일 수도 있다. 천문학자이며 미 의회 과학기술평가국 Office of Technology Assesment의 남서부 고대 유적지 조사자인 레이 윌리엄슨$^{Ray\ Williamson}$ 박사는, 그것으로 그 장소가 태양 관측소라는 걸 확인할 수 있다고 믿는다. 그는 그 유적지를 조사하고 바위 굴뚝의 폭을 측량했는데, 수평 돌기에서 보면 육안으로 보이는 태양의 크기보다 약간 작을 뿐이었다. 그가 찍은 동지 일출 사진들을 보면 사방에서, 그리고 굴뚝의 어두운 실루엣 꼭대기 위로 태양의 원반이 반짝이는 것을 볼 수 있다. 그것들은 이 장소가 어떻게 해서 태양을 관측하는 데 사용될 수 있었는지를 보여준다. 설사 정확한 관측지점이 광선이 그려진 원반에 의해 표시되고 있지는 않아도 말이다. 레이 윌리엄슨은 태양 원반은 오로지 입구에 있는 수평돌기가 성스러운 장소임을 나타내기 위해 의도된 것이라는, 입증되지 않은 의견을 제시했다. 정확한 관측지점은 그 성소를 사용했던 전문가인 태양사제만 알고 있을 뿐, 알려지지 않았다.

## 태양의 소용돌이선들

차코 캐니언의 바닥으로부터 123m 높이의 절벽 한 면에서 깎아 만든 또 다른 천문 표지가 발견되었다. 그것은 그 어디서도 볼 수 없는 독특하고 인상적인 것이었다. 워싱턴에서 온 화가 안나 소퍼$^{Anna\ Sofaer}$는 1977년 하지가 지난 지 1주일쯤 됐을 때 협곡의 남쪽 입구에서 중요한 표지물인 파하다 뷰트$^{Fajada\ Butte}$에 올라가게 되었다. 원주민의 바위미술을 연구하느라 뷰트를 샅샅이 뒤지던 그녀는 3개의 사암 석판 뒤에 숨겨져 있다고 알려진 한 쌍의 소용돌이 그림문자를 보기 위해 올라갔다. 그 3개의 사암 석판은 그림문자가 그려져 있는 벽에 수직으로 기대서 있다는 말을 들었던 것이다.

뷰트의 남동쪽 면 가장자리에 있긴 한데, 정상에서 불과 12m쯤 아래 석판 앞에 있는 좁은 수평돌기여서, 가볍게 찾아온 관광객들이 가서 보기에는 그 소용돌이들은 너무 멀고 힘들고 위험하다. 뷰트에는 물도 없다. 방울뱀, 가파른 산, 길도 없어 지레짐작으로 올라가야 하는 등반, 잡을 데도 없는 미끄럽고 푸석한 바위는 대부분의 등산객들을 곧바로 실망시킨다. 1,000년 전, 아나사지 원주

파하다 뷰트는 뉴멕시코의 차코 캐니언에서 금세 눈에 띄는 곳이며, 700~1,600년 전 사이에 고대의 아나사지 원주민들이 거주하던 인구 조밀 지역이었다. 햇빛 단도들이 소용돌이 형태의 그림문자와 상호작용하도록 허용하는 3개의 석판이 뷰트의 남동쪽(오른쪽) 정상 부근 수직 절벽 면에 비스듬히 기대 세워져 있다. (로빈 렉터 크롭)

민들이 차코 캐니언에 거주했을 때는 파하다 뷰트의 소용돌이선들이 산 아래에 사는 많은 주민들로부터 잘 격리되어 있었다.

6월 29일 정오 무렵, 소퍼는 소용돌이를 조사하고 있었다. 소퍼가 햇빛의 '단도'라고 부르는 것이 석판 바로 밑 그림자를 뚫고 지나갔다. 햇빛 단도는 커다란 소용돌이를 세로로 거의 이등분하고 있었는데, 완전히 통과하는 데 12분 정도 걸렸다. 하지가 지난 지 얼마 안 됐다는 걸 알고 있었기 때문에, 소퍼는 그 이벤트는 하지를 알리기 위해 의도적으로 고안된 바위미술의 한 구성 요소일지 모른다고 생각했다. 그 후로 그녀는 한 달 간격으로 그곳을 다시 찾았다. 춘분과 추분, 동지와 하지는 물론이고, 그 중간에도 몇 차례나 갔다. 건축가인 포커 진저$^{Volker Zinser}$, 그리고 국립과학재단의 물리학자 롤프 싱클레어$^{Rolf Sinclair}$ 박사와 함께 조사해본 소퍼는 파하다 그림문자들은 정밀하고 정확한 달력 표지라는 확신을 갖게 되었다.

정확한 하짓날에 햇빛은 먼저 가운데와 오른쪽 석판 사이로 미끄러져 들어

파하다 뷰트의 석판 아래에 있는 큰 소용돌이는 하지에 그 지역 시각으로 정오가 되기 전 18분 동안 내려오는 햇빛 단도에 의해 둘로 쪼개진다. 이것으로 몇몇 캘리포니아 원주민 성소에서, 그리고 뉴그레인지에서 무슨 일이 일어나는지 연상할 수 있다. (칼 케른버거Karl Kernberger 사진. ⓒ The Solstice Project/안나 소퍼)

와서 한 시간가량 머문다. 빛의 한 점이 소용돌이 중 큰 것의 테두리 위에서 타오르듯 밝게 빛나다가 점점 커지면서 얇은 단도가 되더니, 벽에 새겨진 굽이들을 얇게 저미며 아래로 내려가 중심을 통과하면서 둘로 쪼갠다. 첫 번째 빛이 비춘 지 18분 후, 벽이 다시 어두워지면서 공연은 끝난다. 햇빛의 또 다른 점 하나는 작은 소용돌이 근처에 1년 내내 나타나며 그것 역시 단도 모양이 된다.

6개월 후 동지에, 두 개의 햇빛 단도가 큰 소용돌이 왼쪽과 오른쪽에서 정확하게 프레임을 만들었다. 이것은 수직으로 선 3개의 바위 사이에 있는 2개의 뚫린 부분을 통해서 햇빛이 들어오는 한낮의 49분 동안에 일어난다. 왼쪽과 가운데 바위 사이에 있는 공간이 두 번째 햇빛 단도를 만들어낸다. 그것 역시 1년 내내 보이긴 하지만, 하지에는 아주 잠깐만 나타난다. 옛날에는 그날, 즉 하지에는 절대 나타나지 않았을 것이다. 그렇다면 1년 중 그날 하루만 나타나지 않도록 설계된 것 역시 하지임을 알려주는 것이었을 수도 있다.

춘분과 추분에 나타나는 햇빛놀이도 그날이라는 걸 아주 확실히 보여주는 증거가 된다. 큰 소용돌이의 오른쪽에는 9개의 굽이가 있는데, 큰 것인 오른쪽 칼이 4번째와 5번째 홈 사이를 자른다. 이 칼은 9개를 '반'으로 나눈다. 춘분과 추분이 하지와 동지 사이의 시간을 쪼개는 것과 똑같다. 오른쪽 소용돌이의 오른쪽에서 춘분점과 추분점이 쪼개지는 동안, 왼쪽에 있는 작은 소용돌이에서는 가냘픈 빛의 쐐기가 그 중심을 뚫고 지나간다.

내 기억으로는 1978년 하지 몇 주일쯤 전에 소퍼로부터 전화를 받았다. 그녀는 나 말고도 고고천문학archaeoastronomy에 적극적으로 관심을 보이는 몇 사람에게 전화했던 것 같다. 나는 그녀가 발견한 것에 호기심이 생기긴 했으나 세부적인 것을 제대로 이해하지는 못했다. 자신이 본 것, 그리고 그것이 어떻게 작용했는지를 전화로 정확하게 표현하기는 몹시 어려운 일이었을 테니까. 그녀가 햇빛 단도의 예기치 못한 수직적 움직임을 강조하는 바람에 이야기 전체가 너무 복잡하고 비현실적이고 혼란스럽게 들렸다. 관심이야 있었지만 난 약간 당혹스러웠고 또 반신반의하고 있었다. 그 태양 단도는 그곳에 설계된 것일까, 아니면 아나사지 바위미술가에게는 알려지지 않은 우연의 일치일까?

나는 그녀의 이론에 결함이 있다는 걸 알아차렸고, 그녀도 알고 있었다. 그래서 난 내 생각에 가장 적당할 것 같은 문제 해결방법을 넌지시 제시했다. 이런 당연한 염려를 나타낸 사람은 나뿐만이 아니었다. 그녀의 이야기를 들은 사람들 모두가 그랬다. 예컨대 그 단도의 모양을 만들어내는 석판의 가장자리들이 연장을 써서 만들어낸 것이라는 걸 그녀가 증명해 보일 수 있을까, 하는 것이었다. 가능하다면, 그 석판들이 우연히 거기에 떨어진 게 아니라 의도적으로 그곳에 세워놓은 것임을 증명하는 게 중요할 것 같았다.

바위 표면을 연장으로 다듬었는지에 대해 결론을 내리기는 어렵다는 게 증명되었다. 소퍼와 그녀의 동료들이 곡선 모양의 석판 표면이 뷰트 표면을 배경으로 태양의 지평선 상의 움직임을 빛의 수직놀이로 어떻게 바꾸는지 줄곧 설명해왔음에도 불구하고 말이다. 하지만 그들은 그 석판들이 원래 있었던 장소로 추정되는 곳은 찾을 수 있었다. 지질학적 분석으로 2,000kg 가량인 이 거석들이 한때는 수평으로 매달려 있었다는 걸 알게 되었다. 또 그들은 현재의 위치 바로 왼쪽 절벽 위에 있던 또 하나의 바윗덩이로, 원래의 바윗덩이의 정상 표면이 오늘날 수직으로 서 있는 석판의 높이와 같은 높이였다는 걸 알아냈다. 그 석판들이 어떻게 해서 지금의 위치로 떨어졌을지 상상하기가 쉽지 않았다. 미국 지질학연구소 연구원들은 어떻게든 상상해보려고 하지만.

캘리포니아의 하지와 동지 성소들에 대해 더 많은 것들을 알게 되면서, 인위적으로 건설됐다는 증거가 실제로 점점 힘을 잃었다. 그것들은 비슷한 기술을 보여주는 다른 예들만큼 정확하지 않았다. 한편 레이 윌리엄슨 박사는 이런 종류의 지점 표지 같은 것을 호븐위프Hovenweep에 있는 4개 주 접경 지역에서 또 하나 찾아냈다. 거긴 유타 주 남동쪽과 콜로라도 주 남서쪽이 만나는 지점으로, 아나사지인들이 점거했던 높고 완만한 바위언덕이 깎여 나간 수많은 협곡 지대였다. 그들은 그곳에 돌이나 벽돌로 다층 건물과 독특한 탑들을 세웠다. 홀리하우스Holly House 그룹 아래의 협곡에는, 바위 회랑 안쪽 벽에 일련의 동심원들과 두 개의 소용돌이선을 포함해서 훌륭한 그림문자가 몇 개 그려져 있다.

하지 무렵 아침이면 위쪽 돌출부와 회랑 반대편 벽을 형성하고 있는 거대한 돌덩이 사이의 갈라진 틈으로 햇빛이 뚫고 들어온다. 실제로 그 회랑은 그 돌덩이가 세로로 쪼개져서 모체 바위로부터 떨어지기 전 한때는 그것이 다 차지하고 있었다. 빛이 들어오면, 두 개의 태양 단도가 그림이 그려진 돌판 위에 나타난다. 둘 다 이 남쪽 벽을 가로질러 수평으로 뻗어간다. 왼쪽 단도는 소용돌이를 꿰뚫고 지나가고, 오른쪽 단도는 동심원들을 둘로 자른다. 아침이 진행되면서 그 두 단도의 끝부분이 만난다.

호브위프 국립유적지 안에 있는 아나사지 유적지 홀리하우스 가까이에 이 그림문자들, 즉 소용돌이선 두 개와 동심원이 있다. 이 그림들은 그림이 그려진 표면의 반대쪽 끝에서 바위의 표면을 수평으로 저미기 시작하는 햇빛 바늘 두 개에 의해 쪼개진다. 그러고는 하지 오전 내내 중간에서 만난다. (에드윈 C. 크룹)

한 해 중 의미 있는 시간에 일어나는 그런 극적인 조명 효과, 그리고 그것들과 바위미술의 상호작용은 그것이 샤먼의 손으로 만들어졌음을 반증한다. 파하다 뷰트의 태양성소는 불편하고 위험한 곳에 위치해 있다. 바로 이 점이 태양사제가 밤새워 태양을 관측한 장소라는 걸 가장 잘 설명해준다. 태양 관측자로서의 자신의 역할에 충실하게, 그는 질서정연한 운행과 시간의 주기를 세세하게 관찰했다. 이 지식이 그의 힘의 원천이었고, 그는 자신의 공동체가 때맞춰 세상과 균형을 이루어가도록 하는 데에 이 힘을 행사했다. 벽에 새겨진 디자인 위에서 펼쳐지는 빛의 디스플레이는 하나하나가 천체의 힘을 드러내 보여주는 것, 오직 그만의 경험이었다. 그는 자신이 직접 경험한 신명에서 그것을 알아냈을지도 모른다. 날짜 계산에 의해서든 하늘로 올라가서든, 그는 태양과 만났다. 그가 밤새 행한 천문 관측이 그를 그런 힘의 영역으로 데려갔다.

그는 거기서 뭔가와 함께 천체의 질서의 관리자가 되어 돌아와서는 그것을 땅으로 흘려보낸다. 하늘의 힘과 함께한 밤샘 관측으로 그는 간단히 날짜를 계산했다.

# 7. 우리가 계산하는 날짜들

구석기시대에 시간 표시하기 ●구석기시대의 표기법: 빙하기의 달을 새기다 ●시간을 숫자로 바꾸기
●신석기시대에 시간 축하하기 ●선돌로 계절 세분하기 ●달로 시간 측정하기
●시간을 조직화하고 그것을 철저히 지키기 ●시간을 신성하게 하고 그것에 의미 부여하기
●달력, 보정, 그리고 왕들 ●달력, 경작, 그리고 우주질서 ●시간과 사회질서: 잉카 달력
●시간과 점 ●복잡함과 일치: 메소아메리카의 달력

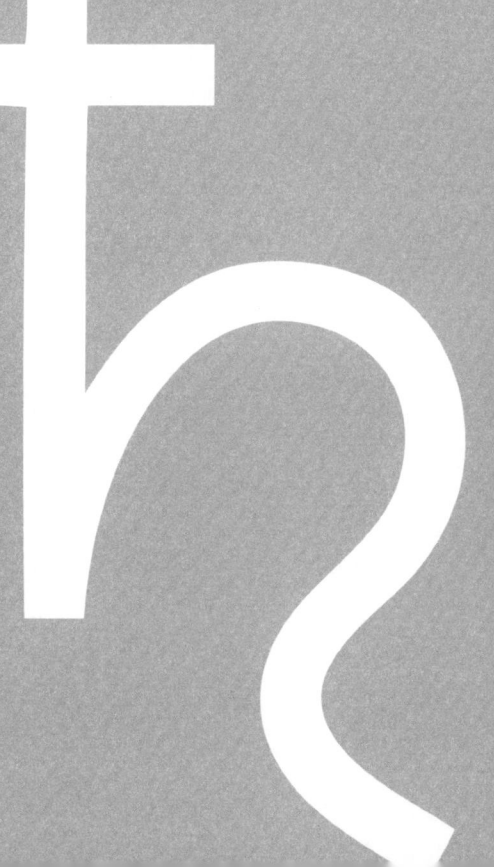

시간을 알아차리고 그것을 조직화하고 싶어하는 것은 우리 의식을 떠받치는 근본적인 토대다. 물론 달력은 시간과 활동을 정돈하기 위해 이용하는 도구 가운데 하나다. 그러나 그것은 너무 평범하고 늘 사용하는 도구여서 우리는 그걸 당연하게 생각하며 그게 왜 중요한지도 잊고 산다.

달력은 일련의 숫자들을 연속적으로 배열해놓고 거기다가 기분 전환을 위해 그림 몇 장 끼워 넣은 것 정도의 단순한 것은 아닐 것이다. 우리 조상들은 달력의 중요성을 이해했다. 그들은 거기에 힘이 있다는 걸 알았다. 종교적인 힘, 사회적인 힘, 정치적인 힘이. 달력의 영향력은 거의 모든 일에서 느껴졌다. 달력은 사회를 뒷받침했으며, 그런 이유로 성스러운 제의, 농경에 관한 모든 것, 그리고 왕권의 책임으로 표현되었다.

오래전에 우리 조상들은 우선 시간의 경과를 기록하는 것으로 시작했다. 물론 그건 천체의 주기에 대한 고대인의 관찰에서 시작되었다. 오래지 않아 우리는 농부가 되거나 문명을 건설했으며, 두뇌는 하늘의 주기적인 변화에 집중해야 했고, 세상 사람들의 행동을 자신의 관점에서 평가했다. 생존이 하늘에 달려 있었다. 그러나 선사시대의 달력 기록자들에 관한 증거가 뭐라도 있을까? 그들은 언제 그리고 어떻게 처음으로 계산을 하기 시작했을까?

지금까지 알려진 가장 오래된 달력, 아니 적어도 시간의 경과에 대한 기록은 20,000년에서 30,000년 전 전기 구석기시대에 빙하기 사람들이 뼈에 새긴 표기인 것 같다. 피버디 박물관에서 고고학과 민족학을 함께 연구하던 알렉산더 마샥Alexander Marshack(1918~2004. 미국의 독자적인 학자로, 특히 전기 구석기 고고학자/옮긴이)은 전기 구석기시대의 표시들을 현미경으로 조사하고 사진을 찍어두었다. 1965년 마샥은 그때까지 아무도 시도해본 적이 없는 이 간단한 행동으로, 그 흠집들은 다른 사람들이 짐작했던 것처럼 단순한 장식이나 사냥한 동물을 계산해서 표시한 게 아니라는 것을 알아냈다. 그것들은 훨씬 더 복잡했다.

## 구석기시대에 시간 표시하기

프랑스 도르도뉴 지방의 블랑샤르Blanchard 바위 주거지(깎아지른 절벽 기슭에 있는 동굴처럼 생긴 얕은 구멍/옮긴이)에서 20세기 초에 찾아낸 30,000년 된 뼛조각 하나에는 69개의 구멍이 한쪽 면에 새겨져 있는데, 모두 다르게 생겼다. 그것들은 모두 다섯 번을 연거푸 방향을 바꿔가면서 뱀처럼 구불구불하게 배열되어 있었다. 알렉산더 마샥의 현미경은 그 표시들이 몇 개의 묶음으로 이루어져 있다는 걸 보여주었다. 24가지의 다른 도구나 혹은 다른 방식으로 선이 그어졌다. 그래서 마샥은 각 묶음마다 새겨진 때가 서로 다를 거라고 추측했다. 마샥이 보기에, 누군가가 순수한 장식으로 이런 무늬를 새겼을 것 같진 않았다. 그 표시들은 특수한 기호로 뭔가를 표기해놓은 것처럼 보였다. 그것들이 표기라면 분명 뭔가를 증명하는 것일 텐데. 마샥의 생각에 그건 변화하는 달의 위상이었다.

블랑샤르 뼈와 비슷한 것이 적도 아프리카에 있는 8,500년 된 중석기시대의 유적지 이샹고Ishango에서 이미 밝혀졌었다. 이샹고는 나일 강의 수원지 중 하나인 에드워드 호숫가 근처이며 이집트 남쪽으로 멀리 떨어져 있다. 1962년, 이샹고 발굴 팀 가운데 한 사람인 장 드 하인젤린Jean de Heinzelin(1920~1998. 주로 아프리카에서 활동한 벨기에의 지질학자. 이샹고의 뼈를 발견했다/옮긴이)은 범상치 않은 것을 발견했다고 보고했다. 무슨 도구로 보이는 뼈 하나인데, 거기에는 쐐기 모양이 16개의 묶음으로 새겨져 있었다. 선을 그은 횟수는 묶음마다 달랐다. 드 하인젤린은 그 패턴은 의도적인 것이며, 의미 있는 '수를 나타내는' 순서라고 생각했다. 마샥은 이샹고 뼈에 있는 168개의 표지는 음력을 나타내는 것이라고 해석했다. 그는 디자인에서 눈에 보이는 변화, 즉 패턴을 만들어내는 변화는 5개월 반 동안의 신월과 보름달의 간격에 들어맞는다는 걸 보여주었다.

끼워 맞추려는 인상이 강하긴 해도, 그 생각은 어쨌든 가능성의 여지는 남겨두었다. 마샥은 이 접근법을 표시가 새겨진 다른 2개의 인공물에 시험해봤다. 체코슬로바키아에서 출토된 뼛조각과 우크라이나의 곤치Gontzi에서 발견된 매머드의 송곳니였다. 둘 다 전기 구석기시대의 것들이었다. 체코슬로바키아 뼈의 표지는 각각 15, 16, 15가 새겨져 있는 세 그룹으로 수집된 것 같았다. 마샥의 추론이 세부적인 부분에서는 결함이 있긴 했지만, 달의 주기의 약 절반인 15와 16처럼 보이는 표기가 반복된다는 사실은 그가 올바르게 추적하고 있다는 뜻이다. 그는 곤치 상아의 세분된 것들을 분석한 결과 달과 관련된 4개월 치의 추가 기록을 찾아냈다. 그러나 세부 사항에서 '한 달 한 달'이 모두 다른 것은 수수께끼였다. 우리가 예상했던 것처럼 29일이나 30일의 주기를 가진 선들로 이루어진, 정확하게 똑같은 패턴이 반복되는 건 없는 것 같았다. 그러나 마샥은 이 유물들에 나타난 그림들을 가지고 작업할 수밖에 없었다. 실물을 현미경으로 보았더라면 더 많은 정보를 얻었을지도 모른다. 그러나 그의 성과가 제한적이었을지는 몰라도, 전기 구석기시대에 대한 실례들을 좀 더 많이 찾기 위해 프랑스로 갈 마음을 먹기에는 충분했다. 그렇게 해서 블랑샤르 뼈를 찾게 되었다.

처음에 내린 결론으로 인해 선입견을 가지고서 증거를 채택하는 것을 피하려고, 마샥은 조사해볼 가치가 있는 구석기시대 유물들에 대해 '전기 구석기 유물에는 공통된 한 가지 표기가 있거나, 아니면 표기가 전혀 없다'는 식의 건전한 '양자택일' 방법을 채택했다. 그러므로 표시가 새겨진 뼈들 중에서 무작위로 추출한 표본에는 상징적인 순서가 반드시 있어야 했다. 그렇지 않으면 마샥은 자신의 생각을 버려야 했을 테니까. 파리의 국립고대사박물관에 보관되어 있는 전기 구석기시대 자료들에서, 마샥은 표기가 있을 만한 유물을 적어도 3가지를 찾아냈다. 그리고 그 3가지 모두 달의 위상 패턴과 일치했으며, 적어도 그를 만

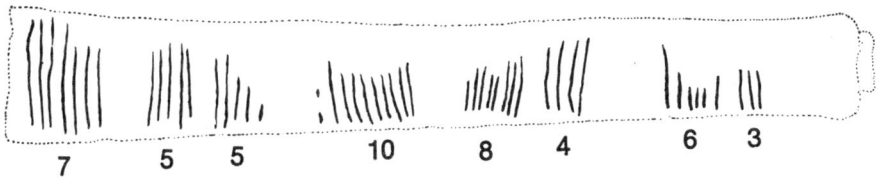

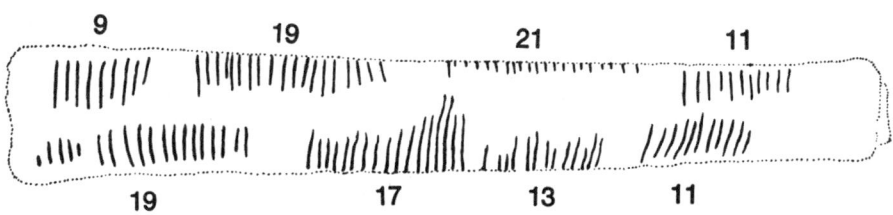

이상고 뼈에는 양쪽 모두 합쳐서 168개의 표시가 있다. 알렉산더 마샥은 이것들을 신월에서 보름달 사이, 그리고 보름달에서 신월 사이의 기간을 표시한 것이라고 설명했다. 이것들은 물론 매달 달이 자기의 주기를 완성하면서 교대로 일어난다. 그는 그은 선의 각도나 크기에서의 변화는 달의 주기에서의 '반환점' 즉 핵심 위상에 해당된다고 추측했다. (알렉산더 마샥, 『문명의 뿌리The Roots of Civilization』)

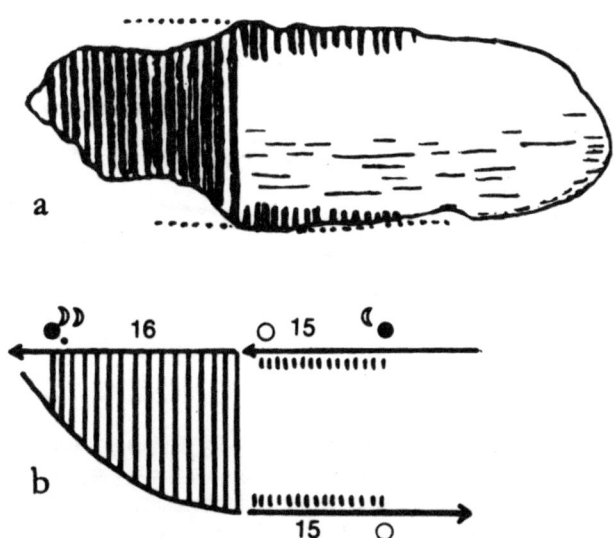

체코슬로바키아의 쿨나Kulna에서 출토된 뼈 한 조각에 있는 구석기시대의 표기들은 달의 위상을 반달 간격으로 나타낸 것일 수도 있다. 위 그림은 뼈의 모습을 그대로 그린 것이고, 아래 그림은 그 표시들을 도식적으로 묘사한 것이다. 알렉산더 마샥에 따르면, 윗부분의 선 15개는 그믐달이 마지막으로 보인 다음날부터 보름달이 뜨기 전날까지를 계산한 것이다. 16개의 긴 선은 보름달로부터 다음 보이지 않는 첫 번째 날까지의 날들을 표시한 것이다. 마지막으로, 밑에 있는 15개의 표시는 첫 초승달부터 보름달까지를 나타낸 것이다. 우리는 달의 주기는 한결같다고 생각한다. 언제나 $29\frac{1}{2}$일이고 언제나 같은 위상에서 시작한다고. 그러나 여기서 보면, 한 달이 시작되는 위상이 반드시 다음에 시작되는 것과 같지 않으며, 그 때문에 마샥의 해석은 썩 명쾌하지 못하다. (알렉산더 마샥, 『문명의 뿌리The Roots of Civilization』)

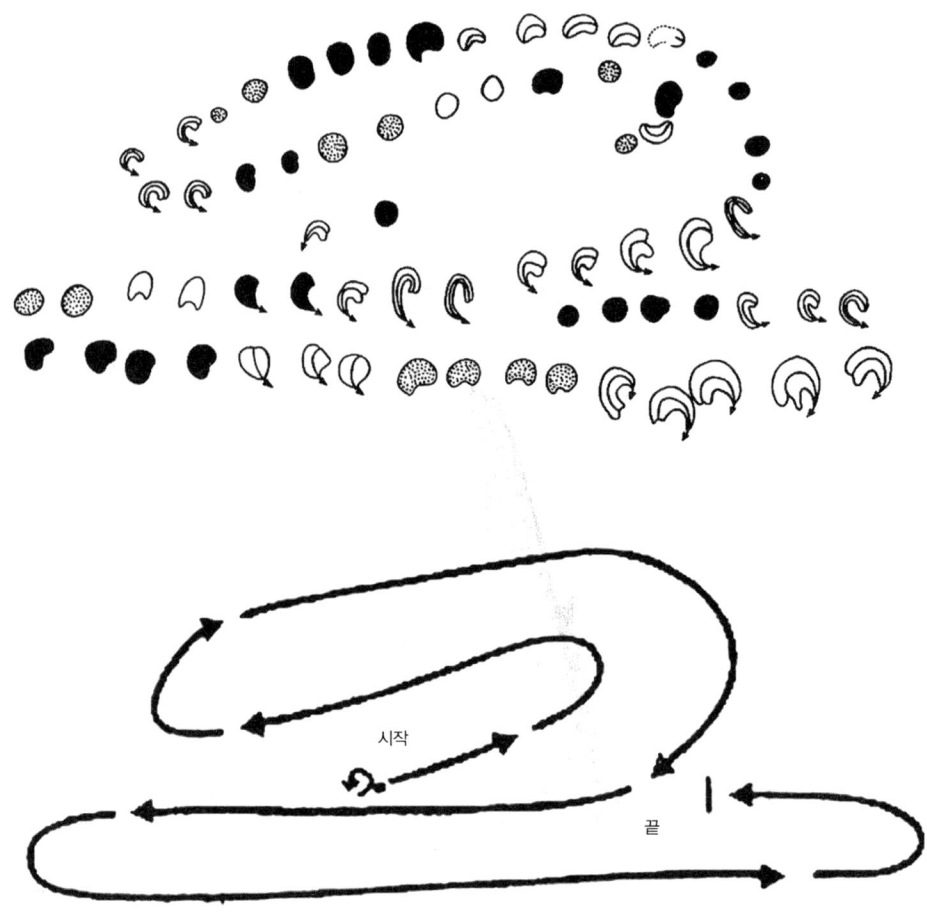

지금부터 약 30,000만 년 전 오리냑Aurignac 문화기(유럽의 후기 구석기시대 문화/옮긴이)의 것인 블랑샤르 뼈에는 놀랄 만큼 많은 여러 가지 표기들이 있다. 알렉산더 마샥이 옳다면, 표기들이 배열된 순서는 중심 가까이에 있는 2개의 표시에서 시작된다. 그의 판단으로는, 이 2개는 그믐달이 마지막으로 보인 날과 신월이 처음으로 보이지 않은 날을 표시한 것이다. 오른쪽 위로 계속해가다가 다시 왼쪽 아래로 내려와서 선으로 그린 첫 번째 4개 묶음에 오면 보름달이다. 이것이 디자인의 두 번째 굽이의 핵심인데, 갈고리모양 표시 4개 중 2개는 위에 있고 2개는 아래에 있다. 선이 오른쪽으로 되돌아가면서, 세 번째 굽이에 있는 4개의 검은 점은 다음 신월과 일치한다. 네 번째 굽이에서 왼쪽 아래가 또 다른 보름달이 되고, 선으로 그린 마지막 5개 한 묶음은 다섯 번째, 그리고 마지막 굽이에 해당된다. (알렉산더 마샥, 『문명의 뿌리The Roots of Civilization』)

족시킬 정도는 되었다.

마샥이 제일 먼저 주목한 것은 블랑샤르 뼈가 휘어지고 이어지는 순서다. 그 표지들은 여러 번에 걸쳐 각기 다른 때에 다른 도구가 사용되었음을 확인하고 나서, 그는 이샹고 뼈는 음력을 기록한 것이라는 확신을 스스로 갖기 위해 같은 접근법을 적용했다. 같은 도구로 그어진 획끼리 몇 묶음으로 분류해보니 다음과 같은 순서로 이어진다는 걸 알았다.

```
        첫째 굽이              둘째 굽이
        1 - 1 - 1 - 1 - 1 - 1 - 1 - 2 - 2 - 2 - 4 - 2 - 4 -
    그믐달      신월                         보름달

        셋째 굽이       넷째 굽이   다섯째 굽이
        5 - 4 - 8 - 2 - 2 - 2 - 4 - 3 - 4 - 5 - 3 - 4
        신월              보름달        신월
```

마샥이 보기에, 이 작고 섬세하고 상세한 디자인은 24개월 반 동안 변화하는 달의 모습과 상징적으로 일치하도록 배열된 날짜 계산이었다.

## 구석기시대의 표기법: 빙하기의 달을 새기다

블랑샤르 뼈가 전시되어 있던 같은 박물관 진열장에는 지휘봉이라고 알려진 몇 개의 독특한 뼈 도구들도 전시되어 있었다. 왕홀처럼 생겼으며 그림이 그려진 이 도구들은 다양하게 해석되어 왔다. 의례를 행할 때 사용되는 권위의 상징이라는 둥, 창대를 구부리거나 곧게 펴는 도구라는 둥, 구석기시대의 말굴레 중 뺨에 대는 부분이라는 둥 하면서. 마샥이 조사했던 막대들 중 2개는 새긴 금의 패턴이 달의 모양을 표기한 것이라는 그의 이론과 일치했다. 둘 다 르 플라카르<sup>Le Placard</sup>라고 알려진 프랑스의 유적지에서 발견되었고, 블랑샤르 뼈보다 7,000~

10,000년 이상 뒤의 것이었다. 그중 하나인, 한쪽 끝에 '미소 짓는 여우'의 얼굴이 조각된 것은 4개월 동안의 시간의 경과를 기록한 것일 수도 있다. 10가지의 다른 도구로 표시한 다른 것은 59일간, 즉 2개월간의 달의 순환을 다루고 있다.

전기 구석기시대의 많은 도구들을 통해 마샥은 반복되는 달의 위상 주기에서 얻은 것으로 보이는 총계와 소계를 발견했다. 그 계산들이 나타내려는 게 그것이라면, 그 표시를 새긴 사람들은 눈으로 직접 본 사람들이며 자기들이 실제로 본 달의 모습에 따라 날짜를 기록한 것이라고 가정하는 게 아마 무난할 것 같다. 단기적으로 보면, 신월일 때 눈에 보이지 않는 간격과 다양한 모양 사이의

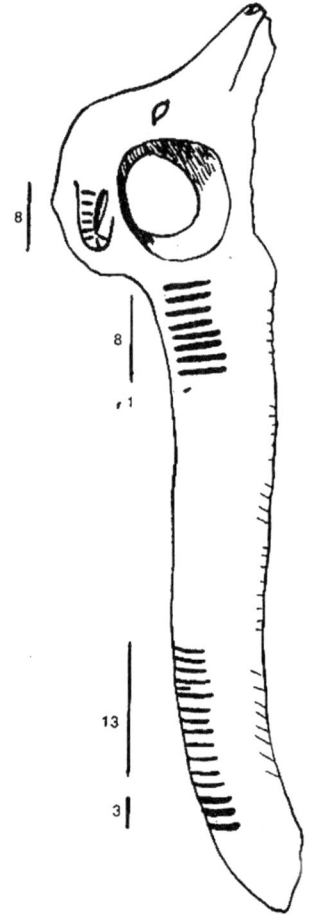

르 플라카르에서 출토된 '미소 짓는 여우' 막대에는 132개의 표시가 있다. 이 인공물은 전기 구석기시대의 마들렌 3기에 속하며, 블랑샤르 뼈보다 7,000~10,000년 후의 것이다. 이 표시들이 달의 위상에 따라 순서대로 표시되었다면, 약 4개월 동안을 나타낸다. 그 기간을 표시하기 위해 25가지의 다른 점들이 사용되었다. 여기서 보면 막대의 한쪽 면에 그은 표시밖에는 보이지 않는다. 나머지는 뒷면에, 그리고 앞면과 뒷면 사이에 있는 '볼록한 부분'에 있다. (알렉산더 마샥, 『문명의 뿌리The Roots of Civilization』)

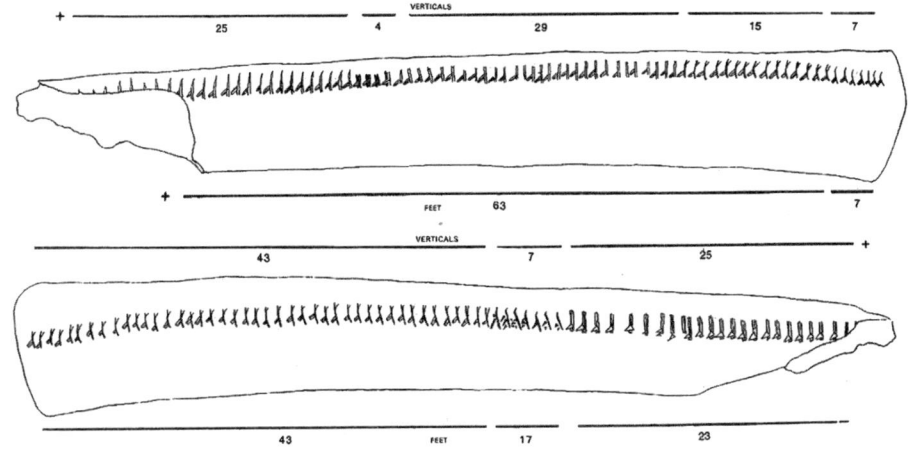

르 플라카르에서 출토된 마들렌기의 후기 중기, 약 15,000년 전의 것인 독수리 뼈에도 달을 측정한 일련의 날짜일 수도 있는 것이 새겨져 있다. 하지만 여기에 사용된 기술은 좀 더 복잡하다. 일차적으로 새겨진 선에 작은 '발'이 하나씩 덧붙여져 있기 때문이다. 알렉산더 마샥은, 이때쯤에는 이 '발'들이 이미 사용된 표시에다가 덧붙여 계산을 계속하기 위한 표준화된 표기법이 되었을 거라고 생각한다. (알렉산더 마샥, 『문명의 뿌리The Roots of Civilization』)

기간은 하루나 이틀에 의해 달라질 수 있다. 구름이 끼었다든가 또는 다른 문제가 생겨서 계산이 수정될 수도 있다. 이런 다양성 때문에 장기간에 걸쳐 평균을 내야 했으며, 더 길고 지속적이어서 누적 총계를 가진 올바른 계산들이 마샥의 해석을 뒷받침한다.

르 플라카르에서 중요한 2개의 독수리 뼈는 각각 1년에 해당하는 태음력을 기록한 것으로 보인다. 거기에 있는 표시들은 마샥이 전에 보았던 것들에 비해 더 체계적이고 더 의욕적이다. 수직으로 그은 아주 작은 선들은 일련의 연속된 날짜들을 나타낸 것이며, 그것들 하나하나에는 나중에 작은 '발', 즉 각도가 있는 획이 하나씩 덧붙여졌는데, 그런 식으로 달력을 계속 사용했다. 이 조각들은 대략 15,000년 정도 되었다. 그것들과 그리고 그 밖의 그와 비슷한 것들은 양식화된 기록 상징이라는 것, 그리고 이때쯤에는 좀 더 표준화된 기술이 개발되었다는 증거로 보인다.

전기 구석기시대의 표기가 달의 위상과 관련이 있다는 게 사실인지 증명할 길은 없지만, 그런 생각이 허무맹랑한 건 아니다. 인도양의 니코바르 섬 주민들이 그와 비슷한 방법으로 표시한 지팡이들을 가지고 있는데, 태음력으로 쓰는 달력 막대라고 알려져 있다. 그 막대의 주요 간격은 음력을 기록하고 하위 간격은 한 달 주기에서 중요한 위상과 관련되어 있다. 그 기록들이 천문학적으로 항상 정확한 건 아니고, 또 한 달 동안 나타난 패턴이 그다음 달과 똑같지도 않다. 하지만 누적된 결과로는 정확하다. 니코바르 섬의 달력 막대는 전기 구석기시대의 것과 같다. 어쩌면, 적어도 어떤 면에서는 마샥이 옳을지 모른다.

## 시간을 숫자로 바꾸기

알렉산더 마샥은 우리가 구석기시대에 새긴 디자인에서 달의 운행에 관한 과학적인 기록을 보지 않는다고 역설한다. 옳은 말이다. 그것들은 시간의 경과에 관해 상징적이고 양으로 환산할 수 있는 의미를 나타내고 있다. 반드시 정확해야 할 필요는 없다 해도.

 이것은 우리가 당연시하게 여기는 생각, 즉 수에 관한 생각이 수의 실제 값이나 혹은 어떤 분량 이상을 의미하는 데 사용되어왔을 수도 있음을 보여준다. 어떤 의미에서 우리는 '12일간의 크리스마스 The Twelve Days of Christmas'라는 흘러간 노래 제목에서 한 가지 공통점을 찾아낼 수 있다. 제목의 12라는 숫자는 일정한 순서로 연속되는 명확한 12일간의 간격을 명백하게 언급하고 있다. 여기서 12는 12라는 연속적이고 명확한 날들을 나타내기 위해 뼈에 새긴 12라는 날짜 표시와 겉보기에 같은 의미를 가지고 있다. 하지만 그 제목보다는 노래 자체가 훨씬 더 많은 것을 나타내는 것처럼, 마샥은 그 표지들에 더 많은 의미가 있다고 생각한다. 그 노래를 들어본 사람이라면, 그 노래는 누군가가 연인에게 주는 선물에 관한 이야기라는 걸 알 것이다. 크리스마스의 이 12일간은 특별한 날들이며, 자고새 한 마리, 배나무, 프랑스산 암탉, 금반지, 우유 짜는 아가씨 같은 것들로 강조된다. 그것은 구애, 함께 나누기, 그리고 계절적인 축하 행사에 관한 이야기이지만, 제목에서는 그런 것들을 알아낼 길이 없다.

구석기시대의 표기들도 노래 제목과 같다. 그것들은 시간의 경과가 포함된 '이야기'와 관련이 있지만, 세세한 것들은 기록되지 않았다. 구석기시대의 표기들은 달력에 관한 기록보다는 이야기나 신화와 더 많은 관계가 있다고 마샥은 믿는다. 그는 모순된 말을 하고 있는 게 아니라, 그 기록들이 어떻게 사용되었는지 명확하게 밝히려는 것이다. 획의 변화나 일련의 구멍들은 그 막대 혹은 얇게 가공한 뼈 주인에게는 '언제' 무슨 일이 일어났었는가 하는 것보다는 언제 '무슨' 일이 일어났었는지를 생각나게 해주었을 것이다.

또 거기에 조각을 해넣은 사람들에게 그 기록 표시의 진짜 의미는 하나하나의 개별적인 위치가 아니라 그것들이 배열된 전체적인 시각적 패턴이었을 수도 있다. 그런 효과를 얻으려면 아마도 숫자를 적절하게 순서대로 배열해야 했을 것이다. 예컨대 시계의 숫자판에는 시간을 나타내는 12개의 숫자가 있지만, 숫자가 없어도 시곗바늘의 위치에 따라 시간을 읽을 수가 있다. 시곗바늘들이 보여주는 다양한 배합에서 문자판에 기록되는 숫자의 진짜 의미를 알 수 있지만, 숫자를 읽지 않고도 시곗바늘들이 만들어내는 시각적인 형태로 시간을 알 수 있다는 말이다.

마샥은 또 유럽의 빙하기부터 나타난 동굴미술이 표현하고 있는 내용도 분석해서, 그중 많은 것이 구석기시대 수렵민들의 환경에서 그려진 계절적인 표지라는 것을 알아냈다. 알을 낳고 있는 연어, 털갈이하는 들소, 발정기의 들소, 새끼를 밴 암말, 짝짓기하고 있는 한 쌍의 뱀 등과 같은 이미지들은 모두 빙하기의 사람들이 자기들이 살아가는 세상에 대해 깊이 이해하고 있었음을 알게 해준다. 수렵과 채취로 살아가는 사회에서는 지금도 다양한 달력 체계가 샤먼들에 의해 사용되고 있다. 이 샤먼들은 달력과 경험을 활용해서 사냥감이 고갈되는 걸 피하라고 지시하는 계절에는 사냥을 제한함으로써 먹을 것이 안정적이고 지속적으로 공급될 수 있도록 한다. 이런 계절을 기념하고 그런 계절의 활동을 안내해주는 제의들이 부분적으로라도 구석기시대의 표기법에 의해 상징화되었을 것이다.

## 신석기시대에 시간 축하하기

알렉산더 마샥의 최근의 업적 대부분이 표기법의 자취를 찾아 중석기시대로 곧장 거슬러 올라가고 있으나, 우리는 신석기시대로부터는 아직 아무것도 찾아내지 못하고 있다. 다만 확신할 수 있는 건 달력 계산뿐이다. 신석기시대의 어떤 상징들은 천문학적인, 그리고 달력에 관한 이미지와 합쳐졌으나, 진짜 달력은 행방불명이다. 그것이 없다는 건 우리가 보면서도 미처 알아보지 못했거나 혹은 너무 부서지기 쉬운 물질에 기록되어서 지금까지 남아 있지 못했다는 뜻일 수도 있다.

달의 주기는 많은 전통적인 달력의 토대가 되는 구조다. 그러나 신석기시대와 청동기시대에 유럽 북서부에 살았던 사람들이 정말로 달로 시간을 측정했는지는 모른다. 그렇게 했을 것 같긴 하다. 그러나 영국의 거석렬$^{거石列\ stone\ alignment}$(수직으로 세운 거대한 돌인 선돌을 한 줄 또는 여러 줄로 나란히 세운 것/옮긴이)들과 고리 모양 열석$^{ring\ of\ stones}$에 관해 최근 30년 동안 알렉산더 톰이 연구 조사한 결과, 달력이 부분적으로라도 태양년에 바탕을 두고 있다고 한다.

뉴그레인지가 최남단의 일출에 맞춰 정렬되어 있는 것을 보면 신석기시대 사람들이 동지와 태양의 1년 주기를 알고 있었다는 걸 알 수 있다. 그러나 체계적인 다른 태양 정렬은 다른 거석 유적에서 찾아져야 할 것이다. 그 건조물을 세운 사람들이 태양의 1년 주기를 바탕으로 달력을 만들었다는 결론을 내린다면 말이다. 톰은 선사시대의 건조물 수백 기를 현장에서 직접 측량해서 지점의 정렬, 분점의 정렬, 그리고 한 해에 일어나는 이런 중요한 사건들 사이에 끼여 있는 많은 날에 태양 정렬이 실제로 있었다는 걸 증명했다.

이런 환상 열석$^{stone\ circle}$들의 정렬이 달력에 맞춰진 것이라 해도 그 원들이 어떤 식으로든 달력이나 달력과 관련된 천문현상을 측정한 천문대라는 걸 의미하지는 않는다. 고리 모양 열석들과 그런 정렬의 목적이 분명하게 알려져 있진 않지만, 그 대부분은 성소나 성역, 즉 제의와 의례에 바쳐진 성스러운 장소였던 것으로 보인다. 그런 곳에서 볼 수 있는 달력의 요소들 때문에 신석기시대와 청동기시대의 공동체에서는 달력이 종교 지도자들에 의해 규제되고 중요하게 다뤄졌다는 생각이 강화된다.

'롱 메그와 그녀의 딸들'Long Meg and Her Daughters'은 초기의 고리 모양 열석으로, 한쪽 면이 납작하게 되어 있다. 톰은 그것을 건조하는 데에 사용된 기하학 법칙들은 아마 고리 모양을 설계한 설계자들에 의해 이미 5,000년 전에 계산되고 사용되었을 거라고 믿는다. 고리 바깥쪽에 있는 커다란 돌이 '롱 메그'인데, 그것은 동지 일출에 맞춘 정렬의 일부다.

지금까지 알려진 셀 수 없이 많은 동지 정렬 외에 하지에 방위가 맞춰져 있는 유적들도 많이 있다. 스톤헨지의 주축은, 적어도 후기 단계에서는 아마도 하지 일출 방향에 맞춰 설계되었을 것이다. 선사시대의 기둥 구멍들이 6개의 타원형 동심원을 이루고 있는 우드헨지Woodhenge도 같은 방위를 갖고 있다. 이것은 스톤헨지로부터 북서쪽으로 불과 3.2km 거리에 있는데, 일출의 북쪽 한계선을 향하고 있는 우드헨지의 동심원 6개의 공통되는 주축은 6월에 태양이 점령한다. 웨일즈 남부에서 서쪽으로 멀리 떨어진 곳에 스톤헨지에 사용된 '청회색 돌'을 채석한 프레셀리Preseli 산이 있다. 그 부근에 고즈 포르Gors Fawr라고 알려진 고리 모양 열석이 하나 있는데, 원에서 400m쯤 떨어진 곳에 수직으로 서 있는 2개의 커다란 돌도 포함되어 있다. 원과 떨어져 있는 그 2개의 돌에 의해 형성된 선의 목표는 하지 일출인 것 같다.

하지점과 동지점은 1년을 둘로 나누고, 두 번의 분점은 다시 1년을 넷으로 나눈다. 분점에 맞춘 정렬도 보이는데, '롱 메그와 그녀의 딸들'에서는 고리 맞은편에 있는 유난히 큰 호박돌 2개가 동-서 라인을 형성하고 있고, 스코틀랜드 남동부 일레븐 시어러즈Eleven Shearers의 18개의 돌이 한 줄로 늘어선 것, 그리고 서덜랜드의 하이랜드 카운티들과 케이트네스 사이의 경계선 근처 리어러블Learable 산에 있는 평행으로 늘어선 작은 돌들이 그것이다. '스코틀랜드의 스톤헨지'인 컬러니시Callanish의 주 고리에서 뻗어나간 5개의 선들 중 하나가 분점에 맞춰 정위되어 있다.

그런데 분점을 가리키는 이런 정렬선들 중에는 진짜 동-서 정위와 약간 차

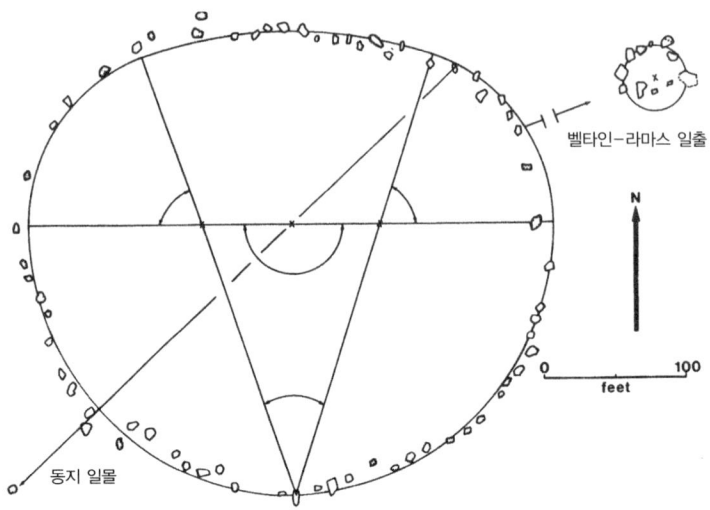

벨타인-라마스 일출

동지 일몰

잉글랜드 북부 컴브리아에 있는 롱 메그와 그녀의 딸들은 70~80개의 돌로 만들어진, 완전한 원circle이 아닌 고리ring다. 4개의 원호에 돌들을 끼워 맞춰놓은 곡선의 중심들이 알렉산더 톰이 고안한 기하학적 해석에 의해 제시되어 있다. 북동쪽의 한 돌에서 나와 중심을 통과해서 원호의 남서쪽 부분을 23m가량 지나간 곳에 있는 3.7m 높이의 돌에 이르는 선 하나가 동지 일몰을 가리키고 있는데, 선사시대 브리튼의 달력에서는 이것이 중요한 날이었음을 암시한다. (그리피스 천문대, 알렉산더 톰의 그림을 본뜸)

고리 바깥에 있는 선돌인 롱 메그를 동지선을 따라서 보면, 비교적 지평선 가까이 붙어 있는 어느 비탈진 들판으로 눈길이 간다. 이 정렬에는 동지점이나 하지점을 정확하게 측정하기 위한 가능성이 별로 없지만, 대신 12월의 사건을 위한 상징적인 정렬을 나타내는 것 같다. (에드윈 C. 크룹)

이가 나는 것들이 많다. 그렇게 빗나가 있는 정렬선은 대개 태양이 천구의 북쪽 적도를 가로지르며 정동에서 떠오를 때인 천문학적 춘분에 발생한 일출보다 하루나 이틀 늦은 일출을 가리킨다. '거석문화시대의 분점'에는 태양이 정동보다 약간 북쪽에서 떠오르며, 가을에는 진짜 추분보다 하루나 이틀쯤 일찍 떠오른다. 이 부정확함은 그저 정렬이 잘못됐을 뿐이다. 그러나 그게 바로 우리가 기대했던 것이다. 그 정렬이 한때는 오늘날 우리가 사용하는 천체기하학celestial geometry이라는 추상적인 개념보다는 실제로 달력으로 사용되었을 수도 있다는 기대 말이다. 지구가 태양 둘레를 돌기는 하지만, 그 궤도가 약간 빗나가 있어서 진짜 원은 아니다. 지구가 도는 궤도는 타원형이어서, 1년 중 한때는 태양에 조금 더 가깝고 나머지 반은 태양에서 조금 더 멀어진다. 지구가 태양에 가까이 가면 지구와 태양 사이의 인력 때문에 속도가 빨라지는데, 지난 수천 년 동안 이런 현상은 겨울에 일어났다. 근일점perihelion, 즉 지구가 태양에 가장 가까이 다가가는 점은 지금은 1월 1일쯤에 일어난다. 우리와 태양 사이의 거리가 변화하는 폭이 비교적 적고 평균온도에 그다지 영향을 미치지 못하기는 하지만, 그해의 날짜를 계산하는 데에는 영향을 준다.

한 해의 반인 가을부터 봄까지 지구는 태양의 둘레를 좀 더 빨리 돈다. 진짜 추분과 진짜 춘분 사이에는 시간이 덜 빨리 지나간다. 이 두 사건 사이의 날수는 한 해 전체의 날수인 365일의 반보다 4~5일 적다. 춘분부터 추분까지는 대략 187일이 지나간다. 한 해의 겨울 쪽 반은 178일쯤 된다. 4,000년 전, '계절들' 사이의 이런 차이가 크지는 않아도 알아차리기에는 충분했을 것이다. 하지만 우리는 선사시대의 달력이 한 해를 똑같은 날짜 간격으로 나누었을 거라고 예상할지도 모른다. 만약 그랬다면, 달력상의 '분점'은 두 기간을 일정하게 하기 위해서 봄에는 조금 늦게, 가을에는 조금 이르게 발생했을 것이다. 일출에 맞춘 달력의 정렬은 정동에서 약간 북쪽으로 설정되곤 했다. 톰이 알아낸 것이 바로 이것이다.

## 선돌로 계절 세분하기

지점들과 분점들로 4분된 1년도 더 작고 다루기 쉬운 간격으로 세분할 필요가 있다. 1년을 8개, 즉 각각 44일에서 47일 길이의 단위로 나눈 태양의 중간 위치에 대한 정렬을 보고, 알렉산더 톰은 초기 청동기시대의 달력 기록자가 그런 계획을 채택했을 거라고 믿게 되었다. 지금 우리가 사용하는 달력에는 1년 중 4번의 추가 분기점이 5월 5일, 8월 6일, 11월 2일, 그리고 2월 2일에 발생한다.

이런 날짜들에 태양에 정렬된 것이 많은 유적에서 발견되었다. '롱 메그와 그녀의 딸들'도 그렇다. 초기 고리인 캐슬 리그Castle Rigg도 호수지역에 위치해 있는데, 그곳의 정렬에는 태양력에서 비롯된 날짜들이 포함되어 있다. 스코틀랜드 북동쪽에 있는 부르티의 셸든Sheldon of Bourtie에서는 5월부터 8월까지의 날짜와 11월부터 2월까지의 날짜를 위한 일출선이 중심에서 떨어져 있는 돌들과 동심원들의 중심을 포함하고 있다.

그 밖에도 선사시대에 달력의 중간 날짜들을 사용했다는 증거들이 많이 있다. 그런 날짜들이 영국에서 관찰되는 전통적인 휴일 속에 남아 보존되고 있다. 캔들마스Candlemas(2월 2, 성촉절. 성모 마리아의 순결을 기리는 기념일/옮긴이), 메이데이May Day(5월 1일, 오월제), 라마스Lammas(8월 1일, 수확제. 옛날 영국에서는 이날 수확한 햇밀가루로 빵을 구워서 축하했다/옮긴이), 그리고 마르틴마스Martinmas(11월 11일, 성 마르틴 축일/옮긴이)다. 이것들은 전부 초기 켈트 족 전통에서 유래되었고, 각각의 계절의 시작을 표시했다. 예컨대 미국에서 여름의 첫날이라 불리는 하지는 영국에서는 한여름으로 여겨졌다. 영국에서는 전통적으로 5월 1일에 여름이 시작되며, 벨티네Beltine라는 축제를 여는 것으로 켈트 족의 여름이 시작되었다. 한때는 가축들을 겨울 축사에서 여름의 풀밭으로 끌고 나오는 계절적인 단서였던 벨티네가 오늘날의 메이데이로 발전되었다. 그것은 톰의 거석문화시대 달력에서는 5월 5일에 가깝지만, 의심스럽게 생각하는 사람도 많다.

태양은 켈트 족의 오래된 휴일인 루그나사드Lugnasad(루그의 축제일. 루그는 고대 켈트 족의 신들 중 최고의 지위에 있었다고 생각되는 신이다/옮긴이)와 같은 위치를

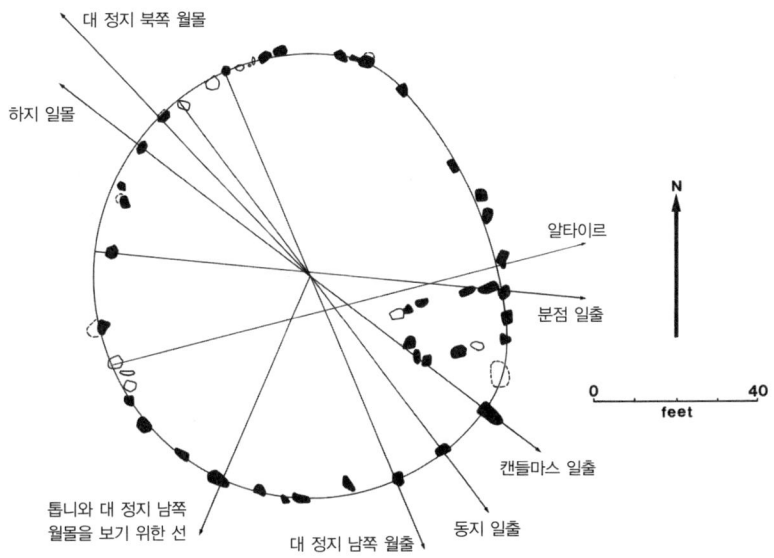

알렉산더 톰은 캐슬 리그라고 알려져 있는 돌에서 평평하게 만든 원의 배열을 설명하기 위해 많은 천문학적 정렬과 한 가지 구체적이고 기하학적인 계획을 제시했다. 하나의 선으로 하지 일몰과 11월~2월의 중간 달력(마르틴마스-캔들마스 혹은 삼하인-임볼그)의 일출 둘 다를 표시하는 것이다. (그리피스 천문대, 알렉산더 톰의 그림을 본뜸)

차지했다. 루그나사드는 조금 이른 수확 축제, 즉 첫 열매를 기념하는 축제였으며, 켈트 족의 달력에서는 캔들마스와 마르틴마스가 원래는 임볼그$^{Imbolg}$(2월 1일. 봄의 시작/옮긴이)와 삼하인$^{Samhain}$(11월 1일. 켈트 족의 새해가 되는 날이며, 크리스마스의 기원이 되는 날. 할로윈의 원형이다. '태양의 계절'이 끝남과 동시에 '추위와 어둠의 계절'이 시작됨을 기념했다/옮긴이)이었다. 임볼그라는 이름은 '양젖'이라는 의미인 것 같고, 양이 새끼를 낳는 계절의 시작을 나타낸다. 삼하인은 할로윈 속에 보존되고 있으며, 임볼그 즉 캔들마스는 미국에서 그라운드호그 데이(2월 2일. 우리의 경칩과 같은 성격을 가진 날로, 마멋이 굴에서 나왔다가 자기 그림자가 보이면 겨울잠 자러 다시 굴로 돌아간다는 전설이 있다/옮긴이)로 남아 있다.

톰은 태양년을 16 '개월'로 훨씬 더 세분한 증거를 자신이 가지고 있다고 믿지만 그런 사례가 명백하게 입증되지 못했으며, 그는 오로지 정렬에만 의존하고 있다.

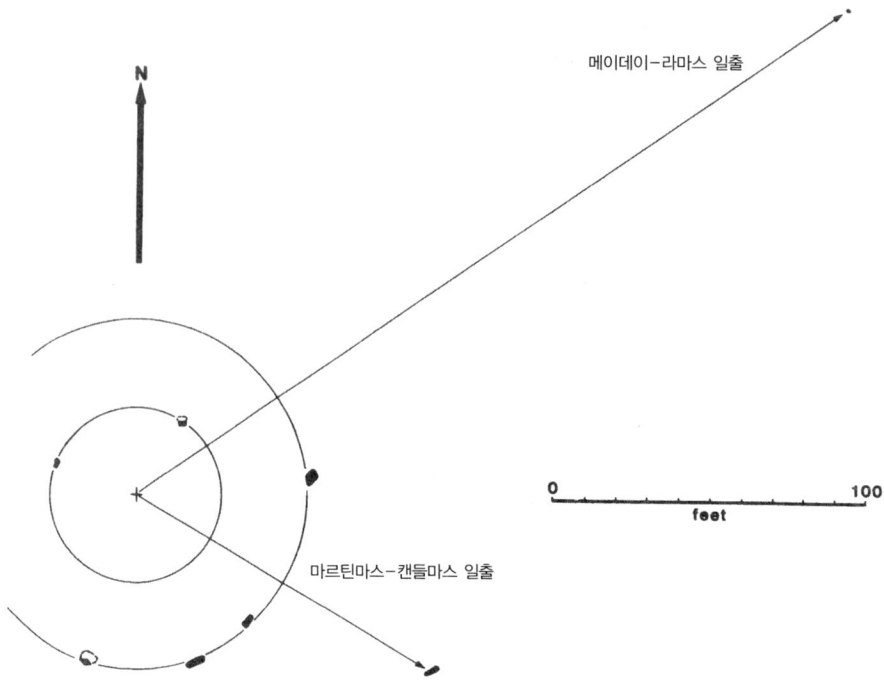

스코틀랜드의 에버딘셔Aberdeenshire에 있는 부르티의 셀든, 즉 한 쌍의 동심원으로 이루어진 고리 모양 열석에는 원에서 벗어나 있는 2개의 돌이 있다. 중심에서부터 각각 스코틀랜드 전통 달력의 사계의 첫날(캔들마스, 메이데이, 라마스, 마르틴마스. 1년이 두 지점과 두 분점으로 나누어지는 첫날/옮긴이) 중 두 번의 일출을 가리킨다. (그리피스 천문대, 알렉산더 톰의 그림을 본뜸)

그러나 거석문화를 건설한 사람들이 태양력을 썼든 태음력을 썼든, 아니면 둘 다 썼든 간에, 이 선사시대 유적들에 있는 천문학적 정렬이 우리한테 말해주는 것은 그게 아니다. 또 그것이 중요한 것도 아니다. 그 유적들이 말하는 건 어떤 주기적인 천문현상들로 인해 그 사람들이 느낀 시간의 흐름이 질서정연한 일련의 날짜에 스며들어 갔다는 것이다. 이런 사건들로 거석문화 건설자들이 시간의 경과 속에 있는 장소를 알고 있었음이 반영된다. 성스러운 제의를 통해 이 건조물들은 공동체의 삶을 하나로 통일하고 조정했을 것이다.

## 달로 시간 측정하기

영국의 선사시대부터 전해오는 문자로 기록한 달력은 없지만, 우리는 영국의 농부들과 목동들이 달력으로 시간의 경과를 체계화하여 시간을 다뤘다는 걸 알고 있다. 천체의 주기에서 일어나는 중요한 현상들은 그들이 건설한 거석 건조물에서 정렬로 상징화되었다. 이런 건조물들의 목적은 대부분 제의를 위한 것이며, 하늘에 의해 드러난 시간의 경과는 그런 제의의 일부였다. 정렬을 확인함으로써 우리 조상들이 주기적인 시간의 성스러운 측면을 느끼고 있었음을 확실히 알 수 있다. 그들이 의례 시기를 정할 때 썼던 달력은 지금은 사라지고 없다. 그들이 실제로 시간을 어떻게 측정했는지 지금은 알 수가 없고, 또 이런 일이 진행됐던 장소도 분명히 알지 못하지만, 측정 절차와 장소와 달력 들은 틀림없이 존재했을 것이다. 거석문화 유적들 자체가 달력이 종교에 적용되었음을 보여준다.

유럽의 선사시대 유적들과는 아무 관계가 없는 전혀 다른 거석문화 유적지 하나가 달력이 어떻게 관리되었는지를 알 수 있게 해준다. 그 유적은 아프리카 케냐 북서부에 있는데, 나모라퉁가$^{Namoratunga}$ 2기라고 알려져 있다. 나모라퉁가 1기에서 남쪽으로 약 209km 지점의 동굴무덤과 바위미술 유적지의 연대는 방사성탄소연대 분석으로 BC 300년이다. 공동묘지를 사용했던 사하라 사막 이남 지역 사람들의 매장 풍습은 오늘날 콘소$^{Konso}$ 족의 매장 풍습과 비슷하다. 콘소 족은 남부 에티오피아와 나모라퉁가 유적지 근처에 살고 있다. 바꿔 말해서 콘소 족과 관련 있는 사람들의 달력 체계를 보면 나모라퉁가 1기를 건설한 사람들의 의도를 확실히 알 수 있다는 것이다.

북쪽 유적지에는 수직 선돌들이 무덤 하나를 에워싸고 세워져 있는데 나모라퉁가 1기의 돌들과 똑같다. 그러나 나모라퉁가 2기에는 19개의 다른 거석들이 다른 어떤 묘지와도 관계없어 보이는 보기 드문 패턴으로 배열되어 있다. 미시건 주립대학의 고고학자인 린치$^{B. N. Lynch}$와 로빈스$^{L. H. Robbins}$는 돌들의 위치를

고립되어 있는 이 거석 선돌군은 아프리카 케냐 북동부에 있다. BC 300년경에 돌들이 이렇게 기묘한 형태로 세워진 이곳은 나모라퉁가 2기로 알려져 있다. 이곳의 정렬은 이곳 주민들이 사용하던 전통적인 달력과 일치한다(B. M. 린치와 L. H. 로빈스, 과학 200: 766~768. 저작권 1978년 미국과학진흥회).

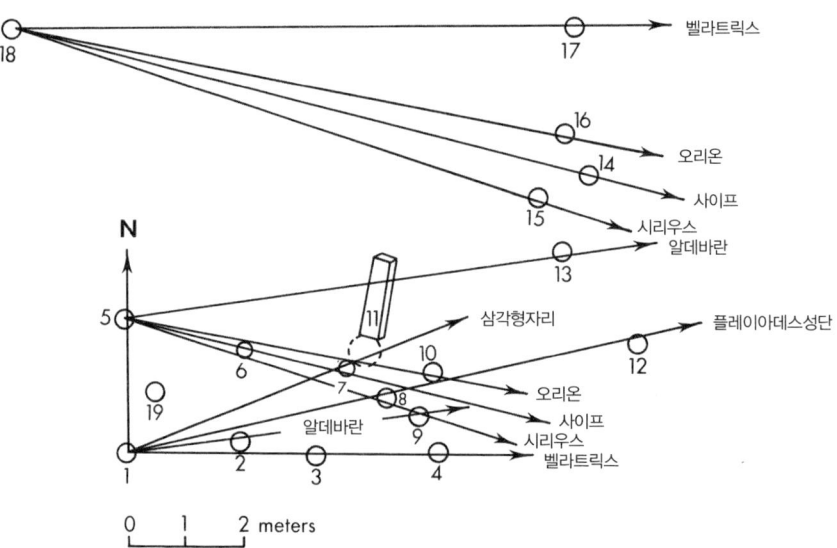

나모라퉁가 2기의 돌들은 비교적 가까이 붙어 있다. 기껏해야 10m 남짓 떨어져 있고, 대개는 그보다 가깝다. 돌들의 정렬은 밝은 별들이 떠오르는 위치를 가리키고 있으며, 그 별들은 여러 다른 전통적인 사람들과 고대 문명에 의해 달력을 기록하는 데 사용되었다. 예컨대, 관측자가 1번 돌에 자리 잡으면 동쪽으로 쌍을 이루고 있는 돌들이나 아니면 홀로 서 있는 선돌들을 가로질러서 오리온자리의 벨라트릭스, 황소자리의 알데바란, 플레이아데스성단, 그리고 작은 별자리인 삼각형자리가 보일 것이다. 5번 돌도 비슷하게 오리온자리의 알데바란(이 또 보이고), '벨트', 사이프(이것 역시 오리온자리에 있음), 그리고 시리우스의 후시로 작용한다. 이 별들은 지금도 그 지역에 살고 있는 동쿠시트 어를 말하는 사람들의 달-별 달력 체계 안에 있는 바로 그 별들이다. (그리피스 천문대, B. M. 린치와 L. H. 로빈스의 그림을 본뜸)

측정하고 그것들 사이에서 일련의 그럴듯한 천체 정렬을 입증했다.

나모라퉁가 2기에 있는 이 돌들은 실제로는 별의 위치를 측정하는 데 사용되도록 고안된 게 아니다. 그렇게 하기에는 그 돌들은 너무 크고 너무 가까이 붙어 있다. 그리고 별을 관측해서 달력을 기록하는 데 별의 위치를 정밀하게 측정할 필요까지는 없다. 하지만 별들이 나타나고 사라지는 날짜는 중요한 의미가 있으므로, 나모라퉁가 거석들은 달력을 관리하는 데 중요한, 별을 상기시키는 암시로 혹은 길잡이로 사용되었을 수 있다.

린치와 로빈스는 동 쿠시트어를 사용하는 사람들이 1년을 354일, 12 '개월 months'(태음력) 길이로 계산하는 복잡한 태음력(삭망월)에서 지금도 같은 별들이 이용되고 있음을 보여줌으로써 자신들의 입장을 확고히 했다. 달의 중요한 위상들이 각각의 별 또는 별자리에 해당하는 하늘의 구역과 복잡하게 결합되어 있다. 그것들의 용도 순으로 보면 다음과 같다. 삼각형자리, 플레이아데스성단, 알데바란, 벨라트릭스, 오리온의 벨트, 사이프, 시리우스. 복잡한 태음 주기에서 다른 달month에는 하현달의 위상차가 있기 때문에 삼각형자리 위치에서 떠오르는 모양이 되었다. 콘소 족은 쿠시트어를 사용하므로 나모라퉁가 유적지는 현재의 동쿠시트어를 사용하는 조상들에 의해 세워졌다는 게 믿을 만하다. 그들은 적어도 7,000년은 된 것 같은 달력을 지금도 사용하고 있다.

나모라퉁가 2기는 그리 크지 않은 유적지로, 비교적 단순하고 정렬 외에는 이렇다 할 게 없다. 그것은 제의용으로 사용되었을 수도 있겠지만, 설계와 그 정렬의 복잡함은 체계적인 관측에 더 알맞아 보인다.

나모라퉁가 달력 기록자들이 관측했던 천체들 중에는 그보다 2,000년 전 이집트의 달력 사제들이 관측했던 것과 똑같은 것들이 있다. 이집트 천문학과 달력에 관한 저명한 권위자인 리처드 파커Richard A. Parker는 가장 초기의 이집트 달력은 태음력이었고 별들에 의해 측정되었음을 입증했다.

## 시간을 조직화하고 그것을 철저히 지키기

달력을 개발하는 사람이라면 거의 누구나 시간의 경과를 알기 위해 달에 의존한다. 그러나 달의 위상에 보조를 맞추는 달력이라면 결국에는 한 박자 건너뛰어야 한다. 그렇지 않으면 계절이 바뀔 때마다 시간이 슬그머니 사라질 테니까. 한 태양년에 태음월이 총 몇 개월이라고는 말할 수 없다. 두 주기가 일치하지 않기 때문이다. 따라서 태음력은 한 해가 한 달의 끝으로 마감되거나 한 달의 시작으로 열릴 거라고 보장할 수가 없다. 태음력을 사용하고 또 그것을 매년 돌아오는 계절의 주기에 맞추고 싶다면 태음력으로 수용할 수 있는 시간에 추가로 몇 달을 더하는 체계를 고안해내야 한다. 달력이 복잡해질 수밖에 없는 이유 중 하나다.

이집트에서 한 달은 하현달이 동트기 전 하늘에서 사라지기 시작한 날에 시작되었다. $29\frac{1}{2}$일의 달의 주기는 어떤 달은 29일, 어떤 달은 30일 길이로 만들었다. 오랜 세월에 걸쳐 그들은 매달의 중요한 날들과 축제일들을 균등하게 분배해서 달과 관련된 장소에서 지켰다. 그러나 이집트 인들도 다른 모든 사람들처럼 달의 위상이 12번의 주기를 가지는 태음년이 계절과 보조를 맞춰가는 태양년에 비해 11일 정도 짧다는 사실을 처리해야 했다. 그것을 보정하지 않으면 하지와 같이 해마다 정확하게 돌아오는 어떤 사건이 매년 조금씩 늦게 발생할 것이다. 이집트 인들은 필요한 만큼 별도의 달을 추가함으로써 이 문제를 해결했다. 시리우스(큰개자리)는 그렇게 하기에 적당한 때가 되었다는 표시였으며, 모든 것은 그해의 마지막 달에 달려 있었다. 이것을 웨프-렌페트$^{Wep-renpet}$라고 했다. 그 이름도 '한 해를 여는 자'라는 뜻이며, 태양과 함께 떠오르는 시리우스, 첫새벽에 나타나는 시리우스를 가리킨다. 이 사건은 마지막 태음월 동안에 일어났을 테지만, 해마다 날짜가 조금씩 뒤로 늦춰졌다. 예컨대 만약 시리우스가 다시 나타난 걸 축하하는 의례를 그 별이 태양과 함께 연속으로 네 번째 떠오르는 때인 한 해의 웨프-렌페트가 시작될 때쯤에 거행하게 된다면, 그 사건은 새해의 첫 달인 테키$^{Tekhy}$에 발생하게 될 것이다. 이걸 막기 위해 새로운 '마지막

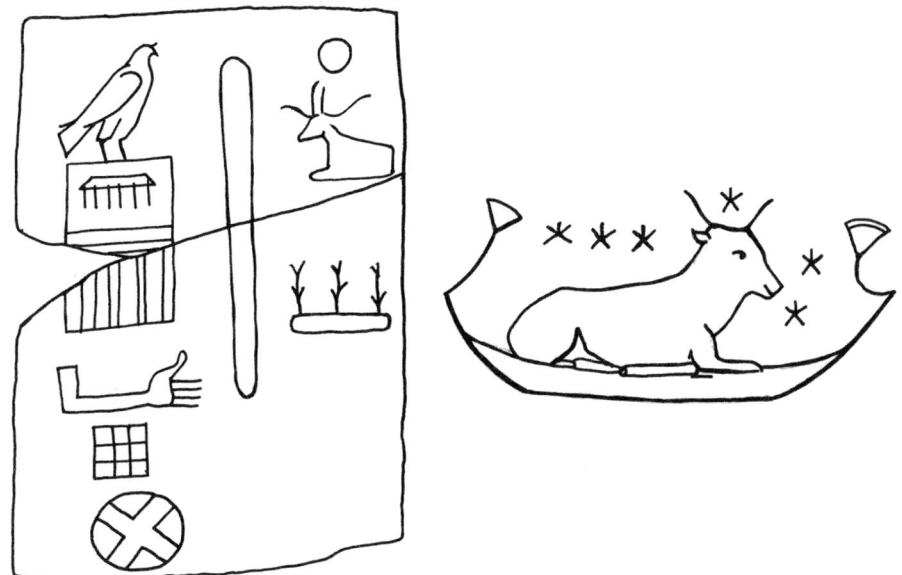

이집트 태음력의 가장 중요한 측정 기준인 시리우스는 이 두 조각물에서 비슷한 형태로 표현되어 있다. 새겨진 연대가 거의 3,000년이나 차이가 나는데도 말이다. 왼쪽의 것은 제1왕조의 것으로, 상아 현판에 시리우스가 암소로 상징화되어 있다. 리처드 파커 교수는 이 그림문자들이 명백하게 시리우스, 한 해의 시작, 그리고 나일 강의 범람을 언급하고 있다고 해석한다. 덴데라에 있는 하토르 신전의 천문학적 천장은 프톨레마이오스 시대에 배 안에 누워 있는 암소로 장식되어 있는데, 그것 또한 시리우스를 나타낸다(오른쪽). (그리피스 천문대, 리처드 파커Richard A. Parker와 하인리히 브루그슈Heinrich Brugsch의 그림을 본뜸)

달'이 더해져야 했다. 물론 새로운 '마지막 달'을 너무 자주 더하지는 않았을 것이다. 그랬다간 시리우스가 다시 나타나는 것이 너무 일찍 시작됐을 테니까. 따라서 시리우스가 태양과 함께 떠오르는 일이 웨프-렌페트의 마지막 11일 동안에 일어날 때 윤달이 더해졌다. 이 윤달에는 기록 보관, 글쓰기, 달과 관련된 토트$^{Thoth}$라는 신의 이름이 붙여졌다. 윤달은 평균 3년에 한 번씩 추가되었다.

리처드 파커$^{Richard\ A.\ Parker}$는 태음력이 최초로 사용된 건 아주 오래전이라는 주장을 훌륭하게 입증했다. 그는 제1왕조 때부터 상아 서판에 새겨져 내려오는 초기 상징들의 의미를 '시리우스, 홍수가 있었던 그해를 연 자'라고 읽어냈다. 이것은 달력 체계의 기본적인 요소가 BC 3100년까지 거슬러 올라감을 암시한다. 달력에 관한 같은 표현, 천체에 대한 동일한 측정이 3,000년 후인 프톨레마이오스 왕조 때까지 고스란히 지속되었다.

## 시간을 신성하게 하고 그것에 의미 부여하기

달력은 휴일로, 축제일로, 그리고 의례로 우리의 삶에 간간이 마침표를 찍는다. 이런 것들은 이정표다. 이런 사건들을 통해 우리는 언제나 한 기간을 마감하고 또 다른 기간을 시작한다. 이것은 '새롭게 한다'는 생각을 갖게 하고, 우리에게는 이런 새로운 시작이 필요하다. 고대인들에게도 그런 것들이 필요했다. 그들에게 순환하는 시간과 시간의 부활은 세상에 생명을 불어넣는 것이었다. 그것은 세계를 의미로 재충전하고 그들의 삶을 다시 신성하게 해주었다.

이집트 태음월의 날짜들은 대부분 축제일이나 사제들의 활동을 지칭하는 이름을 가지고 있었으며, 달력의 종교적인 성격을 강조했다. 그것은 이집트의 종교가 그 안에서 작용한 매트릭스였다. 그것은 이집트 인들의 삶을 특징짓는 축제와 행사의 순서와 시기를 지배했으며, 사제들에 의해 관리되었다. 사제들은 하늘에서 일어나는 여러 가지 주기들로 이집트의 스타일을 만들고 규제했던 서기와 천문학자들로 구성된 관료조직이다.

상 이집트와 하 이집트가 통합되고 파라오의 왕조가 탄생한 지 얼마 안 되어, 두 번째 달력이 이집트의 서기들에 의해 도입되었다. 초기의 태음력은 종교적인 축제일의 메트로놈으로서의 역할을 훌륭히 해냈으나, 상업과 왕국에도 속인들의 일상적인 업무를 위해 획일적인 달력이 필요했다. 이집트 인들은 아주 현명하게 태양에 바탕을 두고 달력을 만들었다. 훗날 로마 인들은 이집트의 달력을 받아들여 자신들에게 맞게 조정했다. 따라서 그것은 오늘날 우리가 사용하는 태양력의 직계 조상쯤 된다. 더이상 달$^{moon}$과 연결되지 않는 달$^{month}$을 가진.

365일의 이 태양년은 일찍이 BC 3000년에도 한동안 사용되었다. 그것은 12개월로 세분되고, 한 달은 당연히 30일이었으며, 근본적으로 달의 위상과는 관계가 없었다. 각각의 30일 기간이 이번에는 또 10일 간격으로 나누어진다. 이것들을 '십진법$^{decades}$'이라고 하며, 그것을 36번 곱하면 마지막에 5일이 남는다. 이것으로 역년$^{civil\ year}$을 측정했다. 태양년의 진짜 길이는 365와 $\frac{1}{4}$일에 더 가깝다. 이집트의 달력 제작자들은 $\frac{1}{4}$일을 무시하면 역년은 계절이 지날 때마다 조금씩 늦어져서 4년마다 하루씩 일찍 시작될 거라는 걸 알고 있었다. 이것은 하지와 같이 1년에 한 번씩 일어나는 사건이 4년마다 하루씩 늦게 발생하게 될 거라는 뜻이다. 이와 비슷하게 새해의 전령인 태양과 함께 떠오르는 시리우스도, 원래 시작한 날로 완전히 한 바퀴 순환할 때까지 해마다 다른 날에 발생했을 것이다. 이집트 관리들은 이런 것 때문에 고민하지는 않은 것 같고, 상용달력은 그냥 그대로 내버려두었던 것 같다. 나름대로 체계가 명확하게 정해졌으므로, 그것은 사업과 통치에 도움이 됐을 것이다. 계절과 달$^{moon}$은 중요하지 않았다. 그러나 종교달력은 문제가 달랐다. 제의달력은 달의 리듬에 맞춰서 진행되었기 때문에, 제의달력의 각 달과 각 축제는 삶과 시간의 주기적인 질서를 그때마다 다시 축하했다. 따라서 그것은 태양, 시리우스, 나일 강의 시기에 맞춰 지켜져야 했다.

결국 이집트 인들은 세 번째 달력을 만들어냈다. 그것은 다른 두 가지 달력과 함께 널리 통용되었으나, 첫 번째 달력처럼 달을 근거로 했다. 이 두 번째 태음년은 윤달을 끼워 넣음으로써 상용달력과 연결되었는데, 역년에서 새해 첫날이 너무 빨리 시작될 때마다 그것과 일치하도록 태음년의 첫날을 뒤로 물렸다. 후기의 문서인 《파피루스 칼스버그 9$^{Papyrus\ Carlsberg\ 9}$》(1930년대에 칼스버그 재단의 후원을 받아 랑게$^{H.\ O.\ Lange}$ 교수가 찾아낸 상형문자 문서들 중 하나다/옮긴이)를 검토하면서, 리처드 파커는 천문학자가 각 태음월의 첫날에 대한 상용달력의 날짜를 정하도록 허용하는 절차가 있었음을 밝히고 있다. 그 체계는 25년 주기에 바탕을 두었는데, 25년 주기 안에는 309 태음월과 9,125일이 있다. 태음월의 날수는 9,124.95231일이다. 그만큼의 시간이 지난 다음 두 주기를 거의 일치하게 만드는 것이 이 세 번째 달력의 계획이었다. 이 계획 뒤에 있는 동기는 궁극적으로 상용달력에 임의로, 그리고 인위적으로 실제의 천문현상을 결합시키려는 것

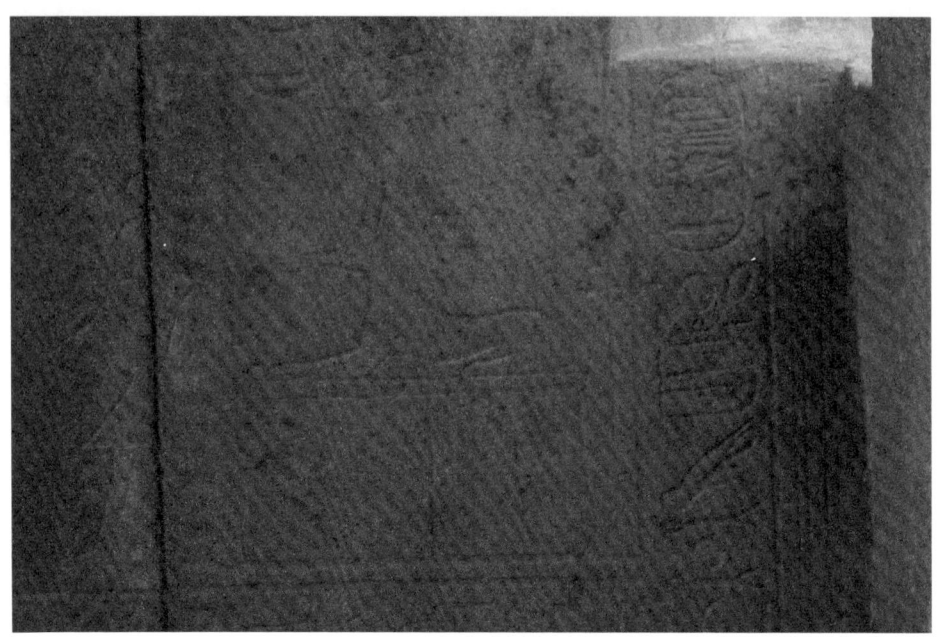

라메세움, 즉 테베에 있는 람세스 2세의 매장 신전 천장에 이집트의 오래된 달력의 달month들이 신으로 그려져 있다. 이 상세도에서 자칼은 파메노트Phamenoth의 달(3월/옮긴이)을 나타낸다. (로빈 렉터 크룹)

이었다. 머리 위에 있는 진짜 달을 측정함으로써 얻은 의미 가운데 몇 가지를 상용 월에 부여하려는 시도가 윤달을 통해 이루어졌다.

 태음월은 그 자체로 각 달에 할당된 주요 축제일의 이름이었다. 신전과 무덤에서 출토된 많은 비문에서 초기 태음력에 사용된 달months의 이름들이 알려져 있다. 테베에 있는 유명한 '달 목록'은 한 신전 천장의 아래쪽 기록부에 각각의 태음월과 관계있는 신들을 묘사하고 있다. 그 천장은 기둥이 늘어선 라메세움Ramesseum의 홀, 즉 신왕국의 파라오 람세스 2세의 유명한 매장 신전에 있다. 1년을 365일로 한 상용달력의 달들이 비록 실제 달의 운행을 바탕으로 하지는 않았다 해도, 그 이름들은 분명 초기의 태음력에서 빌려왔다. 오랜 세월 동안 옛 태음력이 계속 사용되어왔다는 것이다. 이집트 인들은 자기들의 가장 오래된 달력을 포기할 수가 없었다. 그것은 달moon을 태양의 계절과 시리우스, 그리고 나일 강의 시기에 맞추고, 이집트 인들을 세계의 신성한 질서와 접촉하게 해주었기 때문이다.


**달력, 보정, 그리고 왕들**

메소포타미아에서 종교를 정식 문명으로 확립시킨 사람들은 아마 수메르 인들이었을 것이다. 그들은 최초로 공식 달력을 사용한 사람들이었다. 수메르의 달력은 태음력이었으나, 그들의 한 달은 초승달이 서쪽에서 보일 때 시작되었다. 바빌로니아의 창조 신화를 보면, 마르둑이 달에게 내리는 명령에 달의 주기에 대한 관심이 그대로 나타난다.

> 그는 달에게 밝히라 명령했다.
> 밤을 (그에게) 부여하였고,
> 시간을 측정하기 위해
> 밤하늘의 장신구를 그에게 달아주었다.
> 그리고 매달, 틀림없이,
> 그는 왕관으로 표시하였다.
> "초승달이 대지 위로
> 떠오르면
> 그대를 뿔로 빛나게 하리라, 측정하기 위한 여섯 날을;
> 일곱 번째 날, (그대의) 반쪽 왕관(이 보일 때).
> 그리곤 (그다음엔) 15일이라는 기간을
> 각 한 달의 반을 짝으로 하여
> 그 후 태양이 하늘의 밑바닥에서
> 그대를 추격함에 따라,
> 점차 이울면서,
> 그대의 성장을 반전시키리라!"

'왕관'은 달이 보름달일 때의 원반이며, 뿔은 물론 초승달을 가리킨다. 일곱 번째의 '반쪽 왕관'은 상현달의 반 원반을 묘사하는 말이고, 문헌의 나머지는 달$^{moon}$이 계속해서 달$^{month}$을 나누는 방법에 대해 이야기한다.

수메르의 달$^{month}$ 이름은 이집트 이름처럼 쐐기문자 문헌에 더러 남아 있으며, 각 달의 주요 축제일을 지칭한다. '슐기$^{Shulgi}$ 축제의 달', '닌구르수$^{Ningursu}$ 보리 먹는 달' 하는 식으로 달의 위상에 따라 축제의 일정표를 짜고, 초승에, 상현(7번째 날)에, 보름(15번째 날)에, 그리고 마지막 날에 정기적인 축하 행사를 치렀다.

수메르 인들은 한 해를 여름(에메쉬$^{emesh}$)과 겨울(엔텐$^{enten}$)로 나누었다. 새해 휴일은 왕과 고위 여사제의 상징적인 '결혼식'에 의해 신성해졌다는 걸 우리는 알고 있다. 이 의례는 곡물의 성장과 날짜들을 관장하는 신 두무지$^{Dumuzi}$와 다산 및 성$^{sex}$과 동일시되는 여신 이난나$^{Inanna}$의 결혼을 재현한 것이며, 대개는 봄에 예정되었을 가능성이 많다. 모든 꽃, 씨앗, 열매에 다시금 생명이 깃드는 봄에.

물론 메소포타미아의 태음력이 계절과 보조를 맞출 수 있는 유일한 방법은 윤달이었으며, 몇몇 비문에는 별도의 달이 추분이 들어 있는 달 앞에 더해졌음을 암시하는 내용이 있다. 다른 문헌들은 13번째 달이 춘분 바로 앞에 슬그머니 끼워졌음을 언급한다. 초기에는 어떤 규칙을 따랐든, BC 1000년쯤까지는 바빌로니아의 달력 사제들은 윤달을 8년 주기에 따라 만들었다. 이 기간 동안 3번의 별도의 달이 추가되었다. 칼데아 시대에는 한 번의 '메톤 주기$^{Metonic}$', 즉 7번의 별도의 달이 있는 19년 주기가 사용되었던 것 같다. 19 태양년이 235 태음월과 같은 이 간격, 즉 메톤 주기는 BC 5세기의 마지막 10년 안에 지중해 세계에 이 달력을 도입했던 그리스의 천문학자 메톤$^{Meton}$의 이름을 따서 붙인 이름이다. 비록 그것이 마치 숫자로 표시된 규칙처럼 보이고, 관측된 천문현상도 없었으며, 별도의 달이 추가된 해가 측정되었다 해도, 쐐기문자와 메소포타미아 천문학의 전문가인 삭스$^{A.Sachs}$는 윤달이란 해마다 어떤 특정한 달에 태양과 함께 떠오르는 시리우스를 축하하기 위해 고안된 것이라고 믿는다. 만약 그런 거라면, 역으로 하늘에서 가장 밝은 별이 계절을 알리는 신호로서, 그리고 고대사회를 위한 역법의 척도로서 중요한 역할을 했음을 강조하는 것이다. 시리우스의 천문학적인 특성, 다시 말해 그 밝기와 하늘에 나타나는 시기 때문에, 그것이 보일 때마다 사람들은 그것을 귀하게 여겼다.

메소포타미아에서 태음력을 계절과 잘 맞추려고 어떤 방법을 썼든 간에, 언제 별도의 달이 삽입될지는 오직 왕만이 선포할 수 있었다. 중국에서도 역시 달력은 왕의 특권이었다. 새 시대의 막을 열고 선포할 권리, 그것은 왕이 된다는 게 무엇을 의미하는지를 명백하게 보여주는 특권 중 하나였다. 이런 전통은 1912년 중화인민공화국 정부가 새 달력을 제정할 특권이 왕실에 있는지 검토할 때까지 계속되었다. 중국의 오랜 역사를 통해 달력도 정부의 무기였다. 그것은 사회를 안정시키고, 하늘의 전조를 살짝 알려준다. 달력이 제대로 기능하게 하고 왕에게 하늘과 땅의 상태에 대해 정보를 제공하는 것이 황제의 천문학자가 해야 할 일이었다. 한나라 때의 기록을 보면, 이 목적을 위해 천문학자가 얼마나 노심초사했는지 알 수 있다.

……12년(목성의 항성 주기), 12개월, 12(두 배)시간, 10일, 그리고 28개의 별들의 위치. 그는 그것들을 구별하고 정리한다. 그래서 그는 하늘의 상태에 대한 전반적인 계획을 세운다. 그는 동지와 하지에 태양을 관측하고, 춘분과 추분에 달을 관찰한다. 연속되는 4계절을 측정하기 위해서다.

고대 중국의 청동기시대인 상왕조의 갑골문자에서 부분적으로 달을 바탕으로 한 달력이 적어도 BC 1400~1200년 사이 어느 때쯤엔가 사용되었다는 것이 확인된다.

태음력을 수용함으로써 고대 중국인들에게도 윤달은 당면과제였다. 그들은 몇 가지 처리법을 실험해보다가 결국 19년 동안 7번의 윤달을 넣는 것으로 결정했다. 훗날 그들은 19년 동안에 4번마다 하루씩 빼는 것으로 이 문제를 깔끔하게 처리했다.

물론 중국인들도 태양의 궤도를 좇았다. 그들은 하늘을 24부분으로 쪼개고 태양이 그중 어느 부분을 통과하는 데 걸리는 시간을 한 절기라고 했다.

우수리를 사용하기보다는 중국인들은 몇 기는 15일로, 다른 몇 기는 16일로 정했다. 한 기의 길이는 평균 $15\frac{1}{4}$일보다 실제로 약간 짧았을 것이다. 그걸 모두 24번 더하면 일 년이 $365\frac{1}{4}$일이 된다. 관례에 따라 이 태양 주기는 2월 초, 대개는 5일에 시작되는데, 대략 동지와 춘분의 중간쯤 된다. 그 날짜는 캔들마스와 거의 일치한다. 첫 번째 절기인 입춘(봄의 시작)과 가장 가까운 초승에 새해를 시작하고, 가끔씩 대개는 여름에 한 달을 더한다. 이런 식으로 몇 해가 지나가면 13번째 달$^{moon}$(다음 해의 첫 번째 달이 될 것이다)이 아니라, 14번째 달$^{moon}$이 입춘의 시작과 좀 더 가까워질 것이다. 이렇게 함으로써 새해의 시작이

당나라 때의 이 거울 뒷면에 그려진 몇 줄의 상징 고리들은 중국 달력의 주기를 언급하고 있다. 4마리 우주론적 동물이 그려진 가장 안쪽의 원은 4 기본방위와 4계절을 나타낸다. 그다음 고리의 12마리의 동물은 12년 목성 주기를 의미하며, 바깥의 28마리의 생물들은 하나하나가 宿, 즉 별 정류장$^{stella\ station}$이다. (윌리엄슨 C. A. Williamson, 『중국의 상징주의와 미술의 모티브 개요 Outlines of Chinese Symbolism & Art Motives』)

해마다 입춘에 가까워지게 한다. 다른 절기의 이름들은 기후와 자연(한로, 대설), 농경(소만, 망종), 그리고 태양의 운행(춘분, 동지) 등을 가리킨다.

몇몇 다른 달력 주기가 고대 중국에서 사용되었는데, 목성이 별들 사이로 지나는 운행에 바탕을 둔 12년 주기도 포함되어 있다. 목성의 운행은 그해의 목성의 위치, 즉 그 지역에 해당하는 상징적인 동물을 해마다 제공했다. 이 전통은 오늘날까지도 계속되어 지금도 쥐, 소, 호랑이, 토끼, 용, 뱀, 말, 양, 원숭이, 닭, 개, 돼지의 해라고 부른다.

## 달력, 경작, 그리고 우주질서

달력이 생긴 건 사람들이 농부가 되기 전이지만, 두무지와 이난나의 결혼처럼, 식량을 경작하는 이미지는 달력과 농경민들의 절기 축제 속에 자연스럽게 나타나 있다. 그들의 삶은 결국 식량재배 능력에 달려 있었고, 달력은 그들의 생활방식을 반영한다.

농사의 주기적인 패턴은 상징적으로 매우 중요하다. 농사일이 진행되는 것, 즉 씨뿌리기, 경작, 수확, 그리고 다음 번 새로운 계절의 작물심기 등은 대개 식물의 성장 패턴, 계절의 패턴, 삶의 패턴을 따른다. 이런 것들 모두가 우주질서의 순환을 그대로 닮아 있다. 우리가 하늘에서 보는 탄생, 성장, 죽음 그리고 부활을.

두 개의 '달력 식물calendar plants'이 산동 지역에 있는 한나라(BC 206~AD 220) 때의 어느 무덤 안에 돋을새김으로 그려져 있다. 전승에 따르면, 하나에는 나뭇잎 15개가 15일 동안 하루에 하나씩 붙여지고, 다음 15일 동안은 하루에 하나씩 떨어졌다고 한다. 이건 물론 차오르는 달과 이우는 달을 상징하는 것이다. 잎사귀 6개가 달린 다른 나무는 한 달에 잎사귀 하나씩, 여섯 달 동안 자랐다고 한다. 그다음 여섯 달 동안은 매달 하나씩 떨어진다.

우리는 계절이 지나감에 따라 식물이 실제로 성장하고 쇠락하는 모습을 본

중국 어느 무덤 벽에 돌을새김으로 묘사된 두 식물의 잎사귀들은 한 달의 날수(오른쪽)와 한 해의 달수(왼쪽)를 상징한다. 잎사귀들은 각 주기의 반 동안 하나씩 생겨났다가 나머지 반 동안 하나씩 떨어진다. (그리피스 천문대)

다. 계절들은 한 해와 연결되어 있고, '달력 식물'은 미끄러지듯 지나가는 시간과 사건들을 보여주는 재치 있는 상징이다. 한 달에 한 번 달이 무르익었다가 점차 여위어가는 모습에서 똑같은 순환을 분명히 볼 수 있으며, 따라서 나뭇잎을 입었다 벗었다 하는 은유는 달$^{moon}$과 달$^{month}$의 경과를 완벽하게 보여준다.

중국의 황제조차도 달력에 정해져 있는 대로 농경 제의에 참여해야 했다. 그해의 적당한 날에 황제는 베이징의 천단$^{天壇 Temple of Heaven}$에 있는 기년전$^{祈年殿}$으로 간다. 기년전은 풍년을 기원하는 제의를 올리는 건물이다. 황제는 그 신전의 이름에 걸맞은 의례를 거행한다. 황제가 의례를 거행하는 날짜는 황궁의 천문달력 기록자가 선택한다. 그 근처에 있는 선농단 즉 농경 신전에서 황제는 또 다른 연례행사를 치른다. 성스러운 밭에서 그해의 상징적인 '첫 번째 밭고랑'에 쟁기질을 하고 제물을 바치며 기우제를 지내는 것이다. 4월 25일, 과테말라의 초르티 마야$^{Chorti\ Maya}$ 인들은 태양이 천정을 지나가는 날에 절정에 달하는 8일간의 기우제를 시작한다. 이틀 후인 5월 4일에 작물심기가 공식적으로 시작된다. 고대 페루에서의 농경도 해마다 돌아오는 계절과 태양과 비의 패턴을 따랐으

베이징에서는 황제가 2월 5일 무렵인 설날이나 혹은 그즈음에 '봄' 희생제의를 거행했다. 2월 5일은 태양년의 24절기 중 첫 번째 절기다(설을 말한다/옮긴이). 의례는 천단(하늘 신전) 안의 풍년을 기원하는 기년전이라는 전각에서 열렸다. 둥근 전각 내부에는 1년의 주기들이 상징화되어 있다. 중앙의 커다란 4기둥은 4계절을 나타내는 것이고, 이중의 원으로 배열되어 있는 바깥쪽 24기둥은 12달과 12 '시간'을 표현한 것이다. (로이스 코언Lois Cohen, 그리피스 천문대)

나, 안데스 산지의 농사 주기는 8월에 시작된다.

페루에서는 첫 번째 쟁기질과 작물심기가 어떤 특별하고도 놀라운 사건, 즉 태양이 천저를 통과하는 것과 관계있었던 것 같다. 천저는 사람이 땅 위에 서 있는 지점에서 곧장 아래로 내려가는 점이고, 머리 위로 곧장 올라가는 천정의 반대쪽에 있다. 이런 이유로 그날은 때로 반천정$^{antizenith}$, 다시 말해 천저의 날이라고 불리기도 했다. 태양이 그 점을 지나가는 일은 한밤중에 일어난다.

열대지방을 나타내는 위도 사이에서 태양은 천정을 가로질러 갈 수 있다. 이런 현상들이 일어나는 날짜들은 어느 특정한 위치를 보여주는 뚜렷한 특징이 된다. 그리고 그런 날의 일출점과 일몰점은 하지와 동짓날의 일출 및 일몰 지점

7. 우리가 계산하는 날짜들　　**281**

처럼 쉽게 알아볼 수 있다. 우리가 이미 알고 있듯이, 하지와 동지의 양극단은 서로 보완적이다. 동지의 일출 지점은 하지의 일몰 지점의 약간 반대쪽이다. 동지와 하지의 일출점과 일몰점 4곳은 대칭적으로 관련되어 있다. 이와 같은 대칭감은 천정을 통과하는 일출과 일몰에 쉽게 적용된다. 그래서 천정을 통과하는 일출, 일몰과는 반대인 일출과 일몰에 의해 분명해진, 서로 보완적인 달력 날짜들이 자연스럽게 나올 것이다. 이것들은 천저를 통과하는 시간이라는 게 판명되었다. 지금도 잉카의 후예들 사이에는 천저의 태양에 대한 관심이 있다는 증거가 존재한다. 달력과 관계있고 방위를 나타내는 대칭만이 천저의 날짜에 대한 관심을 불러일으킬 수 있었을 것이다. 그 날짜들과 천정을 통과하는 날짜들과의 관계를 알면 눈에 보이지 않는 태양이 아주 중요한 날 한밤중에 천저를 가로지른다는 생각을 갖게 할 수도 있으리라. 그건 다른 날 정오에 한낮의 태양이 천정으로 올라가는 것과 똑같은 것이다.

잉카제국의 수도인 쿠스코에서는 천저 통과가 8월 18일에 일어나는데, 이 날은 아마도 8월 축제와 관련이 있는 것 같고, 또 작물 심는 계절을 축성하는 날이기도 하다. 천문학자 앤터니 아베니Anthony F. Aveni와 인류학자 쥐드마R.T.Zuidema는 8월 18일 무렵의 태양을 관측했으며, 이 천문학적 정렬이 첫 번째 옥수수 심기와 관계있다는 증거를 자신들이 발견했다고 믿는다.

잉카에서도 마찬가지로 동지와 하지를 축하했다. 그러나 페루는 남반구에 있으므로, 지점은 우리가 생각하는 것과는 반대에 있다. 동지 축제인 인티 라미Inti Raymi는 6월에 열리고, 여름 제의인 카팍 라미Capac Raymi는 12월에 열린다.

잉카의 몇몇 연례 축제 시기는 실제로 달에 의해 정해졌다. 초승달이 나타나면서 추분점 무렵의 시투아Citua 축제가 시작됐고, 곡식이 잘 익게 해달라고 바치는 희생제의는 춘분 파차푸치Pacha-Puchy 축제의 일부였다.

## 시간과 사회질서: 잉카 달력

잉카의 달력도 달로 시간을 측정했다. 그러나 잉카 달력의 세세한 부분은 지금도 분명치 않다. 스페인 정복 이전의 대부분의 기록들은 불완전하고 모순적이기 때문이다.

그들이 어떻게 했는지는 정확히 모르지만, 잉카 인들도 틀림없이 달수 계산을 장기적인 주기에서 태양년과 일치시켰을 것이다. 지금까지 남아 있는 400년 이상 된 단편적인 문헌에서, 달력 관리는 가문의 혈통과 사회적 계층화에 따른 엄격한 규칙에 따라 구분되었음을 알 수 있다. 즉, 1534년의 스페인 정복과 페루 인들의 삶에 관한 이야기를 쓴 익명의 연대기 작가는, 잉카 왕은 쿠스코 백성들을 12개의 그룹으로 나누고 달력에 의거해서 그해의 공적인 고시와 관련된 한 달의 이름과 의무를 각 그룹에 할당했다는 이야기를 들려준다.

잉카의 수도는 곳곳이 온통 우아카$^{huaca}$(성소/옮긴이) 천지였다. 이 우아카들은 세케$^{ceque}$(잉카의 행정 구역/옮긴이)로 조직화되었고, 세케는 대개 풍경을 가로지르는 직선들로 각 세케에 속한 우아카들이 여기저기 있는 것이 특징이었다.

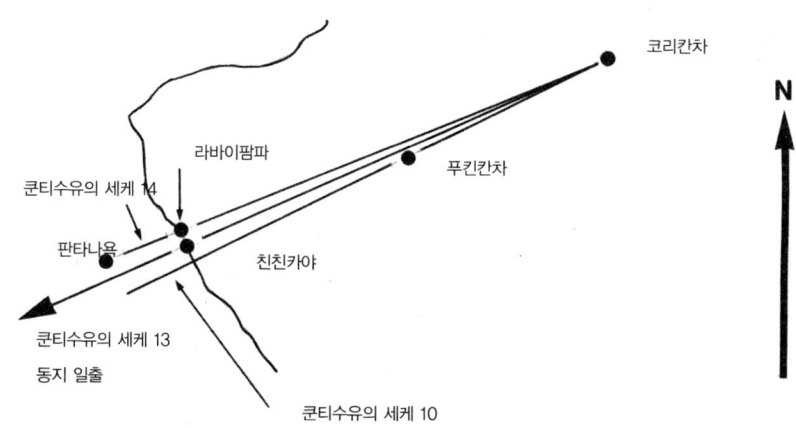

우아카, 즉 성소들이 점으로 표시되어 있고, 여기에서 이름으로 확인되며, 쿠스코의 남서쪽 4분면(쿤티수유)의 3개의 세케(성소들이 있는 선) 부분이 지도에 그려져 있다. 코리칸차는 태양의 신전이며, 쿠스코의 심장인 동시에 잉카제국이다. 13개의 세케가 달력에서 중요한 사건인 동지 일출과 일치한다. (그리피스 천문대, A. F. 아베니의 그림을 본뜸)

7. 우리가 계산하는 날짜들

우아카 하나하나에 대한 책임과 거기서 행해지는 의례들은 복잡한 방식으로 잉카의 사회조직 및 친족관계와 관련되어 있었다. 잉카의 혈족관계 전문가인 인류학자 쥐드마는 우아카와 거기서 행해진 의례들은 잉카 달력과 관련이 있다고 생각한다.

피정복 시대에 관한 다양한 기록들을 꼼꼼하게 연구한 쥐드마는 41개의 세케와 328개의 우아카들이 있었다는 결론을 내렸다. 그는, 각각의 우아카들은 328일의 주기 중 어느 하루와 관계있다고 믿었는데, 328이라는 숫자는 천문학적으로 아주 중요하기 때문이다. 달이 한 달 전쯤 항성들 사이를 지나가면서 차지했던 위치와 대략 같은 위치로 되돌아오는 데 걸리는 시간은 $27\frac{1}{3}$일이다. $27\frac{1}{3}$일의 간격은 1항성월이며, 그것 역시 시간의 경과를 측정하는 데 쓰일 수 있다. 아마 우아카의 총계, 즉 328은 $27\frac{1}{3}$일의 12배와 같다.

잉카 인들은 $29\frac{1}{2}$일 주기의 삭망월과 항성월 둘 다 잘 알고 있었던 것 같고, 태양과 달 사이의 간극을 맞추고 해마다 돌아오는 농경과 계절 주기에 맞추기 위해 윤일이나 윤달을 더했던 것 같다.

페루에서, 그리고 중국, 메소포타미아, 이집트에서는 각각 발전된 문명들이 그들 특유의 달력 체계를 만들었다. 각 문명의 달력은 주기적인 천구의 사건들을 관찰하는 데에서 서서히 발전했다. 이 사건들은 시간의 경과를 조직화하고 규칙적으로 만들기 때문에, 그것들이 삶과 사회를 질서 있게 만든다. 그러므로 전통적인 달력들은 하늘의 것이라고 생각되는 성스러운 자연을 반영한다. 그리고 우리는 이것을 달력 속에서, 그리고 성스러운 제의를 행함으로써 함께 나누는 친밀감 속에서 본다. 달력으로 제의의 일정표를 짠다. 제의는 달력 속의 사건들에 맞춰 이름이 붙여진다. 그리고 달력을 구성하는 천문현상들을 제의로 경축한다.

하늘이 우주질서를 담은 저장소인 건 분명하지만, 세세하게 살펴보면 그 주기가 단순한 방식으로 일치하지는 않는다. 그래도 역시 천문현상들이 이 세상의 진실하고 성스러운 특성을 드러내 보여준다는 믿음에서 달력에 관한 다양한 절충안들을 고안하게 되었다. 복잡한 사회에서 서로 경쟁하는 여러 가지 욕구에 의해 윤달과 복잡한 역법들이 부득이 필요하게 되었다. 중앙정부는 이 욕구들의 균형을 맞추고 일정한 순서로 정리해야 했으므로, 달력에 대한 책임은 파라오, 왕, 황제 또는 최고 잉카의 몫이었다. 그에 따라 그의 권력이 강화되었다. 그는 하늘과 결속되어 있기 때문이다.

## 시간과 점

머리 위에서 무슨 일이 일어나고 있는지 관찰함으로써 샤먼과 천문사제들은 달력을 만들고 의례를 거행할 시기를 정했다. 그들은 신들의 영역과 우주질서의 근원에 접근할 권한이 있었으며, 이로써 우주의 상태에 대한 '지식'에 접근할 수 있었다. 그렇게 해서 그들은 신들이 지상에 보내고자 하는 하늘의 신호와 대화할 수 있었다. 예컨대 고대 메소포타미아의 달 관측자 같은 사람들 중에는 달력으로 점을 치는 예언자들이 있었다. 1900년대에 아시리아학 학자 캠벨 톰슨[R. Campbell Thomson]은 수백 가지의 천문학적 전조들을 편집해서 『니네베와 바빌론의 마법사들과 점성가들에 관한 보고[The Reports of the Magicians and Astrologers of Nineveh and Babylon]』라는 매혹적인 제목의 책으로 펴냈다. 이 책에서 그는 달에 관해 많은 부분을 할애했다. "달님이 고정된 한 위치에 그 모습을 나타낼 때, 신들은 행복을 위해 무엇을 해야 할지 이 땅에 알려주려는 것이다."

이 문헌은 예상된 날에 발생하는 ('고정된 한 위치에') 초승달('그 모습을 나타내는')을 언급하고 있다. "달이 계획된 시간 이상으로 머무르며 모습이 보이지 않을 때, 대도시의 침략이 있을 것이다……." 평소와 다르거나 예기치 않은 운행은 어떤 메시지로 여겨졌다. 전망이 좋지 않더라도 식견 있는 어느 사제가 적당한 말이나 주문을 외우면 위험을 피할 수도 있었을 것이다. "윤달 아다르[Adar]에 달님이 출현해서 그 뿔이 뾰족해지고 어두워지면, 왕자는 튼튼하게 자라고 땅은 풍요로워지리라" 하고.

이런 문헌들은, 바빌로니아의 예언자들은 달력이 예언한 것과 하늘이 실제로 행한 것 사이의 경기를 평가했다는 이야기를 들려주고 있다. 예상된 질서에서 벗어나는 것을 관심 있게 보았다.

고대 중국의 달력 주기 중 하나는 점占과 관련되어 있었다. 일찍이 BC 2000년대 후반에 달력은 날짜를 계산하는 것이었고, 60진법에 바탕을 두고 있었다. 각각의 날은 10개의 '하늘 줄기'(천간天干)의 이름 중 하나와 12개의 '땅의 가지'(지지地支) 중 하나와 같다. 10번째 천간까지 다하면 다시 첫 번째 이름으로 돌아가는데, 이때 11번째 지지와 결합된다. 10개의 짝짓기 안에서 가능한 모든 조합이 만들어지고 나면, 주기는 천간과 지지의 첫 번째 이름부터 다시 시작된다. 중복되지 않는 쌍의 수는 10과 12의 최소공배수에 의해 주어진다. 60보다 작은 수는 10과 12로 공평하게 나누어지지 않으니까.

이 60일 주기가 시스템 전체가 작용하는 바탕이다. 그것은 많은 수비학數秘學(수비학은 '숫자의 과학'으로 풀이할 수 있다. 기본적으로 숫자가 사람, 장소, 사물에 대해 제공해 줄 수 있는 숨겨진 신비한 의미를 공부하는 학문이다/옮긴이)적 상징을 함축적인 의미와 은유의 그물에 결합시켰다. 그리고 고대 중국의 점술가들은 이런 것들을 통해 세계를 해석했다. 시간의 경과를 좀 유별난 방식으로 조직화하는 것 같아 보이기는 하지만, 메소아메리카 인들도 그와 아주 비슷한 260일 계산법으로, 그리고 그와 비슷하게 점을 치려는 목적으로 뭔가를 했다.

## 복잡함과 일치: 메소아메리카의 달력

고대의 모든 달력 체계 중에서 복잡하고 정밀한 것으로 치자면, 메소아메리카의 아스텍과 마야, 그리고 그 인근 지역에서 사용했던 것이 단연 최고다. 고대 멕시코와 중앙아메리카의 달력은 뛰어난 것이었다. 그들이 계산했던 수수께끼 같은 주기 중 하나는 260일 길이였다. 그들도 1년이 365일이라는 건 잘 알고 있었다. 마야의 역법사제들이 계산한 그런 주기적인 짧은 시간은 우리가 태양년(365.2550일)이라고 흔히 부르는 것과 같다. 태양년의 정확한 길이는, 정확한 현대의 측정에 따르면 365.2422일이다. 비록 마야인들이 일 년의 정확한 길이를 직접 측정하지 못했고, 또 그것을 우리가 사용하는 소수로 나타내진 못했다 해도, 그들이 달력의 기간을 수치로 처리한 것을 보면 오차가 1년에 겨우 19분밖에 되지 않는다. 실제로 중국인들은 기원전 5세기쯤에는 태양년의 길이를 365.2428일로 제정해놓았다. 고전기 마야 문명의 중기와 비슷한 때다. 이런 정보를 입수하는 데에 커다란 망원경이 필요하진 않았을 것이며, 고대 중국이나 멕시코에는 그런 것이 존재하지도 않았다. 그러나 그림자를 던지는 장치든 태양의 움직임을 지평선을 따라 주의 깊게 관찰하는 일이든 간에, 그런 일은 천문 현상들이 일어났던 날짜에 대한 기록이 축적되어 있어야 한다는 전제조건 하에서 가능한 일이다. 어쨌든 메소아메리카의 달력이 우리의 흥미를 끄는 것은 그 정밀함이지 구조가 아니다. 시간의 성스러운 차원은 다른 어떤 달력 체계에서보다 그곳에서 더욱 뚜렷이 입증되고 있다.

    메소아메리카 달력 체계의 구조를 이해하기 위해서는 그것을 구성하는 요소들을 확인해야 한다. 우리가 예상하는 대로 1년은 총 365일로 정해졌으며, 그것은 20일 간격이 연속으로 18번 이어지고, 마지막에 임시로 5일을 더하는 방식으로 이루어졌다. 20이라는 숫자는 메소아메리카 인들 사이에서 계산 체계의 근간이었다. 그건 10이 우리의 십진법 체계의 기본원리인 것과 같다. 아마도 20이라는 숫자는 인간의 손가락과 발가락을 모두 합친 숫자에서 유래했을 것이다. 어쨌든 이 365일 주기를 마야 인들은 하압$^{haab}$이라 했고, 아스텍 인들은 시우포우아이$^{xiuhpohualli}$라고 했는데, 거기서는 각각의 날에 0~19까지의 숫자로 된 이름이 있었고, 20일 간격(즉 한 달)의 이름은 베인테나$^{veintena}$라고 했다. 우리가 지금 사용하고 있는 달력에서 우리는 각 날과 각 달의 이름에 숫자를 붙여 정해줌으로써 그들과 같은 접근법을 받아들이고 있다. 마야인들은 20일 간격의 첫날을 그 간격의 '자리 잡기$^{seating}$'라고 했다. 이건 어떤 의미에서는 첫날을 0이라고 번호를 매기는 것과 같다. 그래서 우리가 어느 날을 부를 때 4월 12일이라고 하는 것처럼, 마야인들은 세 번째 20일 기간의 세 번째 날은 하압의 날짜로, 2집$^{Zip}$이라고 했을 것이다.

최근에 치아파스에 있는 한 마야 족 마을에서 태양력 주기를 점치기 위해 계산판으로 쓴 문이 하나 발견되었다. 판 위에 있는 새김들은 20일을 한 묶음으로 해서 조직되어 있고, 20번째의 새김마다 굵게 되어 있었다. 인류학자 게리 고센Garry Gossen은 20개씩 18개의 묶음으로 되어 있고 거기에 더하기 5라는 표시가 있어 총 365가 된다는 것을 알아냈다. 알렉산더 마샥의 적외선 촬영으로 100년 치는 족히 될 것 같은 초기 하압 계산이라는 것이 밝혀졌는데, 이것은 지금의 샤먼의 선조들이 기록해놓은 달력이었다.

우리가 역사적으로 그리고 문화적으로 중요한 의미가 있는 사건(그리스도의 탄생 추정 연대)에서부터 계산된 연도에 숫자를 부여하는 것처럼, 마야의 연도에도 종교적이고 우주론적으로 부여된 날짜로부터 숫자가 매겨졌다. 우리 시대와 그들 시대 사이의 연대를 연관시켜본 결과, 마야가 시작된 때는 우리가 BC 3113년이라고 하는 해다. 마야인들은 지금 우리가 살고 있는 이 세계의 질서가 그때에 창조되었다고 생각하는 것 같다. 시간의 행진은 당연히 거기서부터 시작되었을 것이다. 이 연도 표기를 우리는 장기계산법이라고 하는데, 거기서 연대는 20진법으로 묶여서 지나간다. 우리가 날짜를 10진법으로 조직하는 것과 똑같다. 1982라는 연대는 실제로 1,000년의 간격과 900년의 간격, 80년의 간격, 그리고 1년짜리 2개의 간격의 합산을 의미한다. 물론 우리는 이 연속적인 10의 배수들을 1밀레니엄, 1세기, 10년, 1년이라고 따로따로 부른다. 마야의 단위도 그와 같은 방식으로 계산된다.

1박툰baktun = 20카툰katuns
1카툰 = 20툰tuns
1툰 = 360킨kins, 즉 날

그들은 또 20일 간격을 통해서 날짜들도 순서대로 만들었다.

1툰 = 18우이날uinals

1우이날 = 20킨, 즉 날

 1툰은 실제 태양년과 거의 같은 수치였으며, 그래서 20일씩 18번 순서대로 되어 있다. 마야인들은 365일 대신 360일을 채택했다. 그렇게 한 이유는 대개 360이라는 숫자의 수비학적인 유용성 때문이었던 것으로 보인다. 360이라는 숫자는 여러 가지 방법으로 나누고 처리하기가 좋을 테니까.

 마야인들도 달에 대한 세세한 기록을 간직하고 있었으나, 이런 것들이 공식적인 태음력으로 만들어진 것 같지는 않다. 우리는 당시의 태음월에서의 그날의 날짜(혹은 그달의 '나이age')와 5~6차례 연속된 달의 주기에서 식이 다시 일어난 것과 관련이 있어서 표기된 그 태음월의 위치를 보고하고 있는 기념석주에서 이런 것들에 관해 기록해놓은 날짜들에 해당하는 상형문자 비문들을 찾아냈다. 이 날짜에 해당하는 태음월이 다섯 달이나 여섯 달 연속으로 일어났는지, 그리고 문제의 달이 29일인지 30일인지를 말해주는 그림문자에는 달력에 관한 비문도 포함되어 있다.

 숫자로 나타낸 중요한 의미는 어쩌면 고대 멕시코에서 사용된 가장 수수께끼 같은 날짜 계산의 열쇠일 수도 있다. 마야의 260일 촐킨tzolkin, 즉 신성력Sacred

| 키파틀리Cipactli | 악어 | 오소마틀리Ozomatli | 원숭이 |
| 에에카틀Ehécatl | 바람 | 말리나이Malinalli | 풀 |
| 카이Calli | 집 | 아카틀Acatl | 갈대 |
| 케츠파인Cqetzpallin | 도마뱀 | 오세로틀Ocerotl | 재규어 |
| 코아틀Coátl | 뱀 | 쿠아우틀리Cuauhtli | 독수리 |
| 미키틀리Miquiztli | 죽음 | 코스카쿠아우틀리Cozcacuautli | 콘도르 |
| 마사틀Mázatl | 사슴 | 오인Ollin | 운동 |
| 토크틀리Tochtli | 토끼 | 텍파틀Técpatl | 부싯돌 칼 |
| 아틀Atl | 물 | 키아우이틀Quiáhuitl | 비 |
| 이츠쿠인틀리Itzcuintli | 개 | 쇼치틀Xóchitl | 꽃 |

7. 우리가 계산하는 날짜들

과테말라 페텐Peten에 있는 티칼Tikal의 마야 대 의례단지 주 광장에 세워진 기념석주 3이다. 여기에는 마야의 장기력으로 이곳을 건설한 날짜를 밝혀놓은 그림문자 비문이 있다. 게다가 왼쪽 위에서 네 번째 그림은 마야 260일 달력(촐킨)의 날짜로 4(점 4개)아아우Ahau다. 그날은 365일 달력(즉 하압)에서는 13카얍Kayab이며, 역시 왼쪽 위에서 7번째 그림으로 보여주고 있다. 달력과 관련된 이런 비문에는 대개 당시의 달에 관해 상세한 정보를 제공하는 제2 그림문자들이 있게 마련이다. 여기서는 이러한 달 시리즈가 왼쪽 위로부터 5번째 그림에서 시작된다. 그 상징의 부분은 3개의 수평막대(3×5)와 2개의 점(2×1), 마야 필기법으로 숫자 17이다. 이것은 태음월로 17일을 나타낸다. 오른쪽에 있는 그림문자는 이날 밤에 달이 어떤 배경별들 사이에 위치해 있었는지를 말하고 있는 것 같다. 그 아래에 있는 그림문자는 초승달이 자기의 뿔 안에 있는 점 하나를 에워싸고 있는 것처럼 보인다. 거기에 수반되는 수평막대와 점 4개는 숫자 9를 나타낸다. 이것이 마야식 어법인데, 그때는 29일인 달이었다. 이런 달 비문에는 가끔 이렇게 어느 특정한 달이 나타낸 각 6주기 계산법에서의 달의 주기를 나타내곤 했다. (로빈 렉터 크롭)

Count 같은 것 말이다. 중앙멕시코에서 아스텍 인들은 그것을 토날포우알리 tonalpohualli라고 했으며, 그것은 고대 중국의 60일 주기와 같은 방식으로 계산됐다.

촐킨은 제의달력으로, 1~13까지 번호를 매긴 날짜와 순서대로 이어지는 20개의 상징, 즉 상형문자로 된 날짜 이름이 있다. 아스텍의 상징 대부분은 동물, 식물, 그 밖의 그들의 환경에 있는 다른 것들을 나타낸다. 정리해보면 다음과 같다.

13개의 숫자와 20개의 이름을 차례로 연결함으로써 날짜에 대한 호칭이 명확하게 순서대로 붙여진다. 따라서 처음 몇 날은 1키팍틀리, 2에카틀, 3카이 등등이다. 13까지 도달하면 그날은 13아카틀이다. 그때부터 숫자는 다시 처음으로 돌아가 시작되지만, 이름은 계속된다. 13아카틀 다음엔 1오세로틀이 되는 것이다. 20개의 이름은 쇼치틀에 도달할 때까지 한 번씩은 모두 사용되고, 그런 다음 다시 순환된다. 다음에 오는 것은 8키팍틀리다. 가능한 모든 조합이 다 사용될 때면 260일(20과 13의 최소공배수)이 지나가고, 그런 다음 주기는 다시 한 번 시작된다.

260일 걸리는 명백한 천문학적인 주기는 없고, 그 계산법을 사용했던 메소아메리카 인들 말고는 아무도 모른다. 무엇 때문에 그렇게 했는지도 수수께끼다. 물론 설명하려는 시도는 늘 있었다. 그 간격은 마야의 중요한 중심지인 코판 Copán에서나, 혹은 같은 위도상에 있지만 마야보다 먼저 문명을 꽃피웠으며 미술과 비문에서 마야와 같은 양식을 가졌던 이사파 Izapa에서 태양이 천정을 통과하는 기간인 260일과 관계있을 수도 있다. 다른 설도 있는데, 그중에는 식의 계절(일식이나 월식이 일어날 수 있는 계절/옮긴이) 사이의 기간인 173.3일의 1.5배(또는 $3 \times 173.3 = 2 \times 260$)라는 설도 있고, 화성의 합의 기간인 780일의 $\frac{1}{3}$(즉 $780=260 \times 3$)이라는 설도 있다. 또 금성이 첫 샛별로 나타났다가 마지막 저녁별로 나타나는 사이의 날수(263일)에 가까운 숫자라는 설도 있다. 한 인간 아기에 대한 개념과 출생 사이의 간극도 그렇게까지 억지스럽게 갖다 붙이지는 않을 거라는 생각이 든다.

260일 주기는 점을 치는 데 사용되었다. 그리고 마야 인들은 이런 문제에

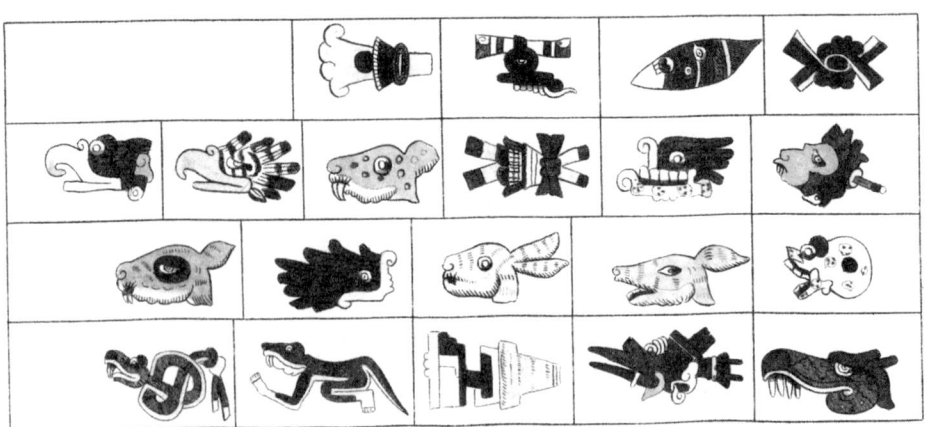

20개의 날-이름과 13의 수는 260가지로 결합되어서 아스텍의 토날포우아이, 즉 260일 신성력을 완성한다. 1814년, 알렉산더 훔볼트Alexander Humboldt는 이 판본의 날-이름 그림문자를 제시했는데, 문서 목록에 있는 표제어와 그것들을 맞춰보면 일치한다. 맨 윗줄 왼쪽 첫 번째는 쇼치틀, 즉 '꽃'이다. (『아메리카 고대 거주민들의 관습과 기념물에 관한 연구Researches Concerning the Institutions & Monuments of the Ancient Inhabitants of America』에서)

많은 주기와 사건들을 수비학과 합치시키는 데 열광적으로 접근했다. 개인의 이름은 아스텍의 토날포우케tonalpouque라고 하는 전문가가 새로 태어나는 아기들에게 이름을 지어주었다. 사제이자 점성가 비슷한 이 사람은 아기가 태어난 날과 관계된 징조—좋든 나쁘든—들을 알기 위해 제의연감을 참고로 했다. 길한 날에 태어난 아이는 제의달력 날짜 중에서 숫자-이름을 가졌다. 태어난 날과 일치하는 개념을 가진 날짜에는 최소한 대략적으로라도, '올바름'이라는 의미가 있었을 것이다.

이런 역법사제들이 지금도 마야 지역에 존재하고 있다. 그들은 그 옛날 자기 선배들이 하던 것과 아주 비슷한 일들을 하며, 점을 치고, 그 밖의 샤먼의 활동을 위해 260일 계산법을 고수하고 있다. 인류학자 주디스 레밍턴Judith Remington은 과테말라의 고산지대 마야 인들과 인터뷰한 결과를 보고했다. 대부분의 사람들이 성스러운 달력의 날짜 이름에 대해 알고는 있지만, 그 순서와 특정한 날의 이름에 대해 잘 알고 있는 건 오직 샤먼뿐이라고 한다.

어쩌면 260일 간격이 어떤 중요한 역할을 했는지는 아무도 설명하지 못할

지도 모른다. 그것은 몇 가지 천문주기들이 한데 결합되어 있으며, 좀 더 복잡한 관계를 통해 메소아메리카 인들의 세계와 정신구조에서 뛰어난 통합 요소로 작용한다. 계산 체계, 365일 계산법, 행성들과 달의 움직임, 인간 출생의 타이밍은 18, 13, 20, 그리고 물론 260 같은 어떤 숫자들이 가진 힘을 통해 점의 의미와 우주론적인 의미라는 보다 다양한 느낌을 갖게 된다. 마야 그림문자 전문가인 플로이드 라운즈베리는 마야의 천문학과 역법의 핵심에 깔려 있는 상징적인 수비학과 주기적인 공명에 관한 훨씬 더 정교한 체계를 보여주었다. 그것을 구성하는 요소들 중 많은 것들이 하늘에 기원을 두고 있다. 그러나 땅에서 일어나는 일에 우주의 구조를 적용하려는 천문사제들에 의해 조작되었다. 이 사제들은 시간의 주기를 조작했고, 몇 가지 일치할 것 같은 때를 계산했다. 그들이 하는 일은 일치시키기, 즉 또 다른 형태의 질서를 추구하는 것이었다.

# 8. 우리가 올리는 제의

한 해 되살리기 ● 한 해 살아남기 ● 한 해 조율하기 ● 한 해에 경의 표하기 ● 한 해 시작하기
● 햇수를 '다발'로 묶어 '나르기' ● 영혼 부활시키기

우리들 대부분은 12월 31일을 축하한다. 그러나 그 시끌벅적한 새해 축하 파티가 사실은 주기적인 시간을 의례적으로 관측하는 것이란 걸 알아차리는 사람은 거의 없다. 묵은해는 막을 내리려 하고, 새해는 이제 막 시작하려고 한다. 만찬, 춤추기, 술 마시기, 게다가 빼놓을 수 없는 자정의 카운트다운은 우리를 시간의 경과와 세계질서의 리듬에 적극적으로 참여하게 하는 일종의 연례 제의다.

새해 축하 행사는 물론 연휴이며, 그런 휴일들은 시간의 주기적인 여정의 중요한 목적지다. 새해 전야는 가는 해와 오는 해 사이의 경계다. 다시 말해 시간의 경과에서 일치점을 가지는 주기적인 질서는 그런 교차점에 가장 예리하게 초점을 맞추고 있는 것이다. 새해 연휴는 한 주기의 완성과 또 다른 주기의 시작 사이의 경계이다. 이런 휴일들은 마치 시간이 소생하는 순간처럼 희망을 만들어내기 때문에 인간의 영혼 안에서 울려 퍼진다. 그것은 새로운 시작에 대한 약속을 담고 있으며 재생과 함께 오는 생명력을 낳는 시간들이다.

전통적인 사람들에게는 우주질서의 주기에 대한 신화가 새해의 도착과 묵은해의 떠남으로 극화된다. 묵은해는 죽고, 새해가 태어난다. 이 순간은 종말과 시작 사이, 죽음과 부활 사이에 있는 얇은 막이다. 그것은 마치 우주질서가 태초의 혼돈에서 처음으로 나타나는 때인 창조의 시간과 같다. 그런 의미에서 새해 전야에는 혼돈이 침입한다. 시간이 마지막 주기에서 죽는 것처럼. 새해 첫날에는 시간이 다시 태어나고 질서가 회복된다. 이 세속화된 세상에서조차도 새해의 상징적인 중요성을 느끼고 계속해서 그것을 축하한다. 새해가 올 때마다 우리는 무심결에 세상이 창조된 신화적인 시간으로 다시 들어가며, 태초의 혼돈과 세계질서 사이의 오래된 갈등을 재현한다. 우리 조상들은 이것을 달력에서 그리고 하늘에서 보았다. 그래서 그들은 일상적인 삶의 흐름을 잠시 멈추고서 시간의 부활을 축하했다.

부활은 의례를 중요시하는 내적 인식의 핵심 주제 중 하나이며, 우리는 계절 의례에서 가장 직접적으로 하늘과 부활이라는 개념 사이의 연결을 만나게 된다. 그러면 이번에는 계절이 초목의 1년 주기에, 한 해의 농업 패턴에 반영된다. 이런 이유로 식물의 성장 주기와 경작 단계의 다양한 요소들이 시간의 완성과 세계의 부활을 축하하는 의례에서 상징이 된다.

## 한 해 되살리기

호피 족 농부들은 주위 세계에서 빌려온 의례용 상징들로 제의를 지내 한 해를 되살린다. 태양이나 계절에 따른 식물의 성장 같은 것으로. 그들의 한 해는 11월에 시작되며, 죽은 자들의 영혼, 그리고 궁극적으로는 동지 때 태양 그 자체를 부활시키도록 고안된 '새 불New Fire 의례'와 관계있다.

겨울 축하 행사는 16일간의 워우침Wúwuchim으로 시작된다. 이 의례는 해가 지는 위치를 보아 결정되며 달의 위상이 알맞을 때 발표된다. 의례를 위한 장소인 지하의 키바가 정화되고 모든 준비가 끝나면, 태양이 나타나기 전에 새 불이 점화된다. 제의에는 천저의 신에 대한 기도도 포함되는데, 그 신은 죽음이나 지하세계와 관계가 있다. 호피 족의 관점에서 석탄은 천저의 신의 영역에 속해 있고 불을 유지하기 위해 사용된다. '새 불 의례'에서 이 부분은 태양이 지구로 보내주는 에너지를 받았다는 걸 알리는 것이다. 해가 떠오르면서 더 많은 제를 올려 성장과 수확을 재연한다. 그런 다음 새 불은 두 뿔Two Horn 부족 사제의 키바에서 각기 다른 세 종교사회의 키바로 옮겨진다.

두 뿔 부족사회는 호피 족의 기원과 창조 신화에 대한 지식을 가장 풍부하게 가지고 있다고 여겨지기 때문에, 새 불에 대한 책임과 모든 의례가 적절하게 수행되었는지 최종 점검할 권한이 그곳에 있다. 이건 매우 중요하다. 제의는, 올바르게 수행되기만 했다면 세계질서의 순환과, 특히 해마다의 부활이라는 그 기능을 수행할 수 있기 때문이다. 정확한 규정을 따르는 것은 이런 행위들을 신성하게 하는 것이며, 제의가 성스러워야 효력이 있다.

겨울의 밝은 별인 플레이아데스성단, 오리온 벨트, 카스토르$^{Castor}$와 폴룩스$^{Pollux}$(쌍둥이자리의 알파별과 베타별/옮긴이), 프로키온$^{Procyon}$(작은개자리의 일등성/옮긴이)이 나타나고 통과하는 때에 맞춰 워우침의 마지막 키바 제의에서 부르는 노래들을 키바의 지붕 위에서 부른다. 호피 족 가수들은 지붕에서 수직으로 아래에 있는 난로에서 채취한 불로 담배에 불을 붙여 피우는 것으로 제의를 시작한다. 연기는 하늘로 올라간다. 천정에서는 별들이 질서정연하게 반짝이고, 연기는 노래를 하늘로 가져간다. 노래는 새벽까지 이어진다. 마침내 워우침은 전 부족민이 함께 어울려 춤추면서 의례의 마지막 단계인 키바에서 나오는 것, 즉 출현으로 끝난다. 이 출현은 호피 족의 창조 신화를 재연하는 것이다.

하나의 주제로서, 출현은 워우침의 나머지 다른 의미와 조화를 이룬다. 그것은 태양, 세계, 그리고 다름 아닌 시간 그 자체에 다시 불이 붙여지는 결정적으로 중요한 시간을 나타낸다. 창조 신화를 극화함으로써 호피 족의 정체성이 재확인되고, 지상에 있는 그들의 장소가 재확립된다. 새로운 식물의 발아, 동면하는 동물들, 떠오르는 천체들은 모두 땅에서 나타나는데, 땅은 어머니이며 자궁이다. 탄생에 대한 은유에서 창조는 출현이며, 호피 족의 제의는 그것을 그런 식으로 다룬다.

하지만 창조는 죽음으로 끝나는 한 주기의 일부다. 성장의 끝에서 식물은 씨앗을 내보내고 땅으로 돌아간다. 겨울의 시간이 다시 오면 동면하는 동물들은 자기들의 굴로 다시 들어가 계절적인 죽음을 맞는다. 태양, 달, 별이 질 때면 땅의 가슴속으로 미끄러지듯 들어간다. 이런 모든 자연현상들은 또 자궁이라는 무덤을 만들기도 하는데, 그것이 바로 땅이다. 그래서 한 해 안에서 일어나는 결정적인 접합점은 삶과 이 세상뿐만 아니라 죽음 그리고 초자연적인 것과도 관계가 있다.

워우침이 끝날 무렵, 마을로 가는 모든 길은 옥수수 가루로 선을 그은 '저지선'으로 차단된다. 이렇게 민감한 때에 악영향을 끼칠 수 있는 것들, 특히 사악한 힘을 가진 것들이 마을에 들어오는 걸 막기 위해서다. 작은 오솔길 하나는 막지 않고 놔둔다. 그건 죽은 자들, 그리고 초자연적인 영혼인 카치나$^{kachina}$들이 돌아올 수 있는 길이다. 실제로 워우침은 7, 8월에 있었던 여름의 니만$^{Niman}$ 의례 이후 카치나 연기자들이 처음으로 다시 등장하는 걸 나타낸다.

새 불, 출현-창조 주제, 그리고 삶과 죽음의 순환에 초점을 맞춤으로써 호피 족은 그해의 중요한 의미가 있는 다음번 사건을 위한 채비를 한다. 바로 동지다. 푸에블로 원주민들 사이에서 동지는 주기적인 시간의 질서와 세계의 질서가 손상되지 않고 그대로 계속될 거라는 일종의 확신이다. 태양은 남쪽으로 가다가 반드시 돌아올 것이며, '성스럽지만 위험한 달$^{moon}$'인 캬무야$^{Kyamuya}$의 달(12월)에 열리는 소얄$^{Soyál}$ 의례는 태양이 북쪽으로 반드시 돌아오도록 고안되었다. 소얄의 계절은 워우침의 끝과 달의 위상에 따라 결정되지만, 거기서 가장 중요한 사건인 동지는 왈피$^{Walpi}$ 마을에서 일몰의 지평선을 관측함으로써 내다볼 수 있다.

조상 대대로 내려오는 곰 씨족의 집 지붕 위에 올라서서 퍼스트 메사$^{First\ Mesa}$(애리조나 주 나바호 카운티에 위치해 있는 호피 족 거주지/옮긴이)의 태양추장은 멀리 남서쪽으로 보이는 샌프란시스코 산맥의 산등성이로 형성된, 뢰하뷔 초초모$^{Lühavwü\ Chochomo}$ 봉이라고 알려진 계곡을 향하는 태양의 경로와 지평선 상의 산등성이들의 선명한 모습을 둘러보았다. 태양이 그곳에 도착한다는 건 11.5일 뒤에 동지가 될 거라는 뜻이다. 호피 족이 축제일을 선택한 날짜들에 대해 독창적인 분석을 한 과학사가 스티븐 맥클러스키는 호피 족의 관측은 4분호, 즉 대략 눈으로 보이는 태양 크기의 $\frac{7}{10}$ 정도까지 정확했다는 점을 입증했다. 호피 족의 태양 관측 기술이 아주 좋기는 하지만, 4분호라는 예상오차는 평균오차라는 걸 명심해야 한다. 정확한 동지 날짜를 확실하게 측정하는 건 하나의

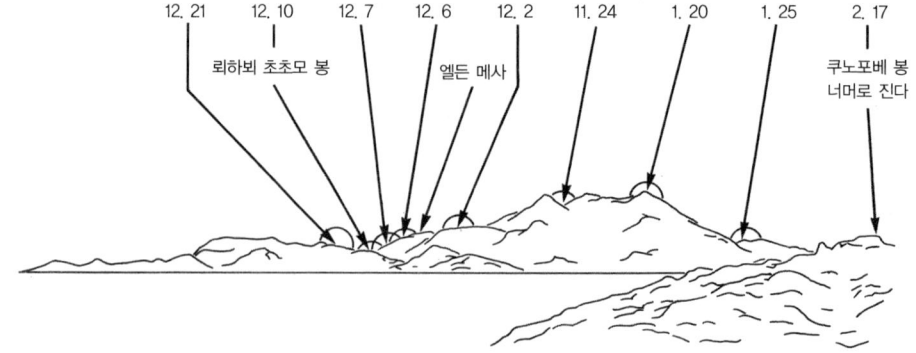

왈피 마을의 호피 족 태양 관측자는 뢰하뵈 초초모 봉이라고 알려진 지평선 상의 한 골짜기로 태양이 지는 때를 관찰함으로써 동지 소얄 축제를 시작할 날짜를 정해줄 수 있었다. 그다음 날 아침, 의례를 준비할 책임을 맡은 사람들은 나흘 안에 소얄의 계절이 시작될 거라고 선언한다. 뢰하뵈 초초모 봉에서 정렬이 있은 지 약 11일과 반나절 후인 동지에는 보통 가장 중요한 춤을 추곤 한다. (그리피스 천문대, 알렉산더 스티븐Alexander M. Stephen의 그림을 본뜸)

도전이다. 그래서 호피 족은 동지의 본本 제의 일정을 잡을 때 실제로 며칠간의 여유를 두는 걸 허용했다. 의례의 일정을 좌우하는 규칙에 약간의 융통성이 있었던 것이다.

소얄 기간이 시작될 때, 소얄 카치나 역할을 하는 사람이 마을에 도착한다. 그는 이제 막 걸음마를 시작한 아기처럼 쉴 새 없이 움직인다. 그다음 날 마스톱Mastop 카치나는 이집 저집을 돌아다닌다. 그는 얼굴 양쪽에 3개의 별을 그리고 있다. 오리온 벨트다. 소얄 카치나는 의례가 시작됨을 상징적으로 알리는 사람이며, 마스톱은 인간의 다산과 관련이 있다.

동지가 가까워지면 키바들이 다시 채비를 한다. 제의가 12일째로 접어들 무렵, 중요한 의례가 시작된다. 키바의 지붕을 통해 별들이 다시 보인다. 플레이아데스성단과 오리온 벨트를 보면서 노래할 시간을 정하고, 제단이 정화된다. 새벽이 되면 참가자들은 메사의 가장자리로 걸어가서 태양을 향해 기도하는데, 그곳까지 가는 작은 길에는 옥수수 가루를 뿌려놓는다. 사제들은 3일 밤 제의를 더 계속하고 난 다음 그 계절의 15번째 밤에 본本 키바에 모인다. 그중 한 사람은 별 사제처럼 옷을 입고 발아와 성장을 상징하는 옥수숫대를 들고서 오리온 벨트가 자오선을 통과할 때까지 플루트 씨족의 키바에 남아 있다. 그런 다음 별 사제는 본 키바로 쏜살같이 달려가서 사다리를 뛰어넘으며 의례를 도와주러 왔다고 알린다.

별 사제는 끝이 뾰족한 커다란 별 하나를 이마에 달고 있는데, 그건 아마도 태양의 전령인 샛별의 상징인 듯하며, 몸에는 별을 암시하는 흰색 점이 그려져 있다. 흰색 옥수수 잎사귀들이 그의 별 모양 머리장식 한가운데에 단단히 묶여 있다. 본 키바에서 그는 춤을 추면서 축성된 옥수수 가루를 던지고, 의례의 의미와 의도를 선보이면서 중간방위를 차례로 돌아다닌다. 제의가 후반에 접어들면 별 사제는 소얄 추장에게서 태양의 얼굴이 그려진 방패를 하나 받는다. 방패는 상하좌우 네 부분으로 나뉘어 있는데, 윗부분의 한쪽은 노란색, 다른 쪽은 빨간색이며, 아래쪽은 푸른색이다. 태양의 얼굴이 독수리 깃털로 에워싸여 있고, 밝은 붉은색의 긴 끈으로 만든 머리카락이 얼굴 위로 비스듬히 늘어뜨려져 있다. 실제로 창조주 타이오와$^{Taiowa}$의 얼굴인 태양 방패를 들고 그는 춤을 춘다. 별 사제는 그것을 시계방향으로 돌리면서 중간방위 주위를 껑충껑충 뛰어다닌다. 제의는 태양의 운행을 그대로 흉내 내는 것이며, 태양이 자기의 남쪽 집에서 되돌아오는 정상적인 궤도를 계속할 수 있게 도와준다는 의미다. 태양은 거기서 2, 3일간은 꾸물대며 남아 있을지 모르지만, 북쪽으로 반드시 돌아온다. 그렇지 않으면 이 세상과 호피 족은 죽고 말 것이다. 현대과학과 비종교적인 세계로 귀를 돌리면 이 이야기 속에서 불안, 미신, 순진함 같은 게 들릴 것이다. 그러나 태양이 평소와 다른 길로 간다면 그건 당연히 재앙이 닥쳐온다는 신호이리라. 자신들의 세계가 물리적으로 살아남기를 바라는 호피 족의 염려 밑에는, 정말로 위기에 처한 것은 무엇인가-우주질서 전체인가, 라는 의식이 깔려 있다. 미국의 작가 톰 바티$^{Tom\ Bahti}$는, 미신이란 '다른 사람의 종교'라고 날카롭게 꼬집는다.

소얄 제의는 밤새 계속되고, 키바의 지붕에서 별들의 속도에 맞춰 진행된다. 만약 모든 것이 정확하게 행해지고 두 뿔 부족 사제들이 찬성하면 제의를 함께 집행했던 참가자들은 키바를 떠나 지하세계의 성소와 태양의 성소에 기도 지팡이를 가져간다. 제의 기간 동안 매 처녀처럼 차려입은 여자들은 키바 안에서 기도 지팡이 위에 앉아 있다. 그렇게 해서 지팡이를 부화시키는 것이다. 기도 지팡이는 수태, 즉 탄생의 주제를 기원하는 것이다. 그래서 의례가 끝나고 나면 집에서 기다리고 있을 가족들에게 더 많은 기도 지팡이와 기도 깃털들을 가지고 가게 되기를 간절히 바란다. 아직 동트기 전이다. 모두 기도 지팡이를 들고 메사의 동쪽 끝까지 걸어가서 땅에다 그것을 심는다. 옥수수 가루로 표시한 길은 동쪽으로 나 있다. 이윽고 낮이 시작되고, 태양은 북쪽으로 방향을 돌리며, 한 해가 다가온다.

## 한 해 살아남기

식량 생산은 공동체의 생존을 지키는 것이다. 그래서 우리는 1년 농사와 관련된 의례들을 천체의 시간에 맞춰 행하는 데에서 공동체의 생존에 관한 염려가 표현되기를 기대한다. 흔히 이런 제의에는 농사와는 아무 관계도 없는 측면이 있다. 제의의 세부사항들은 의례를 거행하는 사람들의 문화에 달려 있으며, 그런 것들은 왕권이나 희생제의, 아니면 시간에 대한 인식과 어떤 관계가 있을 것이다. 하지만 이런 계절 의례들은 짜맞춰진 것이며, 모두 같은 토대를 가지고 있다. 다시 말해, 우주의 구조에 대한 인식과 그런 계절 의례들이 구현하는 이미지들은 연속성과 살아남는 것에 대해 똑같이 느끼고 있는 불안감을 반영한다는 말이다. 그런 이유로, 계절과 하늘에 기원하면서도 농사나 음식에 대해서는 명쾌한 언급이 전혀 없는 의례에서도 부활이라는 동일한 주제를 찾아낼 수 있다.

태양이 약해져 있을 때에, 그리고 달력에서의 전환기에 태양에 다시 불을 붙인다는 개념은 아메리카 남서부 지역의 푸에블로 원주민 농부들에게만 있었던 건 아니다. 잉글랜드의 켈트 족이 BC 300년에서 AD 500년경까지 타라[Tara]에 수도를 정하고 있을 때, 그들도 역시 11월에 새 불 의례로 새해를 축하했다. 켈트 족의 새해 날짜나 그 축제일의 태양의 상태가 호피 족이 워우침을 거행하는 11월 중순의 조건과 똑같지는 않지만, 그래도 우주 순환의 완성을 통해 태양을 부활시키고 시간을 새롭게 한다는 개념은 같다.

켈트 족의 새해는 11월 초 삼하인에 일어난다. 이때는 추분과 동지 중간쯤이며, 영국 제도에서는 전통적으로 겨울이 시작되는 때다.

삼하인은 고대 아일랜드 인들의 마음속에서는 혹독하고 위험한 시간이었다. 삼하인은 한 해와 그 안의 계절들을 함께 수용하는 두 중심점 중 하나다. 겨울을 알리는 전조로서, 삼하인은 태양의 죽음이 임박했음을 알리는 것이었다. 태양의 죽음은 12월 동지에 일어난다. 요정, 마녀, 그리고 죽은 자들의 영혼에 대한 진짜 두려움 때문에 사람들은 삼하인 전야에는 문을 꼭꼭 걸어잠그고 모든 불을 꺼버린다. 밤 동안에 위험한 힘이 널리 퍼진다. 초자연적인 존재들과 죽은 자들이 멋대로 어슬렁거리며 돌아다닌다. 이건 모든 성자들의 날 전야$^{All\ Hollow's\ Eve}$라는 오래된 전통과 많이 비슷해 보인다. 그리고 실제로 그 축제일은 삼하인에서 발전된 것이며, 오늘날에도 할로윈$^{Halloween}$이라고 해서 사람들이 여전히 즐기고 있다.

삼하인은 태양의 쇠퇴와 한 주기의 종말을 기념하는 것이기 때문에, 그것은 우주질서가 주기적으로 쇠퇴하고 혼돈이 침범해 들어오는 것을 상징화한 것이다. 태초의 혼돈이 가진 오래된 힘들은 모두 이 세상이 가장 약해진 순간을 포착해서 정상적이고 질서정연한 환경을 무너뜨렸다. 초자연적인 무질서가 유령과 악마의 형태로 나타났다. 그러므로 어떻게 해서든 이 위협에 대처해야 했다. 켈트 족은 그들의 새 불 의례로 태양의 부활을, 따라서 세계의 부활을 안전하게 지켰다.

타라는 아일랜드 왕의 본부이자 주요 회합과 중요한 연회 대부분이 개최되는 장소였다. 오늘날 더블린에서 북서쪽으로 37km 떨어진 타라의 언덕에 남아 있는 것은 겨우 나무나 잔 나뭇가지들을 엮어 만든 건물 토대와 흙으로 쌓아올린 담뿐이다. 거기서 약 19km 더 간 곳에 있는 워드$^{Ward}$의 언덕에는 남아 있는 것이 더 적다. 그러나 그곳은 새 불을 피우는 장소인 틀라흐가$^{Tlachtga}$ 언덕이라고 알려진 제의의 중심지였으며, 아일랜드 전설에서 유명한 한 여자 마법사의 이름을 따서 지어졌다. 삼하인이 다가오면 아일랜드의 모든 가정의 불과 대부분의 제의용 난로의 불들이 꺼졌다. 죽어가는 태양과 그 뒤를 따르는 혼돈의 어둠을 그대로 흉내 내는 것이다. 사제와 드루이드$^{Druid}$(고대 골 족 및 켈트 족의 드루이드교의 사제는 고대시·자연철학·천문학·신화 등을 배워 사제뿐만 아니라 교사, 법관으로서의 역할도 했다/옮긴이)들은 삼하인의 해가 떠오르기 전 밤에 불을 새로 붙이고, 새로 붙인 그 큰 횃불로 산 제물을 태움으로써 새 불을 축성했다.

켈트 족의 삼하인 의례에서 우리는 우주질서와 사회질서 사이의 연결을 훨씬 더 분명하게 볼 수 있다. 수도와 왕과 법전에서 구현된 것으로서의 질서를 말이다. 그 3가지 모두 한 해가 죽을 때 위협을 받았다. 타라의 축하연도 이때에 열렸다. 틀라흐가의 횃불이 우주질서를 새롭게 한 것과 마찬가지로, 타라의 축하연은 사회질서를 새롭게 했다.

이 성대한 총집회와 중요한 축제는 새로운 법을 제정하기 위한 때이며, 거래니 빚이니 소송 같은 것들을 해결하는 시간이다. 해결되지 못하고 있던 문제들을 이런 식으로 매듭지어서 묵은해와 함께 급히 떠나보낸다. 족보, 기록, 역사 들이 그날까지로 멈춘다. 심지어는 오래된 법률도 다시 제정되어 활기를 되찾는다. 또 한 해의 업무를 위해서다.

정부 소재지로서, 삼하인의 타라는 세계질서에 대한 위협에 맞서는 요새였다. 우주의 혼돈인 '저승'으로부터 온 악의에 찬 요정 아일렌 막 미드나$^{Aillen mac Midhna}$의 신화는 이것을 분명하게 보여준다. 삼하인마다 아일렌 막 미드나는 머나먼 저편(저승)의 다른 많은 파괴적인 영혼들을 거느리고서 어두운 동굴에서 뛰쳐나온다. 그들의 의도는 대지를 유린하려는 것이지만, 아일렌이 특별히 겨냥하는 목표는 타라 바로 그곳이었다. 삼하인 때마다 그는 타라를 불태운다. 마침내 아일랜드 설화에 등장하는 한 뛰어난 영웅 피온 막 쿠왈$^{Fionn mac Cumhaill}$(또는 핀$^{Finn}$)이 아일렌을 타라의 식탁에서 쫓아내고는 목을 베어버렸다.

아일렌은 태양이 겨울로 쇠퇴하는 날에 공격을 가함으로써 세계질서를 위협했고, 타라를 불태워버림으로써 사회 및 정치질서의 심장부에 타격을 가했다. 아일렌의 동굴은 혼돈으로 가는 어두운 통로일 뿐만 아니라, 그곳은 겨울의 어둠, 밤, 죽음의 근원이다.

이 신화는 타라에서 거행되는 삼하인의 또 다른 불의 의례에서 재현된다. 토르크 테니드$^{torc\ tenned}$ 즉 '불타는 수퇘지'라고 하는, 목재를 쌓아올린 피라미드가 완전히 불태워진다. 하지만 여기서 타다 남은 불씨를 특별한 삼하인 난로에 모아 한 해를 위해 잘 보살핀다. 다음 새해에는 또 다른 '불타는 수퇘지'가 지난해의 약해진 불꽃에서 점화된다. 타라는 매년 이 제의에서 상징적으로 불태워지고 새롭게 건설된다.

축하연이 베풀어지는 타라의 식탁에서도 혼돈의 도전에 맞서 사회를 지키도록 의례가 계획되었다. 우주 법칙에 따라 상징적으로 배치된 중요한 내빈석에서 사회질서가 구체적으로 표현된다. 테이블 4개를 정사각형이 되도록 배치하고 그 중심에서 왕이 만찬을 베풀며, 4명의 지방 군주들은 한 테이블에 한 명씩 앉는다. 이 4면은 기본방위에 정위되어 있고, 각각 아일랜드에서 지리적으로 $\frac{1}{4}$에 해당하는 지역의 족장에 속해 있다. 식탁도 4계절과 질서정연한 시간의 주기를 상징화한 것이다. 주군은 자신의 권위를 재확인하고 사회질서를 강화했다. 기념축하연에서 우주 법칙에 따라 정해진 자리에 앉은 손님들과 함께, 장난과 혼란, 혼돈과 죽음이 활동하고 있는 밤에 정사를 돌보는 행위 자체가 바로 어둠에 맞서는 저항이었다. 불을 정화하고 연회를 베풂으로써 아일랜드의 켈트족은 자신들의 세계에 다시 불을 붙이고 태양에 다시 활기를 주었다. 그리고 이로써 다시 왕국을 함께 유지했다.

## 한 해 조율하기

천체의 부활을 축하함으로써 고대인들은 우주질서의 리듬에 동참할 수 있었다. 그런 축하 행사들로 그들 자신이 화합하고, 산 제물을 바침으로써 세계의 구조와 안정을 유지했다. 적절한 때에 행하는 적절한 행위로 그들은 시간과 공간의 풍경에 적응할 수 있었으며, 거기에 동참하는 과정만으로도 마음속으로 우주 전체의 균형에 기여하고, 우주 전체가 순조롭게 돌아가도록 돕는 것이었다.

동지에 중국 황제는 하늘에 희생제의를 올린다. 해마다 그때가 되면 황제는 베이징의 천단 안에 있는 환구단의 제일 높은 곳으로 올라가야 한다. 거기서 그는 북쪽과 천극을 향해 서서 우주의 상징적인 중심을 향해 신하로서의 예를 갖춘다. (그리피스 천문대, 로이스 코언)

    이런 사고방식, 이런 행동방식은 성스러운 것에 대한 인식을 간직하고 있는 종교관을 가진 사람들 사이에서 볼 수 있다. 이것을 이해하면 민주적이며 종교와 분리된 세계관을 가지고 있는 우리도 옛 조상들의 신격화된 왕의 의미를 좀 더 잘 이해할 수 있게 된다. 왕권의 기능 중 하나가 현세의 질서를, 그러니까 이 세상의 사회·정치·경제 구조를 유지하는 것이다. 대개 왕은 우주질서의 근원인 하늘의 명령을 통해 자신의 권위를 획득했다. 질서의 표본이자 질서를 흘려보내는 파이프인 왕은 피드백 고리의 일부였다. 그가 하늘에 올리는 제의는 사람들이 각자 가지고 있다고 의식하는 책임감을 구현한 것이었다. 천상의 질서는 하늘에서 땅으로 흐를 테지만, 사람들도 또한 하늘에 다시 힘을 실어주어야 했다. 이래서 신격화된 왕은 사제가 되었다.
    중국에서 세계질서를 의례로 부활시키는 것은 전적으로 황제의 책임이었다. 해마다 동지에 황제는 하늘에 제물을 바치는 의례를 거행함으로써 우주의 조화와 태양의 1년 동안의 진로를 이어주는 고리가 되었다. 국가의 공식적인 종교에서 하늘은 의인화된, 그러나 최고의 힘이었다. 하늘은 황제에게 통치를 위임함으로써 사회의 구조와 안정성을 보존했으며, 정기적인 천체 변화를 통해 질서를 창조했다. 중국인들은 하늘나라$^{heaven}$를 실제 하늘$^{sky}$이 아니라 하늘의 본질, 즉 우주질서의 원칙이라고 생각했다.

적절하고도 필요한 의례를 올림으로써 황제는 질서정연한 흐름에 동참하여 우주를 지속시킨다. 우주에 동참한다는 꿈은, 인간에게는 해야 할 명확하고 성스러운 역할, 즉 우주적으로 해야 할 일이 있다는 개념에 의해 지속된다.

동지 3일 전 황제는 수행원들을 거느리고 금단전$^{禁斷殿Zhai\,gong}$으로 간다. 거기서 그들은 여자와 음주가무 등을 삼간다. 이 별관은 자금성, 즉 베이징의 중심지 바로 남쪽의 천단이라는 넓은 의례단지 안에 있다. 동짓날 해뜨기 2시간 전에 황제가 앞장선 행렬이 환구단$^{the\,Round\,Mound}$까지 짧은 거리를 행진해갔다. 그곳도 천단 복합군의 일부다. 이 행렬에 때로는 1,000명 정도나 되는 사람들이 참가하기도 했다. 악사, 가수, 무용수, 군인 들에다가 왕족과 고관대작 들까지 모였고, 그들의 부채와 양산, 깃발 들이 허공을 갈랐다. 28개의 달 관측소, 5개의 항성, 4개의 강, 5개의 산봉우리를 나타내는 깃발들과 그 밖의 다른 우주적 상징들이 우주 전체를 화려한 행렬로 표현했다.

천극과 밀접한 관계가 있는 황제는 평소에는 남쪽을 향해 서서 경배를 받곤 한다. 이런 식으로 그는 북쪽에서 빛나고 있는 천극을 흉내 냈다. 천극은 북쪽에서 빛나기 때문이다. 천극을 보려면 북쪽을 향해 서야 하므로, 고대 중국인들은 북향을 해서 황제를 바라보았다. 그러나 동지 때에는 최고의 황제인 천제 앞에서 황제가 자신을 낮춰야 했으므로, 남쪽에서부터 환구단 쪽으로 접근했다. 환구단은 3층의 테라스가 있는 건물로, 그곳의 정점은 하늘에 좀 더 가까이 그리고 하늘을 향해 열려 있다. 환구단의 둥근 모양은 하늘을 상징하는 것이며, 아래쪽 네모진 마당의 담은 땅을 나타낸 것이다. 황제는 남쪽 계단을 올라간다. 하늘에 더 가까이 올라가서 신하들이 자기를 향해 선 것처럼 북쪽을 향해 선다. 황제는 하늘과 땅 사이의 중개자이며 지상의 모든 것들 위에 우뚝 서 있다. 오직 황제만이 가장 높은 테라스에 올라갈 수 있다. 그러나 일단 거기 올라가면 그는 모든 것을 다 알고 있을 것이라고 생각되는 힘, 세상을 움직이는 힘, 즉 하늘 앞에 꿇어 엎드린다.

환구단 꼭대기에서 황제는 불을 점화한다. 거기서 피어오르는 연기는 의례에 동참하라고 하늘에 보내는 초대장이다. 황제는 저 아래서 음악이 연주되는 동안 지난해에 있었던 중요한 의미를 가진 행위들에 대한 기록을 읽고 향, 비단, 옥을 선물로 바쳤다. 제주祭酒를 올리고 나서 불에 구운 인간의 살점 하나를 바쳤다. 밤사이 '성스러운 부엌'에서 살해되어 요리된, 산 제물로 바쳐진 희생자들 중 한 사람에게서 떼어낸 것이다. 제의를 끝내면서 황제는 열 번을 더 절한 다음 아래쪽 안뜰로 내려간다. 거기, 도자기 가마에서 마지막 희생자를 불태우는 절차에 참석한다.

자금성 바로 북쪽, 안정문 근방에다 명나라의 황제들은 땅의 제단인 지단地壇을 세웠다. 그것도 환구단처럼 각 기본방위마다 계단이 하나씩 있고 테라스가 3개 있다. 지단에서 올리는 제의는 하늘의 제단 즉 환구단에서 올리는 제의와 닮은꼴이다. 그러나 지단의 테라스는 사각형이고, 환구단의 테라스는 하늘을 상징하여 둥글다. 지단에서는 하지에 산 제물이 바쳐지는데, 희생자들을 불에 태우지 않고 땅에 매장한다. 하늘을 위해서는, 제물을 태우는 잿빛 연기를 하늘로 올려보낸다. 땅을 위해서는, 그들의 유해를 땅속에 놓아둔다. 이 두 의례는 시기, 양식, 의도에서 서로 보완적이다. 하나는 남성적이고 적극적이며 천상의 원리인 양의 기운을, 그것이 가장 약해진 때인 겨울에 북돋아주려는 것이다. 한편 여성적이고 수동적이며 지상의 원리인 음의 기운은 양의 기운이 우세할 때인 여름에 강화해야 할 필요가 있다. 서로 번갈아 힘을 가지면서 음과 양은 주기적이고 질서정연한 패턴을 가진 세계를 만들어낸다. 동지와 하지는 한 국면에서 다른 국면으로 넘어가는 결정적인 이행을 나타낸다. 그리고 그렇게 변화하도록 도와주는 것이 바로 황제가 해야 할 일이었다.

## 한 해에 경의 표하기

지금까지 세 가지 다른 예에서 우리는 서로 아무 관련 없는 세 문화가 비슷한 은유를 가진 의례에서 약해진 겨울 태양과 한 해의 부활이라는 주제를 다루는 것을 보았다. 이 세 지역은 모두 지구의 북반구에 있기 때문에 태양의 계절 패턴이 같다. 그러나 주기적인 시간에 대한 인식은 전 인류 공통의 것이어서, 지금도 하늘에 매여 있는 생활방식을 가진 문화에서는 어디서나 체험하는 것이다. 시간이 이어진다는 의식을 가지고 있는 사람들이 있는 곳이면 어디서든 부활을 위한 이런 제의가 행해질 것이다. 남반구에서도 똑같은 의례가 행해지는 것을 보면 확실히 알 수 있다. 남반구에서는 계절이 북반구와 반대지만, 사람들의 반응은 같다.

고대 페루에서 거행하던 달력 관련 의례는 계절과 주기적인 시간이라는 주제에 담겨 있는 보편적인 의미를 가장 잘 증명하고 있다. 페루가 정복되기 이전의 생활, 관습, 역사를 기록한 연대기 작가들에 의해 하지와 동지 모두 중요한 의례가 거행되었음이 입증된다. '태양의 축제'인 인티 라미는 주제와 목적에서 다른 사람들이 축하하는 겨울 축제와 같지만, 적도 남쪽에 위치한 페루에서는 동지가 12월이 아닌 6월에 발생한다. 잉카 인들에게 그것은 쿠스키 키야의 달the month of Cusqui Quilla, '단단한 땅의 달moon'이었다. 땅을 갈아엎으려면 아직 한 달 남았고, 옥수수 파종은 그보다 한 달 더 뒤므로, 인티 라미 때 땅은 아직 단단하고 동면 중이다. 그리고 이 위도에서는 그 궤도가 북쪽으로 멀리 가 있는 낮은 태양이, 그때쯤이면 이 세상의 삶과 함께 남쪽으로 되돌아올 준비가 되어 있다.

이곳의 황제는 성대한 동지의례를 집행했다. 사파 잉카Sapa Inca('유일한 잉카'라는 뜻이다. 사파 잉카의 축약형인 잉카는 '왕' 혹은 '지배자'를 의미한다/옮긴이)는 바로 잉카 사회 그 자체인 거대하고 고도로 조직화된 피라미드의 꼭대기를 차지하고 있었다. 축제일이 다가오면 각 씨족의 우두머리인 쿠라카curaca들이 제국 전체에서 쿠스코로 모여들었다. 가장 좋은 옷으로 차려입은 그들은 태양에게 바칠 제물들을 가지고 왔다. 특유의 복장이나 가면을 쓰고 온 이들도 있다. 또 어린이들은 상징적인 무기를 들고 왔다. 북치는 사람, 나팔수들이 수도로 몰려오고, 모든 집회가 제국의 위대함을 알렸다.

앞서 설명한 것처럼, 이런 부활의례에서는 의례를 거행하기 전에 반드시 일종의 정화작업이 선행되어야 한다. 이런 정화는 외과의사가 수술을 하기 위해 손을 씻는 것처럼 그냥 단순히 하는 게 아니다. 그것은 부활이 가져올 신선하고 정화된 상태를 나타낸다. 한 해가 죽으면 세상은 다시 새롭게 태어나고, 과거라는 거추장스러운 것에서 자유로워진다. 인티 라미 정화의 형식은 동지 3일 전에 시작되는 의례적인 단식이다. 사파 잉카와 그의 수행원들에게 허락된 것은 물과 날 옥수수 조금, 그리고 추캄$^{chucam}$이라고 하는 그 지방 고유의 콩 한 줌뿐이었다. 여자들과의 교제는 금지되었고, 도시 전체에서 불이 꺼졌다.

동짓날 날이 밝기 전에 사파 잉카와 왕가의 쿠라카들은 의례가 거행되는 쿠스코 한복판에 있는 대광장 아우카이파타$^{Haucaypata}$로 간다. 거기서 그들은 태양에 대한 복종의 표시로 신발을 벗고 북동쪽을 향해 선 다음, 해가 뜨기를 기다린다. 태양이 모습을 나타내는 순간, 모든 사람들은 무릎을 꿇고 몸을 낮추며 엎드린다. 그리고 빛나는 황금색 원반에 존경을 담은 키스를 날려보낸다. 그런 다음 사파 잉카는 옥수수를 발효시킨 성스러운 맥주인 치차$^{chicha}$를 담은 두 개의 황금 잔을 들어올려 왼손에 있는 잔을 태양에게 바친다. 그리고 나서 그것을 수반에 쏟으면, 마치 태양이 마셔버린 것처럼 치차는 수로 속으로 사라진다. 다른 잔에 든 축성된 치차를 한 모금 마시고 나서, 사파 잉카는 그 자리에 함께한 다른 사람들과도 함께 나눈 다음 태양의 신전인 코리칸차까지 걸어간다.

사파 잉카는 다시 한 번 신을 벗고 코리칸차 안으로 들어간다. 그곳은 제물을 바치는 곳이다. 희생 제물 가운데에는 라마도 있다. 내장이 제거된 라마로 한 해의 전조를 점친 다음 불에 태워 태양에게 제물로 바쳤다. 그러나 이 불은 태양이 시야에 들어온 다음에 지펴진 것이다. 이것을 준비하기 위해 사파 잉카는 코리칸차 안뜰에 열려 있는 방들 중 하나에서 기다렸다. 그는 수행원을 거느리지 않은 채 미라로 만들어져 그곳에 안치되어 있는 선대의 왕들하고만 같이 있다. 『페루 연대기$^{The\ Chronicle\ of\ Peru}$』를 쓴 페드로 데 시에사 데 레온은, 코리칸차에는

하지에 잉카는 인티 라미라는 축하 의례를 거행한다. 16세기 잉카의 생활상과 스페인의 지배에 관해 포마 데 아얄라가 쓴 연대기에 수록되어 있는 이 그림에서, 사파 잉카는 한 손에 들고 있는 치차는 마시고 다른 손에 들고 있는 것은 날아다니는 영혼에게 주어 태양에게 바치고 있다. (덴마크 국립도서관, 코펜하겐)

두 개의 의자가 있는데, 그중 사파 잉카의 의자에만 떠오르는 태양에서 빛이 떨어졌다고 전한다.

잉카의 '태양의 방<sup>sun room</sup>'은 코리칸차의 많은 방들처럼 황금 판금으로 지붕을 이었다. 가르실라소 데 라 베가<sup>Garcilaso de la Vega</sup>(1500~1650. 에스파냐 황금시대 최초의 시인/옮긴이)는 노년에 『잉카의 황실 전기<sup>The Chronicle of Peru Royal Commentaries of the Inca</sup>』를 쓸 때까지도 황금에 박아넣은 에메랄드와 터키석을 기억하고 있었다. 코리칸차의 많은 방들이 지금은 사라졌지만, 그 벽과 방들은 옛 태양의 신전 위에 세워진 산토도밍고 교회에 보존되어 있다. 남아 있는 것들을 보면 모두가 북동-남서 방향으로 맞춰져 있다. 그것은 동지 일출에 정렬된 것이다. 롤프 뮐러는 여러 해 전에 이 사실을 입증했고, BBC의 작가이자 영화제작자인 토니 모리슨Tony Morrison은 최근에 현장 측정을 통해 이것을 확인했다.

마른 솜 위에 오목거울을 대고 태양광선의 초점을 맞추는 것으로 새 불이 점화되었다. 사제들 중 한 명이 팔찌로 착용하고 있던 거울로 희생제물을 태우기 위한 신선한 불을 지폈는데, 가르실라소의 말대로 '태양의 손에 의해' 건네진 것이다. 날이 흐리면 막대기 두 개를 함께 비벼서 발화시켰다. 잉카 귀족의 후손이며 16세기 후반이나 17세기 초에 『최초의 새 연대기와 좋은 정부The First New Chronicle and Good Government』를 쓴 펠리페 우아망 포마 데 아얄라Felipe Huamán Poma de Ayala는, 희생제물에는 매장용으로 바쳐진 금이나 은 및 여러 가지 채색된 조개껍질과 아이들이 포함되었다고 언급했다. 아이들이 제물로 바쳐지긴 했으나, 중요한 의미가 있는 특정한 의례에서만 그랬다. 스페인 정복 이전의 몇몇 작가들은 아이들이 이 목적을 위해 쿠스코로 보내졌다고 말한다. 쿠스코에서 살해되지 않은 아이들은 집으로 돌아가 거기서 제물로 바쳐졌다. 쿠스코에서 집으로 돌아가는 아이들이 경유하는 길은 성스러운 제의로 결정되었던 것 같다. 아이들은 정상적인 길을 따라서 마을로 돌아가지 않고, 성소들을 이어놓은 길인 세케를 따라갔기 때문이다.

세케와 우아카(성소)들은 달력, 아이유ayllu(잉카 사회의 기본 단위로 친족 공동체, 10가족 단위 등으로 조직되었다/옮긴이), 혈연 집단, 잉카의 정치조직, 그리고 잉카의 종교적인 삶과 떼려야 뗄 수 없을 만큼 서로 맞물려 있다. 세케와 우아카의 용도는 아무리 엄청난 거리도 가로지르는 제의용 길이다. 그렇게 보면 페루 남쪽 해변의 사막 고원지대에 그려져 있는 불가사의한 나스카Nasca의 선과 형상들도 설명이 된다. 표면이 푸석푸석한 검은 바위를 치우자 사막의 모래흙 바로 아래 있는 것이 모습을 드러냈다. 거대한 지상그림, 즉 지문자地文字 geoglyphs다. 눈대중으로 선 하나를 따라가다 손으로 바위를 제거하자 곧 긴 직선이 하나 나타났다. 그러나 그 그림들은 선으로만 그려져 있는 게 아니었다. 동물, 식물, 삼각형, 사다리꼴, '대로avenue', 그리고 좁은 선 등의 복잡한 조형들로 구성되어 있다. 마리아 라이헤Maria Reiche(독일의 수학자이자 인류학자로 나스카의 복잡한 문양 연구로 유명하며, 1998년 98세의 나이로 죽어 그곳에 묻혔다/옮긴이)는 그것들을 수십 년간 측량하고 연구했다. 그리고 1939년으로 거슬러 올라가 페루의 고고학자 메히야 세스페Mejia Xesspe는, 나스카 문화는 시기적으로 잉카 시대와는 700년 정도의 간격이 있긴 하지만, 그것들이 세케 같은 것일지도 모른다는 의견을 제시했다.

그런 선들은 여러 다양한 의례에서 다양한 방법으로 사용되었을 수도 있다. 비록 우리가 그 시스템을 완전히 구분해낼 가망은 없다 해도, 고대의 비행사들이 그 디자인을 구성하는 걸 도와주었다느니, 그것들을 활주로나 항공 보조수단으로 이용했을 거라느니 하는 생각을 억지로 받아들일 필요는 없다. 선들은 지금도 사용되고 있다. 최근까지도 페루에서뿐만 아니라 볼리비아에서도 안데스 산지의 오지 마을 사람들 중에는 어느 특정한 날에는 제의가 열리는 언덕 위의 성소까지 선을 따라가는 사람들이 있다. 『신들에게로 가는 길Pathway to the Gods』에서 토니 모리슨은 자신이 발견한 언덕 위의 희생제물에 대해 보고했는데, 거기에는 불에 탄 라마의 뼈도 포함되어 있었다. 이 화덕에서부터 선 하나가 저 아래 평원까지 쭉 뻗어나갔다. 모리슨은 거기서 더 뻗어나가 작은 바위더미에서 끝나는 선들을 우연히 발견했다고 보고했다. 그 돌들 밑에서 그는 신선한 코카나무 잎사귀를 찾아냈다. 코카나무는 잉카의 전통적인 봉헌물이니, 이런 곳들이 우아카라는 건 의심의 여지가 없다. 어딘가 다른 곳에서 그는 성스러운 땅으로 이어지는 한 선의 루트에 위치한 어떤 장소, 즉 우아카에서 바친 봉헌물에 대한 기록들을 수집했다. 선과 성소들은 달력과 연결된 복잡한 의례용 집합체의 일부였다.

나스카 주민들이 동지의례를 치렀는지에 대해선 잘 모르지만, 그렇게 했을 가능성은 충분히 있다. 하지만 지금으로서는 인티 라미에 대한 기록이 고대 페루에서 동지가 어떤 의미였는지에 대해 우리가 가지고 있는 최고의 단서다. 비록 상세한 내용은 대부분 불에 태운 제물의 연기처럼 사라져버렸지만, 인티 라미는 1930년대에 원주민 축제로 복원되었으며, 쿠스코 위쪽에 있는 잉카의 요

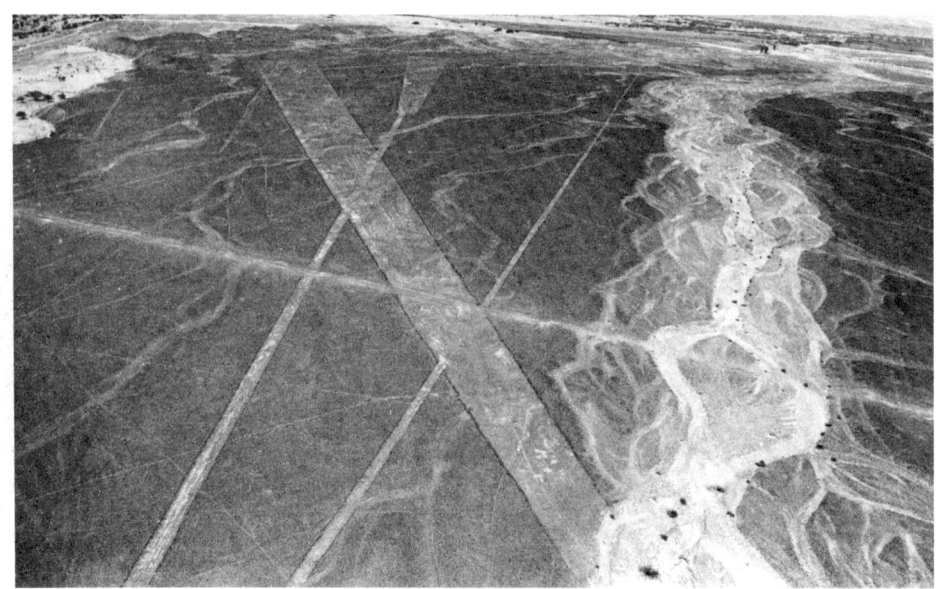

대초원 위에 뻗어 있는 나스카의 직선은 세케와 우아카 시스템에 모종의 변형이 생겼음을 보여주는 것인지도 모른다. (에드윈 C. 크룹)

새 삭사이우아만Sacsayhuaman에서 매년 6월 24일에 재연된다. 관광객들에게 인기가 있기도 하지만, 인티 라미는 우리를 지배하는 동지의 힘을 지금도 더러 보여주고 있는 것 같다.

### 한 해 시작하기

하늘을 관측하는 샤먼이나 달력 사제가 측정하는 시간은 결국 우주질서의 주기에서 마지막 반환점을 도는 것이며, 주기를 새롭게 하는 것이다. 성스러운 것에 관한 이 전문가들은 그 순간을 신에게 바치고 하늘의 패턴을 거울처럼 보여주는 의례로 올바른 리듬에 맞추는 것을 강조했다. 하지만 그런 순간들은 한 해에도 여러 번 발생할 수 있으며, 그런 순간이 반드시 동지에만 일어나는 건 아니다. 그런 순간들은 발생하는 시간 간격도 다양하며, 반드시 한 해 안에 발생해야만 하는 것도 아니다. 다만 어느 특정 집단의 사람들이 이런 순간들을 언제 경축하느냐 하는 것은 그들이 사는 곳, 그들의 생활방식, 우주질서에 대한 그들의 특별한 인식에 의해 좌우된다.

고대 메소포타미아에서 바빌로니아의 사제들은 새해 의례에서 일종의 제의극을 공연했다. 그것 역시 공식적으로 부활한 한 주기가 시작됐음을 알리는 것이며, 그때 바빌로니아의 창조 신화인 《에누마 엘리시$^{Enuma\ elish}$》가 낭송된다. 사제들은 또 혼돈을 물리치고 마르둑이 승리한 이야기에서 핵심적인 사건 몇 가지와 마르둑이 이룩한 질서정연한 우주의 회합을 재현했다. 하지만 우리가 앞에서 본 다른 부활 제의들과는 달리 바빌로니아의 새해는 겨울에 발생하지 않았다. 새해 첫날에 행하는 의례를 아키투$^{akitu}$라고 했는데, 그것은 춘분이나 추분에 행해졌다. 윤달에 관한 기록을 보면 구 바빌로니아 시대에는 추분에 한 해가 시작되었음을 짐작할 수 있다. 훗날 새해는 봄에 경축되었다. 실제로 어느 날인가는 문제가 되지 않는다. 바빌로니아 인들에게 중요한 의미가 있는 것은 어떤 계산으로 반환점을 선택하느냐 하는 것이었다. 한 가지 이유만으로 춘분을 선택하지는 않았을 게 분명하다. 그리고 그런 원래의 이유가 무엇이었을까를 짐작케 하는 몇 가지 단서들이 계속해서 그런 것들을 기념했던 의례들 안에 남아 있다.

의례가 시작되는 처음 며칠간 마르둑은 문헌에서 '산'이라고 지칭하는 것 안에 상징적으로 감금되어 있다. 3일 동안 마르둑은 혼돈과 죽은 자들의 영역인 이 지하세계에 남아 있다. '산'이라는 용어는 또 메소포타미아 인들이 티그리스 강과 유프라테스 강 기슭의 평평한 범람원에 점토 벽돌로 건설한 거대한 피라미드 구조의 신전탑(지구라트$^{ziggurat}$)들을 언급하는 것이기도 하다. 의례의 이 부분에서 어떤 식으로든 지구라트와 연결되었을 것이다. 아키투 넷째 날에 《에누마 엘리시》가 낭송되는데, 여기에는 아마 다른 사람들도 참여했을 것이며, 마르둑이 삶으로 돌아오고 그가 산, 곧 지하세계에서 '나오는 것'이 허락되는 장면이 덧붙여진다. 그런 은유들이 어떻게 일출, 그리고 새해의 출발과 동등하게 생각되는지 앞에서 이미 보았다.

마르둑은 샤마시 곧 태양은 아니지만, 바빌로니아 시대에 그의 위상이 높아진 만큼 그는 태양의 속성들을 많이 보여준다. 분점과 새해에 마르둑이 산에서 나오는 것은 어쨌든 세계질서의 창조를 나타내는 것이다. 계절이 바뀌고 해가 바뀔 때의 제의 기간에 이 신화를 무대에 올림으로써 바빌로니아 인들은 순환하는 세계의 본질을 깨달았다. 해마다 그 끝은 세계 창조 이전의 시간으로 다시 들어가는 것이다. 세계가 다시 만들어지기 전에 앞서의 세계는 파괴되어야 하며, 그것이 바로 마르둑이 산에 감금되고 살해되는 이유다.

원통형 인장에 그려진 신화의 장면들 중 어떤 것은 이런 관념과 관련되었을 수도 있다. 메소포타미아 인들이 점토판 서류에 공식적인 인장을 찍거나 또는 어떤 용기에 담은 내용물을 원래의 상태 그대로 보관하고 싶을 때, 그들은 부드러운 점토에 섬세하게 조각된 작은 원통을 굴림으로써 디자인을 새겨넣었다. 아카드$^{Akkad}$ 왕조 시대(BC 2360~2180)의 것인 이런 인장 하나가 영국 박물관에 있다. 거기에는 태양 샤마시가 그려져 있는데, 톱으로 선을 한 번 스윽 그어 샤마시가 두 개의 산봉우리 사이에서 나오면서 파동치는 광선을 발산하는 것을 표현하고 있다. 오른쪽에 있는 신, 즉 샤마시의 어깨 부근에 물결과 그 속에서 헤엄치는 물고기와 함께 있는 신은 에아$^{Ea}$다. 왼쪽에 있는 여신은 아마도 태양의 출현을 알리고 있는 것 같은데, 이시타르 여신으로 때로 금성 즉 샛별과 동일시된다. 여기서 에아의 물은 봄이 밀려오는 걸 나타낸다. 그러나 이런 것들을 모두 확신할 수는 없다. 그림에 수반된 문서가 없기 때문이다. 그러나 봄철을 의미하는 거라면, 그 장면은 춘분의 일출을 상징화했을지도 모르고, 어쩌면 새해일지도 모른다.

더 많은 기도와 제의가 새해 의례에서 계속되는데, 11일 동안 지속되었다. '운명을 마음에 새기기'라 불리며 오는 해의 전조를 읽어내는 것과 관련된 한 제의도 분명 거행되었다. 또 바빌로니아 인들은 수메르 인들의 '성스러운 결혼' 의례를 후대에까지 전해주었다. 이때 왕은 탐무즈$^{Tammuz}$의 역을 맡고 고위 여사제는 이시타르가 되었다. 그러나 메시지는 똑같다. 풍요와 다산이다. 주기적인 시간의 경과가 의미하는 것은 바빌론에서나 다른 어디서나 같다. 즉, 부활이다. 신들의 부활, 왕의 부활, 대지의 비옥함의 부활, 달력의 부활, 그리고 하늘의 부활.

아카드 왕조의 원통형 인장 자국에서, 샤마시 즉 태양이 산처럼 생긴 지평선 옆모습의 골짜기에서 새벽의 모습으로 나타나고 있다. 이것은 아키투 의례에서 구체적으로 표현된 춘분의 새해 일출을 의미하는 것인지도 모른다. (그리피스 천문대)

## 햇수를 '다발'로 묶어 '나르기'

사물을 십진법으로 계산하는 우리는 햇수를 10년, 100년, 1,000년 단위로 묶는다. 또 50년대, 60년대, 70년대라고 이야기한다. 마치 패션이 10년 간격으로 첫해에 갑자기 변해서 10년 동안 계속되다가, 그 10년이 끝나면 또 다른 유행과 분위기가 시작되는 것처럼 말이다. 우리로서는 역사를 100년 길이로 구분하고, 20세기는 그 이전에 있었던 각 세기와는 어딘가 다르다고 생각하는 게 당연하다. 또 1,000년이 경과하는 것에 대해서도 뭔가 특별한 것이 있다. 오늘날 역사적으로 시간을 구분하는 고정된 기준은 그리스도가 태어난 때라고 인정된 해이며, 교회가 확립되기 시작한 초기부터 밀레니엄이니, 그리스도의 재림이니, 묵시록이니 하는 관념들이 그리스도교의 전통적인 고정관념으로 자리 잡았다.

우리가 살고 있는 이 세계는 곧 멸망할 것이며 새 시대가 열릴 거라는 날짜에 대해 수없이 많은 각종 예언들이 나타났지만, 아무 일도 일어나지 않은 채 사라져갔다. 서기 2000년을 눈앞에 둔 시기에는 2000년이 되면 마치 우리가 탄 지구라는 이 우주선이 더 이상 견디지 못할 거라고 생각하면서, 묵시록에 대한 자신의 타고난 직관을 발휘했다. 지구 종말의 날에 대한 호기심을 충족시켜 주는 많은 책들이 등장했으며, 과학을 빙자한 파멸에 관한 목록들은 그보다 더 많이 쏟아져 나왔다. 몇몇 종교 조직들도 노아의 홍수와 같은 대홍수가 임박했다고 목소리를 높였다.

재앙은 물론 일어난다. 그러나 예정대로 일어나는 일은 거의 없다. 이런 모든 염려는 실제로는 주기적인 시간에 대한 의식과 우주질서에 대한 신화에서 비롯된다. 2000년대의 사람들도 우주의 운명에 대한 그들 나름의 예정된 순환을 가지고 있다. 과거에 그랬던 것처럼. 예컨대 아스텍 인들은 '햇수를 다발로 묶기'라고 하는 52년 달력 주기가 끝날 때마다 세계의 안정성에 대해, 그리고 자기 자신들이 계속 존재할 수 있을까에 대해 정말로 걱정했다. 그들은 그때 '별의 언덕' 정상에서 새 불 의례를 거행함으로써 자기들이 반드시 해야 할 역할을 수행했다.

52년 주기를 얻기 위해 아스텍 인들은 자신들이 사용하는 두 가지 달력인 260일 계산법과 365일 계산법을 조합해야 했다. 이 의미에서 한 '해'는 365일 해이다. 260일 계산법과 365일 계산법 둘 다 그들의 예정된 순환을 통해 계속되었으므로, 각 날은 각각의 달력에서 하나의 숫자-이름 조합을 얻었다. 예컨대 260일 주기에서는 3텍파틀(3 '부싯돌 칼')이 될 수도 있고, 또 같은 날이 18개월 주기에서는 1판케찰리츨리(1 '깃발 세우기')가 될 수도 있었다. 그날의 완전한 이름은 3텍파틀 1판케찰리츨리였을 것이며, 그날이 다시 오려면은 18,980일이 지나야 하리라.

시우몰피이$^{xiuhmolpilli}$(햇수를 다발로 묶기)라고 하는 이 달력의 순환은 메소아메리카 사람들 모두에게 우주론적으로 커다란 의미가 있는 것이었다. 그들은 그것을 13년씩 네 그룹으로 나누고 52년 주기가 완성되는 때가 가까워오면 특별한 주의를 기울였다. 어떤 경우에는, 52년마다 이미 지어져 있던 피라미드 위에 새로운 아스텍 피라미드가 건설되었던 것 같다.

새 불 의례를 한 번 더 볼 만큼 오래 산 사람은 거의 없었으므로, 세상의 종말에 대한 그들의 고뇌는 진지했다. 설사 아스텍 인들이 그전에도 52년 주기가 왔다가 갔다는 걸 알고 있었다 해도, 그때까지 살아남을 가망이 있다고 생각한 사람은 거의 없었다. 두 개의 달력 주기가 처음 시작했던 때로 되돌아갈 때 시간은 깔끔하게 마무리 지어진다. 한 주기의 마지막 박자에서 세상이 끝나는 건 당연한 일일 테니까.

52년 주기가 끝날 때가 다가오면 테노치티틀란<sup>Tenochtitlán</sup>의 사제들은 새 불 의례를 준비했다. 낡은 '햇수 다발'의 마지막 4일은 굉장히 불안한 시간이었다. 두 개의 달력이 합치되고 계산법이 절정에 달할 때 세상의 종말이 올 거라고 생각했기 때문이다. 현재의 시대, 즉 '태양'이 언젠가는 끝날 것이며, 그 끝은 52년 주기 중 하나가 완성되는 때로 예정되어 있다고 생각했다. 주기가 마지막 반환점을 돌 때마다 아스텍 인들은 저마다 마음속으로, 과연 이 시대의 시간이 끝날까, 하며 궁금해했다. 만약 그렇다면 하늘이 돌기를 멈출 텐데. 태양은 떠오를 힘이 없어질 텐데. 어둠과 그의 악마들이 지상에 내려와 살아 있는 사람들을 게걸스럽게 먹어치울 텐데. 밤이 영원히 지속되고 세계질서는 사라져버릴 텐데. 이래서 우리가 앞에서 본 우주질서의 드라마 한 장면이 아스텍 인들의 새 불 의례 무대에서 상연된다. '햇수 다발'에서 혼돈이 끼어들 우려가 있기 때문이다.

세계의 미래에 대한 걱정이 기이한 방식으로 표현되었다. 임신한 여자들이 가면을 쓰고서 쿠에스코마테<sup>cuescomate</sup>라고 하는 점토로 만든 작은 옥수수 상자 안에 들어간다. 그것은 아스텍 인들이 곡물을 저장하는 탑 모양의 건물과 같다. 이렇게 감금하는 것은 아무래도 여자들이 위험한 야수에게 잡아먹혀야 효과가 있다는 생각에서였던 듯하다. 어린아이들도 가면을 쓰고 새 불 밤샘기도를 하는 밤에는 깨어 있었다. 쥐한테 잡아먹히면 안 되니까.

이른 아침, 아스텍의 사제들은 테노치티틀란의 성스러운 중심 구역을 떠난다. 자정 무렵에 우이사치테아틀이라고 부르는 언덕인 '별의 언덕' 정상에 도달하기 위해서다. 별의 언덕 정상에는 한 사람만 올라가서 귓가에 윙윙 불어대는 바람 소리와 함께 혼자 남아 있어야 한다. 폐허가 된 신전 계단 앞의 작은 광장을 먼지가 휩쓸고 지나간다. 그 계단을 따라 내려가면 텅 빈 기저부가 나오는데, 그 모든 것이 새 불 의례를 위해 아스텍 사제들이 모여 있던 신전의 왼쪽에 있다. 계곡의 바닥 위쪽 높은 곳, 그리고 하늘에 더 가까운 곳에서 그들은 한 시대의 종말을 준비했다.

일단 별의 언덕 위의 신전에 다다르면 사제들은 플레이아데스성단이 이동하는 모습을 지켜보는데, 그때 그 성단은 머리 위 높은 곳을 통과하고 있다. 멕시코 계곡의 모든 곳에서 모든 불이 꺼진다. 신전에서나 가정에서나 모두. 도자기들을 박살내고, 집을 깨끗이 청소하며, 신에게 바쳤던 조각상과 화로의 돌 들을 호수에 집어던진다. 이런 행위들은 모두 아스텍 인들이 세계 종말의 예언 속에 있는 파괴와, 그리고 아마도 부활을 위한 준비를 했음을 암시한다.

《플로렌틴 사본Florentine Codex》의 편집자인 프라이 베르나르디노 데 사아군Fray Bernardino de Sahagún은 이 책에서 그다음에 일어난 일에 대한 이야기를 들려준다. 플레이아데스성단은 궤도상 최고점에서는 거의 천정을 통과할 수 있다. 자정이 지난 다음 그 성단이 서쪽을 향해 계속 가면 사제들은 다시 한 번 52년이 계속될 거라는 결론을 내렸다. 그 시점에서 코풀코Copulco의 사제들은 들고 온 점화용 막대로 제물로 바쳐진 희생자의 가슴 위에 불을 붙인다. 불이 붙으면 부싯돌 칼로 희생자의 가슴을 가른 다음 펄떡펄떡 뛰고 있는 심장을 움켜잡아 그것을 불속에 던져버린다. 희생자의 가슴 위에 있는 작은 불씨에서 붙인 약간의 부싯깃으로 신전 제단 위의 큰 횃불에 불을 붙인다. 멀리 떨어진 곳, 계곡 아래에 있는 대중들은 그 신호의 횃불이 타오르는 것을 지켜보았다. 그것은 세계가 보존될 거라는 신호였다.

거기서 보존이란 부활을 의미한다. '새 불 횃불'들이 언덕 아래로 내려가 마요르 신전으로, 사제들의 집으로, 씨족장에게로, 그리고 공용 화로로 옮겨진다. 도시의 모든 화로에 다시 불이 붙여지고 나면 전령들이 계곡 안의 모든 마을로 불꽃을 가지고 달린다. 새 옷, 새 깔개, 새 오지그릇으로, 희생제물에 의해 다시 불이 붙은 태양의 부활을 축하하고, 희생자의 시신은 처음 불을 붙인 큰 횃불에 던져진다. 전날의 절망이 기쁨으로 바뀐다. 지난 '햇수 다발', 즉 52개의 상징적인 막대들은 땅에 매장된다.

플레이아데스성단이 하늘의 '정상'에 올라가자 지난 52년 주기는 끝났고,

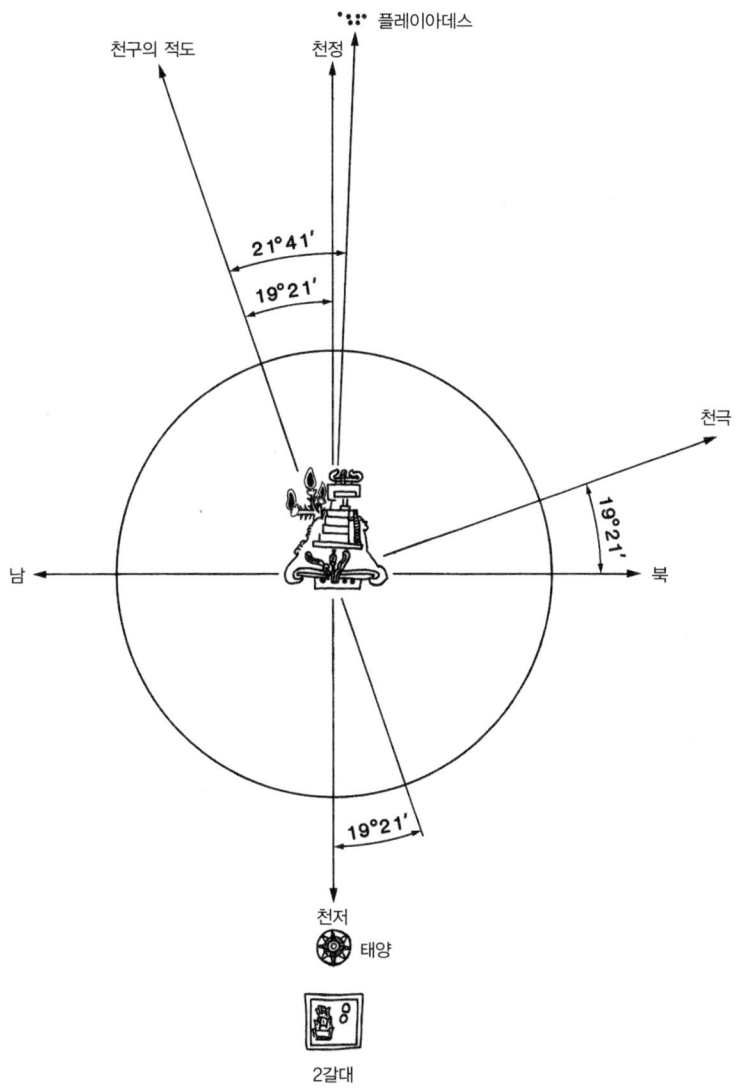

플레이아데스성단이 한밤중에 별의 언덕 위에서 거의 직선으로 이동할 때, 태양은 거기서 곧장 아래인 천저에 있다. 이 그림의 중심에 있는 그림문자는 스페인 정복 이전의 어느 아스텍 사본에 수록되어 있던 것으로, AD 1507년(2갈대), 마지막으로 새 불 의례를 거행했던 해의 가장 중요한 사건을 기록한 그림의 일부이다. 종 모양의 구조가 바로 별의 언덕이며, 그 정상에 신전이 있는 것이 보인다. (그리피스 천문대)

8. 우리가 올리는 제의

세계는 계속될 거라는 단서가 플레이아데스성단의 다음 행보에서 보였다. 플레이아데스성단은 밤을 비추는 불로서, 계속 진로를 따라가며 낮의 불인 태양이 새벽에 부활해서 다시 돌아올 거라는 신호를 보낸다. 플레이아데스성단은 하루에 한 번씩 최고점에 이르는데, 그게 하루 중 어느 시간일지는 계절에 따라 다르다. 아스텍 시대에는 그 별들이 한밤중에 최고점에 도달하는 것이 11월 중순이었다. 그러니까 서기 1500년대에는 11월 14일쯤에 발생했다는 말이다.

　이 날짜는 태양이 한밤중에 천저, 즉 별의 언덕 위 천정에서 직선으로 반대쪽 아래에 있을 때인 11월 18~19일에서 가까운 때에 발생한다. 새 달력 주기가 시작되기에 가장 알맞은 시간을 위한 진짜 천문학적 주제는 가장 깊고 어두운 지하세계에 들어갔다가 다시 나오는 태양의 '부활'이라는 것이 그럴 듯하다. 새 불 의례 자체가 태양의 부활과 시간의 변화를 암시한다. 플레이아데스성단은 어쩌면 그저 태양이 다시 태어나기 위해 출발했으나 아직은 시야에 들어오지는 않고 있는 한 시간 동안 태양이 새로워질 거라는 눈에 보이는 신호였을 것이다. 이 사건, 그리고 이 날짜에 의해 상징화된 것은 천저를 통과하면서 태양이 무방비 상태에 빠지는 날(실제로는 밤)이다. 새 불 의례는 태양이 1년 중 가장 위협받고, 그래서 재점화가 가장 필요한 때에 행해졌다.

　고대 멕시코의 달력 주기들은 꾸밈없는 많은 의례와 춤으로 연출되었다. 심지어 52년 주기도 베라크루즈 주의 파판틀라^Papantla 시장 부근에서 지금도 행해지고 있는 한 제의의 잔재 속에서 구체적으로 표현되고 있다. 파판틀라는 세계적인 바닐라 공급지다. 노점과 작은 상점들, 토르티야 굽는 번철들이 미로처럼 어지럽게 얽혀 있는 그곳 시장에서는 그 지역의 바닐라콩으로 맛과 향을 낸 달고 향기롭고 독한 술을 살 수 있다. 하지만 우리의 흥미를 끄는 것은 그 병에 붙어 있는 상표다. 그 상표에는 엘 타힌^El Tajin이라고 알려진 고고학 유적지 부근의 '벽감 피라미드^the Pyramid of the Niches'가 그려져 있다. 그리고 이곳에서는 볼라도레스^voladores라는 고대의 의례 '춤'을 공연한다.

　엘 타힌은 콜럼버스 이전의 멕시코 고전기에 속한다. 지금은 비록 토토낙^Totonac(엘 타힌을 건설한 문화로, 1년에 한 번 '볼라도레스'라는 제의를 행했다고 한다/옮긴이) 원주민 영토 안에 있지만, 아마도 우아스텍$^{Huastec}$ 원주민들이 세우고 거주했던 곳이었을 것이며, 그들은 10~17세기 전에 이 지역을 차지하고 있었다. 엘 타힌은 일반적인 메소아메리카의 많은 전통들이 그 지방 특유의 스타일과 접목되었다. 폐허가 된 유적지에서 메소아메리카 전역에서 사용되었던 것과 같은 달력 체계의 증거가 나왔고, 6층이며 정상에 신전이 있는 벽감 피라미드의 건축술에서도 그런 증거가 보인다.

각 층의 정면은 실제로 작은 칸막이, 즉 벽감을 한 줄로 만들었다. 멕시코의 고고학자 호세 가르시아 파욘$^{José\ García\ Payón}$은 그곳을 발굴하고 나서, 원래 벽감은 한 해의 날 수인 365개였다는 결론을 내렸다. 달력 체계가 합체되어 있는 피라미드에 관한 논란이 일어날 때면 대개 이 주장이 되풀이된다. 왜냐하면 앤터니 아베니 박사가 멕시코에서 행한 고고천문학 탐사 여행 중 하나가 벽감의 수를 세기 위한 것이었다는 파욘의 결론(그것이 맞는 것 같다)에 대해 최근에는 더 이상 반론을 제기한 사람이 없기 때문이다.

하지만 벽감의 수를 세는 것이 말처럼 쉬운 건 아니다. 원래 설계가 그렇게 되어 있는지는 몰라도, 주 계단이 피라미드 동쪽 면에 있는 몇 개의 벽감 바로 위에 세워져 있기 때문이다. 나는 아베니의 현장 답사에 동참한 콜게이트 대학교 학생 중에서 뽑힌 '벽감 세는 사람들' 팀과 함께 계산을 하기 시작했다. 우리는 계단의 너비를 재고, 각 층마다 계단 뒤에 숨어 있는 벽감들이 얼마나 되는지 계산해내야 했으며, 각자 계산한 것을 이중으로 서로 점검했다. 계단 때문에 가로막히지 않은 면에서도 그렇게 했다. 찌는 듯한 더위와 키 큰 잡목림 속에서 벽감 하나쯤은 쉽게 지나칠 수도 있는 일이었다.

하지만 모두가 끈기 있게 노력해서 벽감들을 계산하였다. 계단에 가려져서 보이지 않게 숨어 있던 것들까지 하나도 빠뜨리지 않고. 우리가 맨 위층에 올라가서 무너져내린 면과 신전 뒤쪽을 열심히 조사하고 있을 무렵, 우리가 계산한 건 그때까지 모두 363개였다. 불행하게도 신전의 정면은 사라지고 없었다. 하지만 364번과 365번째의 벽감 때문에 정문이 측면에 위치해 있었을 가능성을 발견했다. 정면 벽의 기단의 길이가 이것을 암시하며, 363은 365에 아주 가까우니 일치할 것 같다.

우리가 벽감 피라미드 꼭대기에 있는 동안 우리의 계산은 완성되었고, 볼라도레스, 즉 '공중곡예사들'이 도착해서 우리 바로 눈앞 광장에 있는 30m가 넘는 장대에서 곡예를 보여줄 준비를 마쳤다. 달력과 관련된 상징적인 표현을 곧 보게 될 참이었다. 원래의 제의에서는 종교적으로 중요한 의미가 있는 행사였지만, 오늘날의 볼라도레스들은 엘 타힌을 찾은 관광객들을 위한 공연으로 쇼를 보여주고 있다.

토토낙 볼라도레스들은 호화롭게 수를 놓고 노란색 술로 장식한 선명한 빨간색과 흰색의 옷을 입는다. 원뿔형 모자는 거울이니 꽃이니 천을 꿰매 붙인 무늬로 덮여 있고, 꼭대기에는 여러 가지 빛깔의 부채가 달려 있다. 공중곡예사들은 의례적인 새들을 표현하는데, 네 사람은 장대 꼭대기에 있는 사각 틀에서부터 번지점프를 하듯 아찔하게 저 멀리 아래에 있는 땅으로 '날아서' 내려온다. 다섯 번째 곡예사는 다른 네 사람이 공중 발레를 하는 동안 위에서 음악을 연주한다.

다섯 사람이 모두 장대 위로 올라가면 악사는 5음조의 파이프로 멜로디를 연주하며 양면을 칠 수 있는 작은 북을 친다. 그 사람은 기본방위를 차례대로 도는데, 같은 음조를 계속 반복하며 발을 구르는 모습이 마치 동작 하나하나를 강조하는 것 같다. 그런 식으로 노래를 처음 시작했던 동쪽까지 그런 식으로 시계방향으로 돈다. 적당한 때가 되면 다른 네 명의 볼라도레스들은 장대 주변을 나선형으로 돌면서 하강한다. 발목에 로프를 묶고 사각 틀에 매달린 그들은 로프가 풀리면서 원을 돌며 미끄러지듯 조용히 날아 내려온다. 꼭대기에 있는 다섯 번째 볼라도레스도 회전 장치가 되어 있는 작은 단 위에 서서 계속 연주해야 하기 때문에 똑같은 위험을 감수한다. '춤'은 네 명의 볼라도레스가 모두 13번의 회전을 완벽하게 끝내는 바로 그때 땅에 닿게 되어 있다. 여기서 두 가지 숫자, 즉 네 명의 곡예사와 13회전에는 달력과 관계된 중요한 의미가 있다.

260일 계산법에는 20개의 날 이름이 있는데, 그중 4개 즉 '갈대', '부싯돌칼', '집', '토끼'만이 365일 중 첫 번째 날에 발생할 수 있다. 365일을 20으로

30m 높이의 장대에 매달린 네 명의 볼라도레스들이 13번 원을 그리며 천천히 땅으로 내려온다. 꼭대기에서는 다섯 번째 참가자가 북과 피리가 혼합된 악기를 연주하며 상징적인 음악 반주를 해준다. (에드윈 C. 크룹)

나누면 18번 하고 5일이 남는다. 나머지 5일을 네 번 곱하면 20이 된다. 이것은 한 해의 마지막이자 새로운 한 해의 첫날은 한 해에서 다음 해로 5개의 이름을 건너뛰어야 한다는 것을 의미한다. 이렇게 하면 그 4개의 이름이 보이지 않게 된다. 이 이름들이 그 해의 이름을 지어주기 때문에 '한 해를 나르는 자들'이라고 하며, 이 이름들은 의례 속의 새들과 관계있다.

'한 해를 나르는 자들'은 52년 주기에서 각각 13번 되풀이된다. 지금은 볼라도레스들이 의례로 행했던 비행의 원래 의미가 비록 상실되긴 했지만, 그래도 우린 그 볼라도레스들이 하늘을 날며 13번의 회전 속에 햇수를 하나로 묶는, '한 해를 나르는 자들'이란 걸 알아볼 수 있다. 한때는 살아 있는 것이었던 달력의 전통의 잔재를 또 다른 오래된 방식, 즉 365개의 벽감에다 한 해의 모든 날들을 나타낸 피라미드 앞에서 공연하고 있으니, 공연 장소로도 제격이지 않은가.

엘 타힌에 있는 벽감 피라미드는 칸칸이 나누어진 모습에 달력과 관련된 중요한 의미가 담겨 있는 것 같다. (에드윈 C. 크룹)

## 영혼 부활시키기

전통문화 속에 사는 사람들이 비록 계절 의례를 통해 우주질서의 부활에 참여하고 또 주기적인 시간의 간격과 보조를 맞추며 맞물려 있는 달력과 관련된 다른 제의에 참여한다 해도, 그들이 궁극적으로 관여하는 것은 자신들의 영혼의 여정이다. 죽음에 임박해서 그들이 해가 지는 것, 달이 어두운 것, 한 해의 끝, 한 우주적 시대의 완성을 흉내 낼 때 그들은 또한 새벽, 초승달, 새해, 그리고 그 다음 시대처럼 틀림없이 이어질 다음 생을 위해 준비하는 것이다. 그래서 천체의 이미지에서 따온 의례들이 고안되었는데, 그것은 죽은 자들을 되살리고 그들에게 새 삶을 주기 위해서였다. 예컨대 고대 이집트의 장례식에서 행하는 상징인 '입 열기' 의례는 계절 의례는 아니지만 하늘에서 빌려온 것이다.

'입 열기' 의례는 내세에 생존할 몸에 카$^{ka}$, 즉 인격, 인간으로서의 존재를

투탕카문 무덤 묘실의 북쪽 벽에 소년 왕의 후계자 아이가 투탕카문의 미라 위에서 '입 열기 의례'를 행하고 있다. 아이가 들고 있는 까뀌 비슷한 것은 테이블 위에 놓여 있는 다리 고기와 함께 그것이 모두 메스케티우, 우리가 북두칠성이라고 알고 있는 별자리라는 걸 말하고 있다. (그리피스 천문대, 로이스 코언)

부활시키기 위한 것이었다. 의식을 되살리는 데 사용하는 까뀌처럼 생긴 제의용 도구를 눈꺼풀에 한 번 대고 입술에 한 번 댄다. 이 까뀌는 북두칠성 별자리의 이름과 같은 이름으로 불렸다. 이집트 인들에게 이 별들은 황소(황소자리가 아니라) 또는 황소의 다리나 넓적다리를 나타내는 것이며, 그것들은 황소 몸의 일부로서 다리와 허리 부분 또는 실제 다리로 양식화되어 그려져 있다. 그 별자리의 이름은 메스케티우로, '오시리스의 적수'인 세트의 다리다. 주극성인 세트의 다리는 하늘의 '배를 잡아 묶는 기둥'에 매여 있으므로 천극 주위를 회전한다.

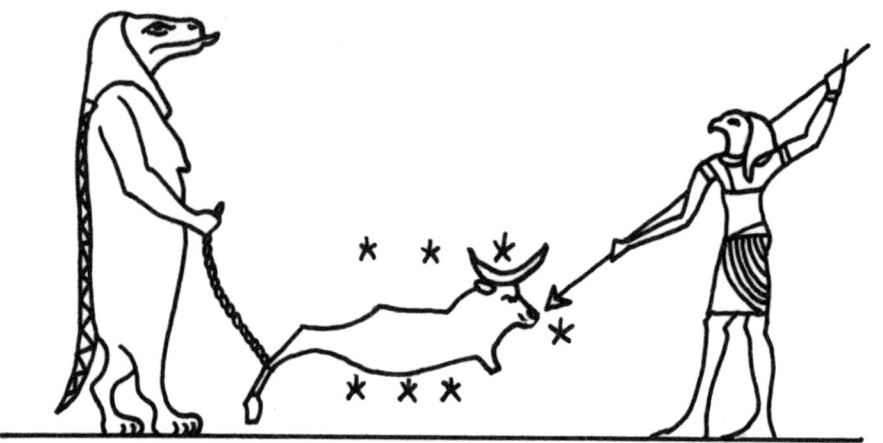

소의 다리고기 한 짝과 황소의 머리가 합쳐진 것으로 양식화된 메스케티우가 하늘의 북극(하마로 상징화되어 있다)에 밧줄로 묶인 채, 매의 머리를 가진 오시리스의 아들 호루스의 공격을 받고 있다. 세트의 다리를 에워싸고 있는 것은 북두칠성의 7개의 별들이다. (그리피스 천문대, 하인리히 브루그슈)

    의례에 쓰이는 까뀌는, 유명한 투탕카문의 무덤 북쪽 벽의 벽화에 그려져 있는 것처럼, 국자처럼 보이기도 한다. 셈-사제가 입는 표범가죽 망토를 입고 있는 투탕카문의 후계자인 아이$^{Ay}$는 여기서 투탕카문의 입 열기 의례를 수행하기 위해 까뀌를 사용하고 있는 것으로 그려져 있다. 아이와 투탕카문 사이의 작은 탁자 위에 황소의 다리, 또 하나의 까뀌, 그리고 장례용 도구 몇 가지가 놓여 있다.

    의례를 담당하는 셈-사제는 오시리스의 아들이며 후계자인 호루스를 흉내 낸다. 고인의 영혼을 부활시킴으로써 사제는 사실상 세트와의 싸움에서 호루스의 승리와 오시리스의 권위 회복을 재현한다. 이 권위는 물론 호루스에게로 전해진다. 투탕카문의 권위가 아이에게로 양도된 것처럼. '호루스의 승리' 신화에서 호루스는 한쪽 눈을 잃었다. 하지만 신의 심판에 따라 그는 그 눈을 다시 돌려받았으며, 따라서 그 '눈'은 전리품 가운데 하나가 되었다. 세트의 다리도 그런 전리품이 되었고, 그 결과로 때로는 '눈'이라고 불리기도 했다. 승리의 상징이며, 따라서 이 부활의 상징은 의례의 일부로서 도살된 실제 황소의 다리가 되기도 한다. 이 다리는 까뀌처럼 고인에게 새 생명을 주는 데 사용된다.

도살된 황소의 다리와 국자처럼 생긴 까뀌와 하늘의 북두칠성이 나타내는 건 한 가지다. 상징적인 생명의 부활. 그러나 그것들 3가지 모두 혼돈의 화신인 세트와 관계있다. 호루스가 혼돈을 물리쳤으므로, 세트를 상징하는 이 표상들은 새로운 질서에 속한다. 그것들은 유사한 재생, 부활 속에서 사용되곤 하는 의미 있는 상징들이며, 그 자체로 혼돈을 이겨낸 승리다. 북두칠성의 별들은 주극성이기 때문에 그 별자리는 이미 영원한 삶과 관계가 있다. 그것들은 죽지 않는 불멸의 별들이다. 왕은 죽어서 자기들의 주극성의 왕국으로 올라가며, 거기서 우주질서를 보호한다.

# 9. 우리가 에워싸는 공간

스톤헨지와 하늘 ● 스톤헨지에 있는 그 밖의 것들 ● 고리 안에 있는 것들 ● 제의와 고리

지난 80년 동안, 그리고 아마 19세기에도 흰색의 헐렁한 가운을 입은 '드루이드'들의 행렬이 하짓날 일출 바로 한 시간 전에 시골의 한 회전식 십자문을 지나 스톤헨지의 고리들 안으로 들어갔을 것이다. 참가자들은 그곳, 영국의 대성당이 있는 솔즈베리 시에서 16km 북쪽에 위치한 한 선사시대 유적지의 수직으로 서 있는 육중한 돌들 사이에서 모였다. 그들은 어떤 의례를 치르고, 일출을 직접 보며, 하지를 경축할 마음의 준비가 되어 있다.

스톤헨지의 주 고리인 사르센 원Sarsen Circle의 중심에서 보면, 한 해 중 가장 북쪽에서 떠오르는 태양이 북동쪽에 있는 원의 아치들 중 하나 안에서 나타난다. 태양이 계속 떠오름에 따라 그것은 또 조금씩 남쪽으로 이동한다. 태양의 원반이 지평선 위로 완전히 모습을 드러낼 때, 스톤헨지의 중심에서 약 78m쯤 떨어진 크고 육중한 돌인 힐스톤Heel Stone의 정상 위로 태양의 모습이 반 이상 보인다. 이것이 '드루이드'들이 줄곧 지켜보았던 사건이다. 제의와 영창과 음악으로 그 새벽을 맞이함으로써 이 순례자들은 자기들이 영국의 철기시대로, 그리고 그 시대에 살았던 켈트 인들에게로 돌아가는 전통과 사제직을 영속시킨다고 믿는다.

선사시대의 영국에는 실제로 드루이드들이 있었다. 그리고 그리스 인과 로마인들이 그들에 대해 남긴 기록이 비교적 빈약하긴 하지만, 우리는 선사시대의 켈트 족 사회에서 그들이 어떤 역할을 했는지에 대해 얼마간은 알고 있다. 그

사르센 원의 중심에서 스톤헨지의 주축을 따라, 그리고 '하지' 원호를 통해서 보면 주축에서 오른쪽으로 벗어난 위치에 있는 힐스톤이 그 안에 들어온다. (에드윈 C. 크롭)

들은 사제이자 시인이며 점성술사에 현자이기도 했다. 율리우스 카이사르$^{Julius\ Caesar}$는 그들이 천문현상과 달력에 관한 전문지식을 갖고 있었다고 했다. 이제 막 비치기 시작한 하지의 태양빛 속에서 그들이 산 제물을 처리하는 모습을 상상해볼 수도 있다. 그들은 스톤헨지에 속해 있는 것 같다. 하지만 드루이드들이 이 건조물을 건설하지는 않았다. 스톤헨지의 제1기는 BC 2800년쯤, 켈트 인들이 영국에 오기 거의 2,000년 전에 설계되고 건설되었다. 스톤헨지 중 가장 마지막에 건조되고 가장 중요한 단계는 BC 1550년경에 완성되었다. 여기에는 사르센 원과 고리 내부에 지주 없이 서 있는 5기의 아치길, 즉 삼석탑$^{三石塔\ trilithon}$(한 쌍의 큰 돌에 가로돌 하나를 얹어 만든 것으로, 길이 8m, 무게 50,000kg에 이른다/옮긴이)이 포함되어 있다. 이는 드루이드가 세웠다고 하기에는 너무 이른 시기다.

스톤헨지의 드루이드는 과거에 대한 17세기식의 낭만적인 상상이다. 골동품 연구가인 존 오브리<sup>John Aubrey</sup>는 『모뉴멘타 브리타니카: 고대 영국의 잡다한 것들<sup>Monumenta Britanica: A Miscellanie of British Antiquities</sup>』(1666)에서 스톤헨지의 건설자들을 확인해보려고 시도했다. 그 과정에서 그는 영국의 고리 모양 열석은 드루이드 교도들의 신전이었음을 신중하게 암시했다. 오브리가 살던 시대에는 이것이 무모한 생각이 아니었다. 오브리는 영국의 선사시대에 관해 지금 우리가 알고 있는 것을 알지 못했으니까. 그로서는 이용할 수 있는 최고의 정보를 가지고 있었다. 그 유적지에 관한 세부적인 것들은 그가 직접 현장을 답사해서 로마 정부 이전에 영국에 거주했던 사람들에 관해 자신이 찾아낼 수 있는 한 가장 오래된 문헌들을 철저히 찾아냈다.

    오브리가 쓴 필사본은 출간되지 않은 채 1980년까지 남아 있었다. 그러나 복사본 하나가 스톤헨지에 대해 별로 교육을 받지 못한 골동품 애호가 윌리엄 스터클리<sup>William Stukeley</sup>의 손에 들어갔다. 그는 그것을 유용하게 사용했으며 멋대로 해석했다. 스터클리는 오브리의 생각을 열광적으로 받아들였으며, 오브리의 의도와 또 그 문제에 관한 물적 증거를 잔뜩 부풀려놓았다. 1740년에 출간된 『스톤헨지, 영국의 드루이드 교도들에게 부활된 신전<sup>Stonehenge, a Temple restor'd to the British Druids</sup>』에서, 스터클리는 실제로 '드루이드교의 부활'에 착수했다. 사실보다는 상상력을 훨씬 더 많이 가미해서, 스터클리는 스톤헨지를 '영국 최고의 드루이드 대교회'라고 불렀다. 그는 많은 신도들과 함께 스톤헨지에 살면서 중요한 절기 축제 때면 거기서 회합을 가졌다. 그는 눈으로 보기는커녕 참고할 만한 기록조차 없었던 제의와 희생제의를 상당히 조심스럽게 복원했다. 스터클리가 쓴 책이 인기를 얻은 덕분에 드루이드와 스톤헨지가 거의 동의어가 되었고, 18세기 이후로 자기들만이 스톤헨지에서, 특히 하지에 거행된 고대 영국의 순수하고 진정한 종교를 되살리고 있다고 믿는 사람들에 의해 몇몇 신 드루이드 교단들이 만들어졌다.

    스톤헨지를 건설한 선사시대 사람들이 실제로 하지에 그곳을 어떻게 사용했는지는 아직 밝혀내지 못했다. 그러나 이것은 별로 중요하지 않은 것 같다. 1980년, 드루이드들이 다시 밤새 지켜보고 있을 때 2,000명이나 되는 사람들이

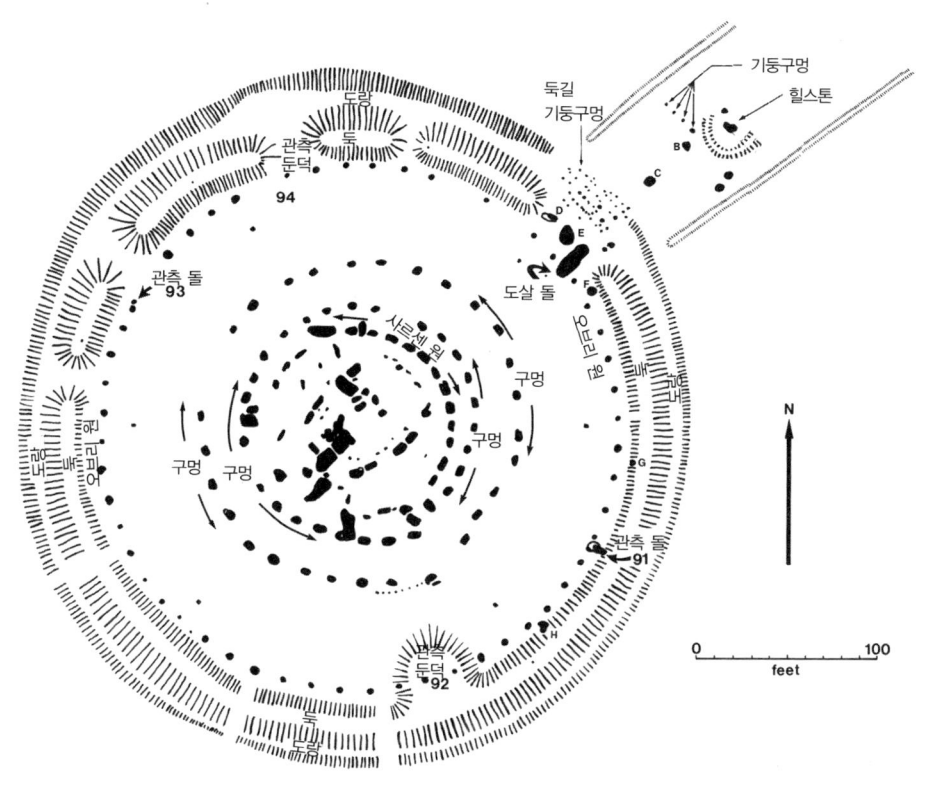

스톤헨지의 몇몇 건조물들은, 각각 그 이전의 건설자들이 에워싸인 성스러운 공간이라는 것을 이상적으로 표현해놓았던 유적 위에 세워졌다. 첫 번째 시기에 이 공간은 흙으로 쌓은 원형 둑으로 에워싸여 있었다. 마지막 단계에서는 가로돌을 얹은 원형의 사르센 거석들과 말발굽형으로 배치한 삼석탑이 주축을 뚜렷이 보여준다. 언젠가 한때는 커다란 돌 하나가 다 차지하고 있었던 힐스톤 근처에서 최근에 기둥구멍 하나를 발견했는데, 이것 때문에 스톤헨지의 천문학에 대한 해석이 복잡해졌다. (그리피스 천문대)

한여름의 일출을 보기 위해 경계선 밖에서 기다리고 있었다. 스톤헨지의 원래의 건설자들이 이렇게 했는지는 여기서 중요한 게 아니다. 오늘날 이 교훈은 태양의 지점과 주기적인 시간에 대한 제의가 지금도 우리에게 이야기를 건네고 있다는 것이다. 사람들은 우주질서가 드러나는 특별한 땅, 성스러운 공간을 찾아내서는 그곳을 점령한다.

성스러운 공간은 우주의 기본적인 구조와 의미라고 느껴지는 것이 경험되고 경축되는 영역이다. 질서와 구조, 우리 두뇌가 이것을 지각할 때 세계는 감지

될 수 있고 관리될 수 있으며 의미가 있다. 그것이 우리 조상들이 세계와 상호작용했던 본질적인 방식이었고, 그래서 그것은 종교적인 경험이었다. 그들은 그것을 바로 그 목적을 위해 설계된 장소인 신전 안에서 다뤘다.

그로부터 오랜 시간이 지나고 갖가지 기술들이 발전되면서 우리가 선사시대 조상들의 전통에서 멀어져간다 해도, 스톤헨지의 천문사제들이 밤새워가며 하지를 지켜보았던 그 낭만적인 이상만은 열광적으로 받아들인다. 우리는 지금도 그 유적을 천체질서에 대한 가시적인 신호를 만날 수 있는 장소로서 대한다. 우리는 지금도 주기적인 시간에 대한 패턴을 확인하고 싶어한다. 스톤헨지 전설을 대할 때 우리가 반응하는 것을 보면 이 특별한 땅, 이 특별한 공간에서 틀림없이 행해졌을 모종의 의례를 지금도 느끼고 있는 게 분명하다.

## 스톤헨지와 하늘

천문학적 정렬은 천체질서를 선사시대의 건조물들에 쏟아넣고 그것들을 성스러운 공간으로 바꿔놓는다. 어떤 정렬이 의도적으로 이루어졌는가, 세부적인 것들이 의미하는 것은 무엇인가, 그리고 그것들이 실제로 어떻게 사용되었는가 하는 것은 여전히 논쟁의 여지를 남겨놓고 있다. 스톤헨지에 대한 천문 해석 몇 가지가 스터클리 시대 이후로 줄곧 제기되었다. 태양에서 헬륨을 발견한 영국의 천문학자 노먼 로키어 J. Norman Lockyer 경은 이 건조물의 정렬에 대해 최초로 체계적이고 과학적인 연구를 실시해서 1901년에 예비 결과를 보고했다. 그리고 그의 생각은 5년 후 『스톤헨지와 기타 영국의 유적들에 관한 천문학적 고찰 Stonehenge and Other British Monuments Astronomically Considered』에서 나타났다. 로키어 경은 어떤 돌들과 축선과 옛 켈트 족 달력에 있는 하지와 네 번의 전통적인 휴일 사이의 관계를 설명하려고 했다. 그는 스톤헨지를 천문관측소나 거석문화시대의 달력 같은 것이라고는 생각하지 않았다. 로키어 경은 그 정렬을 상징적인 것, 제의를 위한 것일 거라고 생각했다. 스톤헨지를 신전이라고 생각했던 것이다. 그래서 스톤헨지의 마지막 건조물들이 원래는 지금은 메이데이로 예우를 받고 있는 이교도의 휴일인 벨티네$^{Beltine}$ 축제 때, 그리고 그 밖의 두 지점과 두 분점을 분할하는 달력상의 중간 시점에 예배드리기 위해 바쳐진 훨씬 더 오래된 어떤 신전 위에 세워졌다는 걸 증명하려고 했다. 로키어의 접근법이 비록 심하게 제한되고 또 그의 정렬선이 틀린 부분도 있지만, 그는 천문학적 정위 연구를 개척했다.

로키어 경의 노력이 있은 지 수십 년이 지난 1963년, 스톤헨지 천문학에는 그 건조물의 정렬에 태양뿐만 아니라 달도 포함되어 있음을 이해하려는 보다 면밀한 시도가 있었다. 미국에 귀화한 천문학자 제럴드 호킨스$^{Gerald\ S.\ Hawkins}$ 박사는 스톤헨지가 변화해온 단계별 배치를 컴퓨터로 분석한 결과 태양과 달의 지평선 극점의 거의 완벽한 '세트'가 표시된다는 걸 발견했다. 영국에서 독자적으로 활동하고 있는 아마추어 천문학자 뉴햄$^{C.A.Newham}$은 그보다 몇 달 전에 정렬선 가운데 몇 가지를 조사해서 그와 비슷한 결론을 내려놓고 있었다. 여기서 중요한 것은 18.6년 주기 동안에 매달 극점 안팎에서 일어나는 월출과 월몰의 정렬이었다. 이렇게 하려면 1년 이상의 천문주기에 대해 잘 알 뿐만 아니라 그것들의 진로를 놓치지 않고 따라가는 전문가의 경험도 필요하다. 뉴햄은 힐스톤에 의해 드러난 한 줄로 늘어선 기둥구멍들을 1년에 한 번 있는 최북단의 월출에 대한 실제 기록이라고 해석했다. 호킨스는 스톤헨지를 에워싸고 있는 흙 제방 바로 안쪽의 지름 약 86.5cm인 원을 형성하고 있는 56개의 구멍, 즉 오브리 구멍을 포함해서 식을 예측하기 위한 계획을 진전시켰다. 이것들과 그 외에 발견된 다른 것들을 두고 고고학자와 천문학자들, 그리고 이런 싸움에 끼어들어 내기를 즐기는 사람들 사이에 열띤 논쟁이 벌어졌다. 스톤헨지는 아주 확실한 천문 관측소임이, 천문현상을 위한 컴퓨터임이, 이전의 천문대를 기리기 위해 세워진 일련의 상징적인 정렬임이, 당대의 천문지식을 돌로 집대성해놓은 것임이, 그리고 청동기시대의 전사 족장들이 자기들의 왕조를 지지해줄 것을 하늘에 기원하던 천문학적으로 정렬된 부족의 중심지였음이 차례로 확인되었다. 오늘날 호킨스와 그 밖의 관심 있는 대부분의 연구자들은 스톤헨지에 천문학적 계획이 존재한다는 점을 강조한다. 이 계획이 스톤헨지의 목적을 드러내 보여

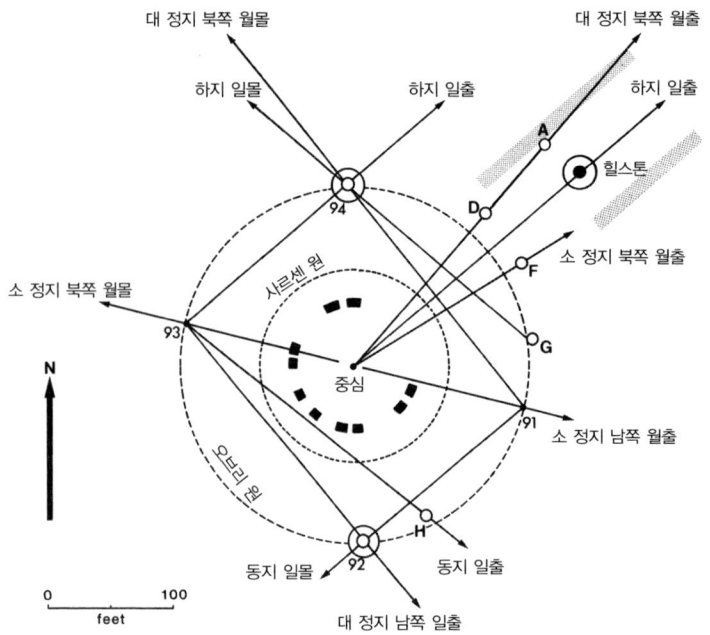

제럴드 호킨스는 스톤헨지 1기와 스톤헨지 2기 건조물들의 많은 배치가 지평선 상에서 일어나는 천문현상들에 정렬해 있다는 것을 입증할 수 있었다. 여기에 스톤헨지의 첫 번째 단계에 있다고 주장하는 태양선과 달선은 두 지점과 매달 최대와 최소 진폭, 혹은 달의 '정지'를 나타낸다. (그리피스 천문대)

주지는 않을지라도, 그것을 건설한 사람들에게 천문현상이 얼마나 중요했었는지는 확실히 보여준다.

### 스톤헨지에 있는 그 밖의 것들

하지만 거기서 밝혀진 정렬이나 그 외의 다른 것들이 스톤헨지의 목적을 명백하게 밝혀준다. 대칭과 에워싸인 공간은 스톤헨지의 모든 단계에서 사용된 건축술의 일부인 것 같다. 스톤헨지는 신중한 계획에 따라 세심하게 세워졌다. 건조 단계에서 세 번째 단계의 일부인 사르센 원은 하나의 무게가 6,000~7,000kg 톤이나 되는 사암 가로돌(두 기둥 돌 위에 가로로 걸쳐놓은 돌. 건축 용어로 상인방이라고도 한다/옮긴이)을 지탱하는 선돌들로 구성되어 있다. 원래는 30개의 가로돌이 4m 이상의 공중에서 이 원을 이루고 있었다. 오늘날에는 비록 한 개만 남아 있지만, 그것들이 모두 원둘레와 일치되도록 곡선으로 가공된 것은 분명하다. 돌을 직사각형 블록으로 자르면 훨씬 더 쉬웠겠지만, 그렇게 했다면 결과적으로 가로돌의 단면이 직선이어서 이음새가 꼭 들어맞지 않고 조잡한 고리가 되고 말았을 것이다.

스톤헨지 건설자들은 좀 더 세련된 디자인 감각을 지닌 사람들이었다. 영국의 고고학자이며 스톤헨지에 대해서는 세계 최고의 권위자인 리처드 앳킨슨 Richard J.C.Atkinson 교수는 스톤헨지의 설계와 건축상의 다른 많은 세부사항에 대해서도 상세히 기록했다. 언뜻 보기에는 거석문화시대에 만들어진 다소 원시적인 건조물 같아 보이는 것이 자세히 조사해보니 초기 청동기시대 기술로 건조된 야심적이고 세련된 건축물이라는 게 밝혀졌다.

엔지니어이며 수학자인 알렉산더 톰은 1973년에 사르센 원을 조사한 결과, 사르센 원의 선돌의 치수와 공간 배치는 그가 '거석 야드 megalithic yard'라고 부르는 선사시대의 단위로 측량되었다는 결론을 내렸다. 우리가 거석 야드를 받아들이거나 말거나, 톰의 분석을 통해 스톤헨지의 설계는 기하학과 측량에 대해 잘 알고 있는 사람들의 감각에 의해 결정된 것이었음이 입증되었다. 그런 감각은 사르센 원을 구성하는 선돌들의 크기와 공간 배치에 나타나 있다. 이곳을 건설한 사람들은 이 선돌들의 안쪽 표면을 매끄럽게 가공했기 때문에, 돌과 돌 사이의 이음매가 깔끔하게 잘 맞는 원이 형성되었다. 앳킨슨은 실제로 모든 것이 꼭 들어맞는 이론상의 정확한 원에 미치지 못하는 부분이 평균 7.5cm도 안 되는 것은 잘 마무리되고 매끄럽게 연마된 표면 덕분이라는 것을 보여주었다. 그 원의 안쪽 지름이 거의 3m 가까이 된다는 걸 생각할 때 이건 정말 놀라운 것이다. 중심에서 중심으로, 선돌들은 고리 주위에 일정한 간격으로 배치되어 있고, 현재 남아 있는 선돌 중 하나만 빼고는 전부 두께와 너비가 거의 같다.

스톤헨지에 있는 천문학과 기하학, 그리고 규모의 목적은 여전히 불분명한 상태로 남아 있지만, 그 건조물이 어떤 의미를 가지고 있는지 알게 해주는 다른 사실들이 있다. 56개의 오브리 구멍들 중 몇 개를 발굴해본 결과, 그 구멍의 깊이는 겨우 60~120cm이며, 화장된 인간의 뼈, 불에 탄 나뭇조각, 뼈바늘 그리고 부싯돌로 만든 도구 같은 것들로 채워져 있었다는 게 밝혀졌다. 그 구멍들은 구멍을 판 지 얼마 안 돼 채워졌으며, 어떤 구멍들은 파헤쳐졌다가 다시 채워졌던 것 같다. 이것은 제의를 위한 매장이나 봉헌이 스톤헨지에서 행해졌음을 암시한다. 화장을 해서 매장한 다른 예가 콜로넬 호울리$^{Colonel\ W.\ Hawley}$에 의해 발견되었는데, 그가 1920년대 초 스톤헨지 바깥쪽에 있는 둑과 수로를 발굴할 때였다. 우리를 놀라게 한 건 매장 자체가 아니라, 스톤헨지 주변 지역이 광범위한 청동기시대 매장지라는 것이었다. 선사시대의 많은 고분들이 그곳에서 발견되었으며, 거기에는 인간의 유골과 부장품들도 포함된다. 그러나 오브리 원, 둑, 수로는 모두 상당히 더 오래됐고, 가장 초기 단계인 스톤헨지 1기에 속해 있다. 그리고 고분들과는 달리, 스톤헨지에 있는 매장지들 중 적어도 몇 개는 그 건조물들의 실제의 생김새, 따라서 그 용도와 관계가 있는 것 같다. 최초로 정교한 고리들이 세워졌을 때인 스톤헨지 2기의 시기까지 계속 그 용도로 사용되었을 것이다. 2차 오브리 구멍 퇴적물들 중 목탄 한 조각에 대한 방사성탄소연대 측정 결과 BC 2240년이라는 것이 밝혀졌다. 이 초기의 '청회색 돌' 원들은 웨일즈에 있는 프레셀리 산이 원산지인 반점이 있는 조립현무암으로 조금 낮게 만들어졌는데, 훗날 사르센 원이 스톤헨지 3기에 세워질 때 허물어졌다.

그보다 더 이른 시기의 정렬, 즉 스톤헨지 2기에서도 정위와 의도적인 설계가 구체화되었다. 둑의 입구에서부터 북동쪽으로 뻗어 있는 흙으로 만든 대로 $^{Avenue}$(행렬할 수 있을 정도의 넓이를 가지고 입구부터 뻗어 있는 참배길/옮긴이)가 이때 추가되었다. 그 대로와 미완성인 청회색 고리 모양 열석들의 축이 남서-북동으로 정위되어 있는 것으로 보아 하지 일출이 목표였을 수도 있다. 사르센 원 바깥쪽에 있는 두 개의 둔덕과 두 개의 돌은 모서리가 1도 정도까지 정확한 직각을 이루고 있었을 거라고 오랫동안 인정되어왔다. 이것들이 스톤헨지의 천문대이며, 그들 사이의 정렬은 천문학적인 것임을 호킨스와 뉴햄이 입증했다. 하지만 1978년까지도 그것들 중 하나, 즉 서쪽 면에 있는 북쪽 둔덕의 정확한 위치가 알려지지 않았다. 그것의 위치를 정확하게 잡아서 발굴한 후에 그 직사각형의 정렬이 다시 측정되었다. 그것들은 지평선 상에 보이도록 되어 있는 현상들에 대충 맞춰져 있긴 하지만, 그 정밀함과 용도에 대해 뭐라고 결론을 내리기에는 불확실한 것들이 너무 많다.

콜로넬 호울리는 사르센 원과 삼석탑 힐스톤의 하지 축에서 정확한 연대는 알 수 없지만 선사시대의 것으로 보이는 매장지를 찾아냈다. 스톤헨지에 있는 것이라면 뭐든 다 그렇듯이, 오브리 구멍과 수로의 화장된 퇴적물들처럼 그것도 죽음을 연상시킨다. 1978년에 또 다른 중요한 매장지, 즉 2기 스톤헨지의 비커 인들Beaker People(BC 3000년경 유럽 대륙 서부에 넓게 퍼져 있었다고 여겨지는 사람들. 옆모습이 종처럼 생긴 특이한 도자기를 사용했다 해서 붙여진 이름이다/옮긴이)의 시대에 속하는 매장지가 북동쪽 입구에서 서쪽으로 1m 이상 떨어져 있는 수로에서 발견되었다. 뼈들은 젊은 남자의 것으로, 부싯돌로 만든 화살촉, 돌로 만든 궁수의 손목보호대가 함께 매장되어 있었다.

따라서 스톤헨지는 기념비적 건축양식, 천문학적 정렬, 기하학적 설계, 그리고 모든 발전 단계에 걸쳐 존재하는 매장지 등, 헷갈릴 만큼 복잡한 혼합물이다. 그 유적의 모든 측면을 고려하지 않고 스톤헨지를 해석하는 건 무의미하다. 고도로 정형화된 스톤헨지의 건축양식조차도 여기서 행해졌을 천문 관측 이상의 뭔가가 있음을 암시한다. 그것이 천문대라 해도, 매장지들 때문에 아주 기이한 천문대로 보이게 한다. 이들 매장지에서 보이는 것이 제물로 바쳐진 것인지, 아니면 자연사인지 우리는 모른다. 그러나 어느 쪽이건 그것들은 스톤헨지가 성스러운 땅이었다는 걸 말해주고 있다. 설사 그 매장지들 중 몇 개는 좀 더 후대에 속하고, 또 제의로서의 기능은 없다 해도, 스톤헨지에 그것들이 있다는 것만으로도 그 유적지가 특별하다는 것이 인정되며, 그 후로도 수천 년 동안 매장지로 사용되었음을 암시한다.

## 고리 안에 들어 있는 것들

스톤헨지 옆에 있는 선사시대의 다른 고리들에서 천문학적 정렬을 찾아볼 수 있다. 천문학적 정렬이 이런 다른 건조물의 건축에 끼워 맞춰진 방식을 보면 천문학적 정렬과 이미 언급된 성스러운 공간 사이의 관계를 확인할 수 있다. BC 2300년쯤 건설된 건조물인 우드헨지는 하지 대로와 청회색의 고리 모양 열석들로 이어지는 스톤헨지의 두 번째 배열보다 1~2세기 앞선다. 기둥들을 세워서 만든 우드헨지 숲의 주축도 하지 일출에 맞춰 정렬되어 있다. 기둥들은 조금 떨어져서 서 있었을 수도 있고, 어쩌면 지붕을 떠받치고 있었을지도 모르지만, 어쨌든 알렉산더 톰 교수는 고리 모양을 한 6개의 기둥구멍들의 잔해를 거석 야드로 측정한 결과를 보고하고 있다. 그것들은 진짜 원은 아니다. 하지만 그 고리들의 원둘레는 체계적으로 증가한다. 거석 야드로 각각 40, 60, 80, 100, 140, 160이다. 다만 120 거석 야드의 원둘레를 가진 고리 하나가 없는 것이 패턴을 깨뜨린다.

톰에 따르면, 이 고리들의 모양은 아주 단순한 기하학적 건축 원리에서 고안되었다고 한다. 원호들은 인접한 두 개의 정삼각형 모서리들과 만나는데, 이 정삼각형 또한 거석 야드로 설계되었다. 같은 패턴으로 그려진 6개 고리의 크기가 일정한 비율로 증가한다는 것을 알기 위해 굳이 거석 야드를 믿어야 하는 건 아니다. 그러나 그것은 그 건조물의 종합적인 설계를 보여주고, 거기에 어떤 표준 측정체계가 있었음을 암시한다.

스톤헨지에서처럼 제의를 올렸다는 증거가 우드헨지에서도 발견되었다. 두개골을 강타당해서 죽은 세 살짜리 아이가 고리들의 중심과 하지에 맞춰 정렬된 축 위에 매장되어 있다. 너무 부드러워서 실제로는 쓸 수 없는 석회암 도끼머리들이 우드헨지의 기둥구멍들에서 출토되었다. 상징적인 도끼들은 스톤헨지를 포함한 다른 유적지에서도 발견되어 알려져 있다. 그리고 그런 것들은 매장을 한다든지 하는 봉헌이나 의례 행위가 더러 있었음을 암시한다.

우리는 가장 오래된 두 개의 고리 모양 열석에서 천문학적 정렬을 이미 만난 적이 있다. 캐슬 리그, 그리고 롱 메그와 그녀의 딸들이다. 첫 번째 경우에서는 고리 반대편에 있는 돌들이 시선을 정해준다. 두 번째 경우에는, 본체에서 떨어져 있는 롱 메그가 천문학적으로 정위되었음을 보여준다. 그 둘 다 구조상 실질적인 천문대로 작용할 수는 없다. 캐슬 리그의 돌들은 너무 크고 불규칙한 호박돌들이어서 천문 관측을 위한 수단으로는 기능하지 못한다.

우드헨지에는 6개의 타원형 동심 고리가 공유하고 있는 하나의 대칭축이 있다. 그리고 이 축은 많은 전통적인 달력에서 가장 중요한 날짜인 하짓날의 일출을 가리킨다. 보이는 단위들은 각 고리의 둘레 길이를 알렉산더 톰의 거석 야드로 측정한 것이다. (그리피스, 알렉산더 톰의 그림을 본뜸)

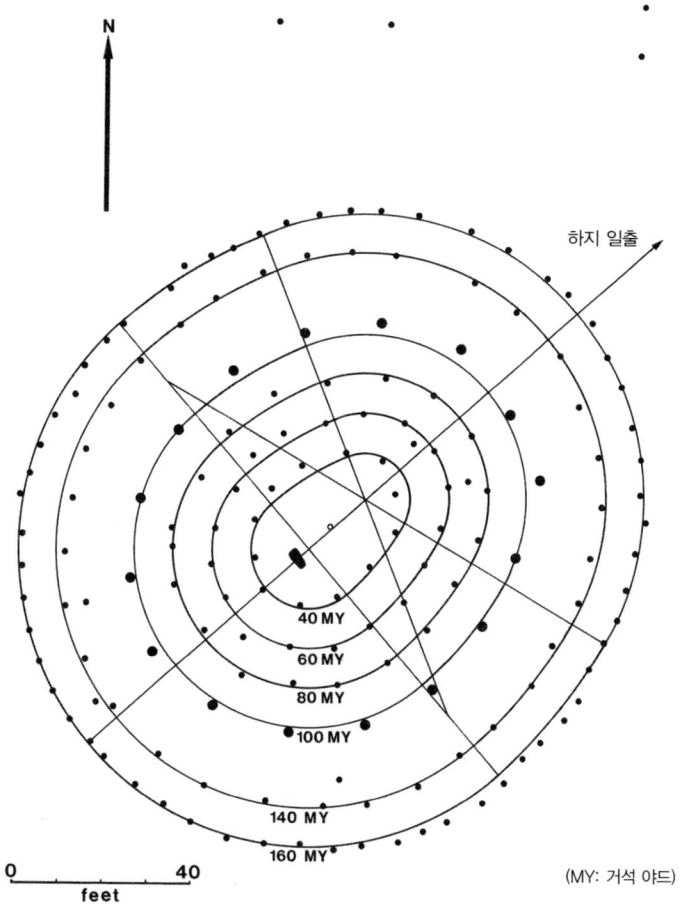

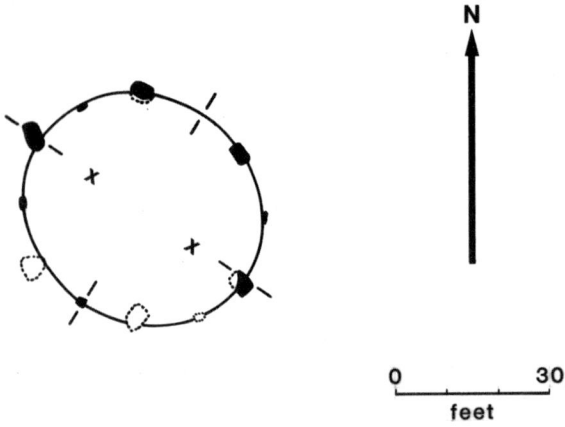

A. E. 로이가 마크리 무어의 원Machrie Moor's Circle #1을 세심하게 조사해본 결과, 그것은 고리 자체에 있는 돌에 의해 장축과 단축, 남-북과 동-서 라인이 정해진 타원형이라는 것이 밝혀졌다. (그리피스 천문대)

    본체에서 떨어져 있는 돌인 롱 메그는 정확한 동지 일몰선을 우리에게 보여준다. 하지만 롱 메그는 너무 크고 관측자가 서 있었을 장소와 너무 가까워서 정확하게 전시로 사용될 수가 없다. 게다가 땅이 롱 메그 쪽으로 경사져 올라간다. 이렇게 되면 지평선이 너무 가까워 보이는데, 실제로 고리가 세워져 있는 낮은 언덕의 옆선이 바로 눈앞에 있는 것 같다. 정렬은 정확하지만, 천문 관측을 하기에는 부적당한 배열이다.

    톰 교수는 1938년에 거석문화시대의 고리들을 조사하기 시작했다. 그중 캐슬 리그나 롱 메그와 그녀의 딸들을 포함한 몇몇 고리들은 진짜 원이 아니라는 것에 주목했다. 한 면이 고리의 다른 면에 비해 평평해 보인다. 평평함의 정도는 다양할 수 있다. 그러나 톰은 기하학적 건축의 일반적인 규칙 두어 가지로 이 모양들을 복제할 수 있음을 알아냈다.

    우리는 건설자들이 왜 고리의 한 면을 평평하게 해야겠다고 결정했는지 이해하지 못할 수도 있다. 그러나 그들의 행동은 고리의 모양이 진지하게 선택되었음을 말해준다. 한 면을 평평하게 하면 고리에 단 하나의 대칭축만 생기기 때문이다. 또 다른 기하학적 형태, 즉 타원도 하나의 주 대칭축을 가지며 건축의

애런 섬의 마크리 무어의 원 #1에 있는 돌들은 커다란 화강암 블록들과 그보다 작은 선돌들이 번갈아 놓여 있다. 이 전경은 고리에서 두 개의 화강암 호박돌들에 의해 뚜렷해진 남-북 라인과 일치한다. (로빈 렉터 크롭)

명확한 규칙들을 준수한다. 타원형이라고 인정된 최초의 선사시대 고리는 스코틀랜드의 천문학자 로이A.E.Roy에 의해 언급되었으며, 애런 섬에 있다. 그 고리의 대칭의 세부사항과 기본방위에 맞춰진 방향, 그리고 기하학적 형상은 그것을 세운 사람들에게 뭔가 특별한 의미가 있었음을 나타낸다. 그런 게 아니라면 돌로 왜 그런 모양의 고리를 만들었겠는가.

고리 모양 열석들은 영국제도 전역에서 발견된다. 그리고 지역에 따라 그 세부사항들도 다르고 건축양식도 다르지만 이루고자 하는 것은 모두 같다. 그것들은 공간을 담으로 에워싸서 그곳을 별도의 공간으로 만들었으며, 그렇게 함으로써 특별해지도록 했다. 드롬베그Drombeg는 아일랜드 남서부에 있는 코크 앤 케리 지역에서는 어디서나 볼 수 있는 전형적인 양식의 원이며, 그곳의 모습은 성스러운 공간이란 어떤 것인지를 분명하게 보여준다. 그 원은 청동기시대의 것이다. 불에 탄 뼈, 목탄 조각들, 그리고 도기 파편들이 원 안쪽의 구덩이에서 출토되었다. 건설자들은 돌로 에워싸인 공간을 세심한 주의를 기울여 평평

9. 우리가 에워싸는 공간  **345**

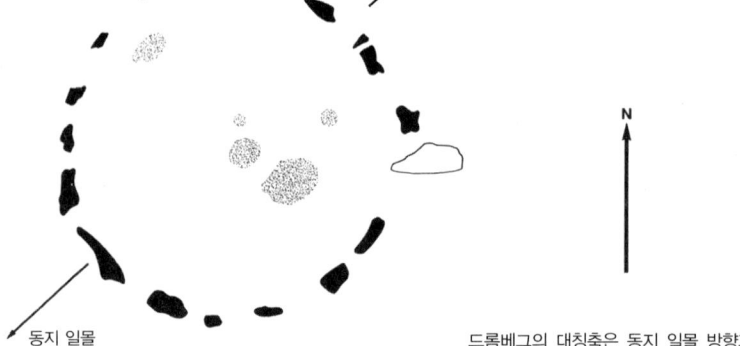

동지 일몰

드롬베그의 대칭축은 동지 일몰 방향과 일치한다. (그리피스 천문대, 오브리 벌의 그림을 본뜸)

하게 고르고 8~10cm 두께의 자갈층을 깔았다. 그들은 제일 큰 두 개의 돌로 현관을 만듦으로써 북동쪽에 입구를 설계했다. 그 나머지 돌들은 각 면의 중간쯤에서 높이가 낮아지더니 그다음엔 입구 맞은편의 육중한 돌에 이를 때까지는 대칭적으로 점점 커져간다. 이 육중한 돌은 다른 돌들이 모두 수직으로 서 있는데 반해 누워 있다.

    드롬베그 건설자들은 이런 몇 개의 선돌들이 설치될 구멍을 조정했다. 선돌들의 꼭대기를 위로 경사지게 해서 수평으로 누워 있는 제단처럼 생긴 돌에 눈길을 끌기 위해서다. 그리고 입구에서부터 누워 있는 돌의 중심을 가로지르는 선 하나가 동지 일몰에 정렬되어 있다. 이것이 비록 설계자들에 의해 의도된 것이 아니라 우연히 방위가 맞춰진 것이라 할지라도, 원의 생김새 모두가 이 축을 강조하고 있다. 따라서 천문학적 정위가 설계에 포함되어 있었다고 생각하는 게 합리적이다. 비록 그들이 동지를 정확하게 측정하려고 열심이었다는 증거는 아무것도 없지만. 평평한 바닥, 등급별로 나뉜 돌들, 제단처럼 생긴 누워 있는 돌, 건축학적인 대칭, 명백한 축, 화장 매장, 부정확한 동지 정렬, 그리고 수정의 존재 등, 환상 열석들과 관련되어 자주 발견되는 이런 것들은 상징적인 정렬을 만들어내고 그 장소를 중요하게 만든다. 그것은 상징들로 이루어진 환경, 즉 성스러운 제의에 안성맞춤인 환경이다. 그런 것들은 우주질서를 연상시키고 그래

아일랜드 남서부에 있는 청동기시대의 원형 석조물인 드롬베그의 주축은 북동쪽 입구의 두 돌과 누워 있는 돌에 의해 만들어진다. (로빈 렉터 크룹)

서 땅을 신성하게 만들기 때문이다.

## 제의와 고리

스코틀랜드 북동부에는 누워 있는 돌들이 있는 그곳 특유의 고리들이 있다. 영국의 고고학자 오브리 벌은 이런 구조물들의 핵심적인 특징들을 모아 목록을 만들었는데, 그가 수집한 증거들은 모두 그 고리들의 목적이 의례용이었다는 점과 종교적인 중요한 의미에 초점이 맞춰져 있다. 그 구조물들은 천문학적으로 정렬되어 있지만, 우리가 짐작할 수 있는 그런 방식으로는 아니다. 그 구조물들의 대칭되는 축들은 누워 있는 돌의 중심점을 관통하는 중심에서 뻗어 나온 선에 의해 명확해진다. 이 육중하고 옆으로 누워 있는 돌 옆에는 항상 한 쌍의 선돌이 있는데, 대개는 고리 안에서 가장 큰 돌들이다. 선돌들은 누워 있는 돌 옆에서부터 반대쪽으로 가면서 점점 낮아진다. 남서부 아일랜드의 고리를 형성하고 있는 석주들처럼, 그 돌들은 수평으로 누운 큰 돌에 주의를 집중시킨다.

1980년에 좀 더 주의 깊게 재조사한 오브리 벌은 허용된 정렬의 범위가 보다 엄밀하게 제한되어 있다는 것을 발견했다. 50개의 고리는 보존 상태가 좋아서 지금도 정위를 정확하게 판단할 수 있다. 이들 중 남쪽에서 동쪽으로 25° 이상, 또는 남쪽에서 서쪽으로 55° 이상을 가리키는 축은 없다. 실제로 서쪽으로 정위된 것 대다수가 남서쪽으로 24°를 초과하지 않으며, 이 한계를 넘어서는 몇 개는 양 극점인 55°에 밀집해 있었다. 오브리 벌은 남쪽을 기준으로 양쪽 26° 지점은 스코틀랜드의 이 지역 안에서는 달이 18.6년에 한 번 도달하는 위치인, 대 정지 월출과 월몰의 최남단 한계선을 나타낸다는 것을 깨달았다. 소 정지 월출과 월몰의 최소 한계가 보이는데, 남쪽을 기준으로 서쪽으로 53° 지점이 남쪽의 소 정지 월몰과 일치한다. 원 안에는 여러 개의 다른 정위들이 있지만, 모두 달의 극점으로 경계를 이루는 부채꼴 범위 안에 떨어진다. 고리들이 잘 측정되어 있고, 또 천문 관측의 의미로 가득한 이들 경계선 안에 아주 잘 들어맞기 때문에, 오브리 벌은 이 환상 열석들은 달과 어떤 관계가 있는 게 확실한 것으로 여겼다.

하지만 스코틀랜드의 고리들은 달 관측소는 아니었다. 정렬 자체가 정확한 측정과 달이 특정 위치에 있을 때의 시간을 알려주는 수단이었음을 제공하지는 않지만, 제의 목적으로 사용되었다는 걸 보여주는 모습들이 너무 많다. 오브리 벌은 측면의 선돌과 선돌 사이의 공간과 누워 있는 돌 위를 지나가는 달의 경로가 이 고리 안에 집중된 선사시대의 의례에서 어떤 부분을 맡아 공연했다고 믿는다.

이 고리들이 보여주는 다른 모습들도 제의를 목적으로 세워졌다는 이 생각을 강화한다. 예컨대 데바이어트의 론헤드 Loanhead of Daviot에서는 땅을 세심하게 평평히 고른 다음 그 위를 돌 조각들로 덮었다. 비슷한 다른 고리들에서처럼 누워 있는 돌은 정확하게 제 위치에 놓여 있고, 평평한 윗면은 정확하게 수평을 이

베리브레Berrybrae의 누워 있는 환상 열석에 대한 오브리 벌의 발굴 작업 덕분에 단편적으로 남아 있는 중앙의 고리 모양 케른의 모습이 드러났다. 이 케른 안에는 화장된 세 구의 시체가 화장 매장되어 있었다. 케른은 기원전 1750년경에 이곳을 점유한 사람들에 의해 파괴되어서, 선돌들에게 빙 둘러싸이다시피 한 원형의 케른으로 다시 배열되었다. 누워 있는 돌은 왼쪽 위에 보이는 수평의 돌이며, 그것을 가로지르는 축은 소 정지 남쪽 월몰을 향하고 있다. (오브리 벌)

루고 있다. 시신이나 뼈가 중앙에 피운 장작더미에서 태워진 다음, 불에 탄 표면이 제거되고 나서 작은 제의용 매장물들, 즉 불에 탄 뼈 한 조각, 깨진 도기 파편 한 조각, 그리고 목탄 한 조각과 함께 매장된다. 이 파편들이 어떤 의미를 가지고 있든 간에, 그것들은 분명한 의도로 거기 놓여 있는 것이다. 고의로 깨뜨린 도기의 나머지 조각들은 고리의 선돌들 근처에 있는 작은 케른 아래에 묻혔다. 불에 탄 성인의 뼈와 아이들의 두개골들과 한데 뒤섞인 흙이 중심에 놓여 있고, 도넛 모양의 케른이 이 매장물들 주변, 고리의 선돌들 안쪽 표면 가까이에 대략 무릎 높이로 만들어졌다.

누워 있는 돌의 동쪽에 있는 선돌 바로 동쪽에 있는 돌에는 5개의 컵 모양이 장식되어 있다. 고리 모양으로 얕게 패인 이 표시들은 다른 거석문화시대 건조물들에서도 발견되는데, 가끔은 디자인이 좀 더 정교한 것들도 있다. 데바이어트의 론헤드의 이 컵 모양 표시가 있는 돌은 중심에서부터 동지 일출선을 완성한다. 다른 거석문화시대의 유적지에서도 표시된 돌들은 천문학적 정렬의 일부인 경우가 많다.

데바이어트의 론헤드는 BC 2500년경의 신석기시대에 속한다. 그러나 훗날 이 지역에 거주했던 청동기시대 인들은 이 고리 주변이 어딘가 봉헌된 곳 같다는 걸 깨닫고는 거기에 자기들 나름의 화장 공동묘지를 만들었던 것 같다. 이 후대의 건조물은 좀 더 수수하며, 돌 조각을 쌓아올린 타원형과 원형의 낮은 담들로 구성되어 있다. 알렉산더 톰은 이 후대의 매장 건조물의 축이 하지 일출을 가리키고 있음을 알아차렸다. 이 정렬이 표적으로 한 천체는 초기의 누워 있는 환상 열석의 표적과는 다를지도 모른다. 그러나 그것은 지금도 천문학적 정렬과 장례 전통과 성스러운 공간 사이의 관계가 실재한다는 것을 바꿔 말하고 있는 것 같다.

데바이어트의 론헤드를 제의용으로 사용된 천문학적 유적지로 만드는 요소들이 스코틀랜드의 다른 환상 열석에서도 발견된다. 데바이어트의 론헤드 남쪽 약 17km 지점의 선허니$^{Sunhoney}$라고 알려진 환상 열석으로 에워싸인 고리 모양 케른의 중심에서 화장된 뼈와 목탄들이 출토되었다. 선허니는 소 정지 월몰의 최남단 한계점을 가리키고 있다. 지금은 파괴된, 그곳에 누워 있는 돌 안쪽 표면이었을 곳에 3개의 컵 표시가 있다. 그 원의 11개의 선돌들은 북동쪽으로 누워 있는 돌 옆으로 갈수록 대칭적으로 점점 커져간다. 선돌들 모두가 같은 종류의 돌이지만, 누워 있는 돌만은 확연히 다르다.

우리는 영국제도의 선사시대 환상 열석들 중 단 몇 군데만 표본 조사했다. 영국제도에는 900개 이상의 환상 열석들이 있으며, 그것들은 시대와 디자인에 따라 상당히 폭넓게 분포되어 있다. 그것들이 모두 지속적인 전통을 가지고 있으며 체계적으로 발전했다고 생각할 이유는 없다. 그러나 천문학적 정렬이 그 속에 녹아 있다는 걸 이해하는 데 도움이 될 만한 특성들도 함께 가지고 있다.

가장 분명한 것은 환상 열석의 역할은 공간을 에워싸는 것이라는 것이다. 이 공간에는 특별한 의미가 있다고 말할 수 있다. 왜냐하면 항구적인 건축과 형식화된 디자인 원칙은 그곳을 별도의 공간으로 만들기 때문이다. 죽음도 상징적인 의미에서는 이런 건조물이 가지고 있는 의미의 한 부분이다. 여러 가지 매장들이 환상 열석과 관계있기 때문이다. 스톤헨지에는 각 단계마다 모두 이런 것들이 있다.

고리 모양 열석들에서 발견되는 매장 대부분이 이 건조물의 주목적이 장례라는 걸 암시하지는 않는다. 그 대신 강타당한 두개골, 화장된 뼛조각, 그리고 목적은 분명 있는 것 같으나 수수께끼 같은 매장물들은 그 장소가 봉헌된 곳임을, 상징성 짙은 물질인 인간의 뼈로 요새화된 장소임을 암시한다.

우리가 찾아내는 뼈들은 공경 받던 조상의 것일 수도 있고, 아니면 제물로 바쳐진 희생자의 것일 수도 있다. 어느 쪽이든 상징적인 의미가 있다. 공경 받던 조상들은 실제로 한 사회의 정체성을 나타낸다. 사람들은 자기의 정체성을 그런 조상들에게서 찾고 있으니까. 이런 죽은 자들을 성스러운 구역에 둠으로써 우리는 우주적 계획에서 자신의 위치가 어디인지를 확인한다.

한편 희생자들은 우주질서에서의 본질적인 귀결, 즉 죽음을 반복한다. 하지만 그들은 성스러운 공간에 없어서는 안 되는 구성요소인 죽은 자들쯤으로 여겨질 수도 있다. 죽은 자들은 우주질서의 초월적인 영역에 들어갈 수 있기 때문이다. 어쨌든 대부분의 문화들은 사후 영혼의 여정과 성스러운 질서의 근원인 하늘을 결합시켰다. 따라서 죽은 자들은 우주질서의 상징으로 작용하며, 의례가 거행되었음이 관찰되는 그 장소를 신성하게 만든다.

죽을 수밖에 없는 운명이라는 개념을 환기시키는 데에 지금도 해골 이미지를 사용한다. 하지만 뼈는 불멸 혹은 부활을 암시할 수도 있다. 몸은 부패해도 뼈는 계속 남아 있기 때문이다. 샤머니즘에서는 뼈가 지극히 중요하다. 신명을 받을 때, 샤먼의 몸은 모든 게 사라지고 뼈만 남았다가 다시 살이 붙는다. 그때 그의 뼈들은 죽음과 부활의 상징이다. 뼈와 죽음이 가지고 있는 같은 이미지는, 또 샤먼이 되려는 후보자가 치르는 입문식의 일부이기도 하다. 입문 과정은 일종의 영적 '부활'이다. 그것을 얻기 위해, 그래서 성스러운 힘이 저장되어 있는 곳과 직접 결합되기 위해 샤먼 입문은 영적 탈바꿈을 경험해야 하고, 오직 상징적인 '죽음'을 통해서만 성취해야 한다.

선사시대의 종교에는 샤머니즘 요소가 있었을 거라고, 논리적인 확신을 가지고 짐작할 수 있다. 뼈, 매장, 희생 등은 어쨌든 삶과 죽음, 그리고 아마 부활이라는 근본적인 리듬을 연상시킴으로써 고리 모양 열석들을 신성한 곳으로 만들어주었을 것이다. 이런 우주적 주제는 또 천문학적 정렬에서도 나타난다. 태양 혹은 달, 떠오름 혹은 짐, 여름 혹은 겨울, 또는 그 밖에도 각각의 고리에서 행해진 의례들의 세부사항 및 목적과 관계가 있을 수밖에 없는 어떤 천체의 은유에 중요성을 두었을 것이다. 하지만 어떤 천문학적 정위는 눈에 보이는 우주 질서의 신호를 돌로 에워싸인 구역 안으로 끌어들임으로써 그 공간의 성스러움을 강조하기도 한다.

선사시대 영국의 고리 모양 열석들이 가지고 있는 천문학적 정렬보다는 좀 더 명백한 천체의 중요한 의미를 담고 있는 환상 열석들이 있다. 루마니아의 고대 트라치아$^{Tracia}$인들 중에도 드루이드 비슷한 사제들이 하늘과 달력에 관한 기술을 알고 있었다. 로마시대에 이 지역은 다키아$^{Dacia}$라고 불렸으며, 오늘날에는 그러디슈테아 문첼루루이$^{Gradiștea\ Muncelului}$라고 알려진 도시 근처의 사르미제게투사$^{Sarmizegetusa}$에 수도를 두었다. 시가지를 내려다보는 성벽 위의 넓은 테라스에 자리를 잡은 사르미제게투사의 가장 초기 구조물들은 BC 100년경의 것으로 추정되며, 그곳은 또한 중요한 종교 중심지이기도 했다. 몇몇 성소와 신전 중 두 곳은 원형이다. 그중 큰 곳의 지름은 약 29.4m로, 100로마피트와 같은데, 이것은 완벽한 측정에 관심이 있었음을 암시하고 있다. 다키아의 신전들은 하늘로 열려 있다. 사르미제게투사에서 큰 성소의 축은 동지 일출을 가리키고 있으며, 10개의 광선이 있는 원형 제단, 즉 돌 태양을 보면 이곳이 태양과 관련된 신전이라는 것을 알 수 있다.

중세기 유럽의 성당들은 십자 모양으로 설계되었다. 기독교인들의 신앙의 틀이 만들어진 이야기를 알고 있기 때문에 우리는 십자의 의미를 이해한다. 그러나 기독교를 나타내는 모든 것들이 오래전에 사라져버렸다고 상상해보라. 우리는 왜 성당들이 십자 모양으로 설계되었는지 알아낼 길이 없을 것이다. 그 기

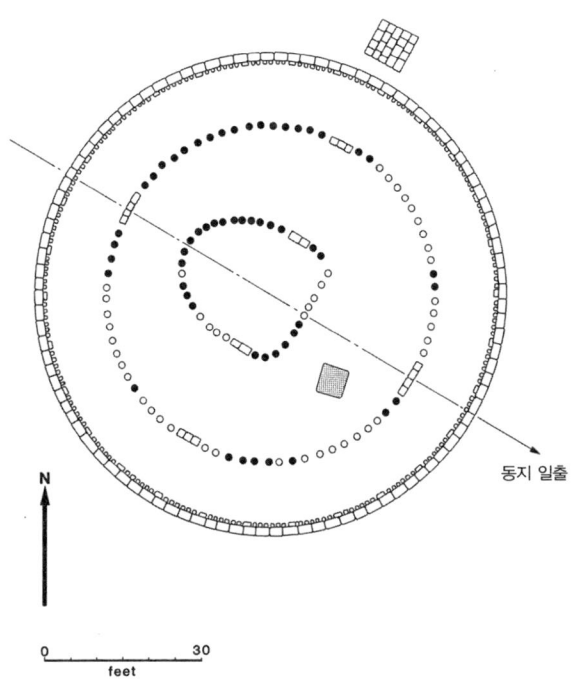

루마니아의 이 트라치아 신전의 대칭 요소는 분명 어떤 천문학적 정렬선이다. 하늘의 우주질서를 땅으로 끌어내림으로써 기념비적인 건축물을 신성하게 만든다. (그리피스 천문대)

적 같은 탄생, 십자가 처형, 예수의 부활에 관한 이야기를 모르고서는, 산 제물을 바치는 매장 같은, 우리가 우주질서의 순환에 스포트라이트를 비추는 어떤 상징을 다루고 있다는 걸 절대 알지 못할 것이다. 그럼에도 불구하고, 우리는 폐허가 된 유적의 설계에서 패턴과 대칭, 질서를 알아차린다. 그러고는 우연히 얻은 다른 고고학적 증거의 도움으로 이 유적지들이 성스러운 장소였다고 결론 내릴지도 모른다.

고리모양 열석들은 수학 문제가 아니다. 그것들은 우주에는 패턴이 있음을 알고 있다는 걸 다른 식으로 바꿔 말하기 위해 고안된 패턴이다. 이 패턴은 에워싸인 공간에 상징적이고 가시적인 질서를 부여함으로써 얻어지는데, 질서는 측량과 기하학, 천문학적 정렬로 표현된다. 측량된 기하학적 건축과 천문학적 정렬의 단계들은 자연법칙과 비슷하다. 천문학적 정렬을 이루려면 돌을 배치하는

옥스퍼드셔Oxfordshire의 후기 신석기 혹은 초기 청동기시대의 유적인 롤라이트Rollright의 우툴두툴한 돌들이 그 공간을 따로 에워싸고 거기에 특별한 의미를 부여한다. 틀림없이 여기서 열렸을 선사시대의 의례들을 그대로 되살릴 수는 없겠지만, 그 고리 모양 열석들이 신성한 공간, 즉 기하학적이고 경우에 따라서는 하늘의 질서로 성스러워진 땅을 에워싸는 담이라는 것은 인정할 수 있다. (에드윈 C. 크롭)

데에 계획이 필요하다. 우주가 그 형태를 갖추려면 여러 가지 사건들이 알맞게 배치되고 적당한 타이밍이 필요한 것과 같다.

　　오늘날 우리가 이용할 수 있는 증거들은 존 오브리가, 그리고 윌리엄 스터클리조차도 부분적으로는 옳았다고 말한다. 스톤헨지와 다른 많은 고리 모양 열석들은 대부분 신전이었을 것이다. 신전이란 의례를 행하기 위한 장소다. 그리고 세속화되지 않은 시대의 의례적인 용도에는 폭넓은 의미가 있을 수 있어서, 오늘날 정치적·사회적·경제적인 것이라고 생각되는 활동들이 다 포함될 수 있다. 한 공간이 신전으로 탈바꿈하는 것은 그곳에 중요한 의미가 있다고 우리가 믿기 때문이다. 우리는 그 공간에 우주질서를 부여하고, 그래서 그곳을 성스럽게 만든다.

　　스톤헨지의 거대한 돌들 사이 성스러운 공간에서 걷는 것은 꿈같은 일이다.

스터클리는 오직 고위 드루이드 사제들에게만 이 특권을 허용했었지만, 20세기에 들어와서는 대개의 경우 스톤헨지가 일반인들에게도 개방되었었다. 하지만 지금 그곳의 중앙부는 다시 한 번 금지구역이 되었다. 1년에 100만 명 가까운 방문객들로 인해 마모되고 파괴되는 것으로부터 이 오래된 유적을 보호하기 위해 내려진 결정이었다. 사람들이 성스러운 경내에 들어가지 못하게 차단당하고 있다는 생각을 좋아하지 않겠지만, 그 대신 오래된 돌들은 다시 그 위엄을 얻었다. 사람들은 이제 더 이상 돌 위로 기어 올라가거나 그 사이를 뛰어다니지 못한다. 고리의 중심에서는 풀이 다시 자라났다. 그 땅은 다시 한 번 성스러워진 것 같다.

# 10. 우리가 정렬시키는 신전들

신화 흉내 내기 ●우주에서 머무르기 ●우주의 베틀에서 베 짜기 ●회귀선 위에 있는 신전
●천정의 태양을 위한 방 ●하늘을 위한 무대 ●신전에 빛을

신전은 생활을 하늘과 이어준다. 미국 남서부의 지하 의전실에서든, 신왕국시대 이집트의 신전에서든, 아니면 고대 멕시코의 회관이나 단에서든 간에, 신전의 환경은 우주질서를 달리 표현하고 강조한 것들이었다. 거기서 거행된 의례들은 순환하는 시간의 경과에서의 중심축들을, 신화 속으로 다시 들어가는 그런 순간들을, 그리고 성스러운 존재들과의 만남을 나타냈다. 신전의 경내가 설사 고위 사제들을 위한 곳이라 해도, 신전은 어디까지나 공공건물이었다. 그것은 공동체에 속해 있다. 따라서 그곳에서 거행되는 의례들은 공동체의 삶을 조직화하고 거기에 초점을 맞추기 때문에 신전의 우주질서는 사회질서를 떠받친다.

    신전의 땅은 천문학적 정렬과 우주론적 상징에 의해 신성해질 수도 있고, 질서정연하고 리드미컬한 시간의 경과를 경축하는 의례에 의해서도 그에 못지않게 신성해질 수 있다. 천문학적 정렬을 알고 나면 하늘에 방위를 맞춘 건조물이라면 무조건 천문 관측소로 보고 싶어할지도 모른다. 그러나 어떤 장소에 갔을 때 그곳의 환경에서 성스러움이 느껴지고 그곳이 경축되던 곳임을 알게 되면, 그것을 건설한 사람들의 의도를 더 잘 이해할 수 있다.

## 신화 흉내 내기

미국 남서부에 살았던 선사시대 원주민인 아나사지인들은 키바라고 하는 지하의 방에서 자신들의 의례를 거행했다. 그들에게 그리고 그들의 후손인 푸에블로 원주민들에게 키바의 벽들은 성스러운 공간의 한계를 의미한다. 오늘날 호피 족의 키바는 직사각형이지만, 선사시대의 키바는 대부분 원형이었다. 지붕으로 덮여 있었기 때문에 보통 천장에 나 있는 구멍을 통해 출입했으며, 바닥까지 닿는 나무 사다리가 하나 있었다. 평범한 키바는 대개 지름이 1.5m를 넘지 않았으며, 깊이는 사람 키 정도였다. 대 키바라고 알려진 좀 더 큰 키바는 더 복잡하며 공동체 전체를 위해 사용되었을 거라고 생각된다. 작은 키바는 개별적인 씨족들의 것이었다. 푸에블로 인들 사이에서 지금도 사용되고 있는 키바는 고대의 회의장이 가졌던 특징들을 공유하고 있다. 그러므로 푸에블로 전통은 최소한 일부라도 과거로 열린 창을 제공하고 있다.

키바 안에서 이루어진 제의와 키바의 건축학적 상징성 둘 다 푸에블로 족의 창조 신화와 관련이 있다. 이 신화의 핵심적인 요소는 출현이라는 개념이다. 호피 족 전승에 따르면, 최초의 사람들은 지하세계에 살고 있었다고 한다. 그러나 일련의 이동과 출현을 통해 그들은 지하에서 이곳저곳을 계속 옮겨 다녔다. 자신들이 지하세계의 바깥쪽에 있다가, 땅의 표면에 있다가, 하늘 아래에 있다는 것을 알게 될 때까지. 땅은 그들의 새로운 집, 네 번째이자 마지막 세계가 되었다.

키바는 출현하는 장소와 과정을 상징적으로 나타낸다. 키바의 지붕에 나 있는 입구는 출현 지점이며, 사다리는 들어가고 나가는 수단일 뿐만 아니라 신화와 관련된 방의 상징적인 구성요소다. 보통 바닥이 있는 키바 내부에서는 이런 유형의 구조에서 볼 수 있는 몇 가지 다른 특징들이 있다. '시파푸$^{sipapu}$'라고 하는 작은 구멍은 두 번째 세상에서 세 번째 세상으로 나오는 장소를 나타내는데, 보통 시파푸는 키바의 주축 위에 있다. 키바 안으로 공기를 들여보내는 환기창과 화덕, 그리고 공기의 흐름으로부터 그 불을 보호하는 차폐물도 이 축선을 뚜

푸에블로 키바들은 지붕을 통해서 사다리를 타고 들어가게 되어 있다. 복원된 이 키바에는 원형의 바닥 설계가 있으나, 유타 주 블랜딩에 있는 에지 오브 더 시더Edge of the Cedars 주립 유적지 주 건물의 직선 디자인과 합쳐졌다. (에드윈 C. 크룹)

렷이 보여준다. 대개의 경우 축은 남-북 방향이다. 고고학자 조나단 레이먼은 키바의 벽에 있는 벽감의 배치를 분석해서 벽감 역시 북쪽을 강조하고 있다는 걸 알아냈다. 대개의 경우 벽감의 위치는 북쪽에 있었다.

지하세계와 키바와의 관계는 그것이 창조 및 탄생 사상과 관련되어 있음을 보여준다. 우리는 물론 이와 같은 유사성을 통해서 땅이 어떻게 생명 창조의 은유의 일부가 되는지 이미 알고 있다. 싹이 트는 식물들은 땅에서 나온다. 건축의

전형적인 키바의 내부 장식 몇 가지: 화덕, 디플렉터(기류나 연소 가스 등 유체의 흐름을 바꾸는 장치/옮긴이), 환기구 등이 메사 베르데Mesa Verde(콜로라도 주에 위치한 고대 아나사지인들의 거주지/옮긴이)의 푸에블로족 유적지에 있는 이 선사시대 지하방에 보존되어 있다. (로빈 렉터 크룹)

한 공간으로서의 키바는 우리가 태어난 장소, 즉 세상으로 나오는 장소인 자궁과 같은 개념이다. 젊은 호피 족 남자가 종교에 입문하는 것은 그 자체로 일종의 '탄생'이며, 그래서 워우침 의례를 행할 때 입문식도 함께한다. 출현의 신화가 제의에서 재현되는 때이므로.

건축물에 창조 신화를 끌어들여 설계했으므로, 키바에는 우주질서를 반영하는 정렬이 짜넣어졌을 거라는 짐작을 해볼 수도 있다. 따라서 적어도 이런 일반적인 의미에서는 남-북 정위를 이해할 수 있다. 대 키바에서는 천체의 질서를 다르게 표현했던 것 같다. 하지만 발굴된 곳이 겨우 19곳 남짓 되기 때문에 공통분모를 찾기가 힘들다. 그중 가장 잘 알려진 곳 중 하나가 뉴멕시코 서북부, 차코 캐니언의 남쪽 면에 있는 카사 린코나다$^{Casa\ Rinconada}$다. 차코 캐니언의 두 주요 부락인, 더할 나위 없이 정교한 벽돌 건축으로 유명한 체트로 케틀$^{Chetro\ Ketl}$과 푸에블로 보니토$^{Pueblo\ Bonito}$에서 10km도 채 안 되는 가까운 거리에 있다.

카사 린코나다의 바닥 지름은 20m 가까이 된다. 그곳의 곁방들, 주위의 방들, 욕조처럼 둥글게 파인 바닥, 계단으로 된 입구들은 대 키바의 특징이며, 보통 작은 키바에서는 발견되지 않는다. 씨족 키바처럼 대 키바에도 벽감이 있고, 구슬을 꿴 줄과 아마도 의례용인 듯한 터키옥 펜던트들이 체트로 케틀에 있는 대 키바의 벽감 10곳에서 발견되었다. 카사 린코나다의 벽 주위에는 규칙적으로 배열된 28개의 칸막이가 있는데, 여기에는 좀 더 크고 불규칙적으로 배열된 6개의 벽감도 포함된다. 동쪽 면에 두 개, 서쪽 면에 네 개다.

이 키바 벽감들이 어떤 기능을 했는지는 확실치 않다. 메워져 있었던 것으로 보이기 때문이다. 회반죽으로 덧칠을 해놓아서 벽화로 표시되지 않았다면 눈에 띄지 않았을 것이다. 이건 흥미를 끄는 문제다. 카사 린코나다의 벽에 있는 한 창문과 한 벽감을 통해 연출되는 극적인 천문현상이 천문학자 레이 윌리엄슨$^{Ray\ Williamson}$ 박사와 그의 조수인 하워드 피셔와 도넬 오플린에 의해 줄곧 관찰되었고 보고되었기 때문이다. 카사 린코나다의 벽들은 주변의 땅보다 높이 세워졌고, 그래서 햇빛이 키바 안으로 관통할 수 있다. 그럴 때 햇빛은 6개의 '불규칙한' 벽감 중 하나 위로 곧바로 떨어진다. 북동쪽 원호 위에 있는 창문은 아주 좁아서 태양이 벽감의 모양대로 보일 정도인데, 그곳에서 태양은 하지를 중심으로 4~5일간 일출 후 15분 정도 보인다. 푸에블로 인들 사이에서는 하지가 의례용으로 관측됐으니, 그들의 조상인 아나사지 인들도 틀림없이 똑같이 했을 것이다. 그 밖에 다른 정렬이 있다는 명백한 증거는 없지만, 남동쪽에 있는 불규칙한 벽감 하나가 하지 일몰을 볼 수 있는 곳에 배치되었다. 불행히도 카사 린코나다가 발굴되었을 때 서쪽 벽의 윗부분은 폐허가 되어 있어서, 우리는 어느 창

규모가 큰 공동체를 위해 지어진 거대한 키바가 미국 남서부의 선사시대 아나사지인들에 의해 사용되었다. 이 거대한 키바는 뉴멕시코 차코 캐니언에 있으며, 카사 린코나다라고 알려져 있다. 하짓날 아침, 태양은 멀리 오른쪽에 보이는 창문을 통해 비쳐 들어오고, 그 빛은 북쪽에 있는 T자형 출입구의 왼쪽으로 7번째 벽감에 떨어진다. 이 벽감은 근처에 있는 다른 벽감들보다 벽에서 좀 더 아래쪽에 있다. 그것과 다른 5개의 벽감은 키바의 원형 벽 일대에서 불규칙하게 배치되어 있는 반면, 그 외의 28개의 벽감들은 꼼꼼하고 고르게 배치되어 있다. (로빈 렉터 크룹)

문을 통해 일몰의 햇빛이 방 안으로 비쳐들었는지는 알 수가 없다.

　카사 린코나다의 지붕은 사라지고 없다. 화덕은 차갑게 식어 있고, 방은 텅 비어 있다. 그러나 북동쪽 창문의 태양과 벽감 위로 떨어지는 태양광선은 의례를 존중하는 삶을 키바 안으로 들여놓는 것 같다. 대 키바는 큰 공동체의 중요 인물들이 특별 모임과 의례를 위해 모이곤 했던 주요 회합 장소였을 거라는 생각이 든다. 그래서 하지 일출의 극적인 효과가 카사 린코나다에서 열리는 제의에서 상당히 중요했을 거라고 상상해 봄직하다.

　카사 린코나다의 전반적인 정위 또한 신중하게 계획되었다. 그곳의 주축은 기본적인 남–북 방향으로 잘 정렬되어 있고(푸에블로 보니토에 있는 더 큰 대 키바에서도 마찬가지다), 카사 린코나다에서 마주보고 있는 '규칙적인' 벽감들의 각 쌍이 키바를 가로지르는 선 하나를 분명하게 보여준다. 이들 중 하나만 빼고 모두가 같은 지점, 즉 중심을 통과한다. 키바의 설계와 건설에 얼마나 많은 주의를 기울였는지 강조하면서. 이 벽감들 중 한 쌍이 정확한 동-서 라인을 만들고 있다. 이런 다양한 모습을 통해 키바의 계획은 공간의 질서, 시간의 방향과 결합되어 있다.

각각 지름이 60cm 정도 되는 커다란 기둥 4개가 한때는 카사 린코나다의 육중한 지붕을 떠받치고 있었다. 지금도 거기서 그 버팀목들이 꽂혀 있던 구멍들을 볼 수 있으며, 다른 대 키바에서도 마찬가지다. 그 구멍들은 보통 정사각형의 모서리들을 형성하고 있으나, 그 모양이 약간 직사각형이더라도 기본방위에 대한 개념을 강조하고 있기는 마찬가지다. 정사각형의 대각선들은 중간방위를 암시한다. 아스텍 유적에서, 뉴멕시코와 차코 캐니언 북쪽 104km쯤 떨어진 곳에서도, 지붕과 그 밖의 모든 것들을 포함해서 대 키바의 모든 것이 복원되었다. 지붕을 떠받치는 4개의 버팀목은 직사각형으로, 벽돌을 서로 엇갈리게 쌓고 통나무를 깎고 다듬어 세웠다. 지붕의 구멍은 화덕 위에 배치되었다. 이제 우리는 키바의 이런 다양한 모습들이 상징적이며 동시에 기능적이라는 걸 안다. 또 다른 푸에블로인들인 아코마Acoma인들은 이 세상 '최초의 키바'를 이루는 4개의 지붕 버팀목들은 지하세계에서부터 자라나온 4그루의 나무라고 주장했다. 따라서 여기서 세계의 구조와 지붕의 물리적인 버팀목이라는 생각이 회의장의 구성요소로 녹아들었다. 기본방위와 중간방위는 지붕 버팀목에서 구체화되는 한편 천정과 천처는 지붕창과 시파푸에서 표현되었다. 아코마인들에 따르면, 키바는 둥글다. 왜냐하면 세계의 테두리, 즉 지평선이 둥글기 때문이다. 성스러운 공간을 위한 청사진처럼, 대 키바들도 우주에 대해 푸에블로 인들이 가지고 있는 개념에 의해 조직화되었다.

## 우주에서 머무르기

네브래스카 주의 대평원에 거주했던 스키디 포니Skidi Pawnee 족의 어스 로지earth

lodge(반지하식 구조로, 대부분 돔처럼 생긴 지붕의 반 또는 전체를 흙으로 덮었으며, 돔의 정점에 혹은 약간 빗겨난 위치에 연기 구멍을 낸 아메리카 원주민들의 건축물이다/옮긴이)도 아주 비슷한 방식으로, 우주를 반영하는 거울이었다. 그들의 많은 종교가 하늘이나 별들과 관계가 있으며, 포니 족 정보 제공자들로부터 들은 정보로 어스 로지의 의미를 조금이나마 알 수 있다. 대지의 비옥함을 소생시키기 위해 포로로 사로잡힌 젊은 여자를 '샛별'에게 산 제물로 바치는 그들의 의례는 샛별의 천문학적 정체성에 대해 깊이 생각해보게 하는 자극제가 되었다.

　어스 로지는 포니 족의 주거지였을 뿐만 아니라, 의례 춤이나 축제를 비롯하여 그 밖의 다른 모임들도 거기서 열렸다. 또한 선정된 오두막은 어떤 종류의 행사든 상관없이 예정되어 있는 행사를 위해 특별히 준비되었다. 전형적인 어스 로지는 원형이었으며, 지름이 약 12m 정도였을 것이다. 방의 한가운데 바닥에 화덕이 있고, 그 위쪽 약 4.6m 높이에 천장이 있었다. 천장과 지붕 바로 위에 뚫려 있는 원형의 연기 구멍 때문에 방은 하늘로 열려 있다. 정 동쪽에 터널처럼 생긴 출입구가 있고, 이 출입구 맞은편인 방의 서쪽 면에 제단을 두었다. 들소의 머리와 그 밖의 다른 제의용 물건들이 그 위에 놓여 있었을 테고, 그 위쪽 벽에다 성스러운 물건들을 넣은 꾸러미를 걸어두었을 것이다.

　벽에는 잔디를 입혔고 내부에는 기둥이 늘어서 있었다. 벽 가까이에 그리고 방 한가운데에 수직으로 선 기둥들이 두 개의 원을 이루며 지붕 들보와 서까래, 그리고 묘목, 잔디, 이엉, 토양으로 덮은 지붕을 떠받치는 버팀목 역할을 했다. 중심 원에 있는 기둥들 중 4개는 이따금씩 특별하게 장식되곤 하는데, 각각 한 가지 특정 빛깔의 줄무늬가 있다. 4개의 특별한 기둥을 이으면 정사각형이 된다. 그리고 중앙의 화덕에서부터 중간방위가 표시되어 있다. 이 방향들은 세계를 바라보는 포니 족의 시각에서 각각 특정한 나무, 특정한 동물, 특정한 기후 현상, 특정한 계절, 특정한 삶의 시간, 특정한 별, 그리고 특정한 빛깔과 관련되어 있다. 즉, 북서는 노란색, 남서는 흰색, 북동은 검정색, 남동은 빨간색이다. 이것들은 특별히 표시된 중앙의 4개의 기둥도 같은 색이다.

　스키디 포니 족은 하늘을 떠받치는 4개의 기둥이라는 특별한 지위를 4개의 별에다 부여했다. 이 별들은 두 발은 땅에 단단히 뿌리를 내린 채 두 손으로는 하늘을 떠받치고 있는 세계의 4분면 별들이다. 포니 족이 붙여준 이름을 바꿔보면 노란 별, 하얀 별, 크고 검은 유성, 붉은 별이다. 이 별들은 중간방위와 같은 빛깔이고 방위도 그 별들과 같다. 여기서 다시 세계를 떠받치고 있는 버팀목들, 즉 하늘 기둥은 세계를 조직화하는 방위다. 이 방위들이 별들과 명백하게 연결되어 있다는 것이 한층 더 흥미롭다. 미국의 국립 항공우주박물관의 천문학 연구원이며 포니 족의 하늘 전승 전문가인 폰 델 체임벌린 Von Del Chamberlain 은 세계의 4분면 별들을 생각해냈는데, 그럴듯하다.

노란 별       카펠라
하얀 별       시리우스
크고 검은 유성   베가
붉은 별       안타레스

이 4개의 별 모두 밤하늘에서 특히 눈에 띄는 별들이며, 베가만 빼고는 각각 그것과 관련된 빛깔을 눈으로 볼 수 있다. 물론 '검은 별'이라는 말은 모순이다. 그리고 그 이름의 유래도 확인되지 않고 있다. 1년 중 특정한 시기에 이 4개의 밝은 별들은 한동안 그리고 일제히, 각각의 중간방위에서 보인다. 네브래스카의 위도인 북위 41°에서 시리우스는 안타레스가 떠오르기 직전에 진다. 그러나 그 4별은 지금도 포니 족의 성스러운 방향을 나타내는 완벽한 신호로 봉사하고 있다.

어스 로지의 모든 요소들은 우주의 건축에서 빌려왔다. 실제로 포니 족은 자기들의 오두막 바닥은 땅이고 천장은 하늘이라고 말한다. '4 하늘 기둥'은 문자 그대로 하늘-지붕을 떠받치고, 하늘 꼭대기, 즉 천정은 연기 구멍이다. 북쪽 왕관자리 Corona Borealis 를 포니 족은 '추장들의 회의'라고 했으며 연기 구멍 및 천정과 관계있다. 그 별자리가 머리 위를 직접 가로질러가지도 않지만, 그들의 전승에 따르면 자기들의 원래 고향은 훨씬 남쪽이었다고 한다. 그곳에서는 북쪽 왕관자리가 천정을 가로질러갔을 것이다. 화덕 속에서 포니 족은 태양의 작은 불꽃을 보았다. 어스 로지의 동쪽 입구는 제단 위로 떨어지는 일출의 빛이 들어오도록 되어 있었을 거라 짐작되지만, 이런 일이 1년 내내 발생하지는 않는다. 정렬은 상징적이다. 비록 춘분이나 추분점, 혹은 그즈음에 행하는 의례들과 관계있다 하더라도. 아무튼 한가운데에 있는 화덕에 떨어지는 햇빛의 작은 부분이 매일 아침 두 가족의 가장 중 한 사람이 동트기 전의 별들을 조사하러 나갔다가 불을 점화하기 위해 다시 안으로 들어온 다음 제단을 비췄을 것이다.

## 우주의 베틀에서 베 짜기

코기$^{Kogi}$ 족 샤먼은 신전을 지을 때 실제로 자신의 우주의 모델을 만든다. 사실 신전은 태양이 주기적인 시간의 패턴을 짜고 신전의 구조를 조직화된 공간으로 탈바꿈시키는 하나의 베틀이다. 코기 족은 콜롬비아 북부에 사는 남아메리카 원주민 부족이다. 그들은 물질적으로는 가진 것이 별로 없지만, 인류학자 게라르도 라이클-돌마토프$^{Gerardo\ Reichel-Dolmatoff}$는 그들의 우주론적 상징에 대한 풍부한 전승과 우아하게 짠 은유와 신화의 그물망에 대해 보고했다.

코기 족에게 우주는 물렛가락$^{spindle}$, 즉 하늘의 회전과 하늘에 있는 물체들의 운행을 반영하는 개념이다. 우주적 계획에는 여성과 남성이 필수적인 존재다. 성적 능력을 통해 창조가, 새 생명이 가능해지기 때문이다. 그러므로 물렛가락의 단단한 나무 굴대는 남성이다. 물렛가락의 원반은 연한 나무로 만들어졌으며 여성을 나타낸다. 굴대는 원반의 나선을 관통하며, 그 둘이 함께 섬유를 짜는 데 쓸 실을 잣는다. 우주적 기준에서 우주의 물렛가락은 천정에서 천저에 이른다. 양쪽 끝으로 가면서 가늘어지는 이 물렛가락에는 우주를 구성하고 있는 9개의 층이 있고, 각각의 층을 원반이라고 상상했다. 물렛가락의 중앙에 있는, 지름이 가장 큰 층이 지구에 해당된다. 이 9개의 층은 부분적으로는 인간의 임신 기간인 아홉 달에서 비롯된 것이다.

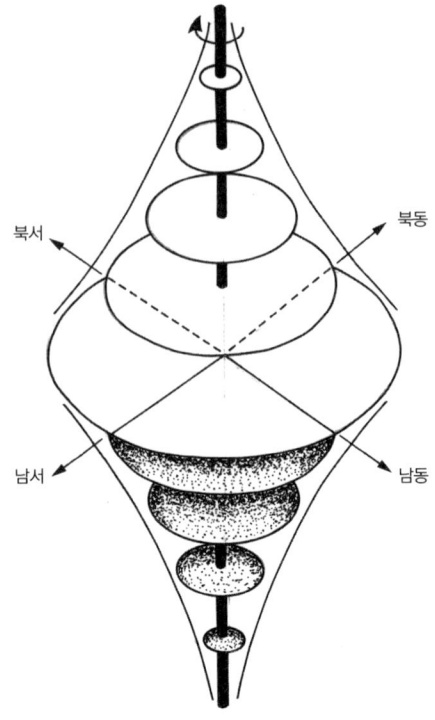

1. XATSÁLNULANG 샷살누랑
2. NYUÍNULANG 니위누랑
3. MULKUÁKUKUI 물쿠아쿠키
4. MÁMANULANG 마마누랑
5. NÍNULANG 니누랑
6. HABA SIVALULANG 아바 시바루랑
7. HABA KANÉNULANG 아바 카네누랑
8. HABA KÁNEZAN 아바 카네산
9. HABA GUXÁNEXAN 아바 구사네산

콜롬비아의 코기 원주민들은 우주를 물렛가락이라고 표현한다. 우주, 즉 천국과 지하세계에는 9개의 층이 있으며, 지구에 해당하는 중심 원반은 중간방위에 정위되어 있는데, 그것은 하지와 동지에 일출과 일몰의 극점을 상징적으로 표현한 것이다. (그리피스 천문대, G. 라이클-돌마토프)

　신전을 건축하기 위해 코기 족 샤먼은 우선 적당한 장소를 물색해야 하는데, 그곳이 앞으로 건물의 중심이 될 것이다. 일단 알맞은 장소를 찾고 나면, 엄격한 규칙에 따라 측량과 설계가 이루어진다. 기본적인 길이를 매듭으로 표시해놓은 밧줄을 가지고 샤먼은 중심점을 찾아 세워놓은 막대기 주위에 원을 그린다. 밧줄과 매듭은 신전의 다른 중요 부분들을 배치하는 데에도 사용된다. 신전의 높이는 바닥 지름과 같이 약 7.6m로 한다.

　코기 족 샤먼의 이런 활동에서 표준 측정단위가 의례용 건축물에서 어떻게 나타나는지 알 수 있다. 우주를 흉내 내서 설계한다는 뜻이다. 우주는 조직화되고, 측량되고, 적당한 비율로 조절되고, 정위되어서 모양이 만들어진 것으로 보

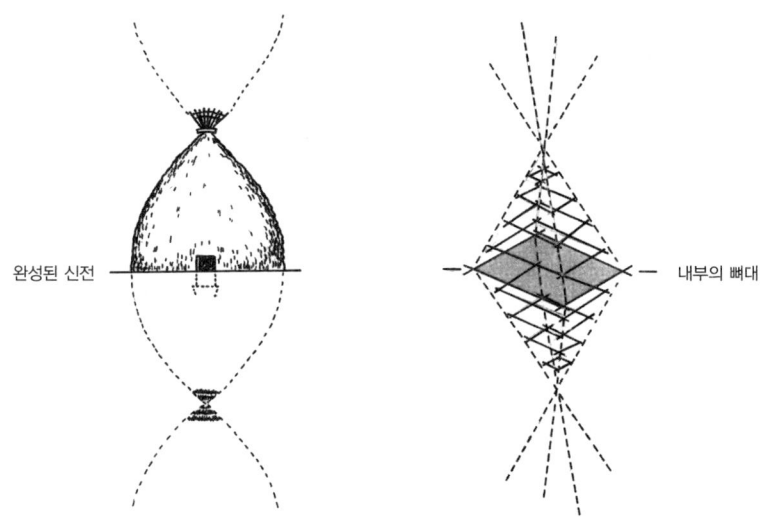

완성된 신전 / 내부의 뼈대

코기 족은 자신들의 신전은 자신들이 살고 있다고 믿는 물렛가락 모양의 우주를 본떠서 지어져야 한다고 생각한다. 그들이 실제로 짓는 건 왼쪽에 세밀하게 그려진 지상 부분뿐이지만, 신전은 천정을 향해서도 또 천저를 향해서도 똑같이 계속되고 있다고 생각한다. 똑같은 형태가 하늘의 영역과 지하세계의 영역에서 계속되고 있으며, 실제 신전의 바닥은 바로 땅에 해당한다. 신전 내부의 뼈대도 우주적 건축이라는 그들의 의례를 반영한다. 4면의 틀은 각각 우주의 상위 영역과 일치한다. (그리피스 천문대, G. 라이클-돌마토프의 그림을 본뜸)

인다. 그러니 성스러운 건축물은 우주의 디자인과 운행을 그대로 흉내 내야 하는 것이다.

일단 원을 그려서 신전 외벽을 세우고 나면, 중간방위마다 큰 기둥을 세운다. 이 4개의 벽기둥들이 정사각형 모양을 만든다. 그러나 벽을 형성하는 건 원을 따라 세워진 좀 더 작은 기둥들이다. 쌍을 이루고 있는 큰 기둥들은 고리 위에서 남쪽과 북쪽을 표시하며, 입구는 기본방위인 동쪽과 서쪽에 배치된다. 벽이 위로 쌓아올려짐에 따라 조금씩 좁아지는 사각 틀 4개를 차례로 쌓아올려 머리 위의 둥근 천장을 떠받친다. 각각의 틀은 4개의 층을 가진 하늘을 나타낸다. 신전 바닥에는 중간방위 지점을 연결하는 사각형의 모서리마다 화로가 하나씩 놓인다.

하지 때가 되면, 태양은 천정의 북쪽을 여행하면서 오전 9시쯤 신전 꼭대기에 있는 구멍을 통해 비쳐 들어온다. 보통 때는 도자기 조각으로 이 구멍을 덮어

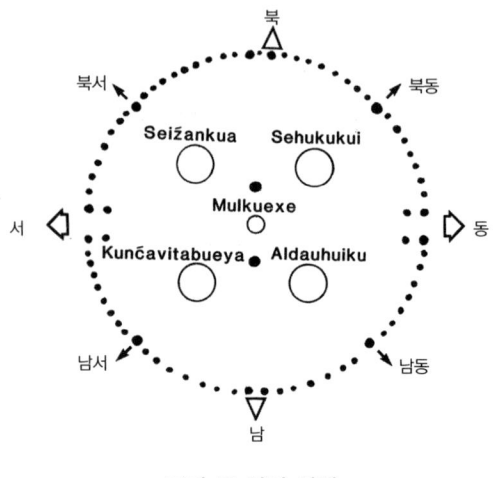

**코기 족 신전 설계**

코기 신전의 평면도는 4개의 화로(Seiźua, Sehukukui, Kunćavitabueya, Aldauhuiku)을 둘러싸고 구성된다. 4개의 화로는 중심(Mulkeuxe)에서 얻어진 중간방위선에 해당하며, 두 지점의 극점과 같다. 빛은 신전 꼭대기에 있는 구멍을 통해 들어오며, 하짓날에는 첫 번째 햇살이 남서쪽에 있는 화로를 내리비춘다. 낮 동안, 광선은 남동쪽 화로 쪽으로 가로질러서, 거기서 멈추어 있다가 사라진다. 6개월 동안 햇빛의 이 수평 라인은 날마다 조금씩 북쪽으로 옮겨가다가, 마침내 동지에는 햇살이 북서쪽 화로에서 북동쪽 화로로 가로질러간다. 코기 족은 이 패턴을 태양이 베를 짜는 거라고 은유적으로 표현한다. (그리피스 천문대, G. 라이클-돌마토프의 그림을 본뜸)

놓지만, 하지에는 햇빛이 방 안에 들어오도록 열어놓는다. 하짓날 첫 번째 빛이 남서쪽의 화로를 비춘다. 낮이 계속되면서 태양광선은 동쪽으로 선을 그으며 움직이다가 남서쪽 화로에서 멈춘다. 그때가 오후 3시쯤인데, 햇빛이 더 이상 지붕 구멍으로 들어오지 않아 빛의 점이 사라진다.

지붕 구멍을 덮지 않고 놔둔 채 날마다 지켜보면, 이 햇빛의 선이 점점 북쪽 끝으로 가다가, 동지에 첫 번째 광선이 북서쪽 화로에 떨어지면서 마침내 햇빛 놀이가 북동쪽 화로에서 끝나는 것을 볼 수 있다. 이제 태양은 천정의 남쪽에 있다. 태양이 여행을 계속하고, 그래서 하루하루가 계속되는 한, 햇빛 실들은 날마다 바닥에서 남쪽으로 돌아가는 천을 짤 것이다.

베 짜기는 정확하게 코기 족이 자기들의 신전에서 일어나는 이런 성현聖顯을 표현하는 데 사용하는 은유다. 4개의 화로는 태양이 실을 보태주는 베틀의 4개의 모서리다. 1년 내내 태양은 북쪽으로 갔다 남쪽으로 갔다 다시 북쪽으로 움직이므로, 태양은 세계의 물렛가락 주위를 나선형으로 돈다고 말한다. 태양은 삶이라는 실로 질서정연한 실존의 천을 짠다. 그리고 매일매일 움직이는 태양 궤도의 주기적인 변화는 신전 바닥에서 빛의 천으로 변형된다.

낮 동안 태양이 흰 실로 서에서 동으로 천을 짜는 것처럼, 에고를 바꾼 태양의 밤 시간은 지하세계에서 서에서 동으로 여행하며 검은 실로 베를 짠다. 비록 흰 실과 흰 실 사이에서 한 해의 천을 짜는 것이긴 하지만. 여성인 지구는 베틀이며 천의 남-북 날실을 제공한다. 태양은 남성이며, 베틀의 북처럼 수직으로 된 날실들 사이를 꿰뚫으며 지나간다. 베틀 북은 베 짜는 과정의 '적극적인' 요소이며, 베틀은 '수동적인' 요소다. 따라서 코기 족은 남자들만 베를 짤 수 있고, 여자들은 참여할 수 없다. 베틀은, 신전이라는 이미지를 통해 보여 주는 우주의 그림이다. 코기 족의 베틀은 정사각형 안에 한데 묶여 있는 4개의 기둥으로 되어 있다. 좀 더 가는 두 대각선은 중심에서 교차한다. 4모서리는 중간방위다. 코기 족은 사각 틀의 위쪽 수평 막대를 하지 태양이 따라가는 궤도라고 생각한다. 아래쪽 막대는 12월에 속한다.

베 짜기는 규칙적인 무늬를 만들어낸다. 짜여진 '천'이 옷이든 개인의 삶이든, 또는 우주든 간에 그 자체로는 다를 게 전혀 없다. 모두가 우주질서에 동참하는 것이며, 그래서 코기 족 사이의 베 짜기는 단순히 생업이 아니다. 그건 성스러운 제의 활동이다. 코기 족에게 우주질서는 태양의 운행의 패턴에서 비롯된다. 이 패턴이 마음속에서 인지되고, 베틀 위에서 기억되며, 신전 안에서 연출되는데, 신전은 가시적인 천체질서의 신호가 공간을 성스럽게 만드는 곳이다.

## 회귀선 위에 있는 신전

멕시코 전역에서 천문학적 정렬에 기초를 둔 고대의 건물들을 찾아볼 수 있다. 이런 구조물들을 모두 천문대라고 해석하려는 시도는 결국 수포로 돌아가고 만다. 정렬은 존재한다. 그러나 대부분의 경우 건축물은 체계적이고 정확한 측정이 무엇을 위해 필요했을까를 알 수 있는 단서를 제공하지 않는다. 우리는 고대 메소아메리카 인들이 유능한 천문학자여서 수많은 천체의 주기적인 운행을 상당히 정확하게 알고 있었다는 걸 알고 있다. 그러나 태양에, 혹은 금성에까지도 정위되어 있는 구조물들을 알아냈지만, 하늘 관측자들이 그곳에서 하늘을 과학적으로 관찰했던 것 같지는 않다. 그 대신, 천문학적으로 정렬된 이들 광장이며 단이며 출입구는 고대의 의례단지를 구성하는 요소들이다. 그것들은 적어도 성스러운 하늘의 의미를 건축이라는 언어로 표현하기 위해 거기 있는 것이다. 어떤 천체가 제때에 신전의 설계와 정렬을 이루며 나타나면, 그 사건 자체가 우주 질서를 드러내 보여주는 것이었다. 관측하는 행위, 그것은 성스러운 것에 몰입하는 것이었다.

기원후 17세기 중반 어느 때쯤에, 테오티우아칸<sup>Teotihuacán</sup>이라는 거대도시와 의례단지가 중앙 멕시코의 정치와 경제적인 삶을 지배하는 동안, 누군가는 북서쪽으로 650km쯤 떨어진 수수한 의례단지의 스타일과 전통에 의해 영향을 받고 있었다. 여기, 현재의 찰치우이테스<sup>Chalchihuites</sup> 정 동쪽에 오늘날 알타비스타<sup>Alta Vista</sup>로 알려진 유적지가 있다.

1908년에 마누엘 가미오<sup>Manuel Gamio</sup> 박사에 의한 발굴과 좀 더 최근에 미국 고고학자 켈리<sup>J.C. Kelley</sup> 박사에 의한 작업으로 알타비스타는 특히 테오티우아칸에 비하면 비교적 작다는 게 입증됐다. 알타비스타를 건설한 사람들은 아도베<sup>adobe</sup> 벽돌과 바위로 구조물들을 세웠고, 거기에 보호용 회반죽으로 덧칠을 했다. 알타비스타에서 가장 특이한 건물은 열주회관<sup>Hall of Columns</sup>이다. 켈리 박사는 그것을 '태양의 신전<sup>Temple of the Sun</sup>'이라고 생각하고 싶어한다. 그 건물은 질서정연하게 늘어선 28개의 원기둥을 정사각형 벽이 에워싸고 있다. 이 기둥들이 신전 내부의 공간을 너무 많이 차지하고 있어서 방을 어떻게 사용했을지 상상하기가 힘들다. 원기둥들 중 적어도 몇 개는 지름이 커진 걸로 봐서 구조상의 문제로 나중에 추가로 세워졌음을 알 수 있다. 사실 추가로 너무 많이 세워서 그 모습이 기둥에 파묻혀 있는 것 같아 우리 눈에는 기괴해 보인다.

켈리 박사는 열주회관의 정위가 우주론적 계획의 일부로 보인다는 데에 주

위로 갈수록 폭이 좁아지는 특이한 기둥들이 알타비스타의 열주회관에 빽빽이 들어차 있다. 북쪽 모퉁이에서 남쪽을 바라본 전경이다. (로빈 렉터 크룹)

목했다. 대각선은 남-북, 동-서로 정위되어 있다. 이것은 건물의 모서리를 각각 기본방위에 두는, 세계의 4분면 four world quarters이라는 생각을 환기시킨다. 아메리카 대륙에서 널리 유행하던 시공간 분할 체계다. 알타비스타에서 찾아낸 도자기를 조사해본 결과, 켈리는 4방위와 4영역이라는 이 개념을 연상시키는 수많은 디자인과 상징들을 찾아냈으며, 거기다가 건축학상의 증거도 이렇게 특별한 방향을 강조하는 것을 뒷받침해주었다.

   열주회관 벽 남동쪽에 인접해 있는 갤러리, 즉 좁은 홀 하나에서 동쪽을 향해 구불구불하고 경사진 24m 정도의 좁은 복도를 따라가면 한 직선 통로에 이르는데, 그 통로는 땅을 뚫고 나오게 되어 있으며 정 동으로 정위되어 있다. 켈리 박사는 분점의 일출을 관찰해서 태양이 떠오르는 순간 첫 햇살의 일부가 특히 눈에 띄는 피카초 몬토소 Picacho Montoso 산봉우리의 북쪽 경사면에 의해 형성된 깊고 좁은 골짜기 안에 나타난다는 걸 알아냈다. 분점 일출 때의 실루엣에서 이 특이한 자연 경계표지는 한층 더 눈길을 끈다. 작은 오솔길은 온통 햇빛으로 칠

10. 우리가 정렬시키는 신전들   **373**

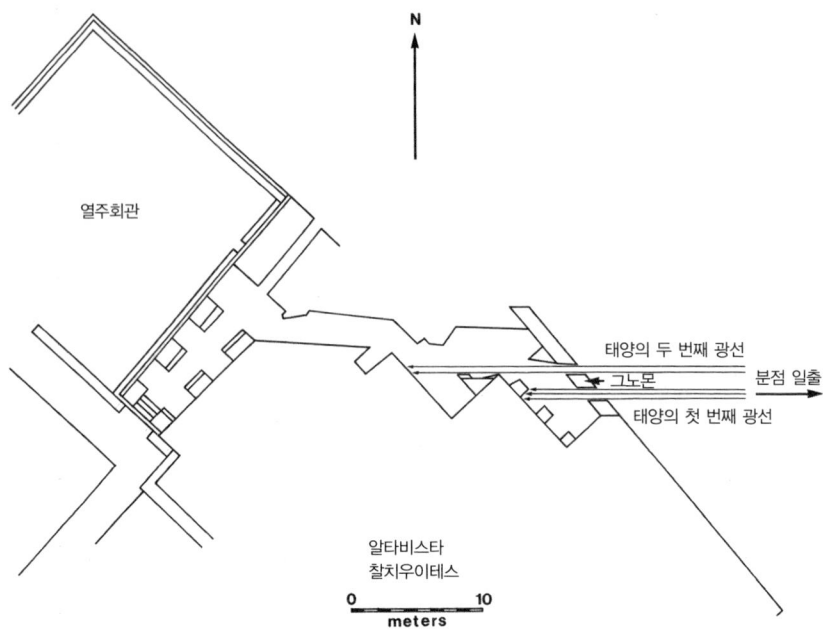

멕시코 북부 회귀선 가까이에 자리 잡은 알타비스타의 열주회관 모서리들은 4 기본방위를 가리키고 있다. 열주회관 남동쪽 면에서 시작된 기이한 지그재그 통로를 따라가다 보면 마침내 동쪽과 분점 일출 지점을 똑바로 가리키는 곳에 이른다. 고고학자 J. C. 켈리 박사는 알타비스타의 건설자들은 광선이 홀로 서 있는 마름모꼴의 그노몬 양쪽을 통과할 때 첫 번째 햇빛이 어디에 떨어지는지 줄곧 관찰했다고 생각한다. 이 '미로'에 들어가는 입구에서부터 작은 길 하나가, 분점 일출을 위한 지평선 전시인 피카초 몬토소에 정위되어 있는 동쪽으로 계속된다. (그리피스 천문대, J. C. 켈리의 그림을 본뜸)

해져 있어, 켈리 박사의 말마따나 진짜 '카미노 델 솔$^{Camino\ del\ Sol}$', 즉 햇빛 길이 된다. 벽들과 모나고 외진 통로 가장자리에서 펼쳐지는 광선의 다양한 놀이에 중요한 의미가 있을 테지만, 그것들을 어떻게 해석해야 할지는 모르겠다.

열주회관에서 '햇빛 길'의 문에 이르는 지그재그 길을 실제로 걸어봐야만 그 길이 얼마나 낯설고 기이한지를 느낄 수가 있다. 그 길은 어쩌면 어떤 식으로든 태양을 실제로 측정하는 데 사용되었을지도 모르지만, 그런 관측 방식과 목적을 우리로서는 알 길이 없다. 그런 건축학적 특성은 제의와 상징적인 의미라는 점에서 봐야 더 잘 설명될 수 있다. 예컨대 이런 상상을 해볼 수 있다. 이제 막 사제직에 입문한 어느 신참 사제가 제의를 올리기 위해 가는 '여정'이라고.

알타비스타의 미로 동쪽 끝 부분의 벽들은 묘하게 각이 져 있다. 사진에서 가운데에 홀로 서 있는 기둥은, 여기서 보기에 참호를 파놓은 것처럼 보이는 '햇빛 길'의 앞에 있다. 지평선 상에 확연히 눈에 띄는 피카초 몬토소 봉우리가 분점의 일출 지점을 나타낸다. (에드윈 C. 크룹)

그 여정은 가지각색의 모퉁이마다, 그리고 길이 우묵하게 들어간 곳마다 멈춰 서고, 분점의 일출이 보이는 동쪽 입구와 태양을 맞으러 가는 '카미노 델 솔'의 길에서 절정에 달할 것이다. 그러나 이런 생각을 뒷받침해줄 증거가 우리에겐 전혀 없다.

비록 알타비스타에서 하지에 관측되는 정렬이 전혀 없다 해도, 높고 지붕 없는 통로들이 던지는 그림자들이 그 지역의 정오에는 완전히 사라진다. 알타비스타는 지금 북회귀선에서 북쪽으로 4km밖에 떨어져 있지 않다. 그리고 이 위도에서 하지 태양은 천정, 즉 바로 머리 위를 통과한다. 느리긴 하지만 꾸준히 변화하는 지축의 각도 때문에 회귀선의 정확한 위도가 바뀐다. 그러나 AD 650년에 알타비스타가 발견되었을 때에도 회귀선은 그 유적지에서 북쪽으로 겨우 22.5km 떨어져 있었다. 이 오차는 지금도 아주 작다. 알타비스타 인들이 태양이 하지에 천정에 이르는 정확한 위치에 자리 잡으려 했다는 상상을 할 수 있다면 말이다. 그들이 이런 마음을 가지고 있었을 거라는 게 전혀 무리한 생각이 아니다. 이 위도에서 측량되는 현상들이 이미 관측되고 있고, 더 북쪽으로 가면 바로 머리 위에서는 태양이 절대 보이지 않을 테니까.

이런 생각을 뒷받침해줄 수 있는 유일한 다른 정보는 켈리 박사가 피라미드 바로 아래에 있는 지하실에서 발견한 무덤 하나뿐이다. 거기에 세 구의 시신이 놓여 있었는데, 모두 동쪽을 향하고 있었다. 그들의 옷과 부장품을 조사한 켈리 박사는 그들이 중요한 인물이라는 결론을 내렸다. 아마도 그들은 높은 권세와 지위를 가지고 있었기 때문에 피라미드 바로 아래 특별한 지하실에 누워 있는 것이리라. 그중 한 사람의 얼굴은 모자이크로 덮여 있었다. 그 모자이크는 광선을 방사하는 태양의 상징을 담고 있으며, 그 피라미드 자체가 한때는 그와 비슷한 디자인으로 장식되었었다. 무덤에서 칠면조의 이미지를 가진 모자이크도 하나 발견되었다. 켈리 박사는 우이촐Huichol 원주민의 전통에서는 칠면조가 성스러운 태양새라는 걸 생각해냈다. 알타비스타의 건축물들은 태양과 관련된 것들이 많이 있다. 그 건축물은 의례단지로서, 그리고 그런 고위급 인물들을 매장하여 신성하게 만든 곳으로서, 십중팔구 공동체의 중요한 행사를 위한 무대로 사용되었을 것 같다. 특히 하지 일출과 관련된 행사가 그중 하나였던 것 같다.

## 천정의 태양을 위한 방

사람들은 대개 기묘한 모양의 건물들을 보면 천문대가 아닐까 하고 생각하는 것 같다. 왜냐하면 별난 디자인을 처리할 수 있는 명백한 설명이 전혀 없기 때문이다. 몬테알반Monte Albán에 있는 일종의 시곗바늘 모양 또는 '화살촉' 모양의 건물인 구조물 J, 그 유적지를 발굴한 저명한 멕시코의 고고학자 알폰소 카소Alfonso Caso는 천문대라고 했다. 그는 건물의 '뾰족한 부분'을 가로지르는 터널의 출입구가 어떤 별들을 관측하기 위해 남서쪽으로 열려 있다고 생각했다. 설사 그의 해석이 부정확하다 해도, 특이한 모양뿐만 아니라 유적의 다른 건물들은 모두 축에 맞춰 정렬해 있는데 구조물 J만 축에서 이탈해 있는 것에 대해서는 설명이 필요하다.

몬테알반은 고대 오악사카Oaxaca의 사포텍Zapotec 인들이 언덕 꼭대기에 세운 각종 제의와 공적 생활의 중심지였다. 몬테알반 지배하에서 사포텍 인들은 그들만의 세력권을 확립했으며, 북서쪽으로 370km 떨어진 곳에 위치한 테오티우아칸과의 접촉을 유지했다. 몬테알반에 있는 대부분의 건물들은 북에서 동으로 4°~8° 사이에 정위된 사면체 구조물들이다. 그러나 구조물 J는 눈에 띄게 빗나가 있다. 여기에는 틀림없이 뭔가 특별한 것이 있을 것이다. 그러나 터널과 남서쪽 입구는 하늘과는 전혀 관계없는 것 같다.

메소아메리카와 페루의 고고천문학 연구에서 가장 활동적인 현장 연구원 중 한 사람인 천문학자 앤터니 아베니는 1972년에 구조물 J에 천문학적 가능성이 있는지를 재조사했다. 그때부터 건축가이며 메소아메리카 건축물 전문가인 호르스트 하르퉁과의 공동연구로 그것들에 대한 이런 측정과 해석이 상세히 논의되었다. 우리가 구조물 J의 모양에 대해 편견을 가지고 있었다는 걸 이제는 알고 있다. 그것을 '화살촉'이라고 생각하는 한, 그것이 틀림없이 어딘가를 가

구조물 J는 오악사카의 몬테알반에 있는 다른 구조물들에 대해 비스듬하게 놓여 있다. 배경에 있는 광장 맞은편의 구조물 P와 함께 구조물 J는 얼마간은 천정의 태양에 바쳐진 건축 복합군의 일부인 것 같다. (로빈 렉터 크룹)

리키고 있을 거라고 믿으려 한다. 그 건물의 정위에 대한 아베니의 조사가 정확한 정렬선을 보여주지 않기 때문에 화살은 수수께끼로 보인다. 아베니는 뾰족한 부분이 기원전 250년에 남십자성의 비교적 밝은 5개의 별과 켄타우루스자리의 알파별과 베타별에 대충 정위되었다고 단정했다. 이 별들은 대개 화살촉이 가리키는 방위각 3° 범위 안에서 진다. 남십자성의 별들이 고대 멕시코에서는 중요했으며, 구조물 J는 그 별들을 가리키려 했을 수도 있다. 하지만 설사 그렇더라도, 그 건물을 천문대로 보기는 어렵다. 정렬선에는 이 건물 자체가 이 별들이 지는 시간을 꼼꼼하게 측정했다는 걸 가리키는 것이 아무것도 없기 때문이다. 만약 의도적이라면, 정렬선은 상징적인 것일 것이다.

그 대신 구조물 J의 모양이 야구장의 홈플레이트 같다고 생각한다면, 뾰족한 부분은 이제 디자인의 앞쪽이 아니라 뒤쪽이다. 실제로 계단은 구조물 J의 북동쪽 면, 즉 '홈플레이트' 앞에 있다. 사실 이래야 메소아메리카의 피라미드와 단의 일반적인 디자인이 일치한다. 구조물 J의 꼭대기에 있는 폐허가 된 어

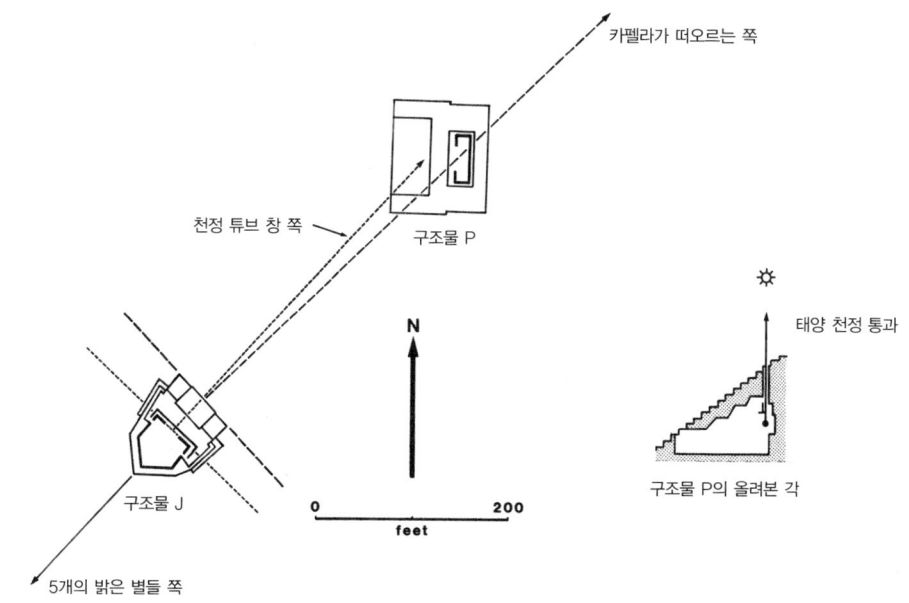

몬테알반에서는 구조물 J의 정면 계단과 직각을 이루는 선이 천정의 태양의 전령인 카펠라를 가리킨다. 구조물 J의 정상에 있는 신전 입구에서 나오는 수직선이 광장을 가로질러 계속 가면서 구조물 P의 계단에 있는 '천정 튜브zenith tube'라는 위쪽 창을 횡단한다. (그리피스 천문대, 호르스트 하르퉁의 그림을 본뜸)

느 방도 그렇다. 앤터니 아베니는 구조물 J의 계단 바닥과 직각을 이루고 있는 선에 의해 주어진 방향을 측정했다. 이 선은 광장 다른 쪽 단인 구조물 P의 꼭대기에 있는 한 건물의, 한때는 창 혹은 입구였을 곳을 지나간다. 계속 북동쪽으로 가면, 그 선은 대략 구조물 J가 세워졌을 때인 기원전 275년에 밝은 별이었던 카펠라가 보였을 지평선 상의 한 점을 가리킬 것이다. 카펠라에 맞춘 정렬선에는 특별한 의미가 있다. 당시에는 태양이 그해에 몬테알반에서 천정을 통과하는 두 번 중 첫 번째 날 새벽 하늘에 그 별이 처음으로 나타났었다. 태양과 함께 떠오르는 카펠라는 그들에게 이런 사건들의 첫날을 알려주는 전령 역할을 했을 것이다. 천문사제들은 틀림없이 구조물 J의 꼭대기에 올라가서 카펠라를 지켜보았으리라. 노련한 관측자인 그들은 그 별의 순간적인 반짝임을 보려면 어디서 기다려야 하는지 알고 있었을 것이다. 따라서 그 정렬선은 무슨 일이 일

10. 우리가 정렬시키는 신전들

어나고 있는지 실제로 관측한 다음 그 뒤에 숨어 있는 기준을 돌로 성실하게 기록해놓은 것일 것이다.

1960년대에 호르스트 하르퉁은 구조물 J의 꼭대기에 있는 방의 기단이 계단으로부터 뻗어 나온 수직면의 북쪽으로 약간 빗나가 있는 것에 주목했다. 그리고는 위쪽 출입구의 중심에서 나온 선 하나와 그것에 직각인 선이 구조물 P의 계단을 가로지른다는 걸 알아냈다. 그런데 그 계단의 단 하나를 뚫고 나간 것이 있었다. 끝이 뚫려 있는 수직 튜브였다. 그 튜브는 피라미드처럼 생긴 단 내부의 어느 작은 방에서 시작된다.

구조물 P 안에 잘 파묻혀 있는 그 방에서 가장 흥미로운 것은, 천정을 똑바로 가리키는 튜브다. 아베니와 하르퉁은 카펠라의 운행, 구조물 J의 계단 정위, 그리고 천정의 태양으로부터 오는 빛이 작은 방으로 들어오도록 만들어져 있었을 이 튜브 사이에 연관이 있다는 걸 알아냈다. 그러나 그 튜브는 폭이 너무 넓어서 천정을 통과하는 정확한 날을 측정할 수가 없다. 우리가 비록 구조물 P에 있는 방이 천정의 태양을 위한 천문대였다고 단정지어 말할 수는 없다 해도, 뒷벽에 있는 대략 가슴 높이의 작은 벽감은 태양이 머리 위를 지나갈 때 관측하기 위한 부대 장비를 놓아두거나, 아니면 제의용 물건이 그 빛을 받도록 놓아두는 곳이었을지도 모른다. 그리고 구조물 J에는 상상력을 자극하여 이런 생각을 뒷받침해줄 다른 특징들도 있다.

구조물 J의 출입구 문설주들 가운데 하나에 조각되어 있는 모습은 하늘 관측자처럼 보인다. 그는 구조물 P를 향해 머리를 돌리고 있다. 의심의 여지없이 그도 몬테알반 어디에나 묘사되어 있는 노예 죄수 중 하나다. 그러나 하르퉁은 이 석판에 있는 모습은 좀 더 후대에 구조물 J에서 사용되었을 거라는 흥미로운 제안을 내놓았다. 그 형상이 천체를 향해 자리 잡고 바라보는 사제를 닮았기 때문이다.

사포텍 천문학자들이 실제로 구조물 J에 있는 한 신전에서 하늘을 응시했는지 어쨌는지 확실히는 모른다. 그러나 의례를 목적으로 관측하기 위한 신전으로 만들어진 이 건물의 모든 건축학적 요소들은, 카펠라와 태양을 관측하는 것은 주기적인 시간의 경과 속에서 중요한 의미가 있는 한순간의 의례를 위한 관측의 일부였다는 것을 암시한다.

## 하늘을 위한 무대

과테말라 정글 속에 있는 의례단지인 우악삭툰Uaxactún의 한 피라미드와 신전 복합군인 그룹 E는 일찍이 1924년에 초기 고전기 마야의 천문대라는 명성을 얻었다. 그 주장은 마야 문명에 대해 많은 조사가 전반적으로 이루어졌음에도 비판적인 검토 없이 그대로 되풀이됐다. 정렬의 정밀함과 정확함, 그리고 어쩌면 목적까지도 알아볼 수 있는 방법은 오직 새로운 현장 조사뿐이었다. 그래서 현대적인 현장 답사로 콜럼버스 이전의 고대 유적에서 천문학적 정렬선을 측정한 선구자인 앤터니 아베니는 필요한 데이터를 얻기 위해 우악삭툰을 방문했다.

피라미드 E VII의 기단 맨 윗부분에서, 아니 그보다는 그 피라미드 동쪽 계단의 낮은 한 지점에서 보면 북쪽과 남쪽에 있는 신전들의 바깥쪽 모서리에서 동지와 하지의 일출이 나타난다. 중앙의 신전 위로 뻗어가는 시선은 분점의 일출과 아주 잘 일치한다. 그 그룹을 천문대로 바꾸는 시선들이다. 그 정렬선은 관측자의 눈에 보이는 태양 지름 정도의 크기 안에서는 상당히 정확하다. 그러나 이 신전 복합군이 실제로 천문대로서 기능했을 거라는 결론을 내릴 만한 정보는 제공하지 않는다.

진짜 천문대에서 하늘 관측자는 어떤 천문현상에 대한 정보를 얻는다. 그 시기나 어쩌면 그 배치까지도. 새로운 정보로 무장한 천문사제는 달력을 보정하고, 신전 디자인을 계획하며, 또 다른 천문현상을 예측하고, 미래를 예언한다. 그와는 대조적으로, 천문학적 해답이 이미 알려져 있을 때 하늘 관측자는 의례의 일부로서 관측한다. 그런 환경에서는 천문현상은 의례적인 역할을 수행하는 것이며, 그것이 보일 거라는 기대 속에서 관측된다. 이런 두 가지 유형의 천문학적 활동의 차이가 모호해질 때가 분명 있다. 그러나 그룹 E는 태양의 계절

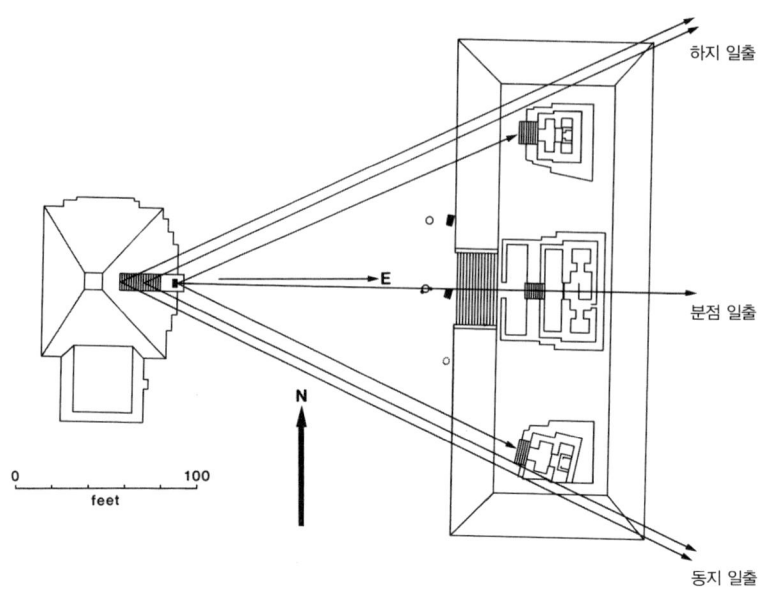

우악삭툰에 있는, 그룹 E의 피라미드 정동쪽에 위치한 하나의 단 위에 세워진 세 신전은 보기에 따라서는 두 지점과 분점의 일출을 표시하도록 배치된 것 같다. 최소한 상징적으로라도. (그리피스 천문대, 호르스트 하르퉁의 그림을 본뜸)

적 드라마를 위한 무대라고 보면 이해가 더 잘된다. 의례를 위해 일출을 관측하는 것이 공적 행사의 중심이 되었을 수도 있다는 말이다.

욱스말$^{Uxmal}$에 있는 총독의 궁전에서 바라보는 시선은 이곳 유카탄 반도의 또 다른 마야 중심지였던 유적까지 거의 9.6km가량을 뻗어간다. 그곳은 노팟$^{Nohpat}$이라고 알려져 있는 유적지로, 별다른 특징이 없는 동쪽 지평선 위로 툭 튀어나온 그곳의 주 피라미드가 금성이 최남단에서 뜨는 지점을 가리키는 표시물이 되었다. 이는 총독의 궁전이 세워진 AD 800년 무렵인 금성의 8년 주기 동안의 일이다. 이것이 총독의 궁전의 정위에 대한 해석으로 타당하다. 총독의 궁전은 욱스말에 있는 다른 대부분의 구조물들이 공통으로 가지고 있는 축에서 빗나가 있다.

마야 석조 건축의 놀라운 것 중 하나는 건물 상층부 정면이다. 20,000개 이상의 돌을 하나하나 잘라서 조각을 끼워 맞춘 그림문자, 도안, 뱀, 비의 신의 가

그룹 E의 가운데 신전은 분점의 일출에 정렬되어 있다. 왼쪽의 신전은 하짓날 떠오르는 태양과 일치하고, 오른쪽 신전은 동지의 일출 지점을 가리킨다. (그리피스 천문대)

총독의 궁전의 방 한가운데에서 내다보면 서기 8세기 동안 내내 금성이 떠오르던 최남단 지점과 일치하는 지평선의 특징이 보인다. 별다른 특징이 없는 지평선 위로 조그맣게 툭 튀어나온 것은 사실은 꽤 큰 유적지로, 남동쪽으로 거의 9.6km 떨어져 있는 노팟의 큰 피라미드다. 무너져 내린 원통형 기념석주와 머리 둘 달린 재규어 석상을 떠받치는 단 하나가 이 시선에 있는 장소를 차지하고 있다. 1936년에 미국의 고고학자 H. E. D. 폴록은 노팟에서 욱스말 근처까지 마야 길, 즉 사크베 sacbe(유카탄 마야 어로 '하얀 길'이라는 뜻/옮긴이)를 따라갔다. 그 길은 아마도 총독의 궁전에서 끝났을 것이다. 그렇다면 이 도로는 천문학적 시선과도 일치했을 것이다. (에드윈 C. 크룹)

욱스말에 있는 총독의 궁전의 위풍당당한 정면 위쪽에는 수백 개나 되는 마야의 금성 상징들이 있다. 금성의 축선을 따라 뒤를 바라보는 이 시야는 머리 둘 달린 재규어 단에서 시작해서 무너진 원통을 가로질러 계속 가다가 총독의 궁전의 문 가운데에서 끝난다. (로빈 렉터 크룹)

면과 그 밖의 상징들, 그리고 350개가 넘는 금성의 엠블럼들이 매우 강렬한 모자이크를 만들어내고 있다. 고대 마야의 어느 천문학자는 정확한 해, 정확한 계절, 정확한 시간에 중앙 현관에 서서 금성이 궁전 앞에 있는 단 위의 넓은 광장 위로 드라마틱하게 떠오르는 모습을 보았을 것이다. 새벽이 오기 전에 떠오르는 금성은 궁전의 중심축 위에 있는 작은 제단과 저 멀리 건너다보이는 노팟의 실루엣과 조화를 이루며 자기의 규칙대로 떠오른다. 여기서 다시 욱스말에 있는 완성된 건축물은 천문학상의 해답이 마야의 하늘 관측자들에게 이미 알려져 있었음을 암시한다.

총독의 궁전은 금성이 최남단에 있을 때의 위치를 입증하고 날짜를 매기는 데 사용될 수도 있었겠지만, 엄청난 둥근 천장과 방들 그리고 건물 정면은 한 고독한 천문학자가 여기서 홀로 금성을 관찰하는 것 이상의 뭔가가 더 있었다는 걸 말해준다. 그것은 기념비적인 건물이며, 그보다 한층 더 기념비적인 단 위에 지어져 있다. 총독의 궁전 앞의 개방된 구역은 제의를 치르고, 종교극을 상연하

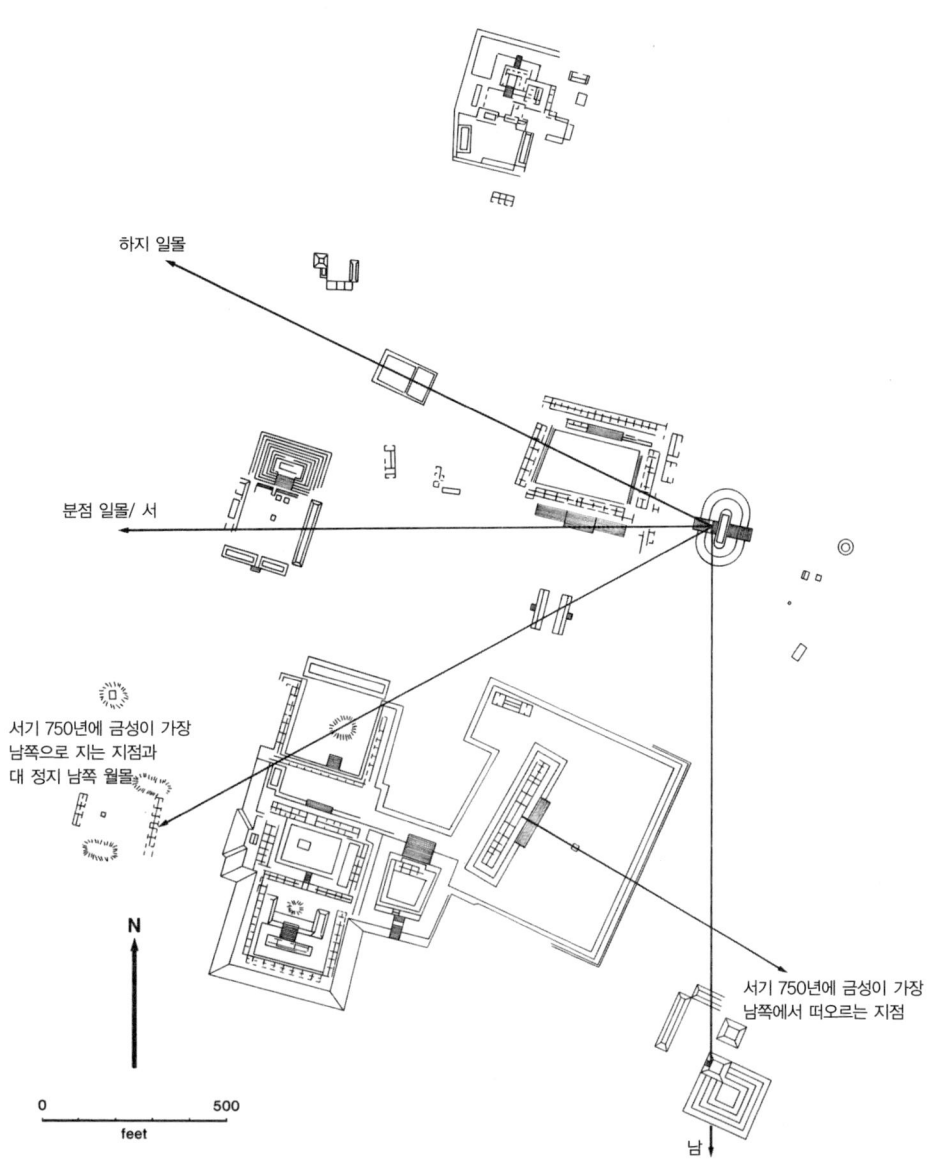

유카탄에 있는 욱스말의 주요 건물들을 배치하는 데에 몇 개의 천문학적 정렬이 들어가 있다. 부지의 대부분이 단 하나의 축을 공유하고 있지만, 총독의 궁전만은 다른 구조물들과는 눈에 띄게 빗나가 있다. 그 건물은 욱스말의 대부분이 세워지던 기간에 금성이 떠오르는 최남단 위치를 향하고 있다. (그리피스 천문대, 호르스트 하르퉁의 그림을 본뜸)

고, 또 최소한 수많은 증인이 모이기에도 손색이 없을 만큼 넓은 공간을 제공한다. 이런 환경에서라면 금성이 하늘의 여정 중 한 중요한 장소에서 떠오르는 것이 동트기 전 프로그램에서 감명과 극적인 순간을 연출했을 수도 있다. 태양이 모습을 드러내기 전 동쪽 지평선을 지배하는 빛나는 한 행성에 모든 사람의 눈길이 쏠려 있을 때 말이다.

알타비스타에서, 몬테알반에서, 우악삭툰에서, 욱스말에서 천문 관측이 이루어졌겠지만, 이런 공식적이고 공개적인 '천문대'들이 왜 설치되었는지에 관해서는 다른 설명이 필요하다. 모든 것이 너무나 잘 기획되어 있다. 진짜 천문 관측이 행해지긴 했겠지만, 그 관측은 공적인 행사로 다루어졌던 것 같다. 어느 별이나 일출을 관찰하는 것, 어느 행성이 자기의 여정이 시작된 곳으로 다시 돌아가는 것, 천정을 가로지르는 태양에서 나오는 한 줄기 광선—이 모든 것들이 우주질서가 의례를 통해 축하되고 성스러운 공간에 다시 불어넣어질 때 그것을 받아들이도록 디자인되었다.

## 신전에 빛을

스톤헨지에서나 메소아메리카의 의례단지에서 일어났던 일에 대해 문자화된 기록이 없으므로, 그런 곳들의 천문학적 정렬이 실제로 어떤 기능을 했는지는 지금도 잘 모른다. 우리를 안내해줄 수 있는 건 그 건축물의 종교적인 측면뿐이다. 이집트에서도 유사한 정렬을 보지만, 우리는 그 신전들의 천체 요소들을 더 잘 이해하고 있다. 신전의 돌을새김과 비문들이 그곳에서 거행된 중요한 의례 절차들을 묘사하고 있기 때문이다.

노먼 로키어 경은 이집트 신전들의 정위를 측정해서, 그중 몇 곳은 태양에 맞춰 정렬되어 있다는 의견을 1894년에 출간된 자신의 저서 『천문학의 여명 The Dawn of Astronomy』에서 제시했다. 신왕국의 신전들은 BC 1567~1085년 사이에 지어졌다. 이때는 제18, 19, 20왕조다. 그 신전들의 전반적인 설계는 축 위에 있

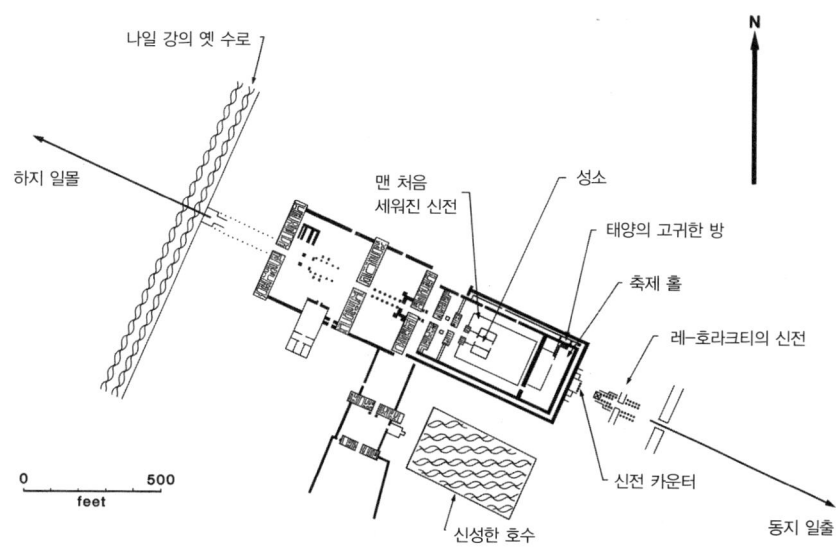

노먼 로키어 경에 따르면, 이집트 룩소르 근방의 카르나크에 있는 아문-레 대 신전의 주축은 하지의 지는 태양을 가리켰다고 한다. 로키어 경은 또 주 건물의 동남쪽에 있는 좀 작은 신전은 동지 일출 쪽으로 열려 있다고 주장했다. (그리피스 천문대)

는, 입구가 있는 높은 벽, 즉 탑문$^{pylon}$(고대 이집트의 신전이나 큰 건축물의 탑 모양의 문/옮긴이)에서 시작해서 안뜰과 몇 개의 홀을 지나고, 마침내 내부의 성소에 도달하는 한 경도축, 즉 대칭선에 바탕을 두고 있다. 이 설계는 터널 효과를 만들어낸다. 그래서 로키어 경은, 신전은 태양 혹은 어느 별에서 나오는 광선이 축 위를 통과하는 긴 시간 내내 비춰지도록, 그리고 성소 안에 안치된 신상神像에 떨어지도록 설계되었을 거라고 생각했다. 그 생각은 대체로 옳다. 그러나 로키어 경의 분석, 특히 별의 정렬에 관한 분석은 대개의 경우 알려진 날짜와 그가 생각한 신전의 정체성과 맞지 않는다.

로키어 경은 카르나크에 있는 아문-레$^{Amun-Re}$ 대 신전은 하지의 지는 햇빛을 포착하도록 설계되었다는 결론을 내렸다. 그곳의 입구가 북서쪽을 향하고 있기 때문이다. 시선이 608m 정도 되므로, 중앙통로를 좁히기 위한 칸막이들 덕분에 이집트 인들은 이 신전을 정확한 동지 날짜와 태양년의 정확한 길이를

아문-레 대 신전의 성소 안쪽에서 보면, 시선은 육중한 탑문들과 기둥들을 따라가다가 나일 강을 가로지르는 북서쪽 지평선에서 끝난다. (로빈 렉터 크룹)

측정하는 천문대로 사용할 수 있었을 것이다. 적어도 로키어 경은 그렇게 생각했다.

아문-레 신전은 로키어 경이 주장한 대로 연출되었다는 것을 제럴드 호킨스도 인정했다. 그러나 그는 나일 강 건너편 테베 언덕의 높이가 진짜 정렬선으로부터 태양을 디스플레이하기에 충분하다고 생각했다. 신전의 정위를 설명할 방법을 모색하던 중 호킨스는 남동쪽과 동지 일출이 더 이치에 맞는다는 결론을 내렸다. 신전의 본채가 비록 다른 방향으로 열려 있긴 하지만, 아문-레 신전군의 뒤쪽으로 멀리 떨어져 있는 방 2개짜리 작은 예배실과 투트모시스$^{Tuthmosis}$ 3세가 지은 연회실 일부가 하나의 가능성을 제시했다. 그곳의 창문으로는 남동쪽이 바라다보인다. 신전 안에 있는 비문들을 연구한 프랑스의 이집트학 학자

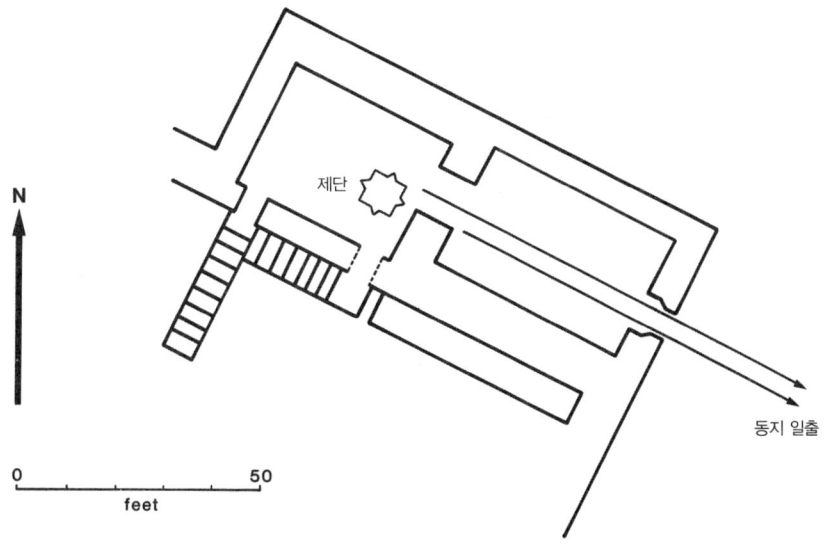

아문-레 대 신전의 작은 예배실 창문은 남서쪽으로 열려 있으며, 동지에 떠오르는 태양원반의 모양대로 만들어져 있다. (그리피스 천문대, 제럴드 호킨스의 그림을 본뜸)

인 폴 바르그에Paul Barguet는 거기에서 천체에 관한 언급을, 특히 떠오르는 태양에 관한 언급을 찾아냈다. 예배실, 즉 호킨스가 '태양의 고귀한 방'이라고 부르는 그 방에 있는 돋을새김 하나가 파라오가 창문을 향하고 있는 모습을 보여주며, 거기에 수반된 한 문서에는 "당신의 아름다운 얼굴을 환호하며 맞게 하소서. 신들의 주인이시며, 오 아문-레, 두 나라의 최초의 신……"이라는 문구가 있다.

헤텝hetep, 즉 '봉헌'이라는 그림문자가 조각된 커다란 돌 제단이 있어, 이곳에서 태양인 아문-레에 대한 의례용 관측을 했을 거라는 생각을 하게 한다. 연회실의 낮은 방에 있는 또 다른 비문이 좀 더 많은 정보를 제공해준다.

한 사람은 홀, 하늘의 지평선을 향해 가고, 한 사람은 아하aha, 위엄 있는 영혼의 외로운 장소, 하늘을 가로질러 항해하는 숫양의 고귀한 방으로 올라간다. 거기서 빛나는 호루스의 신비를 보기 위해 두 나라 최초의 신의 지평선 문을 연다.

10. 우리가 정렬시키는 신전들

아하$^{aha}$가 무슨 뜻인지 우리는 모른다. 그러나 이것은 '태양의 고귀한 방'의 창문을 통해 일출을 보라는 초대인 것 같다.

1976년 11월에 나는 마이크셀 부부의 전화를 받았다. 그들은 11월에 이집트에 있을 예정인데 그곳에 자기들이 볼 만한 천문학적인 뭔가가 있는지 궁금해했다. 나는 즉시 호킨스의 '태양의 고귀한 방'을 생각해냈고, 두 사람에게 동지에 카르나크에 있을 수 있느냐고 물었다. 가능하다고 해서, 나는 그들에게 일출을 보라고 '초대'했다. 나중에 알게 된 일이지만, 이 일은 내 생각보다 어려웠던 것 같다.

마이크셀 부부는 동짓날 해 뜨기 전 카르나크의 상태를 신중하게 조사했다. 그 결과 대추야자나무 한 그루가 높이 자라 '태양의 고귀한 방'의 창문을 통해 일출을 볼 수 있는 시계를 완전히 차단하고 있다는 걸 알게 되었다. 몇 년 전 호킨스가 그 창문에서 찍은 사진들을 다시 살펴보면, 대추야자나무의 잎사귀들 윗부분이 창문턱 위로 막 침범해 들어오기 시작하는 걸 알아볼 수 있을 것이다. 1976년쯤엔 그 나무가 시야를 완전히 가리고 있었다.

잠겨 있는 신전 문과 시야를 방해하는 야자나무에도 굴하지 않고, 마이크셀 부부는 이집트 여행 중에 동행하게 된 어느 캐나다인 교사와 함께 어둠을 뚫고 동짓날 아침 태양의 고귀한 방으로 들어갔다. 태양이 막 떠오르자, 그 교사는 바깥쪽 벽에서 대추야자나무로 껑충 뛰어오르더니, 나뭇가지를 독수리 날개 모양으로 펼쳐 V자 모양을 만들어서 그 사이로 태양이 떠오르게 했다. 일출 정렬이 확인되는 순간이었다.

신왕국시대의 다른 신전들도 동지 일출에 정렬되었다. 노먼 로키어 경은 레-호라크티$^{Re-Horakhty}$의 신전과 아메노피스$^{Amenophis}$ 3세의 신전 둘 다 이 방향을 향하고 있다고 말했었다. 호킨스는 80년 후에 이 주장들을 확인했으며, 카르나크의 태양의 고귀한 방과 같은 태양 예배실을 또 하나 발견하기도 했다. 이것은 아부 심벨$^{Abu\ Simbel}$에 딸린 작은 신전이다. 그리고 호킨스의 분석으로는 그것도 동지 일출에 정위되었다.

따라서 어떤 점에서는 로키어 경이 옳았다. 신왕국의 신전들 중에는 그 의

맨 앞에 있는 육중한 석조 블록이 카르나크에 있는 태양의 고귀한 방의 손상된 '헤텝 그림문자' 제단이다. 오른쪽으로 가서 아래쪽 틀만 남아 있는 것이 남서쪽 창문이다. (로빈 렉터 크룹)

미와 용도에 따라 천문학적으로 정렬된 것들도 있다. 하지만 이 신전들에 대해 우리가 알고 있는 다른 것들이 그 신전들을 천문대로 볼 수 없게 만든다.

 이집트의 모든 신전들이 다 천문학적으로 정렬되어 있는 건 아니지만, 천문 현상들이 각각 한 코너를 맡아 연기를 펼치고 있는 다른 의례들에 관해 돋을새김과 비문에 상세히 설명해놓고 있는 신전들도 있다. 예컨대 덴데라의 하토르 신전 벽과 천장 들은 온통 천문학적 이미지와 하늘에 올리는 제의를 묘사한 것으로 뒤덮여 있다. 하토르 신전은 이집트 유적치고는 좀 후대의 것으로, 이집트 프톨레마이오스 왕조에 속한다. 그 신전의 토대는 BC 2세기 후반에 놓였으며, 기원후 1세기까지 이어졌다. 그 신전 터는 아마도 신왕국이나 어쩌면 그보다 더 오랜 고왕국의 신전들이 차지했던 것 같다. 그렇게 후대의 것이기 때문에, 하토르 신전의 돋을새김에는 이집트 국경 너머로부터 받은 영향도 포함되어 있으나, 덴데라에 보존되어 있는 전승 중에는 수천 년 된 것들도 있다.

이 신전의 주축이 북에서 동으로 18.5° 정도로 정위되어 있기 때문에, 그 신전의 정렬에는 천문학적으로 명백하게 중요한 의미는 없는 것 같다. 로키어 경은 덴데라의 축이 어느 별을 가리키고 있다는 의견을 제시했다. 북두칠성의 두베$^{Dubhe}$, 아니면 용자리의 엘타닌$^{Eltanin}$일 것이다. 하지만 로키어 경 나름의 계산에 의하면, 이 정렬들은 지금이 아니라 3,000년에서 4,000년 이상 전의 하토르의 신전만을 위해 작용했을 것이다. 그 신전의 정위 뒤에 어떤 이유가 있든 간에 그것이 의례를 위해 신중하게 선택되었다는 것을 알 수 있다.

신전 내부의 벽들 중 하나에 '줄 잡아당기기' 의례가 묘사되어 있다. 이 의례에서는 밧줄로 만든 고리가 두 개의 기둥, 즉 막대기 사이에서 팽팽하게 잡아당겨져 있다. 신전의 기초를 측정하고 정위할 기준선을 정하기 위해서다.

덴데라는 중요한 축제, 즉 새해 의례를 거행하는 장소였다. 신전 지붕에 이르는 긴 계단은 새해 행렬 모습으로 장식되어 있다. 바로 지붕 위가 그들의 목적지다. 거기에는 정자 하나가 하늘과 태양을 향해 열려 있다. 다음의 문서는 그곳에서 무슨 일이 일어나는지 말해준다.

빛을 발하는 물체가 그녀의 아버지(가까이 그러나 태양보다 앞서서)의 이마 위로 빛나는 분(하토르-이시스-시리우스)을 들어 올리면, 그녀의 신비로운 자태는 그의 태양배 앞머리에 있다……. 그녀의 동료-신들이(다른 별들이) 그녀 아버지의 광선과 하나가 되고, 그들이 그의 원반과 하나가 될 때, 덴데라에는 기쁨이 넘친다……. 그들이 위대한 분, 거룩한 도시에서 확고한 걸음으로 성큼성큼 걸어가는 축제의 창조주를 바라볼 때 축제의 분위기가 무르익는다, 새해의 그 아름다운 날에.

이 문서와 다른 문서들은 태양과 함께 떠오르는 별인 시리우스가 떠오르는 것을 은유적으로 묘사하고 있다. 프톨레마이오스 왕조 시대쯤, 하토르는 복잡한 관계를 가진 아주 오래된 여신이었다. 그녀는 모성과 관계가 있지만, 우주적 기준에서 그렇다. 그녀는 모든 피조물의 근원인 대모신$^{大母神}$이며, 세계질서에

덴데라의 하토르 신전 지붕에 있는 열려 있는 정자는 새해 제의에서 시리우스가 새벽에 다시 나타나는 것을 관측하는 데 사용되었다. (에드윈 C. 크룹)

자양분을 주는 존재다. 이런 것들은 그녀의 신화와 상징 속에 분명하게 나타나 있다고 생각된다. 그녀의 아이는 새롭게 떠오른 태양이며, 그래서 그녀는 하늘, 그리고 여신 누트와 동일시되었다. 시리우스인 이시스는 새해의 어머니다. 따라서 이시스도 시리우스의 형태로 태양과 함께 떠오를 때 새해를 창조함으로써 그녀 나름으로 세계질서를 다시 세웠다. 또 다른 문서는 하토르에 대해 이렇게 말해준다.

……하늘에 나타나시는 아름다운 분, 태양배의 앞머리에서 세계가 규칙적으로 움직이게 하는 진리, 외경심을 품게 하는 여왕이시며 여주인, (신들의 그리고) 여신들의 지배자이신 위대한 이시스, 신들의 어머니시여.

따라서 하토르의 정체성은 이시스와 시리우스로 확대된다. 어쨌든 성대한

10. 우리가 정렬시키는 신전들

의례를 치르고, 산 제물을 바치고, 신에게 봉헌하고 나서, 새해 행렬은 신전에 있는 레(태양)와 하토르-이시스(시리우스)의 상을 지붕의 정자로 가져간다. 거기서 시리우스와 다음엔 태양의 빛이 베일을 벗은 신상들을 비췄을 것이다.

태양과 함께 떠오르는 시리우스는 햇빛 속으로 사라지기 전 아주 잠깐 동안만 보인다. 그 사건은 하나의 결합, 즉 결혼이다. 다시 말해 신방에 들어 결혼이 완성될 때의 태양의 '생일'인 새해를 경축함으로써 세계질서를 재창조하는 것이다. 틀림없이 이 천문현상을 덴데라의 지붕 위에서 지켜보았을 것이다. 그러나 비문은, 관측은 의례를 치르는 환경, 동쪽 하늘에 나타난 것에 의해 성스러워지고 의미가 부여된 환경에서 거행되었다고 말해준다.

# 11. 우리가 설계하는 도시들

금단의 도시 ● 태양을 효율적으로 이용하는 도시 ● 태양에게 영양을 주는 도시
● 세계의 배꼽에 있는 도시 ● 신들이 세운 도시

우리 조상들에게 중요한 것은 우주 그 자체였다. 그들의 삶, 그들의 믿음, 그들의 운명 등, 전부가 더 크고 화려하고 장엄한 이 행렬의 일부였다. 그들의 신전 환경이 우주질서에 대한 은유로 성스러워졌던 것과 마찬가지로, 모든 도시와 거대한 의례단지들 또한 천문학적으로 정렬되고 조직화되었다. 성스러운 수도 하나하나가 그것을 건설한 사람들이 저마다 우주에 대해 나름대로 인식한 관점에서 우주질서라는 주제를 바꿔 표현한 것이다. 사회가 자기의 것이라고 여긴 원칙들, 다시 말해 그 사회의 삶을 규정하고 그 사회의 특성을 부여한 것이라고 생각한 원칙들은 하늘에서 빌려왔으며 도시를 설계할 때 기초가 되었다. 이런 식으로 고대의 수도는 그것을 건설한 사람들의 정체성을 나타내고 재확인했다. 그것은 정부의 소재지이며 종교의 중심지이고 따라서 법과 질서, 주권의 원천이었다.

## 금단의 도시

베이징은 지구상에서 유일하게 성스러운 우주론적 설계에 따라 세워진 세계적인 수도다. 베이징의 기본축은 남-북이다. 다른 많은 도시에서도 가로 세로로 뻗어 있는 거리에서 기본정위를 볼 수 있긴 하지만, 이런 곳들은 의식적으로 우

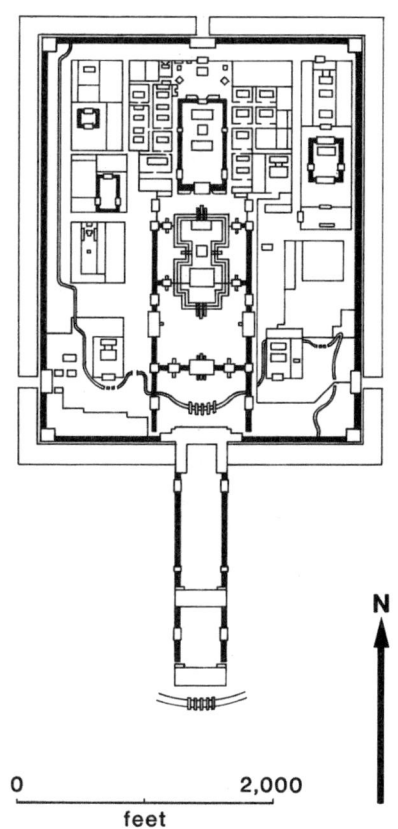

베이징의 황궁은 중국의 명나라 때로 거슬러 올라가며, 성스러운 수도와 우주적 정위의 관계에 대해 지루할 만큼 되풀이해서 말하고 있다. 황궁의 주축은 자오선, 즉 천구의 북극에 의해 정위된 남-북 선이다. 북극성과 결합되어 있는 황제는 중심에 있는 궁궐에서 의례적인 알현을 받았다. (그리피스 천문대)

주질서라는 개념과 결합해놓은 배열은 아니다. 하지만 베이징에는 도시설계의 배경에 우주론적 동기가 있다는 것이 잘 알려져 있고 또 지금도 보존되어 있다. 오늘날에도 종교와 관계없는 중화인민공화국 정부의 기념물들이 고대의 성스러운 설계를 고수하고 있다. 천안문 광장의 깃대, 인민 영웅들의 기념비, 그리고 마오쩌둥의 능은 모두 도시의 주축인 천안문과 전문前門 사이에 자리 잡고 있다. 천안문 광장은 베이징의 이 자오선에 의해 그 자체가 둘로 나뉘고, 인민대전당(전국인민의회 건물)과는 서쪽에서, 그리고 인민역사박물관과 중국혁명박물관과는 동쪽에서 접하고 있다. 현대의 베이징도 여전히 옛날 '황제의 길'이었던 우주의 축에 따라 조직되고 있다.

11. 우리가 설계하는 도시들 **397**

대리석 보도로 표시된 제국의 자오선이 자금성의 우주의 축cosmic axis을 따라 태화전, 즉 제국의 중추이며 하늘의 주극성의 영역을 땅에 그대로 옮겨놓은 그곳까지 뻗어 있다. 맨 위층 단 오른쪽 끝에 해시계가 세워져 있고, 왼쪽 끝에는 곡식 저울을 보관하는 작은 성역이 있다. (로빈 렉터 크룹)

    1km가 조금 넘는 황제의 길은 천안문에서부터 정 동쪽으로 태화전(자금성의 정전으로, 황제가 정무를 보던 곳/옮긴이)과 자금성의 심장부인 황제의 황금옥좌에 이른다. 여기서 황제는 공식회견을 하고 정무를 보았다. 황궁의 짙은 붉은색 벽 내부에 있는 이 지점은 명나라(AD 1368~1644)와 청나라(AD 1644~1912) 때 세계의 상징적인 중심이었고, 두 왕조의 수도는 이미 수백 년의 전통을 가진 도시계획에 바탕을 두었다. 공자 시대(BC 6~5세기)에 집대성된 초기 관습과 제의에 관한 고대의 기록인 『주례』周禮에는 알맞은 도시설계를 위한 상세한 설명도 포함되어 있다. 황제가 있는 곳이 중심이었다. 그는 정치와 권력에서 세계의 중심이었다. 황제는 천극처럼 고정되어 있어서 세계를 공고히 하고, 세계의 모든 일들은 그의 주위를 맴돈다. 그의 황궁은 자금성, 즉 '붉은 금단의 도시Purple Forbidden City'로 알려져 있는데, 천극 주위가 '금단의 붉은 궁전Forbidden Purple Palace'이라고 불리는 것과 같다.

베이징의 황궁은 직사각형이고 황제의 길로 표시된 남-북 축에 정위되어 있다. 모든 문, 벽, 안뜰, 그리고 궁궐은 천극에 의해 정위된 한 선에 따라 둘로 나뉜다. 고대의 문서들은 황궁을 '땅과 하늘이 만나는' 곳이라고 했다. 황궁에 가려면 전문에서부터 5개의 웅장한 문과 4개의 안뜰, 그리고 2개의 의식용 강을 거쳐야 한다. 황금옥좌로 가는 길에는 하늘과 땅의 조화를 바라는 기도문처럼 읽히는 시설들이 있다.

곧장 태양을 향하는 문(전문前門)
태평천국의 문(천안문)
바른 품행의 문
자오선 문(오문)
지고의 조화의 문(태화문)
지고의 조화의 궁(태화전)

그리고 옥좌 너머에 있는 전각들의 이름은 하늘의 질서를 땅으로 가져오는 주제를 그대로 다시 들려준다. '중화中華 Central Harmony', '보화保和 Preserving Harmony', '건청乾靑 Heavenly Purity', '교태交泰 Union', '곤녕坤寧 Earthly Tranquility' 등등.

질서에 대한 중국인들의 개념은 사상이 결합되고 생각이 조직화되는 방식을 뚜렷이 보여준다. 예컨대 5라는 수는 중국인들이 전통적으로 가지고 있는 지상의 질서라는 의례와 관련되어 있기 때문에 상징적으로 중요하다. 중국인들에게는 땅이 '5방향'으로 둘러싸여 있는데, 그건 4개의 기본 방향과 중심이다. 정사각형 또는 직사각형은 땅을 상징하며, 그런 이유로 자금성에는 10m 높이의 담 안에 4면과 4모서리를 가진 누각과 4개의 문이 있다. 다섯 번째 방향은 중앙으로, 황제의 방향이다.

그러므로 중국인들에게는 5가지의 활동(오행), 즉 움직임이나 행동, 변화의 5가지 원칙이 있다. 물, 불, 금속, 나무, 그리고 흙이다. 고대 그리스 로마의 4원소와 비슷한 것으로, 중국의 오행이 좀 더 복잡한 기능과 역동적인 성격을 가지고 있다. 오행과 관련된 것들로는 5가지 대기 현상, 5가지 성스러운 동물, 5가지 빛깔, 5가지 내장, 5가지 금속, 5개의 행성, 그 밖에도 5개가 한 벌로 된 것들이 많이 있다. 천안문을 관통하는 5개의 아치 터널인 오문, 즉 자오선 문을 지나 안으로 들어서면 5개의 대리석 다리가 금수하$^{Golden\ Water\ River}$에 놓여 있는데, 각각 5가지 덕목(인, 의, 예, 지, 신/옮긴이)을 나타내는 이름이 붙어 있다. 그리고 앞에서 보았듯이, 태화전으로 들어가는 문도 모두 합쳐 5개다.

명나라의 세 번째 황제 영락제가 금단의 도시를 세웠다. 그는 어린 조카에게서 왕위를 찬탈한 다음 수도를 난징에서 베이징으로 옮겼다. 그리고 1404년 그 중심에다 자금성을 건설하기 시작했다. 전설에 따르면, 점성가이며 지관$^{地官}$인 유백온$^{劉伯溫}$(본명은 기$^{基}$이며, 자가 백온이다/옮긴이)이 중국 신화 속 인물인 노자의 오행과 인체(다섯 가지 내장기관을 포함하여)의 상호작용에 의거해 금단의 도시를 설계했다고 한다. 유백온은 설계도를 봉인된 편지에 담아 영락제에게로 가져갔고, 영락제는 그 설계를 아무 조건 없이 따랐다. 그렇게 해서 14년 후, 금단의 도시가 완공되었다.

도시, 집, 그리고 무덤은 상징적일 뿐만 아니라 실용적인 규칙체계에 따라 자리를 잡고 방향을 잡는다. 그 과정은 흙점이라고 하여 점성학, 천체의 정렬, 흙의 자성, 수맥, 지형적 상징성, 그 밖의 여러 가지 마법적인 기술들이 복잡하게 얽혀 있는 일종의 점이다. 중국의 흙점 형식을 풍수$^{風水}$라고 한다. 말 그대로 '바람과 물'을 의미하며, 모든 점에서 자연친화적인 설계를 하려는 것이었다. 베이징의 금단의 도시는 이 원칙을 최대한의 규모로 진척시켰으며, 중국식으로 하늘과 땅의 조화를 이루었다.

황제는 천자, 즉 '하늘의 아들'이므로 그의 권한은 하늘로부터 위임받은 것이었다. 세계질서를 보존하는 것은 그의 책임이었으며, 그래서 그의 수도는 모든 영향력들이 순조롭게 한곳에 응축될 수 있도록 설계되었다.

태화전의 테라스에는 해시계 하나와 곡식 저울을 보관하는 신전의 모형 하나가 서 있다. 해시계는 구름 낀 하늘 아래서는 쓸모가 없기 때문에, 도덕적인 정부와 황제의 미덕을 나타낸다. 곡식 저울은 알맞은 분배와 정의를 상징한다.

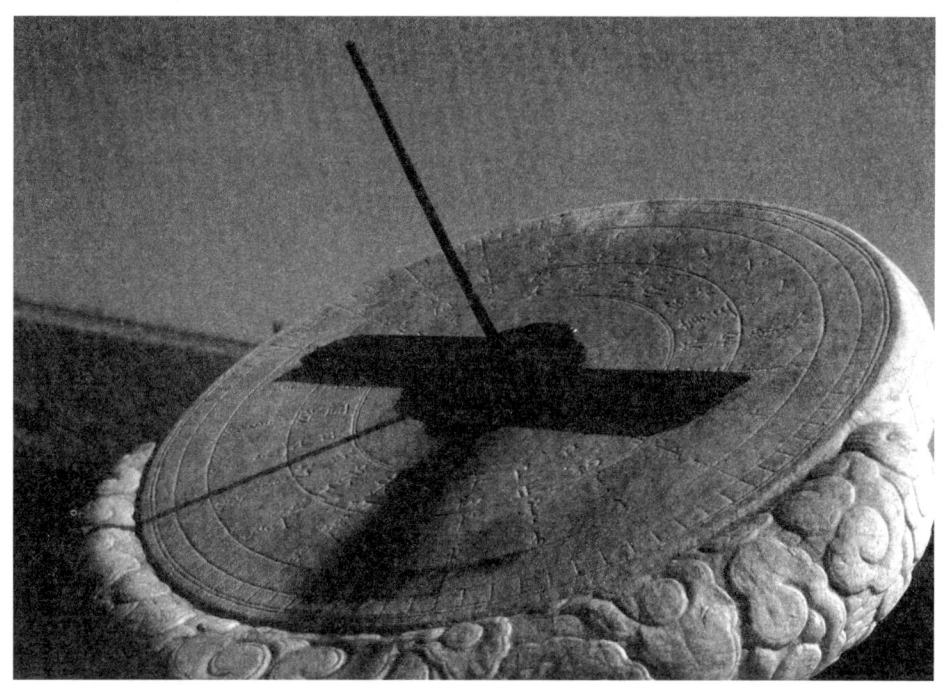

태화전의 단에 있는 해시계는 하늘의 시간을 상기시키며, 도덕적이고 질서정연한 정부를 상징한다. (로빈 렉터 크룹)

그것은 표준 치수의 그릇이며, 모양으로 봐서 자금성처럼 생긴 정사각형의 작은 신전은 제국 전체를 나타낸다. 이 두 가지 도구에는 황제의 또 다른 근본적인 의무도 내포되어 있다. 황제에게는 해마다 오문에서 새 달력을 고지하고, 계량법을 관장할 의무가 있었던 것이다.

중국은 BC 221년에 진시황에 의해 최초로 통일되었다. 천문학적으로 정위된 그의 무덤에 대해서는 앞서 5장에서 설명했다. 그 역시 산시성 중심에 있는 웨이허(위하) 남쪽 기슭, 지금의 시안시 서쪽에 수도를 건설했다. 자신이 무찌른 각 성의 궁전 복제품이 승리를 거둘 때마다 추가되었고, 공식적인 알현을 위해 그는 기본방위에 정위한 거대한 궁전을 지었다. 이 궁전으로부터 포장된 도로 하나가 강에 가로놓여 있었다. 이 상징화된 천구의 다리는 '하늘의 정점'에서 '궁궐 침실'에 이르는 은하수를 가로지르는 것 같다.

진의 수도는 한나라를 세운 유방의 군대에 의해 소탕되어 완전히 사라졌다. 그러나 진나라의 '영혼의 도시', 즉 무덤은 아직도 남아 있어서 기본방위에 정위된 한 수도의 우주론적 설계를 그대로 보여준다. 진시황이 어디에 매장되었는지 정확히는 모르지만, 그는 평생 '세계의 중심'을 차지했으므로 그의 시신도 '영혼의 도시' 한가운데에 있을 거라는 추측은 할 수 있다.

## 태양을 효율적으로 이용하는 도시

기본방위는 하늘에서부터 발생해서 땅을 정위한다. 또 다른 사람들, 즉 플랫폼 마운드$^{Platform\ Mound}$를 세운 아메리카 원주민들도 자신들의 도시(카호키아)를 기본방위 축 위에 놓았다는 얘기는 앞에서 했다. 푸에블로 원주민의 도시 대부분은 남서 방위이고, 모든 호피 마을은 한 곳만 빼고 정확하게 기본방위로 정위되어 있다. 기본방위 정위에 관해 비슷한 관심이 있었다는 것이 선사시대의 푸에블로 중심지에서도 분명히 보인다.

푸에블로 보니토$^{Pueblo\ Bonito}$(뉴멕시코 차코 캐니언에 위치한 800개의 방이 있는 D자형 다층 아파트/원주)의 중앙광장은 남-북 선상의 낮은 벽으로 깔끔하게 나뉘어 있다. 벽은 정확한 남-북 정위에서 겨우 45호분, 즉 약 $\frac{3}{4}°$가량만 빗나가 있다. 이 모양과 비슷한 대 키바도 역시 잘 정렬되어 있으며, 15호분($\frac{1}{4}°$)만 북에서 서쪽으로 빗나가 있다. 이런 정렬은 레이 윌리엄슨 박사에 의해 현장에서 입증되었다. 그 역시 남쪽 벽의 반, 즉 D자의 직선 다리의 서쪽 반이 동-서로 정위되어 있는데, 오차는 남에서 동으로 불과 8호분 정도임을 보여주었다. 이런 석조 건축 기술은 모두가 푸에블로 보니토 후기, 즉 대략 AD 1000~1100년 사이의 것이다.

푸에블로 보니토의 남-북 벽은 실제로는 두 개로 나뉜 별개의 광장을 만들어내고, 각각에는 대 키바가 있다. 이런 건축양식은 푸에블로 보니토의 인구가 두 그룹으로 나뉘었음을 짐작케 하며, 아마도 친족관계나 또는 종교적으로 서

차코 캐니언 북쪽에 있는 절벽의 모습은, 광장을 둘로 나누는 낮은 남-북 담에 의해 만들어진 축선에 따라 여기 보이는 푸에블로 보니토의 폐허에 위풍당당한 배경 역할을 한다. (로빈 렉터 크룹)

로 다른 단체들의 제휴에 바탕을 두었을 것이다. 트래비스 허드슨 박사는 두 가지 다른 측정단위가 사용되었다는 걸 입증할 증거들을 모아서 정리했는데, 하나는 동쪽 구역에 방을 만드는 데 사용했고, 다른 하나는 서쪽 방을 위해 사용했다. 오늘날의 리우그란데$^{Rio\ Grande}$ 푸에블로 족 가운데 어떤 부족 사이에서는 한 해의 의례들을 두 그룹으로 나누어 맡는다는 사실이 이원성 이론을 뒷받침한다. 도시의 중심이 공적인 모임과 의례를 위한 장소가 되는 것 말고도, 광장은 공동체의 일상적인 일을 위한 본부였다. 그리고 지금까지 드러난 새로운 증거들은 원주민들이 푸에블로 보니토를 안락하고 에너지를 효율적으로 이용하도록 만들기 위해 건축양식, 환경, 그리고 태양 자체를 이용하는 데 정통한 사람들

11. 우리가 설계하는 도시들

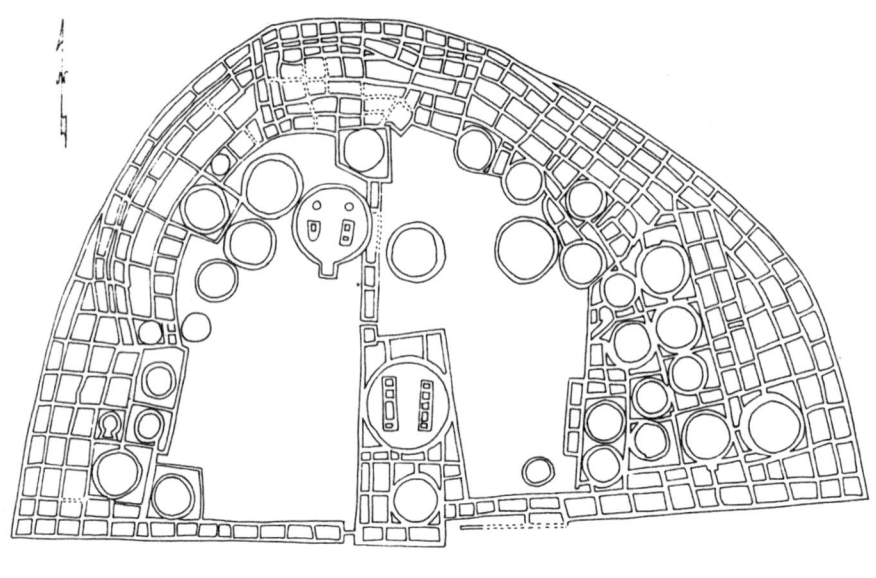

뉴멕시코, 차코 캐니언에 있는 푸에블로 보니토는 정확하게 남-북으로 달리는 담 하나로 깔끔하게 나뉘어 있다. 각각의 반에는 그 자체의 대 키바, 씨족 키바, 광장, 아파트가 있는 게 보인다. (국립공원관리국)

이라는 걸 보여준다. 건축양식과 에너지 사용에 관심을 가진 랠프 노울즈는 1974년 푸에블로 보니토의 전반적인 디자인이 태양에너지를 수동적으로 이용하는 데 성공한 실습장이라는 점에 주목했다. 낮은 겨울 태양으로부터 받는 많은 빛과 열이 구부러진 북쪽 벽에 의해 중앙광장으로 다시 반사된다. 레이 윌리엄슨과 그의 동료들, 물리학자 하워드 피셔와 건축가 피터 폴은 태양열이 약해진 겨울보다는 뜨거운 여름에 계곡의 벽에 의해 방에 그늘이 드리워지는 것을 관찰했다. 몇 개의 방에서 온도를 측정해보고서 그들은 푸에블로 보니토가 에너지를 효율적으로 이용하고 있다는 것을 증명했다. 두꺼운 벽과 벼랑의 정면에서 반사되는 빛 때문에 밤낮의 기온차가 극심한 사막에서도 방은 일정한 온도를 유지할 수 있다.

## 태양에게 영양을 주는 도시

섬에 건설된 아스텍 제국의 수도 테노치티틀란은 스페인 정복자들이 보았던 유럽의 그 어느 도시보다 인구가 더 많고, 더 광대하고, 더 조직화되어 있었다. 수도는 중앙, 즉 주 피라미드인 마요르 신전 주변의 성스러운 지역에서 시작된 4개의 대 도로에 의해 4구역으로 나뉘었다. 그중 세 도로는 동, 남, 북쪽에 있는 다리와 합쳐져서 텍스코코$^{Texcoco}$ 호수를 가로지르며 테노치티틀란을 본토와 연결시킨다. 이 설계는 현재의 수도에도 여전히 보존되어 있다. 멕시코시티의 주축인 남-북 축은 아르헨티나 그리고 세미나리오 거리와 일치한다. 타쿠바 거리는 옛 서쪽 거리 및 간선도로와 서쪽을 향해 한 줄로 놓여 있다. 옛 수도의 대부분은 지금도 후대의 거리와 건물들 밑에 묻혀 있다. 그리고 스페인 정복 후에 쓰인 연대기에 묘사되어 있고 초기 지도에 포함되어 있는 신전, 피라미드, 궁전들에 대해선 지금도 논쟁 중이다. 그렇기는 해도 테노치티틀란의 중심가에 있는 주요 구조물들은 모두 중심가의 주축을 표시하거나 혹은 주축이 주요 구조물들을 정위하는 것 같다.

기본방위 때문에 도시가 4구역으로 분할되었다고는 해도 테노치티틀란의 성스러운 건물, 주요 도로, 간선도로 들은 진짜 기본방위에서 빗나가 있다. 앤터니 아베니는 1976년 마요르 신전의 드러난 토대를 측정한 결과를 보고하면서, 피라미드의 주축인 동-서 축은 사실은 동에서 남으로 7° 가량 옮겨져 있다고 지적한다. 진정한 동-서 라인에서 이렇게 이탈한 것도 테노치티틀란의 설계자와 건축가들이 냉정하게 조사한 결과일 테니, 우리가 간단히 처리할 수는 없다. 1532년의 연대기인 『그림으로 본 멕시코 인들의 역사』$^{Historia\ de\ los\ Mexicanos\ por\ sus\ Pinturus}$에 아스텍의 왕 몬테수마 2세가 정확한 정렬에 보인 관심이 묘사되어 있기 때문이다. 마요르 신전에 대해 언급하면서 그 연대기는 이렇게 말한다.

틀라카시페우알리츨리라고 하는 축제는 태양이 우이칠로포치틀리 신전의 한 가운데에 있을 때, 즉 춘분에 거행된다. 그리고 그것이 직선에서 조금 나와 있

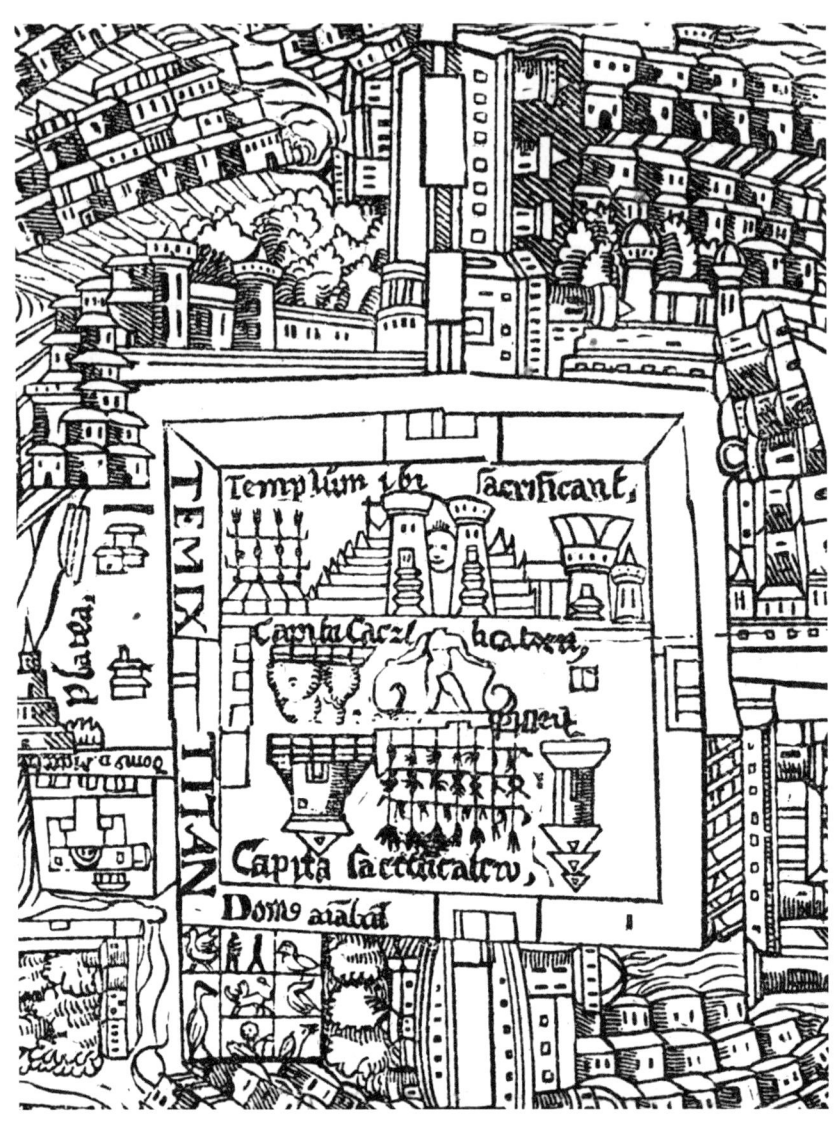

4개의 길이 테노치티틀란 중심 지역의 4면에서부터 뻗어나간다. 1524년에 그려진 이 상세도에는 마요르 신전도 묘사되어 있다. 이 성스러운 구역을 지배했던 거대한 쌍둥이 피라미드가 두 개의 탑을 가진 계단식 구조물로 묘사되어 있다. 태양의 얼굴이 마요르 신전의 두 탑 사이의 틈으로 살짝 나타나 있다(Lucien Biart, 『아스텍 인들: 그들의 역사, 풍습, 그리고 관습The Aztecs: Their History, Manners and Customs』, 1886에서).

기 때문에 몬테수마는 태양을 끌어당겨서 바르게 놓는다.

틀라카시페우알리츨리$^{Tlacaxipehualiztli}$는 20일씩 18개월 중 하나, 즉 365일 아스텍 년 중 베인테나$^{veintenas}$였다. 그것은 우리의 3월에 해당하고 그 기간 안에 춘분이 들어 있다. 다산과 부활의 시간, 봄의 시간인 것이다. 위의 기록에서 우리는 태양이 마요르 신전의 '한가운데에 있다'는 걸 알게 되었다. 이것은 태양이 쌍둥이 피라미드, 즉 마요르 신전의 정상에 있는 두 개의 신전 사이에서 보였다는 뜻이다. 코르테스$^{Cortés}$가 그렸다고 하는 테노치티틀란의 초기(1524년) 지도에는 두 개의 탑 사이에 태양의 얼굴이 끼어 있는 양식화된 마요르 신전이 포함되어 있다.

모든 것이 마요르 신전은 제의 행사와 신화 재현을 위한 무대로 쓸 예정이었다는 걸 암시한다. 겉보기로는 춘분의 일출이 이런 의례에서 한 부분을 연출했겠지만, 앤터니 아베니가 측정한 바로는 두 신전 사이의 틈을 통한 시선은 춘분의 태양이 지평선상에 나타나는 지점에서 남쪽으로 $7\frac{1}{2}°$ 떨어져 있다. 기단의 폭이 21m 이상이고, 위쪽 단이 땅에서 27.4m 되는 높은 곳에 자리 잡은 마요르 신전의 거대한 부피가 일출의 시야를 차단했을 것이다. 하지만 피라미드의 높이를 고려해 본 아베니와 동료 샤론 깁스 박사는 빗나간 정렬을 이해할 수 있었다. 춘분의 태양은 높이 떠오르면서 경사진 궤도, 즉 지평선과 70.5° 정도 구부러진 진로를 따라간다. 마요르 신전의 서쪽 광장과 신전의 축 위에 있는 한 지점에서 태양은 결국 쌍둥이 피라미드 사이에서 보일 것이다. 테노치티틀란의 동-서 축은 춘분 태양에 의해 정해졌다. 지평선상에서가 아니라 제의 및 성스러운 드라마와 합쳐진 극적인 출현을 위해 기획된 방향에서.

따라서 테노치티틀란에는 성스러운 공간의 요소들이 전부 다 있다. 태고의 산과 함께하는 그 상징적인 정체성을 통해 테노치티틀란의 심장은 세계의 심장이다. 그곳은 세계 창조의 장소로 여겨졌으며, 이 정체성은 해마다 우이칠로포치틀리, 즉 아스텍의 수호신이 그곳에서 의례에 의해 재현될 때 새롭게 다듬어진다. 동쪽과 춘분은 탄생 및 부활과 관계있다. 마요르 신전은 테노치티틀란이라는 토대를 가진 태양의 우주질서 창조와 결합되어 있다. 전설에 따르면, 그 도시는 초기 아스텍 인, 즉 메히카Mexica들이 독수리 한 마리가 선인장 위에 앉아 있는 것을 보고 그 기초를 세웠다고 한다. 그 선인장은 호수 한가운데에 있는 어떤 바위에서 자라나고 있었으며, 독수리가 그 열매를 게걸스럽게 먹어치우고 있었다. 이 상징은 테노치티틀란의 엠블럼인데, 그것은 '선인장 열매의 장소'라는 뜻이다. 여기서 독수리는 태양을, 선인장 열매는 인간의 심장을 나타내며, 그것들은 모양과 빛깔이 서로 닮아 있다. 선인장을 발견한 지점에다가 아스텍 인들은 자신들의 신전을 세웠고, 이 도시의 심장에서 그들은 산 제물로 태양을 부양했다. 그리하여 그들 마음속에서는 우주가 계속 살아 있었다. 바로 자신들의 수도 이름—테노치티틀란—에서 아스텍 인들은 세계 중심의 목적을 분명히 말했다. 그곳은 태양에게 영양을 주는 장소였다. 그 건축양식의 상징성으로, 그 신화의 은유로, 그 축제의 주기로, 그리고 그 신전과 거리의 설계로 테노치티틀

분점에 태양이 충분히 떠오른 다음 정상에 있는 두 피라미드 사이에서 나타날 수 있도록, 마요르 신전을 의도적으로 동쪽에서 남쪽으로 7.5° 비스듬히 배치했을 가능성도 있다. 돌 위에 여신 코욜사우키를 묘사한 기념비적인 돋을새김이 오른쪽(남쪽) 계단 기저부에서 발견되었다. (그리피스 천문대)

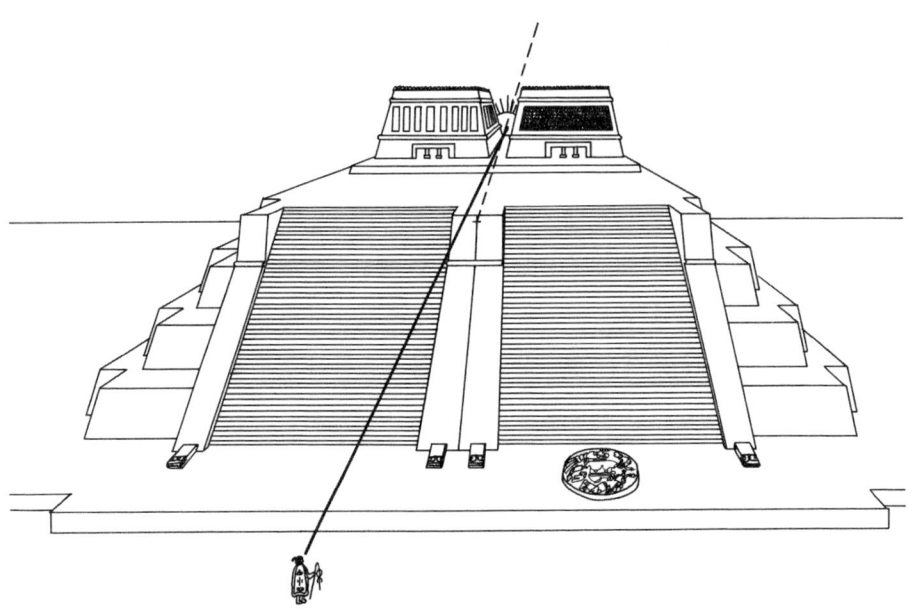

아스텍 《멘도사 사본Codex Mendoza》 한 페이지에 1325년 테노치티틀란의 건국 설화를 그림으로 그려놓았다. 이 상세한 그림 속에서, 그 유명한 독수리가 선인장 위에 올라앉아 발톱으로 선인장 열매를 막 움켜잡으려 하고 있다. 그 열매는 독수리로 표현된 태양을 위한 희생제의를 통해서 아스텍 인들이 손에 넣은 인간의 심장과 상징적으로 같다. 테노치티틀란이라는 이름은 선인장과 그 열매에서 유래되었으며, 하늘의 위임통치라는 아스텍 인들의 비전에 의해 테노치티틀란의 주권이 유지되었다. 이 하늘의 힘이 아스텍 세계의 중심에 있는 땅, 그들의 제국이 시작된 장소로 옮겨졌다. 그들이 선인장 열매를 먹고 있는 독수리를 우연히 만난 이 지점은 또 텍스코코 호수의 물이 교차하는 것으로 표시되기도 한다. 이 두 수로가 아스텍 인들의 영역을 상징적으로 넷으로 나누고 세계의 4방향을 그대로 되풀이하고 있다. (보들리안 도서관, 옥스퍼드, MS. Arch. Selden A. I, folio 2)

란은 아스텍 인들의 우주적 운명을 표현했다.

## 세계의 배꼽에 있는 도시

페루의 잉카제국은 성스러운 수도이며 행정 중추인 쿠스코에 집중되어 있었다. 안데스 지역에서 오늘날에도 들을 수 있는 언어인 케추아$^{Quechua}$ 어로 쿠스코는 '지구의 배꼽'이라는 뜻이다. 말 그대로, 쿠스코는 군사력과 효율적인 정부를 통해 자신의 세력 범위 안에 있는 땅에 부과한 질서라는 영양을 세계에 공급했다. 잉카의 사회질서의 정점에서 사파 잉카$^{Sapa\ Inca}$, 즉 최고의 황제는 완전하고 절대적인 권력을 장악했다. 그의 권위의 원천은 하늘이다. 그는 태양의 아들이기 때문이다. 사파 잉카를 통해 도시 자체가 땅과 하늘 사이를 이어주는 지점이었다. 쿠스코는 영토와 지상의 사람들을 조직화하고 결집하는 힘의 근원으로 간주되었다. 성스러운 지배권의 중심으로서 쿠스코는 자기의 업무를 수행하고, 그곳 사람들을 조직화하고, 신전을 배치하며, 하늘의 패턴에 따라 스스로를 정위했다. 하늘에 대한 땅의 의무는 쿠스코에서 행하는 제의와 축제, 그리고 인신공양으로 이행되었다. 따라서 이곳도 베이징이나 테노치티틀란처럼 또 하나의 성스러운 도시다. 쿠스코의 설계를 보면 하늘을 분명하게 인식했을 뿐만 아니라, 우주질서에 대해 쿠스코가 진 빚은 다른 어느 성스러운 수도보다 더 크고 더 복잡하다.

　잉카 인들은 자기들의 제국을 '타우안틴수유$^{Tahuantinsuyu}$', 즉 '4지역의 땅'이라고 불렀다. 제국을 지리적으로 4분한 것이 제국의 사회 및 정치조직에도 반영되었다. 엄격한 사회계층 제도에서 사파 잉카 바로 아래 계급은 4명의 아푸$^{apu}$, 즉 총독들이 차지했다. 이들은 사파 잉카의 최고 고문들이며 각각 4지역을 대표했다. 이 지역의 이름은 쿠스코로부터의 방향에 따라 붙여졌다. 그러나 제국은 기본방위가 아니라 중간방위로 정위되었다.

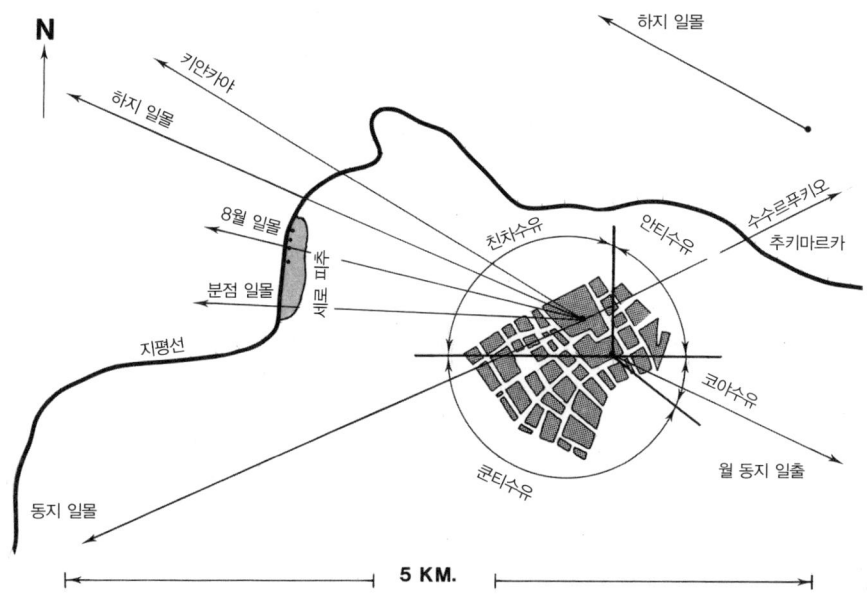

잉카제국은 정치적·지리적으로 4지역으로 나뉘었다. 잉카 세계의 중심에 있는 성스러운 수도인 쿠스코에도 이 같은 조직화가 반영되어 4지역으로 나뉘었다. 어떤 경우에서든 천문학적인 방위가 건물들의 정위를 결정했다. 예컨대 태양의 신전인 코리칸차는 하지 일출/동지 일몰 선에 정위되었다. (그리피스 천문대, A. F. 아베니의 그림을 본뜸)

안티수유 Antisuyu    '북동 지역'
친차수유 Chinchasuyu  '북서 지역'
쿤티수유 Cuntisuyu   '남서 지역'
코야수유 Collasuyu   '남동 지역'

　이 4지역 구분은 쿠스코의 중심으로 곧바로 연장되었으며, 도시의 4구역도 각각 같은 이름으로 알려져 있었다. 도시의 지역들은 잉카의 행정조직, 사회계층 제도, 그리고 혈족관계 등의 세부사항들에 의해 명확해진다. 세케 및 우아카와 함께 전체적인 설계가 성소를 일렬로 정렬시키는 시스템으로 짜여졌다. 앞에서 보았듯이, 우아카는 성스러운 의미를 지닌 장소 혹은 지형물이며, 몇 개의 우아카들로 형성된 선이 하나의 세케다. 거의 무엇이나 우아카가 될 수 있었다. 샘물, 조상의 무덤, 특이한 바위나 언덕, 심지어는 금속 광산까지도.

베르나베 코보$^{Bernabé\ Cobo}$ 신부는 잉카제국에 대해 장황하고 포괄적으로 기록한 자신의 저서 『신세계 역사$^{Historia\ del\ Nuevo\ Mundo}$』에서 쿠스코의 우아카들에 관해 세밀하게 묘사했다. 16세기 초 스페인 사제의 관점에서 쓰긴 했지만, 생애 대부분을 페루에서 보낸 그는 그 나라와 국민들에 대해 잘 알고 있었으므로 세케 시스템과 쿠스코의 조직에 관한 그의 기록은 믿을 만하다.

각 자치지역이 중간방위와 결합되어 있긴 해도 이 지역들이 똑같이 혹은 대칭적으로 나눠진 건 아니었다. 남서 '4분면'은 진짜 $\frac{1}{4}$인 90°보다 37° 이상 더 벌어져 있었고, 남동 구역은 그만큼 더 좁았다. 도시의 수유$^{suyu}$ 즉 지역 가운데 3지역에는 그 관할권 내에 12개의 세케가 있었으나, 쿤티수유에는 5개가 더 많았다. 이런 비대칭 현상은 아마도 세케 시스템이 부딪쳐야 했던 다른 조건 때문이었을 것이다. 공평하지 않게 나눠진 건 어쩌면 씨족 혈통과 잉카 사회제도의 난해한 규칙 때문이었을지도 모른다. 그러나 거기에는 몇 가지 이유가 있었을 것이다. 세케에 부여된 복잡하고 상징적인 성격 같은.

16세기 연대기 작가 크리스토발 데 몰리나$^{Cristóbal\ de\ Molina}$와 후안 폴로 데 온데가르도$^{Juan\ Polo\ de\ Ondegardo}$가 표시해놓은 것들을 주의 깊게 살펴보다가, 일리노이 대학 샴페인 얼바나의 천문학자 쥐드마$^{R.\ T.\ Zuidema}$ 박사는 1953년에 세케 시스템이 한층 더 복잡하다는 것을 알아차렸다. 옛 기록에 따르면 쿠스코의 328개 우아카들은 각각 1년 중 어느 하루를 나타내는 것이었다. 여기서 쥐드마는 그것들은 달이 배경별들 주위를 12바퀴 도는 데 걸리는 시간을 나타내는 것일 거라고 추측했다. 그는 스페인 정복 후의 증거에서 봉헌이나 의식, 우아카의 보수관리는 특정 그룹 사람들의 책임이었으며 그 그룹의 구성원들은 혈족관계를 통해서, 그리고 어쩌면 관료제도 안에서의 지위나 혹은 행정적 규정을 통해서 결정되었을 거라는 결론을 이미 내려놓고 있었다.

왕족은 자신들만의 혈통을 확립했으며, 각 혈통의 뿌리는 한 잉카 황제에게로 거슬러 올라간다. 사회는 대체로 지위에 따라 3그룹으로 나뉘었다. 왕족 및 귀족집단인 코야나$^{Collana}$, 관리 및 보좌관인 파얀$^{Payan}$, 그리고 일반 백성인 카야오$^{Cayao}$가 그것이다. 코보가 조사한 세케 중에는 이 집단에 의해 이름이 붙여진 것들도 있다. 따라서 세케의 일반적인 양식은 쿠스코의 각 지역마다 3세케씩 3세트로 묶는 것이었다. 각각의 세트에서, 한 세케는 코야나 그룹에 속해 있고, 하나는 파얀 그룹에, 또 하나는 그들과 특별한 관계를 맺은 카야오에 속해 있었다.

세케 제도 전체가 잉카 인들이 문자 대신으로 사용하던 키푸$^{quipu}$, 즉 매듭을 묶은 끈에 비유되어왔다. 각 세케는 한 줄의 끈과 같고, 세케의 우아카들은 끈 위에 차례로 묶어놓은 매듭과 같다. 이런 관점에서 보면, 세케는 일련의 성스러운 장소에서 가족의 정체성, 혈족관계, 사회의 위계질서, 그리고 쿠스코의 4지역에서 방사상으로 뻗어나가며 직선으로 조직화된 모든 것들을 보존하는 조직이었다.

모든 세케는 코리칸차$^{Coricancha}$ 즉 태양의 신전을 중심으로 뻗어나갔다. 쿠스코가 세계의 중심인 것처럼, 코리칸차는 쿠스코의 중심이었다. 잉카 신화에 따르면, 신전 터는 태양의 장남인 망코 카팍$^{Manco Capac}$에 의해 결정되었다고 한다. 그는 지구에 거주하는 야만적인 사람들에게 문명을 전해주라고 보내졌다. 부인인 '달의 딸'을 동반한 망코 카팍은 자신의 왕국을 건설할 장소를 찾아 여행했다. 쿠스코 계곡에 이르렀을 때 망코 카팍은 자기의 아버지인 태양의 가르침을 따라서 황금막대를 땅에 꽂았다. 그는 이미 여러 곳에서 이 테스트를 해보았는데, 다른 곳에서는 막대기가 모두 그냥 꼿꼿하게 서 있었다. 그런데 여기, 두 강이 만나는 이곳에서는 황금막대를 꽂자마자 땅속으로 스르르 빠져들어 가더니 사라져버렸다. 망코 카팍은 이 장소에 코리칸차를 세웠다. 신화에서 성스러운 태양의 신전은 쿠스코가 발견된 장소를 나타낸다. 이곳은 또 제국이 집중된 곳이기도 했으며, 더욱이 그것이 쿠스코를 우주질서가 땅에서도 이루어지는 장소로 만들었다. 코리칸차의 지점 정렬은 태양과 연결된 탯줄이었다. 이 파이프를 통해 우주질서의 원칙들이 코리칸차로 흘러들어 세케를 통해 순환하며 고도로 조직화된 잉카 인들의 삶 모든 측면에 속속들이 배어들었다. 이 모든 것이 분명 달력과 관련된 것 같아 보였다. 그리고 세케 중에는 천문학적으로 정위된 것들도 더러 있었다.

천문학적으로 중요한 의미를 가진 세케들은 천체의 질서를 분명하게 보여 주었다. 베르나베 코보는 동지 일출에 정위되었다고 판명된 남동 지역(쿤티수유)의 한 세케에 대해 묘사한다. 코보 신부는 씨 뿌리는 시기라는 관점에서 라인을 묘사하는데, 너무 상세하게 설명하다 보니 오히려 자신의 오류를 증명하는 셈이 되고 말았다. 특히 그는 13번째 세케의 3번째 우아카는 친친카야$^{Chinchincalla}$라고 불리는데, "그것은 두 기둥 위에 놓인 거대한 언덕이며, 태양이 그곳에 도착하면 그때가 바로 씨 뿌릴 때다"라고 했다.

'기둥'은 또 모호네$^{mojone}$라 불리기도 했으며, 이 석탑들에 대해선 다른 연대기 작가들도 묘사했고, 포마는 삽화까지 그렸다. 여기서 흥미로운 것은 실제 '천문대'였던 것으로 보이는 것에 대해 코보 신부가 묘사해놓은 것이다. 세케에 대한 다른 묘사들도 한 선 위에 놓여 있는 마지막 우아카는 그런 탑이었을 수도 있음을 암시한다. 아베니와 쥐드마는 세케의 천문학적 정렬을 공동 연구하여 그것들이 천문학적인 선을 가지고 있다는 건 알게 됐지만 그 정확한 방향을 알지 못했다. 그들은 그 선이 어디서 시작되고 어디서 끝나는지를 해결해야 했다. 인접한 세케들에 대한 코보 신부의 묘사를 여러 각도에서 검증하고 그가 언급한 장소들을 현장 추적하는 등 노고를 아끼지 않는 꼼꼼한 작업 끝에 탑들이 서 있던 곳과 그 탑들에서 관측되던 곳의 위치를 밝혀냈다. 아베니와 쥐드마는 동지 일출선이 12번째와 14번째 세케 사이에 해당한다는 것, 그리고 라바이팜파$^{Ravaypampa}$를 묘사한 것에 꼭 들어맞는 어떤 지형물의 남쪽을 통과한다는 사실을 발견했다. 파종 시기에 대해 코보 신부가 묘사한 것은 씨를 뿌릴 마지막 시간이 12월에 발생한다는 사실을 그런 식으로 언급한 것일 수도 있다.

우아카들을 포함하고 있는 다른 천문학적 정렬들을 보아도 앞뒤가 맞는다. 이 선들은 세케의 일부가 아니다. 이 선들은 코리칸차 말고 다른 장소에서 시작되었기 때문이다. 하지만 구체적인 우아카들에 대한 코보의 기록은 아베니와 쥐드마에게 천문학적인 가능성이 더 있을 거라는 주의를 주었다. 그리고 천문학은 유기적인 구조를 가진 쿠스코의 조직 전체에 골고루 스며들어 있었다는 것이 판명되었다.

펠리페 우아만 포마 데 아얄라가 쓴 스페인 정복 이전 시대에 관한 주해서인 『최초의 연대기와 좋은 정부The First Chronicle and Good Government』에는 잉카 인들이 세운 모호네, 즉 돌탑들을 삽화로 그려넣었다. 돌탑들 중에는 세케가 끝나는 장소를 표시한 것들도 있고, 천문 관측을 위한 전시 역할을 한 것들도 있다. 여기서는 도로 감독관이 세개의 모호네를 배경으로 서 있는 가운데 자신의 임무를 행하고 있다. (덴마크 국립도서관, 코펜하겐)

베르나베 코보 신부가 수칸카Sucanca라고 불렀던 장소는 그 지역의 8번째 세케의 7번째 우아카였으며, 그것은 다음과 같았다.

(……) 친체로Chinchero의 관개운하가 도달하는 언덕. 태양이 그곳에 다다르면 옥수수를 심기 시작할 때가 되었음을 알려주는 두 개의 탑 혹은 기념물이 그곳에 있다. 그들은 태양에게 탄원하기 위해 그곳에서 산 제물을 바치고, 곡식을 심을 시간을 가질 수 있도록 제때에 도착해달라고 부탁했다…….

11. 우리가 설계하는 도시들

이름이 알려지지 않은 또 다른 16세기의 작가도 이 기둥들에 대해 묘사하고 있다. 그는 좀 더 상세한 부분을 증명했다. 기둥이 4개 있었다고 설명한 다음, 그것들의 용도를 기술해놓았다. "태양이 첫 번째 기둥을 통과하면 이때부터 가장 높은 곳에서부터 채소심기를 시작해야 한다는 경고로 받아들여졌다." 8월에 태양이 남쪽을 향해가다가 도달하는 첫 번째 기둥은 북쪽으로 가장 먼 곳에 있는 것이었다. 높은 고지에서 자라는 곡식일수록 익는 데 시간이 오래 걸리므로 그런 것들은 더 일찍 심어야 한다.

태양이 한가운데에 있는 두 기둥 사이로 들어오면 그때가 쿠스코에서 작물을 심는 일반적인 시기가 된다. 항상 8월이다. 그리고 태양이 두 개의 안쪽 기둥 사이에 꼭 끼어 있을 때 또 하나의 기둥이 광장 한복판에 있다. 우슈누[ushnu]라고 하는 한 에스타도[estado] 높이의 잘 만들어진 돌기둥으로, 그들은 거기에서 그것을 보았다. 쿠스코 인근 계곡에서는 대체로 이때가 작물을 심을 때다.

쿠스코 근방의 한 작은 부락에 사는 안데스 산지 사람들 사이에 전해지는 당대의 하늘 전승과 우주론에 관해 인류학자 게리 어튼이 꼼꼼하게 연구한 결과인 『땅과 하늘의 교차로에서: 안데스 산지 사람들의 우주론[At the Crossroads of the Earth and Sky: an Andean Cosmology]』이 쿠스코의 상징적 디자인의 다른 측면들을 명백하게 밝혀준다. 미스마나이[Mismanay]는 주민 360명의 케추아어를 사용하는 부락으로, 농사가 생업이다. 중요한 좁은 길 두 개가 마을의 모양새를 형성하고 있다. 차우핀 카예[Chaupin Calle]('가운뎃길')는 북서-남동을 가로지르고, 하툰 라키 카예[Hatun Raki Calle]('4지역을 나누는 큰 경계도로')는 북동-남서를 가로지른다. 이 두 길은 크루세로, 즉 '십자'라고 알려진 한 예배당에서 교차하며, 그 두 길이 마을의 풍경을 쿠스코와 잉카제국 전체의 분할에서 되풀이되는 4중간방위 지역으로 구분하고 정리한다. 2개의 주요 관개용 간선수로도 그와 비슷하게 정위되어 있고 예배당에서 교차한다.

미스마나이에서는 사람들이 그와 비슷한 중간방위의 관점에서 하늘을 본

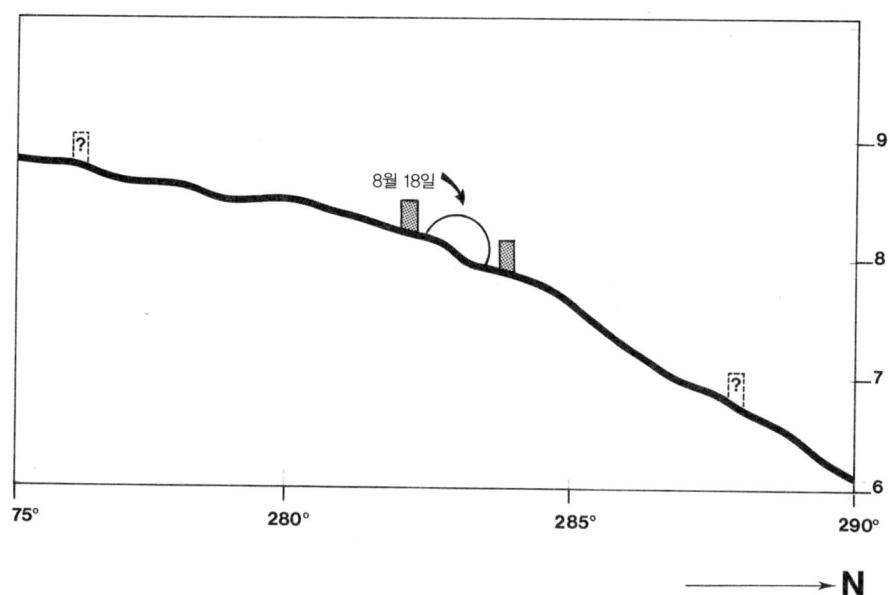

우슈누에서부터 태양은 8월 중순에 세로 피추 중턱에 있는 두 개의 탑 사이로 진다. 이때는 쿠스코에서 작물을 심는 때이며, 그 사건은 아마 태양이 한밤중에 천저를 통과하는 날짜와 일치했을 것이다. (그리피스 천문대, A. F. 아베니의 그림을 본뜸)

다. 은하수는 '중간방위'의 지평선 방향을 정한다. 즉, 은하수는 물마루를 이룬 파도처럼 밤마다 동쪽 지평선으로부터 말려 올라가서 결국엔 원호를 이루며 천정을 통과하는데, 폭넓게 퍼진 이 별빛 밴드의 한쪽 끝이 남동쪽 지평선을 가로지르며 둘로 나누는 동안, 다른 쪽 끝은 북서쪽에서 시야를 벗어난다. 은하수의 축이 지구의 자전에 대하여 빗나가 있으므로, 그것의 정위는 변한다. 12시간쯤 후 은하수의 다른 반이 머리 위를 통과하고 나면 밴드는 북동쪽에서 남서쪽으로 흘러간다. 시계視界의 4교차점 모두가 교차하는 우주의 축을 2개 더 제공한다. 미스마나이의 주요 루트와 운하들처럼. 땅에서는 모든 것이 크루세로에서 교차한다. 다시 말해 모든 것은 '십자'에서 교차한다. 하늘에서 그에 상응하는 점은 천정이다.

천정은 안데스 산지 사람들이 세계를 조직화하는 원칙 가운데 하나로, 성스러운 장소의 성격을 공고히 한다. 미스마나이의 작은 교회는 그런 지점이며, 그

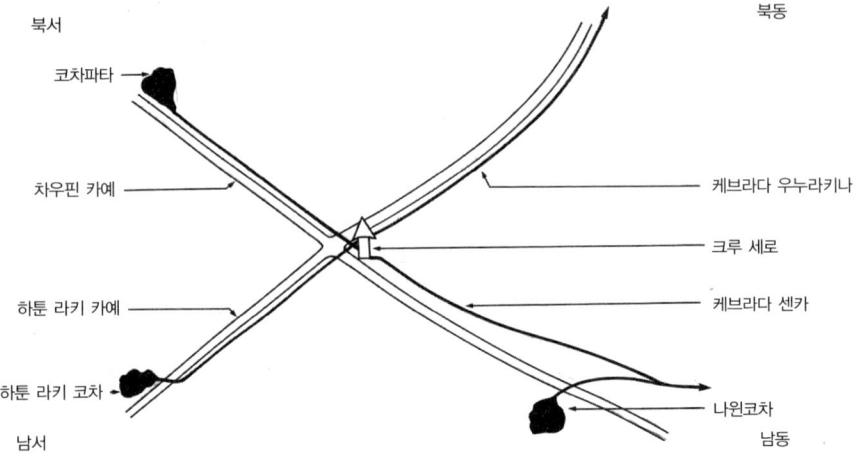

안데스 산지의 작은 마을 미스마나이의 주민들은 자신들의 세계가 중간방위로 교차하는 우주의 축선들에 의해 정위되었다고 생각한다. 그것들은 또 천정과 반천정을 통과하는 날에 일어나는 일출과 일몰 그리고 하지와 동지 날짜와도 관계있다. 은하수가 천정을 가로지를 때 지평선과 교차되는 것도 계획에 합치된다. 따라서 마을의 주도로(차우핀 카예와 하툰 라키 카예)는 어림잡아 중간방위를 달린다. 그것이 밝혀지자, 일차적인 관개운하들(케브라다 우누라키나와 케브라다 센카)이 저수지, 즉 코차cocha에서 흘러나오고 미스마나이의 중심 부근을 가로지르는 곳, 그곳에 크루세로('십자')라고 알려진 예배당이 세워졌다. 페루 원주민들이 하는 것처럼 한곳에 집중되어 있는, 땅에 뿌리박은 이 모든 십자로들은 그들이 하늘에서 감지하는 천구의 십자로들을 그대로 반영하는 것이다. (그리피스 천문대, 게리 어튼의 그림을 본뜸)

교회는 중간방위로 분할된 풍경의 중심에 자리 잡고 있다. 그것은 천정이 있는 천상의 강의 교차점을 포함해서 하늘의 '중간방위' 축들을 그대로 흉내 내고 있다.

    안데스 산지에서는 은하수가 강이다. 그것의 케추아 어 이름은 '마유$^{Mayu}$'이며, 강이라는 뜻이다. 게리 어튼은 쿠스코의 심장인 코리칸차의 위치 선정을 설명하기 위해 현재의 안데스인들이 가지고 있는 '십자' 개념을 천정과 하늘의 강에 적용했다. 쿠스코에서 가장 성스러운 지점은 그곳을 흐르는 두 강의 교차점이다. 잉카 인들은 두 강의 합류점에 코리칸차를 건설했다. 그 장소는 조직화된 하늘의 중심점이 지구식으로 표시된 곳이기 때문이다. 어튼은 쿠스코 남쪽 지역의 비대칭적인 분할도 하늘이라는 관점에서 보면 이해할 수 있다고 믿는다. 남동쪽 경계선은 남십자성에서 가장 밝은 별인 알파 크루시스에 정위되었을 수도 있는 한 세케에 의해 정해졌다. 어튼은 이것이 은하수의 '중심', 즉 서로 반대로 흐르는 둘로 나뉜 은하수의 '물들'이 '서로 충돌하는' 곳과 관계있다는 걸 보여주었다. 같은 '수유'에서 알파 크루시스가 뜨고 지는 지점을 목표로 삼은 세케들을 차지하기 위해 남서 지역을 확장했다고 믿는다. 만약 그렇다면, 우리는 잉카 세계의 조직과 그들이 머리 위에 대해 알고 있던 패턴 사이의 좀 더 복잡한 관계를 언젠가는 알게 될 것이다.

## 신들이 세운 도시

아스텍 인들이 테노치티틀란의 심장부에 거대한 쌍둥이 피라미드를 건설하고, 잉카 인들이 쿠스코의 세케에 우아카들을 한 줄로 배열하기 오래전에, 어느 민족이 도회지풍의 거대도시와 의례단지를 설계하고 건설했다. 그들의 이름은 자신들의 제국과 함께 사라져버렸고, 오랜 세월이 지난 후에 다른 사람들이 그곳을 테오티우아칸<sup>Teotihuacán</sup> 즉 '신들이 창조한 곳'이라 불렀다.

그곳은 아스텍 시대에도 여전히 경배의 장소였다. 아스텍 인들은 톨텍<sup>Toltec</sup>과 중앙 멕시코의 다른 민족들을 통해 테오티우아칸의 많은 전통을 물려받았기 때문이다. 테오티우아칸 최초의 주요 구조물은 그리스도가 탄생할 무렵에 세워졌다. 그러나 도시는 AD 750년경 불에 타서 버려졌다. 아스텍 인들이 멕시코 계곡으로 들어오기 5세기 반 전의 일이다. 그 사이에 툴라<sup>Tula</sup>에 중심을 둔 톨텍국이 중앙 멕시코를 재통합했고 얼마 후 야만스런 침입자들에게 함락됐다. 문화적 전통 가운데 지속된 것들도 있지만, 많은 것이 사라졌다. 그러므로 우리는 테오티우아칸에 대한 지식의 대부분을 고고학에 의존할 수밖에 없다.

두 개의 기념비적인 피라미드가 테오티우아칸의 풍경을 지배한다. 태양의 피라미드와 달의 피라미드라고 불리는 그것들은 분명 하늘과 어떤 관계가 있는 것 같다. 하지만 그 이름들은 아스텍 인들이 붙여준 것으로, 아스텍 인들의 신화는 테오티우아칸을 신들의 자기희생을 통해 다섯 번째 태양(현재의 우주의 나이)이 창조된 성스러운 장소라고 했다. 이 신화에서는 각 기본방위 하나씩을 맡

태양의 피라미드가 테오티우아칸의 풍경을 지배한다. 이 사진은 도시의 축이 정위된 것을 분명하게 보여주는 쪼아 만든 십자들 중 한 곳인 바이킹그룹에서 바라본 것이다. (로빈 렉터 크룹)

고 있는 창조신들이 스스로 뛰어들 엄두를 못 내고 있는 동안, 몸이 썩어 문드러져 기력을 잃은 신 나나우아친Nanahuatzin이 의례용 불 속으로 몸을 던진다. 불꽃이 그를 삼켜버리자, 나나우아친은 새로운 태양이 된다. 그와 함께 부유한 신 텍시스테카틀Tecciztécatl도 두려움을 극복하고 나나우아친을 따라 불 속으로 뛰어들어 자기를 희생해서 달로 변신하였다. 많은 갈등과 희생을 치르고서야 다섯 번째 태양은 알맞은 자기의 궤도를 운행하고, 하늘 높이 떠올라 세계를 정위하며, 시간의 경과를 체계화할 수 있게 되었다. 그러나 대부분 천체와 관련된 상징성을 가지고 있는 이런 상세한 내용들은 지금 우리가 이야기하는 것과는 관계가 없다. 신화는 우주질서의 순환이라는 친근한 주제를 구체적으로 표현한다. 부패와 죽음은 정화와 부활로 가는 길이다. 전 세계는 천체의 은유를 통해 재창조되며, 아스텍 인들은 테오티우아칸의 폐허에서 한 시대의 종말과 다음 시대로 이어지는 불후의 기념비를 보았다. 그들의 말에 의하면, 거대한 두 피라미드는 태양과 달이 된 두 신을 위해 건설되었다고 한다.

아스텍 인들은 테오티우아칸을 문명과 정부의 근원지, 그리고 우주질서가 확립된 장소로 여겼던 게 분명하다. 테오티우아칸의 사람들이 스스로를 같은 신화적 인물이라고 말했는지, 또 정말로 태양과 달의 피라미드를 그 천구의 두 신들에게 바쳤는지는 알 수 없지만, 도시는 아스텍 인들이 생각했던 것 이상이라는 것을 고고학이 말해주고 있다. 테오티우아칸은 사람들이 생활하고 일하며 교외 쪽으로는 스프롤 현상을 보이는 도시의 중심지였으며, 중앙 멕시코와 그 통제하에 있는 넓은 지역을 아우르는 의례와 종교의 중요한 중심이었다.

르네 미용<sup>René Millon</sup> 박사의 지도 아래, 로체스터 대학의 테오티우아칸 지도 제작 프로젝트는 전 도시가 설계자들에 의해서 질서정연한 바둑판 위에 설계되었다는 것을 입증했다. 도시의 건물이며 구역들은 다양한 수공업, 산업, 여러 활동들, '이민자들', 그리고 사회집단 혹은 가족집단들이 집중되어 있는 거주지역으로 조직화되었다. 전성기 때는 거의 10만 명가량이 그곳에 살았다. 그보다 더 많은 순례자들과 상인들이 그곳에 찾아들었다. 그곳은 진정한 도시였으며, 도시 특유의 복잡함에도 불구하고 바둑판 설계는 도시 전체에 가시적인 질서를 부여했다. 직선으로 뻗어나가는 설계는 도시 중심에서부터 몇 마일이나 뻗어나가 '교외'로, 그리고 도시를 에워싸고 있는 산허리 위까지 이어졌다. 한때는 주요 도시의 변두리 지역 서쪽이 차지하고 있던 땅에 경작된 용설란들이 오늘날까지도 줄줄이 늘어서 있는 것을 보면, 거대한 두 피라미드가 보이는 곳에서 옛 테오티우아칸 도시계획을 보존하려는 것 같다.

테오티우아칸의 주축은 '죽은 자들의 거리'다. 하지만 그것은 거리가 아니라 단과 방이 많은 구조물들이 측면에 들어서 있는 일련의 광장이다. 그 구조물들은 죽은 자들의 거리를 향해 열려 있어 의례를 위한 용도로 적합해 보인다. 죽은 자들의 거리 바로 동쪽에 자리 잡고 있으며 중심축은 도시의 직선 설계와 일치하는 면들을 가지고 있는 태양의 피라미드에서 달의 피라미드에서 끝나는 어딘가 행렬용 길처럼 변한다.

테오티우아칸의 거리와 구조물 들은 주축에 따라 정위되었다. 그 당시 테오티우아칸은 독특했다. 하나부터 열까지 그와 비교할 만한 이상을 가지고 격조 있게 설계된 도시가 유럽에는 없다. 하지만 잘 짜인 계획에 불가사의한 것이 있다. 테오티우아칸의 중심축인 죽은 자들의 거리가 15.5° 북동쪽으로 정위되어 있는 것이다. 멋대로 방향을 잡은 것처럼 보인다. 우리는 기본방위와 지점들에 정위된 도시들과 의례단지들을 보아왔지만, 테오티우아칸의 정위에는 이렇다 할 중요한 의미가 전혀 없다. 지역의 지형을 실제로 고려했던 것 같지도 않다. 테오티우아칸의 주민들은 풍경을 자기들에게 맞게 개조했기 때문이다. 원래의 진로대로라면, 산후안 강은 죽은 자들의 거리 끝에 있는 광장과 피라미드 들을 사선으로 관통하며 흘렀을 것이다. 그러나 건설자들은 강을 운하로 만들어 도시의 축과 일치하도록 했다.

르네 미용 박사의 대담한 지도 제작 노력이 계속됨에 따라, 테오티우아칸 도시 설계자들이 도시의 주축과 바둑판에 대해 어느 정도까지 헌신했는지 좀 더 분명해졌다. 하여튼 테오티우아칸은 20km² 이상 확장되었고, 그 지역의 여기저기에서, 때로는 불가사의한 위치에서 미용 박사와 그의 팀은 바닥의 포장도로와 땅에서 비죽 튀어나온 바위에 곡괭이로 쪼아 만든 상징을 발견했다. 그 디자인은 '쪼아 만든 십자$^{pecked\ cross}$'라 불리게 되었다. 그것은 실제로는 대개 두 개의 원과, 원의 중심을 가로지르는 두 개의 축으로 4등분된 한 벌의 동심원이다. 원도 축도 연속적인 선으로 그려진 게 아니다. 디자인은 바위에 새기거나 바닥을 쪼아낸 일련의 얕은 구멍들로 만들어졌다. 보기에 따라서는 속도 제한 표시를 하는 반사단추(도로 위에 사용하는 안전장치/옮긴이) 같기도 하다. 테오티우아칸의 '도심'에 있는 이런 표지 중 하나는 죽은 자들의 거리를 향해 열려 있는 어느 방의 바닥 한가운데에 있다. 그 방은 바이킹그룹이라고 알려진 복합건물 내에 있는데, 이는 테오티우아칸의 복원을 위해 자금을 댄 재단의 이름을 따서 붙인 것이며, 대서양 건너편의 스칸디나비아와는 아무 관련이 없다.

총 233개의 구멍이 바이킹그룹의 쪼아 만든 십자를 완성하고 있다. 201개의 구멍이 있는 아주 비슷한 디자인(5번 십자)이 세로 콜로라도의 낮은 산허리에서 발견되었다. 바이킹그룹에서 서쪽으로 3km 정도 떨어진 곳이다. 바이킹그룹의 십자와는 달리, 세로 콜로라도의 표지는 땅 위로 비죽 튀어나온 작은 바

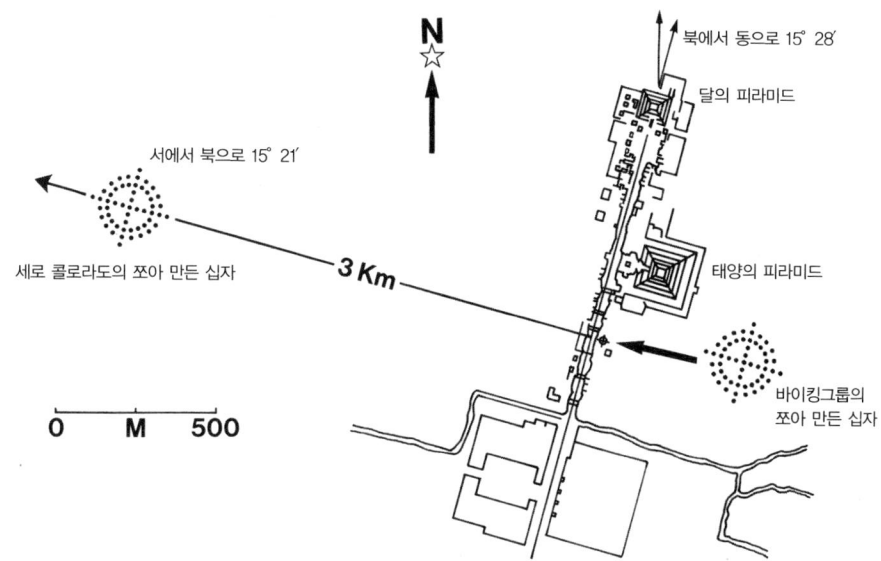

테오티우아칸의 종합적인 설계는 질서정연한 바둑판이지만, 북에서 동으로 15.5° 비스듬히 앉아 있다. 죽은 자들의 거리는 바둑판의 주축 가운데 하나다. 또한 바이킹그룹 안에, 그리고 세로 콜로라도 위에 있는 쪼아 만든 십자들은 도시에서 가장 중요한 이 지형물에 직각인 한 선을 정해준다. (그리피스 천문대)

위의 경사면에 새겨넣은 것이며, 실제로 두세 개 중 하나는 산허리에 있다. 오늘날 산비탈에는 관목 덤불과 선인장 말고는 아무것도 없다. 작은 집 두어 채가 언덕 기슭에 자리 잡고 있다. 세로 콜로라도는 선사시대에 이 방향으로는 도시의 거의 끝자락이었다.

쪼아 만든 십자 두 가지 모두 두 개의 원으로 되어 있다. 두 경우 모두 십자의 두 팔은 동일하게 구멍이 각각 18개씩이다(혹은 팔에 의해 나뉜 원에 있는 구멍까지 계산한다면 20개다). 또 팔의 구멍 패턴도 같다. 즉 안쪽 원의 안쪽에 10개, 원과 원 사이에 4개, 그리고 바깥 원 밖에 4개다. 두 디자인 모두 지름이 90cm 정도다. 이것들은 테오티우아칸의 전체적인 환경에서는 그리 대단할 게 없는 사소한 것일 뿐이지만, 그것들이 가지고 있는 3가지 요소가 그것의 중요함을 암시한다. 첫째, 그것들은 비슷하다. 둘째, 그것들이 있는 위치는 서로의 시야 안에 있다. 셋째, 그들 사이에 형성된 라인은 죽은 자들의 거리와 거의 정확

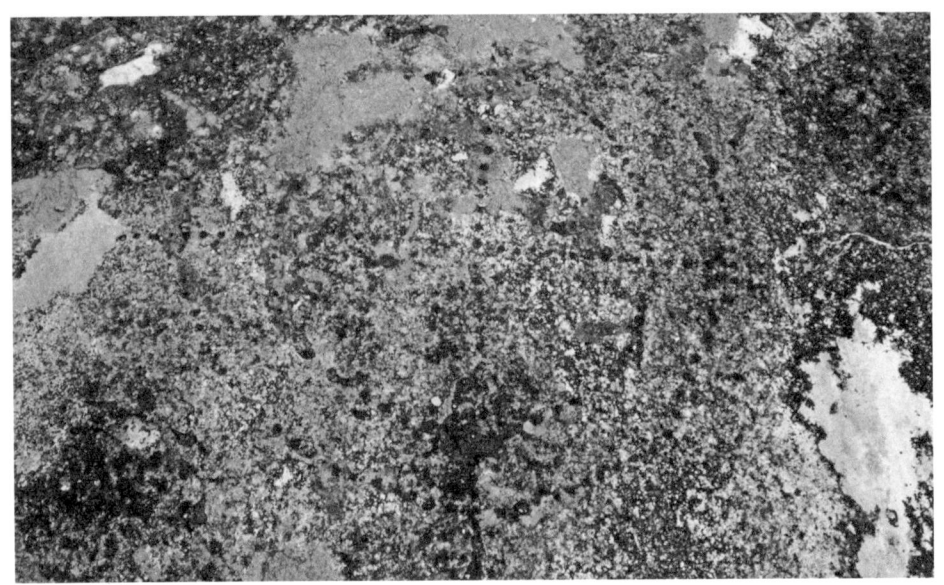

테오티우아칸의 정위를 자리매김하는 4분원, 즉 쪼아 만든 십자 가운데 하나가 죽은 자들의 거리 동쪽에 위치한 바이킹그룹에 있는 어느 방의 회반죽을 칠한 바닥에 새겨져 있다. (로빈 렉터 크룹)

히 직각이다. 실제로 오차 범위가 7′이내다. 테오티우아칸의 주축과 그것들의 관계를 살펴본 고고학자 제임스 도우 박사는 그 십자들은 한 직각 라인을 설계하기 위한 기준선을 정하는 데 사용되었다는 의견을 제시했다. 주축 말이다. 4분원들이 지닌 상징적인 중요성 때문에 측량 기사가 그것들을 기준점으로 정했을 수도 있다.

테오티우아칸의 바둑판 패턴은 실제로는 이것보다 좀 더 복잡하다. 거리와 골목길들은 대부분 도시의 한쪽 끝에서 다른 쪽 끝까지 매끄럽게 가로지르지 못하며, 오직 하나 주요 동-서 도로만 확인되었다. 그건 실제로는 두 개의 길이다. 하나는 죽은 자들의 거리 남쪽에 있는 제의용 큰 광장인 시우다델라<sup>Ciudadela</sup>로부터 동쪽으로 뻗어 있다. 시우다델라 성벽 안쪽에는 케찰코아틀의 신전(멕시코의 20페소짜리 화폐 뒷면에 그려져 있다)이라고 알려진 유명한 피라미드가 있다. 서쪽 길은 대칭인 위치에 있으며 '그레이트 컴파운드'라고 알려진 광장에서 출발한다. 그곳은 아마 도시의 주요 시장이었을 것이다. 틀림없이 순례자,

세로 콜로라도의 쪼아 만든 십자는 언덕의 급경사면에 비죽 튀어나와 있는 바위에 새겨져 있다. (로빈 렉터 크룹)

상인, 장인, 농부, 떠돌이 장사꾼 들이 도시의 종교적인 삶에 참여하고 그곳의 거대한 시장에서 물건을 사고팔기 위해 동쪽과 서쪽의 대로를 통해 도시에 들어왔을 것이다. 테오티우아칸은 메소아메리카의 정치, 종교, 그리고 경제의 중추였으니까.

죽은 자들의 거리가 북에서 동으로 15° 28′ 비틀려 있기도 하지만, 동쪽과 서쪽의 대로avenue에 의해 아주 분명하게 드러나는 '동–서' 라인은 죽은 자들의 거리와 직각이 아니다. 정말로 직각이라면 그건 동에서 남으로 15° 28′을 가리켜야 할 것이다. 그런데 그것은 두 번째 정위 축, 즉 동에서 남으로 16° 30′을 형성하고 있다. 이건 그저 겨우 1°밖에 안 되는 작은 차이일 뿐이지만, 도시 전체가 계획되었다는 걸 고려하면 의도적인 것임을 암시한다. 도시 북쪽에 위치한 큰 산인 세로 콜로라도 산봉우리 가까이에 있는 쪼아 만든 십자 같은 표지물이 '동–서' 축에 거의 직각인(북에서 동으로 17° 기울어진) 바이킹그룹의 십자와 같은 라인이라는 걸 입증한다. 테오티우아칸의 가로들의 '동–서' 정위는 주요

11. 우리가 설계하는 도시들

테오티우아칸에 있는 바이킹그룹의 쪼아 만든 십자 근처의 한 지점에서 3.2km쯤 떨어져 있는 세로 콜로라도의 경사면이 보였을 것이다. 세로 콜로라도의 쪼아 만든 십자의 위치를 화살표가 가리키고 있다. (에드윈 C. 크롭)

'동-서' 축과 평행이다. '남-북' 거리$^{street}$의 정위는 주요 '남-북' 축과 평행이다. 이 축들은 서로 정확하게 직각이 아니고, 거리와 대로 들도 직각이 아니다. 하지만 4분원과 거리 자체만으로도 테오티우아칸 사람들이 그것을 얼마나 원했는지 확인할 수 있는 증거가 된다. 왜 그랬을까?

그 지역의 지형이 몇 가지 해답을 제공한다. 실제로 우뚝 솟은 산들에 맞춰 정렬된 것은 아무것도 없다. 오히려 테오티우아칸은 지세를 무시하고 있다. 도우 박사는 이렇게 말한다. "그 도시는 자연적인 지형을 무시하고 세워졌으며 자연에 전혀 순응하지 않는 거대한 석상과 같은 모습을 보여준다."

테오티우아칸의 정렬이 지구에 맞춘 게 아니라면, 아마도 천체에 맞춰 정렬했을 것이다. 그 도시의 계획에 대해서 자주 되풀이되는 천문학적 설명이 한 가지 있다. 테오티우아칸의 안내서와 그 밖의 기록들은 도시가 태양이 천정을 통과하는 날의 일몰 지점과 직각 방향으로 정위되었다는 말을 반드시 하고 있는 것이다. 그렇다면 태양의 피라미드가 그 일몰을 향하도록 만들어졌어야 하는

데, 그 주장은 사실이 아니다.

도우 박사는 또 하나의 천문 해석을 심사숙고한 끝에, 기원 150년에 시리우스가 떠오르는 지점이 동-서 라인을 설명할 수 있다는 결론을 내렸다. 이때는 고대 테오티우아칸의 측량기사들이 죽은 자들의 거리를 설계하고 자신들의 도시를 건설할 계획을 마련하고 있던 때였다. 도우 박사는, 그들은 플레이아데스성단이 지는 방향에도 관심을 가졌을지 모른다고 생각했다. 그 별들 역시 '동-서' 축 위로 지는 것처럼 보였을 테니까.

아베니는 바이킹그룹 세로 콜로라도의 진짜 정위를 현장에서 조사하고 그것이 플레이아데스성단이 지는 지점과 잘 맞는다는 걸 알아냄으로써 입증했다. 도우 박사는, 기원 150년에는 플레이아데스성단이 봄에 태양이 천정을 통과하는 날(5월 18일)에 태양보다 먼저 떠올랐다는 것, 그리고 그다음 몇 세기 동안은 이 성단이 태양이 천정을 통과하는 이 사건의 전령이었을 수도 있다는 것에 주목했다. 이것이 플레이아데스성단에 중요성을 더해주었을 것이며, 도시 설계를 위한 동기를 제공했을 것이다.

하지만 아베니, 하르퉁, 베스 버킹엄$^{Beth\ Buckingham}$은 현장을 한층 더 연구해보고는, 테오티우아칸의 바둑판 정위와 쪼아 만든 십자의 역할에 대한 상세한 결론을 끌어내기에는 너무 이르다는 걸 증명했다. 1978년, 그들은 자신들이 발견한 것이거나 다른 사람들이 발견한 것이거나 간에, 알려져 있는 그 디자인 표본들을 모아 29가지 목록으로 작성했다. 그때 이후로 전부 70개가 넘는다. 테오티우아칸의 것들과 아주 비슷한 십자 하나가 우악삭툰의 한 건물 바닥에 표시되어 있었다. 우악삭툰은 이곳에서 남동쪽으로 965km 이상 떨어진 과테말라 페텐 정글에 있는 마야의 중심지(AD 300~900년) 중 하나였다. 지름이 4m 정도 되는 커다란 쪼아 만든 십자 하나가 1889년에 그림으로 그려져 보고되었는데, 북쪽 국경지대와 미국 국경 근처라고만 말해질 뿐 그 위치에 대해선 상세한 기록이 없다. 쪼아 만든 디자인들과 관련 있을지 모르는 것이 뉴멕시코와 캘리포니아에 있다고 알려져 있다.

테오티우아칸 외에 가장 흥미로운 쪼아 만든 십자들 중에 세로 엘 차핀$^{Cerro}$

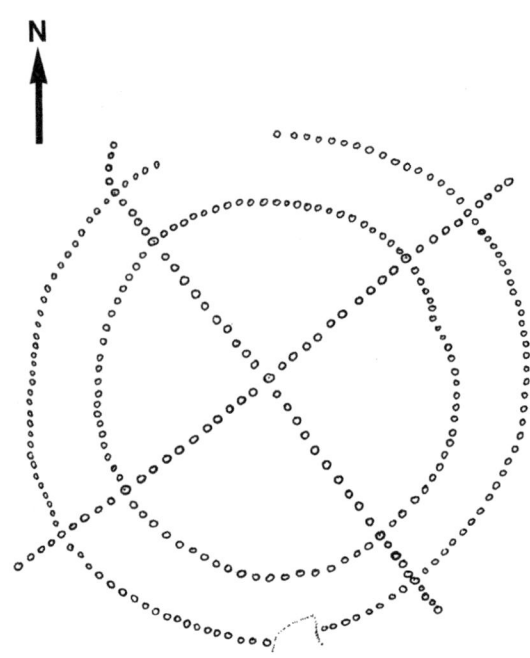

메소아메리카 전역에서 수십 개의 쪼아 만든 십자가 발견되었다. 이것, 테페아풀코에서 발견된 #5는 4개의 팔에 각각 표준 패턴인 10-4-4 패턴을 보여준다. (그리피스 천문대, A. F. 아베니의 그림을 본뜸)

El Chápin이라고 알려진 한 자그마한 메사의 동쪽 끝 바위 암붕에 새겨진 한 쌍의 십자가 있다. 지금 차핀은 어느 모로 보나 테오티우아칸의 전초기지임이 분명한, 남회귀선 근방의 알타비스타에서 동쪽으로 겨우 7.2km 정도 떨어져 있다. 그리고 차핀에 있는 십자들은 아주 비슷하다. 그것들 중 하나(차핀 #1)는 구멍이 260개이고, 다른 하나(차핀 #2)는 265개다. 앞의 것은 안쪽과 바깥쪽 원에 각각 80개와 100개의 구멍이 있다. 후자에는 각각 83개와 101개가 있다. 두 상징 모두 팔에는 평범한 10-4-4 점이 있다. 두 십자의 '동-서' 축은 실제로는 북동쪽을 향해 있으며, 그 두 축에서 모두 알타비스타의 분점 지표인 피카초 몬토소가 뚜렷이 보인다. 그러나 차핀 십자들의 정확한 위치가 다른 무엇보다 중요할 것이다. 이 지점에서 보면 하지 태양이 정확하게 피카초 몬토소 너머로 떠오른다. 알타비스타와 세로 엘 차핀이 실제로 북회귀선의 위에 있다는 걸 떠올리면서 아베니와 하르퉁, 그리고 고고학자 켈리는 십자들이 태양이 천정을 통과하는 어느 날을 표시하기도 한다는 것을 알아차렸다. 이곳, 회귀선에서 천정 통과와 하지가 결합되는 것이다. 이 지역의 고대인들이 이것을 알아차리지 못했을 거라고는 믿기 어렵고, 쪼아 만든 십자들은 천문학과 어떤 관계가 있다는 걸 차핀의 표지물이 입증한다.

    1978년, 두 개의 쪼아 만든 십자가 테페아풀코Tepeapulco 근처에서 발견되었다. 그곳은 테오티우아칸에서 북동쪽으로 32km쯤 떨어진 곳이다. 테페아풀코는 흑요석 무역로의 중심지였다. 테오티우아칸 세공사들이 만든 흑요석 도구들은 도시의 시장에서 중요한 상품이었다. 지금도 코에는 테오티우아칸의 건축물들이 남아 있다. 36개가 넘는 쪼아 만든 십자들이 그때 이후로 발견되었으며, 이들 중 몇 개는 세로 고르도Cerro Gordo의 정상 또는 테오티우아칸을 가리키고 있다. 역사적 건조물과 중요한 기념물에 맞춘 장거리 정위는 중앙 멕시코의 풍경에서 성스러운 장소를 암시하는 복잡한 시스템이다. 그런 시스템의 규칙 안에서 구조물들과 표지물들을 알맞게 배치하고 정렬하는 것은 세계에 대한 질서정연하고 우주적인 통찰을 반영한다. 중국의 풍수처럼.

    테오티우아칸에 대한 최근의 발견은 그런 질서정연한 통찰에 대해 우리가 올바로 인식하도록 인식의 폭을 한층 더 확장시켜준다. 테오티우아칸에서 가장 중요한 의미가 있는 두 건축물인, 태양의 신전과 시우다델라의 중심은 남쪽에 있는 세로 파틀라치케 옆면 북쪽에 위치한 세로 고르도 정상과 연결된 라인에 있다. 태양의 신전의 중심에서 정동쪽에 있는 또 다른 라인이 7.2km 떨어진 세로 마라비야스라고 알려진 한 산을 둘로 나눈다.

    그 밖의 고려할 문제들도 테오티우아칸의 설계에서 한 부분을 맡았을 것이다. 세로 고르도는 도시에 물을 공급하는 산후안 강의 수원이다. 동쪽으로 열려 있는 통로가 길고 구불구불하게 뻗어 있으며 방이 많은 동굴 하나가 태양의 신전 밑에 있다. 겉보기에는 알타비스타의 열주회관에 있는 '미로' 같다. 고고학자 스티븐 토브리너는 세로 고르도와 물의 관계가 테오티우아칸 주민들에게 그 산에 맞춰 도시를 정위해야겠다는 생각을 갖게 했을 거라고 믿는다. 역시 고고

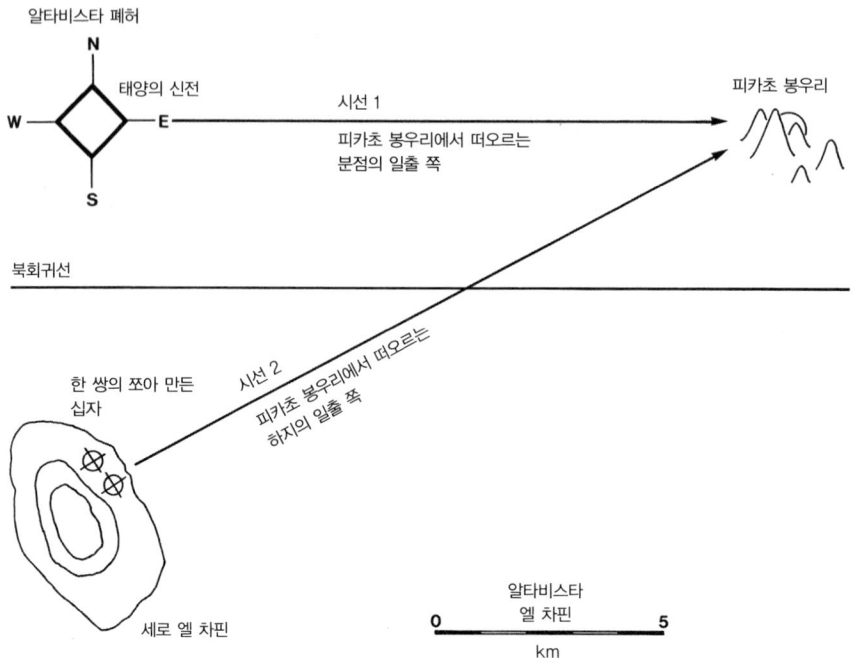

알타비스타에 있는 열주회관, 즉 '태양의 신전'과 세로 엘 차핀에 있는 한 쌍의 쪼아 만든 십자는 둘 다 북회귀선에서 아주 가깝다. 이 위도에서 태양은 하지에 천정을 통과한다. 쪼아 만든 십자들에서부터 하지의 태양은 피카초 몬토소 뒤에서 떠오르고, 이 산의 산봉우리는 열주회관에서 보면 분점의 일출을 위한 전시다. (그리피스 천문대, A. F. 아베니의 그림을 본뜸)

학자인 도리스 헤이든은 동굴의 정위와 그것과 관계된 의례들이 테오티우아칸의 바둑판의 방향을 설정했을 거라고 추측했다. 이 두 의견 모두 타당하다. 그리고 이미 목록에 올라 있는 천문학적이며 기하학적인 다양한 정렬선의 중요성도 훼손하지 않는다. 테오티우아칸은 처음부터 의식적으로 주의 깊게 꾸며진 질서를 가지고 있었다. 르네 미용은 그것을 '뻔뻔하기도 하고 대담하기도 한 최초의 이상'이라고 했다. 도시의 건조물들과 도로, 그리고 멀리 떨어져 있는 유적들과의 관계 등이 그 안에서 서로 맞물려 복잡하게 결합된 시스템으로 보인다. 질서가 거기 있다. 4분원은 그 질서의 일부다. 그리고 이런 상징들은 하늘과 어떤 관계가 있다. 그것들은 우리에게, 테오티우아칸의 설계도 어딘가에 그것을 건설한 사람들의 우주관이 뿌리를 두고 있다는 말을 건네고 있다.

# 12. 우리가 그리는 상징들

●십자, 달력, 그리고 우주의 게임보드 ●하늘의 승인 ●달 표시하기 ●보리, 벌들, 그리고 시간의 경과 ●이시타르의 별 ●태양에는 날개가 있다 ●빛나는 원반과 그 밖의 세계

메소아메리카의 쪼아 만든 십자들이 뭔가를 나타내는 것이라는 건 의심의 여지가 없다. 그것들은 그것을 사용했던 사람들에게 압축된 시각언어로 말해준 상징들이다. 그 디자인은 그것들이 담고 있는 메시지의 핵심요소에서 나온 것이며, 그것을 만들어낸 믿음체계를 공유하는 사람이라면 누구나 그게 무엇을 의미하는지 이해할 수 있었을 것이다. 우리의 문화에는 그 나름의 상징들이 있어서, 그런 것들을 보면 자세한 설명이 없어도 그 의미를 알아차린다. 한 유명 방송사가 로고를 만들었다. 깃털 하나하나가 전부 다른 색인 무지갯빛 꼬리를 활짝 펼친 공작새다. 고대의 테오티우아칸인들이라면 스크린에 주기적으로 나타나서 끊임없이 다른 이미지를 보여주는 이 환상적인 '가공의' 새를 설명하기가 곤란했을 것이다. 리모컨이 어떤 특정한 숫자를 가리킬 때에만 그 새가 나타난다는 걸 알아차리면서 수비학적인 의미를 감지했을지도 모른다. 텔레비전이 만들어내는 환경과 상호작용하는 우리는 그 공작새를 보는 순간 그 방송사의 자긍심을 나타내는 것이라는 걸 단박에 이해한다. 또 다른 방송사는 그와는 대조적으로, 텔레비전 프로그램의 장면을 암시하는 어떤 상징을 멍하니 바라보는 '눈'을 가지고 우리에게 들이댄다. 물론 그 눈은 텔레비전에 관한 모든 것을 말해준다.

    이것들은 물론 세속화된 시대의 산물인 상업적 엠블럼들이지만, 그것들도 자기의 임무를 완수하고 있다. 상징적인 인지를 통해 그것들은 정체성을 만들어내므로, 그것들을 보면서 우리는 그것이 무엇을 의미하는지 안다. 우주질서의 원칙들을 성스러운 상징으로 응축시키는 것도 똑같이 가능하다. 이런 것들은 그것을 보는 사람을 자기들에게 적응하도록 만들고, 그 사람을 자기들이 나타내는 세계 구조 속에 통합하는 친숙한 이미지가 된다.

## 십자, 달력, 그리고 우주의 게임보드

고대 멕시코의 쪼아 만든 십자들을 좀 더 자세히 들여다보자. 자기들에 대해 더 많은 것을 말해줄지도 모르니까. 설사 우리가 거기서 건축물의 정위, 천구의 사건들에 맞춘 정렬 등을 찾아내지 못한다 해도 그것들이 뭔가 방향과 관계있다는 짐작은 할 수 있을 것이다. 세계의 4분면이라는 생각은 전 세계에 걸쳐 퍼져 있었고, 각 문화에 맞게 건축과 제의와 신화에서 표현되었다. 인류학자 클레어 패러$^{Claire R.Farrer}$는 뉴멕시코의 메스칼레로 아파치족 가운데 자신의 중요한 정보 제공자에게 우주그림을 그려달라고 부탁했다. 그러자 그는 십자 모양의 4분원 하나를 그려주었다. 패러 박사의 표현을 빌리자면, 이 상징은 메스칼레로족의 삶의 모든 측면을 구성하는 '기본 골격'이다. 4라는 원칙을 나타내는 변형된 은유들이 그들이 세계를 바라보는 시각과, 어떻게 하면 그에 알맞게 처신할까 하는 것에 배어들어 있다.

메스칼레로 부락 회합에서 하는 공식적인 연설도 4부분으로 구성된다. 연사는 판에 박힌 상투적인 인사말로 시작하는데, 거기서 그는 지금 얘기하려고 하는 주제에 대해 자기는 정말로 잘 모른다고 설명한다. 그러고는 곧바로 주제에 대한 자기의 생각을 말한다. 그런 다음 자기가 말한 것을 요약해서 들려준다. 이윽고 그는, 자기는 자신의 무지를 잘 알고 있지만 자기 말은 상황이 자기에게 어떻게 보이는지를 표현한 것이라고 말함으로써 의례적인 마감인사로 끝을 맺는다. 이 구조에서 연사는 효과적인 대화 모델을 보여준다. 연사가 자신의 한계를 자인함으로써 선을 그어놓았기 때문에, 그의 주장은 재치 있고 우아하게 공적인 토론 속으로 슬그머니 들어간다. 이런 형식은 충돌과 진지한 의견 차이가 생길 수밖에 없는 환경에서 그런 언쟁을 조화롭게 풀어가기 위해 고안되었다. 하늘에서 비롯된 우주질서 중 한 가지 원칙을 수용함으로써 메스칼레로족은 세계의 '정의' 즉 조화를 자기들 공동체의 공적인 삶에 집어넣는다.

메스칼레로 전통에서 4방향은 세계를 떠받치는 4명의 '할아버지'이며, 이 은유가 메스칼레로의 건축물과 제의에 스며들어 있다. 소녀들의 사춘기 의례를 위해 지어진 성스러운 티피tipi(기다란 나무 기둥을 세우고 들소 가죽을 덮어 만드는 아메리카 원주민의 원뿔형 이동식 천막집. 한가운데에 메디신 휠이 있다/옮긴이)를 지지하는 4개의 주 기둥은 '할아버지들'로 생각되며, 제의는 4일 동안 계속된다. 자연의 질서의 한 원칙으로서, 메스칼레로 아파치들은 4라는 숫자를 계절의 숫자에서도 인식한다. 마찬가지로 그들은 자기들의 삶의 패턴을 4단계, 즉 '시기'라는 점에서 본다. 유아기, 유년기, 성인기 그리고 노년기. 소녀들의 사춘기 의례는 한 해의 방향 전환을 나타내는 동지만큼이나 확실한 변화를 보여주는, 삶에서의 근본적인 탈바꿈 즉 여성으로의 변화를 축하하는 것이다. 대부분의 전통문화에서 사춘기 의례는 새로 시작함 혹은 새로 태어남이라는 생각을 구체화한 것이며, 그래서 우주질서의 주기라는 이미지에 의존한다. 산신Mountain God 무용수들이 아파치족 소녀들의 사춘기 의례에 참여하는데, 그들은 자기 몸에 4개의 꼭지를 가진 별을 하나씩 그린다. 그 별은 4명의 할아버지들과 '같은 것'이라고 한다.

숫자 4의 중요한 의미는 하늘에 뿌리를 두고 있다. 숫자 4는 경제적인 개념과, 바로 이웃해 있으며 접근하기 쉬운 상징성을 가진 시공간의 개념을 암호화한 것이다. 그것은 메스칼레로족의 삶을 하늘에 단단히 고정시키고 우주에 적당한 자리를 마련해주는 일종의 단추다. 그들의 믿음체계의 상징들을 통해 메스칼레로 아파치족은 클레어 패러 박사의 말대로, "하늘을 실천한다."

천문학적인 의미를 함축하고 있는 십자들이 메소아메리카의 다른 지역에서도 알려져 있다. 마야의 킨이라는 그림문자는 성 앤드류 십자(X자형 십자/옮긴이), 즉 '중간방위'처럼 보이며, '태양', '날' 또는 '시간'을 상징한다고 알려져 있다.

이 애리조나 아파치족 산신 무용수의 가슴에는 뉴멕시코의 메스칼레로 아파치가 그린 것과 비슷한 4꼭짓점을 가진 별이 그려져 있다. (에드윈 C. 크룹)

이들 3가지 관념과 세계의 4분면이라는 개념 사이의 연상은 구조를 시간과 공간으로 표현하는 천문현상을 통해 자연스럽게 전개되었다. 정확하게 측정해서 달력을 만들고 날을 분배하는 태양도 방향이 뚜렷하게 정해진 영역을 통과하며 여행한다. 우리의 조상들은 자기 주위에서 일어나고 있는 이런 사건들을 보기만 한 게 아니라, 그것을 측정하고 그것을 체계화했다.

킨이라는 그림문자는 단지 방향만이 아니라, 천체의 시간을 기록하는 사람들이 서 있어야 할 가장 적절한 방향과 위치를 정하는 기술도구를 언급하는 것일 수도 있다. 교차된 한 쌍의 막대(킨 '십자' 비슷하게 보이는 것)가 메소아메리카의 신전 단으로부터의 시선을 정해주었을 것 같다. 수많은 이런 고대의 천문대들은 여러 개의 사본에 그림으로 그려져 있다. 전문가 수준의 연구를 했던 아마추어 천문학자 젤리아 누탈$^{\text{Zelia Nutall}}$(1857~1933. 미국의 인류학자이며 고고학자. 메소아메리카의 선 콜럼버스와 선 아스텍 시기의 기록들을 연구했다/옮긴이)은 일찍이

12. 우리가 그리는 상징들

신전, 교차된 한 쌍의 막대, 그리고 십중팔구 천문학자일 인물이 정복 이전의 믹스텍 필사본인 《보들리 사본》에 있는 이 그림문자를 구성하고 있다. 반쯤 감긴 눈꺼풀처럼 보이는 원형의 장식들이 별 상징들이다. (호르스트 하르퉁)

1906년에 여러 사본에 들어 있는 천문학적 상징들의 목록을 만들었다.

    호르스트 하르퉁은 《보들리 사본Codex Bodley》과 《셀덴 사본 ICodex Selden I》에 있는 참신한 생김새에 반해서 그 사본에 들어 있는 교차된 막대 상징을 정리했다. 이 두 기록 모두 오악사카Oaxaca의 믹스텍Mixtec(마야족이 기원인 멕시코 아메리카 원주민/옮긴이) 족 영토에서 가져온 것이며, 왕조의 역사를 기록한 것으로 보인다. 교차된 십자는 신전 현관에서, 앉아 있는 인물들 사이에서, 그리고 머리 장식물에서까지 흔하게 보인다. 두 막대에 의해 만들어진 V자 모양 안에 별을 나타내는 그림문자가 있는 경우가 많다. 이 별들은 우리가 사용하는 꼭지가 여러 개인 별 상징이 아니라 눈동자를 반쯤 덮을 정도로 눈꺼풀이 감긴 둥근 눈처럼 보인다. 같은 별 상징들이 작은 신전 그림 자체에 점점이 그려져 있는데, 마치 그것들이 천문대라고 알려주는 것 같다. 명쾌하게 표현된 한 그림문자에서 고대 오악사카의 어느 천문학자가 신전 문밖으로 머리를 내밀고 V 사이로 건너다보고 있다.

    사본에 있는 이런 상징들이 어느 믹스텍 천문대에서 진행됐던 모든 것들을 연대순으로 기록했다는 뜻은 아니다. 신전의 별을 그린 그림문자와 교차된 막대들 중에는 장소 이름인 것들도 더러 있다. 그런 이름들은 한때 그곳에 천문대가 있었던 것으로 확인된 부락을 나타낸다. 실제로 믹스테카 알타$^{Mixteca\ Alta}$에 있는 현재의 틀락시아코$^{Tlaxiaco}$ 시는 '천문대가 있던 장소'로 생각된다. 그와 비슷한 현대의 것을 생각해볼 수 있다. 로스앤젤레스에 있는 그리피스 천문대는 그리피스 공원에 있는데, 그 천문대는 눈에 금방 띄는 표지물이다. 지금 과거에 대한 상세한 기록들이 사라지고 혼란스러워진다면, 앞으로 몇 세기 안에 쓰일 로스앤젤레스의 미래 역사 어딘가에서 이 공원과 아주 밀접한 관계가 있는 '고대의 천문대'를 기억해내면서 그곳을 그리피스 천문대 공원이라고 언급할지도 모른다. 참고문헌은 그 옛날 20세기 로스앤젤레스의 천문대에 대해 많은 걸 말해주지는 못하겠지만, 한때 어떤 천문대가 거기 있었다는 건 확인해줄 것이다. 《믹스텍 사본》들이 고대 오악사카에 있었던 천문학에 대해 우리에게 말해주는 게 바로 이런 것이다. 다행히도 그 그림문서는 천문대 자체에 대한 단서들을 제공한다. 그와 비슷한 십자 막대들이 몬테알반의 구조물 J의 한 옥외 석판에 새겨져 있는 신전 그림문자에도 나타나 있다. 거기에도 역시 천문학과는 아무 상관없겠지만 그곳의 천문대 때문에 알려진 한 소도시의 정복에 관한 엠블럼이 있다.

    쪼아 만든 원을 4로 나누는 것이 세계의 4분면을 말하는 건지, 교차된 막대를 말하는 건지 혹은 그 둘 다를 말하는 건지 우리는 입증할 수가 없다. 다시 말해 테오티우아칸 사람들은 자기들의 상징이 어떻게 해서 존재하게 됐는지 우리에게 말해주지 않았다. 하지만 원과 십자 모양의 암면조각을 형성하고 있는 쪼아서 생긴 구멍 표시에도 상세한 정보가 들어 있을 수 있다. 앤터니 아베니는 각각의 팔 안에 있는 10-4-4 패턴의 표시들을 더하면 18이라는 숫자를 나타내며, 18은 메소아메리카의 달력에서 중요한 숫자라는 데에 주목했다. 365일 해에는 18 베인테나와 '달$^{month}$'에 들어가지 못하고 남아 있는 5일이 있다. 팔이 원과 교차하는 지점의 표시들까지 합하면 고대 달력에서 또 하나의 중요한 숫자 20이 된다. 쪼아서 생긴 구멍 표시들의 총 개수가 십자마다 상당히 다르긴

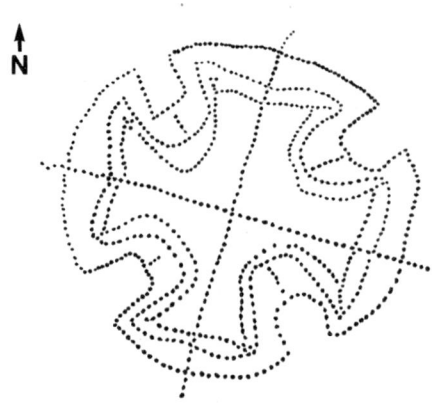

4분원 상징과 관련된 것일 게 틀림없는 다소 장식적인 이 디자인은 바이킹그룹의 십자에서 죽은 자들의 거리 맞은편 바닥에 직접 쪼아 넣었다. 바깥 둘레에 있는 점은 모두 260개다. 이 엠블럼이 갖고 있는 달력과 관련된 중요한 의미는 중앙 멕시코와 마야의 사본들에서 확인되었다. (그리피스 천문대, A. F. 아베니의 그림을 본뜸)

해도, 잘 그려진 것으로 보이는 3개(세로 엘 차핀에 있는 두 개와 멕시코 북쪽의 사라진 표시)는 총 개수가 신성력의 날수인 260에 가깝다. 차핀에 있는 것의 총수는 261과 265이고, 세 번째 것도 분명 261개였을 것이다. 마야 영토 안에 있는 우악삭툰 십자는 신중하게 만들어졌으며, 두 개의 고리 안에 있는 것만 256개다.

이런 십자 모양의 점들이 암시하는 계산 기록들이 달력과 모종의 관계가 있다는 것을 은근히 내비치기는 하지만, 그것들이 실제로 달력의 역할을 했다는 결론을 내리기에는 십자들이 저마다 너무 다르다. 그보다는 달력 및 시간의 경과와 관련된 상징들이다.

병풍처럼 접이식으로 되어 있는 《페헤르바리-마예르 사본Codex Fejérváry-Mayer》 1페이지는 몰타 십자와 성 앤드류 십자를 교차시킨 것과 비슷한 형태의 디자인에다 우주론과 역법을 결합시키고 있다. 방향을 상징하는 표시들 중에서 동쪽을 나타내는 디자인이 위쪽에 있다. 피라미드 위에 있는 꼭짓점 8개의 태양원반은 태양에 해당되고 가장자리는 붉은색인데, 붉은색은 중앙 멕시코에서는 동쪽과 관계있는 빛깔이다. 서쪽은 아래에 있는 십자의 푸른색 가지다. 노란색인 북쪽은 왼쪽이고, 초록색인 남쪽은 오른쪽이다. 각 구역마다 각기 근원이 다른 곳

《페헤르바리-마예르 사본》에 있는 이 아스텍 디자인은 경계선을 260개의 점으로 표시했다. 방향을 나타내며 달력과 관련된 신화적 상징을 담고 있는 이 그림은 코스모그램cosmogram, 즉 우주질서에 관한 그림이다. (벨레로폰 북스, 산타 바바라, CA 93101)

에서 자라는 나무 한 그루씩이 있는데, 정상에는 종류가 다른 새가 한 마리씩 있고, 나무 양쪽에는 다른 한 쌍의 신들이 지키고 있다.

4방향은 지평선상의 방위를 내포하고 있지만, 그와 함께 상징 중의 어떤 것들은 수직적인 조직에 대한 단서도 제공한다. 북쪽에 있는 나무를 담고 있는 그릇은 그 안에 별 또는 하늘 상징을 갖고 있으며 천상의 영역을 의미한다. 오른쪽 즉 남쪽에서는 나무가 파충류 같은 지구 괴물의 입에서 자라고 있다. 그것은 아래 영역으로 들어가는 입구다. 수직적인 구조도 물론 멕시코 원주민들의 우주론을 구성하는 한 요소다.

늙은 불의 신이며 시간의 군주인 시우테쿠틀리Xiuhtecuhtli가 정사각형 중심에서 있다. 그는 낮의 군주 13명 중 첫째이며, 또한 밤의 군주 9명 중 첫째이기도 하다. 낮의 왕국을 7층짜리 피라미드라고 상상해보자. 한 면을 올라갔다가 다시 내려가면 총 13번이 되는데, 이것이 낮의 군주들에 해당된다. 거꾸로 된 다섯 단의 피라미드는 밤의 군주에게 아홉 계단을 제공한다. 이런 생각들은 메소아메리카의 층층이 겹쳐 있는 우주론인 13 '천국'과 9 '지옥'과 관련되어 있으며, 그것들은 하루 밤낮의 시간의 경과를 상징하기도 한다. 그래서 시우테쿠틀리는 밤의 첫 번째 '시간'을 후원하며 그래서 시간의 주인이다. 그는 아마도 페이지의 각 모서리에서 대각선으로 자신의 영역에 흘러들어오는 피에서 에너지를 얻을 것이다. 몸의 4부분 즉 손, 머리, 갈비뼈, 발은 이 피의 원천이다. 발은 뼈에서 분리되어 있는데, 그것은 다른 부분들도 그렇지만 테스카틀리포카와 관계있다. 테스카틀리포카도 이런 속성을 가지고 있으니까.

달력에 관한 분명한 언급은 다음 그림의 '성 앤드류 십자'의 팔 부분인 대각선 구역 안에서도 보인다. 각 구역마다 토날포우아이, 즉 260일 신성력의 20가지 날 이름 중 5개씩이 들어 있다. 각 대각선 가지 맨 끝에 각기 다른 새들이 한 마리씩 있고, 새 등에는 각기 다른 그림문자가 있다. 그림문자를 식별하는 건 쉽다. 토끼, 집, 부싯돌 칼, 갈대다. 이것들은 물론 우리가 앞에서 이미 본 바 있는 4해의 이름이며, 4마리의 새들은 4해를 나르는 역할을 한다. 그 새들은 우리가 엘 타힌에서 만난 볼라도레스들과 같다.

대부분 믹스테카-푸에블라Mixteca-Puebla 즉 걸프 해안 지역에서 생산되었을, 스페인 정복 이전 시대의 '책'인 이 문서 첫 페이지에 우주론적이고 천문학적이며 달력과 관련된 의미가 있다는 것이 이쯤에서 분명해졌을 것이다. 이것과 쪼아 만든 십자, 특히 테오티우아칸의 #2와의 관련성은 형태만 비슷한 게 아니다. 페헤르바리-마예르 그림의 바깥쪽 주변을 주의 깊게 조사해본 결과 쪼아 만든 십자에 생긴 구멍들과 닮은 점들이 연속되는 순서로 배열되어 있다는 게 밝혀졌다. 13번째마다 점 대신 20개의 날 이름 그림문자를 넣었고, 가장자리 전체의 점은 모두 260개인데, 테오티우아칸의 십자 #2의 테두리에 있는 것과 정확하게

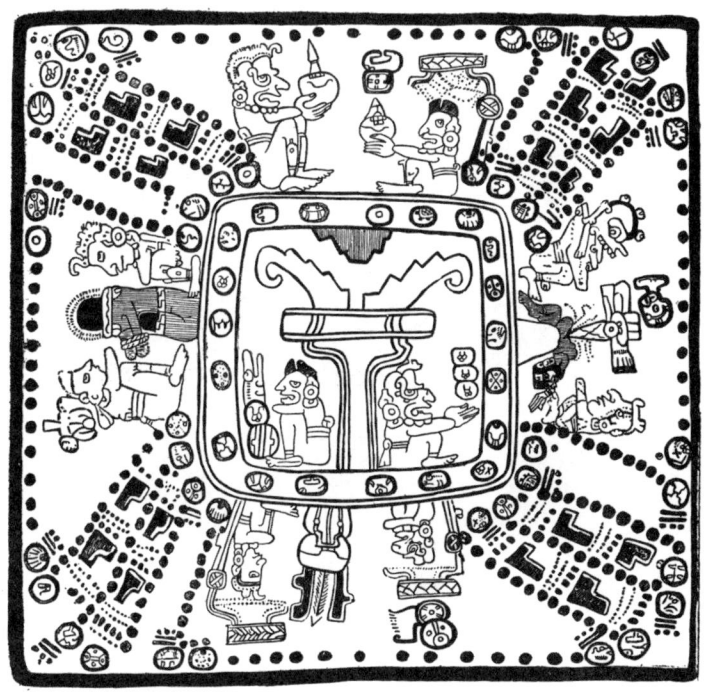

마야에서도 260일 달력주기가 사용되었다. 《마드리드 사본Codex Madrid》에서 발췌한 이 그림 주위에 그려져 있는 260개의 점들은 아스텍의 《페헤르바리-마예르 사본》의 모양과 의미를 그대로 반영하고 있다. (스티븐 피트Stephen D. Peet, 『아메리카의 신화와 상징 혹은 토착 종교Myth and Symbols or Aboriginal Religions in America』, 1905)

같은 숫자다.

도미니크파 수도사인 프라이 디에고 두란Fray Diego Duran은 어릴 때 멕시코로 와서 훗날 아스텍의 역사와 전통, 달력에 관한 광범위한 기록을 남겼다. 그의 기록에는 52년 주기가 일종의 4분원으로 상징화되어 있다. 태양이 자리 잡고 있는 중앙의 바퀴통에서 4개의 바퀴살이 사방으로 뻗어 있다. 각 바퀴살들은 반지름의 길이가 같은 곳에서 구부려져 $\frac{1}{4}$ 원호를 만들고 있다. 그러나 원호들은 서로 닿지 않는다. 이 바퀴살 원호들은 13개의 작은 상자로 차례로 나뉘어 있고, 상자에는 52년에 해당하는 숫자-이름 명칭이 적혀 있다. 하나의 팔에 있는 모든 상자에는 같은 날-이름, 예컨대 토끼나 집 같은 이름들이 있다. 숫자들은 순서대로 되어 있지 않지만 연도의 명칭의 실제적인 순서에 의해 정해진 패턴을

12. 우리가 그리는 상징들

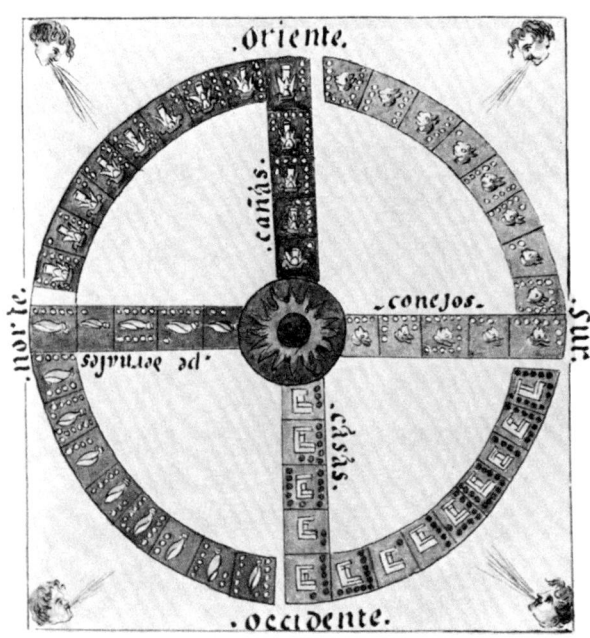

또 다른 메소아메리카 달력주기인 52년 시우몰피이가 16세기의 연대기 작가인 두란의 책에 들어 있는 이 그림에서 상징화되어 있다. 사각형에는 1~13(점의 수로 나타낸)까지의 숫자와 4개의 날-이름 중 하나로 제시된 각각 다른 해의 이름이 들어 있다. 토끼(위 오른쪽 사분원), 갈대(위 왼쪽), 부싯돌 칼(아래 왼쪽), 그리고 집(아래 오른쪽)이다. (프라이 디에고 두란, 『신과 제의에 관한 책Book of the Gods and Rites』과 『고대의 달력The Ancient Calendar』, 페르난도 호르카시타스Fernando Horcasitas와 도리스 헤이든 번역. 저작권 1971년 오클라호마 대학 출판부)

따르고 있다. 기본방위의 이름이 페이지 네 면의 방향을 정해주고, 유럽의 전통 스타일로 그려진 바람이 네 모서리로부터 불고 있다.

이 달력바퀴들은 둘 다 게임보드처럼 보이는데, 이렇게 말해도 그리 억지는 아닐 것 같다. 메소아메리카 인들은 파토이patolli라는 게임을 했는데, 인도의 주사위 놀이인 파치지parcheesi(우리나라의 윷놀이와 아주 비슷한 인도 왕실의 아주 오래된 전통 보드게임/옮긴이)와 비슷하다. 이따금 고급스런 회반죽 바닥 마감재에 옴폭 파놓은 작은 구멍들이 게임보드가 되기도 한다고 두란은 전해준다. 콩 '주사위'를 던져서 나오는 숫자대로 말로 쓰는 콩들을 구멍에서 구멍으로(혹은 갈대로 짠 매트 위에 그림을 그린 게임보드의 칸에서 칸으로) 옮긴다. 경기의 코스는 십자로 펼쳐졌다. 경기가 치열하고 내기 돈도 엄청나서 패하면 완전히 파산했다고 한다.

스페인 정복 이후의 기록에도 파토이에는 종교적인 의미가 담겨 있으며, 달력, 수점, 우주론, 그리고 천문학적 상징들로 경기 규칙을 정했다고 언급하고 있다. 예컨대 각 경기자의 말이 보드를 완전히 한 바퀴 돌 때쯤이면 52개의 칸을 지나게 된다. 코르테스의 가정 목사인 프란시스코 로페스 데 고마라는 이렇게 쓰고 있다. "……스페인의 카드놀이와 주사위놀이를 몬테수마는 굉장히 마음에 들어 했다." (한 벌이 52장, 4패로 되어 있고, 13장이 한 패이며, 숫자가 많고 왕실의 이미지를 갖고 있어서, 몬테수마가 마음에 들어 했을 것 같다.)

고대 멕시코 인들은 파토이 게임을 할 때면 주사위를 던져서 자기들의 행운과 장래의 운명을 점쳤고, 또 신들의 손에 맡겼다. 우주처럼 조직화되어 있으므로 게임과 게임보드는 시간과 공간의 질서를 상징했다. 파토이와 52와의 관계 때문에 260일 신성력($52 \times 5 = 260$)과 52년 달력주기와 결합되었으며, 그래서 그 게임이 점에 사용되었을 수도 있다. 달력과 관련된 그림, 사본에 있는 우주론적 디자인, 그리고 쪼아 만든 십자를 통해서, 우리는 '신들이 창조한 장소'인 테오티우아칸의 질서정연한 설계의 원래 의미가 무엇일까, 추적해볼 수 있다.

## 하늘의 승인

고대 멕시코의 가장 친숙한 상징 중 하나는 아스텍 '달력돌Calendar Stone'이라고 알려진 복잡한 원형 디자인이다. 멕시코 관광객들을 위한 시장에 가면 이 디자인으로 장식된 도자기, 지갑, 펜던트 들을 볼 수 있다. 수입한 지갑의 가죽에다 장식만 새겨넣은 것이다. 관광객들은 그 밖에도 멕시코의 과거에서 찾아낸 보물인 이 그림으로 장식된 벽걸이 달력과 재떨이 들을 전 세계에 있는 자기들 집으로 가져간다.

아스텍 달력돌은 사실은 달력이 아니다. 한때는 아스텍의 수도인 테노치티틀란의 성스러운 중심구역에서 눈에 잘 띄는 곳을 차지하고 있던 거대한 상징적 조각물이다(무게가 24톤이나 되는 감람석 현무암이다). 대부분의 도시처럼 달력돌도 부서지고 파괴되어 식민지풍의 도시인 멕시코시티의 거리와 빌딩들 아래에 묻혔었다. 그러나 대성당을 수리하느라 멕시코시티의 주 광장인 소칼로$^{Zocálo}$를 파헤치던 1790년 12월 17일, 지름이 4m나 되는 육중한 조각이 다시 햇빛을 보게 되었다. 그 조각물의 또 다른 이름은 '태양의 돌'이며, 한가운데에 있는 얼굴은 토나티우, 즉 현재 태양의 초상이라는 게 오래전에 확인되었다.

아스텍 전승에 따르면, 토나티우는 역대 태양 중 다섯 번째이며, 각 태양은 한 시대씩을 다스리다가 대변동을 맞이하여 다음 태양으로 교체되었다. 스페인 정복 이전의 원주민들이 1558년에 나우아틀 어로 쓴 필사본인 《태양의 전설$^{Leyenda\ de\ los\ Soles}$》에 따르면, 첫 번째 시대는 4-재규어$^{Jaguar}$라고 알려져 있다. 테스카틀리포카가 다스린 그 시대에는 야생 재규어들이 살아 있는 모든 것을 잡아먹었고, 마지막엔 자기들끼리 잡아먹었다고 한다. 두 번째 위대한 시대인 4-바람$^{Wind}$ 시대가 시작되었다. 태풍이 이 태양을 삼켜버리고, 세 번째 세상인 4-비$^{Rain}$ 시대가 뒤따른다. 아마도 화산 폭발이나 강풍을 동반한 뇌우의 번쩍임을 은유적으로 표현한 것으로 보이는 불비가 세 번째 태양을 파괴하고 네 번째인 4-물$^{Water}$의 시대가 시작된다. 그것 역시 결국엔 무너지고 그 시대에 살던 사람들은 모두 대홍수로 멸망했다. 네 번째 태양이 죽으면서, 토나티우가 다섯 번째 시대, 즉 4-운동$^{Movement}$의 시대를 다스리기 위해 우주적 시간의 왕위를 계승했다.

이전 4태양의 엠블럼들이 '태양의 돌' 중앙의 얼굴 주위를 둘러싸고 있는 4개의 사각형을 차지하고 있다. 우주론적 시간은 위 오른쪽 사각형, 재규어의 머리가 그려져 있는 것에서 시작되며 시계 반대방향으로 돈다. 시대 숫자 2는 위 왼쪽 사각형 안에 바람을 연상시키는 케찰코아틀의 모습인 에에카틀$^{Ehecatl}$의 머리로 상징화되어 있다. 그 아래에 있는 왼쪽 사각형 안에는 틀랄록$^{Tlaloc}$ 신의 얼굴이 있다. 그는 비와 가장 관련이 많으며 쏟아져 내리는 천체의 불을 나타낸다. 마지막으로, 비와 물의 여신 찰리치우틀리쿠에$^{Chalichiutlicue}$가 오른쪽 아래에 있는 마지막 사각형에서 네 번째 시대를 나타냄으로써 디자인을 완성한다.

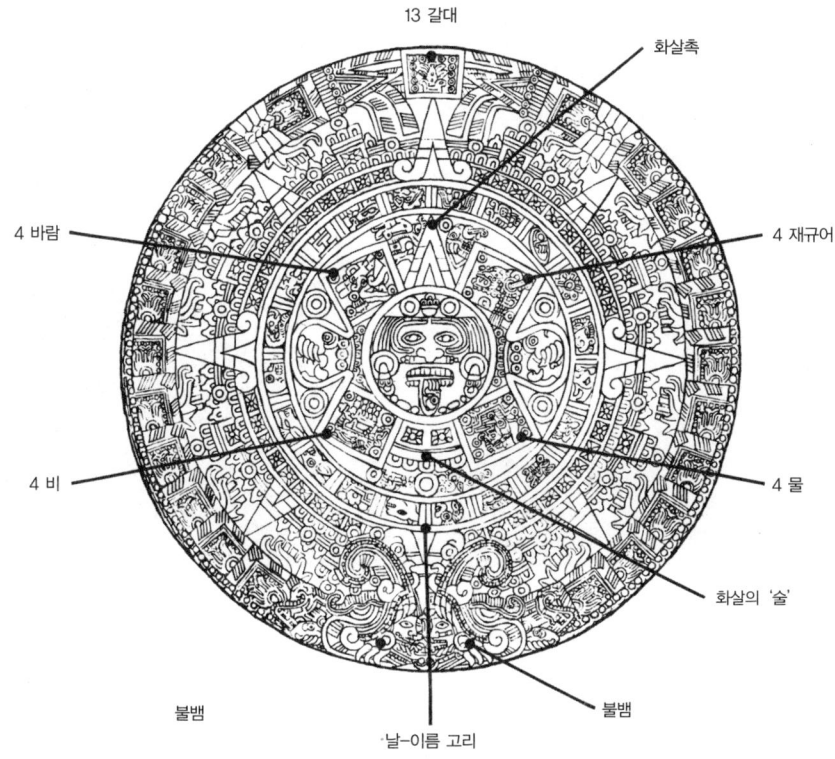

불멸의 역사적 가치를 지니고 있는 이 조각품의 중앙 디자인을 둘러싸고 있는 날-이름 그림문자 고리 때문에 이것이 달력돌이라는 이름으로 인기를 얻고 있지만, 그건 정확한 이름이 아니다. 여기서 확인된 상징들은 모두 아스텍 인들의 마음속에서 다섯 번째 태양인 자신들의 시대보다 앞서 있었던 4 우주적 시대의 엠블럼이다. (벨라로폰 북스, 산타 바바라, CA 93101)

    4개의 사각형, 둥근 얼굴, 왼쪽과 오른쪽에 불거져 나온 두 개의 발톱이 모두 합쳐져서 오인$^{ollin}$, 즉 '운동'이라는 그림문자의 모양을 만들고 있다. 이것은 현재 시대인 다섯 번째 태양을 암시하는 것으로, 신화에 따르면 지진으로 멸망하게 되어 있다.

    중앙의 디자인을 에워싸고 있는 것은 20개 그림문자로 된 고리다. 이것들은 260일 달력주기의 날 이름들이며, 이것들 때문에 거대한 원반이 '달력돌'이라고 알려지게 되었다. 기호는 맨 위의 시팍틀리('악어')에서 시작되어 고리가

12. 우리가 그리는 상징들

또 다른 조각품에도 앞서 존재했던 태양들의 엠블럼이 있다. 여기서 왼쪽에 있는 것은 4-물(여신 찰리치우틀리쿠에)의 상징이고, 오른쪽에는 테스카틀리포카와 4-재규어를 나타내는 재규어의 머리가 있다. (에드윈 C. 크룹)

'4태양의 돌'의 다른 쪽에는 왼쪽에 4-바람(에에카틀 신)과 오른쪽에 4-비(퉁방울눈을 가진 신 틀랄록)이 있다. (에드윈 C. 크룹)

'달력돌'의 중앙에 있는 얼굴과 결합된 윤곽, 그 둘레의 사각형들, 그리고 그 사각형 옆에 하나씩 있는 발톱들이 오인이라는 그림문자의 모양 안에 있다. 그 문자의 의미는 '지진' 혹은 '운동'이다. 비록 중앙의 얼굴이 전통적으로 다섯 번째 태양인 토나티우의 얼굴이라고 지금까지 확인되어왔지만, 현재 해석자들 중에는 그것을 땅의 군주 틀라테쿠틀리 Tlatecuhtli라고 생각하는 사람들도 있다. 이런 새로운 결론들은 얼마간은 최근 마요르 신전을 발굴하는 동안 복원된 틀라테쿠틀리의 다른 초상화에 바탕을 두고 있다. 어느 쪽이든 이 디자인의 나머지 부분에서 보이는 우주론적이고 방위를 나타내며 달력과 관련된 상징들이 아스텍의 주권이 진정한 것임을 증명한다. (로빈 렉터 크룹)

끝나는 쇼치틀('꽃')까지 시계 반대방향으로 고리를 따라 계속된다.

다른 많은 상징적 이미지들이 원반에 합쳐져 있다. 여덟 개의 삼각형 광선처럼 보이는 것들이 날 이름 고리 주위에 마치 나침도 compass rose(지도나 해도 상에서 기본방위를 표시해놓은 붉은색 삼각형 모양, 장미꽃처럼 보인 데서/옮긴이)처럼 배열되어 있다. 점으로 된 원이 원반의 가장 바깥쪽을 에워싸고 있는데, 이것은 별이 총총한 밤하늘을 나타낸다. 이 고리 바로 안쪽에 두 마리의 시우코아틀 Xiuhcóatl, 즉 '불뱀'이 또 다른 고리를 만들고 있다. 그들의 꼬리는 위쪽에 있고, 입은 아래쪽에서 인간의 머리를 하나씩 삼키며 서로 대결하고 있다. 이 뱀들은 낮 시간의 하늘을 가로지르는 태양의 궤도와 운행을 상징하고 있으며, 그건 판케찰리스틀리 Panquetzaliztli 축제에서 깃털과 종이로 만든 뱀을 마요르 신전의 계단 동쪽에서 서쪽으로 내려오는 것과 같다.

불뱀이, 정확히 말하면 불뱀처럼 보이는 뭔가가 유카탄의 치첸이트사에 있는 주 피라미드 계단을 내려온다. 원래 치첸이트사는 마야에 속해 있었지만, 중앙 멕시코의 툴라에서부터 톨텍, 아니 좀 더 정확하게는 톨텍의 영향을 받은 걸프 해안 지역의 마야가 10세기에 이 의례단지의 통제를 받다가 원래의 마야 주민들과 함께 혼합 건축양식을 만들어냈다. 치첸이트사에 있는 카스티요Castillo라고 하는 큰 피라미드는 톨텍의 영향을 받았음을 보여준다. 천체와 관련된 상당한 수비학이 피라미드의 다양한 구성요소들(4면과 계단, 각 면의 지면보다 낮은 52개의 벽판, 91단씩의 계단 맨 위에 한 층을 더한 총 365개의 단, 그리고 9층) 속에 결합되어 나타나 있으며, 천정을 통과하는 일몰에 맞춰 정위되었을 것이다. 하지만 아주 최근에 J. 리바드는 분점 일몰 전 한 시간 동안 빛과 그림자의 한 패턴이 북쪽 계단의 서쪽 난간에서 만들어진다는 데에 주목했다. 실제로 이 현상은 지역 주민들에게는 잘 알려져 있었다.

최근 몇 해 동안 춘분은 멕시코에서는 사실상 국경일로 변모되었다. 1만~1만 2,000명의 사람들이 뱀의 하강을 지켜보기 위해 치첸이트사로 몰려들기 때문이다. 이런 관심은 거의 대부분 루이스 아로치Luis E. Arochi에게서 자극받은 것인데, 그는 열광적인 아마추어로 이 현상에 대한 책을 써서 성공한 작가다.

피라미드는 신중하게 정위되었고 피라미드의 북서쪽 모서리의 옆면이 첫 번째 빛의 역삼각형을 만들어내면 그 아래로 또 다른 역삼각형이 생기는 식으로, 등에 다이아몬드 무늬가 있는 뱀이 하강하는 이미지를 만들어낸다. 맨 아래에는 뱀의 머리가 있다. 그 뱀의 머리 때문에 정렬과 효과가 의도되지 않았을까, 하는 것이 줄곧 논쟁거리가 되고 있다. 당연히 그 디스플레이가 분점에 맞춰진 한 의례에서 극적인 부분을 연출했던 것 같다. 이 햇빛뱀은 유카탄의 방울뱀 무늬와 엇비슷하며, 치첸이트사의 수많은 깃털 달린 뱀들도 방울을 들고 있는 것으로 봐서 방울뱀이라는 걸 알 수 있다. 이것은 분점의 뱀을 해year와 시간의 경과, 새로 시작한다는 개념을 포함하고 있는 방울뱀 상징과 결합시킨다. 이것과 동일한 함축이 아스텍의 신 시페 토텍Xipe Totec의 의례에 끼어들어 있다. 그 신의

햇빛 속의 상징, 물결치며 차례대로 내려오는 삼각형들은 춘분날 일몰 직전 치첸이트사의 주 피라미드인 카스티요의 북쪽 난간을 잠깐 뱀의 몸으로 탈바꿈시킨다. (로빈 렉터 크룹)

주요 축제는 춘분에 테노치티틀란에서 거행되었다. 치첸이트사에서 열린 톨텍-마야의 제의들이 아스텍 인들이 중앙 멕시코에서 물려받은 것과 같은 것인지는 확인할 수가 없지만, 카스티요는 아스텍 인들도 이해했을 성싶은 천체의 빛 속에서의 우주적 상징을 그리고 있다.

리처드 프레이저 타운센드$^{Richard\ Fraser\ Townsend}$는 고대 멕시코의 우주론적 상징을 연구해서, 동에서 서로 움직이는 태양의 운행이 아스텍 달력돌의 꼭대기(그리고 뱀의 꼬리)는 동쪽, 그리고 바닥(뱀의 머리들)은 서쪽이 되게 한다는 결론을 내렸다. 그는 달력돌은 단 한 번도 벽에 걸리거나 똑바로 세워졌던 적이 없었다는 주장을 뒷받침할 좋은 사례를 제시한다. 그는 그 거대한 원반은 '맨 위'가 동쪽을 가리키도록 평평하게 놓여 있었다고 확신에 찬 주장을 펴고 있다.

동쪽은 아스텍 인들에게 가장 중요한 성스러운 방향이다. 중앙의 얼굴 바로 위에 있는 또 다른 삼각형 모양 화살과 그 아래에 있는 양식화된 깃털 장식의 술이 그 길을 가리키고 있다. 동쪽은 태양이 매일 창조되는 방향이고, 전승에 의하면 다섯 번째 태양의 창조는 13아카틀('13갈대')이었다. 이 날짜는 원반의 맨 꼭대기, 즉 동쪽 테두리에 있는 상자에 나타난다. 즉 13개의 점들이 '갈대'라는 그림문자를 에워싸고 있는 것이다. 아스텍 인들에게도 똑같이 중요한 날인 13갈대는 아스텍의 왕 이츠코아틀Itzcoatl이 통치를 시작한 해다. 그는 테파넥Tepanec을 무찌르기 위해 텍스코코의 군대와 연합했으며, 아스텍 인들은 제국을 향해 행진을 시작했다. 아스텍의 통치권은 우주적인 근원, 즉 다섯 번째 태양에게서 유래된 것이며, 신화에서는 다섯 번째 태양의 창조가 아스텍 국가의 창조와 나란히 있다.

만약 '달력돌'이 정말로 포장된 바닥에 평평하게 놓여 있었다면, 타운센드의 또 다른 해석이 힘을 받는다. 그는 중앙의 얼굴은 태양이 아니라 지구를 나타낸 것이라고 주장하기 때문이다. 그것은 지구의 군주, 틀랄테쿠틀리Tlaltecuhtli의 얼굴이며, 이 신의 다른 아스텍 조각상들도 태양을 향해 쳐든 얼굴, 죽은 자들을 잡아먹는 칼날처럼 생긴 혀, 그리고 재규어 발톱을 가진 모습으로 그려지고 있다. 그러면 중앙의 디자인이 '지진' 또는 '운동'을 나타낸다는 게 훨씬 더 이치에 닿는다. 대칭으로 놓인 8개의 삼각형은 지구를 조직하는 방위인 기본방위와 중간방위를 가리키고, 나침반처럼 보이는 것은 그것을 정확하게 상징으로 나타내고 있다는 말이다.

요컨대 '아스텍 달력돌'에 있는 디자인은 코스모그램cosmogram, 즉 압축된 우주의 상징적인 '그림'이다. 코스모그램은 진짜 우주의 초상화나 지도가 아니라 우주질서에 대한 그림이다. 공간을 정위하고 시간을 경축함으로써 아스텍 달력돌은 지상의 영토, 정치적 패권, 그리고 한 개인이 우주에 대해 가지는 성스러운 책무 등에 관한 아스텍 인들의 개념을 하나로 만들었다. 그것은 우주론적-천문학적-신화학적-종교적-달력 관련 상징이다. 아스텍 인들이 자신들의 지배권을 정당화하기 위해 행사하는 것이 바로 그런 우주의 구조다.

## 달 moon 표시하기

'아스텍 달력돌'은 수많은 의미들로 난해하게 짜여 있으며, 그것이 시간과 공간 그리고 시공간의 상호관계를 상징적으로 표현하는 방법도 복잡하다. 비유적인 표현은 고대 문명을 바탕으로 해서 중앙 멕시코의 신화와 우주론의 토대를 서서히 발전시킨 제국의 비전의 결과물이다. 천체의 시간(그것을 새겨넣은 석기시대의 예술가들에게는 그다지 중요하지 않았다 해도)을 처리하는 좀 더 단순한 방법은 선사시대의 통로무덤 옆면에 끼워 넣은 돌 위에다 기호로 새겨넣는 정도일 것이다. 수수께끼 같은 많은 상징과 디자인 들이 아일랜드의 신석기시대 농부들이 지은 거석문화시대 무덤 석판에 새겨넣어졌다. 예컨대 뉴그레인지는 소용돌이선, 마름모꼴, 지그재그 모양, 그리고 복잡하고 기하학적인 구성으로 장식되어 있다. 뉴그레인지 근처 도스 Dowth에 있는 통로무덤 동쪽 면의 한 갓돌에는 빛을 발하는 태양원반처럼 보이는 이미지가 적어도 7개는 있다. 다른 유적인 노스 Knowth의 또 다른 갓돌도 달의 한 달 주기를 표시해놓은 것처럼 보인다고 마틴 브레넌 Martin Brennan은 줄곧 지적하고 있다. 그는 선사시대 아일랜드의 바위예술에 관심이 있는 예술가이자 디자이너며, 또한 『보인 계곡의 비전 The Boyne Valley Vision』의 저자이기도 하다.

비록 지나친 추측과 부적합한 증거가 브레넌의 책에 흠집을 내고 있긴 하지만, 노스에 있는 조각물에 관한 그의 말 중에는 관심을 가질 만한 것들도 있다. 노스는 뉴그레인지에서 북서쪽으로 10km도 채 안 되는 거리이며, 보인 강 상류에 있다. 세부적인 면에서는 뉴그레인지와 다르지만, 크기는 대충 같다. 그곳의 돌들은 대부분 뉴그레인지와 같은 상징들과 스타일로 새겨져 있다. 그러나 브레넌이 주목한 돌과 똑같은 돌은 뉴그레인지에는 없다. 브레넌은 그것을 '달력돌'이라고 불렀으나, 논문에서는 '갓돌 Kerbstone 69'라고 했으며, 둔덕의 남서쪽 면에 위치해 있다.

돌의 중심 디자인은 소용돌이선이다. 그 옆면에 있는 것(사실은 그 바로 위쪽을 가로지르는 것)은 차례로 늘어서 있는 17개의 '반원' 혹은 초승달인데, 모

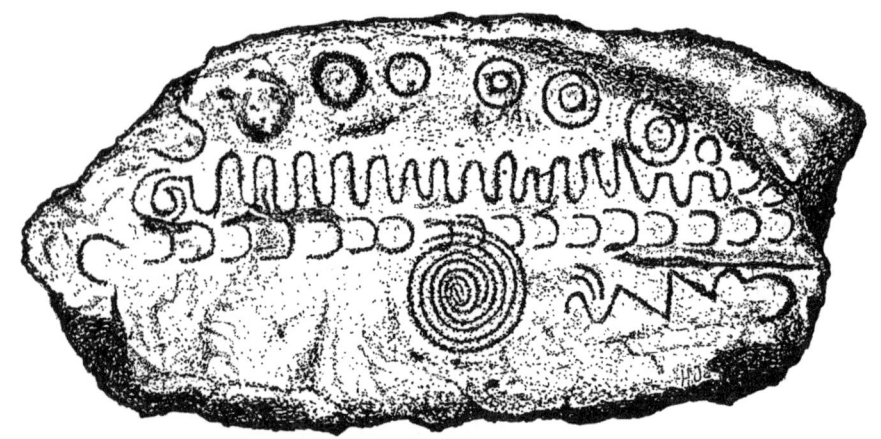

백 개도 넘는 크고 육중한 돌들이 아일랜드 선사시대 통로무덤인 노스의 기단 전체를 둘러싸는 일종의 갓돌로 놓여 있다. 불가사의한 상징과 디자인들이 이 거석들의 대부분에 새겨져 있다. 이 장식들이 체계적으로 해석된 적은 없지만, #69인 이 돌은 변화하는 달의 위상을 상징적으로 표현하고 있는 것일 수도 있다. 대부분이 한가운데를 가로지르며 한 줄로 늘어서 있는 초승달들과 돌의 맨 윗부분을 따라 활 모양으로 늘어서 있는 원형을 합치면 모두 29가 된다. 그것들은 한 태음력, 즉 한 달, 다시 말해 달의 위상의 한 주기를 나타내는 것일 수도 있다. (그리피스 천문대)

두 왼쪽으로 열려 있다. 브레넌은 소용돌이의 왼쪽 첫 번째 초승달은 처음으로 나타난 차오르는 초승달이며, 그것은 신월 이후 초저녁에 서쪽에서 보이는 것을 표시하는 거라고 추측했다. 초승달이 각각 하루를 나타내는 거라면, 여덟 번째 날에 초승달은 뒤집어져서 오른쪽으로 열려야 할 것이다. 그렇다면 상현달로 표시되어야 하겠지만, 이건 물론 '반달'처럼 보이지 않는다.

돌의 윗부분에는 시계방향으로 계속되는 타원형이나 원형들이 있다. 이것들은 대충 반월과 만월 사이의 모습과 닮아 있다. 그중 14, 15, 16의 위치에 있는 것들은 특이하게 이중 원이며, 보름달인 날들과 일치한다. 다른 위치에 있는 것들은 초승달로 표시되어 있다. 요컨대 '달 상징'은 모두 29개로, 태음월의 근사치다. 만월 기간 이후의 첫 번째 초승달의 시작은 비교적 작고 아래로 숙이고 있다. 이것은 달이 이우는 절반의 주기를 나타내고 있는 것으로 해석될 수도 있다. 달은 타원형으로 시작해서 또 다른 반달의 단계를 거쳐 초승달로 끝난다. 소용돌이 모양이 있는 마지막 두 초승달의 특별한 위치는 신월, 즉 달이 눈에 보이지 않는 기간에 대해 뭔가를 의미하는 것일 수도 있다.

그 디자인이 정말로 태음 주기의 하루하루를 표현한 것이라고 확신할 수는 없지만, 상징, 순서대로 일어나는 변화, 그리고 그것들의 총 개수 등은 달의 작용에 관한 해석과 놀랄 만큼 일치한다. 이와 같은 분석에는 항상 위험요소가 따르게 마련이다. 그 디자인을 고립시켜서 그것을 전체적인 배경에서 떼어놓기 때문이다. 하지만 그런 해석을 시험해볼 방법은 있을 것이다. 고고학자인 조지 에오건George Eogan은 훌륭한 솜씨로 노스를 발굴하면서 장식된 다른 돌들도 많이 찾아냈다. 이들 중에는 비슷한 주제와 디자인으로 새겨진 것들도 있다. 목록이 전부 다 갖춰져 있을 때라야, 노스에서 달에 의해 시간이 상징화되었는지 아닌지 측정하기 위해 돌들을 비교하고 분석해볼 수 있으리라.

## 보리, 벌들, 그리고 시간의 경과

달력계산법에서 또 다른 유형의 상징적인 표현이 터키 남부 중심에 있는 차탈휘위크Çatal Hüyük의 신석기시대 성소에 그려진 9,000년 전 벽화의 상세한 부분을 설명해줄 수 있을 것이다. 메릴랜드 대학의 역사학자 메리 킬번 매토시안Mary Kilbourne Matossian 박사는 VI.B.8 방의 동쪽 벽에 있는 벌집무늬 상징을 보리의 성장 시기와 1년에 한 번 벌들이 분봉하는 시기라는 관점에서 해석해놓았다.

뛰어난 고고학자이며 차탈휘위크의 1차 발굴자인 제임스 멜라트James Mellaart는 1960년대에 벽화의 바둑판 모양 구멍들에서 더러 보이는 곤충 모양은 벌의 한살이 단계를 언급한 것이라고 추측했다. 차탈휘위크의 위도로 볼 때 분봉은 춘분 48일 후인 5월 초에 발생하는데, 이것은 벽화의 무늬에서 중요한 의미가 있는 것 같다. 가로줄은 잘 맞지 않지만, 한눈에도 알아볼 수 있을 만큼 뚜렷한 세로줄의 벌집 구멍을 보자 매토시안 박사는 아래에서 위까지 구멍들을 세어보고 싶어졌다. 벽화의 요소들은 왼쪽에서 오른쪽으로 갈수록 복잡해지는 것 같았다. 매토시안 교수는 그 규칙에 따라 계산을 계속했다.

터키 차탈휘위크의 어느 성소에서 출토된 이 선사시대의 벽화는 많은 부분이 실제로 일련의 '칸막이' 혹은 '구멍'이다. 그 구멍들은 상징으로 채워져 있기도 하고, 혹은 비어 있기도 하다. 요컨대 72개의 구멍들이 벌집의 전반적인 외관을 만들어내는데, 상징들 가운데에는 꽃이나 벌을 닮은 것들도 있다. 이런 상징들이 규칙적으로 연속해서 배열되어 있는 것은 꿀벌들이 분봉하고, 보리꽃이 피는 등의 춘분과 관련된 시간 간격에 해당한다. 이런 사건들을 함축하고 있는 자연의 달력이 벽화 속에서 표현될 수 있다면, 이 신석기시대의 성소는 주기적이고 질서정연한 시간의 경과가 성스러운 공간이라는 환경에서 구체적으로 표현될 수 있음을 보여주는 또 다른 본보기가 될 것이다. (그리피스 천문대, 제임스 멜라트)

벽화에는 72개의 눈에 보이는 구멍들이 있고, 그중 62개는 한 가지 이상의 상징으로 채워져 있다. 첫 번째 채워진 구멍, 즉 첫 번째로 벌이 들어 있는 칸막이로부터 세면 48개(아래에서 위로) 혹은 49개(위에서 아래로)가 된다는 게 밝혀졌다. 벌들의 행동을 바탕으로 보면, 왼쪽에 있는 첫 번째 채워진 구멍은 춘분 날짜에 해당된다. 다시 말해, 어느 정도 임의로 선택한 것이긴 하지만, 마지막 채워진 구멍 즉 62번은, 따라서 5월 22일쯤 된다. 이것은 보리가 '이삭이 패는' 혹은 꽃이 피는 데 걸리는 시간인 약 60일간과 일치한다.

매토시안 박사는 벽화 왼쪽에 있는 원과 점의 상징들은 시기상 춘분과 파종 시기이므로 씨앗을 나타내는 거라고 생각했다. 54번과 60번의 '꽃' 상징들은 곡식이 익어가는 것을 가리키는 것이리라. 다른 상징들 중에는 초승달도 있는데, 그것은 어떤 식으로든 태음력과 관계가 있다는 말이다. 대부분의 구멍들 사이의 간격은 4번으로 나눈 태음월의 간격에 대충 들어맞는다.

차탈휘위크 벽화에 달력 관련 상징들이 있다는 증거가 개략적이고 정황적이기는 하다. 그러나 성소에 있는 상징들은 신석기시대 농부들에게 중요한 의미가 있는 봄의 현상들을 반영하고 있는 것 같다. 그들에게는 아마도 꿀이 천연 감미료이고 보리가 가장 중요한 곡식이었을 것이다. 불행하게도 달력 관련 정보가 종교적인 성소의 벽에 그려졌다는 것을 증명할 수 있는 기회가 우리에게는 거의 없다. 하지만 그 방과 40개나 되는 차탈휘위크의 다른 많은 성소에 있는 다른 이미지는 다산, 임신, 출산과 관계있는 것 같다. 역법으로 구체화되고 별과 보리의 생장으로 암호화된 천문학적 정보가 그려지기에 신석기시대 터키의 성소들이 부적당한 장소는 아니었을 것이다.

## 이시타르의 별

어떤 천체들은 반복해서 하늘을 가로질러 움직이고 또 그 시간 간격이 알려져 있기 때문에, 그것들과 관련된 천구의 신들의 행동이 숫자로 상징화될 수 있었다. 금성인 이시타르는 대개 바빌로니아의 경계석에 그녀를 상징하는 꼭짓점 8개의 별로 그려지는데, 아마도 이런 식으로 상징화되었으리라.

일찍이 기원전 3000년에 금성이 언급되었다는 것이 남부 이라크의 중요한 초기 수메르 도시 우루크$^{Uruk}$에서 출토된 증거로 알려지게 되었다. 그 유적지에서 발견된 한 점토서판에는 '별 이난나'라는 말이 있고, 또 다른 서판에는 '별, 지는 해, 이난나'라는 말을 나타내는 상징들이 있다. 이난나는 금성이며, 나중에 이시타르라고 알려졌다. 그리고 우루크의 점토서판은 그녀의 천체의 정체성을 '별' 상징, 즉 꼭짓점 8개의 별로 분명히 기록하고 있다. 이 초기 단계에서는 그 상징에 그 이상의 의미는 없었던 것 같다. 그러나 결국엔 쐐기문자에서 '신'을 의미하는 기호로 서서히 발전되어 실제로 신의 이름 앞에 놓이게 됐다. 신들과 하늘의 관계가 충분히 명시되지는 않았다 해도 메소포타미아 문자에서 이렇게 발전된 것을 보아 그것을 확인할 수 있다.

카시트$^{Kassit}$ 왕조(바빌론의 제4왕조)인 BC 1600~1150년쯤에는, 꼭짓점 8개의 별이 좀 더 구체적인 의미를 얻는다. 그것은 금성인 이시타르의 것이 되었으며, 수많은 쿠두루$^{kudurru}$ 즉 경계석$^{境界石}$에 나타나는데, 그것은 카시트 왕조의 왕들이 일으킨 혁신이었다. 그런 돌들이 들판의 경계선에 세워졌다. 그런 경계석들 중 가장 초기의 것들은 왕실에서 하사받은 토지를 기록하고 확인했으며,

천구의 3신의 상징이 바빌로니아의 경계석인 이 쿠두루 맨 위에 있다. 왼쪽에서 오른쪽으로 가면서 꼭짓점 8개의 이시타르의 별 즉 금성, 신 즉 초승달, 빛을 방사하고 있는 샤마시의 원반이다. 이런 돌들 대부분은 BC 2000년대의 것이며, 이 사진에 있는 경계석에는 BC 1120년에 에안나-숨-이디나가 굴라에레스에게 토지를 하사했다는 내용이 들어 있다. (에드윈 C. 크룹)

따라서 거기에 표시되어 있는 영토의 소유권을 확실하게 해주었다. 경계석들은 대부분 높이가 60~70cm다. 하늘의 신들을 상징하는 엠블럼들과 상세한 문헌을 정교하게 새겨넣었는데, 그것들은 거래에 대해 하늘의 승인을 받았음을 확인해주며 다른 사람들에게 조심하라고 경고한다.

문제의 토지에 대한 적당한 묘사와 계약을 성사시키는 데 포함된 토지의 목록을 열거한 다음, 마르둑-아헤-에르바<sup>Marduk-ahe-erba</sup> 왕의 경계석은 다음과 같이 강력하게 충고한다.

누구든
그 들판을 불법으로 가로채려 하거나
불법으로 빼앗긴 것이라고 주장하려 할 때마다,
그 들판은 왕의 선물이 아니라고 말하려 할 때마다,
그리고 지각없는 사람, 어리석은 사람, 귀머거리에게
이 말을 기록한 돌에 다가가서
그것을 물에 던져버리고
불에 태우라고 부추기고
또 보이지 않는 곳에 감춰놓으려 할 때마다—
위대한 신들이시여, 이 돌에서 당신들의 이름이
불린 것만큼이나 많은,
피할 수 없는 무서운 저주로
그를 벌하소서.
아누, 엔릴, 그리고 에아시여,
화난 얼굴로 그를 바라보고 그의 목숨과
자식들의 목숨과 그의 씨앗을 파괴하소서.
마르둑, 건설의 주님이시여(?),
그의 강물을 막으시고, 또
자르파니툼, 위대한 여신이시여,
그의 계획을 망쳐놓으소서.
니니브와 굴라, 경계와 또
이 경계석의 주님들이시여,
그의 몸이 파괴될 만큼 아프게 하시어,

그가 살아 있는 한 붉은 피를 물처럼 흘리게 하소서.

신$^{Sin}$, 하늘과 땅의 눈이시여,

그의 몸에 문둥병을 일으키시어,

자신의 도시의 성벽 안에서는 눕지 못하게 하소서.

신들이시여, 그들의 이름으로 말해진, 그 모든 것들이

그에게 단 하루도 생명을 허락하지 마소서.

하늘의 신들 위에 군림하려는 건 좋은 생각이 아니었다.

쿠두루에 이름이 적혀 있고 상징화되어 있는 신들의 정체가 모두 알려지지는 않았지만, 그들 대부분(십중팔구는 전부)은 천구의 신들이다. 대부분의 경계석에서 볼 수 있는 눈에 띄는 세 상징은 분명히 샤마시-태양, 신-달, 그리고 이시타르-금성을 나타낸다. 샤마시의 엠블럼은 물결치는 선들이 중간방위로 방사되고 있는 꼭짓점 4개를 가진 원반이며, 이것은 메소포타미아에서는 표준화된 태양의 상징이다. 물결치는 선들은 방사되고 있는 햇빛이며, 샤마시의 '그물'이다. 돌에는 달에 해당하는 초승달이 선명하게 그려져 있으며, 거의 언제나 8개의 꼭짓점이 있는 큰 별은 금성이다.

태양과 달의 상징, 그리고 그 의미를 이해할 수 있는 다른 몇 가지 상징들이 아주 직접적으로 상징화되어 있는 것을 보면, 이시타르의 별도 어떤 식으로든 그처럼 직접적으로 상징화되었을 거라고 추측하게 된다. 어쩌면 8이라는 숫자 자체가 상징적일 것이다. 금성에는 8년 주기가 있기 때문이다. 그 기간 동안 금성은 저녁별-샛별-저녁별의 패턴을 완벽하게 5번 경험한다. 이 말은 금성과 지구의 내합이 정확히 8년을 주기로 같은 위치에서 일어난다는 뜻이며, 이 기간 동안 금성은 태양의 양쪽에서 번갈아가며 샛별-저녁별의 패턴을 완벽하게 5번 보여준다는 말이다.

이 주기의 중요성을 확인하기 위해서는 메소포타미아 인들이 그것을 잘 알고 있었으며 그것을 뭔가 특별한 것으로 만들었다는 걸 증명해야 한다. 사실 우리는 그들이 그것에 대해 잘 알고 있었다는 걸 안다. 바빌로니아 제1왕조(약 BC

1900~1660) 때부터 내려오는 예언서들은 고대 메소포타미아의 하늘 관측자들이 샛별로서의 금성과 저녁별로서의 금성이 같은 것이라는 걸 잘 이해하고 있었음을 확인해준다. 셀레우코스 왕조 시대(약 BC 312~164)까지도 8년이라는 기간이 금성의 출현을 예언하는 데에 사용되었음을 보여주는 후기 목표연도[goal-year] 문서가 많이 있다. 이 목표연도 문서들은 제시된 연도, 즉 목표연도에 일어날 수 있는 천문현상들을 열거하고 또 시작하는 해로 알맞은 숫자를 덧붙이는 식으로 몇 년간의 날짜를 일일이 적어놓은 점토서판이다. 금성으로 말하자면, 덧붙여져야 하는 숫자가 8이다. 따라서 금성에 관한 서판의 패턴은 서판이 준비된 해로부터 8년 단위로 효과가 있을 것이다. 예컨대 고대과학에 관한 최고의 역사학자인 오토 노이게바우어[Otto Neugebauer] 교수는 금성 목표연도 문서 중 하나에 대해 기술하면서, 그 문서들이 8년이라는 기간 동안에 샛별로서 눈에 보이는 날짜와 위치를 제시하고 있음을 보여주었다. 또 다른 문서들은 3번 이상의 8년 주기에서 금성이 저녁별로 다시 나타나는 것을 열거하고 있다.

8년과 다섯 번의 주기를 가진 금성 기간이 정밀하기는 해도 정확한 건 아니다. 8년 후 금성은 실제로는 예정보다 약간, 약 2.4일 정도 앞서간다. 금성을 딜밧[Dilbat]이라고 지칭하고 있는 신바빌로니아 왕조 시대(BC 626~539)로부터 전해지는 한 문서에는, "딜밧이 8년 뒤에 돌아오면…… 그대는 4일을 빼야 하리라"라고 기록되어 있다. 여기서 메소포타미아의 행성 관측자들은 금성의 정확한 날짜를 얻기 위해선 4일을 빼도록 교육받았음을 알 수 있다. 이건 실수인 것처럼 보일 수 있겠으나 그렇지 않다. 2.4일을 고치는 건 태양력에 적용되는 것이고, 메소포타미아 인들은 태음력을 고수했기 때문이다. 달은 1.6일 늦게 뜨므로, 금성의 배치는 4일 앞서 다시 일어나고, 신바빌로니아의 천문학자들은 자신들의 예측을 조정했다.

불행하게도 목표연대 문서들은 조금 후기의 것이어서 카시트 시대에 금성의 8년 주기가 알려져 있었는지는 확인할 길이 없다. 하지만 우리는 이른바 암미자두가[Ammizaduga] 서판이라고 하는, 그보다 훨씬 더 오래된 천문학 문서를 가지고 있다. 암미자두가(또는 암미–사두카[Ammi-saduqa])는 구바빌로니아 왕조의 마지막에서 두 번째 왕이었으며, 아마 BC 1650~1550년 사이에 다스렸던 것 같다. 정확한 시기는 확실치 않다. 그의 제위기간이 끝나고 30년 뒤에 힛타이트족이 그의 계승자를 폐위시켰고, 그 기간 어느 때쯤인가에 카시트 왕조가 시작되었다.

암미자두가의 오리지널 서판은 대략 BC 1700~1600년에 새겨진 것 같으나 오래전에 사라지고 말았다. 하지만 니네베에 있던 아시리아 왕 아슈르바니팔 $^{Ashurbanipal}$(BC 668~626)의 도서관에 사본들이 남아 있었고, 지금은 영국박물관에 있다. 거기에는 21년간의 금성에 관한 날짜들, 즉 샛별로서 그리고 저녁별로서 처음 나타나고 마지막으로 나타난 날짜들이 그때그때에 해당되는 전조들과 함께 제시되어 있다.

탐무즈$^{Tammuz}$의 달 스물다섯 번째 날에 금성이 서쪽으로 사라지고 7일 동안 하늘에서 보이지 않다가, 아브$^{Ab}$의 달 두 번째 날에 동쪽에서 보였다. 대지에 비가 내릴 것이다. 황량하고 쓸쓸해지리라. (8년)

필기상의 오류가 있기는 하지만, 문서들은 8년 주기를 분명하게 표시하고 있고, 기원전 2000년대 중반에 살았던 메소포타미아 인들이 그것에 대해 잘 알고 있었음을 보여준다.

두어 가지 예외를 제외하고는, 카시트 왕조의 경계석에서 8개의 꼭짓점을 가진 별은 오로지 금성을 표시하는 데에만 사용되었다. 다른 별들은 대개 점으로 표시되었고, 무리별인 세비티는 7개의 점무리로 그려졌으며 많은 경계석에 이시타르의 별과 함께 모습이 보인다. 나중에 이시타르의 상징은 보다 일반적인 용도로 쓰이게 되었지만, 천체를 그린 경계석을 사용하던 시대에는 꼭짓점 8개의 별은 금성을 의미했다.

## 태양에는 날개가 있다

아시리아 왕조 시대에 천체에 관한 구바빌로니아 왕조의 상징과 같은 많은 것들이 기념석주에, 신전 벽들에, 원통형 인장 날인에, 그 밖의 공식적인 문맥 속에 남아 있었다. 시파르Sippar의 샤마시 신전 복원과 재건을 기록한 한 서판에는 그 사업을 승인하는 천체의 인장으로 3가지 주요 상징, 즉 태양, 달, 금성이 사용되었음을 보여준다. 샤마시는 왕관 위 안쪽에 앉아 있고, 물결치는 선과 꼭짓점 4개인 태양원반의 큰 그림이 한 서판에 남아 있다. 하지만 이 시대의 태양의 엠블럼은 때로 다른 모양을 취하기도 했다. 날개달린 원반이 샤마시의 엠블럼을 대체했고, 아시리아의 으뜸 신인 아수르Assur가 불타오르는 원반 속에 안치되어 있는 것이 많았다. 아시리아인들이 메소포타미아를 지배할 때 그들의 국가 신은 대부분 마르둑의 특성을 가진 것으로 추정되며 그와 함께 창조주와 질서 유지자로서의 역할도 맡았다. 마찬가지로 아수르는 태양과 관계있으며, 그래서 비행하는 태양원반 속에 그가 나타난 것은 지극히 당연하다.

아시리아의 신 아수르가 날개달린 태양원반 속에서 하늘을 가로질러가고 있다. (에드윈 C. 크룹)

후기 메소포타미아 미술에서는 날개달린 태양의 상징이 일반적이다. 아시리아와 신바빌로니아 시대 이후, 페르시아의 한 왕조인 아케메네스 왕조 Achaemenians(BC 558~330)가 바빌로니아와 아시리아를 지배했다. 역시 똑같은 날개달린 원반이 페르세폴리스에 있는 아케메네스 왕조의 거대한 의례단지의 벽 위에서 '날고' 있다. 물론 날개달린 태양원반은 상이집트 전역의 신전에서도 나타나는데, 그 모습은 조금씩 다르다. 메소포타미아 식은 흔히 활짝 펼친 날개에 깃털 달린 꼬리를 뽐내고 있다. 그것은 마치 새처럼 보이도록 의도된 것으로 보인다. 하늘을 가로지르며 비행한다는 생각을 나타내려는 것이다. 매일매일의 여정을 위해 준비된 만큼 이집트의 태양은 두 날개의 깃털만으로도 그럭저럭 잘해냈다. 때로 원반은 두 마리의 우라에우스가 테두리를 만들어주기도 했다. 우라에우스는 불을 뿜는 신성한 코브라로, 정의를 보호했으며 우이칠로포치틀리의 불뱀들만큼이나 치명적이다.

신왕국과 프톨레마이오스 왕조의 신전 탑문 출입구, 즉 정면 벽 위에 걸려 있는 이집트의 날개달린 원반은 태양을 상징할 뿐만 아니라 한때 태양의 위치가 어떻게 측정되었었는지를 넌지시 말해주고 있다. 이집트 신전 탑문은 아주 특이한 모양을 하고 있다. 정면에서 보면, 양쪽에 탑이 하나씩 얹혀 있는 벽처럼 보인다. 아치 길 입구는 탑문의 벽과 벽 사이, 그리고 두 '탑' 사이의 틈새 아래 중앙에 있다. 따라서 신전 정면 위에 있는 날개달린 태양원반은 탑문 바로 아래, 두 개의 탑에 의해 만들어진 '움푹한 곳'에 둥지를 틀고 있다. 신전 내부에 있는 날개달린 태양원반은 건축구조상 탑문과 같은 구실을 하는 입구 통로의 수평돌림띠 아래에서 맴돌고 있을 것이다. 탑문의 상징적 의미에 대해서는 의심의 여지가 없다. 이집트 인들은 그 구조에 대해 자신들의 말로 설명했다. 문서들을 보면, 탑문에 해당하는 신성문자는 그 사이로 태양이 떠오르고 있는 한 쌍의 산봉우리이며, 그 이름은 '빛나는 천상의 산 지평선'이라는 뜻이다. 이곳은 태양의 1년 동안의 경과를 측정할 수 있는 곳, 즉 지평선 상의 지형물들 사이에 있는 곳이다.

지평선에 걸려 있는 태양이라는 이런 개념은 아주 초기 이집트에서 나타났

채색된 돋을새김에서 이집트의 날개달린 원반이 메디넷 하부Medinet Habu에 있는 람세스 3세(BC 1198~1166, 제12왕조)의 다주식 회관으로 들어가는 입구 위에 걸려 있다. (로빈 렉터 크룹)

우뚝 솟은 두 개의 탑이 하나의 벽과 결합하여 탑문이 되었다. 이 사진은 카르나크에 있는 이집트 신왕국의 콘수 신전 탑문이다. 탑문은 양식화된 지평선이며, 가운데 입구 위에 있는 돋을새김 안의 날개달린 태양이 두 '산봉우리' 사이의 골짜기를 차지하고 있다. (에드윈 C. 크룹)

다. 이집트학 학자인 람보바^N.Rambova(미국의 무성영화 여배우, 패션 디자이너, 작가, 이집트 학자/옮긴이)는 제1왕조 이전의 도자기 조각을 눈여겨보았다. 거기에는 한가운데에 삼각형 봉우리 한 쌍이 합쳐져 있고, 양쪽에 동쪽과 서쪽의 태양의 이미지가 있다. 상 이집트의 신석기시대 암라티안^Amratian(혹은 나카다^Naqada) 문화의 산물인 이 디자인은 BC 3800년 무렵의 것이다. 고왕국시대에는 신성문자가 사용되고 있었고, 그 개념이 발전하여 '지평선'에 해당하는 단어가 되었다. 양쪽 끝을 밀어올려 태양은 양식화되고 부드럽게 둥글어진 두 산 사이에 깊숙이 자리 잡고 있다. 《피라미드 텍스트^The Pyramid Texts》에서는 산의 상징 요소들이 일출을 은유적으로 처리하는 데 사용되고 있다. '산이 갈라지는' 것은 신이 나타나는 것과 같은 사건이다. 산의 지평선과 관련된 설명들이 이집트 미술에 남아 있으며, 오랜 세월 동안 같은 의미를 계속 간직하고 있다.

여신 이시타르와 함께 산에서 나오고 있는 샤마시의 모습이 새겨진 아카드 시대의 원통형 인장에서 우리는 이미 같은 개념을 보았다. 다른 것으로 혼동할 우려가 없는 명백한 두 봉우리 사이의 틈새에서 그가 처음으로 나타날 때, 샤마

'지평선'에 해당하는 이집트 신성문자는 두 산의 둥근 봉우리 사이에 얹혀 있는 태양원반으로 이루어져 있다. 이 단어를 이루고 있는 상징들 속에 들어 있는 것은 산이 많은 지평선을 세심하게 관찰하면서 해가 떠오르는 위치가 변화하는 것을 보고 시간의 경과를 감지한다는 생각이다. (로빈 렉터 크롭)

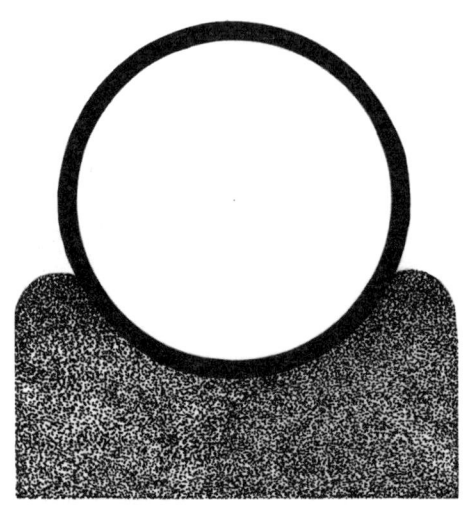

이번에는 고대 멕시코로 가서 지평선 측정에 대한 또 다른 언급을 《보들리 사본》에서 찾아볼 수 있다. 태양이 삼각형의 두 산 사이에 자리 잡고 있다. 또 별 상징 하나가 맨 앞에 있는 단 위에서 관측도구인 교차된 막대가 만들어낸 V 안에서 휴식하고 있다. (그리피스 천문대)

시 태양의 상징인 4꼭짓점들 사이에서 굽이치는 물결 모양의 같은 선들이 신의 어깨로부터 나오고 있다. 또 다른 인장에서는 샤마시가 한 발을 한쪽 봉우리 위에 올려놓고 하늘로 올라갈 준비를 마치고 똑바로 서 있다. 후기 아카드 왕조의 인장은 두 개의 양식화된 산 모양 사이의 V에서 날개를 달고 있는 태양 독수리를 그린 것 같다.

고대의 하늘 관측자들은 태양의 위치와 다른 천체들의 위치까지도 정확하게 나타내기 위해 자연의 지평선 상의 지형물들을 사용했었다. 왈피 마을에 사는 호피 족의 지평선 달력은 상세하게 잘 기록되어 있고, 세로 엘 차핀과 알타비스타에 있는 쪼아 만든 십자 모양들과 '햇빛 길'에서도 유사한 기술을 엿볼 수 있다. 캘리포니아 원주민들도 이런 식으로 태양의 상태를 점검했던 것 같다. 한 원주민 정보원이 이렇게 말했기 때문이다.

태양은 남쪽으로 가면서 가운데 봉우리를 지나고 계곡을 지날 것이다. 이틀 동안 계곡에 남아 있다가 사흘째 되는 날 북쪽으로 가면서 다시 가운데 봉우리 위로 솟아오를 것이다. 그는 새해가 왔음을 다른 주민들에게 알릴 것이다.

12. 우리가 그리는 상징들

러시아 코카서스에 있는 북 오세티아Ossetia 주민들은 고대 사마르티아Samartia(원래 이란계의 일파로, 기원전 5세기쯤 중앙아시아에서 우랄 산맥으로 이주했다고 하며, 마침내 남부 유럽 러시아와 발칸 반도 동부에 정착했다/옮긴이)인들과 관련이 있는 인도-유럽어 족 집단이다. 오세트 인이라고 알려진 이 사람들은 20세기 초까지만 해도 명확하고 대단히 상세한 지평선 달력을 계속 사용해왔다. 이런 종류의 천문학에는 서 있을 장소와 바라볼 장소만 있으면 충분하다. 오세티아 공동체 마을에는 관측 장소가 조심스럽게 보존되어 있는 곳이 많다. 그런 장소로 선정된 곳이 교회당과 어느 벤치다. 그 벤치에서는 서쪽으로 보이는 특이한 산들의 능선 위로 떨어지는 일몰이 관찰된다.

지평선-지형물 천문학에 관한 증거는 광범위하게 퍼져 있고 또 그것은 천체의 주기를 관찰해서 터득하기 위한 자연스러운 방법이었다. 지평선은 시간의 경과를 풍경 속에서 눈에 보이는 패턴으로 변형시킨다. 시간이 공간으로 바뀌는 것이다. 천문현상을 통해 어떤 방향은 특별한 의미를 갖게 된다. 그리고 그런 방향은 사건이 발생하는 장소이므로 공간뿐만 아니라 시간도 가지런히 배열한다. 시간과 공간의 관계는 상호적이며, 상당한 중요성을 가지고 있는 게 분명하다. 지평선에 둥지를 튼 태양이라는 개념을 구체적으로 표현하는 상징들은 고대 천문학자들에게는 다음에 무엇을 해야 하는지 주의를 주는 큐 카드(방송 중 출연자들에게 보여주는 대사나 지시 등을 쓴 카드/옮긴이) 이상의 것이었기 때문이다. 이집트에서는 그런 생각이 그 시대 종교적 건축물의 가장 중요한 요소 가운데 하나인 거대한 신전 정면으로 들어갔다. 산에서 막 오르려 하고 있는 날개달린 태양으로 표현한 것은 하나로 통합되고 질서정연한 우주, 알맞은 장소에서 태양이 떠오를 때마다 새로워지고 승인되는 우주에 대한 인식이다.

## 빛나는 원반과 그 밖의 세계

비행접시와 고대 우주비행사들에 대한 추측은 순전히 날개달린 원반 주제를 이용한 것이었다. 그런 것들이 비행 원반$^{flying\ disk}$이라는 생각과 상징적으로 일치하기 때문에, 아시리아와 아케메네스 왕조의 태양원반과 이집트의 날개달린 원반은 고대의 목격자들로 하여금 미확인 비행물체$^{UFO}$에 대한 보고를 하고 싶게 만들었다. 몇몇 흥행주들과 비행접시 마니아들의 마음속에 있는 신화는 외계의 방문자들과 접촉했다고 주장하는 사람들에게서 물려받은 것이다. 신화는 분명 이 문제와 관련되어 있지만 좀 다르다. 그리고 논쟁의 방향을 돌리면 우리가 비행접시와 외계인에 대해 맹목적으로 심취하는 것에 대해 뭔가를 배울 수 있다.

UFO에 관한 보고들은 대부분 오인$^{誤認}$에서 비롯된 것이다. 일반 대중에게 정보를 제공하는 주요 천문대라면 어디서든 곧 그런 명백한 결론에 도달하게 된다. 하지만 때로는 자신이 체험한 것에 깊이 영향 받은 몹시 진지한 사람들은 그런 아주 기이한 이야기들을 한다. 그들이 묘사하는 배경과 사건에는 아주 꿈 같은 것들이 많고, 기묘한 일들이 벌어진다. 지구 밖의 일이 아니라 원래의 장소를 벗어난다거나, 아니면 터무니없어 보이는 일들이 말이다. UFO 체험의 이런 측면 때문에 정보 전문가인 자끄 발레 박사$^{Jacque\ Vallee}$(UFO 연구가/옮긴이)는 UFO에 관심을 갖게 됐고, 다소 독특한 방법으로 그 현상에 접근했다. 그는 UFO의 실체를 이론적으로 설명하는 데에는 많은 시간을 투자하지 않았다. 대신, 대중의 관심을 지속시키는 것은 대체 무엇인가, 하는 믿음체계에 훨씬 더 많은 시간을 쏟았다.

자크 발레 박사는 가장 '진실한' UFO 체험담이 가장 터무니없는 것이기도 하다고 지적했다. 그것은 곧 가장 진지하고 정직해 보이는 사람들, 그리고 자기들이 본 것을 스스로 믿고 있다는 것에 충격을 받은 사람들은 흔히 모순적이고 앞뒤가 안 맞으며 어리석어 보이는 상황이나 사건들을 보고한다는 말이다. 그는 UFO를 타고 온 사람이 자기에게 시간을 물었다고 말한 한 목격자의 사례를 언급한다. 그 목격자가 "두시 반"이라고 정확한 시간을 말해주자, 그 외계인은 점잖게 아무 말 하지 않다가 이윽고 "거짓말, 지금은 네 시요"라고 했다고 한다. UFO 조종사가 다시 물었다. "내가 이탈리아에 있소, 독일에 있소?" 여기서 다시, 그 나라는 프랑스였으므로 그 대화는 터무니없는 것이었다. 이건 순전히 지구 거주자와 저 너머에서 온 방문자 사이에 일어난 아주 기묘한 대화다. 내용은 시간과 공간에 대한 논쟁에 국한되었고, 양쪽 모두에게 필요하지 않은 대화인 것 같다.

그런 얘기들은 전해 듣는 사람에게는 기괴하게 들리겠지만, 자신이 직접 경험했다고 느끼는 사람에게는 절대적인 사실이다. 하지만 우리는 밤하늘이나 낮의 하늘에서 확인되지 않은 빛을 목격했다는 이야기는 하지 않는다. 여기서 우리의 관심을 끄는 것은 목격자의 성격과 태도에서 초월적인 변화가 일어난 것 같은 사람들에 관한 보고들이다. 그들의 "삶은 종종 깊이 변화되고, 어떻게 대처해야 좋을지 모를 비상한 재능이 나타나기 시작한다"고 자크 발레 박사는 보고한다. 그 경험은 신비적인 혹은 종교적인 특성을 띤다. UFO 체험의 한 요소가 시공간을 기묘하게 비틀어놓는다. 목격자는 일정한 시간 동안 자기가 어디에 있었는지 말하지 못할 수도 있고, 우연히 겪은 그 일이 일어났던 상황이 평소의 3차원 공간에서는 낯설거나 일어날 수 없는 일이라는 느낌을 가질 수도 있다. 훗날 목격자는 시간과 공간의 개념에 심취할 것이며, 프랑스에서 있었던 두시 반의 만남 이야기는 이런 중요성을 반영한다.

자크 발레 박사는 UFO족과 접촉했다고 전하는 경험담과 요정족을 둘러싼 민간전승들 사이에 많은 유사점이 있다는 것을 보여주었다. 요정들은 또 다른 천상의 영역, 즉 정상적인 시공간을 벗어난 영역에서 온다. 그래서 요정들과 접촉한 사람들은 흔히 초자연적인 시간의 경과를 경험한다. 그 경험은 위험하다고 간주되며, 때로 위험한 공상세계는 혼돈을 연상시키기도 한다. 요정들과 어울리는 것은 죽음을 감수하는 것이다. 그와 비슷하게, 다른 UFO 접촉자들은 다른 사람들, 즉 심각한 신체적 트라우마를 이겨낸 사람들이 '사후' 체험이라고 말하는 것과 비슷하다. 이런 체험에서도 역시 시간과 공간은 다른 의미를 가진다. 그런 경험을 한 사람은 자신이 몹시 중요하고 난해하며 초자연적인 어떤 것과 관계하고 있다고 느낀다. 이런 느낌들과 함께 대개는 성격에도 아주 중요한 변화가 일어난다.

UFO 체험의 이런 신비적이고 초자연적인 요소들 모두가 요란스럽지 않게 조용히 정부, 방송매체, 과학협회 등에 계속 보고되는 동안, 대부분의 개인들은 UFO 현상을 아주 다른 관점에서 다루고 있었다. UFO를 믿든 안 믿든 간에 UFO는 우리의 기술이 도저히 따라갈 수 없는 고도의 기술을 가진 기계, 즉 우주선으로 취급되었다. 이것이 UFO 신화의 공적인 측면이고, 그것에 대한 이미지가 우리의 공적인 믿음체계와 일치하는데, 우리의 믿음체계는 신비적이지 않고 세속적이다.

수십 년 전에 심리학자 카를 융$^{Carl\ G.\ Jung}$은 그것에 대한 이미지와 꿈과 환영 속에서 접촉한 것 사이의 유사한 점을 스케치함으로써 UFO 체험에 대한 통찰을 시도했다. 자신의 저서인 『비행접시—하늘에 보이는 물체에 대한 현대의 신화$^{Flying\ Saucers—A\ Modern\ Myth\ of\ Things\ Seen\ in\ the\ Sky}$』에서 그는 하늘에서 보이는 둥글고 빛나는 물체들은 상징으로 가장 잘 이해된다는 결론을 내렸다. 그것들은 전통사회가 성스러운 것들의 영역이라고 여기는 것과 일상생활의 세계라고 여기는 것 사이를 이어주는 다리다. 융은 긴장, 불안 또는 삶을 위협하는 위기 같은 것들 때문에 환영을 보게 된다고 생각했다. 환영 자체가 성스러운 것이 나타나는 것이다. 그런 어떤 체험을 통해서 마음이 다시 완전해질 수 있다면, 목격자는 자신의 삶을 재정리하고 또 위기를 겪기 전에는 한 번도 맛보지 못했던 평정을 얻을 것이다.

융은 원반이나 원은 원형$^{archetype}$(개인의 체험에 의해서가 아니라 조상에게서 물려받아 계승하는, 인류 전체에 보편적으로 존재하는 무의식을 일컫는다/옮긴이), 즉 사고구조에 순응하고 그래서 그 의미를 직접적이고 무의식적으로 전달하는 이미지라고 한다. 그것은 그 말이 가지는 온전한 의미에서의 상징이며, 그것은 질서, 방위, 평정, 그리고 전체성과 관련되어 있다.

여기서 우리는 원형의 근원을 확인할 수 있어야 한다. 정신에 질서를 가져다주는 빛나는 비행원반은 세계에 질서를 가져오는 천체의 빛에서 비롯된 환상이다. 자연의 질서는 죽음, 요정의 영역, 또는 외계인의 도전을 받는다. 하지만 그런 갈등에는 그 나름의 해결방법이 내재되어 있다. 우주질서의 신화를 통과하는 혼돈의 위협과 마찬가지로, UFO 목격자들도 초자연적인 것과 접촉한 경험에서 돌아온다. 시간과 공간의 병치와 불연속성이 이런 '진짜' UFO 체험의 일부다. 시간과 공간은 자연의 질서로 짠 천이기 때문이다. 비행원반은 일차적으로 작용하는 원인이다. 그것은 '위험'을 초래하며, 접촉하고 난 다음에는 목격자들의 마음속에 자기의 이미지만 하나의 상징으로 남겨놓은 채 떠나버린다.

    UFO에 관한 보고들이 모두 이런 관점에서 이해될 수 있는 건 아니겠지만, 그 핵심에서 UFO 체험은 우주질서에 대한 인식을 훈련시킨다. 물론 그것은 하늘에서 상연된다. 다른 시대에 우리는 날개달린 태양들을 우리의 성스러운 공간으로 들어가는 입구 위에 걸거나 혹은 사회질서의 배후에 권위가 상징적으로 집중되어 있는 의례용 궁전 벽에 고정시켜놓았었다. 그러나 우리 시대에는 이런 상징들이 더 이상 우리에게 말을 건네지 않는다. 오늘날 초월transcendence에 대한 은유는 '사후세계other worlds'와 '외계outer space'다. 그리고 믿음체계는 바뀌었어도 우리는 여전히 하늘을 다루고 있다. 우리 조상들처럼 우리도 여전히 상징 안에서 생각하고 있다. 일상적인 것과 숭고한 것을 전달하기 위해 상징에 의존한다. 상징은 삶과 세계를 채우고 있는 현상들을 움직이는 힘을 뽑아내서 자기의 가장 중요한 원칙으로 만든다. 우주론적이며 하늘과 관련된 상징들을 보면 우리 마음이 우주에 부여한 구조를 즉각적으로, 무의식적으로 알아차리게 된다. 우리 두뇌는 늘 해오던 대로 기능해야 한다. 어떤 형태로든, 심지어는 비행접시와 우주비행사 신astronaut god들의 이미지에서조차도 성스러운 질서를 가진 신화가 나타날 것이다.

# 13. 우리가 디자인하는 우주들

하늘에서 에너지를 얻다 ● 천정에 맞춰 정위된 ● 천구를 따라 운행된 ● 하늘에 의해 조직된
● 시간과 공간으로 짜맞춰진 ● 우리 앞에 저만치 펼쳐져 있는 어둠

우주 cosmos는 '질서정연한 전체'를 뜻한다. 그래서 우주, 곧 질서정연한 전체에 대한 인식은 우리가 경험하는 사건에 두뇌가 어떤 패턴과 원칙들을 강요하는지 더듬어보게 한다. 패턴, 주기, 그리고 질서는 머리 위에서 가장 분명하게 표현되고 있으며, 우주는 하늘에 반영된다, 변함없이. 은유의 언어는 그 범위가 수학에서 신화에까지 걸쳐 있다. 그러나 우리가 가지고 있는 질서정연한 전체의 모델은 천체다. 우주론의 활동무대는 하늘이다.

## 하늘에서 에너지를 얻다

우리가 디자인하는 우주는 질서에 대한 우리 인식을 반영한다. 콜롬비아 북서부에 사는 현대의 데사나 족에게 우주질서의 원칙은 머리 위에서 눈으로 볼 수 있는 것이다. 주기적으로 재생산되는 패턴에서 삶에 생명을 불어넣는 바로 그 에너지가 별들을 움직이게 하고 계절이 순서대로 찾아오게 한다. 기후, 식물의 성장, 잡을 수 있는 물고기, 풍부한 사냥감 등 중요한 것은 거의 모두가 천체의 주기를 따른다. 그래서 하늘은 특정한 시기에 세상이 어떤 상태인지 알 수 있는 열쇠다.

데사나 족은 하늘이 어떻게 보이는가에 관심을 가지고 있는 것만큼이나 우주가 운행하는 방식에도 관심을 가지고 있다. 그들은 열대우림 지역에 살고 있다. 그래서 생존과 삶의 방식을 지속시키는 것은 자신들이 필요로 하는 것과 이용할 수 있는 자원 사이의 섬세한 균형을 보존하는 능력에 달려 있다. 먹을 것을 조금 기르기도 하고 또 강에서 먹을 만큼의 물고기를 잡기는 하지만, 그들은 교대로 찾아오는 빈곤기와 풍요기에 대처해야 한다. 사냥감을 잡을 때 특히 그렇다.

사냥은 남자들의 삶의 중심이다. 그래서 사냥할 동물을 쫓고, 먹을 것을 장만하는 것은 한 사람의 데사나 인이 된다는 게 어떤 의미인지 상당히 명확하게 보여준다. 원주민들은 동물을 사냥할 숲을 자기들이 고갈시킬 수도 있다는 걸 잘 알고 있다. 그래서 데사나 족의 세계관을 바탕으로 한 엄격한 행동규칙을 정해놓고 있는데, 그렇게 함으로써 균형 잡힌 환경을 보존할 수 있다.

데사나 족이 알고 있는 것처럼, 동물들과 인간들은 생명을 주는 에너지의 제한된 순환에 동참함으로써 계속 살아남을 수 있다. 이 창조적인 에너지의 원천은 아버지 태양$^{Sun Father}$, 즉 세상을 존재하게 하는 초자연적인 존재다. 그의 대리인이 눈에 보이는 태양이며, 태양의 빛과 열은 아버지 태양의 힘을 전달하는 파이프다. 하지만 이 에너지를 전부 다 써버리면 안 되므로, 에너지를 쓸 때마다 다시 채워줘야 한다. 데사나 족은 사냥하고 물고기를 잡음으로써 이 에너지를 약간 취하고, 그 에너지는 인간의 출산을 통해 새로운 생명으로 전환된다. 아무런 답례도 하지 않고 에너지를 취하기만 하면 데사나 족은 머지않아 고갈되어 갈 곳을 잃고 말 것이다. 그래서 그들은 자기들이 죽이는 피조물들에게 에너지를 상징적으로 주입함으로써 마법처럼 사냥감이 많이 번식해서 숫자가 많아지게 한다. 사냥은 성행위와 같은 것이어서 사냥을 위해선 성교를 억제해야 한다. 이 규칙과 사냥할 때 해선 안 된다고 분명히 못 박은 다른 제한 사항들, 즉 어떤 상황에서는 잡아선 안 된다든가, 몇 마리 이상은 잡지 말라든가 하는 제한 사항들을 지킴으로써 데사나 족은 재생산된 에너지의 일부를 돌려준다. 마음속으로 말이다. 성교를 억제하는 또 다른 측면은 식량이 부족하지 않도록 인구를 억제하는 데사나 족의 산아제한 시스템이다.

자기들이 살고 있는 환경에 잘 적응하기 위해서 데사나 족은 세계 속에서 자기들이 어떤 장소에 있는지 알아야 하고 또 이것을 배우기 위해서는 세계를 알아야 한다. 그래서 그들은 에너지와 다산이라는 추상적인 개념들이 구체적인 의미를 갖게 하는 동물, 식물, 식량을 분류하는 정교한 시스템을 고안했다. 이 시스템은 해도 되는 것과 해선 안 되는 것을 분명히 보여주며, 그와 관련해서 인간의 행동까지 규제하면서 데사나 족 삶의 다른 측면에까지 확대된다. 예컨대 세계의 에너지를 보존하는 데 포함된 상호관계의 원칙이 결혼에도 똑같이 적용된다. 혈족이 아닌 집단끼리 여자들을 맞교환하고, 이렇게 함으로써 혈족체제와 사회적 결속을 확립하는 것이다. 이 집단끼리는 물물교환도 한다. 각 집단은 그 나름의 독특한 생산품을 가지고 있어서, 경제 순환의 균형을 유지할 뿐만 아니라 각 집단의 독특한 주체성을 강화하기도 한다. 같은 종류의 교환으로, 남자와 여자는 식량 생산에 필요한 노동을 구분해서 한다. 이런 공동 활동은 그들의 생존전략의 일부이며, 재생산을 위한 상호간의 역할은 또 삶의 지속성을 보장한다. 데사나 족의 세계관은 그들이 세계를 대하는 방식을 명확하게 조정한다.

데사나 족이 자기들의 영토를 조직하고 하늘을 조직하는 감각에는 연결고리가 있다. 이런 측면에서 그들의 우주론을 보려면 그들의 창조신화를 보아야 한다. 게라르도 라이클-돌마토프가 보고한 대로 말이다. 그들의 말에 의하면, 자신들의 조국의 중심은 아버지 태양에 의해 측정되었는데, 그는 시간이 시작되었을 때 똑바로 세워놓은 지팡이가 그림자를 던지지 않는 장소를 골랐다고 한다. 거기, 지구의 자궁으로 들어가는 소용돌이 입구에서 아버지 태양은 지구를 임신시켰고, 바로 그 지점에서 데사나 족과 그들의 이웃들이 나와서 살아 있는 아나콘다 카누를 타고 강을 따라 이곳저곳으로 옮겨져서 정착하게 되었다고 한다. 비유적으로 말해서, 천정의 태양에서 오는 빛줄기가 생식력 있는 에너지로 지구를 수태시켰다는 말이다. 이런 일이 일어난 장소는 아메리카 원주민들 세계의 중심을 뚜렷하게 보여주었다. 아메리카 원주민들의 영토의 경계는 신화에 등장하는 거대한 6마리의 아나콘다에 의해 정해졌는데, 그것들이 각각 몸을 뻗어 육각형을 만들었다.

수정의 기하학적 구조는 그 육각형 모양 때문에 콜롬비아 데사나 족의 우주질서에 대한 은유가 되었다. 그들은 별들 사이에서 그와 비슷한 모양을 보고 그것을 자신들이 그리는 세계의 그림과 결부시킨다. 아름답게 빛나며 또 굴절률이 높아 다른 보석들보다 반짝이는 것을 보고 수정을 하늘과 결합시켰으며, 그것은 우주질서의 또 다른 원천인 태양에까지 확대된다. (에드윈 C. 크룹)

    6마리의 거대한 아나콘다가 만든 육각형의 경계선을 우연히 알게 되기 전까지는, 이 이야기가 그저 세계의 구조가 하늘에서 유래되었다는 걸 나타내는 것이라고만 생각했다. 하지만 어떻게 해서 6면의 경계선을 가진 공간이라는 의식이 그림에 들어오게 됐을까? 해답은 샤먼이고, 수정이다. 라이클-돌마토프는, 샤먼을 '생태학적 중개인'이라고 한다. 사냥감이 많이 번식해서 사냥을 많이 할 수 있도록 제의를 계획하는 것은 그의 책임이다. 그래서 샤먼은 데사나 족이 자기들의 거주지를 스스로 고갈시키지 않는다는 걸 확신할 수 있도록 환경보호 대행자로서 행동한다. 수정은 환각을 일으키는 약물과 함께 샤먼이 보이지 않는 세계와 소통할 수 있게 해주는 샤먼의 마법의 장비 중 가장 중요한 도구다. 수정은 아버지 태양의 창조적인 에너지와 관계있기 때문에, 가끔 정액의 결정체라고 불리기도 한다. 데사나 족의 샤먼은 그것을 가지고 질병을 진단하고 치료한다.

콜롬비아 바라사나족의 성스러운 장소인 니Nyi의 바위에 있는 암각화는 창조신화를 묘사하고 있다. 그들은 북쪽 이웃인 데사나 족과 같은 전통을 가지고 있다. 커다란 인간의 형상이 막대를 완벽하게 수직으로 세우는 순간의 아버지 태양을 생생하게 그리고 있다. 그 막대는 그림자를 던지지 않는다. 세계는 바로 이 지점에서 아버지 태양에 의해 수태되었고, 거기에서 최초의 사람들이 나타났다. 실제로 니의 성스러운 바위는 거의 정확하게 적도 위에 있다. 따라서 태양은 춘분과 추분에 정동에서 떠올라 천정을 통과한다. 분점 정오에 태양은 똑바로 머리 위에 있으며, 수직으로 세운 막대는 자기 그림자를 잃어버린다. 어떤 의미에서는 천정의 태양의 빛은 땅으로 곧장 스며들며, 이런 일이 일어날 때 세계는 주기적으로 새로워지는 것이다. (G. 라이클-돌마토프, UCLA 라틴 아메리카 센터 간행물)

수정의 육각형 속에서 변치 않는 질서의 원칙을 알아본 데사나 족은 기하학적인 규칙성과 대칭성을 자신들의 우주질서 시스템과 결합시켜서 완전한 것으로 만들었다. 그런 이유로, 그들의 성스러운 공간의 모양은 육각형이다. 자연에 있는 모든 육각형이 그들에게는 특별히 중요한 의미를 갖는다. 벌집, 거미줄, 심지어 특정한 육지거북의 등껍질까지도. 등껍질의 무늬에 있는 세포 하나하나가 창조신화나 사회의 조직원리(예를 들면, 서로 다른 가족끼리의 결혼 같은)의

한 특성을 상징한다. 결혼 주고받기라는 데사나 족의 규칙은 실제로 육각형이라는 관점에서 시각화된 것이다.

생각을 체계화하는 원칙이라는 중요성 때문에 육각형 은유는 데사나 족 전승에 잇따라 재등장한다. 오리온의 벨트에 집중되어 있는 거대한 육각형 별들은 부족 영토의 한계를 정하는 지상의 육각형 경계표와 같다. 이 지구상의 육각형 모서리는 6개의 폭포로 표시되어 있으며, 그 모서리는 원래의 거대한 6마리 아나콘다들의 머리와 꼬리가 서로 맞물려 있는 각각의 지점이다. 이 뱀 한 마리 한 마리가 전통적인 조국의 틀을 만드는 6개의 강을 나타낸다. 천체의 육각형의 중심은 피라 파라냐 강과 지구의 적도 사이의 교차점에 해당한다. 이곳, 하늘이 지구와 동거한다고 하는 이곳은 아버지 태양이 자기의 막대를 그림자 없는 곳에 똑바로 세웠던 곳이며 세계를 비옥하게 만든 곳이다.

데사나 족은 별을 보고서 계절이 오고 가는 시간을 잰다. 오리온의 벨트는 그들에게 계절을 알려주는 것 가운데 하나다. 따라서 지구의 천체 템플릿$^{celestial\ template}$의 중심으로서, 오리온의 벨트는 우주의 구조에서 가장 중요한 지점을 차지하고 있다. 그것은 거의 천구의 적도에 있으므로 분점의 태양처럼 천정을 통과할 수 있다. 세계의 중심은 천정까지의 수직축과 결부된다. 이것이 오리온의 벨트가 왜 천구의 육각형의 중심인가를 설명해준다.

바로 이 세 별이 데사나 신화에서 중요한 한 인물과 동일시되기도 한다. 바로 '동물들의 지배자'(전통적인 수렵채집 사회에서 사냥감의 수호자라고 믿어지는 초자연적 인물/옮긴이)다. 그는 초자연적인 사냥터지기이며, 열대우림 지역에서 잡을 수 있는 사냥감을 조절하고 강의 물고기들을 보호해줌으로써 생식에너지의 흐름에서 균형이 유지되도록 한다. 사냥감과 물고기 둘 다 계절 변화에 따라 행동방식이 달라지므로, 계절을 알리는 전령사로서의 오리온 벨트의 기능은 일관되게 동물들의 지배자와 결합된다. 또 이 별들은 천구의 적도에 아주 가까이 있기 때문에 거의 정동에서 떠서 거의 정서로 진다. 따라서 그 별들은 동-서 라인, 즉 춘분과 추분의 라인을 더욱 중요하게 만든다.

아마존 강 유역에서는 분점들이 중요하다. 분점은 각각 우기의 시작을 알리는 신호이기 때문이다. 하나는 3월에 시작되고, 또 하나는 9월에 시작된다. 분점에 강물이 불어나면, 물고기들은 알을 낳기 위해 상류로 거슬러 올라가서 비교적 귀해진다. 게다가 잡을 수 있는 사냥감도 줄어든다. 우기는 잉태기간이라고 생각한다.

데사나 족은 서로 얽혀 교미하고 있는 한 쌍의 아나콘다를 황도 즉 태양이 1년간에 걸쳐 하늘을 일주하는 궤도에서 천구의 적도가 교차하는 지점과 결합시켰다. 이 두 교차점은 물론 춘분과 추분에 태양이 차지하는 장소로, 1년 중 이때에 비가 오기 때문에 아나콘다들은 짝짓기를 하기 위해 상류로 거슬러 올라간다. 밤이면 이 거대한 파충류들이 강 상류로 올라가는 소리가 저 멀리 강둑에서부터 들려온다. 녀석들은 시커먼 몸뚱이를 마치 낚싯대처럼 강물 밖으로 삼분의 이쯤 내놓고서 수면을 철썩철썩 치는데, 이때 우레 같은 소리가 난다. 데사나 족은 아나콘다들이 별을 보기 위해 머리를 쳐들고 있는 거라고 말한다.

### 천정에 맞춰 정위된

하늘을 지구를 둘러싸고 있는 구$^{sphere}$라고 상상하면서, 하늘이라는 기하학을 다루는 우리의 방식이 아주 민감하다고 주장할 수도 있다. 우리 눈에 보이는 하늘은 반구체로 보이기 때문이다. 데사나 족이 사는 곳에서도 하늘이 공 모양으로 보이기는 마찬가진데, 그들은 억지를 좀 부려서 하늘을 육각형이라고 한다. 왜냐하면 육각형이 질서에 대한 그들의 인식을 보강해주기 때문이다. 따라서 전혀 공 모양이 아닌 온전한 하늘을(우주도 마찬가지다) 생각해내는 것도 가능하다. 베네수엘라의 오리노코 강 삼각주 지역에 사는 와라오$^{Warao}$ 원주민들 얘기다. 그들은 하늘이 종 모양의 캐노피처럼 생겼다고 상상한다. 그들은 북위 8~10° 사이에 살고 있는데, 이곳은 적도에서 아주 가깝다. 그래서 이 지역에서 보이는 대로라면 천체들의 궤도가 지평선 가까이 있는 천극보다는 똑바로 머리 위에 있는 천정이 더 중요한 의미가 있는 것 같다. 따라서 와라오 족의 우주는

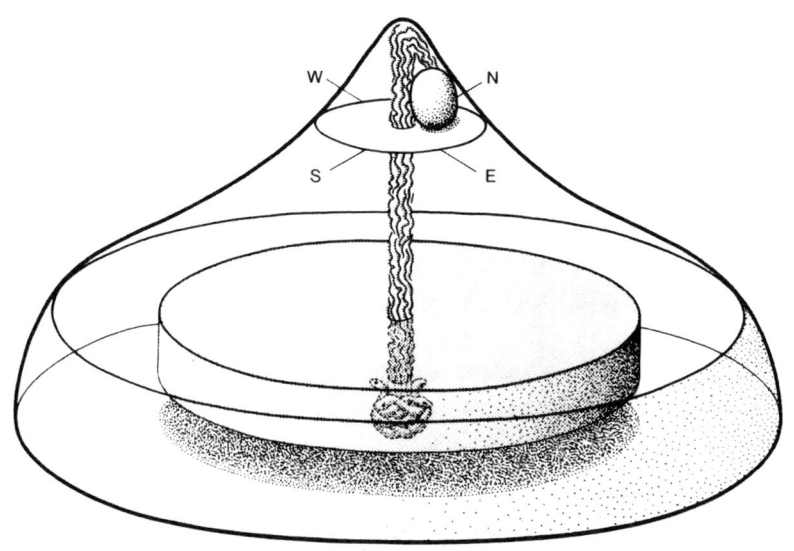

베네수엘라의 와라오 원주민들에게 지구는 평평한 것, 세계의 바다에 떠 있는 원반이다. 머리 위에서 하늘은, 종 모양의 텐트처럼 생겼으며 세계의 축에 의해 천정에서 떠받쳐지고 있는 세계를 덮고 있다. 세계의 축의 기단에 보이는 한데 뭉쳐져 있는 뱀은 기본방위를 향하고 있는 4개의 머리를 가지고 있는데, 그것이 '천저의 여신'이다. 또 다른 거대한 뱀인 '존재의 뱀'은 바다에 거주하며 지구를 둘러싸고 있지만, 여기서는 보이지 않는다. 종이 좁아지는 높은 곳, 하지와 동지에 태양의 가장 높은 각에 해당하는 높이에 있는 와라오 족의 천국에는 또 다른 차원이 있다. 그곳의 북서쪽 4분원에 담배연기의 집이 있는데, 샤먼의 힘인 달걀 모양의 장소다. 와라오 샤먼들은 천정에 이르는 세계의 축인 담배연기 밧줄을 잡고 올라간 다음, 샤먼의 천구의 달걀 서쪽 문까지 담배꽃과 연기로 된 다리를 건너가면서 초자연적으로 여행한다. (패트릭 피너티Patnick Finnerty, UCLA 라틴 아메리카 센터 간행물)

와라오 족이 하늘을 정돈하는 기준에 따라 조직되며, 그들은 하늘에 종의 모양을 주었다.

와라오 족과 함께 생활하며 그들의 우주론을 연구한 적이 있는 UCLA의 인류학자 조애너스 윌버트Johannes Wilbert 박사가 보고한 것을 보면, 그들은 자기들이 평평한 원반인 지구의 중심을 차지하고 있다고 생각한다. 그들은 우주의 기본 축, 즉 곧장 올라가면 하늘에서 가장 높은 지점인 천정에 닿는 선의 바닥에 살고 있다. 그들은 지구는 물로 둘러싸여 있는데 그 물은 쭉 뻗어나가면 모든 방향에서 원형의 지평선과 만나게 된다고 한다. 이 둘러싸고 있는 바다의 수면 아래에 거대한 뱀, 존재의 뱀the Snake of Being이 살고 있다. 와라오 족의 신화에서 이 뱀은 모든 생명의 근원, 세계의 자궁이다. 그녀의 몸은 지구를 둘러싸고 있으며 머리

13. 우리가 디자인하는 우주

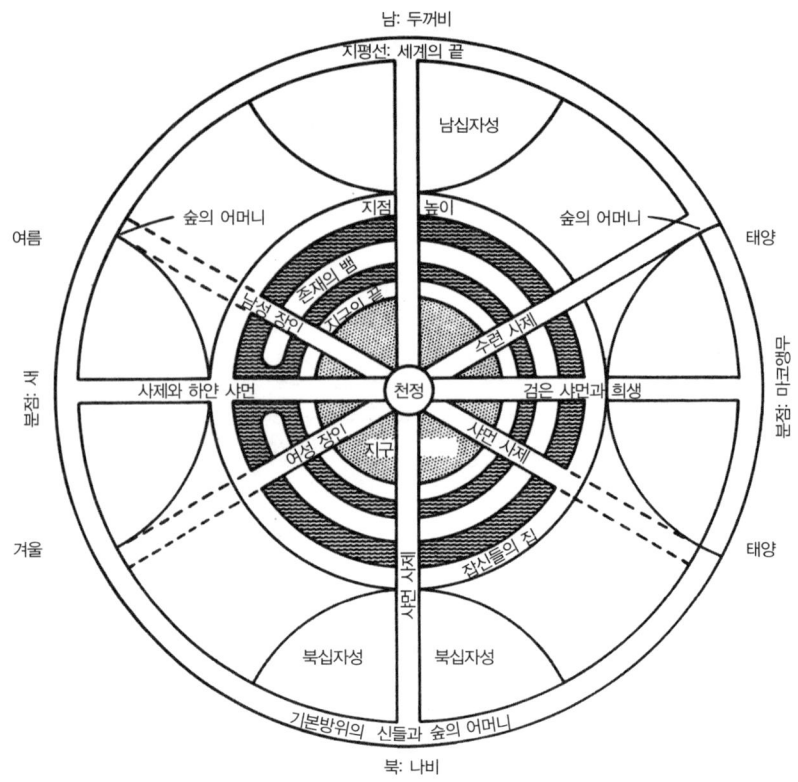

와라오 족 우주의 테두리는 지평선이다. 이 설계도에서 바깥쪽 원이다. 우리는 여기서 천정과 와라오 족의 종 모양 하늘에서 내려다보고 있다. 지평선 안쪽에 있는 그다음 원은 지점의 태양의 높이와 하늘이 좀 더 급격한 경사를 이루며 천정을 향해 조여 들어가는 고도를 보여준다. 저 멀리 아래에 있는 세계 바다에 존재의 뱀이 원반 모양의 지구를 에워싸고 있다. 이 뱀의 머리와 꼬리는 동쪽(왼쪽)에서 거의 맞닿아 있다. 다양한 선들이 지평선의 한쪽에서 다른 쪽까지 천정에서 교차한다. 이 선들은 어떤 샤먼들과 고인의 영혼들이 초월적인 여행을 하면서 따라갈지도 모르는 길이다. (『콜럼버스 이전의 아메리카에서의 죽음과 내생Death and the Afterlife in Pre-Columbian America』에서. 허가를 얻어 옮겨 실음)

와 꼬리가 동쪽에서 만나는데, 뱀의 머리와 꼬리는 생명 및 창조와 관련이 있다.

또 다른 거대한 뱀인 천저의 여신the Goddess of Nadir이 지구 중심 아래, 도달할 수 없는 어두운 영역에 살고 있다. 그녀는 머리가 넷이며, 각 머리마다 사슴뿔이 씌워져 있고, 각각 기본방위를 향하고 있다. 지평선 밖, 세계의 가장자리에서 기본방위의 영혼들이 화석화된 거대한 나무 안에서 가정을 이루고 있다. 이들은 다른 우주론에서의 세계산world mountains과 같은 기능을 수행하고 있다. 하늘을 떠받치고 있다는 말이다. '중간방위' 영혼들의 거주지인 화석화된 나무들이 4그루 더 있는데, 이것들 역시 동지와 하지에 태양이 뜨고 지는 하늘을 떠받치고 있다.

와라오 족의 영토에서는 동지와 하지의 태양이 매일 운행하는 궤도가 천정의, 그리고 천정을 통과하는 정 동-정 서 자오선의 반대쪽과 거의 대칭이다. 두 번의 지점에서.태양의 최대 고도(정오에 도달한)는 또 연중 정오의 태양의 최소 고도와 일치한다. 하지에, 정오의 태양은 와라오 족 우주에서 하늘의 돔이 좀 더 넓은 종 모양으로 펼쳐지는 특별한 지역을 만든다. 이번에는 종이 세계의 방향인 화석화된 나무 위에 얹혀 있다. 분점에 정오의 태양은 가장 높은 곳인 천정에 나타나서 세계의 축이 얼마나 중요한 의미를 가지고 있는가를 강조한다. 태양은 천정에서 더 높기 때문에 하늘이 더 높고, 그래서 와라오 족은 태양의 위치, 세계의 방위, 그리고 시간의 경과와 관련된 생각을 종 모양의 캐노피라고 바꿔 말한다. 다시 말해 우주는 마치 서커스단의 천막처럼, 한가운데가 천정과 천저를 잇는 축에 의해 위로 치켜 올려져 있다. 그리고 머리 넷 달린 천저의 뱀 여신의 단단하고 형체 없는 지하세계가 구조 전체를, 즉 하늘, 땅, 바다, 지평선을 짊어지고 있다.

이제 우리는 오리노코 강 삼각주 지역에서 주로 수렵채집으로 생활하는 비교적 알려지지 않은 사람들이 우주에 대해 아주 복잡한 통찰력을 가지고 있다는 것을 알게 됐다. 그러나 이것은 그 이야기의 반쪽에 불과하다. 그들은 자신들의 우주론을 자신들이 살아가는 환경과 결합시켰다. 영아 사망률이 50%나 됨에도 불구하고, 형이상학적인 어떤 개념이 직접적이고 구체적인 방식으로 와라오 족이 안정된 인구를 유지할 수 있도록 해준다. 이 특별한 우주론적 지식을 가지고 있는 샤먼은 자신의 힘을 와라오 사회의 사회 경제적 구조를 제어하는 데 행사하고 있다. 이렇게 함으로써 우주론이 생존을 위한 도구가 된다.

자신들의 우주론적 건축물로 자신들의 위치를 안 와라오 족은 자기들 삶의 다른 모든 경험들을 셀 수 없이 많은 신과 정령들, 그들의 초자연적인 지배, 그리고 자신들의 환경에서 일어나는 자연현상들과 서로 맞물려 있는 일련의 복잡한 관계로 체계화했다. 그들은 자신들과 자신들이 믿는 신들을 어떤 세계체계 world system의 동참자로 보는데, 그 체계가 계속 존재하기 위해서는 그 체계를 구성하는 모든 요소들에 의존해야 한다. 샤머니즘이 곧 생활인 다른 사람들처럼 와라오 족도 정령이나 신들과 원활히 소통하기 위해 자기들의 샤먼에게 의존한다. 이런 교환과정을 통해 세계의 균형과 조화가 유지된다. 이번에는 샤먼이 자신의 의무를 수행하는 데 필요한 통찰을 얻기 위해 우주론적 이미지와 환각성 약물에 의존한다.

와라오 족 샤먼들에게는 담배가 유일한 향정신성 물질이다. 길이가 60cm도 넘는 시가는 매우 강력한 효과를 나타낸다. 아바나 산 시가나 럼주에 담근 크룩crook도 그에 비하면 약하다. 와라오 족 샤먼은 신들에게 '음식을 먹이기' 위해 연기를 피운다. 그런 다음 니코틴의 자취를 좇아 초자연적인 영역으로 '올라간다.' 샤먼의 루트는 세계의 축을 경유해서 천정까지 그를 데려간다. 이 길은 샤먼이 위로 여행할 수 있게 해주는 물질인, 하늘로 올라가는 담배연기로 만들어진 에너지 통로 다발이라고 생각된다.

와라오 족 샤먼에는 3가지 유형이 있다. 그중 하나가 '빛의 샤먼'으로, 와라오 족과 빛의 땅 사이의 상호작용을 수행한다. 이 영역은 동쪽이며, 새벽의 창조새the Creator Bird of the Dawn 및 삶의 영속성과 관련 있다. 특히 빛의 샤먼은 치료사이며, 그의 환자는 대개 여자들이다. 그들을 잘 치료해줌으로써 환자들은 그에게 책무를 지게 되고, 어떤 의미에서는 그의 '딸'이 되기도 한다. 샤먼은 그 사회의 결혼이 안정적으로 유지되도록 영향력을 행사한다. 여자들의 책무를 남편들이 져야 하기 때문이다. 이 남편들은 샤먼의 작업팀의 일원으로서 시간을 내어 헌신해야 한다. 이런 구조는 그 집단을 안정적으로 유지시켜준다. 게다가 샤먼은 아이를 못 낳는 부부들을 다시 조정해줄 수도 있다.

자연의 모든 요소들을 자신의 마법을 통해서 균형 잡히고 제대로 기능하는 시스템으로 확실하게 통합하는 것이 샤먼의 일이다. 사실상 샤먼은 참여하는 모든 구성요소를 확실하게 함으로써 우주질서를 보존한다. 이렇게 하기 위해 샤먼들은 자신의 주위 세계에서 보이는 복잡한 균형과 질서를 반영하는 상징들로 두뇌 게임을 한다.

게임에는 4가지 사회성 곤충들, 즉 흑색벌, 말벌, 흰개미, 꿀벌 가운데 하나의 이름을 소리 내서 말하는 것도 있다. 이때 간격을 두고 부르는데, 그 간격에는 침묵해야 한다. 이 곤충들은 각각 많은 상징적인 의미를 함축하고 있으며, 샤먼은 게임보드 위에서 말의 움직임을 주시하듯이 그것들의 정신적 자취를 보존한다. 하지만 이런 경우 게임보드는 와라오 족 우주에서는 초월적인 영역인 담배연기의 집이다. 실제로 담배연기의 집은 태초부터 빛의 샤먼과 그의 후원자가 거주하는 곳이며, 새벽의 창조새가 만든다. 이 새는 태양의 화신이며, 창조와 새 생명과 관련해서 우리가 보고 싶어하는 모든 이미지를 완벽하게 갖추고 있다. 새벽, 동쪽, 빛, 그리고 떠오르는 태양 등을. 그 집은 흰색의 달걀 모양이다. 이런 특성은 부활, 즉 달걀을 통한 생명의 지속성이라는 또 다른 친숙한 상징을 암시한다. 그것은 와라오 족 하늘에서는 특별한 장소인 천정 가까이에 위치하고 있으며, 4가지 곤충-영혼들이 그곳에 거주한다. 동쪽에 있는 4개의 분리된 방에서.

담배연기의 집에 도달하려면 샤먼은 우선 천정으로 올라가야 하는데, 거기서 그는 자신을 안내해줄 보이지 않는 안내자를 만나, 그가 시키는 대로 잠시 쉬며 시가를 한 대 피운 다음 담배연기 밧줄로 만들어진 다리를 건너가서 자신의 목적지에 도달한다. 곤충들은 거기서 게임을 하고 있다가 샤먼이 자기들에게로 뿜어 올리는 담배연기에 맞춰 움직인다. 어느 시점에선가 뱀 한 마리가 몸을 수직으로 길게 늘이면서 바닥을 뚫고 곧장 방으로 들어온다. 그 뱀의 깃털 달린 머리가 갈고리처럼 구부러지고 입에서 광채 나는 하얀 공이 나타나면 게임은 끝난다.

이 모든 것이 매우 신비롭다. 그러나 그것은 와라오 족의 우주론과 우주질서에 대한 그들의 의례와 밀접하게 관련되어 있다. 이 게임을 통해 샤먼은 신명을 경험하는데, 이 신명이 게임에서 이긴 곤충의 지식과 힘을 그에게 주어서 환자들을 치료할 수 있게 한다. 똑바로 선 뱀과 빛나는 공은 천정의 태양, 와라오 족의 하늘의 북극성을 연상케 한다. 공을 물고 있는 뱀은 또한 샤먼의 지혜의 원

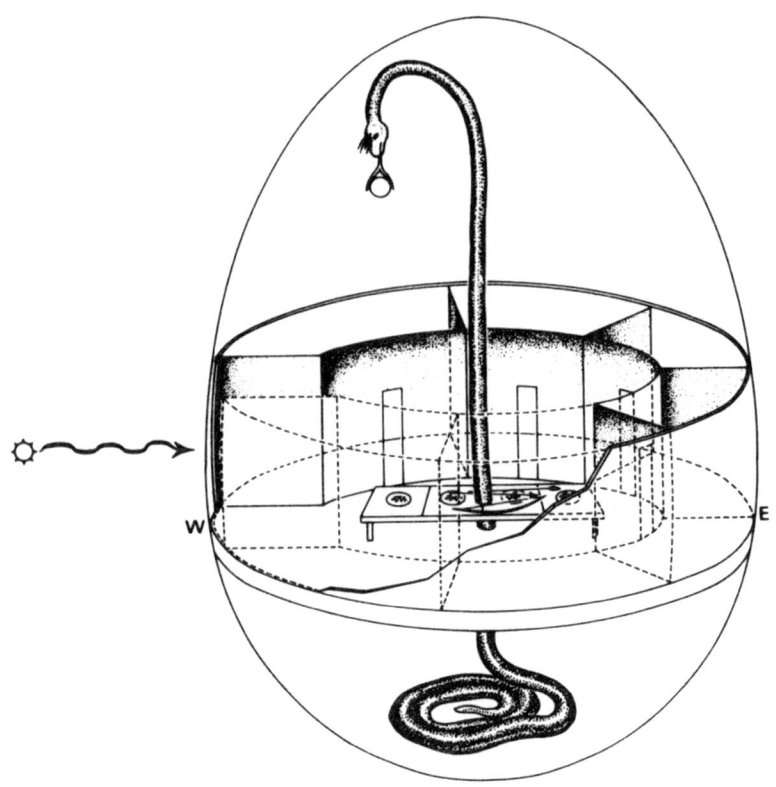

담배연기의 집에서는 종류가 다른 초자연적 곤충 4쌍이 제각기 자기들의 방에 거주한다. 서쪽 입구 가까이에 있는 방 두 개는 조상 샤먼과 그의 아내, 그리고 새벽의 창조새가 차지하고 있다. 강력한 담배연기의 영향을 받으며 샤먼들은 정신적인 게임을 한다. 곤충들과 함께 가운데에 있는 원형의 방 테이블에서. 누가 뭐래도 그들의 입장에서는 이 게임이 지상에서의 삶의 운명을 결정하는 것이며, 초자연적인 실뱀이 갈고리처럼 구부린 채 입에 빛나는 하얀 구슬을 물고서 방바닥을 뚫고 수직으로 올라오면 게임은 끝난다. (노엘 디아스Noel Diaz, UCLA 라틴 아메리카 센터 간행물)

천이기도 하다. 예를 들어 입문기간에 그 뱀과 접촉하면 풋내기 샤먼도 샤먼의 전통을 한순간에 전부 이해하게 된다. 그 경험으로 그는 우주질서에 적응한다.

삶의 균형을 보존하려는 샤먼의 노력으로 뱀도 주목할 만한 방식으로 등장한다. 와라오 족과 오랜 세월 함께 세심한 작업을 한 덕분에 윌버트 교수는 와라오 우주론의 복잡한 은유를 꿰뚫어보게 되었고, 그것들을 우아하게 서로 맞물려 있으며 와라오 족의 가장 기본적인 관심을 반영하는 논리적인 사고체계로 드러내 보여주었다. 갈라진 혀끝에 반짝이는 하얀 공을 물고 있는 깃털 달린 초자연적인 뱀과 정말로 똑같은 것이 오리노코 강 유역에 있다. 렙토타이플롭스 leptotyphlops 종류의 실뱀이 그것이다. 실뱀의 입에서 하얀 공은 나오지 않지만, 담배연기의 집 바닥을 뚫고 '세계의 축'으로서 등장하는 초자연적인 뱀처럼 수직으로 설 수 있다. 진짜 뱀이 곧추서는 것은 방향을 잡기 위한 것이다. 눈이 보이지 않기 때문에 먹잇감의 위치를 파악하기 위해 똑바로 몸을 세우고 화학물질을 이용해서 페로몬을 감지한다. 이 뱀은 식충동물이라서 후각으로 공 모양의 흰개미 굴을 찾아낸다. 그 굴을 바닥에서부터 파괴한 다음, 거기 굴을 파고 살면서 흰개미들을 먹어치운다. 어떤 의미에서는 그 뱀이 하얀 공을 만들어내기도 한다. 그 굴속에다 자기 알을 낳고 거기서 부화시키기 때문이다. 그래서 그것이 새 생명과 태양 둘 다를 나타낼 수도 있다.

이 뱀은 담배나무의 꽃으로 시작되는 먹이사슬의 일부다. 꿀벌들이 이 꽃에서 꿀을 취하지만 어린 꿀벌들은 말벌들에게 잡아먹힌다. 장님뱀은 흰개미뿐만 아니라 꿀벌과 말벌도 먹고, 이번에는 다시 창조새의 화신인 제비꼬리 솔개에게 먹힌다. 와라오 족은 그들의 환경에 세심하게 주의를 기울여 이 먹이사슬을 잘 알고 있다. 이 먹이사슬은 그들에게 자연의 균형과 질서를 의미한다. 샤먼이 연출하는 게임은 이런 자연의 관계를 형이상학적으로 잘 조종하는 것이다.

와라오 족이 어떤 뱀이 방향을 잡는 것을 보고 그것을 자기들의 우주론에 은유적으로 결합시킨 것은 절대 놀라운 게 아니다. 우주적 정위는 와라오 족 샤먼이 담배연기의 집으로 가는 신비여행의 목적이다. 이렇게 신명세계로 상승함으로써 샤먼은 공동체 안에서 자신의 힘을 얻으며, 이 힘이 부족민들에게 방향을 잡아주고 안정시킬 수 있으며, 집단의 재생산 능력을 최고로 활용할 수 있다. 그러므로 아주 실제적인 이런 이익은 우주론, 세계질서에 대한 인식의 결과다. 샤먼은 그것을 안다. 그는 그것에 동참한다. 그는 그것을 이용한다. 그것은 생존의 무기고에 있는 무기다.

## 천구를 따라 운행된

사람들이 세계를 인식하는 방식은 그들이 살아가는 방식과 많은 관계가 있다. 이것은 데사나 족이나 와라오 족에게만이 아니라 우리에게도 마찬가지다. 우주에서 처음으로 찍은 지구의 사진은 이 행성을 대하는 우리의 마음과 느낌을 바꿔놓았다. 그것은 더 이상 소유주 불명의 영토, 탁 트인 넓은 공간, 아직 탐험되지 않은 변경지역들이 널려 있는 세계로 보이지 않았다. 그 대신 우리는 별, 은하수, 그리고 알려진 우주의 광대한 크기에 비하면 작은 점에 불과한 한 세계를 보았다. 바다로 감싸여 있고 공기를 스카프처럼 두르고 있는 지구는 톡 건드리면 터져버릴 것 같은, 생명을 가득 담은 거품처럼 보였고, 우주에 대해서는 냉담한 차가운 빛깔이었다. 우주선 지구호에 대한 이런 통찰은 생명이 살 수 있을 만큼 균형 잡힌 환경에 대해 새롭게 알게 된 올바른 인식과 일치했다. 우리는 지금, 앞으로 무엇부터 재정리해야 할까 하는 우선순위를 놓고 고심하고 있으며, 우리가 필요로 하는 것과 가지고 있는 자원을 어떻게 하면 잘 조율할까 하는 해결책을 여전히 강구하고 있다.

세상을 하나의 행성으로 보기 시작한 것과 때를 맞추어 달에 착륙하고 다른 행성들을 탐사하러 나서자, 그런 장소들을 세상으로, 다시 말해 좁은 망원경 속에 갇힌 이미지가 아닌 실제 풍경으로 바꾸어놓았다. 탐험되지 않은 변경지역은 사라지지 않고 있다. 그곳들은 그저 지구 저 너머로 옮겨갔을 뿐이고, 더 늘어났다. 심지어는 우주 자체도 우주왕복선으로 인해 거주할 만한 환경으로 바뀌어가고 있다.

우주로 옮겨가자 세계에 대해 더 잘 이해하게 되었고, 그것은 다시 전 우주에 대해 생각하게 만든다. 그리스 인 조상들은 과학적인 우주론을 생각해냈고, 공간, 시간, 천구와 씨름함으로써 지구 위로 올라가서 저 너머의 세계로 나아갈 수 있는 발판을 마련해주었다. 기원전 6세기에, 그리스의 철학자들은 지구의 모양과 위치, 태양, 달, 행성들, 그리고 별들의 본질을 새로운 방식으로 이해하려고 했다. 그들은 세계의 구조와 움직임에 대한 생각들을 비판적으로 분석했고,

합리적인 사고를 통해 그것들을 받아들이거나 아니면 버렸다.

마침내 그리스 인들은 천체들이 운행하는 상세한 모델을 비교하기 시작했는데, 모두가 공유한 한 가지 분명한 주제가 있었다. 즉, 일정한 순환운동 uniform circular motion이다. 하늘이 하루에 한 번씩 도는 기본적인 천체의 운행이 일정하게 순환하는 것으로 보였으며, 이 생각이 우주질서에 대한 그리스 인들의 기본원리가 되었다.

그런데 어떤 우주론을 짜맞출 때 우리는 우주에 대한 그림을 그리는 게 아니라, 우주질서에 대한 그림을 그리는 것이다. 그래서 그리스 인들의 우주론도 당연히 자기들이 하늘에서 본 사건들에 대한 설명을 일정한 순환운동에서 구했다. 그들은 눈으로 관찰한 현상과 자신들의 이론을 일치시킬 수 있을 거라고 판단했다. 비록 2,000년 이상이 걸리긴 했지만 그리스의 과학은 현대의 과학적 방법으로 서서히 진화되었고, 우리가 우주에서 직접 지구를 볼 수 있게 해주었으며, 행성에 로봇을 보내 탐사할 수 있게 해주었다. 그리스의 우주학자들은 바로 그 행성들의 운동 때문에 그토록 분주했었다.

기원전 6세기 이전과 이오니아의 그리스 철학자들의 시대에, 고대 그리스의 우주론은 신화라는 옷을 입고서 인간의 생식을 말했다. 호메로스의 두 편의 서사시, 『일리아드 The Iliad』와 『오디세이 The Odyssey』는 초기 그리스 사상을 조금 느끼게 해준다. 그리고 헤시오도스의 시들은 훨씬 더 노골적이다. 두 작가 모두 기원전 8세기쯤의 사람이다.

대양의 물인 '강'으로 에워싸인 납작한 원반은 호메로스 시대의 시에서 지구에 대한 최고의 표현으로 그려졌던 것 같다. 그 원반의 크기는 지구 지리에 대한 그리스 인들의 지식으로 인해 제한되었다. 중요한 영역인 에레보스 Erebus, 즉 죽은 자들의 나라는 헤르쿨레스의 기둥들을 지나 서쪽으로 가면 나온다. 지구 위쪽 높은 곳에 있는 둥근 천장인 하늘은 아래쪽으로 같은 거리에 있으며 보이지 않는 나머지 반쪽 타르타로스 Tartarus와 함께 우주를 완성한다.

헤시오도스의 『신통기 Theogony』는 우주가 탄생하게 된 사건들을 설명하기 위해 성교와 탄생의 은유에 의거하고 있다. 태초에는 혼돈 Chaos이라고 알려진 텅 빈 공간만 있었으나, 그 후 어머니 대지 가이아$^{Gaia}$가 저절로 나타났다. 가이아는 지하세계의 가장 깊은 영역인 타르타로스, 그리고 사랑인 에로스$^{Eros}$와 결합했다. 에로스는 남녀를 맺어주는 창조적인 힘을 의미하며, 그래서 사랑과 관련된 욕망과 매력을 구체적으로 표현했다. 어떤 의미에서는 에로스는 데사나 족의 세계에 성적 생식력을 충만하게 해주는 아버지 태양의 에너지와도 같다. 에로스의 출현과 더불어 가이아, 그리고 심지어는 혼돈까지도 우주에 구성요소들을 더하기 시작했다. 혼돈에서 밤과 에레보스가 나왔다. 이 의미에서의 에레보스는 밤의 지하거울, 즉 타르타로스로부터 땅을 갈라놓는 땅 밑의 어둠인 것 같다. 에레보스와 함께 밤의 여신은 낮과 공간을 임신했다.

그리스 인들에게 우주는 순수한 상층대기, 에테르$^{ether}$를 의미했다. 천상, 즉 하늘은 대지에게서 태어났는데, 대지는 그때 산과 바다도 탄생시켰다. 이때까지 일어났던 유일한 우주적 짝짓기는 에레보스와 밤의 여신 사이의 결합이었다. 나머지 '아이들'은 자가생식으로 태어났다. 하지만 이제 그 무대가 상당히 심각하게 움직이고 동요되었다.

대지는 하늘과 결혼해서 타이탄들을 낳았다. 이 12명의 아이들은 세계 최초의 집사들이었다. 그들이 의미하는 것이 정확하게 무엇인지 분명치는 않지만. 지구를 둘러싸고 있는 대양 같은 강처럼 의인화된 자연현상도 있고, 또 다른 아이들은 기억이나 우주의 법칙 같은 개념과 결합되기도 했다. 하늘은 자기 아들 중 하나인 타이탄 크로노스에 의해 거세당했으나, 나머지 '아이들'은 모두 이 모험적인 사업에 참여했으므로 세계의 출산은 계속되었다. 파멸, 운명, 죽음, 잠, '꿈의 종족 전체', 강들, 태양, 달, 새벽 그리고 너무 너무 많은 것들이 계속 태어났다. 크로노스는 자기의 누이인 레아와의 사이에서 올림푸스$^{Olympus}$의 신들을 낳았는데 그중 하나인 제우스가 그를 왕좌에서 추방했다. 그의 아버지 크로노스가 '자기의' 아버지인 하늘의 신을 폐위했던 것처럼. 타이탄들은 타르타로스에 던져져서 감금되었고, 올림푸스의 신들이 우주를 물려받았다.

헤시오도스의 시적인 우주 이야기는 세계의 현상을 물리적으로 상세히 설명하지 않고, 신화에 의해 명확하게 밝혀진 관계라는 관점에서 우주에 대해 기술하며 우주에 질서와 통일성을 주려고 한다. 밀레투스의 탈레스(BC 624~547)는 자신에 관한 정보를 사실적으로 남겨놓은 그리스 최초의 철학자다. 그는 신화의 은유를 버리고 세계를 자연법칙에 맞게 기술하려고 했다. 그가 그린 우주의 그림은 호메로스의 그림과 별로 다르지 않다. 탈레스는, 지구는 나무처럼 우주의 대양 위를 떠다니며 그 대양의 물로 둘러싸여 있는 납작한 원반일 거라고 상상했다. 이 물들은 모든 창조의 근원이다. 탈레스는 세계의 근원적인 요소, 즉 모든 사물의 기초를 이루는 최초의 물질은 물이라고 주장했기 때문이다. 대양의 물과 지구 위 저 높은 곳에서 하늘은 우주와 경계를 접하고 있었다. 탈레스는 지구, 대양, 하늘의 실제 크기에 대해서는 언급하지 않았으나, 지구는 적어도 그의 판단으로는 제한되어 있었다.

다른 그리스 철학자들도 우주를 물리적으로 설명하고 세계의 출현과 움직임을 실제 그대로의 모습과 조화시키려고 했다. 탈레스와 동시대인이며 같은 밀레투스 출신인 아낙시만드로스(BC 611~546)는 우주를 좀 더 상세하게 그렸다. 아낙시만드로스의 지구도 여전히 납작하고 원형이기는 하지만, 그 비율은 원반보다는 원통에 좀 더 가까웠다. 그는 지구의 높이는 지름의 $\frac{1}{3}$이라고 자세히 설명했다. 아낙시만드로스는 태양, 달, 별들은 불타는 3개의 고리에서 나온 빛이 하늘을 통과할 수 있게 허용된 구멍이라고 상상했다. 그러면서 그것들의 크기를 계산하고 그것들의 움직임을 적당한 거리와 적당한 비율을 가진 바퀴처럼 생긴 고리들이 회전하는 것에 끼워 맞췄다. 아낙시만드로스의 우주에서는 태양이 가장 멀리 있는 천체였고, 가장 가까이 있는 것은 별들이었다. 물론, 그는 틀렸다. 그러나 그의 생각은 합리적인 논증과 관찰에 바탕을 둔 것이었다.

아낙시만드로스는 또 신들이 아니라 단 하나의 원칙이 세상의 형태를 지배한다고 생각했다. 그러나 그것은 탈레스가 좋아한 물이 아니라, 그가 아페이론 apeiron이라고 이름 붙인, 눈에 보이지 않는 무형의 물질이다. 아낙시만드로스가 자기가 말한 아페이론에 대해 속으로 무엇을 생각했는지는 확실하게 알 수 없지만, 그 생각은 다시 말해 명확하게 정의내릴 수 없고 모든 것에 스며들어 있는 것이라는 함축된 의미를 지니고 있는 것 같다. 그의 우주는 영원하고 경계가 없

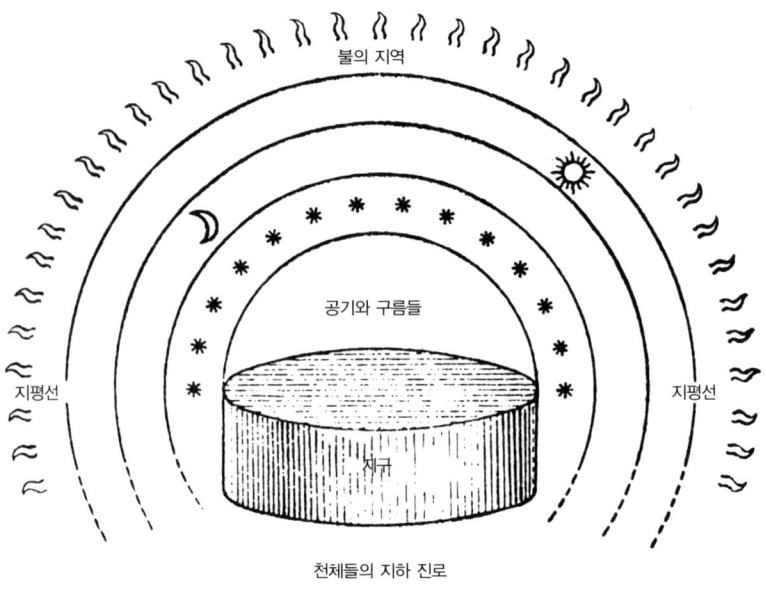

아낙시만드로스에 따르면, 지구는 지름이 두께의 3배인 원반이었다. 태양, 달, 별들은 물체가 아니라 움직이는 고리 안에 있는 구멍이라고 생각했다. 더 먼 거리에 있는 불의 영역에서 오는 빛이 그 구멍들을 통해 찬란하게 새어나와 세상을 비춘다. (여키스 천문대)

다. 하지만 이것이 시간상으로 무한하다는 것이지 크기에서 무한하다는 뜻은 아니다. 비눗방울의 표면에는 경계나 끝이 없지만 유한한 범위만 포용하듯이, 아낙시만드로스가 보기에는 우주도 경계는 없으나 유한한 것이었다. 일정한 순환운동이 이 우주에 동력을 공급했다.

그리스 인들은 우주에 대해 더 많은 생각들을 해냈다. 밀레투스의 아낙시메네스(BC 585~526)는 기본적인 물질은 공기라고 했다. 무한한 공기의 대양이 지구의 납작한 원반을 떠받치고 있으며, 머리 위에서는 태양, 달, 행성들(전부 원반이라고 상상했다)과 별들이 각각 자기들의 주기 안에서 움직였다. 별들은 자전하는 수정 구체에 붙어 있다고 생각되었다. 남부 이탈리아에 세운 그리스 식민지에 종교적이고 철학적인 수도회를 설립한 피타고라스(BC 580~500)는 우주의 원칙은 순수한 숫자에 바탕을 두고 있다고 보았다. 수적이고 기하학적인 관계는 피타고라스학파가 공유하고 있는 비밀스런 지식의 일부로서 상당히 중요한 상징적 의미를 얻었다. 천체들의 거리와 운동에 적용된 이런 생각들이 우주 질서와 대칭— '천체의 음악harmony of the spheres'이라는 관점에서 기술되었다. 천체의 음악이란 하늘의 구체들이 움직이지 않는 구체인 지구 주위를 도는 각자의 순환궤도상에서 일정하게 움직임으로써 만들어지는 실재하는 음악을 말한다. 크로톤의 필로라우스도 피타고라스 학파이지만, 그는 지구를 우주의 중심에서 옮겨놓고 그 자리에 대신 '중심불Center Fire'을 놓았다.

이 중심불 또한 지구를 포함한 천체들이 각자의 순환궤도 위에서 움직이게 하는 중심적인 힘의 원천이었다. 지구, 태양, 달, 다섯 개의 행성, 그리고 중심불에다가, 필로라우스는 10번째의 물체, 즉 태양계의 지구와 대칭되는 반대편의 또 하나의 지구를 체계에 덧붙였다. 기하학과 운행 때문에 지구에서는 그 또 하나의 지구가 보이지 않는다(이것이 중심불과 지구 사이에서 불의 주위를 돌기 때문이다/옮긴이). 어떤 근거로 필로라우스가 그 보이지 않는 물체를 포함시켰는지는 분명치 않다. 그는 아마도 지구에 반대되는 것 때문에 빛이 가려져서 중심불이 보이지 않는 것을 설명하려고 했을 수도 있고, 혹은 어쩌면 지구에 대응하는 물체를 덧붙이면 천체들의 수가 10이 되기 때문이었을 수도 있다. 10은 피타고라스 학파에게는 가장 성스러운 수이기 때문이다.

지구를 우주의 중심에서 옮겨놓은 것은 상당히 혁신적으로 진일보한 것이었다. 또 다른 이오니아 인인 사모스의 아리스타르코스(BC 310~230)도 같은 생각을 갖고 있었으며, 태양과 달의 크기와 거리를 계산하려고 했다. 아리스타르코스는, 달은 지구의 $\frac{1}{3}$ 크기이고 지구 지름의 9.5배만큼 떨어져 있다고 결론지었다. 그의 계산으로는 태양의 거리는 지구 지름의 180배이고, 태양의 크기는 지구의 7배 정도가 되었다. 실제로는 달은 지구 지름의 $\frac{1}{4}$이고, 태양의 지름은 지구보다 약 109배 크다. 태양은 아리스타르코스가 짐작했던 것보다 약 65배 더 멀리 떨어져 있고, 달은 그의 계산보다 약 3배가 조금 넘게 더 멀리 있다. 그가 계산해낸 답은 정확하지 못했지만, 기하학에 바탕을 둔 그의 방법은 본질적으로 타당했다. 단지 그가 살던 시대의 도구들이 그의 기술이 요구하는 고도의 정확성을 따라갈 수 없었을 뿐이다.

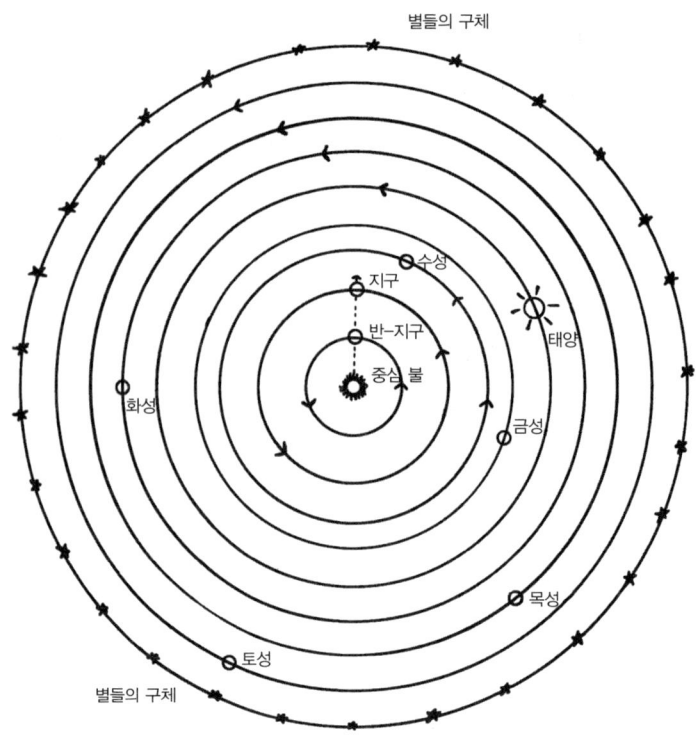

필로라우스는 피타고라스 학파의 사상을 자신의 우주그림에 더러 합체시켰지만, 중심불에다 중심을 두었다. 지구와 대칭되는 또 하나의 지구를 체계에 덧붙였다. 달도 이 체계의 일부였으나 여기서는 보이지 않는다. (그리피스 천문대)

    물론 아리스타르코스는 태양에 대해서는 옳았다. 태양은 태양계의 중심에 있다. 하지만 그의 생각은 받아들여지지 못했다. 아마도 지구가 중심인 우주라는 생각이 너무도 단단히 뿌리내리고 있었기 때문일 수도 있고, 어쩌면 그보다는 아리스타르코스가 자신의 혁명적인 생각을 뒷받침할 만한 증거를 제시하지 못했기 때문이었을 수도 있다.

    실제로 태양 중심의 우주에 반대되는 증거가 있었다. 움직이는 지구에서 보면, 지구가 자기 궤도의 한 면을 차지하고 난 다음 반대편을 차지할 때 별들의 위치가 바뀐 것이 보였어야 한다. 그런데 그런 변화는 보이지 않았다. 그래서 아리스토텔레스(BC 384~322)는 자신의 주장을 지구중심설을 뒷받침하는 데 이용했다. 별들의 위치가 실제로 변화한다는 것을 아리스토텔레스도 아리스타르코스도 알지 못했다. 하지만 별들은 그리스 인들이 상상했던 것보다 훨씬 더 멀리 떨어져 있고, 지구의 움직임으로 인해 별들의 위치가 변화하는 것을 탐지하는 건 그들의 도구로는 불가능한 일이었다.

그리스와 수많은 그리스 식민지들이 성공적으로 뿌리를 내린 터키의 이오니아 해변은 철학적인 사고가 번성하는 곳이 되었다. 그곳은 초기 그리스 철학자들이 우주는 정말로 어떻게 생겼는지, 왜 서로의 생각이 잘못되었다고 생각하는지에 대해 함께 이야기 나누기에 최적의 장소였다. 우주에 관해서 어느 하나의 개념에 그들을 국한시키는 보편적인 믿음체계는 없었으므로, 그들은 자신의 주장을 마음껏 펼칠 수 있었다. 그들의 의견은 세심한 관찰보다는 연역적 추론에 더 많이 근거하고 있었으나, 그들의 목표는 그래도 하늘에서 볼 수 있고 측정할 수 있는 실제 현상들과 직접 부딪치는 것이었다. 그들은 우주에는 근원적인 통일성과 질서가 있다고 믿었다. 그것을 일반화하려고, 즉 우주가 얼마나 규칙적인지에 대해 기술하고 설명하려고 했으나, 천체들을 관찰한 결과 규칙성과 대칭에서 벗어난다는 문제에 부딪치게 되었다. 이 때문에 더욱 상세한 설명을 해야 했다. 그리스 인들은 기하학적인 모델이라는 형식으로 천체의 운행에 수학을 적용하기 시작했다. 크니도스의 에우독소스(BC 408~355)는 실제적인 천체의 운행을 기하학적인 모델로 만들려고 했고, 과학적인 우주론을 고안해냈다.

다른 그리스 철학자들처럼, 에우독소스도 일정한 순환운동이 우주의 운행을 설명해줄 거라고 믿었다. 그가 자의적인 가설을 내세웠을 거라고 짐작할지 모르지만, 그렇지 않다. 앞에서 본 것처럼, 지구의 기본적인 운동, 즉 하루 한 번의 자전은 별들의 궤도에서 일정한 순환운동이라는 인상을 만들어낸다. 태양과 달의 운행조차도 우주에서는 똑같이 기본적인 원칙임을 나타내는 것이다. 엄청나게 면밀히 조사하지 않는다면 말이다. 우주질서의 창조는 우주 안에 있는 지성(신의 힘까지는 아니라 해도)에 기인한다고 생각했던 아낙사고라스(BC 500~428)는 태초의 혼돈에서 일정한 자전으로 시작되는 하나의 과정을 그렸다.

그 단 하나의 움직임으로부터(지금도 하늘에서 볼 수 있다) 규칙적이고 대칭적으로 정렬된 우주의 구성요소들이 '질서정연한 전체'의 형태로 나왔다.

에우독소스는 '질서정연한 전체'를 27개의 구체가 차곡차곡 쌓인 한 세트로 정리했는데, 모든 것이 지구를 중심으로 돌고 있다. 이 우주론은 일정하게 순환하는 운동에서 이탈하는 것을 설명하기 위해 고안되었다. 특히 행성들의 움직임에서 그런 경우가 뚜렷이 나타난다. 몇 개의 구체들의 운행을 결합시킴으로써 에우독소스는 하늘에서 관찰된 것에 가까워질 수 있었다. 하지만 이 체계는 완벽한 것이 아니어서 에우독소스의 제자 하나가 보다 정밀하게 복제하기 위해 노력한 결과 7개의 구체를 더 보탰다. 이것은 과학적인 사고를 분명하게 보여준다. 자연과 맞지 않고 뭔가 부족하다는 게 발견되자, 이 이론은 좀 더 좋은 거울로 수정되었다. 훗날 아리스토텔레스는 훨씬 더 많은 구체를 보탰다. 그는 모두 55개의 구체로 훨씬 더 복잡한 체계를 만들었으나, 그렇다고 더 정확해지지는 않았다.

우주질서에 대한 아리스토텔레스의 이론적인 그림은 기원후 2세기에 알렉산드리아의 천문학자인 클라우디우스 프톨레마이오스$^{Claudios\ Ptolemaeus}$의 체계로 대체되었다. 프톨레마이오스와 그의 후계자들은 일련의 기하학적인 발명을 해냈다. 행성의 운행에 관한 이론을 관찰한 것과 일치시키면서 동시에 일정한 순환운동도 그대로 보존하기 위해서였다. 행성이 순환궤도로 지구 주위를 돌게 하는 대신, 그들은 행성을 주전원$^{epicycle}$(중심이 다른 큰 원의 둘레에서 회전하는 작은 원/옮긴이) 위에다 놓았다. 이것은 제2의 원으로, 그 원의 중심은 지구를 둘러싼 가상의 원$^{deferent}$이라고 하는 한 궤도상의 지구 주위를 일정하게 순환하는 운행을 따라간다. 동시에 행성은 주전원의 중심 둘레를 마주보는 느낌으로 움직인다. 후대의 설에서는 주전원은 평균점$^{equant}$(행성의 궤도가 실제로는 타원이기 때문에 생기는 속도와 운동의 변이를 고려해서 도입한 복잡한 개념/옮긴이)이라고 하는, 중심을 벗어난 한 점 주위를 일정한 속도로 움직인다는 게 인정되었다. 지구는 여전히 주전원의 궤도 중심에 있었지만, 지구에 관해서라면 주전원의 운동이 더 이상 일정해 보이지 않았다. 이런 운동들을 결합해서 관찰된 자료와 일치시킬 수는

# COELVM EMPYREVM IMMOBILE

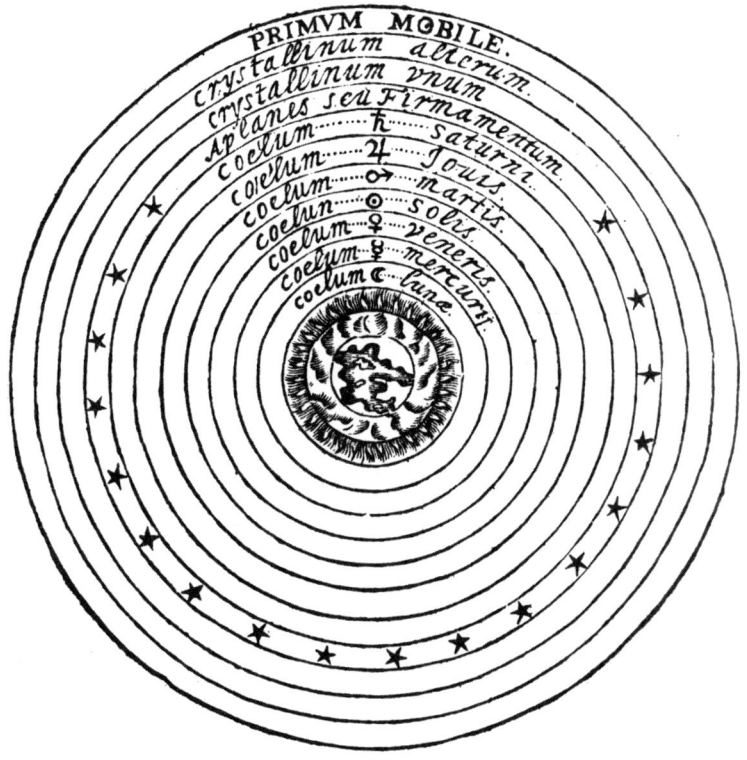

프톨레마이오스의 세계체계는 지구, 가장 무거운 4'원소'에 중심을 두었다. 지구를 둘러싸고 있는 것은 물, 공기, 불의 구체의 순서였다. 하늘 더 높은 곳에서는 7개의 '행성들'이 지구의 둘레를 공전했다. 달, 수성, 금성, 태양, 화성, 목성, 그리고 토성으로, 모두 붙박이별들의 구체 안쪽에 자리 잡고 있었다. 이러한 견해를 가진 프톨레마이오스의 체계는 프랑스의 철학자 겸 천문학자인 피에르 가상디Pierre Gassendi가 했던 1647년의 연구에 포함되었다. 그는 세차운동과 다른 장기적인 주기의 결합인 '떨림trepidation'을 취급하는, 둘로 나뉜 별들 너머에 있는 프톨레마이오스의 투명구체crystalline sphere(투명한 천상의 물질로 만들어진 8개의 동심 수정구/옮긴이)를 보여주었다. 이런 것들 너머에 원동자原動者, Prime Mover, 즉 다른 것들을 모두 움직이게 만들지만 '스스로는 움직이지 않는 최고의 천구'가 있다. (『The Cosmographical Glass: Renaissance Diagrams of the Universe』, 헌팅턴 도서관, 1977. 헤닝거S. K. Heminger 2세의 허가를 얻어 옮겨 실음)

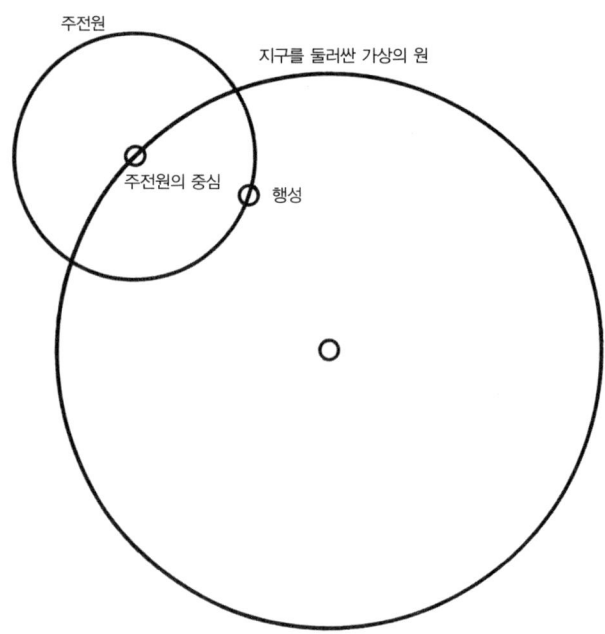

행성의 운동에 좀 더 근접하려다 보니 주전원을 고안하게 되었다. 그것은 행성이 그 자체의 궤도를 따라 도는 행성운동의 주기였다. 주전원의 중심(E)은 행성이 주전원 위에서 도는 동안 지구를 둘러싼 가상의 원 위에서 운동한다. 중심에 있는 물체가 지구다. (그리피스 천문대)

있었지만, 수많은 가상의 원들과 주전원, 평균점 등으로 높은 소용돌이 같은 체계를 만들고 말았다. 톱니처럼 맞물린 천체의 긴 행렬 속의 미로 때문에 일정한 순환운동의 정밀함과 단순함이 모호해졌다.

모든 신화적 전제에서 자유로워진 그리스 과학은 바로 그 우주질서에 대해 그것은 철저하게 탐구되어야 한다는 그 나름의 가설을 내놓았다. 그리스 인들은 행성이 일정한 순환운동에서 벗어나는 것에 대해 조심조심 접근하기는 했으나, 실제로 그 개념을 버린 적은 단 한 번도 없다. 행성을 좀 더 정확하게 관찰한 코페르니쿠스Copernicus의 혁명, 그리고 독일의 천문학자이며 수학자인 요하네스 케플러Johannes Kepler가 데이터에 입각해 천체의 질서는 일정한 순환운동과는 아무 관계도 없다는 걸 증명하기까지는 1,500년이 걸렸다.

## 하늘에 의해 조직된

어떤 점에서는 중국 한나라(BC 206~AD 220) 때, 특히 기원후 1세기에 이루어진 천문학 발전은 그보다 몇 세기 앞서 그리스에서 시작된 패턴과 비슷하다. 그리스 인들처럼 중국인들도 천지만물이 만들어진 것을 이해하고 하늘을 그대로 흉내 낼 수밖에 없었던 우주론적 이론으로 우주질서의 구조를 표현하려고 했다. 하지만 연역적인 기하학 지식이 없었던 중국인들은 주전원이니, 가상의 원이니 평균점이니 하는 것들로 복잡해질 수밖에 없는 행성운동의 상세한 모형을 만들 수가 없었다. 실제로 중국인들은 태양과 행성의 궤도인 황도$^{ecliptic}$를 알고 있었으면서도 그들의 천문 측정 체계와 하늘에 대한 개념은 여전히 적도의$^{equatorial}$(천구의 북극에 축을 고정하고 그 축을 회전시켜서 지구의 자전으로 인한 별들의 운행을 추적하는 천체망원경의 일종/옮긴이)에 머물러 있었다. 유럽의 전통에서는 황도 자체를 따라가는 운행이 행성의 운동을 체계화하는 원리로 받아들여지고 있는 동안에 말이다.

기원후 1세기 무렵, 중국의 천문학자들은 정교하게 조각된 혼천의에 붙어 있는 청동 관측관을 통해 천체들을 측정했다. 이 도구들은 비교적 매우 정교하고 자오선, 지평선, 천체의 적도, 황도 등이 표시되어 있는 고리들이었다. 그 고리들 덕분에 모든 천체를 관측할 수 있고 도표로 그릴 수 있었으며, 그때까지 전개되어온 3가지 주요 우주론의 이론에 비추어서 생각할 수 있었다. 이 이론들 중 가장 오래된 것은 당시의 체계화된 이론을 중심으로 한 도구들과 개념들을 기술해놓은 수학-천문학 문서의 이름으로 알려져 있었다. 이 작품의 이름은 《주비(원래 이름은 주비산경周髀算經이며, 주나라 때 쓰인 기하학과 천문학에 관한 서적이다/옮긴이)》로, '해시계의 바늘과 하늘의 원형 궤도'라는 뜻이다. 그 이론을 따서 개천蓋天이라는 이름으로 불리기도 했는데, 개천이란 '하늘덮개'라는 뜻이며, 지구를 에워싸고 있다고 생각된 천구의 반구형 고치를 가리키는 이름이다.

개천 우주를 상상하려면, 네모난 테두리 안에 바닥이 위로 올라가게 엎어놓은 둥근 대접 모양의 지구 그림을 그려야 한다. 테두리가 네모난 것은 중국인들은 땅이 네모나다고 생각했기 때문이다. 하늘의 둥근 외곽은 땅을 완전히 둘러싸고 그 테두리와 만나서 세상을 둘러싼 도랑 모양을 만들었다. 비가 내리면 빗물이 거기에 모여서 그리스 인들이 상상했던 것과 같은 대양의 테두리를 만들어낸다. 하지만 여기서 다른 것은 지구의 모양이다. 그것은 납작한 원반이 아니라 반만 부푼 비눗방울과 같아서 나머지 반은 안쪽에 가지고 있다. 그래서 둘이 접촉하는 곳에서 합쳐지게 되어 있다.

천구의 둥근 천장이 회전하면서 태양과 달, 행성들은(비록 거기에 붙어 있기는 하지만) 각각 자기 나름의 주기를 통해 자유롭게 움직인다. 물론 하늘은 천구의 극을 중심으로 자전하며, 중국인들은 천구의 극을 하늘의 중심이라고 해석했다. 원래 거기서 곧장 아래에 있는 점이 지구의 중심이었다. 중국인들로서는 지구의 중심은 당연히 중국에 있어야 했다. 그러나 아무도 더 이상 머리 위에서 천극을 볼 수가 없었다. 그것은 36° 남짓 북쪽 지평선 위에 있었던 것이다. 그들은 이것을 쿵쿵$^{Kung\ Kung}$이라고 알려진 괴물과 신화시대의 제4대 황제인 요 임금과의 사이에 있었던 싸움의 결과라고 설명한다. 둘이 싸우던 도중 쿵쿵은 하늘의 기둥들 가운데 하나로 도망쳤는데, 그 기둥이 무너지자 하늘 전체가 기울어졌다고 한다.

개천설, 즉 개천 우주론이 얼마나 오래된 것인지는 모른다. 하지만 전설에 의하면 기원전 2000년대인 청동기시대 상나라 때부터 있었다고 한다. 이 말은 확실히 일리가 있다. 개천설의 특성들이 모두 상나라 때 사용된 도구인 그노몬$^{gnomon}$으로 얻을 수 있는 기본적인 관측 내용들을 반영하고 있기 때문이다. 자오선, 하루의 길이, 정오, 한 해의 길이, 지점들과 분점들, 기본방위, 그리고 계절의 기간 등, 이런 모든 것들이 하늘과 땅에 의해 형성된 이중의 반구 안에서 구체적으로 표현되었다.

'하늘의 높이', 즉 천체들의 거리를 해시계 바늘그림자로 측정해서 계산하려는 시도가 있었다. 이런 시도들은 그리스 인들이 했던 것과 마찬가지로 성공하지 못했다. 그들이 계산해낸 높이는 지구의 반지름보다도 상당히 낮아서 약 $\frac{1}{3}$밖에 안 됐다. 그와는 대조적으로, 완전히 독자적인 한 우주학파는 창공은 아

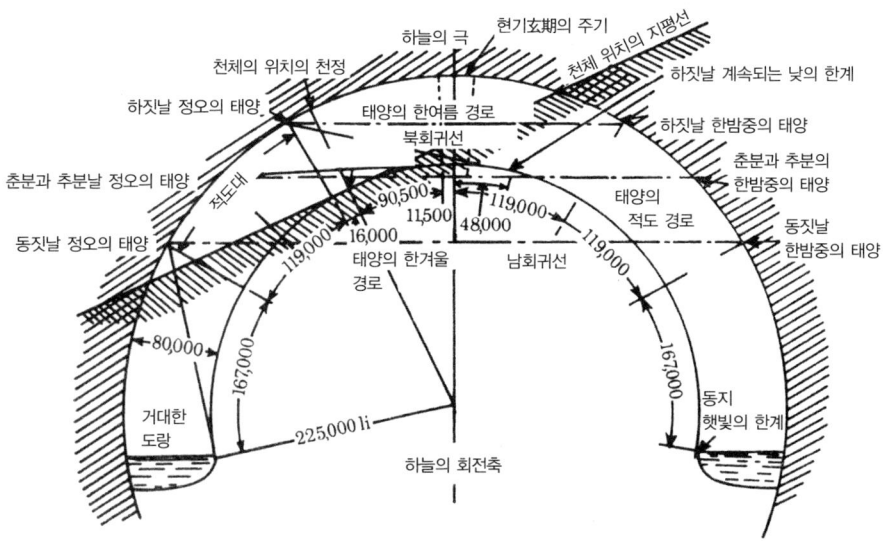

반 구체의 하늘이 텐트처럼 덮여 있고, 그 바닥 가장자리는 안으로 포개 넣어져서 땅의 네모난 기반에 꼭 붙어 있는 땅이다. 이것이 개천설, 즉 '하늘덮개' 우주론에 따라 제시된 우주그림이었다. 중국의 몇몇 천문학자들의 노력의 일환으로 '하늘의 높이'가 측정되었는데, 80,000리 즉 10,780km라는 계산이 나왔다. (조지프 니덤Joseph Needham, 『중국의 과학과 문명』)

득히 높고 멀리 떨어져 있으며 경계도 없다고 주장했다. 이 이론은 현야玄夜라고 알려졌는데, '밝음과 어둠' 혹은 '캄캄한 밤'이라는 뜻이며, 이 이론의 바탕이 되는 무한하고 텅 빈 공간이라는 원리를 언급하는 말이다.

현야 사상에 따르면 창공은 텅 비어 있고 공허하다. 창공은 낮에는 푸른색으로 보이지만, 그건 눈이 실체를 왜곡하기 때문이다. 멀리 있는 산들이 푸르게 혹은 보랏빛으로 보이는 것과 같은 이치로 하늘이 푸르게 보이는 것이다. 모든 천체들, 즉 태양, 달, 행성들과 별들은 공간 속에서 무제한으로 떠다니고 있다. 많은 점에서 이 사상은 정확하고(푸른 하늘은 그 안에 약간의 진리를 담고 있다는 설명조차도) 현대적이다. 하지만 AD 180년경 한 주석자는 마음이 동해서, 그때까지 살아 있는 현야 이론의 어떤 스승도 우주에 대한 그 이론의 통찰을 보존하고 진척시키지 못했다는 글을 썼다. 그 사람은 개천설은 "하늘의 구조를 설명함에 있어서 많은 점에서 부정확하고 부족하다는 게 증명됐다"고 선언했다.

지금까지 남아 있는 유일한 이론인 혼천渾天 우주론은 하늘에서 실제로 진행되고 있는 것에 가깝다.

혼천이란 '천구'라는 뜻이다. 그것은 공 모양의 지구가 공 모양의 하늘 중심에 위치해 있다는 그리스 인들의 개념과 어느 정도 비슷하다. AD 1세기의 중국의 천문학자이며 지진학자인 장형張衡(후한의 천문학자, 수학자, 발명가, 지리학자, 화가, 시인이며, 혼천의와 세계 최초의 지진계를 발명한 것으로 유명하다/옮긴이)은 자신의 저서 『혼천 주해서』에서 하늘을 이렇게 기술하고 있다. "마치…… 암탉의 알 같고 석궁의 탄환처럼 둥글다. 땅은 달걀의 노른자 같아서 그 중심에 홀로 놓여 있다." 달걀노른자 같다고 한 것이 결정적이다. 그 말에는 공 모양의 땅이라는 뜻이 내포되어 있다. 장형은 계속해서 하늘과 땅의 관계에 대해 한층 세부적으로 기술하고 있다. "하늘은 크고 땅은 작다. 하늘의 가장 낮은 부분 안쪽에는 물이 있다. 하늘이 내려앉지 않게 증기가 떠받치고 있고, 땅은 물 위에 떠 있다."

하늘은 왜 언제나 반밖에 보이지 않는가에 대해, 보이지 않는 반쪽은 땅 아래 있다고 설명한 다음, 장형은 북쪽 천극의 위치와 보이지 않는 남쪽 천극의 위치를 자세히 묘사하고 천극 근처에 있는 별들은 왜 절대 보이지 않는지 그 이유를 정확하게 기술했다. 장형에게는 현야 우주론도 조금 있고 또 철학적인 사고도 있었다. 천구 너머에 무엇이 있을지에 대해 생각하면서 이렇게 쓴 것으로 미루어 알 수 있다. "저 너머에 무엇이 있는지 아무도 모른다. 그래서 그것을 우주라고 부른다. 우주에는 끝도 없고 경계도 없다."

AD 520년까지는 혼천 우주론만이 사실이라고 생각되었다. 이 이론은 행성 이론 탐구에 대한 혹은 일정한 순환운동의 덫에 빠진 중국인들의 생각을 단숨에 바꿔놓지는 못했지만, 중국식의 하늘 측정과 일치하는 우주질서의 이미지를 제공했다. 그리스에서는 우주론이 지적인 훈련이었던 데 반해, 중국에서는 제국의 질서 안에서 천문학에 주어진 공적인 역할과 연결되었다. 중국의 우주론은 중국 철학의 신비적인 요소들에 어울리는 무한한 텅 빈 공간이라는 개념이 여기저기 섞여 들어간 유연한 체계였다. 동시에 중국의 우주론은 천체의 주기

혼천의는 실제로 우주에 대한 중국인들의 혼천 사상을 표현한 모델이다. 구체는 지구를 중심에다 눈에 보이게 두고 하늘을 그대로 흉내 낸 고리로 만들어졌다. 움직일 수 있게 되어 있는 렌즈 없는 튜브를 통해 지름을 따라 봄으로써, 중국의 천문학자들은 청동 고리에 새겨넣은 정확한 눈금에다 천체의 위치를 갖다 대보며 각도를 측정했다. 이 혼천의는 AD 1437년에 제작되었으며, 일찍이 1279년에 천문학자 곽수경이 사용하던 도구를 정확하게 모방한 것이었다. 이것은 지금은 난징 근처에 있는 자금산 천문대 구내에 전시되어 있다. (로빈 렉터 크룹)

와 중국인들의 삶의 방향을 정하는 기준들이 적당히 조화를 이루어냈다.

중국의 우주론은 '중국의 코페르니쿠스'가 이끄는 사고의 혁명을 이뤄내지 못했다. 왜일까? 중국의 우주론이 유럽에서처럼 방향을 바꾸지 못한 이유를 한두 가지로 설명할 수는 없다. 새로운 기술, 과학적인 관측, 혁신적인 사고들 간의 연계는 정말 충분했다. 그러나 그들 역시 복잡하기는 했지만 충분히 이해하지를 못했다. 천구의 극과 적도를 강조할 만큼 하늘을 정확하게 통찰하고 있으면서도 천체의 운행을 정확한 기하학적 모형으로 사용하지 않았던 중국의 천문학자들은 유럽에서는 르네상스가 일어난 지 한참 뒤까지도 우주에 대한 성스러운 관점을 고집했고 우주론의 세속화를 미루고 있었다.

## 시간과 공간으로 짜맞춰진

우주질서에 대한 그림을 그리려는 사람은 두 가지를 솜씨 있게 처리해야 한다. 시간과 공간이다. 그런데 고대인들의 우주론을 보면, 우주의 구조는 공간의 조직화와 시간의 경과에서 분명히 나타난다는 것을 알아차렸다. 그리고 설사 우주의 개념은 바뀔지라도 시간과 공간이라는 발판은 버리지 않고 반드시 재정리되었다. 가상의 원, 주전원, 평균점 등을 가지고 있는 그리스 인들의 천동설에서 우리는 폴란드의 천문학자 니콜라스 코페르니쿠스$^{Nicolas\ Copernicus}$(1472~1543)의 지동설로 갈아탔다. 그렇게 되는 데 14세기나 걸렸지만, 그리스 우주론의 근본원리인 일정한 순환운동은 이리저리 옮겨 다니면서도 없어지지 않았다. 코페르니쿠스도 일정한 순환운동을 믿었고 행성의 궤도를 주전원을 가진 원, 그리고 주전원을 가진 주전원으로 나타냈다. 이 때문에 그는 프톨레마이오스의 평균점을 버려야 했으나, 그러기 위해 프톨레마이오스가 사용했던 평균점보다 더 많은 평균점이 필요했다.

16세기에 코페르니쿠스가 그렇게 하기 전에는 지구를 옮겨봐야겠다고 마음먹은 사람이 아무도 없었다. 하지만 그가 제시한 모델은 고대 그리스 인들의 관측을 바탕으로 한 것이어서, 덴마크의 천문학자 티코 브라헤$^{Tycho\ Brahe}$(1546~1601)가 천체들의 위치에 대해 그때까지의 천문학사상 가장 정밀하고 정확한 관측을 하자 오래 버틸 수가 없었다. 각 관측은 시간과 공간의 결합을 나타냈다. 그것은 무엇이 어디에 있으며, 그것이 언제 거기 있는지를 말해주었다. 공간과 시간이라는 이 믿을 만한 결합으로부터 요하네스 케플러$^{Johannes\ Kepler}$(1571~1630)는 완전히 새로운 패턴의 우주질서를 만들어냈으며 일정한 순환운동을 단호하게 없애버렸다. 그는 행성들의 궤도는 원이 아니라 타원형이며, 태양 주위에서 자기의 궤도를 따라 도는 행성들의 속도는 일정하지 않고 단순한 기하학적 법칙에 따라서 달라진다는 것을 보여주었다. 하지만 행성의 운동에 관한 케플러의 법칙에서는 시간과 공간이 여전히 우주 조화의 중심에 있었다. 그는 어떤 행성이 자기의 궤도를 완전히 한 바퀴 도는 데 걸리는 시간은 그 궤도의 크기와 관

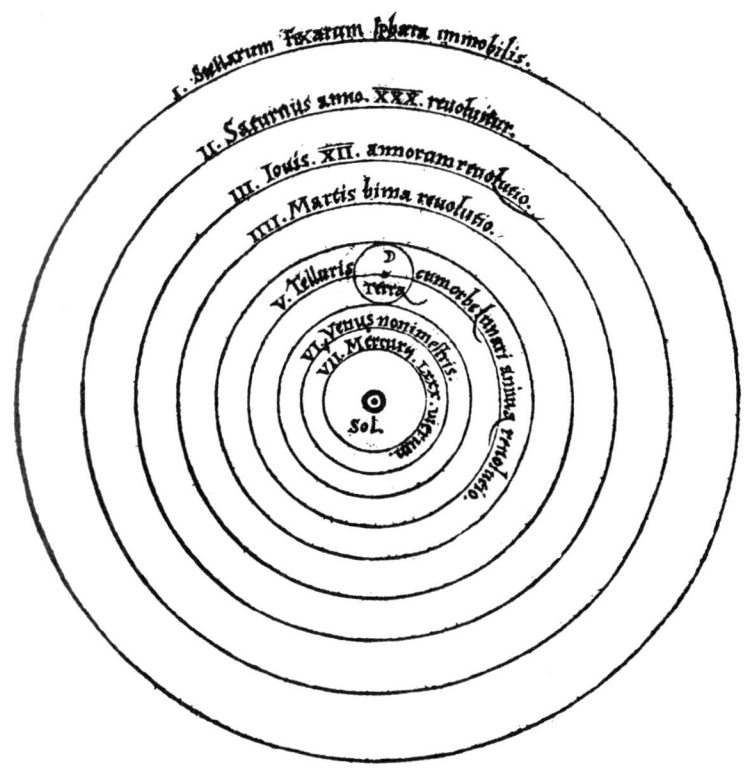

코페르니쿠스가 프톨레마이오스의 체계를 버렸을 때, 그는 일정한 순환운동 사상은 그대로 유지했지만 태양을 우주의 중심에 두었다. 태양에서 바깥쪽으로 계속되는 행성들의 순서는 수성, 금성, 지구(그 주위를 공전하는 달과 함께), 화성, 목성, 토성이다. 이 행성들 밖에 있는 것들은 예전처럼 붙박이별들의 구체 주위를 공전했다. 코페르니쿠스의 체계를 그린 이 그림은 코페르니쿠스가 직접 쓴 『천체들의 회전운동에 대하여 De Revolutionibus Orbium Coelestium』에 있는 것이다. (『The Cosmographical Glass: Renaissance Diagram of the Universe』, 헌팅턴 도서관, 1977. S. K. 헤닝거 2세의 허가를 얻어 옮겨 실음)

계있음을 간단한 방식으로 증명했다. 실제로 그는 이런 관계를 발표한 자신의 책 제목을 『세계의 조화 The Harmony of the World』라고 했다. 케플러 덕분에 시간과 공간을 통한 천체의 운동은 그 물체들 사이의 관계를 설명하는 법칙의 표본이 되었다.

마침내 영국의 수학자이자 물리학자이며 역사상 가장 큰 영향을 끼친 과학자 가운데 한 사람인 아이작 뉴턴 Isaac Newton(1642~1727) 경은 케플러가 말하는 우

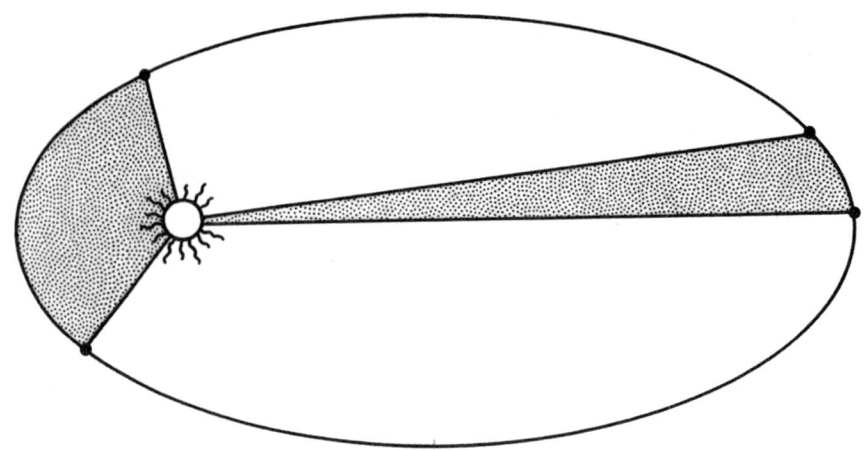

티코 브라헤의 정확한 관찰에서 연역된 대로, 행성들의 실제 운행은 요하네스 케플러로 하여금 일정한 순환운동이라는 개념을 포기하도록 했다. 그 대신 그는 궤도가 타원형이라는 결론을 내렸다. 여기선 한 궤도의 모양이 굉장히 과장되어 있다. 행성들의 실제 궤도는 진짜 원에서 아주 조금만 벗어나기 때문이다. 하지만 이 그림은 행성 운동에 관한 케플러의 첫 번째 법칙을 명확하게 보여준다. 즉, 태양의 주위를 타원 궤도를 따라 공전한다는 것이다. 어둡게 칠한 부분은 제2법칙을 증명한다. 즉, 행성은 단위 시간 동안 같은 면적을 휩쓸고 지나간다는 것이다. 태양의 왼쪽 면적만큼 궤도상에서 여행한 거리는 오른쪽의 거리보다 멀기 때문에(두 면적은 같지만) 행성의 움직임은 태양에 가까울수록 빨라진다. 행성의 운동은 원이 아닐 뿐만 아니라 일정하지도 않다. (그리피스 천문대)

주의 조화는 만유인력, 즉 중력으로 설명될 수 있다는 걸 보여주었다. 뉴턴은 우주에 있는 모든 것에는 서로 끌어당기는 힘이 있다는 것을 수학적인 용어로 기술했으며, 자신이 세운 공식으로 공간과 시간 속에 있는 어떤 물체의 궤도도 계산할 수 있게 되었다. 울즈소프에 있는 그의 정원 어느 나무에서 사과가 떨어지고 있든, 아니면 태양 주위에서 어느 행성이 떨어지고 있든 간에 말이다. 우주가 도대체 어떻게 생겼는지 뉴턴이 그 실체를 알게 되면서 중력은 우주의 근간이 되는 원칙이 되었다.

    18세기까지 우주에 대한 우리의 의식은 상당히 변화되었다. 어느 별까지의 거리를 정확하게 측정하려면 19세기 중반에 이를 때까지 기다려야 했지만, 1785년까지는 영국의 천문학자 윌리엄 허셜$^{William\ Herschel}$(1738~1822. 독일 태생의 영국 천문학자로, 대형 반사망원경을 발명했으며 1781년에는 천왕성을 발견했다/옮긴이)이 스스로 '하늘의 작도$^{the\ construction\ of\ the\ heavens}$'라고 부른 지도를 그릴 수 있었다.

허셜의 우주는 수백만 개의 별들로 이루어진 광막하고 납작한 시스템이었다. 별의 가지와 팔들이 원반에서부터 다소 불규칙하게 뻗어 있다. 허셜은 태양과 태양의 행성들을 중심 가까이에 두었는데, 그건 철학적인 이유 때문이 아니라 이 은하, 즉 태양계 내부에서 자신이 관찰한 결과 그런 해석을 내렸기 때문이다. 지금은 우리가 은하수 은하의 테두리 근처에 있다는 것을 알고 있다. 어쨌든 허셜은 우리가 우리 은하계에 대해 스스로 인식하게 해주었다. 그러나 우리 은하계의 진짜 크기는 1930년대가 되어서야 비로소 측정되었다. 허셜은 은하수 은하가 텅 빈 우주에 외롭게 떠 있는 섬일 거라고 생각했으나, 자신의 관측으로는 이것을 증명할 수 없음을 인정했다. 은하수 은하는 실제로 많은 별들로 이루어진 그런 많은 섬들 가운데 하나이긴 하다.

뉴턴의 만유인력의 법칙은 우주를 매우 잘 설명했다. 그리고 태양계의 행성들도 마찬가지지만, 은하수 은하 안에 있는 모든 별들은 중력의 명령에 따라 행진해야 한다는 것이 올바르게 인식되었다. 그러나 뉴턴 학파가 하는 식으로 우주를 시시콜콜 캐는 세밀함과 추정은 점차 더 정밀한 조사를 받게 되었다. 그리하여 1916년 독일의 수학자이며 물리학자인 알베르트 아인슈타인 Albert Einstein (1879~1955)은 자신의 '일반상대성이론' general theory of relativity에서 중력을 보는 새로운 방식을 제안했다. 시간과 공간은 단 하나의 천이라는 것, 우주라고 하는 거미줄 같은 사건들을 실들로 한데 엮어서 촘촘하고 복잡하게 짜놓은 하나의 천이라는 것을 깨달음으로써, 아인슈타인의 상대성이론의 우주에서는 중력이 더 이상 힘이 아니다. 그건 시공간의 휨 현상curvature이다. 휨 현상을 정확하고 수학적으로 기술함으로써 시간이나 공간이 아니라 발생하는 사건 자체를 기술할 수 있었다. 우주가 운행하는 방식으로 말이다.

아인슈타인이 우주를 바라보는 방식은 세계를 깜짝 놀라게 했다. 그것은 사물을 있는 그대로 가장 정확하게 설명한 것이다. 하지만 시간과 공간 사이에 공유된 그런 친밀감의 전례가 전혀 없는 건 아니다. 그런 것은 우리가 지점과 분점들을 다루는 방식에도 분명히 있다. 그런 것은 그것이 일어나는 장소를 태양이 차지하는 시간일 뿐만 아니라 하늘에 있는 장소이기도 하다. 우리는 아스텍의

《페헤르바리-마예르 사본》과 그 비슷한 몇 가지 달력에 관한 도표들을 분석해서, 고대 메소아메리카 인들이 시간의 경과를 공간의 정위와 결합시켰음을 알아냈다. 서로 얽혀 있는 이 도표들의 상징성은 시공간의 상호의존 관계를 반영한다. 예컨대 한 해는 각각 그 해를 운반하는 날로 시작되며, 이럴 가능성이 있는 날짜는 각각 기본방위 가운데 하나와 같다고 여겨진다. 《페헤르바리-마예르 사본》에 있는 흥미로운 십자들은 기본방위와 지점을 나타내는 '중간방위'를 표시한 것이며, 시간은 날을 표시한 일련의 점들로 그려진 가장자리를 따라 행진한다.

고대 멕시코 인들에게 지구는 바다 위에 떠 있는 섬이었다. 지구의 모든 물들은 지평선에서 만나며, 거기서 하늘과 섞인다. 하늘에서 비가 내리는 걸로 봐서 하늘 역시 유동체이긴 한데, 하늘의 물은 강이나 호수, 바다의 물보다는 좀 덜 응결된다. 하늘을 떠받치고 있는 신성한 하늘버팀목 혹은 세계의 나무들은 가장 중요한 지평선 방위에 위치해 있다.

메소아메리카 인들은 우주를 하늘로 13층, 땅속으로 9층으로 된, 각별히 야심차게 만든 레이어 케이크처럼 생긴 계층적인 영역이라고 상상했다. 물리학적으로뿐만 아니라 형이상학적으로도 그렇게 생각했다. 낮과 밤이 경과하는 두 세트의 수준을 같다고 봄으로써 우주공간에 대한 이런 개념이 어떻게 시간으로 변형되었는지 앞에서 보았다. 바로 이 숫자들이 밤은 9밤을 한 그룹씩으로 묶고, 낮은 13낮을 한 그룹씩으로 묶는 데 사용되었다. 그래서 낮과 밤을 따로 세는 별도의 계산법이 우주의 구조를 거울처럼 반영하는 숫자들로 유지되었다.

아인슈타인이 말하는 시공간의 구분이 사라지는 것이 고대 메소아메리카 인들의 마음속에 있던 바로 그것은 아닐지 모르지만, 우리가 우주를 사건들의 집합으로 인식하는 한은, 한 개념이 다른 개념 속으로 녹아들어간다는 것은 분명히 알아차리고 있었다. 메소아메리카의 우주론은 천문현상이 일어나는 위치는 그 사건이 일어나는 때와 같다고 생각했다. 그러나 아인슈타인의 상대성이론은 그렇지 않다. 현대의 상대성이론은 훨씬 더 추상적이다. 그러나 머리 위에

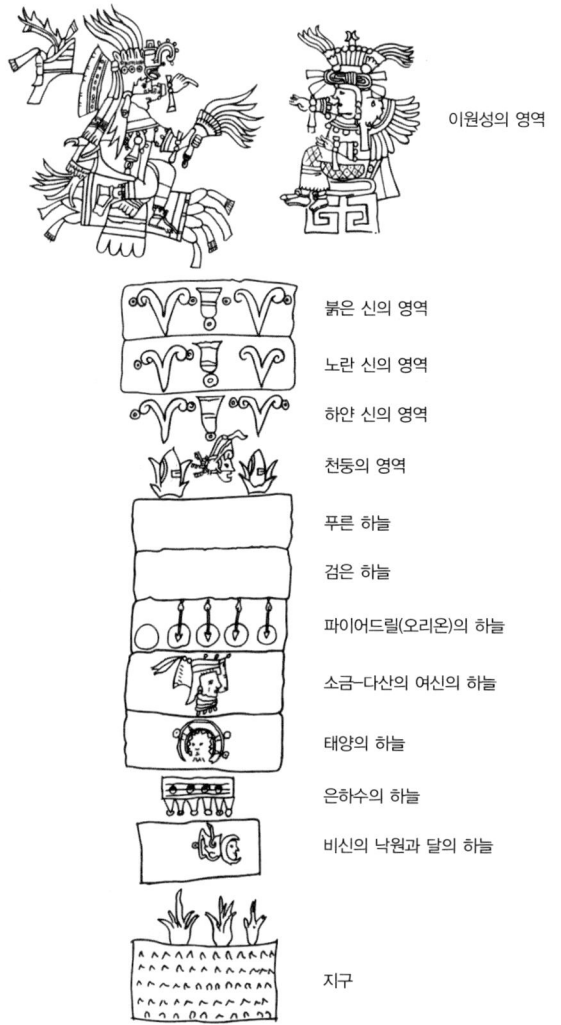

그렇게 보이지 않을지 모르지만, 아스텍 인들이 우주에 대해 생각한 것은 프톨레마이오스의 구체와 어떤 점에서는 비슷하다. 둘 다 층층이 쌓인 우주다. 하지만 닮은 점은 거기까지다. 《바티카누스 사본Codex Vaticanus》에 있는 이 그림은 하늘의 13층과 지하세계의 9층을 보여준다. 중간층(1층)이 지구다. 그 위에는 각각 달, 별, 태양, 금성의 구역이다. 파이어 드릴Fire Drill이라는 중요한 별자리가 그들의 하늘에서 6번째 층을 차지하고 있다. 그 위에는 바람과 폭풍의 녹색 하늘, 먼지의 푸른 하늘이 얹혀 있다. 9층은 천둥의 영역이었던 것 같고, 그 위로 흰색, 노란색, 빨간색으로 채색된 영역이 3개 더 있다. 이 천구의 모든 영역 위가 13번째이며 가장 높은 곳에 공간, 시간, 그리고 세계의 창조주 오메요칸Omeyocan이 거주한다. (ⓒ1971 텍사스 대학 출판부)

서 실제로 보이는 것에 대해 조금만 생각해 보아도 시간과 공간 사이에 얼마나 밀접한 관계가 있는지 구체적으로 느낄 수 있다.

우리가 달을 볼 때 지금 그대로의 달을 보는 게 아니다. 그건 일점 몇 초 전의 모습이다. 달은 약 386,160km 떨어져 있지만, 빛은 1초에 약 300,000km를 간다. 달 표면에서 반사돼서 되돌아오는 데 걸리는 시간이 1.28초다. 마찬가지로 우리 눈에 그렇게 믿음직하게 빛나 보이는 태양은 8분 19초 전의 태양이다. 만약 태양이 지금 깜빡거린다면 우리는 8.31분 동안 아무것도 모르고 있다가 갑자기 어둠에 휩싸이게 될 것이다. 태양 저 너머에 있는 가장 가까운 별은 켄타우루스자리의 프록시마 별로, 알파켄타우루스라고 알려진 삼중성 가운데 하나다. 가장 가까운 이 별들과 우리는 40조km라는 무시무시한 거리를 사이에 두고 갈라져 있다. 그리고 그 별의 빛은 $4\frac{1}{3}$년 걸려서 우리에게 도달한다. 그렇게 어마어마한 거리는 빛이 1년 동안 여행하는 거리인 광년 light-year으로 표시하는 게 편리하며, 1광년은 약 9.6조km다.

중국 송나라 때의 천문학자들은 1054년 7월 4일, 우리가 황소자리라고 하는 별자리에서 눈부시게 빛나는 별 하나를 발견했다. 그들이 실제로 본 것은 그보다 6,000년 전에 발생한 한 별의 비극적인 폭발이었다. 중국에서는 신석기시대가 시작되던 때다. 폭발한 그 별은 6,000광년 떨어져 있어서, 그 별의 서거 소식이 11세기가 되어서야 비로소 지구에 도달한 것이다. 오늘날 우리는 구름과 가스 필라멘트들이 마구 얽혀 있는 별무리를 본다. 게성운 the Crab Nebula이다. 게성운은 죽은 지 거의 1,000년이 지난 다음 나타나서는 그 잔재들이 지금도 여전히 확장되고 있다. 우주를 들여다볼 때 우리는 시간을 거슬러 올라가서 보는 것이며, 지금 황소자리에서 우리가 보는 잔재들은 실제로 스톤헨지에 첫 돌이 놓이기 1,000여 년 전 구름의 모습이다.

오늘날 우리의 망원경은 게성운을 지나 훨씬 멀리까지 볼 수 있다. 사실은 지름이 10만 광년인 우리 은하계의 가장자리를 지나 훨씬 멀리까지도 볼 수 있다. 이제 우주의 가장자리는 더 이상 천구의 가장자리가 아니라 멀리 있는 물체의 빛을 흡수할 수 있는 우리 도구의 한계다. 우리가 볼 수 있는 한 가장 멀리 있는 물체는 공간상으로는 우리로부터 100억~200억 광년 떨어져 있고, 시간상으로는 100억~200억 년 전의 것이다.

## 우리 앞에 저만치 펼쳐져 있는 어둠

그런 거리와 시간 간격은 우주의 크기를 웅대해 보이게 한다. 그리고 우주론은 가장 거대한 비율로 우리 삶을 측정하는 종합평가다. 우주가 무엇처럼 보이는가, 어떻게 해서 그런 방식을 갖게 되었는가, 그리고 거기에서 무슨 일이 일어나고 있는가?—이런 것들은 우리의 일상생활에 영향을 줄 만한 쟁점은 아닌 것 같다. 그러나 그 해답은 우리의 마음가짐에 영향을 준다. 그리고 결국 마음가짐이 생존과 직결된다.

우리는 그냥 우주에서 집에 있는 것처럼 느끼고 싶을 뿐이다. 그것이 우리가 우주론을 논하는 이유이며, 하늘에 대해 깊이 생각하는 이유다. 우주론과 우주질서는 항상 결합해왔다. 우주의 미스터리들을 무시하면 완전히 텅 비어 있는 우주 공간 속에서 우리가 어디에 있는지 몰라 불안해질 것이다. 우리가 디자인하는 우주는 끊임없이 발생해서 세계를 형성하는 사건들 속에 하나의 발판을 마련해주었다.

하지만 우리의 위치 선정과 진로에, 그러니까 은하계 우주 간의 거리 측정에 사용하는 척도는 오차가 너무 커서 현대 우주론의 역사 전체가 때로 부적절한 측정의 역사가 아닌가 싶을 때도 있다.

천문학자들은 지금도 하늘과 우리를 이어주는 중개인들이다. 그들 가운데 한 사람인 앨런 샌디지$^{Allen\ Sandage}$ 박사는 수십 년간을 차가운 망원경 끝에 매달려 작업을 해오고 있다. 우주에서 우리가 어디에 있는지 밝혀내기 위해서다. 1970년 샌디지 박사는 우주론을 '두 수를 찾는 것'이라고 했다. 그중 하나가 H, 즉 허블 상수$^{Hubble\ constant}$(은하가 후퇴하는 속도가 거리에 비례하여 증가하는 비율/옮긴이)다. 그것은 미국의 천문학자 에드윈 허블$^{Edwin\ Hubble}$의 이름을 딴 것으로, 그는

1929년에 우주가 팽창하고 있다는 것을 발견했다. 우주는 지금도 팽창하고 있으며, 허블 상수는 '질서정연한 전체'가 점점 커져가고 있는 속도다.

허블 상수는 흥미로운 숫자다. 우주의 나이와 관계있기 때문이다. H의 값을 구하면 사물들이 얼마나 오랫동안 이런 식으로 진행되어왔는지 짐작할 수 있다. 두 번째로 흥미로운 수는 q, 즉 감속 상수로, 우주의 팽창이 점점 느려지는 속도를 상세하게 말해준다. 기본적으로 q는 이 모든 것이 앞으로 얼마나 오랫동안 계속 진행될지를 보여준다.

그러나 지금 당장 우리에게 가장 흥미 있는 것은 허블 상수다. 우주를 이해하려면 H를 이해해야 한다. 정확한 값을 구하면, 허블 상수는 우리에게서 멀어져가고 있는 머나먼 은하들의 속도가 그것들의 엄청난 거리와 관계가 있음을 말해준다. 그리고 그 값을 맨 처음 계산한 사람은, 물론 허블이었다.

허블은 우표에 등장할 정도로 유명한 미국인이다. 그는 20세기의 가장 위대한 천문학자 가운데 한 사람이며, 그의 생애 일찍이 이룬 3가지 주요 발견 가운데 하나만으로도 모든 시대를 통틀어 가장 위대한 천문학자 가운데 한 사람이 될 만한 자격이 있다. 그리하여 가장 배타적이라고 하는 미국 체신부가 1981년 '우주 위업 달성$^{Space\ Achievement}$' 기념우표를 만들어 그를 기념하기에 이르렀다. 소용돌이 은하 위에다 거대한 우주망원경을 얹어놓은 그림에 '우주 이해하기$^{Comprehending\ the\ Universe}$'라는 말이 적혀 있다. 우표는 허블과는 아무 관계없지만, 정신은 정확하다. 아인슈타인의 이론들이 시공간을 보는 우리의 방식을 바꿔놓았듯이, 멀리 떨어져 있는 은하(그의 시대에는 성운$^{nebulae}$이라 불렸다)들에 대한 허블의 관측은 우주에 대한 우리의 이해를 완전히 변화시켰다.

허블은 수많은 별과 가스, 성간물질들의 거대한 집합체인 '섬 우주$^{island\ universes}$'(은하의 옛 이름이며, 지금은 외부은하라고 한다/옮긴이), 즉 은하들이 우리 은하인 은하수 은하$^{Milky\ Way\ galaxy}$ 너머의 어둠 속에서 떠돌고 있다는 것을 최초로 입증했다. 허블은 다른 은하들은 은하수 은하의 가장자리보다 훨씬 멀리 떨어져 있는 외부은하$^{external\ galaxy}$임을 증명했다. 비교적 가까이 있는 3개의 은하들의 거리가 우주를 은하수 은하보다 더 큰 어떤 것 안으로 확장시켰다.

허블의 계산은 올바른 논리를 가진 기술을 바탕으로 이루어졌다. 어떤 별이 하나 나타나면 이미 알려져 있는 같은 유형의 별의 밝기와 비교하는 것이다. 별은 거리가 증가할수록 점점 희미해진다. 그래서 허블은 자신이 갖고 있던 망원경으로 볼 수 있는 한 가장 멀고 가장 희미한 별들을 측정하기 위해 기술을 한껏 확대했다.

허블은 별들의 거리를 재량껏 떼어놓고 자신이 측정할 수 있는 속도로 그것들을 짜맞춰가다가 우연히 깜짝 놀랄 상황을 발견하게 되었다. 은하들이 모두 서로에게서 멀어져가고 있었던 것이다. 우리의 관점에서 보면 그건 마치 은하들이 우리를 저버리는 것처럼 보이지만, 다른 은하에서 보더라도 마찬가지일 것이다. 어떤 은하로부터도, 가장 가까운 이웃들만 빼고는 모두가 스르르 사라지고 있으며, 가장 멀리 있는 은하들이 가장 빠른 속도로 각각 우주에서의 자기 운명대로 종적을 감추고 있다. 이 반사회적인 움직임은 허블 상수의 숫자로 기술될 수 있다. 허블 상수는 시간당 몇 마일인지, 다시 말해 은하들의 거리가 1,000조 마일 멀어질 때마다 팽창속도도 그에 비례한다는 것을 말해준다.

우주의 팽창은 오래전에 일어났던 어떤 폭발의 결과라고 현재 받아들여지고 있다. 터질 듯이 팽창해가는 시공간의 거품 위에서 모든 것이 서핑하고 있으며, 팽창은 지금도 계속되고 있다. 공간에서 가장 멀리 보이는 것이 시간상으로는 가장 이른 것이므로, 실제로 머나먼 곳에 있는 은하들을 보면 우주가 아직 젊었을 때, 그리고 폭발이 일어난 지 얼마 되지 않았을 때의 우주는 어떤 모습이었을지 알 수 있다.

폭발의 시간을 '우주의 창조'라고 부르는 것이 유행이 되었다. 그것을 단순히 '폭발의 시간'이라고 생각하는 건 허구가 아니라 실제로 일어난 일이다. 아무튼 폭발 전에 무슨 일이 있었는지 규명할 방법이 우리한테는 없다. 그래도 '창조'가 확실히 맞는다고 말하면, 그건 무지가 아니라 억지다. 우리는 기껏해야 우주가 얼마나 오랫동안 이런 식으로 움직여왔는가를 얘기할 수 있을 뿐이다. 결국 허블 상수는 시공간의 거리당 팽창비율을 우리에게 말해줌으로써 이 우주의 퍼포먼스 작품이 얼마나 오랫동안 계속되어왔는지 이야기해줄 수 있다.

우주에 대한 이해는 그 거리들을 아는 데 달려 있다. 최선을 다했음에도 불구하고, 허블의 계산은 짧았다. 원래 그가 측정한 것으로는 우주 나이가 약 20억 년 정도였다. 1930년대에도 바위의 나이가 그보다는 더 많다는 걸 사람들은 알고 있었다. 그런데 우주가 그 안에 있는 바위들보다 더 젊다는 건 말이 안 된다.

뭐가 잘못됐는지 알기 위해 명심해야 할 것이 있다. 그것은 관측할 수 있는 우주의 끝에다가 우리를 갖다놓고 행한 아주 믿을 수 없는 일련의 측정과정 때문이었다. 우리는 알려진 물체들을 가지고 가까운 은하들의 거리를 재는데, 이때 이 은하들의 밝기를 이용한다. 더 멀리 있는 은하들에까지 나아가기 위해서다. 수십 년에 걸쳐 허블의 거리에서 오차의 원인들이 밝혀지면서 우주는 점점 더 커지고 더 나이를 먹었다. 허블 상수 자체의 값은 줄어들었다. 샌디지는 허블 상수를 개선하고 많이 발전시켜 은하의 거리를 넓혀놓았고 우주의 나이를 150억~200억 년으로 매겼다.

하지만 샌디지 외의 다른 사람들도 적극적이었으며, 그래서 일어난 논쟁은 우주에 대한 우리의 친밀감을 희석시켰다. 기존의 거리 측정은 여전히 우주의 진짜 지리를 제대로 볼 수 없도록 차단하는 오차 때문에 시달리고 있다. 1980년의 새로운 작업이 자극이 되어 몇몇 사람들이 우주의 나이는 절대 그렇게 많지 않다고 주장하게 되었다. 어쩌면 겨우 100억 년쯤 된, 그저 어린아이일 뿐이라고. 애리조나 주 투손 근처에 위치한 스튜어드 천문대의 마크 아론슨, 거기서 가까운 키트 국립천문대의 제레미 몰드, 그리고 하버드-스미스소니언 천체물리학센터의 존 후크라 박사 등은 거리를 측정하는 데 뭔가 새로운 방식을 시도했다. 그들은 은하 전체를 살펴보고 그것들의 회전속도로 밝기를 분류했다. 자전 속도는 측정될 수 있다.

아론슨과 후크라, 몰드는 자신들의 방법을 통합해서 그것이 제시하는 큰 그림을 살펴보다가 자신들이 100억 년 된 우주표본을 보고 있다는 걸 깨달았다. 여기서 문제가 제기되었다. 이 우주보다 그 안에 있는 별과 원자들이 더 나이가 많다고 생각했기 때문이다.

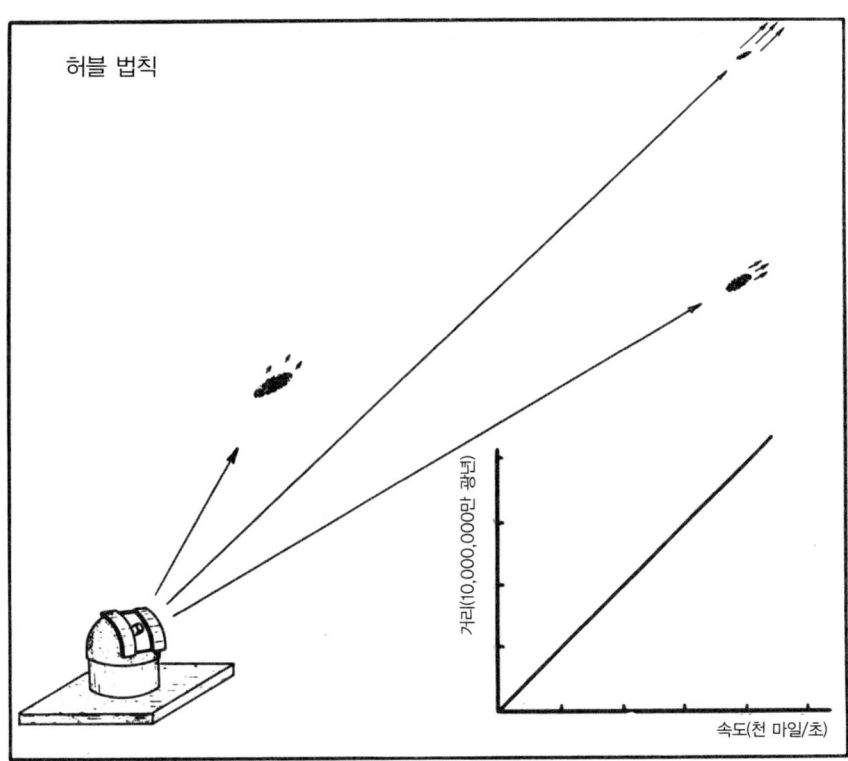

멀리 있는 은하들의 속도를 측정하고 또 그들의 거리를 측정함으로써, 천문학자 에드윈 허블은 우주가 팽창하고 있다는 것을 발견했다. 대부분의 은하들은 우리에게서 멀리 떨어져 여행하고 있다. 그것들이 방출하는 빛은 도플러 이동 the Doppler shift에 의해 붉어지기 때문이다(이것을 적색 이동이라고 한다/옮긴이). 허블은 혁명적인 관측으로 은하들이 멀어지는 속도는 그들의 거리에 비례한다는 걸 증명했다. 은하는 멀리 있을수록 더 빨리 후퇴한다. (그리피스 천문대)

어떤 점에서는 새로운 방법은 청소기 같아서, 이전의 방법들보다 오차가 생길 확률이 적을 것 같다. 아론슨과 후크라, 그리고 몰드가 옳다면, 은하들은 거리가 반이 멀어질수록 팽창속도는 두 배로 빨라지고, 폭발도 우리가 생각했던 나이의 반일 것이다. 그러나 이게 사실이든 아니든 간에, 그러면 다음엔 우주에 무슨 일이 일어날까?

폭발이 얼마나 빨리 진정되고 자리 잡히는지 알면 우주의 미래의 운명에 대해 뭔가 말할 수 있다. 세 가지 가정을 해볼 수 있다. (1) 우주는 아인슈타인의 일반상대성이론을 따른다. (2) 질량과 에너지는—한꺼번에—창조될 수도 없고 파괴될 수도 없다. (3) 우주 전체를 놓고 볼 때 어느 곳에서 보더라도 전체적인 그림은 같다. 세 가지 모두 가능성이 있으며, 이 중 한 가지 운명이 우리를 기다리고 있다고 결론 내릴 수 있다.

우주의 팽창 속도가 급격히 떨어지면 모든 것이 서로 최대한 격리될 것이며, 그런 다음 전 과정이 거꾸로 진행될 것이다. 우주 전체가 붕괴돼서 원래의 상태로 돌아갈 거라는 말이다. 또 하나 선택할 수 있는 건, 폭발할 때 은하가 바깥쪽으로 영원히 팽창할 만한 에너지가 충분히 있었을지도 모른다는 것이다. 이런 종류의 우주에서는 다시 붕괴되는 일이 없도록 공간이 휘어지며, 우주는 계속 커지고 텅 비어가기만 할 것이다. 세 번째 가능성은 우주에 무한대로 팽창할 만큼의 에너지가 충분하다는 건데, 이때는 그만큼 무한대의 시간이 필요하다.

첫 번째 운명에서 호기심을 자극하는 변화도 때로는 고려된다. 폭발, 팽창, 그리고 붕괴 사이를 시계추처럼 왔다 갔다 하는 우주 말이다. 우리는 우주가 내뱉는 그런 한숨들 속의 어느 한 주기 안에 있는 건지도 모른다. 시공간이 숨을 쉴 때마다 또 다른 우주가 탄생되고 파괴된다.

지금까지 우리가 살고 있는 우주가 어떤 종류의 우주인지 알아내기 위해 우리가 볼 수 있는 한 가장 멀고 가장 오래된 천구의 빛들을 잠깐 보았다. 그러나 팽창하는 우주와 그로 인해 생길 수 있는 어떤 결과도 우주질서에 대한 오래되고 친숙한 신화를 생각나게 하곤 했다. 우주는 창조되고, 성장하고, 어떤 식으로든 죽는다. 허무하게 죽든 숨 막힐 듯 붕괴돼서 죽든.

그리고 아마도 우주는 새롭게 창조될 것이다. 우리는 미지의 우주에 살고 있다. 그 크기는 믿을 수 없을 만큼 크고, 그 운명은 불확실하다. 우주에는 중심이 없지만, 어느 곳에서 보든 보는 사람이 중심에 있다는 느낌을 준다. 동시에 그렇지 않다는 것도 함께 알게 한다. 현대의 과학적인 우주론은 한 우주를 제시하긴 했으나, 그 안에서 우리가 어떤 역할을 할 수 있을지에 대해서는 일말의 암시도 하지 않고 있다. 그리고 우주질서의 신호들을 찾다 보면 어느새 오래된 바로 그 신화와 씨름하고 있다.

처녀자리 은하 성단의 중심에 있는 몇 개의 은하들이다. 우리에게는 가장 가깝고 큰 성단이다. 비록 5,000만 광년 떨어져 있지만, 우리가 볼 수 있는 가장 먼 물체들에 비하면 상대적으로 가까운 것이다. 그보다 수백 배나 더 멀리 있는 것들에 비하면. (키트 피크 국립천문대)

우리는 흥미롭고 중대한 한 시점에 도달했다. 우주를 이해할 수는 없을지 몰라도, 우주를 이해하려고 시도하는 과정에서 우리 마음을 이해할 수는 있다. 우주질서는 우리 두뇌 속에서 진행되고 있는 과정의 한 산물이다. 인간의 두뇌는 그렇게 하려고 애를 쓴다. 인간의 두뇌는 세계에 대해 의식해야 한다. 그런 점에서 인간의 두뇌는 컴퓨터와 같은 일을 한다. 컴퓨터는 정보를 처리한다. 그 일을 잘해내려면, 두뇌는 우리의 오감이 수집한 모든 자료들을 편집하고 체계적으로 분류해서 해석해야 한다. 그리고 자료들을 걸러내는 두뇌의 능력은 그 속에 계속 간직하고 있는 것을 통합하는 능력 못지않게 중요하다.

우리는 세계를 다루는 일을 우리의 감각에 맡기고 있는 건 아닌지 생각해보자. 우리의 감각은 이것저것 가리지 않기 때문에, 우리가 처리할 수 있는 것 혹은 처리해야 하는 것 이상으로 많은 사실과 현상들, 많은 사소한 일들과 정신을 산란하게 하는 일들로 우리를 잔인하게 몰아댈 것이다. 두뇌의 진짜 재능은 세계를 단순하게 만들어서 그것을 우리의 생존을 위해 없어서는 안 될 요소들로 변형시키고, 미친 듯이 넘쳐나는 정보들로부터 우리를 구해주는 것이다. 두뇌의 신경화학에 관한 최근의 연구를 보면, 진화와 자연도태는 오래전에 두뇌가 우리의 생존능력을 높이기 위해 (화학을 통해) 세계를 취사선택할 수 있는 방식을 결정했다는 걸 짐작할 수 있다.

이 모든 것이 인간의 사고에는 공유된 어떤 구조가 있으며, 인식에 강요된 어떤 질서가 틀림없이 있다는 것을 함축하고 있다. 개인적인 그리고 문화적인 차이에도 불구하고 이건 틀림없는 사실인 것 같다. 그렇지 않다면 소통, 특히 언어를 통한 소통은 불가능했을 것이며, 대화한다고 해봐야 고작 자기 말만 열심히 떠들어대는 게 되고 말았을 것이다.

안구와 두뇌에 저절로 일어나는 여러 가지 빛깔의 기하학적인 빛의 패턴을 일컫는 눈 섬광은 모든 사람들이 경험하는 것이다. 전문가들은 그것을 시지각 과정과 관련시켜서 생각한다. 어떤 면에서는 아직 이해되지 못했지만, 눈 섬광의 패턴은 정보가 실제로 시각 경험에 참여하는 신경통로를 따라 전달되는 것과 어떤 관계가 있다고 생각된다. 이런 신경관들이 우리 눈에 보이는 것, 그리고 그것을 지각하는 방법을 결정한다. 만약 눈 섬광이 신경세포 안에서 저절로 일어나는 전기화학적인 활동에 의해 유발되는 것이라면, 어떤 의미에서는 신경회로의 구조를 우리에게 보여주고 있는 것인지도 모른다. 그렇다면 눈 섬광은 우리가 주변 세계에 강요하는 하나의 보편적인 질서를 반영하는 것이다.

실체에 대한 우리의 해석이 그저 주관적일 뿐이라서 거기엔 실제로 그 어떤 질서도 없다는 뜻은 아니다. 하늘과 우리의 상호작용은, 우리의 두뇌는 특히 질서를 강조한다는 걸 말해준다. 우리의 두뇌는 왜 이렇게 해야 하는 걸까?

조직화되고 서로 협력하는 집단은 진화에서 우위를 차지하지만, 서로에게 잘 대처하려면 지성, 즉 빅 브레인<sup>big brain</sup>이 필요하다. 지성은, 얼마간은 분류하고 일반화해서 질서를 만들어내는 능력에서 반영된다. 우리가 실제 세계에 부과하는 패턴은 그 패턴에 순응하는 사건들을 미리 알게 해주고, 그렇지 못한 사건들은 지혜롭게 대처하도록 해준다. 그런 능력들이 우리를 협력하게 하고 살아낭게 해준다. 서로 소통하고 서로 주고받는 구조는 어떤 것이라도 쓸모가 있을 것이다. 여기에는 언어, 신화, 달력, 시계, 어떤 조직화된 풍경 속에 있는 어떤 방위체계, 그리고 그런 것들보다 더 많은, 우리 삶의 방향을 잡아주는 도구들이 포함된다.

하지만 우리의 빅 브레인이 정말로 우주를 완전히 알 수 있다는, 혹은 알 수 있게 될 거라는 우리 자신의 지성과 믿음에 대한 의식 때문에 길을 잃을 수도 있다. 우리는 지성의 한계에 대해서는 거의 생각하지 않는다. 그러나 우주질서에 대한 신화로 되돌아갈 때마다, 그리고 그것을 여전히 이용하고 있다는 걸 깨달을 때마다 우리의 두뇌를 있는 그대로 인정할 수밖에 없다. 즉 우리가 그리도 운 좋게 차지하고 있는 생태계에서의 지위를 차지하게 해주는 도구는 바로 두뇌라는 것을 말이다. 하늘은 빅 브레인이 활동할 수 있게 해준 것들 가운데 하나다. 그러나 우리는 우주와 분리되지 않고 모든 것을 다 아는 관측자다. 우리는 동참자니까.

우리의 동참에는 좀 이상한 방식으로 우주에 대해 알아차리고 그 안에서 자신의 위치를 찾고자 하는 노력이 포함된다. 그래서 우주를 이해하려는 희망으로 계속해서 머나먼 은하의 빛을 잡아내려고 한다. 허블 상수 논쟁은 마치 '다음 회에 계속'이라고 하며 끝나는, 그 옛날의 토요일 낮 공연 같다. 망원경에 50년 동안 집중됐던 모든 노력으로도 가장 근원적인 정보, 즉 가장 먼 물체까지의 거리를 아직까지 해결하지 못했다. 우주를 바라보고 있는 우리가 그런 문제들에 무지하므로, 우리가 보고하는 것들도 결국 수수께끼가 되고 마는 것이다.

머나먼 물체들의 거리를 재는 것은 매우 어려운 일이다. 언제나 그래왔다. 그러므로 우리의 해답은 시공간에서 사물들이 우리에게서 얼마나 멀리 떨어져 있는가라는 단순한 사실에 따라 정해진다. 우리는 표지물들을 볼 수 있다. 그것들이 확실히 어디 있는지 알지 못할 뿐이다. 자신이 살던 시대에 알려져 있던 것에 대한 허블의 판단은 오늘날에도 정확하다.

그러므로 우주탐험은 확실치 않다는 기록으로 끝난다. 그럴 수밖에 없다. 당연

오늘날 우리가 우주를 디자인하는 방식은 현대과학의 관찰에 입각한 접근법이므로, 우리 조상들의 성스러운 은유와는 다를 수도 있다. 그러나 그렇게 하는 이유는 같다. 그 안에서 마음 편히 있을 수 있는 방식으로 우주를 이해하려는 것이다. (미국 체신부)

히 우리는 관찰할 수 있는 영역의 바로 중심에 있다. 가까운 이웃이 더 친근하다는 건 우리도 알고 있다. 거리가 멀어질수록 우리의 지식도 희미해진다. 마침내 우리는 아득히 먼 경계에 도달한다. 망원경의 최대 한계에 이른 것이다. 거기서 우리는 그림자들을 측정하고, 더 중요할지 어떨지 모를 표지물들을 측정하는 과정에서 혹시라도 생겼을지 모르는 오차들을 잡아내려고 애를 쓴다.

우주의 나이는 허블이 그 말을 했을 때보다 조금 더 먹었다. 탐험은 수백만 킬로미터 더 옛날로 거슬러 올라간다. 그런 탐험은 우리를 위해 은하의 촛불들을 밝혀놓았다. 어둠을 저주하는 건 서툰 짓이리라.

## 옮긴이의 말

> 성스러운 도시나 신전은 우주의 중심에 위치하고 있기 때문에,
> 그곳은 하늘과 땅과 지하세계의 세 우주적 영역이 만나는 접합점이다.
> ―미르치아 엘리아데, 『우주와 역사』

아주 오랜 옛날부터 인간들은 하늘을 바라보며 하늘에 떠 있는 물체들에 대해 생각했다. 그들은 자신들의 도시와 신전에 천상의 원형을 담았다. 머나먼 곳에서 운반해온 성스러운 기운이 느껴지는 거대한 돌들로, 하늘의 특정한 물체를 향하는 정렬로, 온 우주를 축소해 지상에 옮겨놓은 영혼의 도시로. 또 오랜 전통을 지닌 종족들에게는 우주를 자신들의 언어와 상징으로 풀어낸 우주론이 존재하게 마련이다. 어떤 이들은 우주가 육각형의 모습이라 하고, 어떤 이들은 우주가 종 모양이라 하기도 한다.

『고대 하늘의 메아리』라는 제목에서 알 수 있듯이, 이 책은 고대인들이 하늘을 어떻게 보았으며, 그 하늘을 어떻게 해석하고 구현했는가에 관한 내용이다. 그들은 이 우주가 어떻게 해서 생겨났으며, 자신들이 이 우주에서 어디에 있는가를 알고 싶어했다. 그것은 또 지금 우리들에게로 그대로 이어지고 있다. 인간이 하늘을 바라본 지 수천 년이 지난 오늘날에도 우주는 여전히 신비롭다. 이 우주의 한계는 우리가 사용할 수 있는 망원경의 한계라고 한다.

이 책의 초점은 고고천문학이다. 저자는 거대한 돌들이 왜 그런 모양으로

배열되어 있는지, 이집트나 안데스 지역의 신전들이 왜 그런 모습으로 그리고 그런 방향으로 정위되어 있는지, 그것들이 지어졌던 시대에 그곳의 하늘에서 어떤 별이 중요했는지 얘기하다가, 아주 오래된 뼛조각에 새겨진 아주 작은 패턴들에 대한 이야기로 넘어가고, 다시 신화를 얘기하다가 천체물리학과 문화인류학으로 넘어간다. 천문학과 천체물리학, 신화학과 문화인류학, 그리고 역사 등 여러 학문 간 통합연구의 결과물인 것이다. 우리말로 옮기는 작업이 만만치는 않았으나, 덕분에 많은 공부를 할 수 있어서 행복하기도 한 시간이었다.

이 책을 번역하면서 도움을 주신 분들께 감사의 마음을 전하고 싶다. 천문학적 지식이 부족한 역자에게 사실 확인을 비롯한 여러 부분에서 많은 도움을 주신 서울대학교 천문학과의 조완기 선생님께 감사드린다. 박사과정 공부하느라 바쁘셨을 텐데도 귀찮은 내색 없이 친절하게 질문에 응해주시는 모습에서 따뜻함이 느껴졌다. 그리고 조완기 선생님을 연결해주신 서울대학교 물리학과의 임지순 교수님께 감사드린다. 나와는 일면식도 없음에도, 또 자신의 전공분야가 아님에도 도움을 받을 수 있도록 흔쾌히 다리를 놓아주신 것을 보며, 자신이 가진 자원을 함께 나누는 일의 아름다움을 확인할 수 있었다. 노태규 선생님. 많은 부분을 같이 읽으며 번역의 어려움을 함께 나눠주신 점에 감사드린다. 선생님 덕분에 이 까다로운 번역 작업이 한결 수월하고 즐거웠다. 이분들의 도움에도 불구하고 오역이 있다면, 그건 순전히 역자의 탓이리라. 이런 과정을 거쳐 번역을 끝내고도 몇 년간 빛을 보지 못하고 있던 이 책이 드디어 세상 빛을 보게 된 것은 모두 자음과모음이 출간을 결정해주신 덕분이다. 쉽지 않은 내용과 많은 그림 꼼꼼히 읽으며 의견을 함께 나눠주신 점에 감사드린다. 그런 모습에서 소통이 이루어지고 서로 연결되며 배려받고 존중받고 있음을 느낄 수 있었다.

정채현

## 참고문헌

### General Archaeoastronomy

Aveni, Anthony F., "Archaeoastronomy", In Advances in Archaeological Method and Theory, vol. 4. Princeton, N.J.: Academic Press, 1981, pp. 1~77.

Aveni, Anthony F., ed. Archaeoastronomy in the New World, Cambridge: Cambridge University Press, 1982.

Aveni, Anthony F., and Gary Urton, ed. Ethnoastronomy and Archaeoastronomy in the American Tropics, New York: New York Academy of Sciences, 1982.

Baity, Elizabeth Chesley, "Archaeoastronomy and Ethnoastronomy So Far", Current Anthropology 14(1973); 389~449

Brecher, Kenneth, and Michael Feirtag, ed. Astronomy of the Ancients, Cambridge, Mass.: MIT Press, 1979.

Cornell, James, The First Stargazers, New York: Charles Scribner's Sons, 1981.

Hawkins, Gerald S, Beyond Stonehenge, New York: Harper & Row, 1973.

Hawkins, Gerald S, "Stargazers of the Ancient World", 1976 Yearbook of Science and the Future, Chicago: Encyclopaedia Britannica, 1975, pp. 124~137.

Heggie, D. C., ed. Archaeoastronomy in the Old World, Cambridge: Cambridge University Press, 1982.

Hicks, Ronald, "Archaeoastronomy and the Beginnings of a Science", Archaeology 32, no. 2 (March/April, 1979): 46~52.

Hodson, F. R., ed. "The Place of Astronomy in the Ancient World", Philosophical Transactions of the Royal Society of London 276, no. 1257; 1~276.

Kern, Hermann, Kalenderbauten, Munich: Die Neue Sammlung, 1976.

Krupp, E. C. "Ancient Watchers of the Sky", 1980 Science Year, World Book

Science Annual. Chicago: World Book-Childcraft International, 1979, pp. 98~113.

Krupp, E. C., ed. Archaeoastronomy and the Roots of Science, Washington, D.C.,: American Association for the Advancement of Science, 1983.

Krupp, E. C., ed. In Search of Ancient Astronomies, Garden City, N.Y.: Doubleday & Company, 1978 (and New York: McGraw-Hill Book Company, 1979 paperback reprint).

## JOURNALS

Archaeoastronomy, Bulletin of the Center for Archaeoastronomy: Center for Archaeoastronomy, Space Science Building, University of Maryland, College Park, Maryland 20742.

Archaeoastronomy, Supplement to the Journal for the History of Astronomy, Science History Publications Ltd., Halfpenny Furze, Mill Lane, Chalfont St. Giles, Bucks., England, HP8-4NR.

## General Astronomy

Abell, George O., Exploration of the Universe, 4th ed. New York: Holt, Rinehart and Winston, 1975.

Alter, Dinsmore, Clarence H. Cleminshaw, and John H. Phillips, Pictorial Astronomy, 4th revised ed. New York: Thomas Y. Crowell, 1974.

Cleminshaw, Clarence H, The Beginner's Guide to the Skies, New York: Thomas Y. Crowell, 1977.

Pasachoff, Jay M., Contemporary Astronomy, 2nd de. Philadelphia: Saunders College Publishing, 1981.

Rudaux, Lucien, and G. de Vaucouleurs, Larousse Encyclopedia of Astronomy, New York: Prometheus Press, 1959.

Russell, Henry Norris, Raymond Smith Dugan, and John Quincy Stewart,

Astronomy, vol. 1: The Solar System, Boston: Ginn & Company, 1926.

Zim, Herbert S. and Robert H. Baker, Stars, New York: Golden Press, 1975.

## History of Astronomy

Berry, Arthur, A Short History of Astronomy, 1908. Reprint. New York: Dover Publications, 1968.

Coleman, James A, Early Theories of the Universe, New York: New American Library/Signet Books, 1967.

Dicks, D. R., Early Greek Astronomy to Aristotle, London: Thames and Hudson, 1970.

Dreyer, J. L. E., A History of Astronomy from Thales to Kepler, 1906. Reprint. New York: Dover Publications, 1956.

Heath, Sir Thomas, Aristarchus of Samos, the Ancient Copernican, 1913. Reprint. New York: Dover Publications, 1981.

Ley, Willy, Watchers of the Skies, New York: Viking Press, 1969.

Krupp, E. C., "Outdistanced by the Dark", Griffith Observer 45, no. 4 (April, 1981): 10~15(also in The Boogie Woogie Review & Scriblerus Papers 2, no. 2 [March/April, 1980]: 1~2).

Pannekoek, A., A History of Astronomy, New York: Interscience Publishers, 1961.

Sarton, George, A History of Science, 1952. Reprint. 2 vols. New York: W. W. Norton & Company, 1970.

Toulmin, Stephen and June Goodfield, The Fabric of the Heavens, New York: Harper & Row, 1961.

## Star Lore and Ancient Calenders

Blake, John F, Astronomical Myths, London: Macmillan and Co., 1877.

de Santillana, Giorgio and Hertha von Dechend, Hamlet's Mill, Boston: Gambit Incorporated, 1969.

O'Neil, W. M., Time and the Calenders, Sydney, Australia: Sydney University Press, 1975.

O'Neill, John, The Night of the Gods, vol. 1. London: Harrison & Sons and Bernard Quaritch, 1893.

Plunket, Emeline M., Ancient Calenders and Constellations, London: John Murray, 1903.

Porter, Jermain G., The Stars in Song and Legend, Boston: Ginn & Company, 1902.

Zinner, Ernst, The Stars Above Us, New York: Charles Scribner's Sons, 1957.

## Mythology and Ancient Religion

Branston, Brain, Gods of the North, London: Thames and Hudson, 1955.

Branston, Brain, The Lost Gods of England, London: Thames and Hudson, 1957.

Burland, C. A., Myths of Life & Death, New York: Crown Publishers, 1974.

조지프, 캠벨, 『천의 얼굴을 가진 영웅The Hero with a Thousand Faces』, 이윤기 옮김, 민음사, 2004.

조지프 캠벨, 『신의 가면(서양신화)The Masks of God: Occidental Mythology』, 정영목 옮김, 까치글방, 1999.

조지프 캠벨, 『신의 가면(동양신화)The Masks of God: Oriental Mythology』, 이진구 옮김, 가치글방, 1999.

조지프 캠벨, 『신의 가면(원시신화)The Masks of God: Primitive Mythology』, 이진구 옮김, 까치글방, 2003.

조지프 캠벨, 『신화의 이미지The Mythic Image』, 홍윤희 옮김, 살림, 2006.

Cavendish, Richard, Mythology: An Illustrated Encyclopedia, New York: Rizzoli International Publications, 1980.

Cotterell, Arthur, A Dictionary of World Mythology, New York: G. P. Putnam's Sons, 1980.

Cumont, Franz, The Mysteries of Mithra, 1902. Reprint. New York: Dover Publications, 1956.

Dumézil, Georges, The Destiny of the Warrior, Chicago: University of Chicago Press, 1970.

Dumézil, Georges, Gods of the Ancient Northmen, Berkeley and Los Angeles: University of California Press, 1973.

Editor et al. New Larousse Encyclopedia of Mythology, London: Hamlyn Publishing Group, 1959.

미르치아 엘리아데, 『우주와 역사(영원회귀의 신화)Cosmos and History(The Myth of the Eternal Return)』, 정진홍 옮김, 대한기독교서회, 2007.

미르치아 엘리아데, 『대장장이와 연금술사The Forge and the Crucible』, 이재실 옮김, 문학동네, 1999.

미르치아 엘리아데, 『신화와 현실Myth and Reality』, 성균관대학교출판부, 1985.

미르치아 엘리아데, 『성과 속The Sacred and the Profane(The Nature of Religion)』, 이은봉 옮김, 한길사, 1998.

미르치아 엘리아데, 『신화, 꿈, 신비Myth, Dreams, and Mysteries』, 강응섭 옮김, 숲, 2006.

미르치아 엘리아데, 『세계종교사상사(석기시대부터 엘레우시스의 비의까지)A History of Religious Ideas. Vol. 1 (from the Stone Age to the Eleusinian Mysteries)』, 이용주 옮김, 이학사, 2005.

Eliade, Mircea, From Primitives to Zen, New York: Harper & Row, 1977.

Eliade, Mircea, The Quest(History and Meaning in Religion), Chicago: University of Chicago Press, 1969.

Eliade, Mircea, Rites and Symbols of Initiation (The Mysteries of Birth and Rebirth), 1958. Reprint. New York: Harper & Row, 1975.

Eliade, Mircea, Zalmoxis, the Vanishing God, Chicago: University of Chicago Press, 1972.

Ferm, Vergilius, ed. Ancient Religions, New York: Philosophical Library, 1950.

Frankfort, H., et al. Before Philosophy (The Intellectual Adventure of Ancient Man), 1946. Reprint. Harmondsworth, England: Penguin Books, 1968.

Frankfort, H., Kingship and the Gods, Chicago: University of Chicago Press, 1948.

Frazer, Sir James George, The Illustrated Golden Bough (ed, Mary Douglas), Garden City, N.Y.: Doubleday & Company, 1978.

Graves, Robert, The White Goddess, 1948. Reprint. New York: Vintage Books, no date.

Hamilton, Edith, Mythology, Boston: Little, Brown & Company, 1942.

Hesiod and Theognis, Theogony/Works and Days and Elegies, Harmondsworth, England: Penguin Books, 1973.

Hultkrantz, Åke, The Religions of the American Indians, Berkeley and Los Angeles: University of California Press, 1979.

Huxley, Francis, The Way of the Sacred, Garden City, N.Y.: Doubleday & Company, 1974.

James, E. O., The Ancient Gods, New York: G. P. Putnam's Sons, 1960.

Jung, C. J., Flying Saucers: A Modern Myth of Things Seen in the Sky, 1959. Reprint. New York: New American Library, 1969.

Karmer, Samuel Noah, ed. Mythologies of the Ancient World, Garden City, N.Y.: Doubleday & Company/Anchor Books, 1961.

Krickeberg, Walter, et al. Pre-Columbian American Religions, London: Weidenfeld and Nicolson, 1968.

Krupp, E. C., "Sky Riders", Griffith Observer 46, no.6 (June, 1982): 17~20.

Krupp, E. C., "Why God Is in His Heaven", contributed paper, Southwestern Anthropological Association symposium "Astronomy in Anthropology", in Santa Barbara, March 21, 1981. Abstract: Archaeoastronomy (Maryland) III, no. 4 (Oct.-Nov.-Dec., 1980): 7.

Leeming, David, Mythology, New York: Newsweek Books, 1976.

Perry, John Weir, Lord of the Four Quarters (Myths of the Royal Father), New York: George Braziller, 1966.

Pinsent, John, Greek Mythology, London: Hamlyn Publishing Group, 1969.

Shapiro, Max S. and Rhode A. Hendricks, Mythologies of the World, Garden City, N.Y.: Doubleday & Company/Anchor Books, 1979.

Vallee, Jacques, The Invisible College, New York: E. P. Dutton, 1975.

Vallee, Jacques, Passport to Magonia (from Folklore to Flying Saucers), Chicago: Henry Regnery Company, 1969.

## Shamanism and Prehistoric Religion

Bean, Lowell John and Sylvia Brakke Vane, "Shamanism: An Introduction", Art of the Huichol Indians (ed. Kathleen Berrin), New York: Harry N. Abrams, 1978, pp. 117~128.

Cook, Roger, The Tree of Life (Image for the Cosmos), New York: Avon Books, 1974.

Das, Prem, "Initiation by a Huichol Shaman", Art of the Huichol Indians (ed. Kathleen Berrin), New York: Harry N. Abrams, 1978, pp. 129~141.

미르치아 엘리아데, 『샤마니즘Shamanism(Archaic Techniques of Ecstasy)』, 이윤기 옮김, 까치글방, 1992.

Furst, Peter T., Hallucinogens and Culture, San Francisco: Chandler & Sharp Publishers, 1976.

Gimbutas, Marija., The Gods and Goddesses of Old Europe 7000-3500 BC, London: Tames and Hudson, 1974.

Holmberg, Uno, The Mythology of All Races: Finno-Ugric/Siberian, Vol. IV. Reprint. New York: Cooper Square Publishers, 1964.

James, E. O., Prehistoric Religion, New York: Fredrick A. Praeger, 1957.

Levy, G. Rachel, Religious Conceptions of the Stone Age, 1948. Reprint. New York: Harper & Row, 1963.

Lommel, Andreas, The World of the Early Hunters, London: Evelyn, Adams and Mackay, 1967.

Mandell, Arnold J., "The Neurochemistry of Religious Insight and Ecstasy", Art of the Huichol Indians (ed. Kathleen Berrin), New York: Harry N. Abrams, 1978, pp. 71~81.

Maringer, Johannes, The Gods of Prehistoric Man, New York: Alfred A. Knopf, 1960.

Matossian, Mary Kilbourne, "Symbols of Seasons and the Passage of Time: Barely and Bees in the New Stone Age", Griffith Observer, 44, no. 11 (November, 1980): 9~17.

Mellaart, James, Çatal Hüyük, New York: Mcgraw-Hill Book Company, 1967.

Schultes, Richard Evans and Albert Hofmann, Plants of the Gods, New York: Mcgraw-Hill Book Company, 1979.

## Human Evolution

Leakey, Richard E., The Meaning of Mankind, New York: E. P. Dutton, 1981.
Leakey, Richard E. and Roger Lewin, The People of the Lake, Garden City, N.Y.: Doubleday & Company/Anchor Books, 1978.
Leakey, Richard E. and Roger Lewin, Origins, New York: E. P. Dutton, 1977.

## The Ice Age Artists

Hadingham, Evan, Secret of the Ice Age, New York: Walker and Company, 1979.
Leroi-Gourhan, A., Treasures of Prehistoric Art, New York: Harry N. Abrams, no date.
Lewin, Rager, "An Ancient Cultural Revolution", New Scientist 83, no. 1166 (August 2, 1979): 352~355
Marshack, Alexander, "The Art and Symbols of Ice Age Man", Human Nature 1, no. 9 (September, 1978): 32~41.
Marshack, Alexander, "Exploring the Mind of Ice Age Man", National Geographic 147, no. 1 (January, 1975): 64~89.
Marshack, Alexander, "Ice Age Art", Explorers Journal 59, no. 2 (June, 1981): 50~57.
Marshack, Alexander, The Roots of Civilization, New York: McGraw-Hill Book Company, 1972.
Sieveking, Ann, The Cave Artists, Ancient People and Places, vol. 93. London: Thames and Hudson, 1979.
Ucko, Peter J. and Andrée Rosenfeld, Paleolithic Cave Art, New York: World University Library/McGraw-Hill Book Company, 1967.

## Megaliths

Atkinson, R. J. C., Stonehenge, Harmondsworth, England: Penguin Books, 1979.

Atkinson, R. J. C., Stonehenge and Neighboring Monuments, London: Her Majesty's Stationary Office, 1978.

Atkinson, R. J. C., "Some New Measurements on Stonehenge", Nature 275 (September 7, 1978): 50~53.

Balfour, Michael, Stonehenge and Its Mysteries, London: Macdonald & Jane's, 1979.

Barber, John, "The Orientation of the Recumbent-Stone Circles of the South-West of Ireland", Journal of Kerry Archaeological and Historical Society 6 (1973): 26~39.

Brennan, Martin, The Boyne Valley Vision, Portlaoise, Ireland: Dolmen Press, 1980.

Brown, Peter, Lancaster, Megaliths and Masterminds, London: Robert Hale, 1979.

Brown, Peter, Lancaster, Megaliths, Myth and Men, Poole, Dorset, England: Blanford Press, 1976.

Burgess, Colin, The Age of Stonehenge, London: J. M. Dent & Sons, 1980.

Burl, Aubrey, "Dating the British Stone Circles", American Scientist 61 (March-April, 1973): 167~174.

Burl, Aubrey, Prehistoric Avebury, New Haven: Yale University Press, 1979.

Burl, Aubrey, Prehistoric Stone Circles, Aylesbury, Bucks., England: Shire Publications, 1979.

Burl, Aubrey, "The Recumbent Stone Circles of Scotland", Scientific American 245, no. 6 (December, 1981): 66~72.

Burl, Aubrey, Rings of Stone, London: Frances Lincoln Publishers, 1979.

Burl, Aubrey, Rites of Gods, London: J. M. Dent & Sons, 1981.

Burl, Aubrey, "Science or Symbolism: Problems of Archaeo-astronomy", Antiquity LIV (1980): 191~200.

Burl, Aubrey, The Stone Circles of the British Isles, New Haven: Yale University Press, 1976.

Coffey, George, New Grand and Other Incised Tumuli in Ireland, 1912. Reprint. Poole, Dorset, England: Dolphin Press, 1977.

Daniel, Glyn, The Megaliths Builders of Western Europe, 1958. Reprint. Harmondsworth, England: Penguin Books, 1962.

Daniel, Glyn, "Megalithic Monuments", Scientific American 243, no. 1 (July, 1980): 78~90.

Ellegård, Alver, "Stone Age Science in Britain", Current Anthropology 22, no. 2 (April, 1981): 99~125.

Fowles, John, The Enigma of Stonehenge, New York: Summit Books, 1980.

Gelling, Peter and Hilda Ellis Davidson, The Chariot of the Sun, New York: Frederick A. Praeger, 1969.

Giot, P. R., Brittany, Ancient Peoples and Places, vol. 13. New York: Frederick A. Praeger, 1960.

Handingham, Evan., "Carnac Revisited", Archaeoastronomy (Maryland) III, no. 3 (july-August-September, 1980): 10~13.

Handingham, Evan, Circles and Standing Stones, New York: Walker and Company, 1975.

Hawkins, Gerald S., Beyond Stonehenge, New York: Harper & Row, 1973.

Hawkins, Gerald S., in collaboration with John B. White, Stonehenge Decoded, Garden City, N.Y.: Doubleday & Company, 1965.

Heggie, Douglas C., "Highlights and Problems of Megalithic Astronomy", Archaeoastronomy (JHA Supplement 3, 1981): S17~S37.

Heggie, Douglas C., Megalithic Science, London: Thames and Hudson, 1981.

Herity, Michael, Irish Passage Graves, Dublin: Irish University Press, 1974.

Hoddinott, R. F., The Thracians, Ancient Peoples and Places, vol. 98. New York: Thames and Hudson, 1981.

Hoyle, Fred, On Stonehenge, San Francisco: W. H. Freeman and Company, 1977.

Hoyle, Fred, From Stonehenge to Modern Cosmology, San Francisco: W. H. Freeman and Company, 1972.

Hutchinson, G. Evelyn, "Long Meg Reconsidered", American Scientist 60 (January-February, 1972): 24~31.

Hutchinson, G. Evelyn, "Long Meg Reconsidered, Part 2", American Scientist 60 (March-April, 1972: 210~219.

Krupp, E. C., "Upon the Blue Horizon", contributed paper, January 12, 1981, meeting of the Historical Astronomy Division, American Astronomy Society, Albuquerque, N.M. Abstract: Archaeoastronomy (Maryland) III, no. 4 (October-November-December, 1980): 5.

Laing, Lloyd and Jennifer Laing, The Origins of Britain, New York: Charles

Scribner's Sons, 1980.

Lockyer, Sir J. Norman, Stonehenge and Other British Stones Monuments Astronomically Considered, 2d ed. London: Macmillan and Co. 1909.

Lynch, B. M. and L. H. Robbins, "Namoratunga: The First Archaeoastronomical Evidence in Sub-Saharan Africa", Science 200 (May 19, 1978):766~768.

Mackie, Euan, The Megalith Builders, Oxford: Phaidon Press, 1977.

Mackie, Euan W., Science and Society in Prehistoric Britain, London: Elek Books, 1977.

McCreery, T., "The Kintraw Stone Platform", Kronos 5, no. 3 (April, 1980): 71~79.

Megaw, J. V. S. and D. D. A. Simpson, Introduction to British Prehistory, Leicester: Leicester University Press, 1979.

Michell, John, A Little History of Astro-archaeology, London: Thames and Hudson, 1977.

Michell, John, Megalithomania, London: Thames and Hudson, 1982.

Morrison, L. V., "Analysing Lunar Sightlines", Archaeoastronomy (JHA Supplement 2, 1980): S78~S89.

Newall, R. S., Stonehenge, Wiltshire, London: Her Majesty's Stationery Office, 1959.

Newham, C. A., The Astronomical Significance of Stonehenge, Gwent, Wales: Moon Publications, 1972.

O'kelly, Claire, Illustrated Guide to Newgrange and the Other Boyne Monuments, Cork, Ireland: C. O'kelly, 1978.

Ó Riordáin, Sean P. and Glyn Daniel, New Grange and the Bend of the Boyne, Ancient Peoples and Placed, vol. 40. London: Thames and Hudson, 1964.

Pitts, Michael W., "Stones, Pits and Stonehenge", Nature 290 (1981): 46~47.

Robinson, Jack H. "Sunrise and Moonrise at Stonehenge", Nature 225 (March 28, 1970): 1236~1237.

Roy, A. E. McGrail, and R. Carmichael. "A New Survey of the Tormore Circles", Transactions of the Glasgow Archaeological Society, New Series, ⅩⅤ, part Ⅱ(1963): 59~67.

Ruggles, Clive, "Prehistoric Astronomy: How Far Did It Go?", New Scientist 90, no. 1258 (June 18, 1981): 750~753.

Ruggles, C. L. N. and A. W. R. Whittle, eds. Astronomy and Society in Britain during the Period 4000-1500 BC (B.A.R. British Series 88). Oxford: BAR, 1981.

Service, Alastair and Jean Bradbery, Megaliths and Their Mysteries, London: Weidenfeld and Nicolson, 1979.

Stover, Leon E. and Bruce Kaig, Stonehenge: The Indo-European Heritage, Chicago: Nelson-Hall, 1978.

Thom, A. Megalithic Lunar Observatories, Oxford: Oxford University Press, 1971.

Thom, A, Megalithic Sites in Britain, Oxford: Oxford University Press, 1967.

Thom, A. and A. S. Thom, Megalithic Remains in Britain and Britanny, Oxford: Oxford University Press, 1978.

Thom, A. and A. S. Thom, "A New Study of All Lunar Sightlines," Archaeoastronomy (JHA Supplement 2, 1980): S78~S89.

Thom, A. and A. S. Thom, The Standing Stones in Argyllshire", Glasgow Archaeological Journal 6 (1979): 5-10.

Thom, A. and A. S. Thom, with A. Burl, Megalithic Rings (B.A.R. British Series 81). Oxford: BAR, 1980.

Tyler, Larry, "Megaliths, Medicine Wheels, and Mandalas", The Midwest Quarterly XXI, no. 3 (spring, 1980): 290~305.

Wood, John Edwin, Sun, Moon and Standing Stones, Oxford: Oxford University Press, 1978.

## The Celts and the Druids

Chadwick, Nora K, Celtic Britain, Ancient Peoples and Places, vol. 34. London: Tames and Hudson, 1963.

Chadwick, Nora, The Celts, Harmandsworth, England: Penguin Books, 1970.

Chadwick, Nora K, The Druids, Cardiff, Wales: University of Wales Press, 1966.

Dillon, Myles, and Nora Chadwick, The Celtic Realms, 1967. Reprint. London: Cardinal Books, 1973.

Hickey, Elizabeth, The Legend of Tara, Dundalk, Ireland: Dundalgan Press (W. Tempest), 1969.

Kendrick, T. D., The Druids, 1927. Reprint. London: Frank Cass & Co. 1966.

Laing, Lloyd, Celtic Britain, New York: Charles Scribner's Sons, 1979.

Long, George, The Folklore Calendar, 1930. Reprint. East Ardsley, Wakefield, England: EP Publishing, 1977.

Macalister, R. A. S., Tara, New York: Charles Scribner's Sons, 1931.

Macbain, Alexander, Celtic Mythology and Religion, Stirling, Scotland: Eneas Mackay, 1917.

MacCana, Proinsias, Celtic Mythology, London: Hamlyn Publishing Group, 1973.

MacGowan, Kenneth, The Hill of Tara, Dublin: Kamac Publications, 1979.

Ó Riordáin, Sean P., Tara, the Monuments on the Hill, Dundalk, Ireland: Dundalgan Press (W. Tempest), 1974.

Owen, A. L., The Famous Druids, Oxford: Clarendon Press, 1962.

Piggott, Stuart, The Druids, Ancient Peoples and Places, vol. 63. 1968. New edition. New York: Praeger Publishers, 1975.

Powell, T. G. E., The Celts, Ancient Peoples and Places, vol. 6. 1958. New edition. London: Tames and Hudson, 1980.

Rees, Alwyn and Brinley Gees, Celtic Heritage, 1961. Reprint. London: Tames and Hudson, 1975.

Rolleston, T. W., Myths and Legends of the Celtic Race, Boston: David D. Nickerson, 191~.

Ross, Anne, Pagan Celtic Britain, 1967. Reprint. London: Cardinal Books, 1973.

Squire, Charles, Celtic Myth & Legend, Poetry & Romance, London: Gresham Publishing Company, 191~.

## California Indians

Benson, Arlene. "California Sun-Watching Site", Archaeoastronomy (Maryland) III, no. 1 (winter, 1980): 16~19.

Blackburn, Thomas C., December's Children-a Book of Chumash Oral Narratives. Berkeley and Los Angeles: University of California Press, 1975.

Grant, Campbell, The Rock Paintings of the Chumash, Berkeley and Los Angeles:

University of California Press, 1965.

Hedges, Ken, "Winter Solstice Observatory Sites in Kumeyaay Territory, San Diego Country, California", Archaeoastronomy in the Americas (ed. Ray A. Williamson). Los Altos, Cal.: Ballena Press/Center for Archaeoastronomy, 1981, 99. 151~156.

Hudson, Travis, and John B. Carlson. Vision of the Sky: Archaeological and Ethnographic Studies of California Indian Astronomy. Ramona, Cal.: Acoma Press/Center for Archaeoastronomy, 1983.

Hudson, Travis, Georgia Lee, and Ken Hedges, "Solstice Observers and Observatories in Native California", Journal of California and Great Basin Anthropology 1, no. 1 (summer, 1979): 39~63.

Hudson, Travis and Ernest Underhay, Crystal in the Sky: An Intellectual Odyssey Involving Chumash Astronomy, Cosmology and Rock Art, Socorro, N.M.: Ballena Press, 1977.

Krupp, E. C., "Emblems of the Sky". Ancient Images: Rock Art of the Californias (ed. Jo Anne Van Tilburg). Los Angeles: Rock Art Archive, Institute of Archaeology, University of California, 1982.

Librado, Fernando, Breath of the Sun (notes of John P. Harrington, ed. Travis Hudson). Banning, Cal.: Malki Museum Press, 1979.

Librado, Fernando, The Eye of the Flute (notes of John P. Harrington, ed. Travis Hudson, et al.), Santa Barbara Cal.: Santa Barbara Museum of Nature History, 1977.

## Other North American Indians

Alexander, Hartley Burr, The Mythology of All Races: North American, vol. $X$. 1916. Reprint. New York: Cooper Square Publisher, 1964.

Alexander, Hartley Burr. The World's Rim. Lincoln, Neb.: University of Nebraska Press, 1953.

Bahti, Tom, Southwestern Indian Ceremonials, Las Vegas, Nev.: KC Publications, 1970.

Brown, Joseph Epes, The Sacred Pipe, Norman, Okla.: University of Oklahoma Press, 1953.

Brown, Lionel A., "The Fort Smith Medicine Wheel", Plains Anthropologist 8 (1963): 225~230.

Chamberlain, Von Del, When the Stars Come Down to Earth: Cosmology of the Skidi Pawnee Indians of North America, Los Altos, Cal.: Ballena Press, 1982.

Chamberlain, Von Del, "The Skidi Pawnee Chart of the Heavens", Sky and Telescope 62 (July, 1981): 23~28.

Eddy, John A., "Astronomical Alignment of the Big Horn Medicine Wheel", Science 184 (June 7, 1974): 1035~1043.

Eddy, John A., "Medicine Wheels and Plains Indian Astronomy", Native American Astronomy (ed. Anthony F. Aveni). Austin, Tex.: University of Texas Press, 1977, pp. 147~169.

Eddy, John A., "Medicine Wheels and Plains Indian Astronomy", Astronomy of the Ancients (ed. Kenneth Brecher and Michael Feirtag). Cambridge, Mass.: MIT Press, 1979, pp. 1~24.

Eddy, John A., "Probing the Mystery of the Medicine Wheels", National Geographic 151, no. 1 (January, 1977): 140~146.

Ellis, Florence Hawley, "A Thousand Years of the Pueblo Sun-Moon-Star Calender", Archaeoastronomy in Pre-Columbian America (ed. Anthony F. Aveni), Austin, Tex.: University of Texas Press, 1975, pp. 59-87.

Farrer, Claire R., "Mescalero Apaches and Ethnoastronomy", Archaeoastronomy (Maryand) III, no. 1 (winter, 198): 20.

Farrer, Claire R. and Bernard Second, "Living the Sky: Aspects of Mescalero Apaches Ethnoastronomy", Archaeoastronomy in the Americas (ed. Ray A. Williamson), Los Altos, Cal.: Ballena Press/Center for Archaeoastronomy, 1981, pp. 137~150.

Ferguson, Erna, Dancing Gods, Albuquerque, N.M.: University of New Mexico Press, 1931.

Fletcher, Alice C. and Francis La Flesche, The Omaha Tribe, vol. 1. 1905~1906. Twenty-Seventh Annual Report of the Bureau of American Ethnology.

Reprint. Lincoln, Neb.: University of Nebraska Press, 1972.

Fowler, Melvin L., "A Pre-Columbian Urban Center on the Mississippi", Scientific American 233 (August, 1975): 92~101.

Frazier, Kendrick, "The Anasazi Sun Dagger", Science 80 1, no. 1 (November-December, 1979): 56~67.

Frazier, Kendrick, "Solstice Watchers of Chaco", Science News 114, no. 9 (August 26, 1978): 148~151.

Frazier, Kendrick, "Stars, Sky and Culture", Science News 116, no. 5 (August 4, 1979): 90~93.

Frazier, Kendrick, "Western Horizons", Fire of Life. The Smithsonian Book of the Sun (ed. Joe Goodwin et al.). Washington D.C.: Smithsonian Exposition Books, 1981, pp. 168~175.

Fries, Allan G., "Vision Quests at the Big Horn Medicine Wheel and Its Date of Construction", Archaeoastronomy (Maryland) III, no. 4 (October-November-December, 1980): 20~24.

Green, Jesse, ed. Zuñi (Selected Writings of Frank Hamilton Cushing), Lincoln, Neb.: University of Nebraska Press, 1979.

Hudson, Dee T., "Anasazi Measurement Systems at Chaco Canyon, New Mexico", The Kiva 38, no. 1 (1971): 27~42.

Kehoe, Alice, B. and Thomas F. Kehoe, Solstice-Aligned Boulder Configurations in Saskatchewan, Ottawa: National Museums of Canada, 1979.

Krupp, E. C., "Cahokia: Corn, Commerce, and the Cosmos", Griffith Observer 41, no. 5 (May, 1977): 10~20.

Krupp, E. C., "Sun and Stones on Medicine Mountain", Griffith Observer 38, no. 11 (November, 1974): 9~20

Lister, Robert H. and Florence C. Lister, Chaco Canyon, Albuquerque, N.M.: University of New Mexico Press, 1981.

Mansfield, Victor N., "The Big Horn Medicine Wheel as a Site for the Vision Quest," Archaeoastronomy (Maryland) III, no. 2 (April-May-June, 1980): 26~29.

McCluskey, Stephen C., "The Astronomy of the Hopi Indians", Journal for the History of Astronomy 8, part 3, no. 23 (October, 1977): 174~195.

Neihardt, John G., Black Elk Speaks, Lincoln, Neb.: University of Nebraska Press, 1961.

Norrish, Dick, "This Priest-Astronomer, The Genius", Cahokian (February, 1978): 1~11.

O'Kane, Walter Collins, The Hopis: Portrait of a Desert People, Norman, Okla.: University of Oklahoma Press, 1953.

Pfeiffer, John E., "Indian City on the Mississippi", Nature/Science Annual 1974 (ed. Jane D. Alexander). New York: Time-Life Books, 1973, pp. 124-139.

Reyman, Jonathan E., "The Emics and Ethics of Kiva Wall Niches", Journal of the Steward Anthropological Society 7, no. 1 (1976): 107-129.

Robinson, Jack H., "Archaeoastronomical Alignment at the Fort Smith Medicine Wheel", Archaeoastronomy (Maryland) Ⅳ, no. 3 (July-August-September, 1981): 14~23.

Robinson, Jack H., "Fomalhaut and Cairn D at the Big Horn and Moose Mountain Medicine Wheels", Archaeoastronomy (Maryland) Ⅲ, no. 4 (October-November-December, 1980): 15~19.

Simmons, Leo W., ed. Sun Chief, New Haven: Yale University Press, 1942.

Sofaer, Anna, Volker Zinser and Rolf M. Sinclair, "A Unique Solar Marking Construct", Science 206, no. 4416 (October 19, 1979): 283~291.

Stevenson, Matilda Coxe, The Zuñi Indians: Their Mythology, Esoteric Societies, and Ceremonies, 1901~1902. Twenty Third Annual Report of the Bureau of American Ethology. Washington D.C.: Government Printing Office, 1904.

Tyler, Hamilton, Pueblo Gods and Myths, Norman, Okla.: University of Oklahoma Press, 1964.

Waters, Frank, Book of the Hopi, 1963. Reprint. Harmondsworth, England: Penguin Books, 1979.

Waters, Frank, Masked Gods, 1950. Reprint. New York: Ballantine Books, 1975.

Wedel, Waldo R, "Native Astronomy and the Plains Caddoans", Native American Astronomy (ed. Anthony F. Aveni). Austin, Tex.: University of Texas Press, 1977, pp. 131~146.

Wedel, Waldo R, Prehistoric Man on the Great Plains. Norman, Okla.: University of Oklahoma Press, 1961.

Weltfish, Gene, The Lost Universe, New York: Basic Books, 1865.

Williamson Ray A., ed. Archaeoastronomy in the Americas, Los Altos, Cal: Ballena Press/Center for Archaeoastronomy, 1981.

Williamson Ray A, "Native Americans Were Continent's First Astronomers", Smithsonian 9, no. 7 (October, 1978): 78~85.

Williamson Ray A., "Pueblo Bonito and the Sun", Archaeoastronomy Bulletin (Maryland) I, no. 2 (February, 1978): 5~7.

Williamson Ray A., Howard J. Fisher, and Donnel O'Flynn, "Anasazi Solar Observatories", Native American Astronomy (ed. Anthony F. Aveni). Austin, Tex.: University of Texas Press, 1977, pp. 203~217.

Wilson, Michael, Kathie L. Road, and Kenneth J. Hardy, Megaliths to Medicine Wheels: Boulder Structure in Archaeology, Calgary, Alberta: The University of Calgary Archaeological Association, 1981.

Wittry, Warren L, Summary Report on 1978 Investigations of Circle No. 2 of the Woodhenge, Cahokia Mounds State Historic Site, Chicago: Department of Anthropology University of Illinois at Chicago Circle, March, 1980.


## Mesoamerica

Alexander, Hartley Burr, The Mythology of All Races: Latin American, vol. XI, 1920. Reprint. New York: Cooper Square Publisher, 1964.

Arochi, Luis E., La Pirámide de Kukulcan, Su Simbolismo Solar, 3d ed. Mexico City: Editorial Orion, 1981.

Aveni, Anthony F, "Archaeoastronomy in the Maya Region: A Review of the Past Decade", Archaeoastronomy (JHA Supplement 3, 1981): S1~S37.

Aveni, Anthony F., ed. Archaeoastronomy in Pre-Columbian America, Austin, Tex.: University of Texas Press, 1975.

Aveni, Anthony F., ed. Native American Astronomy, Austin, Tex.: University of Texas Press, 1977.

Aveni, Anthony F., "Old and New World Naked Eye Astronomy", Astronomy of the Ancients (ed. Kenneth Brecher and Michael Feirtag), Cambridge, Mass.:

MIT Press, 1979, pp. 61~89.

Aveni, Anthony F., Skywatchers of Ancient Mexico, Austin, Tex.: University of Texas Press, 1980.

Aveni, Anthony F., "Tropical Archaeoastronomy", Science 213 (July 10, 1981): 161~171.

Aveni, Anthony F., "Venus and the Maya", American Scientist 67, no. 3 (May-June, 1979): 274~285.

Aveni, Anthony F. and S. Gibbs, "On the Orientation of Pre-Columbian Buildings in Central Mexico", American Antiquity 41 (1976): 510~517.

Aveni, Anthony F., Sharon L. Gibbs and Horst Hartung, "The Caracol Power at Chichén Itzá: An Ancient Astronomical Observatory?", Science 188 (June 6, 1975): 977~985.

Aveni, Anthony F. and Horst Hartung, "The Cross Petroglyph: An Ancient Mesoamerican Astronomical and Calendrical Symbol", Indiana 6, Berlin: Gebr. Mann Verlag, 1981.

Aveni, Anthony F. and Horst Hartung, "The Observation of the Sun at the Time of Passage through the Zenith in Mesoamerican", Archaeoastronomy (JHA Supplement3, 1981): S51~S70.

Aveni, Anthony F. and Horst Hartung, "Some Suggestions About the Arrangements of buildings at Palenque", The Art, Iconography, and Dynastic History of Palenque, Part Ⅳ (ed. Merle Greene Robertson), Monterey, Cal.: Pre-Columbian Art Research, The Robert Louis Stevenson School, 1978, pp. 173~178.

Aveni, Anthony F. and Horst Hartung, "Three Round Towers in the Yucatán Peninsula", Interciencia 3 (1978): 136~143.

Aveni, Anthony F., and Horst Hartung, and Beth Buckingham, "The Pecked Cross in Ancient Mesoamerica", Science 202 (October 20, 1978): 267~279.

Aveni, Anthony F., and Horst Hartung and J. Charles Kelley, "Alta Vista, Chalchihuites, a Mesoamerican Ceremonial Outpost at the Tropic of Cancer: Astronomical Implications", American Antiquity 47, no. 2 (1982): pp. 316~335.

Aveni, Anthony F. and R. Linsley, "Mound J, Monte Albán: Possible Astronomical

Orientation", American Antiquity 37 (1972): 528~531.

Benson, Elizabeth, ed. Mesoamerican Sites and World-Views, Washington D.C.: Dumbarton Oaks, 1981.

Broda, Johanna, "La Fiesta Azteca del Furego y el Culto de las Pleyades", Space and Time in the Cosmovision of Mesoamerica (ed. Franz Tichy and Anthony F. Aveni), Nuremberg: University of Erlangen-Nuremberg, 1982. (also in Homenaje a R. Girard: La Antropologia Americanista en la Actualidad. Tomo 2, Mexico City: Editores Mexicanos Unidos, 1980, pp. 283~304.)

Brotherston, Gordon, "Huitzilopochtli and What Was Made of Him", Mesoamerican Archaeology, New Approaches (ed. Norman Hammond), Austin, Tex.: University of Texas Press, 1974, pp. 155~166.

Brotherston, Gordon, Image of the New World, London: Thames and Hudson, 1979.

Brundage, Burr Cartwright, The Fifth Sun, Austin, Tex.: University of Texas Press, 1979.

Brundage, Burr Cartwright, The Phoenix of the Western World—Quetzalcóatl and the Sky Religion. Norman, Okla.: University of Oklahoma Press, 1982.

Burland, C. A, The Gods of Mexico. New York: G. P. Putnam's Son's, 1967.

Carlson, John B., "Astronomical Investigations and Site Orietation Influences ao Palenque", The Art, Iconography, and Dynastic History of Palenque. Part III (ed. Merle Greene Robertson), Pebble Beach, Calif.: Pre-Columbian Art Research, The Robert Louis Stevenson School, 1976, pp. 107~117.

Carlson, John B. and Linde Landis, "Bands, Bicephalic Dragons, and Other Beasts: The Skyband in Maya Art and Iconography", Paper presented at the Cuaarta Mesa Redonda de Palenque, June 8~24, 1980.

Caso, Alfonso, The Aztecs, People of the Sun, Norman, Okla.: University of Oklahoma Press, 1958.

Caso, Alfonso, Los Calendarios Prehispánicos, Mexico City: Universidad Nacional Autónoma de Mexico, 1967.

Caso, Alfonso, "Calendrical Systems of Central Mexico", Handbook of Middle American Indians, Vol. 10. Archaeology of Northern Mesoamerica, Part One (ed. Gordon F. Ekholm and Ignacio Bernal), Austin, Tex.: University of

Texas Press, 1971, pp. 333~348.

Chiu, B. C. and Philip Morrison, "Astronomical Origin of thr Offset Street Grid at Teotihuacán", Archaeoastronomy (JHA Supplement 2, 1980): S55~S64.

Coe, Michael D., The Maya, Ancient Peoples and Places, vol. 52. Revised and enlarged edition, London: Thames and Places, 1980.

Coe, Michael D., The Maya Scribe and His World, New York: Grolier Club, 1973.

Coe, Michael D., Mexico, Ancient Peoples and Places, vol. 29. New York: Frederick A. Praeger, 1963.

Collea, Beth A., "The Celestial Bands in Maya Hieroglyphic Writing", Archaeoastronomy in the Americas (ed. Ray A. Williamson), Los Altos, Calif.: Ballena Press/Center for Archaeoastronomy, 1981, pp. 215~232.

Cook, Ange Garcia and Raul M. Arana A, Rescate Arqueológico del Monolito Coyolxauhqui, Mexico Cith: Instituto Nacional de Antropologia e Historia, 1978.

Dow, J. W., "Astronomical Orientations at Teotihuacán, a Case Study in Astroarchaeology", American Antiquity 32, 1967: 326~334.

Durán, Fray Diego, Book of the Gods and Rites and The Ancient Calendar, Norman, Okla.: University of Oklahoma Press, 1971.

Elzey, Wayne, "The Nahua Myth of the Suns", Numen XXIII, fasc. 2 (1976): 114~135.

Elzey, Wayne, "Some Remarks on the Space and Time of the 'Center' in Aztec Religion", Estudios de Cultura Nahuatl, Vol. 12. Mexico City: Instituto de Investigaciones Históricos/Universidad Nacional Autónoma de Mexico, 1976, pp. 315~334.

Gossen, Gary H., "A Chamula Calendar Board from Chiapas", Mesoamerican Archaeology, New Approaches (ed. Norman Hammond), Austin, Tex.: University of Texas Press, 1974, pp. 217~254.

Gossen, Gary H., Chamula in the World of the Sun, Cambridge, Mass.: University of Texas Press, 1974.

Hartung, Horst, "Alte Stadt in Mexico: Monte Albán", Deutsche Bauzeitung, 2 (1974): 152~159.

Hartung, Horst, "An Ancient 'Astronomer' on a Relief of Monte Albán?", Griffith

Observer 45, no. 6 (June, 1981): 11~20.

Hartung, Horst, "Ancient Maya Architecture and Planning: Possibilities and Limitations for Astronomical Studies", in Native American Astronomy (ed. Anthony F. Aveni), Austin, Tex.: University of Texas Press, 1977, pp. 111~130.

Hartung, Horst, "Astronomical Signs in the Codices Bodley and Selden", in Native American Astronomy (ed. Anthony F. Aveni), Austin, Tex.: University of Texas Press, 1977, pp. 38~41.

Hartung, Horst, "Bauwerke der Maya weisen zur Venus", Umschau 76 Heft 16 (1976): 526~528.

Hartung, Horst, "Copan-Raum, Kunst und Astronomie in einem Maya-Zeremonialzentrum", Das Altertum Heft 1, Bd. 25 (1979): 5~15.

Hartung, Horst, "El Ordenamiento Espacial en los Conjuntos Arquitectónicos Mesoamericanos-El Ejemplo de Teotihuacán", Comunicaciones Proyecto Pueblo-Tlaxcala, 16 (1979): 89~103.

Hartung, Horst, "Pre-Columbian Settlements in Mesoamerica", Ekistics 45, no. 271 (July/August, 1978): 326~330.

Hartung, Horst, "A Scheme of Probable Astronomical Projections in Mesoamerican Architecture", Archaeoastronomy in Pre-Columbian America (ed. Anthony F Aveni), Austin, Tex.: University of Texas Press, 1975, pp. 191~204.

Hartung, Horst, Die Zeremonialzentren der Maya, Graz, Austria: Akademische Druckung Verlagsanstalt, 1971.

Henderson, John S., The World of the Ancient Maya, Ithaca, N.Y.: Cornell University Press, 1981.

Hunt, Eva, The Transformation of the Hummingbird, Ithaca, N.Y.: Cornell University Press, 1977.

Ivanoff, Pierre, Monuments of Civilization: Maya, New York: Grosset & Dunlap, 1973.

Kelly, Joyce, The Complete Visitor's Guide to Mesoamerican Ruins, Norman, Okla: University of Oklahoma Press, 1982.

Kendall, Timothy, Patolli, a Game of Ancient Mexico, Belmont, Mass.: Kirk Game Company, 1980.

Krupp, E. C., "An Aztec 'Calendar' Stone and Its Celestial Seal of Approval", Griffith Observer 45, no. 7 (July, 1981): 1~8.

Krupp, E. C., "The 'Binding of the Years,' the Pleiades, and the Nadir Sun", Archaeoastronomy (Maryland) 5, no. 1 (Jan.-Mar., 1982): 10~13

Krupp, E. C., "The Observatory of Kukulcan", Griffith Observer 41, no.9 (September, 1977): 1~20.

Krupp, E. C., "The Serpent Descending", Griffith Observer 46, no. 9 (September, 1982): 10~20.

Lamb, Weldon, "The Sun, Moon and Venus at Uxmal", American Antiquity 45, no. 1 (1980): 79~86.

León-Portilla, Miguel, Aztec Thought and Culture, Norman, Okla: University of Oklahoma Press, 1963.

León-Portilla, Miguel, Mexico-Tenochtitlán: Su Espacioy Tiempo Sagrados, Mexico City: Instituto Nacional de Antropologia e Historia, 1978.

León-Portilla, Miguel, Pre-Columbian Literatures of Mexico, Norman, Okla: University of Oklahoma Press, 1975.

Lhuillier, Alberto Ruz, The Tomb of Palenque, Mexico City: Instituto Nacional de Antroplogia e Historia, 1974.

Lounsbury, Floyd G., "Astronomical Knowledge and Its Uses at Bonamak, Mexico", Archaeoastronomy in the New World (ed. A. F. Aveni), Cambridge: Cambridge University Press, 1982, pp. 143~168.

Lounsbury, Floyd G., "Maya Numeration, Computation, and Calendrical Astronomy", Dictionary of Scientific Biography, vol. XV, Suppl I. New York: Charles Scribner's Sons, 1978, pp. 706~727.

Marquina, Ignacio, El Templo Mayor de Mexico, Mexico City: Instituto Nacional de Antroplogia e Historia, 1960.

Marquina, Ignacio, Templo Mayor de Mexico Official Guide, Mexico City: Instituto Nacional de Antroplogia e Historia, 1968.

Marshack, Alexander, "The Chamula Calendar: An Internal and Comparative Analysis", Mesoamerican Archaeology, New Approaches (ed. Norman Hammond), Austin, Tex.: University of Texas Press, 1974, pp. 255~270.

Milbrath, Susan, "Star Gods and Astronomy of The Aztecs", La Antropologia

Americanista en la Actualidad, Tomo Ⅰ. Mexico City: Editores Mexicanos Unidos, 1980, pp. 289~303.

Millon, Rene, "Teotihuacán", Pre-Columbian Archaeology (ed. Gordon R. Willey and Jeremy A, Sabloff), San Francisco: W. H. Freeman and Company, 1980 (originally published in Scientific American, June, 1967, pp. 107~117.)

Musser, Curt, Facts and Artifacts of Ancient Middle America, New York: E. P. Dutton, 1978.

Nicholson, Irene, Mexican and Central American Mythology, London: Hamlyn Publishing Group, 1967.

Nicholson, H. B., "Religion in Prehispanic Central Mexico", Handbook of Middle American Indians (ed. Robert Wauchope), Austin, Tex.: University of Texas Press, 1971, pp. 395~446.

Ordoño, César Macazaga, Coyolxauhqui, la Diosa Lunar, Mexico City: Editorial Cosmos, 1978.

Ordoño, César Macazaga, Mito y Simbolism de Coyolxauhqui, Mexico City: Editorial Cosmos, 1978.

Ordoño, César Macazaga, Ritos y Esplendor del Templo Mayor, Mexico City: Editorial Innovación, 1978.

Palcios, Enrique Juan, The Stone of the Sun and the First Chapte of the History of Mexico, Bulletine Ⅵ. Chicago: University of Chicago Press, 1971.

Remington, Judith A., "Current Astronomical Practices Among the Maya", Native American Astronomy (ed. Anthony F. Aveni), Austin, Tex.: University of Texas Press, 1977, pp. 75~88.

Sahagún, Fray Bernardino de, Florentine Codex: General History of the Things of New Spain (ed. Arthur J. O. Anderson and Charles E. Dibble), Santa Fe, N.M.: The School of American Research and the University of Utah, Book 2, The Ceremonies, 1981 (2d ed.); Books 4 and 5, The Soothsayers, the Omens, 1957; Book 7, The Sun, Moon, and Stars, and Binding of the Years 1953.

Schele, Linda, "Palenque: The House of the Dying Sun", Native American Astronomy (ed. Anthony F. Aveni), Austin, Tex.: University of Texas Press, 1977, pp. 42~56.

Séjourné, Laurette, Burning Water: Thought and Religion in Ancient Mexico, New

York: Vanguard Press, 1956.

Teeple, John E., "Maya Astronomy", Contributions to American Anthropology and History 1, no, 2 (Carnegie Institution of Washington, November, 1931): 29~116. Reprint: New York: Johnson Reprint Corporation, 1970.

Thompson, J. Eric S., A Commentary on the Dresden Codex, Philadelphia: American Philosophical Society, 1972.

Thompson, J. Eric S., "Maya Astronomy", Philosophical Transactions of the Royal Society of London 276 ("The Place of Astronomy in the Ancient World", ed. F. R. Hodson, 1974): 83~98.

Thompson, J. Eric S., Maya History and Religion, Norman, Okla.: University of Oklahoma Press, 1970.

Thompson, J. Eric S., The Rise and Fall of Maya Civilization, 2d ed. Norman, Okla.: University of Oklahoma Press, 1966.

Townsend, Richard Fraser, State and Cosmos in the Art of Tenochtitlán, "Studies in Pre-Columbian Art and Archaeology Number Twenty", Washington D.C.: Dumbarton Oaks, 1979.

Westheim, Paul, The Art of Ancient Mexico, Garden City, N.Y.: Anchor Books/Doubleday & Company, 1865.

Willey, Gordon R., "Maya Archaeology", Science 215 (January 15, 1982): 260~267.

## Peru

Aveni, Anthony F., "Horizon Astronomy in Incaic Cuzco", Archaeoastronomy in the Americas (ed. Ray A. Williamson), Los Altos, Cal.:Ballean Press/Center for Archaeoastronomy, 1981, pp. 305~318.

Bingham, Hiram, Lost City of the Incas, New York: Duell, Sloan and Pearce, 1948.

Cobo, Father Bernabé. History of the Inca Empire, 1653. Austin, Tex.: University of Texas Press, 1979.

Dearborn, D. S. and R. E. White, "Archaeoastronomy at Machu Picchu", Ethnoastronomy and Archaeoastronomy in the American Topics. (ed. A. F. Aveni and G. Urton), New York: New York Academy of Science, 1982, pp.

249~259.

de la Vega, Garcilaso, The Incas (The Royal Commentaries of the Inca), 1609. New York: Orion Press, 1961.

Frost, Peter, Exploring Cuzco, Lima: Lima 2000, 1979.

Gasparini, Graziano and Luise Margolies, Inca Architecture, Bloomington, Ind.: Indiana University Press, 1980.

Guidoni, Enrico and Robert Magni, Monuments of Civilization: The Andes, New York: Grosset and Dunlap, 1977.

Isbell, William H., "The Prehistoric Ground Drawings of Peru", Pre-Columbian Archaeology (ed. Gordon R. Willey and Jeremy A. Sabloff), San Francisco: W. H. Freeman and Company, 1980, 188~196 (originally published in Scientific American, October, 1978).

Kendall, Ann, Everyday Life of the Incas, London: B. T. Batsford, 1973.

Morrison, Tony (incorporating the work of Gerald S. Hawkins), Pathways to the Gods, Salisbury, Wilts., England: Michael Russell, 1978.

Müller, Rolf, Sonne, Mond und Sterne über dem Reich der Inka, Berlin: Springer-Verlag, 1972,

Poma de Ayala. Don Felipe Huamán, Letter to a King, 1584~1614, New York: E. P. Dutton, 1978.

Reiche, Maria, Mystery on the Desert, Stuttgart: Maria Reiche, 1968.

Urton, Gary, At the Crossroad of the Earth and the Sky, Austin, Tex.: University of Texas Press, 1981.

Zuidema, R. T., "The Inca Calendar", Native American Astronomy (ed. Anthony F. Aveni), Austin, Tex.: University of Texas Press, 1977, pp. 219~259.

Zuidema, R. T., "Inca Observations of the Solar and Lunar Passages through Zenith and Anti-Zenith at Cuzco", Archaeoastronomy in the Americas (ed. Ray A. Williamson), Los Altos, Cal.: Ballena Press/Center for Archaeoastronomy, 1981, pp. 319~342.

## South American indians

Hugh-Jones, Stephen, The Palm and the Pleiades, Cambridge, England: Cambridge University Press, 1979.

Levi-Strauss, Claude, From Honey to Ashes, New York: Harper & Row, 1973.

Levi-Strauss, Claude, The Origin of Table Manners, New York: Harper & Row, 1978.

Levi-Strauss, Claude, The Raw and the Cooked, New York: Harper & Row, 1969.

Reichel-Dolmatoff, Gerardo, Amazonian Cosmos, Chicago: University of Chicago Press, 1971.

Reichel-Dolmatoff, Gerardo, "Astronomical Models of Social Behavior Among Some Indians of Colombia", Ethnoastronomy and Archaeoastronomy in the American Tropics, New York: New York Academy of Sciences, 1982, pp.165~181.

Reichel-Dolmatoff, Gerardo, Beyond the Milky Way, Los Angeles: U.C.L.A. Latin American Center Publications, 1978.

Reichel-Dolmatoff, Gerardo, "Brain and Mind in Desana Shamanism", Journal of Latin American Lore (U.C.L.A. Latin American Center) 7, no. 1(1981): 73~98.

Reichel-Dolmatoff, Gerardo, "Desana Animal Categories, Food Restrictions, and the Concept of Color Energies", Journal of Latin American Lore (U.C.L.A. Latin American Center) 4, no. 2(1978); 243~291.

Reichel-Dolmatoff, Gerardo, "Desana Curing Spells: An Analysis of Some Shamanistic Metaphors", Journal of Latin American Lore (U.C.L.A. Latin American Center) 2, no. 2(1976); 157~219.

Reichel-Dolmatoff, Gerardo, "Desana Shamans' Rock Crystals and the Hexagonal Universe", Journal of Latin American Lore (U.C.L.A. Latin American Center) 5, no.1(1979), 117~128.

Reichel-Dolmatoff, Gerardo, "The Loom of Life: A Kogi Principle of Integration", Journal of Latin American Lore (U.C.L.A. Latin American Center) 4, no. 1 (1978): 5~27.

Reichel-Dolmatoff, Gerardo, The Shaman and the Jaguar, Philadelphia: Temple

University Press, 1975.

Reichel-Dolmatoff, Gerardo, "Templos Kogi: introducción al simbolismo y a la astronomia del espacio sagrado", Revista Colombiana de Antropologia 19 (1977); 199~246.

Reichel-Dolmatoff, Gerardo, "Training for the Priesthood among the Kogi of Colombia", Enculturation in Latin America: An Anthology (ed. Johannes Wilbert), Los Angeles: U.C.L.A. Latin American Center Publications, University of California, 1977, pp. 265~288.

Trupp, Fritz, The Last Indians, South America's Cultural Heritage, Wörgl, Austria: Perlinger Verlag, 1981.

Wilbert, Johannes, "Eschatology in a Participatory Universe: Destinies of the Soul among the Warao Indians of Venezuela", Death and the Afterlife in Pre-Columbian America (ed. Elizabeth P. Benson), Washington, D.C.: Dumbarton Oaks, 1973, pp. 163~189.

Wilbert, Johannes, "The House of the Swallow-Tailed Kite: Models of Shamanic Symbolism", In press.

Wilbert, Johannes, Survivors of El Dorado, New York: Praeger Publisher, 1972.

Wilbert, Johannes, "Warao Cosmology and Yekuana Roundhouse Symbolism", Journal of Latin American Lore (U.C.L.A. Latin American Center) 7, no. 1 (1981): 37~72

Wilbert, Johannes, "The Warao Lords of the Rain", The Shape of the Past: Studies in Honor of Framklin D. Murphy, Los Angeles: Institute of Archaeology and Office of the Chancellor, University of California, Los Angeles, 1982.

## Egypt

Antoniadi, Eugene Michel, L'Astronomie Egyptienne Depuis les Temps le Plus Recules, Paris: Gauthiers-Villars, 1934.

Badawy, Alexander, A History of Egyptian Architecture, Vol. 1, Giza, Egypt: Alexander Badawy, 1954.

Badawy, Alexander, A History of Egyptian Architecture: The Empire(the New

Kingdom), Berkeley and Los Angeles: University of California Press, 1968.

Badawy, Alexander, "The Stellar Destiny of Pharaoh and the So-Called Air-Shafts of Cheops' Pyramid", Mitteilungen des Instituts für Orientforschung, Band X (1964): 189~206.

Baines, John and Jaromir Málek, Atlas of Ancient Egypt, New York: Facts on File Publications, 1980.

Barguet, Paul, Le Temple d'Amon-Rê á Karnak, Cairo: L'Institut Français d'Archeologie Orientale du Caire, 1962.

Barocas, C., Monuments of Civilization: Egypt, New York: Grosset and Dunlap, 1972.

Breasted, James H., Development of Religion and Thought in Ancient Egypt, 1912. Reprint. Philadelphia: University of Pennsylvania Press, 1972.

Brugsch, Heinrich, Astronomical and Astrological Inscriptions on Ancient Egyptian Monuments, 1883. English translation serialized in Griffith Observer, published by Griffith Observatory, 2800 East Observatory Road, Los Angeles, Cal., 90027, 1978~80.

Budge, E. A. Wallis, The Book of the Opening of the Mouth, 1909. Reprint. New York: Arno Press, 1980.

Budge, E. A. Wallis, From Fetish to God in Ancient Egypt, 1934. Reprint. New York: Benjamin Blom, 1972.

Budge, E. A. Wallis, The Gods of the Egyptians, 1904. Reprint, 2 vols. New York: Dover Publications, 1969.

Budge, E. A. Wallis, Osiris and the Egyptian Resurrection, 1911. Reprint, 2 vols. New York: Dover Publications, 1973.

Clark, R. T. Rundle, Myth and Symbol in Ancient Egypt, London: Thames and Hudson, 1978.

Cole, John, A Treatise on the Circular Zodiac of Tentyra, London: Longmans & Co., 1824.

Cooke, Harold P, Osiris, a Study in Myths, Mysteries and Religion, London: C. W. Daniel Company, 1931.

Davis, Virginia Lee, "Pathways to the Gods", Ancient Egypt: Discovering Its Splendors (ed. Jules B. Bellard), Washington, D.C.: National Geographic

Society, 1978, pp. 154~201.

Edwards, I. E. S., The Pyramids of Egypt, Harmondsworth, England: Penguin Books, 1961.

Fagan, Cyril, Zodiacs Old and New, London: Anscombe & Company, 1951.

Fagan, Cyril, Astrological Origins, St. Paul, Minn.: Llewellyn Publications, 1971.

Fairman, H. W., The Triumph of Horus, Berkeley and Los Angeles: University of California Press, 1974.

Fakhry, Ahmed, The Pyramids, Chicago: University of Chicago Press, 1969.

Frankfort, Henri, Ancient Egyptian Religion, 1948. Reprint. New York: Harper & Row, 1961.

Gleadow, Rupert, The Origin of the Zodiac, New York: Castle Books, 1968.

Goyon, Georges, Le Secret des Batisseurs des Grandes Pyramides "Kheops", Paris: Editions Pygmalion, 1977.

Grinsell, Leslie V, Barrow, Pyramid and Tomb, London: Thames and Hudson, 1975.

Grinsell, Leslie V., Egyptian Pyramids, Gloucester, England: John Bellows Limited, 1947.

Habachi, Labib, The Obelisks of Egypt, New York: Charles Scribner's Sons, 1977.

Hawkins, Gerald S., "Astroarchaeology: The Unwritten Evidence", Archaeoastronomy in Pre-Columbian America (ed. Anthony F. Aveni), Austin, Tex.: University of Texas Press, 1975, pp. 131~162.

Hawkins, Gerald S., "Astronomical Alignments in Britain, Egypt, and Peru", Philosophical Transactions of the Royal Society of London, 276 ("The Place of Astronomy in the Ancient World", ed. F. R. Hodson, 1974): 157~167.

Hawkins, Gerald S., Beyond Stonehenge, New York: Harper & Row, 1973.

Ions, Veronica., Egyptian Mythology, London: Hamlyn Publishing Group, 1968.

Krupp, E. C., "Ancient Watchers of the Sky", 1980 Science Year, World books science Annual. Chicago: World Book-Childcraft International, 1979, pp. 98~113.

Krupp, E. C., "Astronomers, Pyramids and Priests", In Search of Ancient Astronomies (ed. E. C. Krupp), Garden City, N. Y.: Dobleday & Company, 1978, pp. 203~239.

Krupp, E. C., "Egyptian Astronomy: The Roots of Modern Timekeeping", New Scientist 85 (January 3, 1980): 24~27.

Krupp, E. C., "Great Pyramid Astronomy", Griffith Observer 42, no. 3(March, 1978): 1~18.

Krupp, E. C., "Recasting the Past: Powerful Pyramids, Los Continents, and Ancient Astronauts", Science and the Paranormal (ed. George O. Abell and Barry Singer), New York: Charles Scribner's Sons, 1981, pp. 253~295.

Krupp, E. C., "The Sun Gods", Fire of Life: The Smithsonian Book of the Sun (ed. Joe Goodwin et al.), Washington, D. C.: Smithsonian Exposition Books, 1981, pp. 160~167.

Lauer, Jean-Philippe, Le Mystére des Pyramides, Paris: Presses de la Cité, 1974.

Lockyer, J. Norman, The Dawn of Astronomy, London: Cassell and Company, 1894.

MacKenzie, Donald, Egyptian Myth and Legend, London: Gresham Publishing Company, 191~.

Macnaughton, Duncan, A Scheme of Egyptian Chronology, London: Luzac & Co., 1932.

Mendelssohn, Kurt, The Riddle of the Pyramids, New York: Praeger Publishers, 1974.

Mercer, Samuel A. B., Earliest Intellectual Man's Idea of the Cosmos, London: Luzac & Co., 1957.

Morenz, Siegfried, Egyptian Religion, Ithaca, N. Y.: Cornell University Press, 1973.

Müller, W. Max and Sir James George Scott, The Mythology of All Races: Vol. XII. Egyptian/Indo-Chinese, Boston: Marshall Jones Company, 1918.

Neugebauer, O., The Exact Sciences in Antiquity, 2d ed. 1957. Reprint. New York: Harper & Row, 1962.

Neugebauer, O., A History of Ancient Mathematical Astronomy, Part 2, New York: Springer-Verlag, 1975.

Neugebauer, O. and R. A. Parker, Egyptian Astronomical Texts I. The Early Decans, Providence, R, I.: Brown University Press, 1960.

Neugebauer, O. and R. A. Parker, Egyptian Astronomical Texts II. The Ramesside Star Clocks, Providence, R. I.: Brown University Press, 1964.

Neugebauer, O. and R. A. Parker, Egyptian Astronomical Texts III. Decans, Planets,

Constellations and Zodiacs, 2 vols. Providence, R. I.: Brown University Press, 1969.

Parker, R. A., "Ancient Egyptian Astronomy", Philosophical Transactions of the Royal Society of London 276 ("The Place of Astronomy in the Ancient World", ed. F. R. Hodson, 1974): 51~65.

Parker, R. A., The Calendars of Ancient Egypt, Chicago: University of Chicago Press, 1950.

Parker, R. A., "Egyptian Astronomy, Astrology and Calendrical Reckoning", Dictionary of Scientific Biograpy, vol. XV, Suppl. I, New York: Charles Scribner's Sons, 1978, pp. 706-727.

Petrie, W. M. Flinders, The Pyramids and Temples of Gizeh, London: Field & Tuer, et al., 1885.

Petrie, W. M. Flinders, Wisdom of the Egyptians, vol. LXIII. London: Bernard Quaritch Ltd., 1940.

Piankoff, Alexandre, Mythological Papyri, Princeton, N. J.: Princeton University Press, 1957.

Piankoff, Alexandre, The Shrines of Tut-Ankh-Amon, Princeton, N. J.: Princeton University Press, 1955.

Piankoff, Alexandre, The Tomb of Ramesses, VI. Princeton, N. J.: Princeton University Press, 1954.

Piazzi-Smyth, C., Our Inheritance in the Great Pyramid, 5th ed. London: Charles Burnet & Co., 1890.

Plumley, J. M., "The Cosmology of Ancient Egypt", Ancient Cosmologies (ed. Carmen Blacker and Michael Loewe), London: George Allen & Unwin, 1975, pp. 17~41.

Poole, Reginald Stuart, Horae Aegyptiacae, or the Chronology of Ancient Egypt, London: John Murray, 1851.

Proctor, Richard A., The Great Pyramid: Observatory, Tomb and Temple, Manchester, England: Manchester University Press, 1969.

Ruffle, John, The Egyptians, Ithaca, N. Y.: Cornell University Press, 1977.

St. Clair, George, Creation Records, London:  David Nutt, 1898.

Shorter, Alan W., The Egyptian Gods, London: Routledge & Kegan Paul, 1937.

Spence, Lewis, The Myths of Ancient Egypt, London: George G. Harrap & Co., 1915.

Trimble, Virginia, "Astronomical Investigation Concerning the So-Called Air-Shafts of Cheops' Pyramid", Mitteilungen des Instituts für Orientforschung, Band X(1964): 183~187.

Wainwright, Gerald A., Sky Religion in Egypt: Its Antiquity & Effects, 1938. Reprint. Westport, Conn.: Greenwood Press, 1971.

Žábu, Zbyněk, L'Orientation Astronomique dans l'Ancienne Égypte, et la Précession de l'Axe du Monde, Prague: Éditions de l'Académie Tchécoslovaque des Sciences, 1953.


## Mesopotamia

Aaboe, A., "Scientific Astronomy in Antiquity", Philosophical Transactions of the Royal Society of London, 276 ("The Place of Astronomy in the Ancient World", ed. F. R. Hodson, 1974): 21~42.

Burney, Charles, The Ancient Near East, Ithaca, N.Y.: Cornell University Press, 1977.

Contenau, Georges, Everyday Life in Babylon and Assyria, New York: W. W. Norton & Company, 1966.

Gaster, Theodor H., Thespis-Ritual, Myth, and Drama in the Ancient Near East, Garden City, N.Y.: Anchor Books/Doubleday & Company, 1961.

Gray, John, Near Eastern Mythology, London: Hamlyn Publishing Group, 1969.

Handcock, Percy S. P., Mesopotamian Archaeology, New York: G. P. Putnam's Sons, 1912.

Hartner, Willy, "The Earliest History of the Constellations in the Near East and the Motif of the Lion-Bull Combat", Journal of Near Eastern Studies XXIV, nos. 1 & 2 (Jan,-Apr., 1965): 1~16.

Heidel, Alexander, The Babylonian Genesis, 2d ed. Chicago: University of Chicago Press, 1951.

Hinke, William J., "A New Boundary Stone of Nebuchadnezzar I from Nippur".

The Babylonian Expedition of the University of Pennsylvania, Series D: Researches and Treatises (ed. H. V. Hilprecht), Philadelphia: University of Pennsylvania, 1907.

Hooke, S. H., Babylonian and Assyrian Religion, Norman, Okla.: University of Oklahoma Press, 1963.

Hooke, S. H., Middle Eastern Mythology, Harmondsworth, England: Penguin Books, 1963.

Jacobsen, Thorkild, Toward the Image of Tammuz and Other Essays on Mesopotamian History and Culture (ed. William L. Moran), Cambridge, Mass: Harvard University Press, 1970.

Jacobsen, Thorkild, The Treasures of Darkness, New Haven: Yale University Press, 1976.

James, E. O., Myth and Ritual in the Ancient Near East, New York: Frederick A. Praeger, 1958.

Jastrow, Morris, Aspects of Religious Belief and Practice in Babylonia and Assyria, 1911. Reprint. New York: Benjamin Blom, 1971.

Jastrow, Morris, The Civilization of Babylonia and Assyria, Philadelphia: J. B. Lippincott Company, 1915,

Jastrow, Morris, The Religion of Babylonia and Assyria, Boston: Ginn & Company 1898.

Kramer, Samuel Noah, Sumerian Mythology, Revised edition. New York: Harper & Row, 1961.

Kramer, Samuel Noah, The Sumerians: Their History, Cultures and Character, Chicago: University of Chicago Press, 1963,

Krupp, E. C., "Astronomical Simbolism in Mesopotamian Religious Imagery", contributed paper, January 8, 1979, meeting of the American Astronomical Society, Mexico City. Abstract: Archaeoastronomy Bulletin (Maryland) Ⅲ, no. 1. (November, 1978): 5.

Lambert, W. G., "The Cosmology of Sumer and Babylom", Ancient Cosmologies (ed. Carmen Blacker and Michael Loewe), London: George Allen & Unwin, 1975, pp. 42~65.

Laroche, Lucienne, Monuments of Civilization: The Middle East, New York:

Grosset & Dunlap, 1974.

Lloyd, Seton, The Archaeology of Mesopotamia, London: Thames and Hudson, 1978.

Mackenzie, Donald A., Myths of Babylonia and Assyria, London Gresham Publishing Company, 191~.

Neugebauer, O., The Exact Sciences in Antiquity, 2d ed. 1957. Reprint. New York: Harper & Row, 1962.

Oppenheim, A. Leo, Ancient Mesopotamia, Chicago: University of Chicago Press, 1964.

Oppenheim, A. Leo, "Man and Nature in Mesopotamian Civilization", Dictionary of Scientific Biography, vol. XV, Suppl. I, New York: Charles Scribner's Sons, 1978, pp. 634~666.

Parrot, André, The Arts of Assyria, New York: Golden Press, 1961.

Parrot, André. Sumer, the Dawn of Art, New York: Golden Press, 1961.

Pinches, Theophilus G., The Religion of Babylonia and Assyria, London: Archibald Constable & Co., 1906.

Pritchard, James B., ed. The Ancient Near East, vol. 1 and 2, Princeton, N.J.: Princeton University Press, 1958 and 1975.

Sachs, A., "Babylonian Observational Astronomy", Philosophical Transactions of the Royal Society of London ("The Place of Astronomy in the Ancient World", ed. F. R. Hodson, 1974), pp. 43~50.

Saggs, H. W. F., The Greatness That Was Babylon, 1962. Reprint. New York: New American Library/Mentor Books, 1968.

Sayce, A. H., Astronomy and Astrology of the Babylonians, 1874. Reprint. San Diego: Wizards Bookshelf, 1981.

Smith, George., The Chaldean Account of Genesis, 1876. Reprint. Minneapolis: Wizards Bookshelf, 1977.

Spence, Lewis, Myths and Legends of Babylonia and Assyria, London: George Harrap & Company, 1916.

Thompson, R. Campbell, The Reports of he Magicians and Astrologers of Nineveh and Babylon in the British Museum, Vol. 1 and 2. 1900. reprint. New York: AMS Press Inc., 1977.

van der Waerden, B. L., "Mathematics and Astronomy in Mesopotamia", Dictionary of Scientific Biography, Vol. XV, Suppl. I, New York: Charles Scribner's Sons, 1978, pp. 667~680.

## China and Japan

Anon, New Archaeological Finds in China, Beijing: Foreign Languages Press, 1974.

Anon, New Archaeological Finds in China (II), Beijing: Foreign Languages Press, 1978.

Bredon, Juliet and Igor Mitrophanow, The Moon Year, Shanghai: Kelly & Walsh, 1927.

Chang, Kwang chih, Shang Civilization, New Haven: Yale University Press, 1980.

Chien, Szuma, Selections from Records of the Historian, Beijing: Foreign Languages Press, 1979.

Christie, Anthony, Chinese Mythology, London: Hamlyn Publishing Group, 1968.

Chung-kuo she hui k'o-hsueh yuan (Institute of Archaeology, Chinese Academy of Social Sciences, ed.), Chung-kuo ku-tai t'ien-wen wen-wu t'u chi("Illustrations of Ancient Chinese Astronomical Artifacts: Monographs in Archaeology, B.17"), Beijing: Wen-wu ch'u-pan-she, 1980.

Cotterell, Arthur, The First Emperor of China, New York: Holt, Rinehart and Winston, 1981.

Cottrell, Leonard, The Tiger of Ch'in, New York: Holt, Rinehart and Winston, 1962.

Davis, F. Hadland, Myths and Legends of Japan, Boston: David D. Nickerson & Company, 191~.

Dupree, Nancy Hatch, "T'ang Tombs in Chien Country, China", Archaeology 32, no. 4 (July/August, 1979): 34~44.

Ferguson, John C. and Masaharu Anesaki, The Mythology of All Races: Vol. VIII, Chinese/Japanese, 1928. Reprint. New York: Cooper Square Publishers, 1964.

Hackin, J., et al., Asiatic Mythology, New York: Crescent Books(Crown Publishers,), no date.

Hall, Alice., "A Lady from China's Past", National Geographic 145, no. 5(May, 1974): 660~681.

Hay, John, Ancient China, New York: Henry Z. Walck, 1973.

Hearn, Maxwell, "An Ancient Chinese Army Rises from Underground Sentinel Duty", Smithsonian 10, no. 8(November, 1979): 38~51.

Krupp, E. C., "Earthquakes and Mooncakes", Griffith Observer 37, no. 5 (May, 1973): 12~16.

Krupp, E. C., "The Mandate of Heaven", Griffith Observer 46, no. 6 (June, 1982), 8~17.

Krupp, E. C., "Shadows Cast for the Son of Heaven", Griffith Observer 46, no. 8 (August, 1982): 8~18.

Krupp, E. C., "Tombs That Touched the China Sky", Griffith Observer 46, no. 7 (July, 1982): 9~17.

Loewe, Michael, Ways to Paradise, the Chinese Quest for Immortality, London: George Allen & Unwin, 1979.

MacFarquar, Roderick, The Forbidden City, New York: Newsweek, 1972.

Needham, Joseph, "Astronomy in Ancient and Medieval China", Philosophical Transactions of the Royal Society of London 276 ("The Place of Astronomy in the Ancient World", ed. F. R. Hodson, 1974): 67~82.

Needham, Joseph, "The Cosmology of Early China", Ancient Cosmologies (ed. Carmen Blacker and Michael Loewe), London: George Allen & Unwin, 1975, pp. 87~109.

조셉 니덤, 『중국의 과학과 문명Science & Civilisation in China』, 이면우 옮김, 까치글방, 2000.

Picken Stuart D B., Shinto: Japan's Spiritual Roots, Tokyo: Kodansha International, 1980.

Piggott, Juliet, Japanese Mythology, London: Hamlyn Publishing Goup, 1969.

Pirazzoli-T'Serstevens, Michéle, Living Architecture: Chinese, New York: Grosset & Dunlap, 1971.

The Purple Mountain Observatory and the Beijing Planetarum, "The Star Map Found in the Northern Wei Tomb in Loyang", Wen Wu ("Cultural Relics"), no. 12 (1974): 56~60.

Qian, Hao, Chen Heyi and Ru Suichu, Out of China's Earth, New York: Harry N. Abrams, 1981.

Schafer, Edward H, "Astral Energy in Medieval China", Griffith Observer 46, no. 7 (July, 1982): 18~20.

Schafer, Edward H., Ancient China, New York: Time-Life Books, 1967.

Schafer, Edward H., Pacing the Void, Berkeley and Los Angeles: University of California Press, 1977.

Schafer, Edward H., "From the Tombs of China", Discovery of Lost Worlds (ed. Joseph J. Thorndike, Jr.), New York: American Heritage Publishing Company, 1979, pp. 316~344.

Stephenson, F. Richard, "Chinese Roots of Modern Astronomy", New Scientist 86 (June 26, 1980): 380~383.

Stephenson, F. Richard and David H. Clark, "Ancient Astronomical Records from the Orient", Sky and Telescope 53, no. 2(February, 1977): 84~91.

Topping, Audrey, "China's Incredible Find", National Geographic 153, no. 4 (April, 1978): 440~459.

Wen, Fong, ed. The Great Bronze Age of China, New York: Alfred A. Knopf, 1980.

Williams, C. A. S., Outlines of Chinese Symbolism and Art Motives, 1941. Reprint. New York: Dover Publications, 1976.

Yutang, Lin, Imperial Peking, New York: Crown Publishers, 1961.

# 찾아보기

**ㄱ**

가르실라소 데 라 베가  311
가미오, 마누엘  372
거석 야드  76
계성운  508
게오르기움 시두스  124
계절 의례  302, 326
계절 주기(분점과 지점도 볼 것)  41, 150, 152, 284
게리 고센  288
고즈 포르  261
곤치 상아  252
곽수경  111, 112, 113, 501
그노몬  71, 94, 95, 110, 374, 498
그라운드호그 데이  265
근일점  263
금성 정렬  107
깁스, 샤론  104, 407

**ㄴ**

나모라퉁가 II  267~269
나스카 선  17
날 이름  292, 324, 440~442, 445, 447
네비루  126
네프티스  56, 57
넵튠  124
노팟  382~384

논노스  146
누탈, 젤리아  435
눈 섬광  226, 227, 516
뉴그레인지(아일랜드)  11, 12, 119, 203, 212, 231, 244, 260, 451
『니네베와 바빌론의 마법사들과 점성가들에 관한 보고』, 톰슨  285

**ㄷ**

달력 돌  450
달 천문대  89
던 스케이그  83
데바이어트의 론헤드  348
데 사아군, 베르나르디노  159, 160, 320
데칸  118, 128, 177, 179, 180, 182
덴데라  18, 51, 54~57, 66, 271, 391~394
도곤  132
도레, 귀스타브  141
도우, 제임스 W.  424, 427
두란, 프라이 디에고  157, 441
뒤메질, 조르주  132
드레스덴 사본  107
드루이드  335, 352, 355
드 모르그, 자크 르 모인  74
드 하인젤린, 장  251
디어본, 데이비드  17, 96
디예보스  119

## ㄹ

라 루모로사  220, 221
라마스  262, 264, 266
라운즈베리, 플로이드  107, 137, 292
라이클–돌마토프, 게라르도  474
라이헤, 마리아  312
람보바, N.  464
레밍턴, 주디스  292
레비스트로스, 클로드  144
레오  41
레이먼, 조나단  360
로마니, 존  23
로미 쿠무  151
로빈스, L. H.  268, 269
로빈슨, 잭 H.  301
로이, A. E.  344, 345
로키어, 노먼 경  386~388, 390, 392
루그나사드  264, 265
루스, 알베르토  194
르 그랑 멘히르 브리세  90, 94
르 마니오  88, 89, 92
르 플롱종, 오귀스트  102, 103
리, 조지아  213, 216
리겔  40, 230, 231
리바드, J.  448
리켓슨  104, 106
린다 C. 랜디스  140
린치, B. N.  267~269

## ㅁ

마드리드 사본  441
마르둑  124~126, 134, 275, 315, 316, 457, 461
마르틴마스  89, 264~466
마샥, 알렉산더  381, 287
마야 문명  381, 287
마야판 탑  161, 162, 40~408, 447
마요르 신전  161, 162, 405~408, 447
맞추픽추  17, 95~100
마트  121
맘스트롬, 빈센트  106
매토시안 메리 K  453, 454
맥클러스키, 스티븐 C.  299
맥키 유안  79, 80
메스케티우(큰곰자리를 볼 것)  53, 66, 327
메이데이  264, 266, 337
메이저빌 케른  229
메히카(아스텍을 볼 것)  156, 408
멘도사 사본  409
멜라트, 제임스  453, 454
『모뉴멘타 브리타니카』  334
모리스, 토니  313
모즐리, 알프레드 P  102, 103
모호네  414, 415
목성  15, 44, 46, 70, 117, 124, 126, 127, 137, 277~279, 492, 495, 503
목표연도 문서  459
몬테알반  377, 379, 380, 386, 437
몰드, 제레미  512
몽크스 마운드  71, 73, 75, 191, 193
마크리 무어  344, 345
밀러, 롤프  312
미스마나이  416
미용, 르네  421, 430, 422
미트라  18, 142
민튼 터틀  233

## ㅂ

바라사나 원주민  149, 156
바루나  121, 122, 132
바르그에, 폴  389
바티카누스 사본  507

바티, 톰 301
발레, 자크 467, 468
발리나비 83, 84, 86
버킹엄, 베스 427
벌, 오브리 22, 80, 84, 346~349
베가 41, 311, 366
베 짜기(코기 족의 상징) 371
베텔게우스 40
벨타인 262
별 상징 436, 465
별시계 179~181
보남팍 107
보들리 사본 436, 465
볼라도레스 322, 324, 325, 440
북회귀선 376, 428, 430, 499
브라헤, 티코 502, 504
블랑샤르 뼈 251, 252, 254~256
비비, J. S. 80, 82
『비행원반』, 융 469, 470

## ㅅ

4개 주 접경 지역 240, 246
사르센 원 332, 333, 335, 340~348
사춘기 의례 434
삭스, A. 276
삼하인 265, 303~305
샤퍼, 에드워드 H, 「우주공간을 걸어 다니기」 224
선 서클 193
새 불 의례 302, 303, 318, 319, 321, 322
새해 의례 315, 316, 392
샌디지, 앨런 509
샤마시 121, 315~317, 456, 458, 461, 464, 465
선허니 350
『세계의 조화』, 케플러 501

세케 283, 312~314, 411~415, 418, 419
세레스 124
세로 엘 차핀 427, 428, 430, 465
세스하트 64~67
세차운동 495
세티 177~180
셸, 린다 13, 195
셸든(부르티의) 264
소퍼, 안나 15, 242, 246
수리야 50, 121, 122
스사노 164, 165, 167, 168
수우 족 154
스카이코요테 130, 131, 213
스터클리, 윌리엄 334~336
스톤헨지 73, 84, 199, 229, 331, 342, 351, 354, 355, 386, 508
스티븐, 알렉산더 M. 238
스티븐 휴-존즈, 『야자나무와 플레이아데스성단』 148
스팬, 로렌스 217
시리우스 40, 56~58, 69, 128, 170, 179~181, 230, 231, 268~271, 273, 274, 276, 277, 366, 392~394
시투스 41
『신들의 전차』, 폰 데니켄 12, 102
『신세계 역사』, 코보 414
심슨, D. D. A. 82
싱클레어, 롤프 14, 243

## ㅇ

아낙사고라스 493
아낙시만드로스 489, 490
아로치 448
아론슨, 마크 512
아리스토텔레스 493, 494
아마노우즈메 166, 168

아문 레 대 신전  387~389
아수르  461
아스완, 이집트  54, 174
아스트롤라베  70
아일렌 막 미드나  304
아일레이  83
아카드 왕조의 원통형 인장  317
아키투  317, 315
안드로메다  41
안타레스  366
안탑  212, 213
알니람  176
알데바란  269, 268, 231, 230, 40
알렉산더 훔볼트  292
알베르트 아인슈타인  505
알추클라시  213, 214, 219
알타비스타  372~376, 386, 427, 429, 430
알타이르  41, 265
『야자나무와 플레이아데스』, 휴-존즈  148, 151
앳킨슨, 리처드 J.  339
야위라  146~148, 151
야헤  225, 227
양청  110~113
앤터니 F. 아베니  13, 15, 282, 377, 379, 381, 407, 437
어머니 대지, 아스텍  488
어스 로지  364, 365, 367
어튼, 게리  100, 416, 418
언더헤이, 어니스트  17, 213, 215
에드워즈 동굴  215
에디, 존  231, 235
에아  316, 457
에오건, 조지  453
에에카틀  289, 444, 446
엘리아데, 미르치아  135, 153, 207, 227, 524

엘 타힌  322~324, 326, 440
오브리, 존  334, 354
오딘  117, 134
오시리스  51~58, 123, 127, 128, 132, 164
오토 노이게바우어  459
오포섬  147~149, 151, 153
오플린, 도넬  362
와라오 족의 우주  481
요쿠트 족  131
우드헨지  341, 343
우라노스  124
우아카  283, 284, 312, 314, 411, 415, 419
우이칠로포치틀리  407
워우침  297~299, 302, 361
원통형 인장  316, 317, 461, 464
위트리, 워런 L.  71~75
윌리엄슨, 레이  242, 246, 402
윌버트, 조하니스  22, 479, 484
유카탄  7, 100, 101, 107, 108, 382, 383, 385, 448
융, 카를 G., 『비행원반』  469
은하수 은하  44, 505
이난나  120, 276, 279, 455
이샹고  251, 252
이시스  53, 54, 56~58, 128, 179, 392, 394
이시타르  126, 127, 316, 455, 458, 460, 464
이시타르의 별  455, 458
인드라  132
인티 라미  190, 282, 309~311, 313, 315
인티우아타나  94~96
임볼그  265

## ㅈ

장기계산법 106, 288
장형 110, 498
주극성 36, 118, 171, 176, 177, 187, 223, 327
주낙, 스티브 215
주니 족 238, 239, 241
주비 497
주전원 494, 496, 497, 502
주피터 126, 145, 146
줄 잡아당기기 의례 65, 392
쥐드마, R. T. 70, 282, 284, 410, 414
쥐라(스코틀랜드) 76, 77, 79, 81
쥐라의 젖꼭지 79, 77
지문자 313

## ㅊ

차탈 휘위크 429, 453
차핀의 표지물
찬 발룸 15, 198, 199
채색바위 130, 131, 215, 216
천구의 신들 455, 458
천극
천단(베이징) 280, 281, 306, 307
치첸이트사의 카라콜 108, 100
체트로 케틀 362
치첸이트사 100, 101, 106, 108, 448, 449

## ㅋ

카라콜 109~101
카르낙, 브르타뉴 88
카사 린코나다 361~364
카시오페이아 41
카치나 299, 300
카쿠눕마와 213

카호키아(일리노이) 71, 76, 189, 191~193, 203, 402
72호 고분 191~194
카펠라 75, 366, 379, 380
칼슨, 존 140
캐더우드, 프레드릭 101
캐슬 리그 89, 264~266
캔들마스 264~266, 89
케오프스 175
케찰코아틀 160~163, 408
케페우스 41
케플러, 요하네스 496, 502~504
켈리, J. C. 372~374, 376
코아틀리쿠에 158~161
코욜사우키 160~163, 408
코이카 99, 1002
코, 마이클 137
코보, 베르나베 신부 412~414, 415
코페르니쿠스, 니콜라스 496, 502, 503
콘도르 동굴 214, 215
콘수 123, 463
쿠블러, 조지 98
쿠싱, 프랭크 해밀턴 238, 239, 241
쿠쿨칸 106
쿠퍼, 로버트 M. 216
쿠푸 173, 175, 177
크로 족 235
크로톤의 필로라우스 491
클래치 레트 라타드 83
키바 240, 297, 298, 300, 301, 359~364, 402, 404
킨트로, 스코틀랜드 76~82, 90

## ㅌ

타라 302~305
타우루스 40, 44

타운센드, 리처드 프레이저  449, 450
탈라예스바, 돈  237
탑문  387, 388, 462, 463
태양과 함께 떠오르는 시리우스  273, 394
태양년  51, 94, 106, 140, 260, 265, 270, 272, 273, 276, 281, 283, 286, 287, 289, 387
태양력  74, 88, 264, 266, 272, 288, 459
태양사제  73, 237, 241, 242
태양의 고귀한 방  387, 389~391
『태양의 상징』  215, 218, 376, 458, 462, 465
태양춤 오두막  234
터키(신석기시대의 성소)  270
테노치티틀란  156, 319, 405, 407~410, 419, 449
테스카틀리포카  128, 129, 137, 440, 446
테오티우아칸  13, 372, 419~427, 430, 432, 436, 440
테페아풀코  428, 429
토레온  96~100
토브리너, 스티븐  429
토트  55, 64, 123
틀라카엘렐  158, 161, 163
틀라테쿠틀리  447
톰, 알렉산더  20, 76, 78, 83, 85, 86, 89~91, 260, 262, 264, 266, 339, 342, 343, 350
톰슨, J. E. S.  102
톰슨, R. 캠벨  283
통로무덤  10, 451, 452
투반  173
트림블, 버지니아  75
틀라흐가  303, 304
티무쿠아  74
티아마트  125, 134

## ㅍ

파에톤  145, 146
파온, 가르시아  323
파울러, 멜빈 L.  191~194
파하다 뷰트  14
파칼의 무덤  198
파커, 리처드  269
파토이  442, 443
파판틀라  322
파피루스 칼스버그 1  199, 203
팔렝케(멕시코)  135, 194, 195
페가수스  41
페헤르바리-마예르 사본  437, 438, 506
포말하우트
폰 델 체임벌린  20, 366
폰 프리쉬, 카를  31
폴록, H. E. D.  383
폴, 피터  404
푸에블로 보니토  363, 402~404
프톨레마이오스, 클라우디우스  64, 271, 391, 392, 462, 494, 495, 502
플로렌틴 사본, 사아군  160, 320
플루타르코스  53
피셔, 하워드 J.  362, 404

## ㅎ

『하늘의 수정들』, 허드슨과 언더헤이  213
하르퉁, 호르스트  436
하토르  55, 66, 271, 391~394
한 해를 나르는 자들  325
할로윈  265, 303
항아  188, 189
해링턴, 존 피버디  17, 212, 217
허드슨, 트래비스  21, 213, 403
허블, 에드윈  507, 513
헌트, 에바  157

헤이든, 도리스  442, 430
헤지스, 켄  21, 213, 220
헤하우스  152
헬리오스  145, 146
현야  499, 500
호루스  53, 66, 116, 124, 128, 328, 329, 389
호메로스  487, 489
호스킨슨, C. T.  216
호울리, 클로넬  340, 341
호킨스, 제럴드  12, 337, 338, 389
혼, 스티븐  216
혼천  501
화이트, 레이  96
화이트, 존  74
환구단  306~308
황도  126, 145, 146, 150, 157, 177, 222, 478, 497
황소의 다리(큰곰자리를 볼 것)  66, 179, 327~329
후크라, 존  512
흙점  401
희생제의  13, 164, 281, 282, 302, 306, 334, 409

**고대하늘의 메아리**

© 에드윈 C. 크룹, 2011

초판 1쇄 인쇄 | 2011년 11월 5일
초판 1쇄 발행 | 2011년 11월 18일

지은이 | 에드윈 C. 크룹
옮긴이 | 정채현
펴낸이 | 김동영
주　간 | 정은영
편　집 | 사태희 한승희
디자인 | 배현정 이연경
제　작 | 장성준 박이수
영　업 | 조광진 안재임
마케팅 | 박제연 전소연
웹홍보 | 정의범 한설희 이혜미 임선영

펴낸곳 | 이지북
출판등록 | 2000년 11월 9일 제10-2068호
주소 | 121-753 서울시 마포구 동교동 165-1 미래프라자빌딩 7층
전화 | 편집부 (02)324-2347, 총무부 (02)325-6047
팩스 | 편집부 (02)324-2348, 총무부 (02)2648-1311
e-mail | ezbook21@hanmail.net
Home page | www.jamo21.net

ISBN 978-89-5624-378-8 (03440)

잘못된 책은 교환해드립니다.
저자와의 협의하에 인지는 붙이지 않습니다.